"十二五"普通高等教育本科国家级规划教材
2009年度普通高等教育精品教材
首届全国优秀教材（高等教育类）二等奖

大学物理学

―― 第4版 ――

电磁学、光学、量子物理

张三慧 编著

安宇 阮东 李岩松 修订

清华大学出版社
北京

内 容 简 介

本书讲述电磁学、光学、量子物理。电磁学包括静止和运动电荷的电场运动电荷和电流的磁场，介质中的电场和磁场、电磁感应、电磁波等。光学部分在讲了波动光学的光的干涉、衍射、偏振等规律之后，也讲了几何光学的基本知识。量子物理部分包括微观粒子的二象性、薛定谔方程（定态）、原子中的电子能态、分子的结构和能级、固体中电子的能态、量子统计的基本概念和核物理的基础知识。各部分内容均配置了适量的联系实际的例题和习题。

本书可作为高等院校的物理教材，也可以作为中学物理教师教学或其他读者自学的参考书，与本书配套的《大学物理学（第4版）学习辅导与习题解答》可帮助读者学习本书。

本书封面贴有清华大学出版社防伪标签，无标签者不得销售。
版权所有，侵权必究。举报：010-62782989，beiqinquan@tup.tsinghua.edu.cn。

图书在版编目（CIP）数据

大学物理学. 电磁学、光学、量子物理/张三慧编著. —4版. —北京：清华大学出版社，2018(2024.1重印)
ISBN 978-7-302-50984-4

Ⅰ.①大… Ⅱ.①张… Ⅲ.①物理学－高等学校－教材 ②电磁学－高等学校－教材 ③光学－高等学校－教材 ④量子力学－高等学校－教材 Ⅳ.①O4

中国版本图书馆 CIP 数据核字(2018)第 188789 号

责任编辑：朱红莲
封面设计：傅瑞学
责任校对：赵丽敏
责任印制：曹婉颖

出版发行：清华大学出版社
    网　　址：https://www.tup.com.cn, https://www.wqxuetang.com
    地　　址：北京清华大学学研大厦 A 座　　邮　编：100084
    社 总 机：010-83470000　　邮　购：010-62786544
    投稿与读者服务：010-62776969，c-service@tup.tsinghua.edu.cn
    质量反馈：010-62772015，zhiliang@tup.tsinghua.edu.cn
印 装 者：三河市龙大印装有限公司
经　　销：全国新华书店
开　　本：185mm×260mm　　**印　张**：32.25　　**字　数**：781千字
版　　次：1990年1月第1版　　2018年12月第4版　　**印　次**：2024年1月第17次印刷
定　　价：81.00元

产品编号：079542-03

第4版 前言
FOREWORD

物理之所以能成为很多工程专业的必修基础科目,是因为很多技术都来源于物理的发现和进展。即使在技术高速发展的当代,物理的新发现或者新进展,都会给技术创新带来无限的动力,它可以说是技术革命的源动力。但是,实际上物理课程学习带给人的不只是实用意义。更为重要的是通过物理学习,学到科学精神,学到物理思想和方法,学到很多处理问题的智慧。通过物理学习,可以提高推理能力,学会理性思考,养成理性思维的习惯。学习物理,不只是学习哪个定律,或者哪个定理、哪个结论如何。更为重要的是,通过物理学习,学会如何思考,如何分析、解决问题。甚至可以学习如何建立理论框架,搭建学科体系。

张三慧先生编著的《大学物理学》包含力学、热学、电磁学、光学和量子物理五篇,作为教材被国内各大院校广泛采用,是学习大学物理课程的经典教材。这套教材的主题风格是其科学性和系统性,准确流畅地叙述物理内容,由表及里、由浅入深地分析物理问题,深刻地挖掘物理思想,宣扬物理精神,其中也不乏对民族文化的自信。本书在讲述物理过程时,追求逻辑的严密性,但也不乏灵活通俗的讲解。不仅适用于像清华大学学生这样普通物理基础比较扎实的群体,也适用于其他具有微积分基础的普通物理初学者。比如,运动学就是从最基本的参考系讲起,介绍位移、速度、加速度等基本概念。介绍力的时候,既有像摩擦力、弹性力等常见力,也介绍四种基本力。也有不少篇幅介绍引潮力,解释各种自然现象。所以,这是一套适用面比较宽阔的教材。

课后习题也是本教材的一个特色。习题丰富,不仅有为初学者练习编写的题目,也有些题目的难度对于有一定普通物理基础的学习者而言仍具有挑战性。通过习题可以加深理解,掌握方法。另外书中还附有很多思考题,需要认真思考和分析。同学也可以用来互相讨论。

根据需要本教材隔一段时间会做一些修订,这次修订工作也同往常一样,得到了使用教材的师生的大力支持,得到很多反馈意见。根据这些反馈意见,本次修订我们将延续本书的原有特点,继续贯彻原作者写书时的意图,基本保留原书的风貌,只是针对少数不合理的文字描述以及排版错误等进行修改。

比较大的变动是把原来科学家的故事全部删除,可通过二维码扫描进行扩展阅读。这次修订工作由清华大学物理系的三位教师合作完成。安宇负责力学和电磁学部分;阮东负责热学和光学部分;李岩松负责振动和波动、狭义相对论和量子物理部分。

我们希望能继续听到教师和学生关于本教材的修改建议和批评意见,通过以后的修订工作使教材不断完善。

安宇　阮东　李岩松

2018 年 3 月

于清华园

第三版前言

这部《大学物理学》(第三版)含力学篇、热学篇、电磁学篇、光学篇和量子物理篇,共5篇。按照篇章的组织顺序,本套教材又分为两个版本,称为A版和B版。A版分为3册,第1册为《力学、热学》,第2册为《电磁学》(或《基于相对论的电磁学》,二选其一),第3册为《光学、量子物理》。B版分为2册,第1册为《力学、电磁学》,第2册为《热学、光学、量子物理》。读者可根据实际教学和学习的需要,选择使用A版或B版;其中A版中的第2册又分为两个版本——《电磁学》或《基于相对论的电磁学》,选用A版的读者可选择其中一个版本使用。本册为A版的第2册《电磁学》。

根据使用过此书的教师与学生以及其他读者的反映,也考虑到近几年物理教学的发展动向,本书推出第三版。第三版内容的撰写与修改仍延续了第二版的科学性和系统性的特点,保持了原有的体系和风格,并在第二版的基础上,增加、拓宽了一些内容。

本书内容完全涵盖了2006年我国教育部发布的"非物理类理工学科大学物理课程基本要求"。书中各篇对物理学的基本概念与规律进行了正确明晰的讲解。讲解基本上都是以最基本的规律和概念为基础,推演出相应的概念与规律。笔者认为,在教学上应用这种演绎逻辑更便于学生从整体上理解和掌握物理课程的内容。

力学篇是以牛顿定律为基础展开的。除了直接应用牛顿定律对问题进行动力学分析外,还引入了动量、角动量、能量等概念,并着重讲解相应的守恒定律及其应用。除惯性系外,还介绍了利用非惯性系解题的基本思路,刚体的转动、振动、波动这三章内容都是上述基本概念和定律对于特殊系统的应用。狭义相对论的讲解以两条基本假设为基础,从同时性的相对性这一"关键的和革命的"(杨振宁语)概念出发,逐渐展开得出各个重要结论。这种讲解可以比较自然地使学生从物理上而不只是从数学上弄懂狭义相对论的基本结论。

热学篇的讲述是以微观的分子运动的无规则性这一基本概念为基础的。除了阐明经典力学对分子运动的应用外,特别引入并加强了统计概念和统计规律,包括麦克斯韦速率分布律的讲解。对热力学第一定律也阐述了其微观意义。对热力学第二定律是从宏观热力学过程的方向性讲起,说明方向性的微观根源,并利用热力学概率定义了玻耳兹曼熵并说明了熵增加原理,然后再进一步导出克劳修斯熵及其计算方法。这种讲法最能揭露熵概念的微观本质,也便于理解熵概念的推广应用。

电磁学篇按照传统讲法,讲述电磁学的基本理论,包括静止电荷的电场,运动电荷和电流的磁场,介质中的电场和磁场,电磁感应,电磁波等。基于相对论的电磁学篇中电磁学的讲法则是以爱因斯坦的《论动体的电动力学》为背景,完全展现了帕塞尔教授讲授电磁学的思路——从爱因斯坦到麦克斯韦,以场的概念和高斯定律为基础,根据狭义相对论演绎地引入磁场,并进而导出麦克斯韦方程组其他方程。这种讲法既能满足教学的基本要求,又充分显示了电磁场的统一性,从而使学生体会到自然规律的整体性以及物理理论的和谐优美。电磁学的讲述未止于麦克斯韦方程组,而是继续讲述了电磁波的发射机制及其传播特征等。

光学篇以电磁波和振动的叠加的概念为基础,讲述了光的干涉和衍射的规律以及光的偏振这种电磁波的横波特征。然后,根据光的波动性在特定条件下的近似特征——直线传播,讲述了几何光学的基本定律及反射镜和透镜的成像原理。

以上力学、热学、电磁学、光学各篇的内容基本上都是经典理论,但也在适当地方穿插了量子理论的概念和结论以便相互比较。

量子物理篇是从波粒二象性出发以定态薛定谔方程为基础讲解的。介绍了原子、分子和固体中电子的运动规律以及核物理的知识。关于教学要求中的扩展内容,如基本粒子和宇宙学的基本知识是在"今日物理趣闻 A"和"今日物理趣闻 C"栏目中作为现代物理学前沿知识介绍的。

本书除了 5 篇基本内容外,还开辟了"今日物理趣闻"栏目,介绍物理学的近代应用与前沿发展,而"科学家介绍"栏目用以提高学生素养,鼓励成才。

本书各章均配有思考题和习题,以帮助学生理解和掌握已学的物理概念和定律或扩充一些新的知识。这些题目有易有难,绝大多数是实际现象的分析和计算。题目的数量适当,不以多取胜。也希望学生做题时不要贪多,而要求精,要真正把做过的每一道题从概念原理上搞清楚,并且用尽可能简洁明确的语言、公式、图像表示出来,需知,对一个科技工作者来说,正确地书面表达自己的思维过程与成果也是一项重要的基本功。

本书在保留经典物理精髓的基础上,特别注意加强了现代物理前沿知识和思想的介绍。本书内容取材在注重科学性和系统性的同时,还注重密切联系实际,选用了大量现代科技与我国古代文明的资料,力求达到经典与现代,理论与实际的完美结合。

本书在量子物理篇中专门介绍了近代(主要是 20 世纪 30 年代)物理知识,并在其他各篇适当介绍了物理学的最新发展,同时为了在大学生中普及物理学前沿知识以扩大其物理学背景,在"今日物理趣闻"专栏中,分别介绍了"基本粒子""混沌——决定论的混乱""大爆炸和宇宙膨胀""能源与环境""等离子体""超导电性""激光应用二例""新奇的纳米技术"等专题。这些都是现代物理学以及公众非常关心的题目。本书所介绍的趣闻有的已伸展到最近几年的发现,这些"趣闻"很受学生的欢迎,他们拿到新书后往往先阅读这些内容。

物理学很多理论都直接联系着当代科技及至人们的日常生活。教材中列举大量实例，既能提高学生的学习兴趣，又有助于对物理概念和定律的深刻理解以及创造性思维的启迪。本书在例题、思考题和习题部分引用了大量的实例，特别是反映现代物理研究成果和应用的实例，如全球定位系统、光盘、宇宙探测、天体运行、雷达测速、立体电影等。同时还大量引用了我国从古到今技术上以及生活上的有关资料，例如古籍《宋纪要》关于"客星"出没的记载，北京天文台天线阵，长征火箭，神舟飞船，天坛祈年殿，黄果树瀑布，阿迪力走钢丝，本人抖空竹，1976年唐山地震，1988年特大洪灾，等。这些例子体现了民族文化，可以增强学生对物理的"亲切感"，而且有助于学生的民族自豪感和责任心的提升。

物理教学除了"授业"外，还有"育人"的任务。为此本书介绍了十几位科学大师的事迹，简要说明了他们的思想境界、治学态度、开创精神和学术成就，以之作为学生为人处事的借鉴。在此我还要介绍一下我和帕塞尔教授的一段交往。帕塞尔教授是哈佛大学教授，1952年因对核磁共振研究的成果荣获诺贝尔物理学奖。我于1977年看到他编写的《电磁学》，深深地为他的新讲法所折服。用他的书讲述两遍后，于1987年冒然写信向他请教，没想到很快就收到他的回信（见附图）和赠送给我的教材（第二版）及习题解答。他这种热心帮助一个素不相识的外国教授的行为使我非常感动。

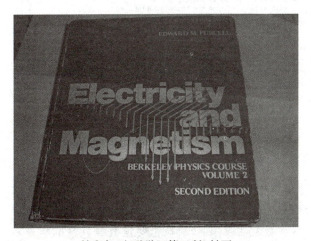

帕塞尔《电磁学》（第二版）封面

本书第一作者与帕塞尔教授合影(1993年)

他在信中写道"本书 170—171 页关于 L. Page 的注解改正了第一版的一个令人遗憾的疏忽。1963 年我写该书时不知道 Page 那篇出色的文章，我并不认为我的讲法是原创的——远不是这样——但当时我没有时间查找早先的作者追溯该讲法的历史。现在既然你也喜欢这种讲法，我希望你和我一道在适当时机宣扬 Page 的 1912 年的文章。"一位物理学大师对自己的成就持如此虚心、谦逊、实事求是的态度使我震撼。另外他对自己书中的疏漏（实际上有些是印刷错误）认真修改，这种严肃认真的态度和科学精神也深深地教育了我。帕塞尔这封信所显示的作为一个科学家的优秀品德，对我以后的为人处事治学等方面都产生了很大影响，始终视之为楷模追随仿效，而且对我教的每一届学生都要展示帕塞尔的这一封信对他们进行教育，收到了很好的效果。

```
                          HARVARD UNIVERSITY

  DEPARTMENT OF PHYSICS                    LYMAN LABORATORY OF PHYSICS
                                           CAMBRIDGE, MASSACHUSETTS 02138

                                              November 30, 1987


  Professor Zhang Sanhui
  Department of Physics
  Tsinghua University
  Beijing 100084
  The People's Republic of China

  Dear Professor Zhang:

      Your letter of November 8 pleases me more than I can say, not only for
  your very kind remarks about my book, but for the welcome news that a growing
  number of physics teachers in China are finding the approach to magnetism
  through relativity enlightening and useful. That is surely to be credited to
  your own teaching, and also, I would surmise, to the high quality of your
  students. It is gratifying to learn that my book has helped to promote this
  development.

      I don't know whether you have seen the second edition of my book,
  published about three years ago. A copy is being mailed to you, together with
  a copy of the Problem Solutions Manual. I shall be eager to hear your opinion
  of the changes and additions, the motivation for which is explained in the new
  Preface. May I suggest that you inspect, among other passages you will be
  curious about, pages 170-171. The footnote about Leigh Page repairs a
  regrettable omission in my first edition. When I wrote the book in 1963 I was
  unaware of Page's remarkable paper. I did not think my approach was original
  -- far from it -- but I did not take time to trace its history through earlier
  authors. As you now share my preference for this strategy I hope you will
  join me in mentioning Page's 1912 paper when suitable opportunities arise.

      Your remark about printing errors in your own book evokes my keenly felt
  sympathy. In the first printing of my second edition we found about 50
  errors, some serious! The copy you will receive is from the third printing,
  which still has a few errors, noted on the Errata list enclosed in the book.
  There is an International Student Edition in paperback. I'm not sure what
  printing it duplicates.

      The copy of your own book has reached my office just after I began this
  letter! I hope my shipment will travel as rapidly. It will be some time
  before I shall be able to study your book with the care it deserves, so I
  shall not delay sending this letter of grateful acknowledgement.

                                          Sincerely yours,

                                          Edward M. Purcell

                                          Edward M. Purcell

  EMP/cad
```

帕塞尔回信复印件

本书的撰写和修订得到了清华大学物理系老师的热情帮助(包括经验与批评),也采纳了其他兄弟院校的教师和同学的建议和意见。此外也从国内外的著名物理教材中吸取了很多新的知识、好的讲法和有价值的素材。这些教材主要有:《新概念物理教程》(赵凯华等),*Feyman Lectures on Physics*,*Berkeley Physics Course*(Purcell E M,Reif F,et al.),*The Manchester Physics Series*(Mandl F,et al.),*Physics*(Chanian H C.),*Fundamentals of Physics*(Resnick R),*Physics*(Alonso M et al.)等。

对于所有给予本书帮助的老师和学生以及上述著名教材的作者,本人在此谨致以诚挚的谢意。清华大学出版社诸位编辑对第三版杂乱的原稿进行了认真的审阅和编辑,特在此一并致谢。

张三慧

2008 年 1 月

于清华园

目录

第 3 篇 电 磁 学

第 12 章 静电场 3
12.1 电荷 3
12.2 库仑定律与叠加原理 5
12.3 电场和电场强度 8
12.4 静止的点电荷的电场及其叠加 10
12.5 电场线和电通量 14
12.6 高斯定律 16
12.7 利用高斯定律求静电场的分布 18
提要 22
思考题 23
习题 24

第 13 章 电势 28
13.1 静电场的保守性 28
13.2 电势差和电势 30
13.3 电势叠加原理 32
13.4 电势梯度 35
13.5 电荷在外电场中的静电势能 37
*13.6 电荷系的静电能 38
13.7 静电场的能量 40
提要 42
思考题 43
习题 44

第 14 章　静电场中的导体 ································· 48
14.1　导体的静电平衡条件 ································· 48
14.2　静电平衡的导体上的电荷分布 ······················· 49
14.3　有导体存在时静电场的分析与计算 ·················· 50
14.4　静电屏蔽 ··· 52
*14.5　唯一性定理 ··· 53
提要 ·· 56
思考题 ··· 56
习题 ·· 57

今日物理趣闻 G　大气电学 ····························· 59
G.1　晴天大气电场 ·· 59
G.2　雷暴的电荷和电场 ······································· 61
G.3　闪电 ··· 64

第 15 章　静电场中的电介质 ··························· 67
15.1　电介质对电场的影响 ···································· 67
15.2　电介质的极化 ·· 68
15.3　D 的高斯定律 ·· 71
15.4　电容器和它的电容 ······································· 76
15.5　电容器的能量 ·· 78
提要 ·· 80
思考题 ··· 81
习题 ·· 82

第 16 章　恒定电流 ·· 86
16.1　电流和电流密度 ·· 86
16.2　恒定电流与恒定电场 ···································· 88
16.3　欧姆定律和电阻 ·· 89
16.4　电动势 ··· 92
16.5　有电动势的电路 ·· 93
*16.6　电容器的充电与放电 ···································· 95
16.7　电流的一种经典微观图像 ······························ 97
提要 ·· 100
思考题 ··· 101
习题 ·· 101

第17章　磁场和它的源 ········· 104

17.1　磁力与电荷的运动 ········· 104
17.2　磁场与磁感应强度 ········· 105
17.3　毕奥-萨伐尔定律 ········· 108
*17.4　匀速运动点电荷的磁场 ········· 113
17.5　安培环路定理 ········· 114
17.6　利用安培环路定理求磁场的分布 ········· 117
17.7　与变化电场相联系的磁场 ········· 119
*17.8　电场和磁场的相对性和统一性 ········· 122
提要 ········· 123
思考题 ········· 124
习题 ········· 125

第18章　磁力 ········· 128

18.1　带电粒子在磁场中的运动 ········· 128
18.2　霍尔效应 ········· 130
18.3　载流导线在磁场中受的磁力 ········· 132
18.4　载流线圈在均匀磁场中受的磁力矩 ········· 133
18.5　平行载流导线间的相互作用力 ········· 135
提要 ········· 138
思考题 ········· 139
习题 ········· 140

今日物理趣闻 H　等离子体 ········· 145

H.1　物质的第四态 ········· 145
H.2　等离子体内的磁场 ········· 147
H.3　磁场对等离子体的作用 ········· 148
H.4　热核反应 ········· 149
H.5　等离子体的约束 ········· 150

第19章　磁场中的磁介质 ········· 154

19.1　磁介质对磁场的影响 ········· 154
19.2　原子的磁矩 ········· 155
19.3　磁介质的磁化 ········· 158
19.4　H 的环路定理 ········· 160
19.5　铁磁质 ········· 162
19.6　简单磁路 ········· 166

提要 …… 168
思考题 …… 168
习题 …… 170

第20章 电磁感应 …… 173

20.1 法拉第电磁感应定律 …… 173
20.2 动生电动势 …… 175
20.3 感生电动势和感生电场 …… 178
20.4 互感 …… 180
20.5 自感 …… 182
20.6 磁场的能量 …… 184
提要 …… 186
思考题 …… 187
习题 …… 188

今日物理趣闻 I 超导电性 …… 192

I.1 超导现象 …… 192
I.2 临界磁场 …… 193
I.3 超导体中的电场和磁场 …… 194
I.4 第二类超导体 …… 195
I.5 BCS 理论 …… 196
I.6 约瑟夫森效应 …… 197
I.7 超导在技术中的应用 …… 199
I.8 高温超导 …… 200

第21章 麦克斯韦方程组和电磁辐射 …… 202

21.1 麦克斯韦方程组 …… 202
*21.2 加速电荷的电场 …… 203
*21.3 加速电荷的磁场 …… 206
*21.4 电磁波的能量 …… 208
*21.5 同步辐射 …… 211
*21.6 电磁波的动量 …… 212
*21.7 A-B 效应 …… 214
提要 …… 217
思考题 …… 218
习题 …… 218

第4篇 光　　学

第22章 光的干涉 …… 223
22.1 杨氏双缝干涉 …… 223
22.2 相干光 …… 227
*22.3 光的非单色性对干涉条纹的影响 …… 229
*22.4 光源的大小对干涉条纹的影响 …… 231
22.5 光程 …… 234
22.6 薄膜干涉（一）——等厚条纹 …… 236
22.7 薄膜干涉（二）——等倾条纹 …… 240
22.8 迈克耳孙干涉仪 …… 242
提要 …… 243
思考题 …… 244
习题 …… 245

第23章 光的衍射 …… 248
23.1 光的衍射和惠更斯-菲涅耳原理 …… 248
23.2 单缝的夫琅禾费衍射 …… 250
23.3 光学仪器的分辨本领 …… 254
23.4 细丝和细粒的衍射 …… 256
23.5 光栅衍射 …… 259
23.6 光栅光谱 …… 264
23.7 X射线衍射 …… 267
提要 …… 269
思考题 …… 270
习题 …… 270

今日物理趣闻 J　全息照相 …… 273
J.1 全息照片的拍摄 …… 273
J.2 全息图像的观察 …… 275
J.3 全息照相的应用 …… 276

第24章 光的偏振 …… 277
24.1 光的偏振状态 …… 277
24.2 线偏振光的获得与检验 …… 279

24.3 反射和折射时光的偏振 …………………………………… 281
24.4 由散射引起的光的偏振 …………………………………… 282
24.5 双折射现象 ………………………………………………… 283
*24.6 椭圆偏振光和圆偏振光 …………………………………… 287
*24.7 偏振光的干涉 ……………………………………………… 290
*24.8 人工双折射 ………………………………………………… 291
*24.9 旋光现象 …………………………………………………… 293
提要 …………………………………………………………… 295
思考题 ………………………………………………………… 295
习题 …………………………………………………………… 296

今日物理趣闻 K 非线性光学 ……………………………… 299

K.1 非线性光学与激光 ………………………………………… 299
K.2 倍频与混频 ………………………………………………… 299
K.3 自聚焦 ……………………………………………………… 301
K.4 受激拉曼散射 ……………………………………………… 302

第 25 章 几何光学 …………………………………………… 303

25.1 光线 ………………………………………………………… 303
25.2 光的反射 …………………………………………………… 304
25.3 球面反射镜 ………………………………………………… 306
25.4 光的折射 …………………………………………………… 308
25.5 薄透镜的焦距 ……………………………………………… 310
25.6 薄透镜成像 ………………………………………………… 312
25.7 人眼 ………………………………………………………… 316
25.8 助视仪器 …………………………………………………… 318
提要 …………………………………………………………… 321
思考题 ………………………………………………………… 322
习题 …………………………………………………………… 324

第 5 篇 量 子 物 理

第 26 章 波粒二象性 ………………………………………… 329

26.1 黑体辐射 …………………………………………………… 329
26.2 光电效应 …………………………………………………… 332

26.3 光的二象性 光子 …… 333
26.4 康普顿散射 …… 337
26.5 粒子的波动性 …… 339
26.6 概率波与概率幅 …… 342
26.7 不确定关系 …… 345
提要 …… 350
思考题 …… 351
习题 …… 351

第27章 薛定谔方程 …… 354

27.1 薛定谔得出的波动方程 …… 354
27.2 无限深方势阱中的粒子 …… 358
27.3 势垒穿透 …… 362
27.4 谐振子 …… 366
提要 …… 368
思考题 …… 368
习题 …… 369

第28章 原子中的电子 …… 371

28.1 氢原子 …… 371
28.2 电子的自旋与自旋轨道耦合 …… 380
*28.3 微观粒子的不可分辨性和泡利不相容原理 …… 385
28.4 各种原子核外电子的组态 …… 386
*28.5 X射线 …… 390
28.6 激光 …… 393
*28.7 分子结构 …… 396
28.8 分子的转动和振动能级 …… 400
提要 …… 404
思考题 …… 406
习题 …… 406

今日物理趣闻 L 自由电子激光 …… 410

今日物理趣闻 M 激光应用二例 …… 413

M.1 多光子吸收 …… 413
M.2 激光冷却与捕陷原子 …… 415

第29章 固体中的电子 · · · · · · 418
- 29.1 自由电子按能量的分布 · · · · · · 418
- 29.2 金属导电的量子论解释 · · · · · · 422
- *29.3 量子统计 · · · · · · 423
- 29.4 能带　导体和绝缘体 · · · · · · 426
- 29.5 半导体 · · · · · · 429
- 29.6 PN结 · · · · · · 430
- 29.7 半导体器件 · · · · · · 431
- 提要 · · · · · · 433
- 思考题 · · · · · · 435
- 习题 · · · · · · 435

今日物理趣闻 N　新奇的纳米科技 · · · · · · 437
- N.1 什么是纳米科技 · · · · · · 437
- N.2 纳米材料 · · · · · · 438
- N.3 纳米器件 · · · · · · 439

第30章 核物理 · · · · · · 441
- 30.1 核的一般性质 · · · · · · 441
- 30.2 核力 · · · · · · 445
- 30.3 核的结合能 · · · · · · 446
- *30.4 核的液滴模型 · · · · · · 449
- 30.5 放射性和衰变定律 · · · · · · 451
- 30.6 α衰变 · · · · · · 455
- *30.7 穆斯堡尔效应 · · · · · · 457
- 30.8 β衰变 · · · · · · 461
- 30.9 核反应 · · · · · · 464
- 提要 · · · · · · 467
- 思考题 · · · · · · 468
- 习题 · · · · · · 468

元素周期表 · · · · · · 471

数值表 · · · · · · 472

部分习题答案 · · · · · · 475

索引 · · · · · · 489

第 3 篇　电　磁　学

本篇讲解的电磁学是关于宏观电磁现象的规律的知识。关于电磁现象的观察记录,在西方,可以追溯到公元前 6 世纪希腊学者泰勒斯(Thales)的载有关于用布摩擦过的琥珀能吸引轻微物体的文献。在我国,最早是在公元前 4 到 3 世纪战国时期《韩非子》中有关"司南"(一种用天然磁石做成的指向工具)和《吕氏春秋》中有关"慈石召铁"的记载。公元 1 世纪王充所著《论衡》一书中记有"顿牟缀芥,磁石引针"字句(顿牟即琥珀,缀芥即吸拾轻小物体)。西方在 16 世纪末年,吉尔伯特(William Gilbert,1540—1603 年)对"顿牟缀芥"现象以及磁石的相互作用做了较仔细的观察和记录。electricity(电)这个字就是他根据希腊字 ηλεκτρου(原意琥珀)创造的。在我国,"电"字最早见于周朝(公元前 8 世纪)遗物青铜器"沓生簋"上的铭文中,是雷电这种自然现象的观察记录。对"电"字赋予科学的含义当在近代西学东渐之后。

关于电磁现象的定量的理论研究,最早可以从库仑 1785 年研究电荷之间的相互作用算起。其后通过泊松、高斯等人的研究形成了静电场(以及静磁场)的(超距作用)理论。伽伐尼于 1786 年发现了电流,后经伏特、欧姆、法拉第等人发现了关于电流的定律。1820 年奥斯特发现了电流的磁效应,很快(一两年内),毕奥、萨伐尔、安培、拉普拉斯等作了进一步定量的研究。1831 年法拉第发现了有名的电磁感应现象,并提出了**场**和力线的概念,进一步揭示了电与磁的联系。在这样的基础上,麦克斯韦集前人之大成,再加上他极富创见的关于感应电场和位移电流的假说,建立了以一套方程组为基础的完整的宏观的电磁场理论。在这一历史过程中,有偶然的机遇,也有有目的的探索；有精巧的实验技术，也有大胆的理论独创；有天才的物理模型设想，也有严密的数学方法应用。最后形成的麦克斯韦电磁场方程组是"完整的"，它使人类对宏观电磁现象的认识达到了一个新的高度。麦克斯韦的这一成就可以认为是从牛顿建立力学理论到爱因斯坦提出相对论的这段时期中物理学史上最重要的理论成果。

下面就让我们从电荷及场的概念讲起。

第 12 章

静 电 场

作为电磁学的开始,本章讲解静止电荷相互作用的规律。在简要地说明了电荷的性质之后,就介绍了库仑定律。由于静止电荷是通过它的电场对其他电荷产生作用的,所以关于电场的概念及其规律就具有基础性的意义。本章除介绍用库仑定律求静电场的方法之外,特别介绍了更具普遍意义的高斯定律及应用它求静电场的方法。对称性分析已成为现代物理学的一种基本的分析方法,本章在适当地方多次说明了对称性的意义及利用对称性分析问题的方法。无论是概念的引入,或是定律的表述,或是分析方法的介绍,本章所涉及的内容,就思维方法来讲,对整个电磁学(甚至整个物理学)都具有典型的意义,希望读者细心地、认真地学习体会。

12.1 电荷

物体能产生电磁现象,现在都归因于物体带上了**电荷**以及这些电荷的运动。通过对电荷(包括静止的和运动的电荷)的各种相互作用和效应的研究,人们现在认识到电荷的基本性质有以下几方面。

1. 电荷的种类

电荷有两种,同种电荷相斥,异种电荷相吸。美国物理学家富兰克林(Benjamin Franklin,1706—1790 年)首先以正电荷、负电荷的名称来区分两种电荷,这种命名法一直延续到现在。宏观带电体所带电荷种类的不同根源于组成它们的微观粒子所带电荷种类的不同:电子带负电荷,质子带正电荷,中子不带电荷。现代物理实验证实,电子的电荷集中在半径小于 10^{-20} m 的小体积内。因此,电子被当成是一个无内部结构而有有限质量和电荷的"点"。通过高能电子束散射实验测出的质子和中子内部的电荷分布分别如图 12.1(a),(b)所示。质子中只有正电荷,都集中在半径约为 10^{-15} m 的体积内。中子内部也有电荷,靠近中心为正电荷,靠外为负电荷;正负电荷电量相等,所以对外不显带电。

带电体所带电荷的多少叫电量。谈到电量,就涉及如何测量它的问题。一个电荷的量值大小只能通过该电荷所产生的效应来测量。电量常用 Q 或 q 表示,在国际单位制中,它的单位名称为库[仑],符号为 C。正电荷电量取正值,负电荷电量取负值。一个带电体所带总电量为其所带正负电量的代数和。

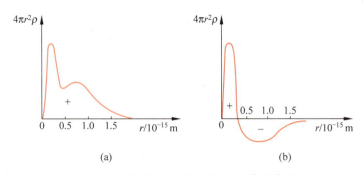

图 12.1 质子内(a)与中子内(b)电荷分布图

2. 电荷的量子性

实验证明,在自然界中,电荷总是以一个**基本单元**的整数倍出现,电荷的这个特性叫做电荷的**量子性**。电荷的基本单元就是一个电子所带电量的绝对值,常以 e 表示。经测定

$$e = 1.602 \times 10^{-19} \text{ C}$$

电荷具有基本单元的概念最初是根据电解现象中通过溶液的电量和析出物质的质量之间的关系提出的。法拉第(Michael Faraday,1791—1867 年)、阿累尼乌斯(Arrhenius,1859—1927 年)等都为此做出过重要贡献。他们的结论是:一个离子的电量只能是一个基本电荷的电量的整数倍。直到 1890 年斯通尼(John Stone Stoney,1826—1911 年)才引入"**电子**"(electron)这一名称来表示带有负的基元电荷的粒子。其后,1913 年密立根(Robert Anolvews Millikan,1868—1953 年)设计了有名的油滴试验,直接测定了此基元电荷的量值。现在已经知道许多基本粒子都带有正的或负的基元电荷。例如,一个正电子,一个质子都各带有一个正的基元电荷。一个反质子,一个负介子则带有一个负的基元电荷。微观粒子所带的基元电荷数常叫做它们各自的**电荷数**,都是正整数或负整数。近代物理从理论上预言基本粒子由若干种**夸克**或**反夸克**组成,每一个夸克或反夸克可能带有 $\pm \dfrac{1}{3}e$ 或 $\pm \dfrac{2}{3}e$ 的电量。然而至今单独存在的夸克尚未在实验中发现(即使发现了,也不过把基元电荷的大小缩小到目前的 1/3,电荷的量子性依然不变)。

本章大部分内容讨论电磁现象的宏观规律,所涉及的电荷常常是基元电荷的许多倍。在这种情况下,我们将只从平均效果上考虑,认为电荷**连续**地分布在带电体上,而忽略电荷的量子性所引起的微观起伏。尽管如此,在阐明某些宏观现象的微观本质时,还是要从电荷的量子性出发。

在以后的讨论中经常用到点电荷这一概念。当一个带电体本身的线度比所研究的问题中所涉及的距离小很多时,该带电体的形状与电荷在其上的分布状况均无关紧要,该带电体就可看作一个带电的点,叫**点电荷**。由此可见,点电荷是个相对的概念。至于带电体的线度比问题所涉及的距离小多少时,它才能被当作点电荷,这要依问题所要求的精度而定。当在宏观意义上谈论电子、质子等带电粒子时,完全可以把它们视为点电荷。

3. 电荷守恒

实验指出,对于一个系统,如果没有净电荷出入其边界,则该系统的正、负电荷的电量的代数和将保持不变,这就是**电荷守恒定律**。这个守恒是局域守恒,针对的系统应该是局限在

小区域的。宏观物体的带电、电中和以及物体内的电流等现象实质上是由于微观带电粒子在物体内运动的结果。因此,电荷守恒实际上也就是在各种变化中,系统内粒子的总电荷数守恒。

现代物理研究已表明,在粒子的相互作用过程中,电荷是可以产生和消失的。然而电荷守恒并未因此而遭到破坏。例如,一个高能光子与一个重原子核作用时,该光子可以转化为一个正电子和一个负电子(这叫**电子对的"产生"**);而一个正电子和一个负电子在一定条件下相遇,又会同时消失而产生两个或三个光子(这叫**电子对的"湮灭"**)。在已观察到的各种过程中,正、负电荷总是成对出现或成对消失。由于光子不带电,正、负电子又各带有等量异号电荷,所以这种电荷的产生和消失并不改变系统中的电荷数的代数和,因而电荷守恒定律仍然保持有效。

4. 电荷的相对论不变性

实验证明,一个电荷的电量与它的运动状态无关。较为直接的实验例子是比较氢分子和氦原子的电中性。氢分子和氦原子都有两个电子作为核外电子,这些电子的运动状态相差不大。氢分子还有两个质子,它们是作为两个原子核在保持相对距离约为 0.07 nm 的情况下转动的(图 12.2(a))。氦原子中也有两个质子,但它们组成一个原子核,两个质子紧密地束缚在一起运动(图 12.2(b))。氦原子中两个质子的能量比氢分子中两个质子的能量大得多(一百万倍的数量级),因而两者的运动状态有显著的差别。如果电荷的电量与运动状态有关,氢分子中质子的电量就应该和氦原子中质子的电量不同,但两者的电子的电量是相同的,因此,两者就不可能都是电中性的。但是实验证实,氢分子和氦原子都精确地是电中性的,它们内部正、负电荷在数量上的相对差异都小于 $1/10^{20}$。这就说明,质子的电量是与其运动状态无关的。

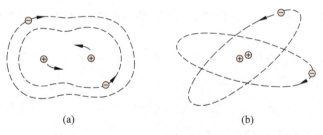

图 12.2 氢分子(a)与氦原子(b)结构示意图

还有其他实验,也证明电荷的电量与其运动状态无关。另外,根据这一结论导出的大量结果都与实验结果相符合,这也反过来证明了这一结论的正确性。

由于在不同的参考系中观察,同一个电荷的运动状态不同,所以电荷的电量与其运动状态无关,也可以说成是,在不同的参考系内观察,同一带电粒子的电量不变。电荷的这一性质叫**电荷的相对论不变性**。

12.2 库仑定律与叠加原理

在发现电现象后的 2 000 多年的长时期内,人们对电的认识一直停留在定性阶段。从 18 世纪中叶开始,不少人着手研究电荷之间作用力的定量规律,最先是研究静止电荷之间的作用力。研究静止电荷之间的相互作用的理论叫**静电学**。它是以 1785 年法国科学家库仑(Charles Augustin de Coulomb, 1736—1806 年)通过实验总结出的规律——**库仑定律**——为基础的。这一定律的表述如下：**相对于惯性系观察，自由空间(或真空)中两个静止的点电荷之间的作用力(斥力或吸力，统称库仑力)与这两个电荷所带电量的乘积成正比，与它们之间距离的平方成反比，作用力的方向沿着这两个点电荷的连线**。这一规律用矢量公式表示为

$$\boldsymbol{F}_{21} = k\frac{q_1 q_2}{r_{21}^2}\boldsymbol{e}_{r21} \tag{12.1}$$

式中，q_1 和 q_2 分别表示两个点电荷的电量(带有正、负号)，r_{21} 表示两个点电荷之间的距离，$\boldsymbol{e}_{r21}$ 表示从电荷 q_1 指向电荷 q_2 的单位矢量(图 12.3)；k 为比例常量，依公式中各量所选取的单位而定。$\boldsymbol{F}_{21}$ 表示电荷 q_2 受电荷 q_1 的作用力。当两个点电荷 q_1 与 q_2 同号时，$\boldsymbol{F}_{21}$ 与 $\boldsymbol{e}_{r21}$ 同方向，表明电荷 q_2 受 q_1 的斥力；当 q_1 与 q_2 反号时，$\boldsymbol{F}_{21}$ 与 $\boldsymbol{e}_{r21}$ 的方向相反，表示 q_2 受 q_1 的引力。由此式还可以看出，两个静止的点电荷之间的作用力符合牛顿第三定律，即

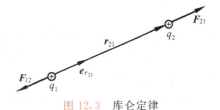

图 12.3 库仑定律

$$\boldsymbol{F}_{21} = -\boldsymbol{F}_{12} \tag{12.2}$$

式(12.1)中的单位矢量 $\boldsymbol{e}_{r21}$ 表示两个静止的点电荷之间的作用力沿着它们的连线的方向。对于本身没有任何方向特征的静止的点电荷来说，也只可能是这样。因为自由空间是各向同性的(我们也只能这样认为或假定)，对于两个静止的点电荷来说，只有它们的连线才具有唯一确定的方向。由此可知，库仑定律反映了自由空间的各向同性，也就是空间对于转动的对称性。

在国际单位制中，距离 r 用 m 作单位，力 F 用 N 作单位，实验测定比例常量 k 的数值和单位为

$$k = 8.988\,0 \times 10^9 \text{ N} \cdot \text{m}^2/\text{C}^2 \approx 9 \times 10^9 \text{ N} \cdot \text{m}^2/\text{C}^2$$

通常还引入另一常量 ε_0 来代替 k，使

$$k = \frac{1}{4\pi\varepsilon_0}$$

于是，真空中库仑定律的形式就可写成

$$\boldsymbol{F}_{21} = \frac{q_1 q_2}{4\pi\varepsilon_0 r_{21}^2}\boldsymbol{e}_{r21} \tag{12.3}$$

这里引入的 ε_0 叫**真空介电常量**(或真空电容率)，在国际单位制中它的数值和单位是

$$\varepsilon_0 = \frac{1}{4\pi k} = 8.85 \times 10^{-12} \text{ C}^2/(\text{N} \cdot \text{m}^2)\text{\textcircled{1}}$$

在库仑定律表示式中引入"4π"因子的做法，称为单位制的有理化。这样做的结果虽然使库仑定律的形式变得复杂些，但却使以后经常用到的电磁学规律的表示式因不出现"4π"因子而变得简单些。这种做法的优越性，在今后的学习中读者是会逐步体会到的。

实验证实，点电荷放在空气中时，其相互作用的电力和在真空中的相差极小，故

---

① 单位 $\text{C}^2/(\text{N} \cdot \text{m}^2)$ 就是 F/m，F(法)是电容的单位，见第 15 章。

式(12.3)的库仑定律对空气中的点电荷亦成立。

库仑定律是关于一种基本力的定律,它的正确性不断经历着实验的考验。设定律分母中 r 的指数为 $2+\alpha$,人们曾设计了各种实验来确定(一般是间接地)α 的上限。1773 年,卡文迪许的静电实验给出 $|\alpha| \leqslant 0.02$。约百年后麦克斯韦的类似实验给出 $|\alpha| \leqslant 5 \times 10^{-5}$。1971 年威廉斯等人改进该实验得出 $|\alpha| \leqslant |2.7 \pm 3.1| \times 10^{-16}$。这些都是在实验室范围($10^{-3} \sim 10^{-1}$ m)内得出的结果。对于很小的范围,卢瑟福的 α 粒子散射实验(1910 年)已证实小到 10^{-15} m 的范围,现代高能电子散射实验进一步证实小到 10^{-17} m 的范围,库仑定律仍然精确地成立。大范围的结果是通过人造地球卫星研究地球磁场时得到的。它给出库仑定律精确地适用于大到 10^{7} m 的范围,因此一般就认为在更大的范围内库仑定律仍然有效。

令人感兴趣的是,现代量子电动力学理论指出,库仑定律中分母 r 的指数与光子的静质量有关:如果光子的静质量为零,则该指数严格地为 2。现在的实验给出光子的静质量上限为 10^{-48} kg,这差不多相当于 $|\alpha| \leqslant 10^{-16}$。

例 12.1

氢原子中电子和质子的距离为 5.3×10^{-11} m。求此二粒子间的静电力和万有引力各为多大?

解 由于电子的电荷是 $-e$,质子的电荷为 $+e$,而电子的质量 $m_e = 9.1 \times 10^{-31}$ kg,质子的质量 $m_p = 1.7 \times 10^{-27}$ kg,所以由库仑定律,求得两粒子间的静电力大小为

$$F_e = \frac{e^2}{4\pi\varepsilon_0 r^2} = \frac{9.0 \times 10^9 \times (1.6 \times 10^{-19})^2}{(5.3 \times 10^{-11})^2} = 8.1 \times 10^{-8} \text{ (N)}$$

由万有引力定律,求得两粒子间的万有引力

$$F_g = G \frac{m_e m_p}{r^2} = \frac{6.7 \times 10^{-11} \times 9.1 \times 10^{-31} \times 1.7 \times 10^{-27}}{(5.3 \times 10^{-11})^2} = 3.7 \times 10^{-47} \text{ (N)}$$

由计算结果可以看出,氢原子中电子与质子的相互作用的静电力远较万有引力为大,前者约为后者的 10^{39} 倍。

例 12.2

卢瑟福(E. Rutherford, 1871—1937 年)在他的 α 粒子散射实验中发现,α 粒子具有足够高的能量,使它能达到与金原子核的距离为 2×10^{-14} m 的地方。试计算在这一距离时,α 粒子所受金原子核的斥力的大小。

解 α 粒子所带电量为 $2e$,金原子核所带电量为 $79e$,由库仑定律可得此斥力为

$$F = \frac{2e \times 79e}{4\pi\varepsilon_0 r^2} = \frac{9.0 \times 10^9 \times 2 \times 79 \times (1.6 \times 10^{-19})^2}{(2 \times 20^{-14})^2} = 91 \text{ (N)}$$

此力约相当于 10 kg 物体所受的重力。此例说明,在原子尺度内电力是非常强的。

库仑定律只讨论两个静止的点电荷间的作用力,当考虑两个以上的静止的点电荷之间的作用时,就必须补充另一个实验事实:**两个点电荷之间的作用力并不因第三个点电荷的存在而有所改变**。因此,两个以上的点电荷对一个点电荷的作用力等于各个点电荷单独存在时对该点电荷的作用力的矢量和。这个结论称为**静电力的叠加原理**。

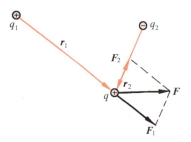

图 12.4 画出了两个点电荷 q_1 和 q_2 对第三个点电荷 q 的作用力的叠加情况。电荷 q_1 和 q_2 单独作用在电荷 q 上的力分别为 $\boldsymbol{F}_1$ 和 $\boldsymbol{F}_2$,它们共同作用在 q 上的力 $\boldsymbol{F}$ 就是这两个力的合力,即

$$\boldsymbol{F} = \boldsymbol{F}_1 + \boldsymbol{F}_2$$

对于由 n 个点电荷 $q_1, q_2, \cdots, q_n$ 组成的电荷系,若以 $\boldsymbol{F}_1, \boldsymbol{F}_2, \cdots, \boldsymbol{F}_n$ 分别表示它们单独存在时对另一点电荷 q 上的电力,则由电力的叠加原理可知,q 受到的总电力应为

图 12.4 静电力叠加原理

$$\boldsymbol{F} = \boldsymbol{F}_1 + \boldsymbol{F}_2 + \cdots + \boldsymbol{F}_n = \sum_{i=1}^{n} \boldsymbol{F}_i \tag{12.4}$$

在 $q_1, q_2, \cdots, q_n$ 和 q 都静止的情况下,$\boldsymbol{F}_i$ 都可以用库仑定律式(12.3)计算,因而可得

$$\boldsymbol{F} = \sum_{i=1}^{n} \frac{qq_i}{4\pi\varepsilon_0 r_i^2} \boldsymbol{e}_{r_i} \tag{12.5}$$

式中,r_i 为 q 与 q_i 之间的距离,$\boldsymbol{e}_{r_i}$ 为从点电荷 q_i 指向 q 的单位矢量。

12.3 电场和电场强度

设相对于惯性参考系,在真空中有一固定不动的点电荷系 $q_1, q_2, \cdots, q_n$。将另一点电荷 q 移至该电荷系周围的 $P(x,y,z)$ 点(称场点)处,现在求 q 受该电荷系的作用力。这力应该由式(12.5)给出。由于电荷系作用于电荷 q 上的合力与电荷 q 的电量成正比,所以比值 $\boldsymbol{F}/q$ 只取决于点电荷系的结构(包括每个点电荷的电量以及各点电荷之间的相对位置)和电荷 q 所在的位置 (x,y,z),而与电荷 q 的量值无关。因此,可以认为比值 $\boldsymbol{F}/q$ 反映了电荷系周围空间各点的一种特殊性质,它能给出该电荷系对静止于各点的其他电荷 q 的作用力。这时就说该点电荷系周围空间存在着由它所产生的**电场**。电荷 $q_1, q_2, \cdots, q_n$ 叫**场源电荷**,而比值 $\boldsymbol{F}/q$ 就表示电场中各点的强度,称为**电场强度**(简称**场强**)。通常用 $\boldsymbol{E}$ 表示电场强度,于是就有定义

$$\boldsymbol{E} = \frac{\boldsymbol{F}}{q} \tag{12.6}$$

此式表明,电场中任意点的电场强度等于位于该点的单位正电荷所受的电力。在电场中各点的 $\boldsymbol{E}$ 可以各不相同,因此一般地说,$\boldsymbol{E}$ 是空间坐标的矢量函数。在考察电场时,式(12.6)中的 q 起到检验电场的作用,叫**检验电荷**。

在国际单位制中,电场强度的单位名称为牛每库,符号为 N/C。以后将证明,这个单位和 V/m 是等价的,即

$$1 \text{ V/m} = 1 \text{ N/C}$$

将式(12.4)代入式(12.6),可得

$$\boldsymbol{E} = \frac{\sum_{i=1}^{n} \boldsymbol{F}_i}{q} = \sum_{i=1}^{n} \frac{\boldsymbol{F}_i}{q}$$

式中,$\boldsymbol{F}_i/q$ 是电荷 q_i 单独存在时在 P 点产生的电场强度 $\boldsymbol{E}_i$。因此,上式可写成

$$E = \sum_{i=1}^{n} E_i \tag{12.7}$$

此式表示：**在 n 个点电荷产生的电场中某点的电场强度等于每个点电荷单独存在时在该点所产生的电场强度的矢量和**。这个结论称为**电场叠加原理**。

在场源电荷是静止的参考系中观察到的电场叫**静电场**，静电场对电荷的作用力叫**静电力**。在已知静电场中各点电场强度 E 的条件下，可由式(12.6)直接求得置于其中的任意点处的点电荷 q 受的力为

$$F = qE \tag{12.8}$$

这里，可以提出这样的问题：当用式(12.8)求电荷 q 受的力时，必须先求出 E 来，而 E 是由式(12.6)和式(12.5)求出的。再将这样求出的 E 代入式(12.8)求 F，我们又回到了式(12.5)。既然如此，为什么要引入电场这一概念呢？

这涉及人们如何理解电荷间的相互作用。在法拉第之前，人们认为两个电荷之间的相互作用力和两个质点之间的万有引力一样，都是一种超距作用。即一个电荷对另一个电荷的作用力是隔着一定空间直接给予的，不需要什么中间媒质传递，也不需要时间，这种作用方式可表示为

电荷 ⇌ 电荷

在 19 世纪 30 年代，法拉第提出另一种观点，认为一个电荷周围存在着由它所产生的电场，另外的电荷受这一电荷的作用力就是通过这电场给予的。这种作用方式可以表示为

电荷 ⇌ 电场 ⇌ 电荷

这样引入的电场对电荷周围空间各点赋予一种**局域性**，即：如果知道了某一小区域的 E，无需更多的要求，我们就可以知道任意电荷在此区域内的受力情况，从而可以进一步知道它的运动。这时，也不需要知道是些什么电荷产生了这个电场。如果知道在空间各点的电场，我们就有了对这整个系统的完整的描述，并可由它揭示出所有电荷的位置和大小。这种局域性场的引入是物理概念上的重要发展。

近代物理学的理论和实验完全证实了场的观点的正确性。电场以及磁场已被证明是一种客观实在，它们运动（或传播）的速度是有限的，这个速度就是光速。电磁场还具有能量、质量和动量。

尽管如此，在研究静止电荷的相互作用时，电场的引入可以认为只是描述电荷相互作用的一种方便方法。而在研究有关运动电荷，特别是其运动迅速改变的电荷的现象时，电磁场的实在性就突出地显示出来了。

表 12.1 给出了一些典型的电场强度的数值。

表 12.1　一些电场强度的数值　　　　　　　　　N/C

铀核表面	2×10^{21}
中子星表面	约 10^{14}
氢原子电子内轨道处	6×10^{11}
X 射线管内	5×10^{6}
空气的电击穿强度	3×10^{6}
范德格拉夫静电加速器内	2×10^{6}
电视机的电子枪内	10^{5}

	续表
电闪内	10^4
雷达发射器近旁	7×10^3
太阳光内（平均）	1×10^3
晴天大气中（地表面附近）	1×10^2
小型激光器发射的激光束内（平均）	1×10^2
日光灯内	10
无线电波内	约 10^{-1}
家用电路线内	约 3×10^{-2}
宇宙背景辐射内（平均）	3×10^{-6}

12.4 静止的点电荷的电场及其叠加

现在讨论在场源电荷都是静止的参考系中电场强度的分布，先讨论一个静止的点电荷的电场强度分布。现计算距静止的场源电荷 q 的距离为 r 的 P 点处的场强。设想把一个检验电荷 q_0 放在 P 点，根据库仑定律，q_0 受到的电场力为

$$\boldsymbol{F} = \frac{qq_0}{4\pi\varepsilon_0 r^2}\boldsymbol{e}_r$$

式中，$\boldsymbol{e}_r$ 是从场源电荷 q 指向点 P 的单位矢量。由场强定义式(12.6)，P 点场强为

$$\boldsymbol{E} = \frac{q}{4\pi\varepsilon_0 r^2}\boldsymbol{e}_r \tag{12.9}$$

这就是点电荷场强分布公式。式中，若 $q>0$，则 $\boldsymbol{E}$ 与 $\boldsymbol{r}$ 同向，即在正电荷周围的电场中，任意点的场强沿该点径矢方向(见图 12.5(a))；若 $q<0$，则 $\boldsymbol{E}$ 与 $\boldsymbol{r}$ 反向，即在负电荷周围的电场中，任意点的场强沿该点径矢的反方向(见图 12.5(b))。此式还说明静止的点电荷的电场具有球对称性。在各向同性的自由空间内，一个本身无任何方向特征的点电荷的电场分布必然具有这种对称性。因为对任一场点来说，只有从点电荷指向它的径矢方向具有唯一确定的意义，而且距点电荷等远的各场点，场强大小应该相等。

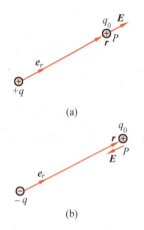

图 12.5 静止的点电荷的电场

将点电荷场强公式(12.9)代入式(12.7)可得点电荷系 $q_1, q_2, \cdots, q_n$ 的电场中任一点的场强为

$$\boldsymbol{E} = \sum_{i=1}^{n} \frac{q_i}{4\pi\varepsilon_0 r_i^2}\boldsymbol{e}_{ri} \tag{12.10}$$

式中，r_i 为 q_i 到场点的距离，$\boldsymbol{e}_{ri}$ 为从 q_i 指向场点的单位矢量。

若带电体的电荷是连续分布的，可认为该带电体的电荷是由许多无限小的电荷元 $\mathrm{d}q$ 组成的，而每个电荷元都可以当作点电荷处理。设其中任一个电荷元 $\mathrm{d}q$ 在 P 点产生的场强为 $\mathrm{d}\boldsymbol{E}$，按式(12.9)有

$$\mathrm{d}\boldsymbol{E} = \frac{\mathrm{d}q}{4\pi\varepsilon_0 r^2}\boldsymbol{e}_r$$

式中，r 是从电荷元 dq 到场点 P 的距离，而 e_r 是这一方向上的单位矢量。整个带电体在 P 点所产生的总场强可用积分计算为

$$E = \int dE = \int \frac{dq}{4\pi\varepsilon_0 r^2} e_r \tag{12.11}$$

由上述可知，对于由许多电荷组成的电荷系来说，在它们都静止的参考系中，如果电荷分布为已知，那么根据场强叠加原理，并利用点电荷场强公式(12.9)，就可求出该参考系中任意点的场强，也就是求出静电场的空间分布。下面举几个例子。

例 12.3

求电偶极子中垂线上任一点的电场强度。

解 相隔一定距离的等量异号点电荷，当点电荷 $+q$ 和 $-q$ 的距离 l 比从它们到所讨论的场点的距离小得多时，此电荷系统称**电偶极子**。如图 12.6 所示，用 l 表示从负电荷到正电荷的矢量线段。

设 $+q$ 和 $-q$ 到偶极子中垂线上任一点 P 处的位置矢量分别为 r_+ 和 r_-，而 $r_+ = r_-$。由式(12.9)，$+q$，$-q$ 在 P 点处的场强 E_+，E_- 分别为

$$E_+ = \frac{q\mathbf{r}_+}{4\pi\varepsilon_0 r_+^3}$$

$$E_- = \frac{-q\mathbf{r}_-}{4\pi\varepsilon_0 r_-^3}$$

以 r 表示电偶极子中心到 P 点的距离，则

$$r_+ = r_- = \sqrt{r^2 + \frac{l^2}{4}} = r\sqrt{1 + \frac{l^2}{4r^2}} = r\left(1 + \frac{l^2}{8r^2} + \cdots\right)$$

在距电偶极子甚远时，即当 $r \gg l$ 时，取一级近似，有 $r_+ = r_- = r$，而 P 点的总场强为

$$E = E_+ + E_- = \frac{q}{4\pi\varepsilon_0 r^3}(\mathbf{r}_+ - \mathbf{r}_-)$$

由于 $\mathbf{r}_+ - \mathbf{r}_- = -\mathbf{l}$，所以上式化为

$$E = \frac{-q\mathbf{l}}{4\pi\varepsilon_0 r^3}$$

式中，$q\mathbf{l}$ 反映电偶极子本身的特征，叫做电偶极子的**电矩**（或电偶极矩）。以 $\mathbf{p}$ 表示电矩，则 $\mathbf{p} = q\mathbf{l}$。这样上述结果又可写成

$$E = \frac{-\mathbf{p}}{4\pi\varepsilon_0 r^3} \tag{12.12}$$

此结果表明，电偶极子中垂线上距离电偶极子中心较远处，各点的电场强度与电偶极子的电矩成正比，与该点离电偶极子中心的距离的三次方成反比，方向与电矩的方向相反。

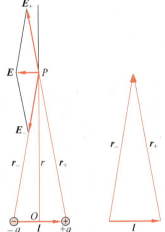

图 12.6 电偶极子的电场

例 12.4

一根带电直棒，如果我们限于考虑离棒的距离比棒的截面尺寸大得多的地方的电场，则该带电直棒就可以看作一条带电直线。今设一均匀带电直线，长为 L（图 12.7），线电荷密度（即单位长度上的电荷）为 λ（设 $\lambda > 0$），求直线中垂线上一点的场强。

解 在带电直线上任取一长为 dl 的电荷元，其电量 $dq = \lambda dl$。以带电直线中点 O 为原点，取坐标轴

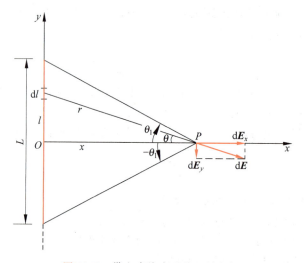

图 12.7 带电直线中垂线上的电场

Ox, Oy 如图 12.7 所示。电荷元 dq 在 P 点的场强为 $d\boldsymbol{E}$,$d\boldsymbol{E}$ 沿两个轴方向的分量分别为 $d\boldsymbol{E}_x$ 和 $d\boldsymbol{E}_y$。由于电荷分布对于 OP 直线的对称性,所以全部电荷在 P 点的场强沿 y 轴方向的分量之和为零,因而 P 点的总场强 $\boldsymbol{E}$ 应沿 x 轴方向,并且

$$E = \int dE_x$$

而

$$dE_x = dE\cos\theta = \frac{\lambda dl x}{4\pi\varepsilon_0 r^3}$$

由于 $l = x\tan\theta$,从而 $dl = \frac{x}{\cos^2\theta}d\theta$。由图 12.7 知 $r = \frac{x}{\cos\theta}$,所以

$$dE_x = \frac{\lambda dl x}{4\pi\varepsilon_0 r^3} = \frac{\lambda\cos\theta}{4\pi\varepsilon_0 x}d\theta$$

由于对整个带电直线来说,θ 的变化范围是从 $-\theta_1$ 到 $+\theta_1$,所以

$$E = \int_{-\theta_1}^{+\theta_1} \frac{\lambda\cos\theta}{4\pi\varepsilon_0 x}d\theta = \frac{\lambda\sin\theta_1}{2\pi\varepsilon_0 x}$$

将 $\sin\theta_1 = \frac{L/2}{\sqrt{(L/2)^2 + x^2}}$ 代入,可得

$$E = \frac{\lambda L}{4\pi\varepsilon_0 x(x^2 + L^2/4)^{1/2}}$$

此电场的方向垂直于带电直线而指向远离直线的一方。

上式中当 $x \ll L$ 时,即在带电直线中部近旁区域内,

$$E \approx \frac{\lambda}{2\pi\varepsilon_0 x} \tag{12.13}$$

此时相对于距离 x,可将该带电直线看作"无限长"。因此,可以说,在一无限长带电直线周围任意点的场强与该点到带电直线的距离成反比。

当 $x \gg L$ 时,即在远离带电直线的区域内,

$$E \approx \frac{\lambda L}{4\pi\varepsilon_0 x^2} = \frac{q}{4\pi\varepsilon_0 x^2}$$

其中 $q = \lambda L$ 为带电直线所带的总电量。此结果显示,离带电直线很远处,该带电直线的电场相当于一个点电荷 q 的电场。

例 12.5

一均匀带电细圆环,半径为 R,所带总电量为 q(设 $q>0$),求圆环轴线上任一点的场强。

解 如图 12.8 所示,把圆环分割成许多小段,任取一小段 $\mathrm{d}l$,其上带电量为 $\mathrm{d}q$。设此电荷元 $\mathrm{d}q$ 在 P 点的场强为 $\mathrm{d}\boldsymbol{E}$,并设 P 点与 $\mathrm{d}q$ 的距离为 r,而 $OP=x$,$\mathrm{d}\boldsymbol{E}$ 沿平行和垂直于轴线的两个方向的分量分别为 $\mathrm{d}\boldsymbol{E}_{/\!/}$ 和 $\mathrm{d}\boldsymbol{E}_\perp$。由于圆环电荷分布对于轴线对称,所以圆环上全部电荷的 $\mathrm{d}\boldsymbol{E}_\perp$ 分量的矢量和为零,因而 P 点的场强沿轴线方向,且

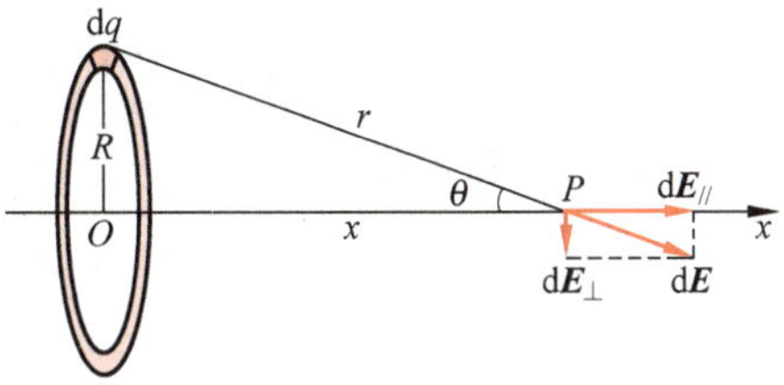

$$E=\int_q \mathrm{d}E_{/\!/}$$

式中积分为对环上全部电荷 q 积分。

图 12.8 均匀带电细圆环轴上的电场

由于

$$\mathrm{d}E_{/\!/}=\mathrm{d}E\cos\theta=\frac{\mathrm{d}q}{4\pi\varepsilon_0 r^2}\cos\theta$$

其中 θ 为 $\mathrm{d}\boldsymbol{E}$ 与 x 轴的夹角,所以

$$E=\int_q \mathrm{d}E_{/\!/}=\int_q \frac{\mathrm{d}q}{4\pi\varepsilon_0 r^2}\cos\theta=\frac{\cos\theta}{4\pi\varepsilon_0 r^2}\int_q \mathrm{d}q$$

此式中的积分值即为整个环上的电荷 q,所以

$$E=\frac{q\cos\theta}{4\pi\varepsilon_0 r^2}$$

考虑到 $\cos\theta=x/r$,而 $r=\sqrt{R^2+x^2}$,可将上式改写成

$$E=\frac{qx}{4\pi\varepsilon_0(R^2+x^2)^{3/2}}$$

$\boldsymbol{E}$ 的方向为沿着轴线指向远方。

当 $x\gg R$ 时,$(x^2+R^2)^{3/2}\approx x^3$,则 $\boldsymbol{E}$ 的大小为

$$E\approx\frac{q}{4\pi\varepsilon_0 x^2}$$

此结果说明,远离环心处的电场也相当于一个点电荷 q 所产生的电场。

例 12.6

一带电平板,如果我们限于考虑离板的距离比板的厚度大得多的地方的电场,则该带电板就可以看作一个带电平面。今设一均匀带电圆面,半径为 R(图 12.9),面电荷密度(即单位面积上的电荷)为 σ(设 $\sigma>0$),求圆面轴线上任一点的场强。

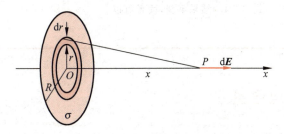

图 12.9 均匀带电圆面轴线上的电场

解 带电圆面可看成由许多同心的带电细圆环组成。取一半径为 r,宽度为 dr 的细圆环,由于此环带有电荷 $\sigma \cdot 2\pi r \mathrm{d}r$,所以由例 12.5 可知,此圆环电荷在 P 点的场强大小为

$$\mathrm{d}E = \frac{\sigma \cdot 2\pi r \mathrm{d}r \cdot x}{4\pi\varepsilon_0 (r^2+x^2)^{3/2}}$$

方向沿着轴线指向远方。由于组成圆面的各圆环的电场 dE 的方向都相同,所以 P 点的场强为

$$E = \int \mathrm{d}E = \frac{\sigma x}{2\varepsilon_0} \int_0^R \frac{r\mathrm{d}r}{(r^2+x^2)^{3/2}} = \frac{\sigma}{2\varepsilon_0}\left[1 - \frac{x}{(R^2+x^2)^{1/2}}\right]$$

其方向也垂直于圆面指向远方。

当 $x \ll R$ 时,

$$E = \frac{\sigma}{2\varepsilon_0} \tag{12.14}$$

此时相对于 x,可将该带电圆面看作"无限大"带电平面。因此,可以说,在一无限大均匀带电平面附近,电场是一个均匀场,其大小由式(12.14)给出。

当 $x \gg R$ 时,

$$(R^2+x^2)^{-1/2} = \frac{1}{x}\left(1-\frac{R^2}{2x^2}+\cdots\right) \approx \frac{1}{x}\left(1-\frac{R^2}{2x^2}\right)$$

于是

$$E \approx \frac{\pi R^2 \sigma}{4\pi\varepsilon_0 x^2} = \frac{q}{4\pi\varepsilon_0 x^2}$$

式中 $q = \sigma \pi R^2$ 为圆面所带的总电量。这一结果也说明,在远离带电圆面处的电场也相当于一个点电荷的电场。

例 12.7
计算电偶极子在均匀电场中所受的力矩。

解 一个电偶极子在外电场中要受到力矩的作用。以 $\boldsymbol{E}$ 表示均匀电场的场强,$\boldsymbol{l}$ 表示从 $-q$ 到 $+q$ 的矢量线段,偶极子中点 O 到 $+q$ 与 $-q$ 的径矢分别为 $\boldsymbol{r}_+$ 和 $\boldsymbol{r}_-$,如图 12.10 所示。正、负电荷所受力分别为 $\boldsymbol{F}_+ = q\boldsymbol{E}_+$,$\boldsymbol{F}_- = -q\boldsymbol{E}$,它们对于偶极子中点 O 的力矩之和为

$$\boldsymbol{M} = \boldsymbol{r}_+ \times \boldsymbol{F}_+ + \boldsymbol{r}_- \times \boldsymbol{F}_- = q\boldsymbol{r}_+ \times \boldsymbol{E} + (-q)\boldsymbol{r}_- \times \boldsymbol{E}$$
$$= q(\boldsymbol{r}_+ - \boldsymbol{r}_-) \times \boldsymbol{E} = q\boldsymbol{l} \times \boldsymbol{E}$$

即

$$\boldsymbol{M} = \boldsymbol{p} \times \boldsymbol{E} \tag{12.15}$$

力矩 $\boldsymbol{M}$ 的作用总是使电偶极子转向电场 $\boldsymbol{E}$ 的方向。当转到 $\boldsymbol{p}$ 平行于 $\boldsymbol{E}$ 时,力矩 $\boldsymbol{M} = 0$。

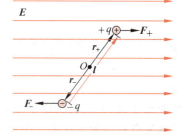

图 12.10 电偶极子在外电场中受力情况

O 点换到任何其他位置,式(12.15)结果不变,读者可以自己试一试。

12.5 电场线和电通量

为了形象地描绘电场在空间的分布,可以画电场线图。电场线是按下述规定在电场中画出的一系列假想的曲线:曲线上每一点的切线方向表示该点场强的方向,曲线的疏密表

示场强的大小。这就是说,电场中某点电场强度的大小等于该点处的电场线数密度,即该点附近垂直于电场方向的单位面积所通过的电场线条数。可以证明,这样画出的电场线在没有电荷处都是连续的曲线,互不相交而且起自正电荷终于负电荷(见 12.6 节)。

图 12.11 画出了几种不同分布的电荷所产生的电场的电场线。

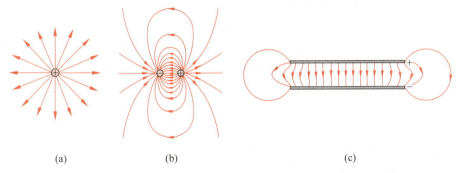

图 12.11　几种静止的电荷的电场线图
(a) 点电荷;(b) 电偶极子;(c) 带电平行板

电场线图形也可以通过实验显示出来。将一些针状晶体碎屑撒到绝缘油中使之悬浮起来,加以外电场后,这些小晶体会因感应而成为小的电偶极子。它们在电场力的作用下就会转到电场方向排列起来,于是就显示出了电场线的图形(图 12.12)。

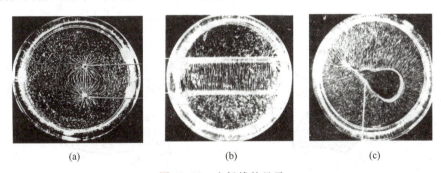

图 12.12　电场线的显示
(a) 两个等量的正负电荷;(b) 两个带等量异号电荷的平行金属板;(c) 有尖的异形带电导体

式(12.10)或式(12.11)给出了场源电荷和它们的电场分布的关系。利用电场线概念,可以用另一种形式——高斯定律——把这一关系表示出来。这后一种形式还有更普遍的理论意义,为了导出这一形式,我们引入电通量的概念。

如图 12.13 所示,以 dS 表示电场中某一个设想的面元。

为了同时表示出面元的方位,我们利用面元的法向单位矢量 e_n,这时面元就用矢量面元 $d\boldsymbol{S}=dS\boldsymbol{e}_n$ 表示。此时通过面元 dS 的电通量定义为

$$d\Phi_e = \boldsymbol{E} \cdot d\boldsymbol{S} = EdS\cos\theta \qquad (12.16)$$

注意,由此式决定的电通量 $d\Phi_e$ 有正、负之别。当 $0 \leqslant \theta < \pi/2$ 时,$d\Phi_e$ 为正;当 $\pi/2 < \theta \leqslant \pi$ 时,$d\Phi_e$ 为负。

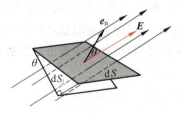

图 12.13　通过 dS 的电通量

由图 12.13 可知

$$dS_\perp = dS\cos\theta \qquad (12.17)$$

将此式代入式(12.16)得

$$d\Phi_e = EdS_\perp \qquad (12.18)$$

根据前面关于电场线的描述知,电通量正是电场线条数(图 12.14)。

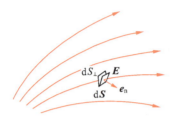

图 12.14 电场线数密度与场强大小的关系

为了求出通过任意曲面 S 的电通量(图 12.15),可将曲面 S 分割成许多小面元 dS。先计算通过每一小面元的电通量,然后对整个 S 面上所有面元的电通量相加。用数学式表示就有

$$\Phi_e = \int d\Phi_e = \int_S \boldsymbol{E} \cdot d\boldsymbol{S} \qquad (12.19)$$

这样的积分在数学上叫**面积分**,积分号下标 S 表示此积分遍及整个曲面。

通过一个封闭曲面 S(图 12.16)的电通量可表示为

$$\Phi_e = \oint_S \boldsymbol{E} \cdot d\boldsymbol{S} \qquad (12.20)$$

积分符号"$\oint$"表示对整个封闭曲面进行面积分。

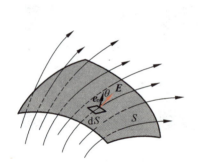

图 12.15 通过任意曲面的电通量

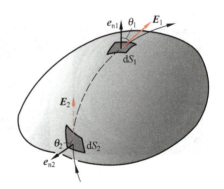

图 12.16 通过封闭曲面的电通量

对于不闭合的曲面,面上各处法向单位矢量的正向可以任意取这一侧或那一侧。对于闭合曲面,由于它使整个空间划分成内、外两部分,所以一般规定**自内向外**的方向为各处面元法向的正方向。因此,当电场线从内部穿出时(如在图 12.16 中面元 dS_1 处),$0 \leqslant \theta_1 < \pi/2$,$d\Phi_e$ 为正。当电场线由外面穿入时(如图 12.16 中面元 dS_2 处),$\pi/2 < \theta_2 \leqslant \pi$,$d\Phi_e$ 为负。式(12.20)中表示的通过整个封闭曲面的电通量 Φ_e 就等于穿出与穿入封闭曲面的电场线的条数之差,也就是**净穿出封闭面**的电场线的总条数。

12.6 高斯定律

高斯(K. F. Gauss,1777—1855 年)是德国物理学家和数学家,他在实验物理和理论物理以及数学方面都做出了很多贡献,他导出的高斯定律是电磁学的一条重要规律。

高斯定律是用电通量表示的电场和场源电荷关系的定律,它给出了通过任一封闭面的电通量与封闭面内部所包围的电荷的关系。下面我们利用电通量的概念根据库仑定律和场强叠加原理来导出这个关系。

我们先讨论一个静止的点电荷 q 的电场。以 q 所在点为中心,取任意长度 r 为半径作一球面 S 包围这个点电荷 q(图 12.17(a))。我们知道,球面上任一点的电场强度 E 的大小都是 $\dfrac{q}{4\pi\varepsilon_0 r^2}$,方向都沿着径矢 r 的方向,而处处与球面垂直。根据式(12.20),可得通过这球面的电通量为

$$\Phi_e = \oint_S \boldsymbol{E} \cdot \mathrm{d}\boldsymbol{S} = \oint_S \frac{q}{4\pi\varepsilon_0 r^2}\mathrm{d}S = \frac{q}{4\pi\varepsilon_0 r^2}\oint_S \mathrm{d}S = \frac{q}{4\pi\varepsilon_0 r^2} 4\pi r^2 = \frac{q}{\varepsilon_0}$$

此结果与球面半径 r 无关,只与它所包围的电荷的电量有关。这意味着,对以点电荷 q 为中心的任意球面来说,通过它们的电通量都一样,都等于 q/ε_0。用电场线的图像来说,这表示通过各球面的电场线总条数相等,或者说,**从点电荷 q 发出的电场线连续地延伸到无限远处。**

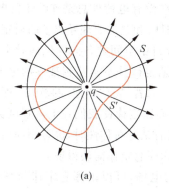 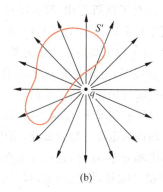

(a)　　　　　　　　　　　　　(b)

图 12.17　说明高斯定律用图

现在设想另一个任意的闭合面 S',S' 与球面 S 包围同一个点电荷 q(图 12.17(a)),由于电场线的连续性,可以得出通过闭合面 S 和 S' 的电力线数目是一样的。因此通过任意形状的包围点电荷 q 的闭合面的电通量都等于 q/ε_0。

如果闭合面 S' 不包围点电荷 q(图 12.17(b)),则由电场线的连续性可得出,由这一侧进入 S' 的电场线条数一定等于从另一侧穿出 S' 的电场线条数,所以净穿出闭合面 S' 的电场线的总条数为零,亦即通过 S' 面的电通量为零。用公式表示,就是

$$\Phi_e = \oint_S \boldsymbol{E} \cdot \mathrm{d}\boldsymbol{S} = 0$$

以上是关于单个点电荷的电场的结论。对于一个由点电荷 $q_1, q_2, \cdots, q_n$ 等组成的电荷系来说,在它们的电场中的任意一点,由场强叠加原理可得

$$\boldsymbol{E} = \boldsymbol{E}_1 + \boldsymbol{E}_2 + \cdots + \boldsymbol{E}_n$$

其中 $\boldsymbol{E}_1, \boldsymbol{E}_2, \cdots, \boldsymbol{E}_n$ 为单个点电荷产生的电场,$\boldsymbol{E}$ 为总电场。这时通过任意封闭曲面 S 的电通量为

$$\Phi_e = \oint_S \boldsymbol{E} \cdot \mathrm{d}\boldsymbol{S} = \oint_S \boldsymbol{E}_1 \cdot \mathrm{d}\boldsymbol{S} + \oint_S \boldsymbol{E}_2 \cdot \mathrm{d}\boldsymbol{S} + \cdots + \oint_S \boldsymbol{E}_n \cdot \mathrm{d}\boldsymbol{S}$$
$$= \Phi_{e1} + \Phi_{e2} + \cdots + \Phi_{en}$$

其中 $\Phi_{e1}, \Phi_{e2}, \cdots, \Phi_{en}$ 为单个点电荷的电场通过封闭曲面的电通量。由上述关于单个点电荷的结论可知，当 q_i 在封闭曲面内时，$\Phi_{ei} = q_i/\varepsilon_0$；当 q_i 在封闭曲面外时，$\Phi_{ei} = 0$，所以上式可以写成

$$\Phi_e = \oint_S \boldsymbol{E} \cdot \mathrm{d}\boldsymbol{S} = \frac{1}{\varepsilon_0} \sum q_{\text{in}} \qquad (12.21)$$

式中，$\sum q_{\text{in}}$ 表示在封闭曲面内的电量的代数和。式（12.21）就是高斯定律的数学表达式，它表明：**在真空中的静电场内，通过任意封闭曲面的电通量等于该封闭面所包围的电荷的电量的代数和的 $1/\varepsilon_0$ 倍。**

对高斯定律的理解应注意以下几点：①高斯定律表达式左方的场强 $\boldsymbol{E}$ 是曲面上各点的场强，它是由**全部电荷**（既包括封闭曲面内又包括封闭曲面外的电荷）共同产生的合场强，并非只由封闭曲面内的电荷 $\sum q_{\text{in}}$ 所产生。②通过封闭曲面的总电通量只决定于它所包围的电荷，即只有封闭曲面**内部的电荷**才对这一总电通量有贡献，封闭曲面外部电荷对这一总电通量无贡献。③有了高斯定律，很容易证明电场线在没有电荷处总是连续不间断的。

上面利用库仑定律（已暗含了自由空间的各向同性）和叠加原理导出了高斯定律。在电场强度定义之后，也可以把高斯定律作为基本定律结合自由空间的各向同性而导出库仑定律来（见例 12.8）。这说明，对静电场来说，库仑定律和高斯定律并不是互相独立的定律，而是用不同形式表示的电场与场源电荷关系的同一客观规律。二者具有"相逆"的意义：库仑定律使我们在电荷分布已知的情况下，能求出场强的分布；而高斯定律使我们在电场强度分布已知时，能求出任意区域内的电荷。尽管如此，当电荷分布具有某种对称性时，也可用高斯定律求出该种电荷系统的电场分布，而且，这种方法在数学上比用库仑定律简便得多。

可以附带指出的是，如上所述，对于静止电荷的电场，可以说库仑定律与高斯定律二者等价。但在研究**运动电荷**的电场或一般地随时间变化的电场时，人们发现，库仑定律不再成立，而高斯定律却仍然有效。所以说，高斯定律是关于电场的普遍的基本规律。

12.7　利用高斯定律求静电场的分布

在一个参考系内，当静止的电荷分布具有某种对称性时，可以应用高斯定律求场强分布。这种方法一般包含两步：首先，根据电荷分布的对称性分析电场分布的对称性；然后，再应用高斯定律计算场强数值。这一方法的决定性的技巧是选取合适的封闭积分曲面（常叫**高斯面**）以便使积分 $\oint \boldsymbol{E} \cdot \mathrm{d}\boldsymbol{S}$ 中的 $\boldsymbol{E}$ 能以标量形式从积分号内提出来。下面举几个例子，它们都要求出在场源电荷静止的参考系内自由空间中的电场分布。

例 12.8

试由高斯定律求在点电荷 q 静止的参考系中自由空间内的电场分布。

解　由于自由空间是均匀而且各向同性的，因此，点电荷的电场应具有以该电荷为中心的球对称性，即各点的场强方向应沿从点电荷引向各点的径矢方向，并且在距点电荷等远的所有各点上，场强的数值应该相等。据此，可以选择一个以点电荷所在点为球心，半径为 r 的球面为高斯面 S。通过 S 面的电通量为

$$\Phi_e = \oint_S \boldsymbol{E} \cdot \mathrm{d}\boldsymbol{S} = \oint_S E\mathrm{d}S = E\oint_S \mathrm{d}S$$

最后的积分就是球面的总面积 $4\pi r^2$,所以

$$\Phi_e = E \cdot 4\pi r^2$$

S 面包围的电荷为 q。高斯定律给出

$$E \cdot 4\pi r^2 = \frac{1}{\varepsilon_0}q$$

由此得出

$$E = \frac{q}{4\pi\varepsilon_0 r^2}$$

由于 $\boldsymbol{E}$ 的方向沿径向,所以此结果又可以用下一矢量式表示:

$$\boldsymbol{E} = \frac{q}{4\pi\varepsilon_0 r^2}\boldsymbol{e}_r$$

这就是点电荷的场强公式。

若将另一电荷 q_0 放在距电荷 q 为 r 的一点上,则由场强定义可求出 q_0 受的力为

$$\boldsymbol{F} = \boldsymbol{E}q_0 = \frac{qq_0}{4\pi\varepsilon_0 r^2}\boldsymbol{e}_r$$

此式正是库仑定律。这样,我们就由高斯定律导出了库仑定律。

例 12.9

求均匀带电球面的电场分布。已知球面半径为 R,所带总电量为 q(设 $q>0$)。

解 先求球面外任一点 P 处的场强。设 P 距球心为 r (图 12.18),并连接 OP 直线。由于**自由空间**的各向同性和电荷分布对于 O 点的球对称性,在 P 点唯一可能的确定方向是径矢 OP 的方向,因而此处场强 $\boldsymbol{E}$ 的方向只可能是沿此径向(反过来说,设 $\boldsymbol{E}$ 的方向在图中偏离 OP,例如,向下 $30°$,那么将带电球面连同它的电场以 OP 为轴转动 $180°$ 后,电场 $\boldsymbol{E}$ 的方向就将应偏离 OP 向上 $30°$。由于电荷分布并未因此转动而发生变化,所以电场方向的这种改变是不应该有的。带电球面转动时,P 点的电场方向只有在该方向沿 OP 径向时才不变)。其他各点的电场方向也都沿各自的径矢方向。又由于电荷分布的球对称性,在以 O 为心的同一球面上各点的电场强度的大小都应该相等,因此可选球面 S 为高斯面,通过它的电通量为

$$\Phi_e = \oint_S \boldsymbol{E} \cdot \mathrm{d}\boldsymbol{S} = \oint_S E\mathrm{d}S = E\oint_S \mathrm{d}S = E \cdot 4\pi r^2$$

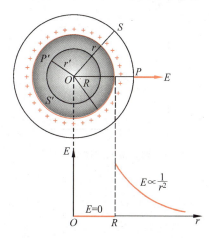

图 12.18 均匀带电球面的电场分析

此球面包围的电荷为 $\sum q_{\text{in}} = q$。高斯定律给出

$$E \cdot 4\pi r^2 = \frac{q}{\varepsilon_0}$$

由此得出

$$E = \frac{q}{4\pi\varepsilon_0 r^2} \quad (r>R)$$

考虑 $\boldsymbol{E}$ 的方向,可得电场强度的矢量式为

$$\boldsymbol{E} = \frac{q}{4\pi\varepsilon_0 r^2}\boldsymbol{e}_r \quad (r>R) \tag{12.22}$$

此结果说明,均匀带电球面外的场强分布正像球面上的电荷都集中在球心时所形成的一个点电荷在该区

的场强分布一样。

对球面内部任一点 P'，上述关于场强的大小和方向的分析仍然适用。过 P' 点作半径为 r' 的同心球面为高斯面 S'。通过它的电通量仍可表示为 $4\pi r'^2 E$，但由于此 S' 面内没有电荷，根据高斯定律，应该有

$$E \cdot 4\pi r^2 = 0$$

即

$$E = 0 \quad (r < R) \tag{12.23}$$

这表明：均匀带电球面内部的场强处处为零。

根据上述结果，可画出场强随距离的变化曲线——E-r 曲线（图 12.18）。从 E-r 曲线中可看出，场强值在球面（$r=R$）上是不连续的。

例 12.10

求均匀带电球体的电场分布。已知球半径为 R，所带总电量为 q。

铀核可视为带有 $92e$ 的均匀带电球体，半径为 7.4×10^{-15} m，求其表面的电场强度。

解 设想均匀带电球体是由一层层同心均匀带电球面组成。这样例 12.9 中关于场强方向和大小的分析在本例中也适用。因此，可以直接得出：在球体外部的场强分布和所有电荷都集中到球心时产生的电场一样，即

$$\boldsymbol{E} = \frac{q}{4\pi\varepsilon_0 r^2}\boldsymbol{e}_r \quad (r\geqslant R) \tag{12.24}$$

为了求出球体内任一点的场强，可以通过球内 P 点做一个半径为 $r(r<R)$ 的同心球面 S 作为高斯面（图 12.19），通过此面的电通量仍为 $E\cdot 4\pi r^2$。此球面包围的电荷为

$$\sum q_{in} = \frac{q}{\frac{4}{3}\pi R^3}\cdot\frac{4}{3}\pi r^3 = \frac{qr^3}{R^3}$$

由此利用高斯定律可得

$$E = \frac{q}{4\pi\varepsilon_0 R^3}r \quad (r\leqslant R)$$

这表明，在均匀带电球体内部各点场强的大小与径矢大小成正比。考虑到 $\boldsymbol{E}$ 的方向，球内电场强度也可以用矢量式表示为

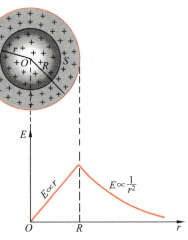

图 12.19 均匀带电球体的电场分析

$$\boldsymbol{E} = \frac{q}{4\pi\varepsilon_0 R^3}\boldsymbol{r} \quad (r\leqslant R) \tag{12.25}$$

以 ρ 表示体电荷密度，则式（12.25）又可写成

$$\boldsymbol{E} = \frac{\rho}{3\varepsilon_0}\boldsymbol{r} \tag{12.26}$$

均匀带电球体的 E-r 曲线绘于图 12.19 中。注意，在球体表面上，场强的大小是连续的。

由式（12.24）或式（12.25），可得铀核表面的电场强度为

$$E = \frac{92e}{4\pi\varepsilon_0 R^2} = \frac{92\times 1.6\times 10^{-19}}{4\pi\times 8.85\times 10^{-12}\times (7.4\times 10^{-15})^2} = 2.4\times 10^{21}(\text{N/C})$$

例 12.11

求无限长均匀带电直线的电场分布。已知线上线电荷密度为 λ。

输电线上均匀带电，线电荷密度为 $4.2\,\text{nC/m}$，求距电线 $0.50\,\text{m}$ 处的电场强度。

解 考虑离直线距离为 r 的一点 P 处的场强 E（图 12.20）。由于空间各向同性而带电直线为无限长，且均匀带电，对于图中 O 点上方带电直线上某一点，总能在 O 点下方找到对称点，这两个对称的点电荷在 P 处叠加的电场一定只有径向分量。把所有电荷的贡献一对一对叠加，总电场也只能有径向分量。因为带电直线上电荷分布具有轴对称性，所以电场分布具有轴对称性，因而和 P 点在同一圆柱面（以带电直线为轴）上的各点的场强大小也都相等，而且方向都沿径向。

作一个通过 P 点，以带电直线为轴，高为 l 的圆筒形封闭面为高斯面 S，通过 S 面的电通量为

$$\Phi_e = \oint_S \boldsymbol{E} \cdot \mathrm{d}\boldsymbol{S} = \int_{S_t} \boldsymbol{E} \cdot \mathrm{d}\boldsymbol{S} + \int_{S_l} \boldsymbol{E} \cdot \mathrm{d}\boldsymbol{S} + \int_{S_b} \boldsymbol{E} \cdot \mathrm{d}\boldsymbol{S}$$

在 S 面的上、下底面（S_t 和 S_b）上，场强方向与底面平行，因此，上式等号右侧后面两项等于零。而在侧面 (S_l) 上各点 $\boldsymbol{E}$ 的方向与各该点的法线方向相同，所以有

$$\oint_S \boldsymbol{E} \cdot \mathrm{d}\boldsymbol{S} = \int_{S_l} \boldsymbol{E} \cdot \mathrm{d}\boldsymbol{S} = \int_{S_l} E \mathrm{d}S = E \int_{S_l} \mathrm{d}S = E \cdot 2\pi r l$$

此封闭面内包围的电荷 $\sum q_{in} = \lambda l$。由高斯定律得

$$E \cdot 2\pi r l = \lambda l / \varepsilon_0$$

由此得

$$E = \frac{\lambda}{2\pi \varepsilon_0 r} \tag{12.27}$$

这一结果与式（12.13）相同。由此可见，当条件允许时，利用高斯定律计算场强分布要简便得多。

题中所述输电线周围 0.50 m 处的电场强度为

$$E = \frac{\lambda}{2\pi \varepsilon_0 r} = \frac{4.2 \times 10^{-9}}{2\pi \times 8.85 \times 10^{-12} \times 0.50} = 1.5 \times 10^2 \, (\text{N/C})$$

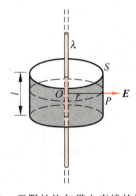

图 12.20 无限长均匀带电直线的场强分析

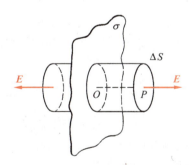

图 12.21 无限大均匀带电平面的电场分析

例 12.12

求无限大均匀带电平面的电场分布。已知带电平面上面电荷密度为 σ。

解 考虑距离带电平面为 r 的 P 点的场强 E（图 12.21）。由于电荷分布对于垂线 OP 是对称的，所以 P 点的场强必然垂直于该带电平面。又由于电荷均匀分布在一个无限大平面上，所以电场分布必然对该平面对称，而且离平面等远处（两侧一样）的场强大小都相等，方向都垂直指离平面（当 $\sigma > 0$ 时）。

我们选一个其轴垂直于带电平面的圆筒式的封闭面作为高斯面 S，带电平面平分此圆筒，而 P 点位于它的一个底上。

由于圆筒的侧面上各点的 $\boldsymbol{E}$ 与侧面平行，所以通过侧面的电通量为零。因而只需要计算通过两底面 (S_{tb}) 的电通量。以 ΔS 表示一个底的面积，则

$$\Phi_e = \oint_S \boldsymbol{E} \cdot d\boldsymbol{S} = \int_{S_{tb}} \boldsymbol{E} \cdot d\boldsymbol{S} = 2E\Delta S$$

由于

$$\sum q_{in} = \sigma \Delta S$$

高斯定律给出

$$2E\Delta S = \sigma \Delta S / \varepsilon_0$$

从而

$$E = \frac{\sigma}{2\varepsilon_0} \tag{12.28}$$

此结果说明,无限大均匀带电平面两侧的电场是均匀场。这一结果和式(12.14)相同。

上述各例中的带电体的电荷分布都具有某种对称性,利用高斯定律计算这类带电体的场强分布是很方便的。不具有特定对称性的电荷分布,其电场不能直接用高斯定律求出。当然,这绝不是说,高斯定律对这些电荷分布不成立。

对带电体系来说,如果其中每个带电体上的电荷分布都具有对称性,那么可以用高斯定律求出每个带电体的电场,然后再应用场强叠加原理求出带电体系的总电场分布。下面举个例子。

例 12.13

两个平行的无限大均匀带电平面(图 12.22),其面电荷密度分别为 $\sigma_1 = +\sigma$ 和 $\sigma_2 = -\sigma$,而 $\sigma = 4 \times 10^{-11}$ C/m²。求这一带电系统的电场分布。

解 这两个带电平面的总电场不再具有前述的简单对称性,因而不能直接用高斯定律求解。但据例 12.12,两个面在各自的两侧产生的场强的方向如图 12.22 所示,其大小分别为

$$E_1 = \frac{\sigma_1}{2\varepsilon_0} = \frac{\sigma}{2\varepsilon_0} = \frac{4 \times 10^{-11}}{2 \times 8.85 \times 10^{-12}} = 2.26 \text{ (V/m)}$$

$$E_2 = \frac{|\sigma_2|}{2\varepsilon_0} = \frac{\sigma}{2\varepsilon_0} = \frac{4 \times 10^{-11}}{2 \times 8.85 \times 10^{-12}} = 2.26 \text{ (V/m)}$$

根据场强叠加原理可得

在 Ⅰ 区: $E_Ⅰ = E_1 - E_2 = 0$;

在 Ⅱ 区: $E_Ⅱ = E_1 + E_2 = \frac{\sigma}{\varepsilon_0} = 4.52$ V/m,方向向右;

在 Ⅲ 区: $E_Ⅲ = E_1 - E_2 = 0$。

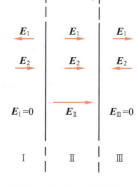

图 12.22 带电平行平面的电场分析

提要

1. **电荷的基本性质**:两种电荷,量子性,电荷守恒,相对论不变性。
2. **库仑定律**:两个静止的点电荷之间的作用力

$$\boldsymbol{F} = \frac{kq_1q_2}{r^2}\boldsymbol{e}_r = \frac{q_1q_2}{4\pi\varepsilon_0 r^2}\boldsymbol{e}_r$$

其中的 $k = 9 \times 10^9 \, \text{N} \cdot \text{m}^2/\text{C}^2$

真空介电常量 $\varepsilon_0 = \dfrac{1}{4\pi k} = 8.85 \times 10^{-12} \, \text{C}^2/(\text{N} \cdot \text{m}^2)$

3. 电力叠加原理：$\boldsymbol{F} = \sum \boldsymbol{F}_i$

4. 电场强度：$\boldsymbol{E} = \dfrac{\boldsymbol{F}}{q}$，$q$ 为检验电荷。

5. 场强叠加原理：$\boldsymbol{E} = \sum \boldsymbol{E}_i$

用叠加法求电荷系的静电场：

$$\boldsymbol{E} = \sum_i \dfrac{q_i}{4\pi\varepsilon_0 r_i^2} \boldsymbol{e}_{ri}$$

$$\boldsymbol{E} = \int_q \dfrac{\mathrm{d}q}{4\pi\varepsilon_0 r^2} \boldsymbol{e}_r$$

6. 电通量：$\varPhi_e = \displaystyle\int_S \boldsymbol{E} \cdot \mathrm{d}\boldsymbol{S}$

7. 高斯定律：$\displaystyle\oint_S \boldsymbol{E} \cdot \mathrm{d}\boldsymbol{S} = \dfrac{1}{\varepsilon_0} \sum q_{\text{in}}$

8. 典型静电场

均匀带电球面：$\boldsymbol{E} = 0$（球面内），

$$\boldsymbol{E} = \dfrac{q}{4\pi\varepsilon_0 r^2} \boldsymbol{e}_r \quad （球面外）；$$

均匀带电球体：$\boldsymbol{E} = \dfrac{q}{4\pi\varepsilon_0 R^3} \boldsymbol{r} = \dfrac{\rho}{3\varepsilon_0} \boldsymbol{r}$（球体内），

$$\boldsymbol{E} = \dfrac{q}{4\pi\varepsilon_0 r^2} \boldsymbol{e}_r \quad （球体外）；$$

均匀带电无限长直线：$E = \dfrac{\lambda}{2\pi\varepsilon_0 r}$，方向垂直于带电直线；

均匀带电无限大平面：$E = \dfrac{\sigma}{2\varepsilon_0}$，方向垂直于带电平面。

9. 电偶极子在电场中受到的力矩

$$\boldsymbol{M} = \boldsymbol{p} \times \boldsymbol{E}$$

思考题

12.1 点电荷的电场公式为

$$\boldsymbol{E} = \dfrac{q}{4\pi\varepsilon_0 r^2} \boldsymbol{e}_r$$

从形式上看，当所考察的点与点电荷的距离 $r \to 0$ 时，场强 $E \to \infty$。这是没有物理意义的，你对此如何解释？

12.2 试说明电力叠加原理暗含了库仑定律的下述内容：两个静止的点电荷之间的作用力与两个电荷的电量成正比。

12.3 $\boldsymbol{E} = \dfrac{\boldsymbol{F}}{q_0}$ 与 $\boldsymbol{E} = \dfrac{q}{4\pi\varepsilon_0 r^2} \boldsymbol{e}_r$ 两公式有什么区别和联系？对前一公式中的 q_0 有何要求？

12.4 电场线、电通量和电场强度的关系如何？电通量的正、负表示什么意义？

12.5 三个相等的电荷放在等边三角形的三个顶点上，问是否可以以三角形中心为球心作一个球面，利用高斯定律求出它们所产生的场强？对此球面高斯定律是否成立？

12.6 如果通过闭合面 S 的电通量 Φ_e 为零，是否能肯定面 S 上每一点的场强都等于零？

12.7 如果在封闭面 S 上，E 处处为零，能否肯定此封闭面一定没有包围净电荷？

12.8 电场线能否在无电荷处中断？为什么？

12.9 高斯定律和库仑定律的关系如何？

12.10 在真空中有两个相对的平行板，相距为 d，板面积均为 S，分别带电量 $+q$ 和 $-q$。有人说，根据库仑定律，两板之间的作用力 $f = q^2/4\pi\varepsilon_0 d^2$。又有人说，因 $f = qE$，而板间 $E = \sigma/\varepsilon_0$，$\sigma = q/S$，所以 $f = q^2/\varepsilon_0 S$。还有人说，由于一个板上的电荷在另一板处的电场为 $E = \sigma/2\varepsilon_0$，所以 $f = qE = q^2/2\varepsilon_0 S$。试问这三种说法哪种对？为什么？

习题

12.1 在边长为 a 的正方形的四角，依次放置点电荷 q，$2q$，$-4q$ 和 $2q$，它的正中放着一个单位正电荷，求这个电荷受力的大小和方向。

12.2 三个电量为 $-q$ 的点电荷各放在边长为 r 的等边三角形的三个顶点上，电荷 $Q(Q>0)$ 放在三角形的重心上。为使每个负电荷受力为零，Q 之值应为多大？

12.3 如图 12.23 所示，用四根等长的线将四个带电小球相连，带电小球的电量分别是 $-q$，Q，$-q$ 和 Q。试证明当此系统处于平衡时，$\cot^3\alpha = q^2/Q^2$。

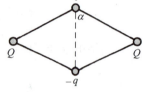

图 12.23 习题 12.3 用图

12.4 一个正 π 介子由一个 u 夸克和一个反 d 夸克组成。u 夸克带电量为 $\frac{2}{3}e$，反 d 夸克带电量为 $\frac{1}{3}e$。将夸克作为经典粒子处理，试计算正 π 介子中夸克间的电力（设它们之间的距离为 1.0×10^{-15} m）。

12.5 精密的实验已表明，一个电子与一个质子的电量在实验误差为 $\pm 10^{-21} e$ 的范围内是相等的，而中子的电量在 $\pm 10^{-21} e$ 的范围内为零。考虑这些误差综合的最坏情况，问一个氧原子（具有 8 个电子、8 个质子和 8 个中子）所带的最大可能净电荷是多少？若将原子看成质点，试比较两个氧原子间电力和万有引力的大小，其净力是相吸还是相斥？

12.6 一个电偶极子的电矩为 $p = ql$，证明此电偶极子轴线上距其中心为 $r(r \gg l)$ 处的一点的场强为 $\boldsymbol{E} = 2\boldsymbol{p}/4\pi\varepsilon_0 r^3$。

12.7 电偶极子电场的一般表示式。将电矩为 $\boldsymbol{p}$ 的电偶极子所在位置取作原点，电矩方向取作 x 轴正向。由于电偶极子的电场具有对 x 轴的轴对称性，所以可以只求 xy 平面内的电场分布 $\boldsymbol{E}(x,y)$。以 $\boldsymbol{r}$ 表示场点 $P(x,y)$ 的径矢，将 $\boldsymbol{p}$ 分解为平行于 $\boldsymbol{r}$ 和垂直于 $\boldsymbol{r}$ 的两个分量，并用例 12.3 和习题 12.6 的结果证明

$$\boldsymbol{E}(x,y) = \frac{p(2x^2-y^2)}{4\pi\varepsilon_0(x^2+y^2)^{5/2}}\boldsymbol{i} + \frac{3pxy}{4\pi\varepsilon_0(x^2+y^2)^{5/2}}\boldsymbol{j}$$

12.8 两根无限长的均匀带电直线相互平行，相距为 $2a$，线电荷密度分别为 $+\lambda$ 和 $-\lambda$，求每单位长度的带电直线受的作用力。

12.9 一均匀带电直线长为 L，线电荷密度为 λ。求直线的延长线上距 L 中点为 $r(r>L/2)$ 处的场强。

12.10 如图 12.24，一个细的带电塑料圆环，半径为 R，所带线电荷

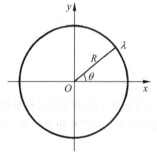

图 12.24 习题 12.10 用图

密度 λ 和 θ 有 $\lambda = \lambda_0 \sin\theta$ 的关系。求在圆心处的电场强度的方向和大小。

12.11 一根不导电的细塑料杆，被弯成近乎完整的圆，圆的半径为 0.5 m，杆的两端有 2 cm 的缝隙，3.12×10^{-9} C 的正电荷均匀地分布在杆上，求圆心处电场的大小和方向。

12.12 如图 12.25 所示，两根平行长直线间距为 $2a$，一端用半圆形线连起来。全线上均匀带电，试证明在圆心 O 处的电场强度为零。

12.13 一个半球面上均匀带有电荷，试用对称性和叠加原理论证下述结论成立：在如鼓面似地蒙住半球面的假想圆面上各点的电场方向都垂直于此圆面。

12.14 (1) 点电荷 q 位于边长为 a 的正立方体的中心，通过此立方体的每一面的电通量各是多少？
(2) 若电荷移至正立方体的一个顶点上，那么通过每个面的电通量又各是多少？

12.15 实验证明，地球表面上方电场不为 0，晴天大气电场的平均场强约为 120 V/m，方向向下，这意味着地球表面上有多少过剩电荷？试以每平方厘米的额外电子数来表示。

12.16 地球表面上方电场方向向下，大小可能随高度改变（图 12.26）。设在地面上方 100 m 高处场强为 150 N/C，300 m 高处场强为 100 N/C。试由高斯定律求在这两个高度之间的平均体电荷密度，以多余的或缺少的电子数密度表示。

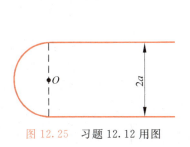

图 12.25 习题 12.12 用图   图 12.26 习题 12.16 用图

12.17 一无限长的均匀带电薄壁圆筒，截面半径为 a，面电荷密度为 σ，设垂直于筒轴方向从中心轴向外的径矢的大小为 r，求其电场分布并画出 E-r 曲线。

12.18 两个无限长同轴圆筒半径分别为 R_1 和 R_2，单位长度带电量分别为 $+\lambda$ 和 $-\lambda$。求内筒内、两筒间及外筒外的电场分布。

12.19 两个平行无限大均匀带电平面，面电荷密度分别为 $\sigma_1 = 4 \times 10^{-11}$ C/m² 和 $\sigma_2 = -2 \times 10^{-11}$ C/m²。求此系统的电场分布。

12.20 一无限大均匀带电厚壁，壁厚为 D，体电荷密度为 ρ，求电场分布并画出 E-d 曲线。d 为垂直于壁面的坐标，原点在厚壁的中心。

12.21 一大平面中部有一半径为 R 的小孔，设平面均匀带电，面电荷密度为 σ_0，求通过小孔中心并与平面垂直的直线上的场强分布。

12.22 一均匀带电球体，半径为 R，体电荷密度为 ρ，今在球内挖去一半径为 r ($r<R$) 的球体，求证由此形成的空腔内的电场是均匀的，并求其值。

12.23 通常情况下中性氢原子具有如下的电荷分布：一个大小为 $+e$ 的电荷被密度为 $\rho(r) = -Ce^{-2r/a_0}$ 的负电荷所包围，a_0 是"玻尔半径"，$a_0 = 0.53 \times 10^{-10}$ m，C 是为了使电荷总量等于 $-e$ 所需要的常量。试问在半径为 a_0 的球内净电荷是多少？距核 a_0 远处的电场强度多大？

12.24 质子的电荷并非集中于一点，而是分布在一定空间内。实验测知，质子的电荷分布可用下述指数函数表示其电荷体密度：

$$\rho = \frac{e}{8\pi b^3} e^{-r/b}$$

其中 b 为一常量，$b=0.23\times10^{-15}$ m。求电场强度随 r 变化的表示式和 $r=1.0\times10^{-15}$ m 处的电场强度的大小。

12.25 按照一种模型，中子是由带正电荷的内核与带负电荷的外壳所组成。假设正电荷电量为 $2e/3$，且均匀分布在半径为 0.50×10^{-15} m 的球内；而负电荷电量 $-2e/3$，分布在内、外半径分别为 0.50×10^{-15} m 和 1.0×10^{-15} m 的同心球壳内（图 12.27）。求在与中心距离分别为 1.0×10^{-15} m，0.75×10^{-15} m，0.50×10^{-15} m 和 0.25×10^{-15} m 处电场的大小和方向。

12.26 τ 子是与电子一样带有负电而质量却很大的粒子。它的质量为 3.17×10^{-27} kg，大约是电子质量的 3 480 倍，τ 子可穿透核物质，因此，τ 子在核电荷的电场作用下在核内可作轨道运动。设 τ 子在铀核内的圆轨道半径为 2.9×10^{-15} m，把铀核看作是半径为 7.4×10^{-15} m 的球，并且带有 $92e$ 且均匀分布于其体积内的电荷。计算 τ 子的轨道运动的速率、动能、角动量和频率。

12.27 设在氢原子中，负电荷均匀分布在半径为 $r_0=0.53\times10^{-10}$ m 的球体内，总电量为 $-e$，质子位于此电子云的中心。求当外加电场 $E=3\times10^6$ V/m（实验室内很强的电场）时，负电荷的球心和质子相距多远？（设电子云不因外加电场而变形）此时氢原子的"感生电偶极矩"多大？

12.28 根据汤姆孙模型，氢原子由一团均匀的正电荷云和其中的两个电子构成。设正电荷云是半径为 0.05 nm 的球，总电量为 $2e$，两个电子处于和球心对称的位置，求两电子的平衡间距。

12.29 在图 12.28 所示的空间内电场强度分量为 $E_x=bx^{1/2}$，$E_y=E_z=0$，其中 $b=800$ N·m$^{-1/2}$/C。试求：

(1) 通过正立方体的电通量；

(2) 正立方体的总电荷是多少？设 $a=10$ cm。

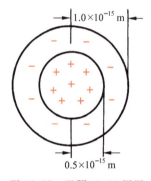
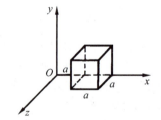

图 12.27 习题 12.25 用图　　图 12.28 习题 12.29 用图

12.30 在 $x=+a$ 和 $x=-a$ 处分别放上一个电量都是 $+q$ 的点电荷。

(1) 试证明在原点 O 处 $(\mathrm{d}E/\mathrm{d}x)_{x=0}=-q/\pi\varepsilon_0 a^3$；

(2) 在原点处放置一电矩为 $\boldsymbol{p}=p\boldsymbol{i}$ 的电偶极子，试证它受的电场力为 $p(\mathrm{d}E/\mathrm{d}x)_{x=0}=-pq/\pi\varepsilon_0 a^3$。

12.31 证明：电矩为 $\boldsymbol{p}$ 的电偶极子在电强为 $\boldsymbol{E}$ 的均匀电场中，从与电场方向垂直的位置转到与电场方向成 θ 角的位置的过程中，电场力做的功为 $pE\cos\theta=\boldsymbol{p}\cdot\boldsymbol{E}$。

12.32 两个固定的点电荷电量分别为 $+1.0\times10^{-6}$ C 和 -4.0×10^{-6} C，相距 10 cm。

(1) 在何处放一点电荷 q_0 时，此点电荷受的电场力为零而处于平衡状态？

(2) q_0 在该处的平衡状态沿两点电荷的连线方向是否是稳定的？试就 q_0 为正负两种情况进行讨论。

(3) q_0 在该处的平衡状态沿垂直于该连线的方向又如何？

12.33 试证明：只是在静电力作用下，一个电荷不可能处于稳定平衡状态。（提示：假设在静电场中的 P 点放置一电荷 $+q$，如果它处于稳定平衡状态，则 P 点周围的电场方向应如何分布？然后应用高斯定律。）

12.34 喷墨打印机的结构简图如图 12.29 所示。其中墨盒可以发出墨汁微滴，其半径约 10^{-5} m。

(墨盒每秒钟可发出约 10^5 个微滴,每个字母约需百余滴。)此微滴经过带电室时被带上负电,带电的多少由计算机按字体笔画高低位置输入信号加以控制。带电后的微滴进入偏转板,由电场按其带电量的多少施加偏转电力,从而可沿不同方向射出,打到纸上即显示出字体来。无信号输入时,墨汁滴径直通过偏转板而注入回流槽流回墨盒。

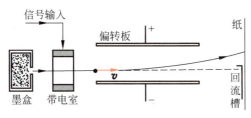

图 12.29　习题 12.34 用图

设一个墨汁滴的质量为 1.5×10^{-10} kg,经过带电室后带上了 -1.4×10^{-13} C 的电量,随后即以 20 m/s 的速度进入偏转板,偏转板长度为 1.6 cm。如果板间电场强度为 1.6×10^6 N/C,那么此墨汁滴离开偏转板时在竖直方向将偏转多大距离?(忽略偏转板边缘的电场不均匀性,并忽略空气阻力。)

第13章

电 势

第 12 章介绍了电场强度,它说明电场对电荷有作用力。电场对电荷既然有作用力,那么,当电荷在电场中移动时,电场力就要做功。根据功和能量的联系,可知有能量和电场相联系。本章介绍和静电场相联系的能量。首先根据静电场的**保守性**,引入了电势的概念,并介绍了计算电势的方法以及电势和电场强度的关系。然后根据功能关系导出了电荷系的静电能的计算公式。静电系统的静电能可以认为是储存在电场中的。本章最后给出了由电场强度求静电能的方法并引入了电场能量密度的概念。

13.1 静电场的保守性

本章从功能的角度研究静电场的性质,我们先从库仑定律出发证明静电场是保守场。

图 13.1 中,以 q 表示固定于某处的一个点电荷,当另一电荷 q_0 在它的电场中由 P_1 点沿任一路径移到 P_2 点时,q_0 受的静电场力所做的功为

$$A_{12} = \int_{(P_1)}^{(P_2)} \boldsymbol{F} \cdot \mathrm{d}\boldsymbol{r} = \int_{(P_1)}^{(P_2)} q_0 \boldsymbol{E} \cdot \mathrm{d}\boldsymbol{r} = q_0 \int_{(P_1)}^{(P_2)} \boldsymbol{E} \cdot \mathrm{d}\boldsymbol{r} \tag{13.1}$$

上式两侧除以 q_0,得到

$$\frac{A_{12}}{q_0} = \int_{(P_1)}^{(P_2)} \boldsymbol{E} \cdot \mathrm{d}\boldsymbol{r} \tag{13.2}$$

式(13.2)等号右侧的积分 $\int_{(P_1)}^{(P_2)} \boldsymbol{E} \cdot \mathrm{d}\boldsymbol{r}$ 叫电场强度 $\boldsymbol{E}$ 沿任意路径 L 的**线积分**,它表示在电场中从 P_1 点到 P_2 点移动单位正电荷时电场力所做的功。由于这一积分只由 q 的电场强度

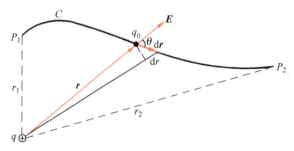

图 13.1 电荷运动时电场力做功的计算

E 的分布决定,而与被移动的电荷的电量无关,所以可以用它来说明电场的性质。

对于静止的点电荷 q 的电场来说,其电场强度公式为

$$E = \frac{q}{4\pi\varepsilon_0 r^2}e_r = \frac{q}{4\pi\varepsilon_0 r^3}r$$

将此式代入到式(13.2)中,得场强 E 的线积分为

$$\int_{(P_1)}^{(P_2)} E \cdot dr = \int_{(P_1)}^{(P_2)} \frac{q}{4\pi\varepsilon_0 r^3} r \cdot dr$$

从图 13.1 看出,$r \cdot dr = r\cos\theta|dr| = rdr$,这里 θ 是从电荷 q 引到 q_0 的径矢与 q_0 的位移元 dr 之间的夹角。将此关系代入上式,得

$$\int_{(P_1)}^{(P_2)} E \cdot dr = \int_{r_1}^{r_2} \frac{q}{4\pi\varepsilon_0 r^2} dr = \frac{q}{4\pi\varepsilon_0}\left(\frac{1}{r_1} - \frac{1}{r_2}\right) \tag{13.3}$$

由于 r_1 和 r_2 分别表示从点电荷 q 到起点和终点的距离,所以此结果说明,在静止的点电荷 q 的电场中,电场强度的线积分只与积分路径的起点和终点位置有关,而与积分路径无关。也可以说在静止的点电荷的电场中,移动单位正电荷时,电场力所做的功只取决于被移动的电荷的起点和终点的位置,而与移动的路径无关。

对于由许多静止的点电荷 $q_1, q_2, \cdots, q_n$ 组成的电荷系,由场强叠加原理可得到其电场强度 E 的线积分为

$$\int_{(P_1)}^{(P_2)} E \cdot dr = \int_{(P_1)}^{(P_2)} (E_1 + E_2 + \cdots + E_n) \cdot dr$$

$$= \int_{(P_1)}^{(P_2)} E_1 \cdot dr + \int_{(P_1)}^{(P_2)} E_2 \cdot dr + \cdots + \int_{(P_1)}^{(P_2)} E_n \cdot dr$$

因为上述等式右侧每一项线积分都与路径无关,而取决于被移动电荷的始末位置,所以总电场强度 E 的线积分也具有这一特点。

对于静止的连续的带电体,可将其看作无数电荷元的集合,因而它的电场场强的线积分同样具有这样的特点。

因此我们可以得出结论:对任何**静电场**,电场强度的线积分 $\int_{(P_1)}^{(P_2)} E \cdot dr$ 都只取决于起点 P_1 和终点 P_2 的位置而与连结 P_1 和 P_2 点间的路径无关,静电场的这一特性叫**静电场的保守性**。

静电场的保守性还可以表述成另一种形式。如图 13.2 所示,在静电场中作一任意闭合路径 C,考虑场强 E 沿此闭合路径的线积分。在 C 上取任意两点 P_1 和 P_2,它们把 C 分成 C_1 和 C_2 两段,因此,沿 C 环路的场强的线积分为

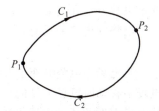

图 13.2 静电场的环路定理

$$\oint_C E \cdot dr = \int_{C_1(P_1)}^{(P_2)} E \cdot dr + \int_{C_2(P_2)}^{(P_1)} E \cdot dr$$

$$= \int_{C_1(P_1)}^{(P_2)} E \cdot dr - \int_{C_2(P_1)}^{(P_2)} E \cdot dr$$

由于场强的线积分与路径无关,所以上式最后的两个积分值相等。因此

$$\oint_C E \cdot dr = 0 \tag{13.4}$$

此式表明,**在静电场中,场强沿任意闭合路径的线积分等于零**。这就是静电场的保守性的另一种说法,称作**静电场环路定理**。

13.2 电势差和电势

静电场的保守性意味着,对静电场来说,存在着一个由电场中各点的位置所决定的标量函数,此函数在 P_1 和 P_2 两点的数值之差等于从 P_1 点到 P_2 点电场强度沿任意路径的线积分,也就等于从 P_1 点到 P_2 点移动单位正电荷时静电场力所做的功。这个函数叫**电场的电势**(或势函数),以 φ_1 和 φ_2 分别表示 P_1 和 P_2 点的电势,就可以有下述定义公式:

$$\varphi_1 - \varphi_2 = \int_{(P_1)}^{(P_2)} \boldsymbol{E} \cdot \mathrm{d}\boldsymbol{r} \tag{13.5}$$

$\varphi_1 - \varphi_2$ 叫做 P_1 和 P_2 两点间的**电势差**,也叫该两点间的电压,记作 U_{12},$U_{12} = \varphi_1 - \varphi_2$。由于静电场的保守性,在一定的静电场中,对于给定的两点 P_1 和 P_2,其电势差具有完全确定的值。

式(13.5)只能给出静电场中任意两点的电势差,而不能确定任一点的电势值。为了给出静电场中各点的电势值,需要预先选定一个参考位置,并指定它的电势为零。这一参考位置叫**电势零点**。以 P_0 表示电势零点,由式(13.5)可得静电场中任意一点 P 的电势为

$$\varphi = \int_{(P)}^{(P_0)} \boldsymbol{E} \cdot \mathrm{d}\boldsymbol{r} \tag{13.6}$$

P 点的电势也就等于将单位正电荷自 P 点沿任意路径移到电势零点时,电场力所做的功。电势零点选定后,电场中所有各点的电势值就由式(13.6)唯一地确定了,由此确定的电势是空间坐标的标量函数,即 $\varphi = \varphi(x, y, z)$。

电势零点的选择只视方便而定。当电荷只分布在有限区域时,电势零点通常选在无限远处。这时式(13.6)可以写成

$$\varphi = \int_{(P)}^{\infty} \boldsymbol{E} \cdot \mathrm{d}\boldsymbol{r} \tag{13.7}$$

在实际问题中,也常常选地球的电势为零电势。

由式(13.6)明显看出,电场中各点电势的大小与电势零点的选择有关,相对于不同的电势零点,电场中同一点的电势会有不同的值。因此,在具体说明各点电势数值时,必须事先明确电势零点在何处。

电势和电势差具有相同的单位,在国际单位制中,电势的单位名称是伏[特],符号为 V,

$$1 \text{ V} = 1 \text{ J/C}$$

当电场中电势分布已知时,利用电势差定义式(13.5),可以很方便地计算出点电荷在静电场中移动时电场力做的功。由式(13.1)和式(13.5)可知,电荷 q_0 从 P_1 点移到 P_2 点时,静电场力做的功可用下式计算:

$$A_{12} = q_0 \int_{(P_1)}^{(P_2)} \boldsymbol{E} \cdot \mathrm{d}\boldsymbol{r} = q_0(\varphi_1 - \varphi_2) \tag{13.8}$$

根据定义式(13.7),在式(13.3)中,选 P_2 在无限远处,即令 $r_2 = \infty$,则距静止的点电荷 q 的距离为 $r(r=r_1)$ 处的电势为

$$\varphi = \frac{q}{4\pi\varepsilon_0 r} \tag{13.9}$$

这就是在真空中静止的点电荷的电场中各点电势的公式。此式中视 q 的正负，电势 φ 可正可负。在正电荷的电场中，各点电势均为正值，离电荷越远的点，电势越低。在负电荷的电场中，各点电势均为负值，离电荷越远的点，电势越高。

下面举例说明，在真空中，当静止的电荷分布已知时，如何求出电势的分布。利用式(13.6)进行计算时，首先要明确电势零点，其次是要先求出电场的分布，然后选一条路径进行积分。

例 13.1

求均匀带电球面的电场中的电势分布。球面半径为 R，总带电量为 q。

解 以无限远为电势零点。由于在球面外直到无限远处场强的分布都和电荷集中到球心处的一个点电荷的场强分布一样，因此，球面外任一点的电势应与式(13.9)相同，即

$$\varphi = \frac{q}{4\pi\varepsilon_0 r} \quad (r \geqslant R)$$

若 P 点在球面内 ($r < R$)，由于球面内、外场强的分布不同，所以由定义式(13.7)，积分要分两段，即

$$\varphi = \int_r^\infty \boldsymbol{E} \cdot \mathrm{d}\boldsymbol{r} = \int_r^R \boldsymbol{E} \cdot \mathrm{d}\boldsymbol{r} + \int_R^\infty \boldsymbol{E} \cdot \mathrm{d}\boldsymbol{r}$$

因为在球面内各点场强为零，而球面外场强为

$$\boldsymbol{E} = \frac{q}{4\pi\varepsilon_0 r^3}\boldsymbol{r}$$

所以上式结果为

$$\varphi = \int_R^\infty \boldsymbol{E} \cdot \mathrm{d}\boldsymbol{r} = \int_R^\infty \frac{q}{4\pi\varepsilon_0 r^2}\mathrm{d}r = \frac{q}{4\pi\varepsilon_0 R} \quad (r \leqslant R)$$

这说明均匀带电球面内各点电势相等，都等于球面上各点的电势。电势随 r 的变化曲线（φ-r 曲线）如图 13.3 所示。和场强分布 E-r 曲线（图 12.18）相比，可看出，在球面处 ($r=R$)，场强不连续，而电势是连续的。

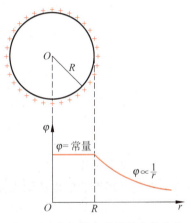

图 13.3 均匀带电球面的电势分布

例 13.2

求无限长均匀带电直线的电场中的电势分布。

解 无限长均匀带电直线周围的场强的大小为

$$E = \frac{\lambda}{2\pi\varepsilon_0 r}$$

方向垂直于带电直线。如果仍选无限远处作为电势零点，则由 $\int_{(P)}^\infty \boldsymbol{E} \cdot \mathrm{d}\boldsymbol{r}$ 积分的结果可知各点电势都将为无限大值而失去意义。这时我们可选某一距带电直线为 r_0 的 P_0 点（图 13.4）为电势零点，则距带电直线为 r 的 P 点的电势为

$$\varphi = \int_{(P)}^{(P_0)} \boldsymbol{E} \cdot \mathrm{d}\boldsymbol{r} = \int_{(P)}^{(P')} \boldsymbol{E} \cdot \mathrm{d}\boldsymbol{r} + \int_{(P')}^{(P_0)} \boldsymbol{E} \cdot \mathrm{d}\boldsymbol{r}$$

式中，积分路径 PP' 段与带电直线平行，而 $P'P_0$ 段与带电直线垂直。由于 PP' 段与电场方向垂直，所以上式等号右侧第一项积分为零。于是，

$$\varphi = \int_{(P')}^{(P_0)} \boldsymbol{E} \cdot \mathrm{d}\boldsymbol{r} = \int_r^{r_0} \frac{\lambda}{2\pi\varepsilon_0 r}\mathrm{d}r = -\frac{\lambda}{2\pi\varepsilon_0}\ln r + \frac{\lambda}{2\pi\varepsilon_0}\ln r_0$$

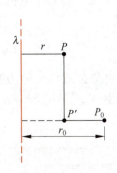

图 13.4 均匀带电直线的电势分布的计算

这一结果可以一般地表示为

$$\varphi = \frac{-\lambda}{2\pi\varepsilon_0}\ln r + C$$

式中，C 为与电势零点的位置有关的常数。

由此例看出，当电荷的分布扩展到无限远时，电势零点不能再选在无限远处。

13.3 电势叠加原理

已知在真空中静止的电荷分布求其电场中的电势分布时，除了直接利用定义公式(13.6)以外，还可以在点电荷电势公式(13.9)的基础上应用叠加原理来求出结果。这后一方法的原理如下。

设场源电荷系由若干个带电体组成，它们各自分别产生的电场为 $\boldsymbol{E}_1, \boldsymbol{E}_2, \cdots$，由叠加原理知道总场强 $\boldsymbol{E} = \boldsymbol{E}_1 + \boldsymbol{E}_2 + \cdots$。根据定义公式(13.6)，它们的电场中 P 点的电势应为

$$\varphi = \int_{(P)}^{(P_0)} \boldsymbol{E} \cdot \mathrm{d}\boldsymbol{r} = \int_{(P)}^{(P_0)} (\boldsymbol{E}_1 + \boldsymbol{E}_2 + \cdots) \cdot \mathrm{d}\boldsymbol{r}$$
$$= \int_{(P)}^{(P_0)} \boldsymbol{E}_1 \cdot \mathrm{d}\boldsymbol{r} + \int_{(P)}^{(P_0)} \boldsymbol{E}_2 \cdot \mathrm{d}\boldsymbol{r} + \cdots$$

再由定义式(13.6)可知，上式最后面一个等号右侧的每一积分分别是各带电体单独存在时产生的电场在 P 点的电势 $\varphi_1, \varphi_2, \cdots$。因此就有

$$\varphi = \sum \varphi_i \tag{13.10}$$

此式称作**电势叠加原理**。它表示**一个电荷系的电场中任一点的电势等于每一个带电体单独存在时在该点所产生的电势的代数和**。

实际上应用电势叠加原理时，可以从点电荷的电势出发，先考虑场源电荷系由许多点电荷组成的情况。这时将点电荷电势公式(13.9)代入式(13.10)，可得点电荷系的电场中 P 点的电势为

$$\varphi = \sum \frac{q_i}{4\pi\varepsilon_0 r_i} \tag{13.11}$$

式中，r_i 为从点电荷 q_i 到 P 点的距离。

对一个电荷连续分布的带电体，可以设想它由许多电荷元 $\mathrm{d}q$ 所组成。将每个电荷元都当成点电荷，就可以由式(13.11)得出用叠加原理求电势的积分公式

$$\varphi = \int \frac{\mathrm{d}q}{4\pi\varepsilon_0 r} \tag{13.12}$$

应该指出的是：由于公式(13.11)或式(13.12)都是以点电荷的电势公式(13.9)为基础的，所以应用式(13.11)和式(13.12)时，电势零点都已选定在无限远处了。

下面举例说明电势叠加原理的应用。

例 13.3

求电偶极子的电场中的电势分布。已知电偶极子中两点电荷 $-q, +q$ 间的距离为 l。

解 设场点 P 离 $+q$ 和 $-q$ 的距离分别为 r_+ 和 r_-，P 离偶极子中点 O 的距离为 r（图 13.5）。

根据电势叠加原理，P 点的电势为

$$\varphi = \varphi_+ + \varphi_- = \frac{q}{4\pi\varepsilon_0 r_+} + \frac{-q}{4\pi\varepsilon_0 r_-} = \frac{q(r_- - r_+)}{4\pi\varepsilon_0 r_+ r_-}$$

对于离电偶极子比较远的点，即 $r \gg l$ 时，应有

$$r_+ r_- \approx r^2, \quad r_- - r_+ \approx l\cos\theta$$

θ 为 OP 与 l 之间夹角，将这些关系代入上一式，即可得

$$\varphi = \frac{ql\cos\theta}{4\pi\varepsilon_0 r^2} = \frac{p\cos\theta}{4\pi\varepsilon_0 r^2} = \frac{\boldsymbol{p} \cdot \boldsymbol{r}}{4\pi\varepsilon_0 r^3}$$

式中 $\boldsymbol{p} = q\boldsymbol{l}$ 是电偶极子的电矩。

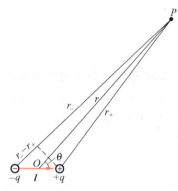

图 13.5　计算电偶极子的电势用图

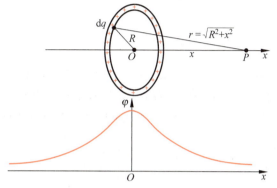

图 13.6　例 13.4 用图

例 13.4

一半径为 R 的均匀带电细圆环，所带总电量为 q，求在圆环轴线上任意点 P 的电势。

解　在图 13.6 中以 x 表示从环心到 P 点的距离，以 $\mathrm{d}q$ 表示在圆环上任一电荷元。由式(13.12)可得 P 点的电势为

$$\varphi = \int \frac{\mathrm{d}q}{4\pi\varepsilon_0 r} = \frac{1}{4\pi\varepsilon_0 r} \int \mathrm{d}q = \frac{q}{4\pi\varepsilon_0 r} = \frac{q}{4\pi\varepsilon_0 (R^2 + x^2)^{1/2}}$$

当 P 点位于环心 O 处时，$x = 0$，则

$$\varphi = \frac{q}{4\pi\varepsilon_0 R}$$

例 13.5

图 13.7 表示两个同心的均匀带电球面，半径分别为 $R_A = 5\ \mathrm{cm}$，$R_B = 10\ \mathrm{cm}$，分别带有电量 $q_A = +2\times 10^{-9}\ \mathrm{C}$，$q_B = -2\times 10^{-9}\ \mathrm{C}$。求距球心距离为 $r_1 = 15\ \mathrm{cm}$，$r_2 = 6\ \mathrm{cm}$，$r_3 = 2\ \mathrm{cm}$ 处的电势。

解　这一带电系统的电场的电势分布可以由两个带电球面的电势相加求得。每一个带电球面的电势分布已在例 13.1 中求出。由此可得在外球外侧 $r = r_1$ 处，

$$\varphi_1 = \varphi_{A1} + \varphi_{B1} = \frac{q_A}{4\pi\varepsilon_0 r_1} + \frac{q_B}{4\pi\varepsilon_0 r_1} = \frac{q_A + q_B}{4\pi\varepsilon_0 r_1} = 0$$

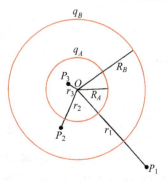

图 13.7　例 13.5 用图

在两球面中间 $r=r_2$ 处，

$$\varphi_2 = \varphi_{A2} + \varphi_{B2} = \frac{q_A}{4\pi\varepsilon_0 r_2} + \frac{q_B}{4\pi\varepsilon_0 R_B}$$

$$= \frac{9\times 10^9 \times 2\times 10^{-9}}{0.06} + \frac{9\times 10^9 \times (-2\times 10^{-9})}{0.10}$$

$$= 120 \text{（V）}$$

在内球内侧 $r=r_3$ 处，

$$\varphi_3 = \varphi_{A3} + \varphi_{B3} = \frac{q_A}{4\pi\varepsilon_0 R_A} + \frac{q_B}{4\pi\varepsilon_0 R_B}$$

$$= \frac{9\times 10^9 \times 2\times 10^{-9}}{0.05} + \frac{9\times 10^9 \times (-2\times 10^{-9})}{0.10}$$

$$= 180 \text{（V）}$$

我们常用等势面来表示电场中电势的分布，在电场中**电势相等的点所组成的曲面叫等势面**。不同的电荷分布的电场具有不同形状的等势面。对于一个点电荷 q 的电场，根据式(13.9)，它的等势面应是一系列以点电荷所在点为球心的同心球面（图 13.8(a)）。

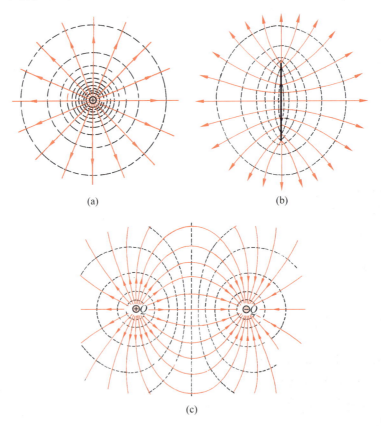

图 13.8　几种电荷分布的电场线与等势面
(a) 正点电荷；(b) 均匀带电圆盘；(c) 等量异号电荷对

为了直观地比较电场中各点的电势，画等势面时，使相邻等势面的电势差为常数。图 13.8(b)中画出了均匀带正电圆盘的电场的等势面，图 13.8(c)中画出了等量异号电荷的电场的等势面，其中实线表示电场线，虚线代表等势面与纸面的交线。

根据等势面的意义可知它和电场分布有如下关系：

(1) 等势面与电场线处处正交；

(2) 两等势面相距较近处的场强数值大，相距较远处场强数值小。

等势面的概念在实际问题中也很有用，主要是因为在实际遇到的很多带电问题中等势面（或等势线）的分布容易通过实验条件描绘出来，并由此可以分析电场的分布。

13.4 电势梯度

电场强度和电势都是描述电场中各点性质的物理量，式(13.6)以积分形式表示了场强与电势之间的关系，即电势等于电场强度的线积分。反过来，场强与电势的关系也应该可以用微分形式表示出来，即场强等于电势的导数。但由于场强是一个矢量，这后一导数关系显得复杂一些。下面我们来导出场强与电势的关系的微分形式。

在电场中考虑沿任意的 r 方向相距很近的两点 P_1 和 P_2（图 13.9），从 P_1 到 P_2 的微小位移矢量为 dr。根据定义式(13.6)，这两点间的电势差为

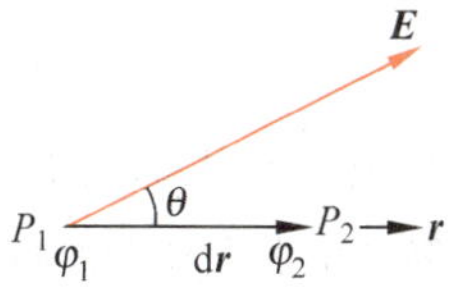

$$\varphi_1 - \varphi_2 = \boldsymbol{E} \cdot d\boldsymbol{r}$$

由于 $\varphi_2 = \varphi_1 + d\varphi$，其中 $d\varphi$ 为 φ 沿 r 方向的增量，所以

$$\varphi_1 - \varphi_2 = -d\varphi = \boldsymbol{E} \cdot d\boldsymbol{r} = E dr \cos\theta$$

图 13.9 电势的空间变化率

式中，θ 为 $\boldsymbol{E}$ 与 $\boldsymbol{r}$ 之间的夹角。由此式可得

$$E\cos\theta = E_r = -\frac{d\varphi}{dr} \tag{13.13}$$

式中，$\dfrac{d\varphi}{dr}$ 为电势函数沿 r 方向经过单位长度时的变化，即电势对空间的变化率。式(13.13)说明，在电场中某点场强沿某方向的分量等于电势沿此方向的空间变化率的负值。

由式(13.13)可看出，当 $\theta = 0$ 时，即 r 沿着 $\boldsymbol{E}$ 的方向时，变化率 $d\varphi/dr$ 有最大值，这时

$$E = -\frac{d\varphi}{dr}\bigg|_{\max} \tag{13.14}$$

过电场中任意一点，沿不同方向其电势随距离的变化率一般是不等的。沿某一方向其电势随距离的变化率最大，此最大值称为该点的**电势梯度**，电势梯度是一个矢量，**它的方向是该点附近电势升高最快的方向**。

式(13.14)说明，电场中任意点的场强等于该点电势梯度的负值，负号表示该点场强方向和电势梯度方向相反，即场强指向电势降低的方向。

当电势函数用直角坐标表示，即 $\varphi = \varphi(x, y, z)$ 时，由式(13.13)可求得电场强度沿 3 个坐标轴方向的分量，它们是

$$E_x = -\frac{\partial \varphi}{\partial x}, \quad E_y = -\frac{\partial \varphi}{\partial y}, \quad E_z = -\frac{\partial \varphi}{\partial z} \tag{13.15}$$

将上式合在一起用矢量表示为

$$E = -\left(\frac{\partial \varphi}{\partial x}i + \frac{\partial \varphi}{\partial y}j + \frac{\partial \varphi}{\partial z}k\right) \tag{13.16}$$

这就是式(13.14)用直角坐标表示的形式。梯度常用 grad 或 ∇ 算符①表示，这样式(13.14)又常写作

$$E = -\mathrm{grad}\varphi = -\nabla \varphi \tag{13.17}$$

上式就是电场强度与电势的微分关系，由它可方便地根据电势分布求出场强分布。

需要指出的是，场强与电势的关系的微分形式说明，电场中某点的场强决定于电势在该点的空间变化率，而与该点电势值本身无直接关系。

电势梯度的单位名称是伏每米，符号为 V/m。根据式(13.14)，场强的单位也可用 V/m 表示，它与场强的另一单位 N/C 是等价的。

例 13.6

根据例 13.4 中得出的在均匀带电细圆环轴线上任一点的电势公式

$$\varphi = \frac{q}{4\pi\varepsilon_0(R^2+x^2)^{1/2}}$$

求轴线上任一点的场强。

解 由于均匀带电细圆环的电荷分布对于轴线是对称的，所以轴线上各点的场强在垂直于轴线方向的分量为零，因而轴线上任一点的场强方向沿 x 轴。由式(13.16)得

$$E = E_x = -\frac{\partial \varphi}{\partial x} = -\frac{\partial}{\partial x}\left[\frac{q}{4\pi\varepsilon_0(R^2+x^2)^{1/2}}\right] = \frac{qx}{4\pi\varepsilon_0(R^2+x^2)^{3/2}}$$

这一结果与例 12.5 的结果相同。

例 13.7

根据例 13.3 中已得出的电偶极子的电势公式

$$\varphi = \frac{p\cos\theta}{4\pi\varepsilon_0 r^2}$$

求电偶极子的场强分布。

解 建立坐标如图 13.10。令偶极子中心位于坐标原点 O，并使电矩 p 指向 x 轴正方向。电偶极子的场强显然具有对于其轴线（x 轴）的对称性，因此我们可以只求在 xy 平面内的电场分布。

由于 $\qquad r^2 = x^2+y^2$

及 $\qquad \cos\theta = \dfrac{x}{(x^2+y^2)^{1/2}}$

所以 $\qquad \varphi = \dfrac{px}{4\pi\varepsilon_0(x^2+y^2)^{3/2}}$

对任一点 $P(x,y)$，由式(13.15)得出

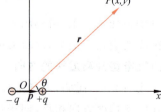

图 13.10　电偶极子的电场

---

① 在直角坐标系中 ∇ 算符定义为

$$\nabla = \left(i\frac{\partial}{\partial x} + j\frac{\partial}{\partial y} + k\frac{\partial}{\partial z}\right)$$

$$E_x = -\frac{\partial \varphi}{\partial x} = \frac{p(2x^2 - y^2)}{4\pi\varepsilon_0 (x^2 + y^2)^{5/2}}$$

$$E_y = -\frac{\partial \varphi}{\partial y} = \frac{3pxy}{4\pi\varepsilon_0 (x^2 + y^2)^{5/2}}$$

这一结果和习题 12.7 给出的结果相同，还可以用矢量式表示如下：

$$\boldsymbol{E} = \frac{1}{4\pi\varepsilon_0} \left[\frac{-\boldsymbol{p}}{r^3} + \frac{3\boldsymbol{p} \cdot \boldsymbol{r}}{r^5} \boldsymbol{r} \right] \tag{13.18}$$

由于电势是标量，因此根据电荷分布用叠加法求电势分布是标量积分，再根据式(13.16)由电势的空间变化率求场强分布是微分运算。这虽然经过两步运算，但是比起根据电荷分布直接利用场强叠加来求场强分布有时还是简单些，因为后一运算是矢量积分。

可以附带指出，在电磁学中，电势是一个重要的物理量，由它可以求出电场强度。由于电场强度能给出电荷受的力，从而可以根据经典力学求出电荷的运动，所以就认为电场强度是描述电场的一个**真实**的物理量，而电势不过是一个用来求电场强度的辅助量(这种观点现在已有所变化)。

13.5 电荷在外电场中的静电势能

由于静电场是保守场，也即在静电场中移动电荷时，静电场力做功与路径无关，所以任一电荷在静电场中都具有势能，这一势能叫**静电势能**(简称**电势能**)。电荷 q_0 在静电场中移动时，它的电势能的减少就等于电场力所做的功。以 W_1 和 W_2 分别表示电荷 q_0 在静电场中 P_1 点和 P_2 点时具有的电势能，就应该有

$$A_{12} = W_1 - W_2$$

将此式和式(13.8)

$$A_{12} = q_0(\varphi_1 - \varphi_2) = q_0\varphi_1 - q_0\varphi_2$$

对比，可取 $W_1 = q_0\varphi_1$，$W_2 = q_0\varphi_2$，或者，一般地取

$$W = q_0\varphi \tag{13.19}$$

这就是说，一个电荷在电场中某点的电势能等于它的电量与电场中该点电势的乘积。在电势零点处，电荷的电势能为零。

应该指出，一个电荷在外电场中的电势能是属于该电荷与产生电场的电荷系所共有的，是一种相互作用能。

国际单位制中，电势能的单位就是一般能量的单位，符号为 J。还有一种常用的能量单位名称为电子伏，符号为 eV，1 eV 表示 1 个电子通过 1 V 电势差时所获得的动能，

$$1\,\text{eV} = 1.60 \times 10^{-19}\,\text{J}$$

例 13.8

求电矩 $\boldsymbol{p} = q\boldsymbol{l}$ 的电偶极子(图 13.11)在均匀外电场 $\boldsymbol{E}$ 中的电势能。

解 由式(13.19)可知，在均匀外电场中电偶极子中正、负电荷(分别位于 A，B 两点)的电势能分别为

$$W_+ = q\varphi_A, \quad W_- = -q\varphi_B$$

电偶极子在外电场中的电势能为

$$W = W_+ + W_- = q(\varphi_A - \varphi_B) = -qlE\cos\theta = -pE\cos\theta$$

式中 θ 是 $\boldsymbol{p}$ 与 $\boldsymbol{E}$ 的夹角。将上式写成矢量形式,则有

$$W = -\boldsymbol{p} \cdot \boldsymbol{E} \tag{13.20}$$

上式表明,当电偶极子取向与外电场一致时,电势能最低;取向相反时,电势能最高;当电偶极子取向与外电场方向垂直时,电势能为零。式(13.20)与习题 12.31 的结果是符合功能关系的。

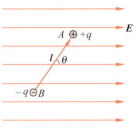

图 13.11　电偶极子在外电场中的电势能计算

例 13.9

电子与原子核距离为 r,电子带电量为 $-e$,原子核带电量为 Ze。求电子在原子核电场中的电势能。

解　以无限远为电势零点,在原子核的电场中,电子所在处的电势为

$$\varphi = \frac{Ze}{4\pi\varepsilon_0 r}$$

由式(13.19)知,电子在原子核电场中的电势能为

$$W = -e\varphi = \frac{-Ze^2}{4\pi\varepsilon_0 r}$$

*13.6　电荷系的静电能

设 n 个静止的电荷组成一个电荷系。**将各电荷从现有位置彼此分散到无限远时,它们之间的静电力所做的功**[①]定义为**电荷系在原来状态的静电能**,也称**相互作用能**(简称**互能**)。下面推导点电荷系的互能公式。

我们先求相距为 r 的两个点电荷 q_1 和 q_2 的互能。令 q_1 不动,而 q_2 从它所在的位置移到无限远时,q_2 所受的电场力 $\boldsymbol{F}_2$ 做的功为

$$A_{r\to\infty} = \int_r^\infty \boldsymbol{F}_2 \cdot \mathrm{d}\boldsymbol{r}$$

将库仑力公式代入,可得

$$A_{r\to\infty} = \int_r^\infty \boldsymbol{F}_2 \cdot \mathrm{d}\boldsymbol{r} = \int_r^\infty \frac{q_1 q_2}{4\pi\varepsilon_0 r^3}\boldsymbol{r} \cdot \mathrm{d}\boldsymbol{r} = \frac{q_2 q_1}{4\pi\varepsilon_0}\int_r^\infty \frac{\mathrm{d}r}{r^2} = \frac{q_1 q_2}{4\pi\varepsilon_0 r}$$

这说明当 q_1 和 q_2 相距 r 时,它们的相互作用能 W_{12} 为

$$W_{12} = \frac{q_1 q_2}{4\pi\varepsilon_0 r} \tag{13.21}$$

由于 $\varphi_2 = q_1/4\pi\varepsilon_0 r$ 表示 q_2 所在点由 q_1 所产生的电势,所以上式可写为

$$W_{12} = q_2 \varphi_2$$

又由于 $\varphi_1 = q_2/4\pi\varepsilon_0 r$ 表示 q_1 所在点由 q_2 所产生的电势,所以 W_{12} 又可写作

$$W_{12} = q_1 \varphi_1$$

---

① 或是把各带电体从无限分离的状态聚集到现在位置时,外力克服电场力所做的功,定义为电荷系现在状态的静电能。

合并上两式,可将 W_{12} 写成对称的形式:
$$W_{12} = \frac{1}{2}(q_1\varphi_1 + q_2\varphi_2) \tag{13.22}$$

再求由 3 个点电荷 q_1,q_2 和 q_3 组成的电荷系(图 13.12)的互能,以 r_{12},r_{23},r_{31} 分别表示它们两两之间的距离。设想按下述步骤移动电荷:先令 q_1,q_2 不动,而将 q_3 移到无限远,在这一过程中,q_3 受 q_1 和 q_2 的力 $\boldsymbol{F}_{31}$ 和 $\boldsymbol{F}_{32}$ 所做的功为

$$A_3 = \int \boldsymbol{F}_3 \cdot \mathrm{d}\boldsymbol{r} = \int (\boldsymbol{F}_{31} + \boldsymbol{F}_{32}) \cdot \mathrm{d}\boldsymbol{r}$$
$$= \int \boldsymbol{F}_{31} \cdot \mathrm{d}\boldsymbol{r} + \int \boldsymbol{F}_{32} \cdot \mathrm{d}\boldsymbol{r}$$

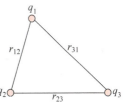

图 13.12　三个点电荷组成的电荷系

将库仑力公式代入,可得

$$A_3 = \int_{r_{31}}^{\infty} \frac{q_3 q_1}{4\pi\varepsilon_0 r_{31}^2} \boldsymbol{e}_{r31} \cdot \mathrm{d}\boldsymbol{r}_{31} + \int_{r_{32}}^{\infty} \frac{q_3 q_2}{4\pi\varepsilon_0 r_{32}^2} \boldsymbol{e}_{r32} \cdot \mathrm{d}\boldsymbol{r}_{32} = \frac{q_3 q_1}{4\pi\varepsilon_0 r_{31}} + \frac{q_3 q_2}{4\pi\varepsilon_0 r_{32}}$$

然后再令 q_1 不动,将 q_2 移到无限远,这一过程中电场力做功为

$$A_2 = \frac{q_1 q_2}{4\pi\varepsilon_0 r_{21}}$$

将 3 个电荷由最初状态分离到无限远,电场力做的总功也就是电荷系在初状态时的相互作用能,即

$$W = A_2 + A_3 = \frac{q_1 q_2}{4\pi\varepsilon_0 r_{21}} + \frac{q_3 q_2}{4\pi\varepsilon_0 r_{32}} + \frac{q_3 q_1}{4\pi\varepsilon_0 r_{31}}$$
$$= \frac{1}{2}\left[q_1\left(\frac{q_2}{4\pi\varepsilon_0 r_{21}} + \frac{q_3}{4\pi\varepsilon_0 r_{31}}\right) + q_2\left(\frac{q_3}{4\pi\varepsilon_0 r_{32}} + \frac{q_1}{4\pi\varepsilon_0 r_{12}}\right) + \right.$$
$$\left. q_3\left(\frac{q_1}{4\pi\varepsilon_0 r_{13}} + \frac{q_2}{4\pi\varepsilon_0 r_{23}}\right)\right]$$
$$= \frac{1}{2}(q_1\varphi_1 + q_2\varphi_2 + q_3\varphi_3)$$

式中,$\varphi_1,\varphi_2,\varphi_3$ 分别为 q_1,q_2,q_3 所在处由其他电荷所产生的电势。

上一结果很容易推广到由 n 个点电荷组成的电荷系,该电荷系的相互作用能为

$$W = \frac{1}{2}\sum_{i=1}^{n} q_i\varphi_i \tag{13.23}$$

式中,φ_i 为 q_i 所在处由 q_i 以外的其他电荷所产生的电势。

如果只考虑一个带电体,它的静电能如下定义:设想把该带电体分割成无限多的电荷元,把所有电荷元从现有的集合状态彼此分散到无限远时,电场力所做的功叫**原来该带电体的静电能**,一个带电体的静电能有时也称**自能**。因此,一个带电体的静电自能就是组成它的各电荷元间的静电互能。根据式(13.23),一个带电体的静电自能可以用下式求出:

$$W = \frac{1}{2}\int_q \varphi\, \mathrm{d}q \tag{13.24}$$

由于电荷元 $\mathrm{d}q$ 为无限小,所以上式积分号内的 φ 为带电体上所有电荷在电荷元 $\mathrm{d}q$ 所在处的电势。积分号下标 q 表示积分范围遍及该带电体上所有的电荷。

在很多实际场合,往往需要单独考虑电荷系中某一电荷的行为而将该电荷从电荷系中

分离出来,电荷系中的其他电荷所产生的电场对该电荷来说就是外电场了。因此 13.5 节所述的一个电荷在外电场中的电势能实际上就是该电荷与产生外电场的电荷系间的相互作用能。例如,例 13.9 中求出的电子在核电场中的电势能实际上是电子和核电荷的相互作用能。

例 13.10

一均匀带电球面,半径为 R,总电量为 Q,求这一带电系统的静电能。

解 由于带电球面是一等势面,其电势(以无限远为电势零点)为

$$\varphi = \frac{Q}{4\pi\varepsilon_0 R}$$

所以,由式(13.24),此电荷系静电能为

$$W = \frac{1}{2}\int \varphi\, dq = \frac{1}{2}\int \frac{Q}{4\pi\varepsilon_0 R} dq = \frac{Q}{8\pi\varepsilon_0 R}\int dq = \frac{Q^2}{8\pi\varepsilon_0 R} \tag{13.25}$$

这一能量表现为均匀带电球面系统的自能。

例 13.11

一均匀带电球体,半径为 R,所带总电量为 q。试求此带电球体的静电能。

解 已知此带电球体的电场强度分布由式(12.24)和式(12.25)给出,即有

$$\boldsymbol{E}_1 = \frac{q}{4\pi\varepsilon_0 R^3}\boldsymbol{r} \quad (r \leqslant R)$$

$$\boldsymbol{E}_2 = \frac{q}{4\pi\varepsilon_0 r^3}\boldsymbol{r} \quad (r \geqslant R)$$

球内距球心为 r,厚度为 dr 的球壳处的电势为

$$\varphi = \int_r^R \boldsymbol{E}_1 \cdot d\boldsymbol{r} + \int_R^\infty \boldsymbol{E}_2 \cdot d\boldsymbol{r}$$

将 $\boldsymbol{E}_1$ 与 $\boldsymbol{E}_2$ 代入,得

$$\varphi = \int_r^R \frac{q}{4\pi\varepsilon_0 R^3}\boldsymbol{r} \cdot d\boldsymbol{r} + \int_R^\infty \frac{q}{4\pi\varepsilon_0 r^3}\boldsymbol{r} \cdot d\boldsymbol{r} = \frac{q}{8\pi\varepsilon_0 R^3}(3R^2 - r^2)$$

于是,此均匀带电球体的静电能为

$$W = \frac{1}{2}\int_q \varphi\, dq = \frac{1}{2}\int_q \varphi \rho\, dV$$

$$= \frac{1}{2}\int \frac{q}{8\pi\varepsilon_0 R^3}(3R^2 - r^2)\frac{q}{\frac{4}{3}\pi R^3}4\pi r^2\, dr = \frac{3q^2}{20\pi\varepsilon_0 R} \tag{13.26}$$

13.7 静电场的能量

当谈到能量时,常常要说能量属于谁或存于何处。根据超距作用的观点,一组电荷系的静电能只能是属于系内那些电荷本身,或者说由那些电荷携带着。但也只能说静电能属于这电荷系整体,说其中某个电荷携带多少能量是完全没有意义的。因此也就很难说电荷带有能量。从**场**的观点看来,很自然地可以认为静电能就储存在电场中。下面定量地说明电场能量这一概念。

13.7 静电场的能量

设想一个表面均匀带电的橡皮气球,所带总电量为 Q。由于电荷之间的斥力,此气球将会膨胀。设在某一时刻球的半径为 R,由式(13.25)可知此带电气球的静电能量为

$$W = \frac{Q^2}{8\pi\varepsilon_0 R}$$

当气球继续膨胀使半径增大 dR 时(图 13.13),由于电荷间斥力做了功,此带电气球的能量减少了。所减少的能量,由上式可得

$$-dW = \frac{Q^2}{8\pi\varepsilon_0 R^2} dR \tag{13.27}$$

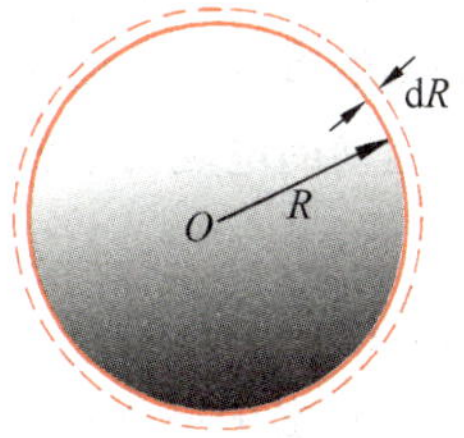

图 13.13 带电气球的膨胀

由于均匀带电球体内部电场强度等于零而没有电场,所以气球半径增大 dR,就表示半径为 R,厚度为 dR 的球壳内的电场消失了,而球壳外的电场并没有任何改变。将此电场的消失和静电能量的减少 $-dW$ 联系起来,可以认为所减少的能量原来就储存在那个球壳内。去掉式(13.27)左侧的负号,可以得储存在那个球壳内的电场中的能量为

$$dW = \frac{Q^2}{8\pi\varepsilon_0 R^2} dR$$

这种根据场的概念引入的电场储能的看法由于此式可用电场强度表示出来而显得更为合理。已知球壳内的电场强度 $E = Q/4\pi\varepsilon_0 R^2$,所以上式又可写成

$$dW = \frac{\varepsilon_0}{2}\left(\frac{Q}{4\pi\varepsilon_0 R^2}\right)^2 4\pi R^2 dR = \frac{\varepsilon_0 E^2}{2} 4\pi R^2 dR$$

或者

$$dW = \frac{\varepsilon_0 E^2}{2} dV$$

其中 $dV = 4\pi R^2 dR$ 是球壳的体积。由于球壳内各处的电场强度的大小基本上都相同,所以可以进一步引入**电场能量密度**的概念。以 w_e 表示电场能量密度,则由上式可得

$$w_e = \frac{dW}{dV} = \frac{\varepsilon_0 E^2}{2} \tag{13.28}$$

此处关于电场能量的概念和能量密度公式虽然是由一个特例导出的,但可以证明它适用于静电场的一般情况。如果知道了一个带电系统的电场分布,则可将式(13.28)对全空间 V 进行积分以求出一个带电系统的电场的总能量,即

$$W = \int_V w_e dV = \int_V \frac{\varepsilon_0 E^2}{2} dV \tag{13.29}$$

这也就是该带电系统的总能量。

式(13.29)是用场的概念表示的带电系统的能量,用前面的式(13.24)也能求出同一带电系统的总能量,这两个式子是完全等效的。这一等效性可以用稍复杂一些的数学加以证明,此处就不再介绍了。

本节基于场的思想引入了电场能量的概念。对静电场来说,虽然可以应用它来理解电荷间的相互作用能量,但无法在实际上证明其正确性,因为不可能测量静电场中单独某一体积内的能量,只能通过电场力做功测得电场总能量的变化。这样,"电场储能"概念只不过是一种"说法",而式(13.29)也只不过是式(13.24)的另一种"写法",正像用场的概念来说明两

个静止电荷的相互作用那样(参看 12.3 节电场概念的引入)。不要小看了这种"说法"或"写法"的改变,物理学中有时看来只是一种说法或写法的改变,也能引发新思想的产生或对事物更深刻的理解。电场储能概念的引入就是这样一种变更,它有助于更深刻地理解电场的概念。对于运动的电磁场来说,电场能量的概念已被证明是非常必要、有用而且是非常真实的了。

例 13.12

在真空中一个均匀带电球体(图 13.14),半径为 R,总电量为 q,试利用电场能量公式求此带电系统的静电能。

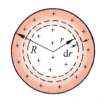

图 13.14 例 13.12 用图

解 由式(13.29)可得(注意要分区计算)

$$W = \int w_e dV = \int_{r<R} w_{e1} dV + \int_{r>R} w_{e2} dV$$

$$= \int_0^R \frac{\varepsilon_0 E_1^2}{2} 4\pi r^2 dr + \int_R^\infty \frac{\varepsilon_0 E_2^2}{2} 4\pi r^2 dr$$

将例 13.11 中所列电场强度的公式代入,可得

$$W = \int_0^R \frac{\varepsilon_0}{2}\left(\frac{qr}{4\pi\varepsilon_0 R^3}\right)^2 4\pi r^2 dr + \int_R^\infty \frac{\varepsilon_0}{2}\left(\frac{q}{4\pi\varepsilon_0 r^2}\right)^2 4\pi r^2 dr = \frac{3q^2}{20\pi\varepsilon_0 R}$$

此结果与例 13.11 的结果相同。

提 要

1. 静电场是保守场:$\oint_L \boldsymbol{E} \cdot d\boldsymbol{r} = 0$

2. 电势差:$\varphi_1 - \varphi_2 = \int_{(P_1)}^{(P_2)} \boldsymbol{E} \cdot d\boldsymbol{r}$

   电势:$\varphi_P = \int_{(P)}^{(P_0)} \boldsymbol{E} \cdot d\boldsymbol{r}$ (P_0 是电势零点)

   电势叠加原理:$\varphi = \sum \varphi_i$

3. 点电荷的电势:$\varphi = \dfrac{q}{4\pi\varepsilon_0 r}$

   电荷连续分布的带电体的电势

   $$\varphi = \int \frac{dq}{4\pi\varepsilon_0 r}$$

4. 电场强度 $\boldsymbol{E}$ 与电势 φ 的关系的微分形式:

   $$\boldsymbol{E} = -\text{grad}\varphi = -\nabla\varphi = -\left(\frac{\partial \varphi}{\partial x}\boldsymbol{i} + \frac{\partial \varphi}{\partial y}\boldsymbol{j} + \frac{\partial \varphi}{\partial z}\boldsymbol{k}\right)$$

   电场线处处与等势面垂直,并指向电势降低的方向;电场线密处等势面间距小。

5. 电荷在外电场中的电势能:$W = q\varphi$

   移动电荷时电场力做的功

   $$A_{12} = q(\varphi_1 - \varphi_2) = W_1 - W_2$$

   电偶极子在外电场中的电势能:$W = -\boldsymbol{p} \cdot \boldsymbol{E}$

*6. 电荷系的静电能：$W = \dfrac{1}{2}\sum_{i=1}^{n} q_i \varphi_i$

或
$$W = \dfrac{1}{2}\int_q \varphi \, dq$$

7. 静电场的能量：静电能储存在电场中，带电系统总电场能量为
$$W = \int_V w_e \, dV$$

其中 w_e 为电场能量体密度。在真空中，
$$w_e = \dfrac{\varepsilon_0 E^2}{2}$$

思考题

13.1 下列说法是否正确？请举一例加以论述。

(1) 场强相等的区域，电势也处处相等；

(2) 场强为零处，电势一定为零；

(3) 电势为零处，场强一定为零；

(4) 场强大处，电势一定高。

13.2 用电势的定义直接说明：为什么在正(或负)点电荷电场中，各点电势为正(或负)值，且离电荷越远，电势越低(或高)。

13.3 选一条方便路径直接从电势定义说明偶极子中垂面上各点的电势为零。

13.4 试用环路定理证明：静电场电场线永不闭合。

13.5 如果在一空间区域中电势是常数，对于这区域内的电场可得出什么结论？如果在一表面上的电势为常数，对于这表面上的电场强度又能得出什么结论？

13.6 同一条电场线上任意两点的电势是否相等？为什么？

13.7 电荷在电势高的地点的静电势能是否一定比在电势低的地点的静电势能大？

13.8 已知在地球表面以上电场强度方向指向地面，试分析在地面以上电势随高度增加还是减小？

13.9 如果已知给定点处的 E，能否算出该点的 φ？如果不能，那么还需要知道些什么才能计算？

13.10 一只鸟停在一根 30 000 V 的高压输电线上，它是否会受到危害？

13.11 一段同轴传输线，内导体圆柱的外半径为 a，外导体圆筒的内半径为 b，末端有一短路圆盘，如图 13.15 所示。在传输线开路端的内外导体间加上一恒定电压 U，测得其内、外导体间的等势面与纸面的交线如图 13.15 中实线所示。试大致画出两导体间的电场线分布图形。

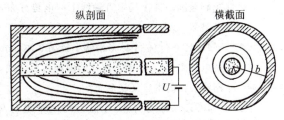

图 13.15 思考题 13.11 用图

*13.12 电场能量密度不可能是负值，因而由式(13.29)求出的电场能量不可能为负值，但两个符号相

反的电荷的互能(式(13.20))怎么会是负的呢？

习题

13.1 两个同心球面，半径分别为 10 cm 和 30 cm，小球均匀带有正电荷 1×10^{-8} C，大球均匀带有正电荷 1.5×10^{-8} C。求离球心分别为(1)20 cm，(2)50 cm 的各点的电势。

13.2 两均匀带电球壳同心放置，半径分别为 R_1 和 $R_2(R_1<R_2)$，已知内外球之间的电势差为 U_{12}，求两球壳间的电场分布。

13.3 两个同心的均匀带电球面，半径分别为 $R_1=5.0$ cm，$R_2=20.0$ cm，已知内球面的电势为 $\varphi_1=60$ V，外球面的电势 $\varphi_2=-30$ V。
(1) 求内、外球面上所带电量；
(2) 在两个球面之间何处的电势为零？

13.4 两个同心的球面，半径分别为 $R_1,R_2(R_1<R_2)$，分别带有总电量 q_1,q_2。设电荷均匀分布在球面上，求两球面的电势及二者之间的电势差。不管 q_1 大小如何，只要是正电荷，内球电势总高于外球；只要是负电荷，内球电势总低于外球。试说明其原因。

13.5 一细直杆沿 z 轴由 $z=-a$ 延伸到 $z=a$，杆上均匀带电，其线电荷密度为 λ，试计算 x 轴上 $x>0$ 各点的电势。

13.6 一均匀带电细杆，长 $l=15.0$ cm，线电荷密度 $\lambda=2.0\times 10^{-7}$ C/m，求：
(1) 细杆延长线上与杆的一端相距 $a=5.0$ cm 处的电势；
(2) 细杆中垂线上与细杆相距 $b=5.0$ cm 处的电势。

13.7 求出习题 12.18 中两同轴圆筒之间的电势差。

13.8 一计数管中有一直径为 2.0 cm 的金属长圆筒，在圆筒的轴线处装有一根直径为 1.27×10^{-5} m 的细金属丝。设金属丝与圆筒的电势差为 1×10^3 V，求：
(1) 金属丝表面的场强大小；
(2) 圆筒内表面的场强大小。

13.9 一无限长均匀带电圆柱，体电荷密度为 ρ，截面半径为 a。
(1) 用高斯定律求出柱内外电场强度分布；
(2) 求出柱内外的电势分布，以轴线为势能零点；
(3) 画出 E-r 和 φ-r 的函数曲线。

13.10 半径为 R 的圆盘均匀带电，面电荷密度为 σ。求此圆盘轴线上的电势分布：(1)利用例 13.4 的结果用电势叠加法；(2)利用例 12.6 的结果用场强积分法。

13.11 一均匀带电的圆盘，半径为 R，面电荷密度为 σ，今将其中心半径为 $R/2$ 圆片挖去。试用叠加法求剩余圆环带在其垂直轴线上的电势分布，在中心的电势和电场强度各是多大？

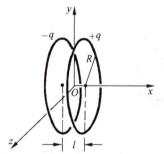

图 13.16 习题 13.14 用图

13.12 (1)一个球形雨滴半径为 0.40 mm，带有电量 1.6 pC，它表面的电势多大？(2)两个这样的雨滴碰后合成一个较大的球形雨滴，这个雨滴表面的电势又是多大？

13.13 金原子核可视为均匀带电球体，总电量为 $79e$，半径为 7.0×10^{-15} m。求金核表面的电势，它的中心电势又是多少？

13.14 如图 13.16 所示，两个平行放置的均匀带电圆环，它们的半径为 R，电量分别为 $+q$ 及 $-q$，其间距离为 l，并有 $l\ll R$ 的关系。

(1) 试求以两环的对称中心 O 为坐标原点时,垂直于环面的 x 轴上的电势分布;

(2) 证明:当 $x \gg R$ 时,$\varphi = \dfrac{ql}{4\pi\varepsilon_0 x^2}$。

13.15 用电势梯度法求习题 13.5 中 x 轴上 $x>0$ 各点的电场强度。

***13.16** 符号相反的两个点电荷 q_1 和 q_2 分别位于 $x=-b$ 和 $x=+b$ 两点,试证 $\varphi=0$ 的等势面为球面并求出球半径和球心的位置。如果二者电量相等,则此等势面又如何?

***13.17** 两条无限长均匀带电直线的线电荷密度分别为 $-\lambda$ 和 $+\lambda$ 并平行于 z 轴放置,和 x 轴分别相交于 $x=-a$ 和 $x=+a$ 两点。试证明:

(1) 此系统的等势面和 xy 平面的交线都是圆,并求出这些圆的圆心的位置和半径;

(2) 电场线都是平行于 xy 平面的圆,并求出这些圆的圆心的位置和半径。

13.18 一次闪电的放电电压大约是 1.0×10^9 V,而被中和的电量约是 30 C。

(1) 求一次放电所释放的能量是多大?

(2) 一所希望小学每天消耗电能 20 kW·h。上述一次放电所释放的电能够该小学用多长时间?

13.19 电子束焊接机中的电子枪如图 13.17 所示。K 为阴极,A 为阳极,其上有一小孔。阴极发射的电子在阴极和阳极电场作用下聚集成一细束,以极高的速率穿过阳极上的小孔,射到被焊接的金属上,使两块金属熔化而焊接在一起。已知,$\varphi_A - \varphi_K = 2.5 \times 10^4$ V,并设电子从阴极发射时的初速率为零。求:

(1) 电子到达被焊接的金属时具有的动能(用电子伏表示);

(2) 电子射到金属上时的速率。

13.20 一边长为 a 的正三角形,其三个顶点上各放置 q,$-q$ 和 $-2q$ 的点电荷,求此三角形重心上的电势。将一电量为 $+Q$ 的点电荷由无限远处移到重心上,外力要做多少功?

13.21 如图 13.18 所示,三块互相平行的均匀带电大平面,面电荷密度为 $\sigma_1 = 1.2 \times 10^{-4}$ C/m²,$\sigma_2 = 2.0 \times 10^{-5}$ C/m²,$\sigma_3 = 1.1 \times 10^{-4}$ C/m²。A 点与平面Ⅱ相距为 5.0 cm,B 点与平面Ⅱ相距 7.0 cm。

(1) 计算 A,B 两点的电势差;

(2) 设把电量 $q_0 = -1.0 \times 10^{-8}$ C 的点电荷从 A 点移到 B 点,外力克服电场力做多少功?

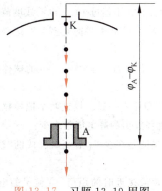

图 13.17 习题 13.19 用图

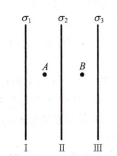

图 13.18 习题 13.21 用图

***13.22** 电子直线加速器的电子轨道由沿直线排列的一长列金属筒制成,如图 13.19 所示。单数和双数圆筒分别连在一起,接在交变电源的两极上。由于电势差的正负交替改变,可以使一个电子团(延续几个微秒)依次越过两筒间隙时总能被电场加速(圆筒内没有电场,电子做匀速运动)。这要求各圆筒的长度必须依次适当加长。

(1) 证明要使电子团发出和跨越每个筒间隙时都能正好被电势差的峰值加速,圆筒长度应依次为 $L_1 n^{1/2}$,其中 L_1 是第一个筒的长度,n 为圆筒序数。(考虑非相对论情况)

(2) 设交变电势差峰值为 U_0,频率为 ν,求 L_1 的长度。

(3) 电子从第 n 个筒出来时,动能多大?

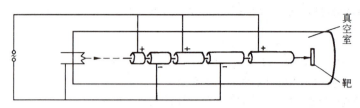

图 13.19 习题 13.22 用图

13.23 (1) 按牛顿力学计算,把一个电子加速到光速需要多大的电势差?

(2) 按相对论的正确公式,静质量为 m_0 的粒子的动能为

$$E_k = m_0 c^2 \left[\frac{1}{\sqrt{1-v^2/c^2}} - 1 \right]$$

试由此计算电子越过上一问所求的电势差时所能达到的速度是光速的百分之几?

*13.24 假设某一瞬时,氦原子的两个电子正在核的两侧,它们与核的距离都是 0.20×10^{-10} m。这种配置状态的静电势能是多少?(把电子与原子核看作点电荷)

*13.25 根据原子核的 α 粒子模型,某些原子核是由 α 粒子的有规则的几何排列所组成。例如,^{12}C 的原子核是由排列成等边三角形的 3 个 α 粒子组成的。设每对粒子之间的距离都是 3.0×10^{-15} m,则这 3 个 α 粒子的这种配置的静电势能是多少电子伏?(将 α 粒子看作点电荷)

*13.26 一条无限长的一维晶体由沿直线交替排列的正负离子组成,这些粒子的电量的大小都是 e,相邻离子的间隔都是 a。求证:

(1) 每一个正离子所处的电势都是 $-\dfrac{e}{2\pi\varepsilon_0 a}\ln 2$。(提示:利用 $\ln(1+x)$ 的展开式)

(2) 任何一个离子的静电势能都是 $-\dfrac{e^2}{4\pi\varepsilon_0 a}\ln 2$。

*13.27 假设电子是一个半径为 R,电荷为 e 且均匀分布在其外表面上的球体。如果静电能等于电子的静止能量 $m_e c^2$,那么以电子的 e 和 m_e 表示的电子半径 R 的表达式是什么?R 在数值上等于多少?(此 R 是所谓电子的"经典半径"。现代高能实验确定,电子的电量集中分布在不超过 10^{-18} m 的线度范围内)

*13.28 如果把质子当成半径为 1.0×10^{-15} m 的均匀带电球体,它的静电势能是多大?这势能是质子的相对论静能的百分之几?

*13.29 铀核带电量为 $92e$,可以近似地认为它均匀分布在一个半径为 7.4×10^{-15} m 的球体内。求铀核的静电势能。

当铀核对称裂变后,产生两个相同的靶核,各带电 $46e$,总体积和原来一样。设这两个靶核也可以看成球体,当它们分离很远时,它们的总静电势能又是多少?这一裂变释放出的静电能是多少?

按每个铀核都这样对称裂变计算,1 kg 铀裂变后释放出的静电能是多少?(裂变时释放的"核能"基本上就是这静电能)

13.30 一个动能为 4.0 MeV 的 α 粒子射向金原子核,求二者最接近时的距离。α 粒子的电荷为 $2e$,金原子核的电荷为 $79e$,将金原子核视作均匀带电球体,并且认为它保持不动。

已知 α 粒子的质量为 6.68×10^{-27} kg,金核的质量为 3.29×10^{-25} kg,求在此距离时二者的万有引力势能多大?

*13.31 τ 子带有与电子一样多的负电荷,质量为 3.17×10^{-27} kg。它可以穿入核物质而只受电力的作用。设一个 τ 子原来静止在离铀核很远的地方,由于铀核的吸引而向铀核运动。求它越过铀核表面时的速度多大?到达铀核中心时的速度多大?铀核可看做带有 $92e$ 的均匀带电球体,半径为 7.4×10^{-15} m。

*13.32 两个电偶极子的电矩分别为 p_1 和 p_2,相隔的距离为 r,方向相同,都沿着二者的连线。试证明二者的相互作用静电能为 $-\dfrac{p_1 p_2}{2\pi\varepsilon_0 r^3}$。

13.33 地球表面上空晴天时的电场强度约为 100 V/m。

(1) 此电场的能量密度多大？

(2) 假设地球表面以上 10 km 范围内的电场强度都是这一数值，那么在此范围内所储存的电场能共是多少 kW·h？

*13.34 按照**玻尔理论**，氢原子中的电子围绕原子核作圆运动，维持电子运动的力为库仑力。轨道的大小取决于角动量，最小的轨道角动量为 $\hbar=1.05\times10^{-34}$ J·s，其他依次为 $2\hbar,3\hbar$ 等。

(1) 证明：如果圆轨道有角动量 $n\hbar(n=1,2,3,\cdots)$，则其半径 $r=\dfrac{4\pi\varepsilon_0}{m_e e^2}n^2\hbar^2$；

(2) 证明：在这样的轨道中，电子的轨道能量（动能＋势能）为

$$W=-\dfrac{m_e e^4}{2(4\pi\varepsilon_0)^2\hbar^2}\dfrac{1}{n^2}$$

(3) 计算 $n=1$ 时的轨道能量（用 eV 表示）。

第 14 章

静电场中的导体

<u>前</u>两章中讲述了有关静电场的基本概念和一般规律。实际上,通常利用导体带电形成电场。本章讨论导体带电和它周围的电场有什么关系,也就是介绍静电场的一般规律在有导体存在的情况下的具体应用。作为基础知识,本章的讨论只限于各向同性的均匀的金属导体在电场中的情况。

14.1 导体的静电平衡条件

金属导体的电结构特征是在它内部有可以自由移动的电荷——**自由电子**,将金属导体放在静电场中,它内部的自由电子将受静电场的作用而产生定向运动。这一运动将改变导体上的电荷分布,这电荷分布的改变又将反过来改变导体内部和周围的电场分布。这种电荷和电场的分布将一直改变到导体达到静电平衡状态为止。

所谓**导体的静电平衡状态是指导体内部和表面都没有电荷定向移动的状态**。这种状态只有在导体内部电场强度处处为零时才有可能达到和维持。否则,导体内部的自由电子在电场的作用下将发生定向移动。同时,**导体表面紧邻处的电场强度必定和导体表面垂直**。否则电场强度沿表面的分量将使自由电子沿表面作定向运动。因此,导体处于静电平衡的条件是

$$E_{in} = 0, \quad E_s \perp 表面 \quad (14.1)$$

应该指出,这一静电平衡条件是由导体的电结构特征和静电平衡的要求所决定的,与导体的形状无关。

图 14.1 画出了两个导体处于静电平衡时电荷和电场分布的情况(图中实线为电场线,虚线为等势面和纸面的交线)。球形导体 A 上原来带有正电荷而且均匀分布,原来不带电的导体 B 引入后,其中自由电子在 A 上电荷的电场作用下向靠近 A 的那一端移动,使 B 上出现等量异号的**感生电荷**。与此同时,A 上的电荷分布也发生了改变。这些电荷分布的改变将一直

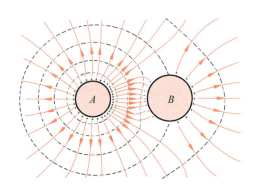

图 14.1 处于静电平衡的导体的电荷和电场的分布

进行到它们在导体内部的合场强等于零为止。这时导体外的电场分布和原来相比也发生了改变。

导体处于静电平衡时,既然其内部电场强度处处为零,而且表面紧邻处的电场强度都垂直于表面,所以导体中以及表面上任意两点间的电势差必然为零。这就是说,**处于静电平衡的导体是等势体,其表面是等势面**。这是导体静电平衡条件的另一种说法。

14.2 静电平衡的导体上的电荷分布

处于静电平衡的导体上的电荷分布有以下的规律。

(1) **处于静电平衡的导体,其内部各处净电荷为零,电荷只能分布在表面**。

这一规律可以用高斯定律证明,为此可在导体内部围绕任意 P 点作一个小封闭曲面 S,如图 14.2 所示。由于静电平衡时导体内部场强处处为零,因此通过此封闭曲面的电通量必然为零。由高斯定律可知,此封闭面内电荷的代数和为零。由于这个封闭面很小,而且 P 点是导体内任意一点,所以可得出在整个导体内无净电荷,电荷只能分布在导体表面上的结论。

(2) **处于静电平衡的导体,其表面上各处的面电荷密度与当地表面紧邻处的电场强度的大小成正比**。

这个规律也可以用高斯定律证明,为此,在导体表面紧邻处取一点 P,以 E 表示该处的电场强度,如图 14.3 所示。过 P 点作一个平行于导体表面的小面积元 ΔS,以 ΔS 为底,以过 P 点的导体表面法线为轴作一个封闭的扁筒,扁筒的另一底面 $\Delta S'$ 在导体的内部。由于导体内部场强为零,而表面紧邻处的场强又与表面垂直,所以通过此封闭扁筒的电通量就是通过 ΔS 面的电通量,即等于 $E\Delta S$,以 σ 表示导体表面上 P 点附近的面电荷密度,则扁筒包围的电荷就是 $\sigma\Delta S$。根据高斯定律可得

$$E\Delta S = \frac{\sigma \Delta S}{\varepsilon_0}$$

由此得

$$\sigma = \varepsilon_0 E \tag{14.2}$$

此式就说明处于静电平衡的导体表面上各处的面电荷密度与当地表面紧邻处的场强大小成正比。

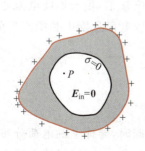

图 14.2 导体内无净电荷

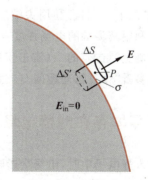

图 14.3 导体表面电荷与场强的关系

利用式(14.2)也可以由导体表面某处的面电荷密度σ求出当地表面紧邻处的场强E。这样做时,这一公式容易被误解为导体表面紧邻某处的电场仅仅是由当地导体表面上的电荷产生的,其实不然。此处电场实际上是所有电荷(包括该导体上的全部电荷以及导体外现有的其他电荷)产生的,而 E 是这些电荷的合场强。只要回顾一下在式(14.2)的推导过程中利用了高斯定律就可以明白这一点。当导体外的电荷位置发生变化时,导体上的电荷分布也会发生变化,而导体外面的合电场分布也要发生变化。这种变化将一直继续到它们满足式(14.2)的关系使导体又处于静电平衡为止。

(3) 孤立的导体处于静电平衡时,它的表面各处的面电荷密度与各处表面的曲率有关,曲率越大的地方,面电荷密度也越大。

图 14.4 画出一个有尖端的导体表面的电荷和场强分布的情况,尖端附近的面电荷密度最大。

尖端上电荷过多时,会引起**尖端放电**现象。这种现象可以这样来解释。由于尖端上面电荷密度很大,所以它周围的电场很强。那里空气中散存的带电粒子(如电子或离子)在这强电场的作用下作加速运动时就可能获得足够大的能量,以致它们和空气分子碰撞时,能使后者离解成电子和离子。这些新的电子和离子与其他空气分子相碰,又能产生新的带电粒子。这样,就会产生大量的带电粒子。与尖端上电荷异号的带电粒子受尖端电荷的吸引,飞向尖端,使尖端上的电荷被中和掉;与尖端上电荷同号的带电粒子受到排斥而从尖端附近飞走。图 14.5 从外表上看,就好像尖端上的电荷被"喷射"出来放掉一样,所以叫做尖端放电。

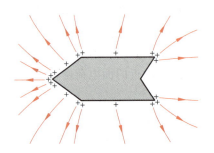

图 14.4 导体尖端处电荷多

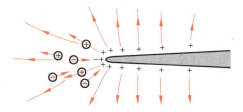

图 14.5 尖端放电示意图

在高电压设备中,为了防止因尖端放电而引起的危险和漏电造成的损失,输电线的表面应是光滑的。具有高电压的零部件的表面也必须做得十分光滑并尽可能做成球面。与此相反,在很多情况下,人们还利用尖端放电。例如,火花放电设备的电极往往做成尖端形状。避雷针也是利用其尖端的电场强度大,空气被电离,形成放电通道,使云地间电流通过导线流入地下而避免"雷击"的。(雷击实际上是天空中大量异号电荷急剧中和所产生的恶果。关于雷电请参看"今日物理趣闻 G 大气电学"。)

14.3 有导体存在时静电场的分析与计算

导体放入静电场中时,电场会影响导体上电荷的分布,同时,导体上的电荷分布也会影响电场的分布。这种相互影响将一直继续到达到静电平衡时为止,这时导体上的电荷分布以及周围的电场分布就不再改变了。这时的电荷和电场的分布可以根据静电场的基本规律、电荷守恒以及导体静电平衡条件加以分析和计算。下面举几个例子。

例 14.1

有一块大金属平板，面积为 S，带有总电量 Q，今在其近旁平行地放置第二块大金属平板，此板原来不带电。(1)求静电平衡时，金属板上的电荷分布及周围空间的电场分布；(2)如果把第二块金属板接地，最后情况又如何？（忽略金属板的边缘效应）

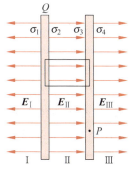

图 14.6　例 14.1 解(1)用图

解　(1)由于静电平衡时导体内部无净电荷，所以电荷只能分布在两金属板的表面上。不考虑边缘效应，这些电荷都可当作是均匀分布的。设 4 个表面上的面电荷密度分别为 $\sigma_1, \sigma_2, \sigma_3$ 和 σ_4，如图 14.6 所示。由电荷守恒定律可知

$$\sigma_1 + \sigma_2 = \frac{Q}{S}$$

$$\sigma_3 + \sigma_4 = 0$$

由于板间电场与板面垂直，且板内的电场为零，所以选一个两底分别在两个金属板内而侧面垂直于板面的封闭面作为高斯面，则通过此高斯面的电通量为零。根据高斯定律就可以得出

$$\sigma_2 + \sigma_3 = 0$$

在金属板内一点 P 的场强应该是 4 个带电面的电场的叠加，因而有

$$E_P = \frac{\sigma_1}{2\varepsilon_0} + \frac{\sigma_2}{2\varepsilon_0} + \frac{\sigma_3}{2\varepsilon_0} - \frac{\sigma_4}{2\varepsilon_0}$$

由于静电平衡时，导体内各处场强为零，所以 $E_P = 0$，因而有

$$\sigma_1 + \sigma_2 + \sigma_3 - \sigma_4 = 0$$

将此式和上面 3 个关于 $\sigma_1, \sigma_2, \sigma_3$ 和 σ_4 的方程联立求解，可得电荷分布的情况为

$$\sigma_1 = \frac{Q}{2S}, \quad \sigma_2 = \frac{Q}{2S}, \quad \sigma_3 = -\frac{Q}{2S}, \quad \sigma_4 = \frac{Q}{2S}$$

由此可根据式(14.2)求得电场的分布如下：

在 I 区，$E_\mathrm{I} = \dfrac{Q}{2\varepsilon_0 S}$，方向向左；

在 II 区，$E_\mathrm{II} = \dfrac{Q}{2\varepsilon_0 S}$，方向向右；

在 III 区，$E_\mathrm{III} = \dfrac{Q}{2\varepsilon_0 S}$，方向向右。

(2) 如果把第二块金属板接地(图 14.7)，它就与地这个大导体连成一体。这块金属板右表面上的电荷就会分散到更远的地球表面上而使得这右表面上的电荷实际上消失，因而

$$\sigma_4 = 0$$

第一块金属板上的电荷守恒仍给出

$$\sigma_1 + \sigma_2 = \frac{Q}{S}$$

由高斯定律仍可得

$$\sigma_2 + \sigma_3 = 0$$

为了使得金属板内 P 点的电场为零，又必须有

$$\sigma_1 + \sigma_2 + \sigma_3 = 0$$

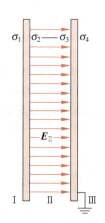

图 14.7　例 14.1 解(2)用图

以上 4 个方程式给出

$$\sigma_1 = 0, \quad \sigma_2 = \frac{Q}{S}, \quad \sigma_3 = -\frac{Q}{S}, \quad \sigma_4 = 0$$

和未接地前相比,电荷分布改变了。这一变化是负电荷通过接地线从地里跑到第二块金属板上的结果。这负电荷的电量一方面中和了金属板右表面上的正电荷（这是正电荷跑入地球的另一种说法），另一方面又补充了左表面上的负电荷使其面密度增加一倍。同时第一块板上的电荷全部移到了右表面上。只有这样,才能使两导体内部的场强为零而达到静电平衡状态。

这时的电场分布可根据上面求得的电荷分布求出,即有

$$E_{\mathrm{I}} = 0; \quad E_{\mathrm{II}} = \frac{Q}{\varepsilon_0 S}, \text{向右}; \quad E_{\mathrm{III}} = 0$$

例 14.2

一个金属球 A,半径为 R_1。它的外面套一个同心的金属球壳 B,其内外半径分别为 R_2 和 R_3。二者带电后电势分别为 φ_A 和 φ_B。求此系统的电荷及电场的分布。如果用导线将球和壳连接起来,结果又将如何？

解 导体球和壳内的电场应为零,而电荷均匀分布在它们的表面上。如图 14.8 所示,设 q_1, q_2, q_3 分别表示半径为 R_1, R_2, R_3 的金属球面上所带的电量。由例 13.1 的结果和电势叠加原理可得

$$\varphi_A = \frac{q_1}{4\pi\varepsilon_0 R_1} + \frac{q_2}{4\pi\varepsilon_0 R_2} + \frac{q_3}{4\pi\varepsilon_0 R_3}$$

$$\varphi_B = \frac{q_1 + q_2 + q_3}{4\pi\varepsilon_0 R_3}$$

在壳内作一个包围内腔的高斯面,由高斯定律就可得

$$q_1 + q_2 = 0$$

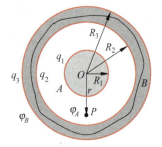

图 14.8 例 14.2 用图

联立解上述 3 个方程,可得

$$q_1 = \frac{4\pi\varepsilon_0(\varphi_A - \varphi_B)R_1 R_2}{R_2 - R_1}, \quad q_2 = \frac{4\pi\varepsilon_0(\varphi_B - \varphi_A)R_1 R_2}{R_2 - R_1}, \quad q_3 = 4\pi\varepsilon_0 \varphi_B R_3$$

由此电荷分布可求得电场分布如下：

$$E = 0 \qquad (r < R_1)$$

$$E = \frac{(\varphi_A - \varphi_B)R_1 R_2}{(R_2 - R_1)r^2} \qquad (R_1 < r < R_2)$$

$$E = 0 \qquad (R_2 < r < R_3)$$

$$E = \frac{\varphi_B R_3}{r^2} \qquad (r > R_3)$$

如果用导线将球和球壳连接起来,则壳的内表面和球表面的电荷会完全中和而使两个表面都不再带电,二者之间的电场变为零,而二者之间的电势差也变为零。在球壳的外表面上电荷仍保持为 q_3,而且均匀分布,它外面的电场分布也不会改变而仍为 $\varphi_B R_3 / r^2$。

14.4 静电屏蔽

静电平衡时导体内部的场强为零这一规律在技术上用来作静电屏蔽。用一个金属空壳就能使其内部不受外面的静止电荷的电场的影响,下面我们来说明其中的道理。

如图 14.9 所示,一金属空壳 A 外面放有带电体 B,当空壳处于静电平衡时,金属壳体内的场强为零。这时如果在壳体内作一个封闭曲面 S 包围住空腔,可以由高斯定律推知空腔内表面上的净电荷为零。但是会不会在内表面上某处有正电荷,另一处有等量的负电荷呢? 不会的。因为如果是这样,则空腔内将有电场。这一电场将使得内表面上带正电荷和带负电荷的地方有电势差,这与静电平衡时导体是等势体的性质就相矛盾了。所以空壳的内表面上必然处处无净电荷而空腔内的电场强度也就必然为零。这个结论是和壳外的电荷和电场的分布无关的,因此金属壳就起到了屏蔽外面电荷的电场的作用。

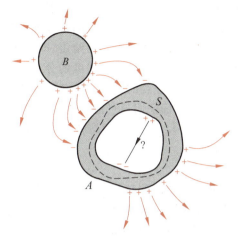

图 14.9 金属空壳的静电屏蔽作用

应该指出,这里不要误认为由于导体壳的存在,壳外电荷就不在空腔内产生电场了。实际上,壳外电荷在空腔内同样产生电场。空腔内的场强所以为零,是因为壳的外表面上的电荷分布发生了变化(或说产生了感生电荷)的缘故。这些重新分布的表面电荷在空腔内也产生电场,这电场正好抵消了壳外电荷在空腔内产生的电场。如果导体壳外的带电体的位置改变了,那么导体壳外表面上的电荷分布也会跟着改变,其结果将是始终保持壳内的总场强为零。

在电子仪器中,为了使电路不受外界带电体的干扰,就把电路封闭在金属壳内。实用上常常用金属网罩代替全封闭的金属壳。传送微弱电信号的导线,其外表就是用金属丝编成的网包起来的。这样的导线叫**屏蔽线**。

导体空壳内电场为零的结论还有重要的理论意义。对于库仑定律中的反比指数"2",库仑曾用扭秤实验直接地确定过,但是扭秤实验不可能做得非常精确。处于静电平衡的导体空壳内无电场的结论是由高斯定律和静电场的电势概念导出的,而这些又都是库仑定律的直接结果。因此在实验上检验导体空壳内是否有电场存在可以间接地验证库仑定律的正确性。卡文迪许和麦克斯韦以及威廉斯等人都是利用这一原理做实验来验证库仑定律的。

*14.5 唯一性定理

关于静电场有一条重要的定理——**唯一性定理**。其内容是,有若干个导体存在时,在给定的一些条件下,空间的电场分布和导体表面的电荷分布是**唯一地**被确定了的。这些条件可以按下列三种方式的任一种给出:

(1) 给定每个导体上的总电量,例 14.1 就是这种情形;
(2) 给定每个导体的电势,例 14.2 就是这种情形;
(3) 给定一些导体的总电量和另一些导体的电势。

由于导体在静电平衡条件下电荷只存在于表面而且表面是个等势面,所以上述条件都是给出导体表面,或者说是导体与真空的分界面的情况。因此,这些条件就叫**边界条件**或边值。唯一性定理可简述为:**给定边界条件后,静电场的分布就唯一地确定了**。

唯一性定理从物理上直观判断,似乎容易理解。例如位置固定的一组导体分别带上一定的电量后,最后在静电平衡下,似乎只会有一种实际的电场分布。但要用有导体存在时静电场的基本规律对此定理加以一般的严格的证明,则是一件比较麻烦的事。下面仅对按上述第二种方式给定边界条件的情况加以说明。

假定各个导体的电势已给定,即所述电场的边界(包括无限远处的表面)上电势已给定。为了求出边界内各处电场强度的分布,可像 13.4 节指出的那样,先求出电势分布,然后求其梯度而得电场强度的分布。设在给定的电势边界条件下,函数 $\varphi(x,y,z)$ 是所求的电势分布的一个解,下面证明只可能有这一个解。这样的证明方法具有这类证明的典型性。

设有函数 $\varphi'(x,y,z)$ 是满足同样电势边界条件的另一个解。现在考虑这两个解的一种叠加,即

$$\varphi^*(x,y,z) = \varphi(x,y,z) - \varphi'(x,y,z) \tag{14.3}$$

根据电场的叠加原理,这一叠加场应该和 φ,φ' 一样遵守静电场的基本规律,如高斯定律。但这一叠加场不满足所给的边界条件。这是由于 φ 和 φ' 在边界上各处具有相同的给定值,所以 φ^* 在边界上各处都等于零。这样,φ^* 将是在所有边界上电势都是零的电场的电势分布。果然如此,则 φ^* 在边界**内**各处也**都必须**等于零。因为如若不然,则 φ^* 将在某处,例如 P 点,有一极大值(或极小值)。如果围绕此极大(或极小值)所在处的 P 点作一封闭曲面,则在此曲面上各处的电场强度的方向都将指离(或指向)P 点。这样,通过此封闭曲面的电通量将不为零(这种情况的二维解说模型如图 14.10 所示,在 xy 平面内的区域 A 的边界上 φ^* 值为零)。但是,据设定,在边界内各处是真空,并无电荷存在。通过封闭面的电通量不为零是违反高斯定律的。于是 φ^* 不可能具有极大或极小值,而只能处处为零。这样,由式(14.3)就直接得出 $\varphi'=\varphi$。这说明,满足原给定边界条件的电势函数只有一个。这就是唯一性定理[①]。

下面介绍唯一性定理的两个应用实例。

首先,可以用唯一性定理严格地说明静电屏蔽的道理。如图 14.11 所示,在一个金属盒子内外都有一定的带电导体。考虑盒子内的空间。如果盒子的电势给定(例如接地,这时它的电势为零),其内每个导体的总电量(或电势)也给定,则这一空间的边界条件就给定了。根据唯一性定理,盒内的电场以及各导体表面的电荷分布也就唯一地确定了。与盒外的带电体和它们产生的电场无关。这就是说,金属盒完全屏蔽了盒外带电体的影响。

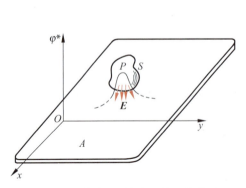

图 14.10　说明唯一性定理的二维模型

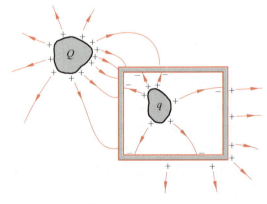

图 14.11　静电屏蔽

[①] 唯一性定理是关于电磁场的一个普遍定理:给定边界条件和初值,电磁场及其演化就唯一地被确定了。这里讲的只是在真空中有若干个导体存在时的静电场的特殊情况。

*14.5 唯一性定理

其次，介绍一下求解静电场的一种很有启发性的方法——**镜像法**。考虑下述例子。点电荷 q 放在一个水平的无限大接地金属板的上方 h 处，试求板上方空间内的电场分布和板面上的电荷分布。

在这个问题中，可以把点电荷看作一个小导体球，其表面带有总电荷 q。对导体平面以上的空间而言，其"外表面"（金属表面以及包围上半空间的无限远处的"表面"）的电势都是零。这就是按前述第三种方式给定了边界条件。因此，导体平面以上空间内的电场及导体表面的电荷的分布就唯一地确定了。

既然结果是唯一的，那么无论用什么方法得到的结果就是所要求的解。为了求出此解，我们设想一个窍门。设想在导体表面的正下方 h 处放另一点电荷 $-q$，与上方电荷异号等量，好像是 q 在以导体表面为镜面内的虚像（图 14.12），然后把金属板撤去。这样我们就得到一对正负电荷的电场。已知在这样的电场中，两电荷连线的垂直平分面（它和原来金属表面完全重合）上的电势也等于零。这样，这一对电荷的电场的上半部的边界条件就和金属板存在时完全一样，而其电场分布，由于是唯一的，也就完全一样了。因此，就可以借助那一对电荷的电场来求出金属平板上方的电场了，而这是比较容易的。

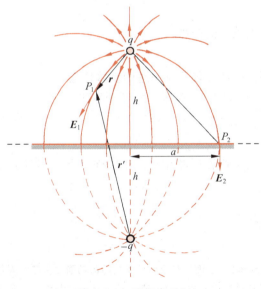

图 14.12 镜像法示例

金属板上方的电场分布和板面上的电荷分布显然具有以通过 q 的竖直线为轴的轴对称性，所以可以只求图示平面上的电场分布。由点电荷电场的叠加可得板上方任一点 P_1 处的电场为

$$E_1 = \frac{q}{4\pi\varepsilon_0 r^3}\boldsymbol{r} - \frac{q}{4\pi\varepsilon_0 r'^3}\boldsymbol{r}' \tag{14.4}$$

式中，$\boldsymbol{r}$ 和 $\boldsymbol{r}'$ 分别表示从电荷 q 和其镜像电荷 $-q$ 引到 P_1 点的径矢。

对于带电平面上任一点 P_2，上式给出

$$E_2 = E_{2n} = \frac{-2qh}{4\pi\varepsilon_0 (a^2+h^2)^{3/2}} \tag{14.5}$$

负号表示该处电场指向导体内部,即向下。由式(14.2)可求出金属表面该处的面电荷密度为

$$\sigma = \varepsilon_0 E_{2n} = \frac{-qh}{2\pi(a^2+h^2)^{3/2}} \tag{14.6}$$

式(14.4)和式(14.6)即本问题的解答。

还可以根据式(14.6)积分求出金属板面上所感生的总电荷为

$$q' = \int_0^\infty \sigma \cdot 2\pi a \,\mathrm{d}a = -q\int_0^\infty \frac{ha\,\mathrm{d}a}{(a^2+h^2)^{3/2}} = -q$$

即 q' 和 q 大小相等,符号相反,正应该如此。

提 要

1. 导体的静电平衡条件

$$E_{\text{in}} = 0,\text{表面外紧邻处 } \boldsymbol{E}_S \perp \text{表面}$$

或导体是个等势体。

2. 静电平衡的导体上电荷的分布

$$q_{\text{in}} = 0, \quad \sigma = \varepsilon_0 E$$

3. 计算有导体存在时的静电场分布问题的基本依据

高斯定律,电势概念,电荷守恒,导体静电平衡条件。

4. 静电屏蔽:金属空壳的外表面上及壳外的电荷在壳内的合场强总为零,因而对壳内无影响。

***5. 唯一性定理**:给定了边界条件,静电场的分布就唯一地确定了。

思 考 题

14.1 各种形状的带电导体中,是否只有球形导体其内部场强才为零? 为什么?

14.2 一带电为 Q 的导体球壳中心放一点电荷 q,若此球壳电势为 φ_0,有人说:"根据电势叠加,任一 P 点(距中心为 r)的电势 $\varphi_P = \dfrac{q}{4\pi\varepsilon_0 r} + \varphi_0$",这说法对吗?

14.3 使一孤立导体球带正电荷,这孤立导体球的质量是增加、减少还是不变?

14.4 在一孤立导体球壳的中心放一点电荷,球壳内、外表面上的电荷分布是否均匀? 如果点电荷偏离球心,情况如何?

14.5 把一个带电物体移近一个导体壳,带电体单独在导体壳的腔内产生的电场是否为零? 静电屏蔽效应是如何发生的?

14.6 设一带电导体表面上某点附近面电荷密度为 σ,则紧靠该处表面外侧的场强为 $E = \sigma/\varepsilon_0$。若将另一带电体移近,该处场强是否改变? 这场强与该处导体表面的面电荷密度的关系是否仍具有 $E = \sigma/\varepsilon_0$ 的形式?

14.7 空间有两个带电导体,试说明其中至少有一个导体表面上各点所带电荷都是同号的。

14.8 无限大均匀带电平面(面电荷密度为 σ)两侧场强为 $E=\dfrac{\sigma}{2\varepsilon_0}$，而在静电平衡状态下，导体表面(该表面面电荷密度为 σ)附近场强 $E=\dfrac{\sigma}{\varepsilon_0}$，为什么前者比后者小一半？

14.9 两块平行放置的导体大平板带电后，其相对的两表面上的面电荷密度是否一定是大小相等，符号相反？为什么？

14.10 在距一个原来不带电的导体球的中心 r 处放置一电量为 q 的点电荷。此导体球的电势多大？

14.11 如图 14.13 所示，用导线连接着的金属球 A 和 B 原来都不带电，今在其近旁各放一金属球 C 和 D，并使二者分别带上等量异号电荷，则 A 和 B 上感生出电荷。如果用导线将 C 和 D 连起来，各导体球带电情况是否改变？可能由于正负电荷相互吸引而保持带电状态不变吗？

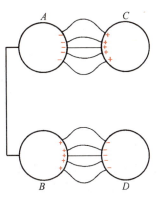

图 14.13 思考题 14.11 用图

习题

14.1 求导体外表面紧邻处场强的另一方法。设导体面上某处面电荷密度为 σ，在此处取一小面积 ΔS，将 ΔS 面两侧的电场看成是 ΔS 面上的电荷的电场(用无限大平面算)和导体上其他地方以及导体外的电荷的电场(这电场在 ΔS 附近可以认为是均匀的)的叠加，并利用导体内合电场应为零求出导体表面处紧邻处的场强为 σ/ε_0(即式(14.2))。

14.2 一导体球半径为 R_1，其外同心地罩以内、外半径分别为 R_2 和 R_3 的厚导体壳，此系统带电后内球电势为 φ_1，外球所带总电量为 Q。求此系统各处的电势和电场分布。

14.3 在一半径为 $R_1=6.0$ cm 的金属球 A 外面套有一个同心的金属球壳 B。已知球壳 B 的内、外半径分别为 $R_2=8.0$ cm，$R_3=10.0$ cm。设 A 球带有总电量 $Q_A=3\times10^{-8}$ C，球壳 B 带有总电量 $Q_B=2\times10^{-8}$ C。

(1) 求球壳 B 内、外表面上各带有的电量以及球 A 和球壳 B 的电势；

(2) 将球壳 B 接地然后断开，再把金属球 A 接地。求金属球 A 和球壳 B 内、外表面上各带有的电量以及金属球 A 和球壳 B 的电势。

14.4 一个接地的导体球，半径为 R，原来不带电。今将一点电荷 q 放在球外距球心的距离为 r 的地方，求球上的感生电荷总量。

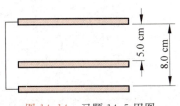

图 14.14 习题 14.5 用图

14.5 如图 14.14 所示，有三块互相平行的导体板，外面的两块用导线连接，原来不带电。中间一块上所带总面电荷密度为 1.3×10^{-5} C/m^2。求每块板的两个表面的面电荷密度各是多少？(忽略边缘效应)

14.6 一球形导体 A 含有两个球形空腔，这导体本身的总电荷为零，但在两空腔中心分别有一点电荷 q_b 和 q_c，导体球外距导体球很远的 r 处另有一点电荷 q_d(图 14.15)。试求 q_b，q_c 和 q_d 各受到多大的力。哪个答案是近似的？

14.7 试证静电平衡条件下导体表面单位面积受的力为 $f=\dfrac{\sigma^2}{2\varepsilon_0}e_n$，其中 σ 为面电荷密度，e_n 为表面外法线方向的单位矢量。此力方向与电荷的符号无关，总指向导体外部。

14.8 在范德格拉夫静电加速器中，是利用绝缘传送带向一个金属球壳输送电荷而使球的电势升高

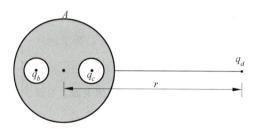

图 14.15　习题 14.6 用图

的。如果这金属球壳电势要求保持 9.15 MV,

(1) 球周围气体的击穿强度为 100 MV/m,这对球壳的半径有何限制?

(2) 由于气体泄漏电荷,要维持此电势不变,需用传送带以 320 μC/s 的速率向球壳运送电荷。这时所需最小功率多大?

(3) 传送带宽 48.5 cm,移动速率 33.0 m/s。试求带上的面电荷密度和面上的电场强度。

*14.9　一个点电荷 q 放在一无限大接地金属平板上方 h 处,考虑到板面上紧邻处电场垂直于板面,且板面上感生电荷产生的电场在板面上下具有对称性,试根据电场叠加原理求出板面上感生面电荷密度的分布。

*14.10　点电荷 q 位于一无限大接地金属板上方 h 处。当问及将 q 移到无限远需要做的功时,第一个学生回答是这功等于分开两个相距 $2h$ 的电荷 q 和 $-q$ 到无限远时做的功,即 $A=q^2/(4\pi\varepsilon_0 \cdot 2h)$。第二个学生求出 q 受的力再用 $F\mathrm{d}r$ 积分计算,从而得出了不同的结果。第二个学生的结果是什么?他们谁的结果对?

*14.11　在图 14.12 中沿水平方向从 q 出发的那条电场线在何处触及导体板?(用高斯定律和一简单积分)

*14.12　一条长直导线,均匀地带有电量 1.0×10^{-8} C/m,平行于地面放置,且距地面 5.0 m。导线正下方地面上的电场强度和面电荷密度各如何?导线单位长度上受多大电力?

14.13　帕塞尔教授在他的《电磁学》中写道:"如果从地球上移去一滴水中的所有电子,则地球的电势将会升高几百万伏。"请用数字计算证实他这句话。

*14.14　求半径为 R,带有总电量 q 的导体球的两半球之间的相互作用电力。

今日物理趣闻

大　气　电　学

地球周围的大气是一部大电机，雷暴是大气中电活动最为壮观的显示（图G.1）。即使在晴朗的天气，大气中也到处有电场和电流。雷暴好似一部静电起电机，能产生负电荷并将其送到地面，同时把正电荷送到大气的上层。大气的上层是电离层，它是良导体，流入它的电流很快向四周流开，遍及整个电离层。在晴天区域，这电流逐渐向地面泄漏，这样就形成了一个完整的大气电路（图G.2）。

图 G.1　2007 年 6 月 27 日上午北京突然一场暴风雨（陆锡增）

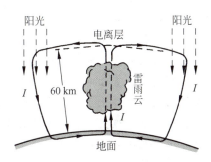

图 G.2　大气电流示意图

在任何时刻，整个地球上大约有 2 000 个雷暴在活动。一次雷暴所产生的电流的时间平均值约为 1 A（当然，瞬时值可以非常大——在一次闪电中可高达 200 000 A）。这样，在大气电路中，所有雷暴产生的总电流就大约为 2 000 A。

电离层和地球表面都是良导体，它们是两个等势面，它们之间的电势差平均约为 300 000 V。电离层和地表之间的整个晴天大气电阻大约为 200 Ω。这电阻大部分集中在稠密的大气底层从地表到几千米的高度以内，相应地，300 000 V 的电势降落大部分也发生在大气底层。平均来讲，由于雷暴活动而在大气电路中释放能量的总功率约为 $2\,000 \times 300\,000 = 6 \times 10^8$ W，即差不多是 100 万 kW。

G.1　晴天大气电场

在晴天区域的大气电流是由离子的运动形成的，大气中经常存在有带电粒子。引起空气分子电离的主要原因是贯穿整个大气的宇宙射线、高层大气中的太阳紫外辐射以及低层大气中由地壳内的天然放射性物质发出的射线以及人工放射性等。在空气分子由于这些原因不断电离的同时,已生成的正、负离子相遇时也会复合成中性分子。电离作用和复合作用的平衡使大气中总保持有相当数量的带电粒子。正离子向下运动,负离子向上运动,就构成了晴天区域的大气电流。

正像在导线中形成电流是由于导线中有电场一样,大气电流的形成也是由于大气中存在有电场。晴天区域的大气电场都指向下方。在地表附近的平坦地面上,晴天大气电场强度在 100～200 V/m 之间。各地电场的实际数值决定于当地的条件,如大气中的灰尘、污染情况、地貌以及季节和时间等,全球平均值约为 130 V/m。

这样,比地面高 2 m 的一点到地面之间的电势差就有几百伏。我们能否利用这一电势差在竖立的导体棒中得到持续电流呢?不能! 因为如果你把一根 2 m 长的金属棒立在地上,大气电场只能在其中产生一个非常小的瞬时电流,紧接着金属棒的电势就和地球电势相等而不再产生电流了。其结果只是改变了地表附近电势和电场的分布(图 G.3)而不能有持续电流产生。树木、房屋或者人体都是相当好的导体,它们对地球的电场都会发生类似的影响,而它们本身不会遭受电击。

由于大气电场指向地球表面,所以地球表面必然带有负电荷。若大气电场按 $E=100$ V/m 计算,地球表面单位面积上所带的电荷应为

$$\sigma = \varepsilon_0 E = -8.85 \times 10^{-12} \times 100 \approx -1 \times 10^{-9} (\text{C/m}^2)$$

由此可推算整个地球表面带的负电荷约为 5×10^5 C,即

$$Q = 4\pi R_E^2 \sigma \approx 4 \times 3.14 \times (6\,400 \times 10^3)^2 \times 1 \times 10^{-9} \approx 5 \times 10^5 (\text{C})$$

地表附近的大气电场可以用一个**电场强度计**测量。一种简单的电场强度计用到一个平行于地面因而垂直于电场的金属板,该金属板通过一个灵敏电流计用导线接地(图 G.4)。大气电场的电场线终止于该金属板的上表面,因此,该金属板的上表面必定带有电荷。当将另一块接地的金属板突然移到这块金属板的上方时,电场线就要终止于这第二块板上,也就是说第二块金属板要屏蔽掉作用于第一块板的电场。此时,第一块板上的电荷将挣脱电场的吸引迅速通过导线流入地面,而灵敏电流计也就显示出一瞬时电流。由这一电流可以算出通过的电量,从而可以进一步求出电场强度的数值。

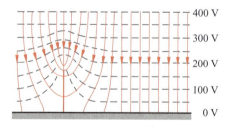

图 G.3 导体改变了地表附近的电场分布

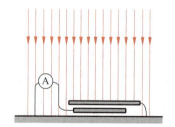

图 G.4 两块接地的水平金属板

在实际使用的电场强度计中,上述两块金属板常做成十字轮形状(图 G.5 是一种电场强度计(或叫电场磨)的外形照片)。上板由电机带动在水平面内转动,其四臂交替地遮盖和敞露下板的四臂,每次遮盖和敞露都将在下板接地的导线中产生一次脉冲电流。由这脉冲电流的强度就可求出大气电场的电场强度。

大气电场强度随高度的增加而减小,在 10 km 高处的电场强度约为地面值的 3%。大

图 G.5　电场磨外形照片

气电场的减弱和大气电阻的减小有关。低空大气电阻比高空的大,因而产生同样的大气电流在低空就需要比高空更强的电场。大气电场的这一变化是由于大气中正电荷的密度分布所致。在低空(几千米高处)有相当多的正电荷分布,大气电场的电场线多由此发出。只有很少一部分电场线是由电离层的正电荷发出的(见图 G.6)。晴天大气中的正电荷总量和地面上的负电荷总量相等。大气中的电场分布使得电势分布具有下述特点:电势随高度的增加而升高,在低层大气中升高得最快,到 20 km 以上的大气中,电势几乎保持不变,平均约为 300 000 V。

晴天大气电场还随时间变化。除了由于空间电荷密度和空气电导率的局部变化造成的短时不规则脉动以外,晴天电场还有按日按季的周期性变化。按日的周期性变化的幅度可达 20%。除了大气污染对局部的电场有影响以外,经测定,晴天电场的变化与地方时无关,即全球大气电场的变化是同步发生的。一天之内,大约在格林威治时间 18:00 左右出现一极大值,在 4:00 左右出现一极小值。大气电场的这种按日的周期性变化是和大气中的雷暴活动的按日的周期性变化相联系的,因为大气中的电荷分布基本上是雷暴活动产生的。在全世界范围内,雷暴活动约在格林威治时间 14:00 到 20:00 达到高潮。这一高潮主要是由于南美洲亚马孙河盆地的中午雷暴集中形成的,由它产生的大气电荷就使得在 18:00 左右出现了大气电场的极大值。

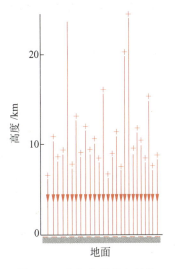

图 G.6　大气电场的电场线

G.2　雷暴的电荷和电场

如上所述,地球表面带有约 $5×10^5$ C 的负电荷,而大气中的泄漏电流约为 2 000 A。这样,如果电荷没有补充的话,地球表面的负电荷将在几分钟内被中和完。地球表面电荷明显维持恒定的事实说明大气中存在着一个电荷分布再生的机制。人们普遍认为:大气中的电荷分布是由雷暴产生的。一个雷暴往往包含几个活跃中心,每个中心由一片雷雨云构成,叫**雷暴云泡**。每个云泡都有其完整的生命史,可分成生长阶段、成熟阶段和消散阶段。一个**云泡**的总寿命约为 1 h,而在成熟阶段有降水和闪电产生时,其维持时间约 15~20 min。一次巨大持久的雷暴常常是由几个云泡交替出现而形成的。

雷暴的激烈活动所需要的能量都来自潮湿空气中水分的凝结热。例如在17℃、1个大气压下，1 km³ 相对湿度为100%的空气中含有 1.6×10^7 kg 的水汽。在17℃时水的汽化热为 2.45×10^6 J，所以 1 km³ 空气中的水汽全部凝结成水时，将放出 3.9×10^{13} J 的热量，这相当于 9 200 吨 TNT 爆炸时所释放出的能量。一次典型的雷暴涉及很多立方千米的潮湿空气，因此可以释放出非常巨大的能量。

一个雷暴云泡的宽约 1.5～8 km，底部距地面约 1.5 km，顶部可达 7.5 km 高度并可发展到 12～18 km 的高空。云泡在形成阶段首先是由于一些水汽的凝结放热而使周围空气变暖、变轻因而形成上升的气流。这种气流夹杂着水汽，其上升的速度可达 10 m/s。在高空，气流中的水分凝结成水滴，有些水滴进一步凝固成冰屑或霰粒，也形成雪花。雨、雪、冰雹大到不能为上升气流所支持时，就开始下落。它们的下落又携带着周围空气下降。这些下降的混有水滴的湿空气会由于水滴蒸发吸热而变冷、变重而继续下降。这样在云泡中就又形成了下降的气流。强的上升气流和强的下降气流的并存是云泡成熟的标志（图 G.7）。这时云泡顶部扩张为砧状，其上部可插入平流层。这一期间，云泡内各处获得了不同的电荷，闪电开始发生。在云泡底部，雨或雹开始下降到地面，同时伴随着大风。此后不久，云泡内上升气流停止，整个云泡内只剩下下降气流。接着雷暴逐渐消散。

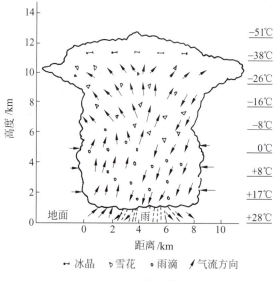

图 G.7 成熟的雷暴云泡

成熟阶段的雷暴云泡中典型的电荷分布如图 G.8 所示。上部是正电荷，下部是负电荷，在最底部还有一些局部的少量正电荷。这些电荷的载体可能是雨滴、冰晶、霰粒或空气粒子。至于怎么产生这些电荷的，至今没有详细准确的理论说明。许多理论推测，这种电荷的产生大概是雨滴、冰晶或霰粒在上升和下降气流中不断受到摩擦、碰撞，或熔解、凝固，或热电作用的结果。至于正、负电荷的分开，多数理论都归因于正、负电荷载体的大小不同。正电荷载体较小、较轻，因而被上升气流带至上部，负电荷载体较大、较重，因而不动或下降到底部。

雷暴云泡中的电荷在大气中产生电场，可粗略地按下面的模型进行估算。忽略云泡底层的少量正电荷的存在,云泡上部的正电荷可以用一个在 10 km 高度的正点电荷 Q_2 代替,而云泡下部的负电荷用一个在 5 km 高度的负点电荷 Q_1 代替,它们带的电量,譬如说,分别是 $+40$ C 和 -40 C(图 G.9)。

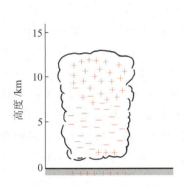

图 G.8 雷暴云中的电荷分布

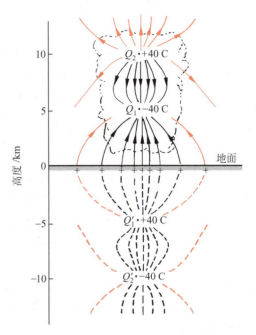

图 G.9 雷暴云泡电场的粗略计算

在这些电荷正下方的地面上,由它们所产生的向上的电场数值为

$$E = \frac{1}{4\pi\varepsilon_0}\left(\frac{Q_1}{r_1^2} + \frac{Q_2}{r_2^2}\right) = 9.0 \times 10^9 \times \left[\frac{40}{(5 \times 10^3)^2} - \frac{40}{(10 \times 10^3)^2}\right]$$
$$= 11 \times 10^3 \,(\text{V/m})$$

但这还不是总电场。因为地球是导体,所以云泡内电荷将在地面上产生感生电荷,这感生电荷将产生附加的电场。在雷暴云泡的下方,分布在地面上的感生电荷将覆盖在大约 100 km² 的大面积上,在此面积内电荷密度将以云泡电荷的正下方为最大。

我们采用下述三个步骤来计算感生电荷的效果:第一,用一薄导体板代替地面,这不会改变地面上空的电场,因为导体板的厚度并不影响其表面上感生电荷的分布。第二,在导体板下方空间放置两个 $+40$ C 和 -40 C 的电荷 Q_1' 和 Q_2'(图 G.9),它们分别位于导体板下方距离为 5 km 和 10 km 处,它们叫云内原有电荷的镜像电荷。由于导体板的屏蔽隔离作用,所以镜像电荷的存在也不会改变板上方的电场。第三,沿水平方向把导体板移走,这也不会影响导体板上方的电场。因为对图 G.9 所示的电荷配置来说,中间平面是一个等势面,而与等势面重合地加上或去掉一个金属面是不会影响电场分布的。

经过这三个步骤之后,我们认为云泡内电荷和地面感生电荷的总电场正好与云泡内的电荷和它们的镜像电荷的总电场(在地面以上部分)相同。这样我们就可由图 G.9 所示的 4 个电荷的电场的矢量相加来计算地面上空任何给定点的电场了。在地表面任何给定的点,镜像电荷与云泡内电荷产生的电场是相等的。因此,在云泡中电荷的正下方的地面上,这电场应该是云内电荷所产生的电场的两倍,即 $2 \times 11 \times 10^3 = 22 \times 10^3 \,(\text{V/m})$。

我们可以用这种方法计算地面与雷暴云底部任何高度处的电势差。设地面电势为零，对应于图 G.9 中的 4 个点电荷，雷雨云下方距地面高度为 2 km 处的电势为

$$\varphi = \frac{1}{4\pi\varepsilon_0}\left(\frac{40}{8\times 10^3} - \frac{40}{3\times 10^3} + \frac{40}{7\times 10^3} - \frac{40}{12\times 10^3}\right)$$
$$= -5.4\times 10^7 (\text{V})$$

由此可见，雷暴产生的电场和电势差是相当大的！

在上述计算中，我们已假设了地球表面是完全平坦的。事实上，地表上处处有山岳起伏，在那些隆起地区附近，电场便要增强。遇有尖形导体时，在其尖端附近，电场更是急剧增强。图 G.10 表示上方有雷雨云时避雷针附近的电场线分布（它和图 G.3 相似，但电场线方向相反）。在地面上任何尖形物体附近，当雷暴云到来时，由于强电场的作用，都要出现尖端放电现象，尖端放电电流方向向上。对树木所作的测量表明，雷暴云下方的树将从地面引出约 1 A 的电流通过树顶而流入大气。

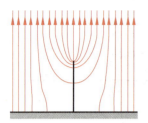

图 G.10 接地避雷针周围的电场

除了尖端放电外，地球和雷雨云之间的放电还可以通过其他几种形式，如电晕放电、火花放电、闪电放电和降水放电等。虽然闪电看起来最为壮观，但在许多雷暴中，尖端放电起着主要作用。它对大气电路的电流的贡献要比闪电电流大若干倍。这几种放电的总效果与晴天区域大气中的由上到下的泄漏电流相平衡。

G.3　闪电

闪电是大气中的激烈的放电现象，它是大气被强电场击穿的结果。干燥空气的击穿场强是 3×10^6 V/m。但是，在雷雨云中，由于有水滴存在，而且气压比大气压为小，所以空气的击穿不需要这样强的电场。要产生一次闪电，只需在云的近旁的某一小区域内有很强的电场就够了。这强电场会引起电子雪崩，即由于高速带电粒子对空气分子的碰撞作用使空气分子大量急速电离而产生大量电子。一旦某处电子雪崩开始，它会向电场较弱的区域传播。闪电可能发生在雷雨云内的正、负电荷之间，也可能发生在雷雨云与纯净空气之间或雷雨云与地之间。云地之间的闪电常是发生在雷雨云的负电区与地之间，很少发生在云中正电区与地之间。研究还指出，大部分闪电发生在大陆区，这说明陆地在产生雷暴中有重要作用。

闪电的发展过程很快，人眼不能细察，但是利用高速摄影技术可以进行详细研究。典型的云地之间的闪电从接近雷雨云的负电荷处的强电场中的电子雪崩开始。电子雪崩向下移时，在它后方留下一条离子通道，云中的电子流入此通道使之带负电。在通道的前端聚集的电子产生的强电场使通道继续向前延伸。实际观察到的这种延伸不是持续的，而是一步一步的。电子雪崩下窜的速度可高达 1/6 光速，但每一步只窜进约 50 m，接着停止约 50 μs，然后再向下窜。下窜的方向不固定，因而所形成的离子通道一般是弯弯曲曲的，并且还有分支（图 G.11），这是空气中各处自由电子密度不同的结果。这样的通道叫**梯级先导**，它的半径约几米（可能是 5 m），但只有它的中心区域才暗暗地发光。

当梯级先导的前端靠近地面或地面上某尖形物时,它的强电场便从地面引起一次火花放电,这火花从地面向上移动,在 20～100 m 高处与先导前端相遇。在这一时刻,云地之间的电路接通,负电荷就沿着这条电阻很小的通路从雷雨云向大地泄漏。这一泄流过程是从先导的接地的一段开始的。这一段电子入地后,留下的正电荷吸引上面一段中的电子使它们下泄。这些电子下泄后,它上面的电子又接替着下泄。这样便形成了一个下泄的"前锋"不断沿着先导形成的离子通道向上延伸直达云底(图 G.12),其延伸的速度极快,可达光速的 1/2。这前锋的上升实际上是一股向上的强大的电流。这股电流叫**回击**或**回闪**,它急剧地加热通道中的空气使之发出我们看到的强烈闪光。这一股电流的半径很小,大约一厘米或几厘米。

图 G.11 梯级先导

图 G.12 回击电流

回击电流的峰值约 10 000～20 000 A,它大约延续 100 μs,因此它传下的电量约几库仑,一次回击完毕之后,一个约几百安培的较小电流继续流几个毫秒。接着又沿着原来形成而且暂时保留的离子通道形成又一个先导,不过这个先导不是梯级式的,而是连续向下的,叫做**下窜先导**。这先导中也充满了负电荷,于是又引起一次强烈的回击,之后,还可以再形成一次下窜先导并再次引起回击。一次闪电实际上是由若干次回击组成的,两次回击之间相隔约 40 ms。

一次闪电的各次回击导入地的总电荷约 -20 C。由于云地之间的电势差约为 5×10^7 V,所以一次闪电释放的能量约为 10^9 J。这能量的大部分变为热(焦耳热),只有少量变为光能或无线电波的能量。强大的回击电流刚刚流过的瞬间,闪电通道中的等离子体的温度可升至非常高(约 30 000 K,太阳表面是 6 000 K),相应地具有很大的压强。这高温高压使闪电通道的任何物体都遭到严重的破坏。高压等离子体爆炸性地向四处膨胀因而形成激波,在几米之外,这激波逐渐减弱为声波脉冲。这声波脉冲传到我们的耳朵里,我们就听到雷声。

陆上龙卷风中的电闪特别壮观,人眼可以看到在有些陆龙卷的漏斗内连续不断地发出闪光。根据对从陆龙卷内部发出的无线电波的测量估计大概每秒钟有 20 次闪电。由于每次闪电释放能量约 10^9 J,陆龙卷所释放的电功率就是 $10^9 \times 20 = 2 \times 10^{10}$ W $= 2 \times 10^7$ kW,大约相当于 10 个大型水电站的功率。陆龙卷的破坏力之大,由此可见一斑。

除了枝杈形闪电之外,人们也观察到球形闪电,其时只见有一个大球在空中漂移,大球的尺寸大约从 10～100 cm,有些飞行员说曾见到过 15～30 m 直径的闪电火球。火球有时在一次闪电回击之后发生,有时也自发地产生,它们大约只延续几秒钟。有的火球由天空直落地面,有的则在地面上空水平游行,有的甚至通过门窗或烟囱进入室内。作者就曾在一次农场的大雷暴中亲眼看到一火球沿着电线杆窜下。许多火球无声无息地逝去,也有些火球爆炸而带来巨响。这些火球看来是大气电造成的,但至今还不了解它们形成的机制。已提出了一些理论来解释,例如,一种理论说火球是被磁场聚集到一起的一团等离子体,另一种理论说是由尘粒形成的小型雷雨云。但是,由于缺乏精细的数据与仔细的计算,所以这种现象至今仍是个谜。

  雷暴与人类生活有直接关系,例如它可以引起森林火灾,击毁建筑物,当前它还是影响航空航天安全的重要因素。飞机遭雷击的事故时有发生,如1987年1月美国国防部部长温伯格的座机在华盛顿附近的安德鲁斯空军基地南面被闪电击中,45 kg的天线罩被击落,机身有的地方被烧焦,幸亏机长镇静沉着才使飞机安全落地。同年6月在位于弗吉尼亚州瓦罗普斯岛发射场上的小型火箭在即将升空前被雷电击中,有三枚自行点火升空,旋即坠毁。

  目前,有些国家已建立了雷击预测系统,它将有助于民航的安全和火箭发射精度的提高。它对预防森林火灾,保护危险物资、高压线和气体管道等也有重要意义。

第15章

静电场中的电介质

电介质就是通常所说的绝缘体,实际上并没有完全电绝缘的材料。本章只讨论一种典型的情况,即理想的电介质。理想的电介质内部没有可以自由移动的电荷,因而完全不能导电。但把一块电介质放到电场中,它也要受电场的影响,即发生电极化现象,处于电极化状态的电介质也会影响原有电场的分布。本章讨论这种相互影响的规律,所涉及的电介质只限于各向同性的材料。

15.1 电介质对电场的影响

电介质对电场的影响可以通过下述实验观察出来。图 15.1(a) 画出了两个平行放置的金属板,分别带有等量异号电荷 $+Q$ 和 $-Q$。板间是空气,可以非常近似地当成真空处理。

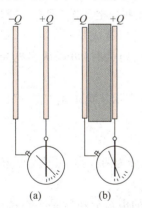

图 15.1 电介质对电场的影响

两板分别连到静电计的直杆和外壳上,这样就可以由直杆上指针偏转的大小测出两带电板之间的电压来。设此时的电压为 U_0,如果保持两板距离和板上的电荷都不改变,而在板间充满电介质(图 15.1(b)),或把两板插入绝缘液体如油中,则可由静电计的偏转减小发现两板间的电压变小了。以 U 表示插入电介质后两板间的电压,则它与 U_0 的关系可以写成

$$U = U_0/\varepsilon_r \tag{15.1}$$

式中 ε_r 为一个大于 1 的数,它的大小随电介质的种类和状态(如温度)的不同而不同,是电介质的一种特性常数,叫做电介质的**相对介电常量**(或**相对电容率**)。几种电介质的相对介电常量列在表 15.1 中。

在上述实验中,电介质插入后两板间的电压减小,说明由于电介质的插入使板间的电场减弱了。由于 $U=Ed$,$U_0=E_0d$,所以

$$E = E_0/\varepsilon_r \tag{15.2}$$

即电场强度减小到板间为真空时的 $1/\varepsilon_r$。为什么会有这个结果呢?我们可以用电介质受电场的影响而发生的变化来说明,而这又涉及电介质的微观结构。下面我们就来说明这一点。

表 15.1 几种电介质的相对介电常量

电 介 质	相对介电常量 ε_r
真空	1
氦(20℃,1 atm)*	1.000 064
空气(20℃,1 atm)	1.000 55
石蜡	2
变压器油(20℃)	2.24
聚乙烯	2.3
尼龙	3.5
云母	4~7
纸	约为 5
瓷	6~8
玻璃	5~10
水(20℃,1 atm)	80
钛酸钡	$10^3 \sim 10^4$

* 1 atm=101 325 Pa。

15.2 电介质的极化

电介质中每个分子都是一个复杂的带电系统,有正电荷,有负电荷。它们分布在一个线度为 10^{-10} m 的数量级的体积内,而不是集中在一点。但是,在考虑这些电荷离分子较远处所产生的电场时,或是考虑一个分子受外电场的作用时,都可以认为其中的正电荷集中于一点,这一点叫正电荷的"重心"。而负电荷也集中于另一点,这一点叫负电荷的"重心"。对于中性分子,由于其正电荷和负电荷的电量相等,所以一个分子就可以看成是一个由正、负点电荷相隔一定距离所组成的电偶极子。在讨论电场中的电介质的行为时,可以认为电介质是由大量的这种微小的电偶极子所组成的。

以 q 表示一个分子中的正电荷或负电荷的电量的数值,以 l 表示从负电荷"重心"指到正电荷"重心"的矢量距离,则这个分子的电矩应是

$$p = ql$$

按照电介质的分子内部的电结构的不同,可以把电介质分子分为两大类:极性分子和非极性分子。

有一类分子,如 HCl,H₂O,CO 等,在正常情况下,它们内部的电荷分布就是不对称的,因而其正、负电荷的重心不重合。这种分子具有**固有电矩**(图 15.2(a)),它们统称为**极性分子**。几种极性分子的固有电矩列于表 15.2 中。

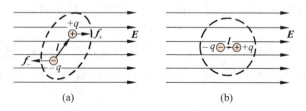

图 15.2 在外电场中的电介质分子

表 15.2 几种极性分子的固有电矩

电介质	电矩/(C·m)	电介质	电矩/(C·m)
HCl	3.4×10^{-30}	CO	0.9×10^{-30}
NH_3	4.8×10^{-30}	H_2O	6.1×10^{-30}

另一类分子,如 He,H_2,N_2,O_2,CO_2 等,在正常情况下,它们内部的电荷分布具有对称性,因而正、负电荷的重心重合,这样的分子就没有固有电矩,这种分子叫**非极性分子**。但如果把这种分子置于外电场中,则由于外电场的作用,两种电荷的重心会分开一段微小距离,因而使分子具有了电矩(图 15.2(b))。这种电矩叫**感生电矩**。在实际可以得到的电场中,感生电矩比极性分子的固有电矩小得多,约为后者的 10^{-5}(参考习题 12.27)。很明显,感生电矩的方向总与外加电场的方向相同。

当把一块均匀的电介质放到静电场中时,它的分子将受到电场的作用而发生变化,但最后也会达到一个平衡状态。如果电介质是由非极性分子组成,这些分子都将沿电场方向产生感生电矩,如图 15.3(a)所示。外电场越强,感生电矩越大。如果电介质是由极性分子组成,这些分子的固有电矩将受到外电场的力矩作用而沿着外电场方向取向,如图 15.3(b)所示。由于分子的无规则热运动总是存在的,这种取向不可能完全整齐。外电场越强,固有电矩排列越整齐。

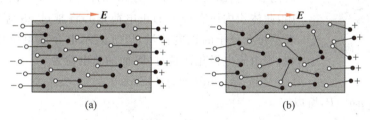

图 15.3 在外电场中的电介质

虽然两种电介质受外电场的影响所发生的变化的微观机制不同,但其宏观总效果是一样的。在电介质内部的宏观微小的区域内,正负电荷的电量仍相等,因而仍表现为中性。但是,在电介质的表面上却出现了只有正电荷或只有负电荷的电荷层,如图 15.3 所示。这种出现在电介质表面的电荷叫**面束缚电荷**(或**面极化电荷**),因为它不像导体中的自由电荷那样能用传导的方法引走。在外电场的作用下,电介质表面出现束缚电荷的现象,叫做**电介质的极化**①。显然,外电场越强,电介质表面出现的束缚电荷越多。

电介质的电极化状态,可用电介质的**电极化强度**来表示。电极化强度的定义是单位体积内的分子的电矩的矢量和。以 p_i 表示在电介质中某一小体积 ΔV 内的某个分子的电矩(固有的或感生的),则该处的电极化强度 P 为

$$P = \frac{\sum p_i}{\Delta V} \tag{15.3}$$

对非极性分子构成的电介质,由于每个分子的感生电矩都相同,所以,若以 n 表示电介

---

① 非均匀电介质放到外电场中时,电介质内部的宏观微小区域内还会出现多余的正的或负的体束缚电荷,这也是电极化的表现。

质单位体积内的分子数,则有

$$P = np$$

国际单位制中电极化强度的单位名称是库每平方米,符号为 C/m²,它的量纲与面电荷密度的量纲相同。

由于一个分子的感生电矩随外电场的增强而增大,而分子的固有电矩随外电场的增强而排列得更加整齐,所以,不论哪种电介质,它的电极化强度都随外电场的增强而增大。实验证明:当电介质中的电场 E 不太强时,各种**各向同性**的电介质(我们以后仅限于讨论此种电介质)的电极化强度与 E 成正比,方向相同,其关系可表示为

$$P = \varepsilon_0(\varepsilon_r - 1)E \tag{15.4}$$

式中的 ε_r 即电介质的相对介电常量[①]。

由于电介质的束缚电荷是电介质极化的结果,所以束缚电荷与电极化强度之间一定存在某种定量的关系,这一定量关系可如下求得。以非极性分子电介质为例,考虑电介质内部

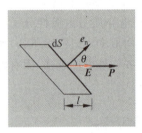

图 15.4 极化电荷的产生

某一小面元 dS 处的电极化。设电场 E 的方向(因而 P 的方向)和 dS 的正法线方向 e_n 成 θ 角,如图 15.4 所示。由于电场 E 的作用,分子的正、负电荷的重心将沿电场方向分离。为简单起见,假定负电荷不动,而正电荷沿 E 的方向发生位移 l。在面元 dS 后侧取一斜高为 l,底面积为 dS 的体积元 dV。由于电场 E 的作用,此体积内所有分子的正电荷重心将越过 dS 到前侧去。以 q 表示每个分子的正电荷量,以 n 表示电介质单位体积内的分子数,则由于电极化而越过 dS 面的总电荷为

$$dq' = qn\,dV = qnl\,dS\cos\theta$$

由于 $ql = p$,而 $np = P$,所以

$$dq' = P\cos\theta\,dS$$

因此,dS 面上因电极化而越过单位面积的电荷应为

$$\frac{dq'}{dS} = P\cos\theta = \boldsymbol{P} \cdot \boldsymbol{e}_n$$

这一关系式虽然是利用非极性分子电介质推出的,但对极性分子电介质同样适用。

在上述论证中,如果 dS 面碰巧是电介质的面临真空的表面,而 e_n 是其外法线方向的单位矢量,则上式就给出因电极化而在电介质表面单位面积上显露出的面束缚电荷,即面束缚电荷密度。以 σ' 表示面束缚电荷密度,则由上述可得

$$\sigma' = P\cos\theta = \boldsymbol{P} \cdot \boldsymbol{e}_n \tag{15.5}$$

电介质内部体束缚电荷的产生可以根据式(15.5)进一步求出。为此可设想电介质内部任一封闭曲面 S(图 15.5)。如上已求得由于电极化而越过 dS 面向外移出封闭面的电荷为

$$dq'_{\text{out}} = P\cos\theta\,dS = \boldsymbol{P} \cdot d\boldsymbol{S}$$

通过整个封闭面向外移出的电荷应为

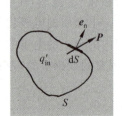

图 15.5 体束缚电荷的产生

[①] 式(15.4)也常写成 $\boldsymbol{P} = \varepsilon_0 \chi \boldsymbol{E}$ 的形式,其中 $\chi = \varepsilon_r - 1$,叫做电介质的**电极化率**。

$$q'_{\text{out}} = \oint_S \mathrm{d}q'_{\text{out}} = \oint_S \boldsymbol{P} \cdot \mathrm{d}\boldsymbol{S}$$

因为电介质是中性的,根据电荷守恒,由于电极化而在封闭面内留下的多余的电荷,即体束缚电荷,应为

$$q'_{\text{in}} = -q'_{\text{out}} = -\oint_S \boldsymbol{P} \cdot \mathrm{d}\boldsymbol{S} \tag{15.6}$$

这就是电介质内由于电极化而产生的体束缚电荷与电极化强度的关系:封闭面内的体束缚电荷等于通过该封闭面的电极化强度通量的负值。

当外加电场不太强时,它只是引起电介质的极化,不会破坏电介质的绝缘性能(实际的各种电介质中总有数目不等的少量自由电荷,所以总有微弱的导电能力)。如果外加电场很强,则电介质的分子中的正负电荷有可能被拉开而变成可以自由移动的电荷。由于大量的这种自由电荷的产生,电介质的绝缘性能就会遭到明显的破坏而变成导体。这种现象叫**电介质的击穿**。一种电介质材料所能承受的不被击穿的最大电场强度,叫做这种电介质的**介电强度**或击穿场强。表 15.3 给出了几种电介质的介电强度的数值(由于实验条件及材料成分的不确定,这些数值只是大致的)。

表 15.3 几种电介质的介电强度

电介质	介电强度/(kV/mm)	电介质	介电强度/(kV/mm)
空气(1 atm)	3	胶木	20
玻璃	10～25	石蜡	30
瓷	6～20	聚乙烯	50
矿物油	15	云母	80～200
纸(油浸过的)	15	钛酸钡	3

15.3 D 的高斯定律

电介质放在电场中时,受电场的作用而极化,产生了束缚电荷,这束缚电荷又会反过来影响电场的分布。有电介质存在时的电场应该由电介质上的束缚电荷和其他电荷共同决定。其他电荷包括金属导体上带的电荷,统称**自由电荷**。设自由电荷为 q_0,它产生的电场用 $\boldsymbol{E}_0$ 表示,电介质上的束缚电荷为 q',它产生的电场用 $\boldsymbol{E}'$ 表示,则有电介质存在时的总场强为

$$\boldsymbol{E} = \boldsymbol{E}_0 + \boldsymbol{E}' \tag{15.7}$$

一般问题中,只给出自由电荷的分布和电介质的分布,束缚电荷的分布是未知的。由于束缚电荷由电场的分布 $\boldsymbol{E}$ 决定,而 $\boldsymbol{E}$ 又通过上式由束缚电荷的分布决定,这样,问题就相当复杂。但这种复杂关系可以通过引入适当的物理量来简明地表示,下面就用高斯定律来导出这种表示式。

如图 15.6 所示,带电的导体和电极化了的电介质组成的系统可视为由一定的束缚电荷 $q'(\sigma')$ 和自由电荷 $q_0(\sigma_0)$ 分布组成的电荷系统,所有这些电荷产生一电场分布 $\boldsymbol{E}$。由高斯定律可知,对封闭面 S 来说,

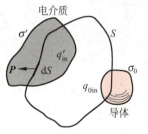

图 15.6 推导 **D** 的高斯定律用图

$$\oint_S \boldsymbol{E} \cdot d\boldsymbol{S} = \frac{1}{\varepsilon_0}\left(\sum q_{0\mathrm{in}} + q'_{\mathrm{in}}\right)$$

将式(15.6)的 q'_{in} 代入此式,移项后可得

$$\oint_S (\varepsilon_0 \boldsymbol{E} + \boldsymbol{P}) \cdot d\boldsymbol{S} = \sum q_{0\mathrm{in}}$$

在此,引入一个辅助物理量——**电位移**——表示积分号内的合矢量,并以 $\boldsymbol{D}$ 表示,即定义

$$\boldsymbol{D} = \varepsilon_0 \boldsymbol{E} + \boldsymbol{P} \tag{15.8}$$

则上式就可简洁地表示为

$$\oint_S \boldsymbol{D} \cdot d\boldsymbol{S} = \sum q_{0\mathrm{in}} \tag{15.9}$$

此式说明**通过任意封闭曲面的电位移通量等于该封闭面包围的自由电荷的代数和**。这一关系式叫 $\boldsymbol{D}$ 的高斯定律,是电磁学的一条基本定律。在无电介质的情况下,$\boldsymbol{P}=0$,式(15.9)还原为式(12.21)。

将式(15.4)的 $\boldsymbol{P}$ 代入式(15.8),可得

$$\boldsymbol{D} = \varepsilon_0 \varepsilon_r \boldsymbol{E} \tag{15.10}$$

通常还用 ε 代表乘积 $\varepsilon_0 \varepsilon_r$,即

$$\varepsilon = \varepsilon_0 \varepsilon_r \tag{15.11}$$

并叫做电介质的**介电常量**(或**电容率**),它的单位与 ε_0 的单位相同。这样,式(15.10)可以写成

$$\boldsymbol{D} = \varepsilon \boldsymbol{E} \tag{15.12}$$

这一关系式是点点对应的关系,即电介质中某点的 $\boldsymbol{D}$ 等于该点的 $\boldsymbol{E}$ 与电介质在该点的介电常量的乘积,二者的方向相同[①]。

在国际单位制中电位移的单位名称为库每平方米,符号为 $\mathrm{C/m^2}$。

利用 $\boldsymbol{D}$ 的高斯定律,可以先由自由电荷的分布求出 $\boldsymbol{D}$ 的分布,然后再用式(15.10)或式(15.12)求出 $\boldsymbol{E}$ 的分布。当然,具体来说,还是只有对那些自由电荷和电介质的分布都具有一定对称性的系统,才可能用 $\boldsymbol{D}$ 的高斯定律简便地求解。下面举两个例子。

例 15.1

如图 15.7 所示,一个带正电的金属球,半径为 R,电量为 q,浸在一个大油箱中,油的相对介电常量为 ε_r,求球外的电场分布以及贴近金属球表面的油面上的束缚电荷总量 q'。

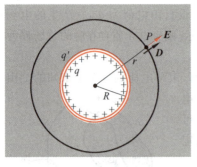

图 15.7 例 15.1 用图

解 由自由电荷 q 和电介质分布的球对称性可知,$\boldsymbol{E}$ 和 $\boldsymbol{D}$ 的分布也具有球对称性。为了求出在油内距球心距离为 r 处的电场强度 $\boldsymbol{E}$,可以作一个半径为 r 的球面并计算通过此球面的 $\boldsymbol{D}$ 通量。这一通量是

$$\oint_S \boldsymbol{D} \cdot d\boldsymbol{S} = D \cdot 4\pi r^2$$

由 $\boldsymbol{D}$ 的高斯定律可知

$$D \cdot 4\pi r^2 = q$$

由此得

[①] 在各向异性的电介质(例如某些晶体)中,同一地点的 $\boldsymbol{D}$ 和 $\boldsymbol{E}$ 的方向可能不同,它们的关系不能用式(15.12)简单地表示。

$$D = \frac{q}{4\pi r^2}$$

考虑到 **D** 的方向沿径向向外,此式可用矢量式表示为

$$\boldsymbol{D} = \frac{q}{4\pi r^2}\boldsymbol{e}_r$$

根据式(15.10)可得油中的电场分布公式为

$$\boldsymbol{E} = \frac{\boldsymbol{D}}{\varepsilon_0 \varepsilon_r} = \frac{q}{4\pi\varepsilon_0 \varepsilon_r r^2}\boldsymbol{e}_r \tag{15.13}$$

由于在真空情况下,电荷 q 周围的电场为 $\boldsymbol{E}_0 = \frac{q}{4\pi\varepsilon_0 r^2}\boldsymbol{e}_r$ 可见,当电荷周围充满电介质时,场强减弱到真空时的 ε_r 分之一。这减弱的原因是在贴近金属球表面的油面上出现了束缚电荷。

现在来求束缚电荷总量 q'。由于 q' 在贴近球面的介质表面上均匀分布,它在 r 处产生的电场应为

$$\boldsymbol{E}' = \frac{q'}{4\pi\varepsilon_0 r^2}\boldsymbol{e}_r$$

自由电荷 q 在 r 处产生的电场为

$$\boldsymbol{E}_0 = \frac{q}{4\pi\varepsilon_0 r^2}\boldsymbol{e}_r$$

将此二式和式(15.13)代入式(15.7),可得

$$q' = \left(\frac{1}{\varepsilon_r} - 1\right)q$$

由于 $\varepsilon_r > 1$,所以 q' 总与 q 反号,而其数值则小于 q。

例 15.2

如图 15.8 所示,两块靠近的平行金属板间原为真空。使它们分别带上等量异号电荷直至两板上面电荷密度分别为 $+\sigma_0$ 和 $-\sigma_0$,而板间电压 $U_0 = 300\ \text{V}$。这时保持两板上的电量不变,将板间一半空间充以相对介电常量为 $\varepsilon_r = 5$ 的电介质,求板间电压变为多少?电介质上、下表面的面束缚电荷密度多大?(计算时忽略边缘效应)

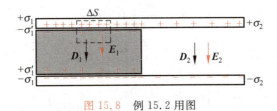

图 15.8 例 15.2 用图

解 设金属板的面积为 S,板间距离为 d,在未充电介质之前板的面电荷密度是 σ_0,这时板间电场为 $E_0 = \sigma_0/\varepsilon_0$,而两板间电压为 $U_0 = E_0 d$。

板间一半充以电介质后,若不考虑边缘效应,则板间各处的电场 **E** 与电位移 **D** 的方向都垂直于板面且在两半内部分布均匀。以 σ_1 和 σ_2 分别表示金属板上左半及右半部的面电荷密度,以 $\boldsymbol{E}_1$,$\boldsymbol{E}_2$ 和 $\boldsymbol{D}_1$,$\boldsymbol{D}_2$ 分别表示板间左半和右半部的电场强度和电位移。为了求出此时板间的电压,需要先求出电场分布,而这又需要先求出 **D** 的分布。为此,先在板间左半部作一底面积为 ΔS 的封闭柱面作为高斯面,其轴线与板面垂直,两底面与金属板平行,而且上底面在金属板内。通过这一封闭面的 **D** 的通量为通过封闭柱面的上底

面、下底面和侧面的通量之和，即有

$$\oint_S \boldsymbol{D}_1 \cdot \mathrm{d}\boldsymbol{S} = \int_{S_t} \boldsymbol{D}_1 \cdot \mathrm{d}\boldsymbol{S} + \int_{S_b} \boldsymbol{D}_1 \cdot \mathrm{d}\boldsymbol{S} + \int_{S_l} \boldsymbol{D}_1 \cdot \mathrm{d}\boldsymbol{S}$$

由于在上底面处场强为零，$\boldsymbol{D}$ 也为零；在侧面上 $\boldsymbol{D}$ 与 $\mathrm{d}\boldsymbol{S}$ 垂直，所以通过上底面和侧面的 $\boldsymbol{D}$ 的通量为零。通过整个封闭面的 $\boldsymbol{D}$ 的通量就是通过下底面的 $\boldsymbol{D}$ 的通量，即

$$\oint_S \boldsymbol{D}_1 \cdot \mathrm{d}\boldsymbol{S} = D_1 \Delta S$$

包围在此封闭面内的自由电荷为 $\sigma_1 \Delta S$，由 $\boldsymbol{D}$ 的高斯定律可得

$$D_1 = \sigma_1$$

而

$$E_1 = \frac{D_1}{\varepsilon_0 \varepsilon_r} = \frac{\sigma_1}{\varepsilon_0 \varepsilon_r}$$

同理，对于右半部，

$$D_2 = \sigma_2$$

$$E_2 = \frac{D_2}{\varepsilon_0} = \frac{\sigma_2}{\varepsilon_0}$$

由于静电平衡时两导体都是等势体，所以左右两部分两板间的电势差是相等的，即

$$E_1 d = E_2 d$$

所以

$$E_1 = E_2$$

将上面的 E_1 和 E_2 的值代入可得

$$\sigma_2 = \frac{\sigma_1}{\varepsilon_r}$$

此外，因为金属板上总电量保持不变，所以有

$$\sigma_1 \frac{S}{2} + \sigma_2 \frac{S}{2} = \sigma_0 S$$

由此得

$$\sigma_1 + \sigma_2 = 2\sigma_0$$

将上面关于 σ_1 和 σ_2 的两个方程联立求解，可得

$$\sigma_1 = \frac{2\varepsilon_r}{1+\varepsilon_r}\sigma_0 > \sigma_0$$

$$\sigma_2 = \frac{2}{1+\varepsilon_r}\sigma_0 < \sigma_0$$

这时板间的电场强度为

$$E_1 = E_2 = \frac{\sigma_2}{\varepsilon_0} = \frac{2\sigma_0}{\varepsilon_0(1+\varepsilon_r)} = \frac{2}{1+\varepsilon_r}E_0$$

由于 $1 > \frac{2}{1+\varepsilon_r} > \frac{1}{\varepsilon_r}$，所以这一结果说明两板间电场比板间全部为真空时的场强减弱了，但并不像式(15.2)表示的那样减弱到 ε_r 分之一，这是因为电介质并未充满两板间的空间的缘故。

求出了场强，就可以求出板间充有电介质时两板间的电压为

$$U = Ed = \frac{2}{1+\varepsilon_r}E_0 d = \frac{2}{1+\varepsilon_r}U_0 = \frac{2}{1+5} \times 300 = 100 \text{ (V)}$$

可以如下求出电介质上、下表面的束缚面电荷密度 σ_1'。电介质的电极化强度为

$$P_1 = \varepsilon_0(\varepsilon_r - 1)E_1 = \varepsilon_0(\varepsilon_r - 1)\frac{\sigma_1}{\varepsilon_0 \varepsilon_r} = \frac{2(\varepsilon_r - 1)}{\varepsilon_r + 1}\sigma_0$$

由于 P_1 的方向与 E_1 相同,即垂直于电介质表面,所以

$$\sigma'_1 = P_n = P = \frac{2(\varepsilon_r - 1)}{\varepsilon_r + 1}\sigma_0$$

静电场的边界条件

在电场中两种介质的交界面两侧,由于相对介电常量的不同,电极化强度也不同,因而界面两侧的电场也不同,但两侧的电场有一定的关系。下面根据静电场的基本规律导出这一关系。设两种介质的相对介电常量分别为 ε_{r1} 和 ε_{r2},而且在交界面上并无自由电荷存在。

如图 15.9(a)所示,在介质分界面上取一狭长的矩形回路,长度为 Δl 的两长对边分别在两介质内并平行于界面。以 E_{1t} 和 E_{2t} 分别表示界面两侧的电场强度的切向分量,则由静电场的环路定理式(13.4)(忽略两短边的积分值)可得

$$\oint \boldsymbol{E} \cdot \mathrm{d}\boldsymbol{r} = E_{1t}\Delta l - E_{2t}\Delta l = 0$$

由此得
$$E_{1t} = E_{2t} \tag{15.14}$$

即分界面两侧电场强度的切向分量相等。

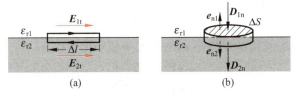

图 15.9 静电场的边界条件

(a)切向电场强度相等;(b)法向电位移相等

又如图 15.9(b)所示,在介质分界面上作一扁筒式封闭面,面积为 ΔS 的两底面分别在两介质内并平行于界面。以 D_{1n} 和 D_{2n} 分别表示界面两侧电位移矢量的法向分量,则由 D 的高斯定律式(15.9)(忽略筒侧面的积分值)可得

$$\oint \boldsymbol{D} \cdot \mathrm{d}\boldsymbol{S} = -D_{1n}\Delta S + D_{2n}\Delta S = 0$$

由此得
$$D_{1n} = D_{2n} \tag{15.15}$$

即分界面两侧电位移矢量的法向分量相等。这实际上是在界面上无自由电荷存在时 D 线连续地越过界面的表示。

式(15.14)和式(15.15)统称静电场的**边界条件**,由它们还可求出电位移矢量越过两种电介质时方向的改变。如图 15.10 所示,以 θ_1 和 θ_2 分别表示两介质中的电位移矢量 D_1 和 D_2 与分界面法线的夹角,则由图可看出

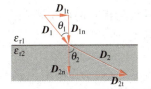

图 15.10 D 线的方向改变

$$\frac{\tan\theta_1}{\tan\theta_2} = \frac{D_{1t}/D_{1n}}{D_{2t}/D_{2n}} = \frac{D_{1t}}{D_{2t}} = \frac{\varepsilon_{r1} E_{1t}}{\varepsilon_{r2} E_{2t}}$$

根据式(15.14),可得

$$\frac{\tan\theta_1}{\tan\theta_2} = \frac{\varepsilon_{r1}}{\varepsilon_{r2}} \tag{15.16}$$

由于 D 线是连续的,所以这一表示 D 线越过界面时方向改变的关系被称做 D **线的折射定律**。

15.4 电容器和它的电容

电容器是一种常用的电学和电子学元件,它由两个用电介质隔开的金属导体组成。电容器的最基本的形式是平行板电容器,它是用两块平行的金属板或金属箔,中间夹以电介质薄层如云母片、浸了油或蜡的纸等构成的(图 15.11)。电容器工作时它的两个金属板的相对的两个表面上总是分别带上等量异号的电荷 $+Q$ 和 $-Q$,这时两板间有一定的电压 $U=\varphi_+ -\varphi_-$。一个电容器所带的电量 Q 总与其电压 U 成正比,比值 Q/U 叫电容器的**电容**。以 C 表示电容器的电容,就有

$$C = \frac{Q}{U} \tag{15.17}$$

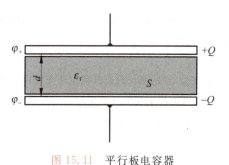

图 15.11 平行板电容器

电容器的电容决定于电容器本身的结构,即两导体的形状、尺寸以及两导体间电介质的种类等,而与它所带的电量无关。

在国际单位制中,电容的单位名称是法[拉],符号为 F,

$$1\,\text{F} = 1\,\text{C/V}$$

实际上 1 F 是非常大的,常用的单位是 μF 或 pF 等较小的单位,

$$1\,\mu\text{F} = 10^{-6}\,\text{F}$$
$$1\,\text{pF} = 10^{-12}\,\text{F}$$

从式(15.17)可以看出,在电压相同的条件下,电容 C 越大的电容器,所储存的电量越多。这说明电容是反映电容器储存电荷本领大小的物理量。实际上除了储存电量外,电容器在电工和电子线路中起着很大的作用。交流电路中电流和电压的控制,发射机中振荡电流的产生,接收机中的调谐,整流电路中的滤波,电子线路中的时间延迟等都要用到电容器。

简单电容器的电容可以容易地计算出来,下面举几个例子。对如图 15.11 所示的平行板电容器,以 S 表示两平行金属板相对着的表面积,以 d 表示两板之间的距离,并设两板间充满了相对介电常数为 ε_r 的电介质。为了求它的电容,我们假设它带上电量 Q(即两板上相对的两个表面分别带上 $+Q$ 和 $-Q$ 的电荷)。忽略边缘效应,它的两板间的电场是

$$E = \frac{\sigma}{\varepsilon_0 \varepsilon_r} = \frac{Q}{\varepsilon_0 \varepsilon_r S}$$

两板间的电压就是

$$U = Ed = \frac{Qd}{\varepsilon_0 \varepsilon_r S}$$

将此电压代入电容的定义式(15.17)就可得出平行板电容器的电容为

$$C = \frac{\varepsilon_0 \varepsilon_r S}{d} \tag{15.18}$$

此结果表明电容的确只决定于电容器的结构,而且板间充满电介质时的电容是板间为真空($\varepsilon_r = 1$)时的电容的 ε_r 倍。

圆柱形电容器由两个同轴的金属圆筒组成。如图 15.12 所示,设筒的长度为 L,两筒的半径分别为 R_1 和 R_2,两筒之间充满相对介电常数为 ε_r 的电介质。为了求出这种电容器的电容,我们也假设它带有电量 Q(即外筒的内表面和内筒的外表面分别带有电量 $-Q$ 和 $+Q$)。忽略两端的边缘效应,根据自由电荷和电介质分布的轴对称性可以利用 $\boldsymbol{D}$ 的高斯定律求出电场分布来。距离轴线为 r 的电介质中一点的电场强度为

$$E = \frac{Q}{2\pi\varepsilon_0\varepsilon_r rL}$$

场强的方向垂直于轴线而沿径向,由此可以求出两圆筒间的电压为

$$U = \int \boldsymbol{E} \cdot \mathrm{d}\boldsymbol{r} = \int_{R_1}^{R_2} \frac{Q}{2\pi\varepsilon_0\varepsilon_r rL}\mathrm{d}r = \frac{Q}{2\pi\varepsilon_0\varepsilon_r L}\ln\frac{R_2}{R_1}$$

将此电压代入电容的定义式(15.17),就可得圆柱形电容器的电容为

$$C = \frac{2\pi\varepsilon_0\varepsilon_r L}{\ln(R_2/R_1)} \tag{15.19}$$

球形电容器是由两个同心的导体球壳组成。如果两球壳间充满相对介电常量为 ε_r 的电介质(图 15.13),则可用与上面类似的方法求出球形电容器的电容为

$$C = \frac{4\pi\varepsilon_0\varepsilon_r R_1 R_2}{R_2 - R_1} \tag{15.20}$$

式中 R_1 和 R_2 分别表示内球壳外表面和外球壳内表面的半径。

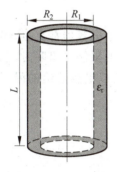

图 15.12 圆柱形电容器

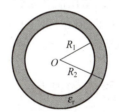

图 15.13 球形电容器

实际的电工和电子装置中任何两个彼此隔离的导体之间都有电容,例如两条输电线之间,电子线路中两段靠近的导线之间都有电容。这种电容实际上反映了两部分导体之间通过电场的相互影响,有时叫做"杂散电容"。在有些情况下(如高频率的变化电流),这种杂散电容对电路的性质产生明显的影响。

对一个孤立导体,可以认为它和无限远处的另一导体组成一个电容器。这样一个电容器的电容就叫做这个孤立导体的电容。例如对一个在空气中的半径为 R 的孤立的导体球,就可以认为它和一个半径为无限大的同心导体球组成一个电容器。这样,利用式(15.20),使 $R_2 \to \infty$,将 R_1 改写为 R,又因为空气的 ε_r 可取作 1,所以这个导体球的电容就是

$$C = 4\pi\varepsilon_0 R \tag{15.21}$$

衡量一个实际的电容器的性能有两个主要的指标:一个是它的电容的大小;另一个是它的耐(电)压能力。使用电容器时,所加的电压不能超过规定的耐压值,否则在电介质中就会产生过大的场强,而使它有被击穿的危险。

在实际电路中当遇到单独一个电容器的电容或耐压能力不能满足要求时,就把几个电容器连接起来使用。电容器连接的基本方式有并联和串联两种。

并联电容器组如图 15.14(a)所示。这时各电容器的电压相等,即总电压 U,而总电量 Q 为各电容器所带的电量之和。以 $C=Q/U$ 表示电容器组的总电容或等效电容,则可证明,对并联电容器组,

$$C = \sum C_i \tag{15.22}$$

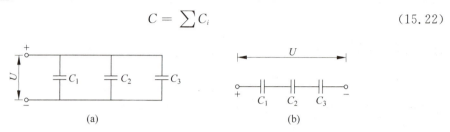

图 15.14 电容器连接
(a) 三个电容器并联;(b) 三个电容器串联

串联电容器组如图 15.14(b)所示。这时各电容器所带电量相等,也就是电容器组的总电量 Q,总电压 U 等于各个电容器的电压之和。仍以 $C=Q/U$ 表示总电容,则可以证明,对于串联电容器组

$$\frac{1}{C} = \sum \frac{1}{C_i} \tag{15.23}$$

并联和串联比较如下。并联时,总电容增大了,但因每个电容器都直接连到电压源上,所以电容器组的耐压能力受到耐压能力最低的那个电容器的限制。串联时,总电容比每个电容器都减小了,但是,由于总电压分配到各个电容器上,所以电容器组的耐压能力比每个电容器都提高了。

15.5 电容器的能量

电容器带电时具有能量可以从下述实验看出。将一个电容器 C、一个直流电源 $\mathscr{E}$ 和一个灯泡 B 连成如图 15.15(a)的电路,先将开关 K 倒向 a 边,当再将开关倒向 b 边时,灯泡会发出一次强的闪光。有的照相机上附装的闪光灯就是利用了这样的装置。

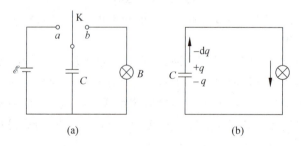

图 15.15 电容器充放电电路图(a)和电容器放电过程(b)

可以这样来分析这个实验现象。开关倒向 a 边时,电容器两板和电源相连,使电容器两板带上电荷。这个过程叫电容器的**充电**。当开关倒向 b 边时,电容器两板上的正负电荷又

会通过有灯泡的电路中和。这一过程叫电容器的**放电**。灯泡发光是电流通过它的显示,灯泡发光所消耗的能量是从哪里来的呢?是从电容器释放出来的,而电容器的能量则是它充电时由电源供给的。

现在我们来计算电容器带有电量 Q,相应的电压为 U 时所具有的能量,这个能量可以根据电容器在放电过程中电场力对电荷做的功来计算。设在放电过程中某时刻电容器两极板所带的电量为 q。以 C 表示电容,则这时两板间的电压为 $u=q/C$。以 $-\mathrm{d}q$ 表示在此电压下电容器由于放电而减小的微小电量(由于放电过程中 q 是减小的,所以 q 的增量 $\mathrm{d}q$ 本身是负值),也就是说,有 $-\mathrm{d}q$ 的正电荷在电场力作用下沿导线从正极板经过灯泡与负极板等量的负电荷 $\mathrm{d}q$ 中和,如图 15.15(b)所示。在这一微小过程中电场力做的功为

$$\mathrm{d}A = (-\mathrm{d}q)u = -\frac{q}{C}\mathrm{d}q$$

从原有电量 Q 到完全中和的整个放电过程中,电场力做的总功为

$$A = \int \mathrm{d}A = -\int_Q^0 \frac{q}{C}\mathrm{d}q = \frac{1}{2}\frac{Q^2}{C}$$

这也就是电容器原来带有电量 Q 时所具有的能量。用 W 表示电容器的能量,并利用 $Q=CU$ 的关系,可以得到电容器的能量公式为

$$W = \frac{1}{2}\frac{Q^2}{C} = \frac{1}{2}CU^2 = \frac{1}{2}QU \tag{15.24}$$

电容器的能量同样可以认为是储存在电容器内的电场之中,可以用下面的分析把这个能量和电场强度 E 联系起来。

仍以平行板电容器为例,设板的面积为 S,板间距离为 d,板间充满相对介电常量为 ε_r 的电介质。此电容器的电容由式(15.18)给出,即

$$C = \frac{\varepsilon_0 \varepsilon_\mathrm{r} S}{d}$$

将此式代入式(15.24)可得

$$W = \frac{1}{2}\frac{Q^2}{C} = \frac{1}{2}\frac{Q^2 d}{\varepsilon_0 \varepsilon_\mathrm{r} S} = \frac{\varepsilon_0 \varepsilon_\mathrm{r}}{2}\left(\frac{Q}{\varepsilon_0 \varepsilon_\mathrm{r} S}\right)^2 Sd$$

由于电容器的两板间的电场为

$$E = \frac{Q}{\varepsilon_0 \varepsilon_\mathrm{r} S}$$

所以可得

$$W = \frac{\varepsilon_0 \varepsilon_\mathrm{r}}{2} E^2 Sd$$

由于电场存在于两板之间,所以 Sd 也就是电容器中电场的体积,因而这种情况下的电场能量体密度 w_e 应表示为

$$w_\mathrm{e} = \frac{W}{Sd} = \frac{1}{2}\varepsilon_0 \varepsilon_\mathrm{r} E^2$$

或

$$w_\mathrm{e} = \frac{1}{2}\varepsilon E^2 = \frac{1}{2}DE$$

由于此时 $\boldsymbol{D}$ 与 $\boldsymbol{E}$ 同向,因此还可以写成

$$w_\mathrm{e} = \frac{1}{2}\boldsymbol{D}\cdot\boldsymbol{E} \tag{15.25}$$

式(15.25)虽然是利用平行板电容器推导出来的,但是可以证明,它对于任何电介质内的电场都是成立的。在真空中,由于 $\varepsilon_r=1, \varepsilon=\varepsilon_0$,所以式(15.25)就还原为式(13.28),即 $w_e=\frac{1}{2}\varepsilon_0 E^2$。比较式(15.25)和式(13.28)可知,在电场强度相同的情况下,电介质中的电场能量密度将增大到 ε_r 倍。这是因为在电介质中,不但电场 E 本身像式(13.28)那样储有能量,而且电介质的极化过程也吸收并储存了能量。

一般情况下,有电介质时的电场总能量 W 应该是对式(15.25)的能量密度积分求得,即

$$W = \int w_e \mathrm{d}V = \int \frac{\varepsilon E^2}{2} \mathrm{d}V \tag{15.26}$$

此积分应遍及电场分布的空间。

例 15.3

一球形电容器,内外球的半径分别为 R_1 和 R_2(图 15.16),两球间充满相对介电常量为 ε_r 的电介质,求此电容器带有电量 Q 时所储存的电能。

解 由于此电容器的内外球分别带有 $+Q$ 和 $-Q$ 的电量,根据高斯定律可求出内球内部和外球外部的电场强度都是零。两球间的电场分布为

$$E = \frac{Q}{4\pi\varepsilon_0\varepsilon_r r^2}$$

将此电场分布代入式(15.26)可得此球形电容器储存的电能为

$$W = \int w_e \mathrm{d}V = \int_{R_1}^{R_2} \frac{\varepsilon_0 \varepsilon_r}{2} \left(\frac{Q}{4\pi\varepsilon_0\varepsilon_r r^2}\right)^2 4\pi r^2 \mathrm{d}r$$
$$= \frac{Q^2}{8\pi\varepsilon_0\varepsilon_r}\left(\frac{1}{R_1} - \frac{1}{R_2}\right)$$

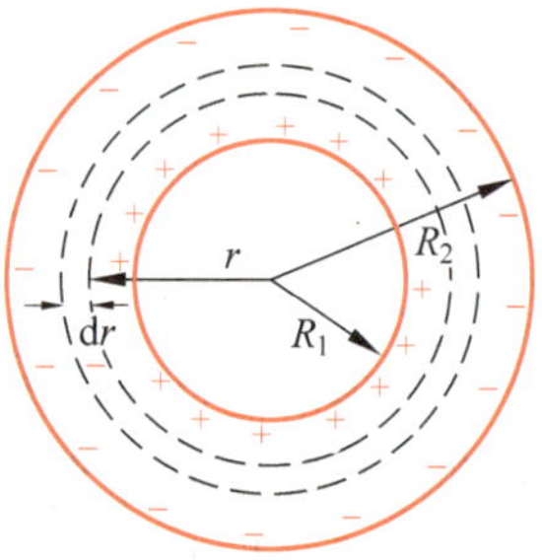

图 15.16 例 15.3 用图

此电能应该和用式(15.24)计算的结果相同。和式(15.24)中的 $W = \frac{1}{2}\frac{Q^2}{C}$ 比较,可得球形电容器的电容为

$$C = 4\pi\varepsilon_0\varepsilon_r \frac{R_1 R_2}{R_2 - R_1}$$

此式和式(15.20)相同。这里利用了能量公式,这是计算电容器电容的另一种方法。

提 要

1. 电介质分子的电矩:极性分子有固有电矩,非极性分子在外电场中产生感生电矩。

2. 电介质的极化:在外电场中固有电矩的取向或感生电矩的产生使电介质的表面(或内部)出现束缚电荷。

电极化强度:对各向同性的电介质,在电场不太强的情况下

$$\boldsymbol{P} = \varepsilon_0(\varepsilon_r - 1)\boldsymbol{E} = \varepsilon_0 \chi \boldsymbol{E}$$

面束缚电荷密度:$\sigma' = \boldsymbol{P} \cdot \boldsymbol{e}_n$

3. 电位移:$\boldsymbol{D} = \varepsilon_0 \boldsymbol{E} + \boldsymbol{P}$

对各向同性电介质:$\boldsymbol{D} = \varepsilon_0 \varepsilon_r \boldsymbol{E} = \varepsilon \boldsymbol{E}$

$\boldsymbol{D}$ 的高斯定律：$\oint_S \boldsymbol{D} \cdot d\boldsymbol{S} = q_{0in}$

静电场的边界条件：$E_{1t} = E_{2t}$，$D_{1n} = D_{2n}$

4. 电容器的电容

$$C = \frac{Q}{U}$$

平行板电容器：$C = \dfrac{\varepsilon_0 \varepsilon_r S}{d}$

并联电容器组：$C = \sum C_i$

串联电容器组：$\dfrac{1}{C} = \sum \dfrac{1}{C_i}$

5. 电容器的能量

$$W = \frac{1}{2}\frac{Q^2}{C} = \frac{1}{2}CU^2 = \frac{1}{2}QU$$

6. 电介质中电场的能量密度：$w_e = \dfrac{\varepsilon_0 \varepsilon_r E^2}{2} = \dfrac{\boldsymbol{D} \cdot \boldsymbol{E}}{2}$

思考题

15.1 通过计算可知地球的电容约为 700 μF，为什么实验室内有的电容器的电容（如 1000 μF）比地球的还大？

15.2 平行板电容器的电容公式表示，当两板间距 $d \to 0$ 时，电容 $C \to \infty$，在实际中我们为什么不能用尽量减小 d 的办法来制造大电容（提示：分析当电势差 ΔV 保持不变而 $d \to 0$ 时，场强 E 会发生什么变化）？

15.3 如果你在平行板电容器的一板上放上比另一板更多的电荷，这额外的电荷将会怎样？

15.4 根据静电场环路积分为零证明：平行板电容器边缘的电场不可能像图 15.17 所画的那样，突然由均匀电场变到零，一定存在着逐渐减弱的电场，即边缘电场。

15.5 如果考虑平行板电容器的边缘场，那么其电容比不考虑边缘场时的电容大还是小？

15.6 图 15.18 所示为一电介质置于平行板电容器的两板之间。作用在电介质板上的电力是把它拉进还是推出电容器两板间的区域（这时必须考虑边缘电场的作用）？

15.7 图 15.19 画出了一个具有保护环的电容器，两个保护环分别紧靠地包围着电容器的两个极板，但并没有和它们连接在一起。给电容器带电的同时使两保护环分别与电容器两极板的电势相等。试说明为什么这样就可以有效地消除电容器的边缘效应。

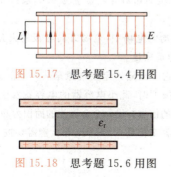

图 15.17 思考题 15.4 用图

图 15.18 思考题 15.6 用图

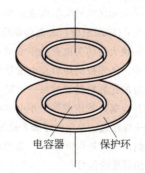

图 15.19 思考题 15.7 用图

15.8 两种电介质的分界面两侧的电极化强度分别是 P_1 和 P_2，在这一分界面上的面束缚电荷密度多大？

15.9 在有固定分布的自由电荷的电场中放有一块电介质。当移动此电介质的位置后，电场中 D 的分布是否改变？E 的分布是否改变？通过某一特定封闭曲面的 D 的通量是否改变？E 的通量是否改变？

15.10 由极性分子组成的液态电介质，其相对介电常量在温度升高时是增大还是减小？

15.11 为什么带电的胶木棒能把中性的纸屑吸引起来？

15.12 用 D 的高斯定律证明图 15.1 的实验结果式(15.1)。

15.13 用式(15.26)求圆柱形电容器带电 Q 时储存的能量，并和式(15.24)对比求出圆柱形电容器的电容来。

*15.14 一长直导线电阻率为 ρ。在面积为 A 的截面上均匀通有电流 I 时，导线外紧临表面处的电场强度的大小和方向各如何？

习题

15.1 在 HCl 分子中，氯核和质子(氢核)的距离为 0.128 nm，假设氢原子的电子完全转移到氯原子上并与其他电子构成一球对称的负电荷分布而其中心就在氯核上。此模型的电矩多大？实测的 HCl 分子的电矩为 3.4×10^{-30} C·m，HCl 分子中的负电分布的"重心"应在何处？（氯核的电量为 $17e$。）

15.2 两个同心的薄金属球壳，内、外球壳半径分别为 $R_1 = 0.02$ m 和 $R_2 = 0.06$ m。球壳间充满两层均匀电介质，它们的相对介电常量分别为 $\varepsilon_{r1} = 6$ 和 $\varepsilon_{r2} = 3$。两层电介质的分界面半径 $R = 0.04$ m。设内球壳带电量 $Q = -6 \times 10^{-8}$ C，求：

(1) D 和 E 的分布，并画 D-r，E-r 曲线；

(2) 两球壳之间的电势差；

(3) 贴近内金属壳的电介质表面上的面束缚电荷密度。

15.3 两共轴的导体圆筒的内、外筒半径分别为 R_1 和 R_2，$R_2 < 2R_1$。其间有两层均匀电介质，分界面半径为 r_0。内层介质相对介电常量为 ε_{r1}，外层介质相对介电常量为 ε_{r2}，且 $\varepsilon_{r2} = \varepsilon_{r1}/2$。两层介质的击穿场强都是 E_{max}。当电压升高时，哪层介质先击穿？两筒间能加的最大电势差多大？

15.4 一平板电容器板间充满相对介电常量为 ε_r 的电介质而带有电量 Q。试证明：与金属板相靠的电介质表面所带的面束缚电荷的电量为

$$Q' = \left(1 - \frac{1}{\varepsilon_r}\right)Q$$

15.5 空气的介电强度为 3 kV/mm，试求空气中半径分别为 1.0 cm，1.0 mm，0.1 mm 的长直导线上单位长度最多各能带多少电荷？

15.6 人体的某些细胞壁两侧带有等量的异号电荷。设某细胞壁厚为 5.2×10^{-9} m，两表面所带面电荷密度为 $\pm 0.52 \times 10^{-3}$ C/m^2，内表面为正电荷。如果细胞壁物质的相对介电常量为 6.0，求：(1)细胞壁内的电场强度；(2)细胞壁两表面间的电势差。

*15.7 一块大的均匀电介质平板放在一电场强度为 E_0 的均匀电场中，电场方向与板的夹角为 θ，如图 15.20 所示。已知板的相对介电常量为 ε_r，求板面的面束缚电荷密度。

15.8 有的计算机键盘的每一个键下面连一小块金属片，它下面隔一定空气隙是一块小的固定金属片。这样两片金属片就组成一个小电容器（图 15.21）。当键被按下时，此小电容器的电容就发生变化，与之相连的电子线路就能检测出是哪个键被按下了，从而给出相应的信号。设每个金属片的面积为 50.0 mm^2，两金属片之间的距离是 0.600 mm。如果电子线路能检测出的电容变化是 0.250 pF，那么键需要按下多大的距离才能给出必要的信号？

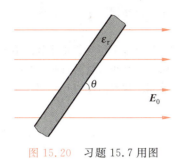

图 15.20　习题 15.7 用图

图 15.21　习题 15.8 用图

15.9　用两面夹有铝箔的厚为 5×10^{-2} mm，相对介电常量为 2.3 的聚乙烯膜做一电容器。如果电容为 3.0 μF，则膜的面积要多大？

15.10　空气的击穿场强为 3×10^3 kV/m。当一个平行板电容器两极板间是空气而电势差为 50 kV 时，每平方米面积的电容最大是多少？

15.11　范德格拉夫静电加速器的球形电极半径为 18 cm。
(1) 这个球的电容多大？
(2) 为了使它的电势升到 2.0×10^5 V，需给它带多少电量？

15.12　盖革计数管由一根细金属丝和包围它的同轴导电圆筒组成。丝直径为 2.5×10^{-2} mm，圆筒内直径为 25 mm，管长 100 mm。设导体间为真空，计算盖革计数管的电容（可用无限长导体圆筒的场强公式计算电场）。

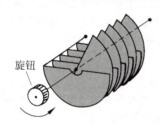

图 15.22　习题 15.13 用图

15.13　图 15.22 所示为用于调频收音机的一种可变空气电容器。这里奇数极板和偶数极板分别连在一起，其中一组的位置是固定的，另一组是可以转动的。假设极板的总数为 n，每块极板的面积为 S，相邻两极板之间的距离为 d。证明这个电容器的最大电容为
$$C=\frac{(n-1)\varepsilon_0 S}{d}$$

15.14　一个平行板电容器的每个板的面积为 0.02 m²，两板相距 0.5 mm，放在一个金属盒子中（图 15.23）。电容器两板到盒子上下底面的距离各为 0.25 mm，忽略边缘效应，求此电容器的电容。如果将一个板和盒子用导线连接起来，电容器的电容又是多大？

15.15　一个电容器由两块长方形金属平板组成（图 15.24），两板的长度为 a，宽度为 b。两宽边相互平行，两长边的一端相距为 d，另一端略微抬起一段距离 l（$l\ll d$）。板间为真空。求此电容器的电容。

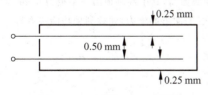

图 15.23　习题 15.14 用图

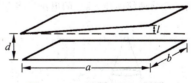

图 15.24　习题 15.15 用图

15.16　为了测量电介质材料的相对介电常量，将一块厚为 1.5 cm 的平板材料慢慢地插进一电容器的距离为 2.0 cm 的两平行板之间。在插入过程中，电容器的电荷保持不变。插入之后，两板间的电势差减小为原来的 60%，求电介质的相对介电常量多大？

15.17　两个同心导体球壳，内、外球壳半径分别为 R_1 和 R_2，求两者组成的电容器的电容。把 $\Delta R=(R_2-R_1)\ll R_1$ 的极限情形与平行板电容器的电容做比较以核对你所得到的结果。

15.18　将一个 12 μF 和两个 2 μF 的电容器连接起来组成电容为 3 μF 的电容器组。如果每个电容器的击穿电压都是 200 V，则此电容器组能承受的最大电压是多大？

15.19 一平行板电容器面积为 S，板间距离为 d，板间以两层厚度相同而相对介电常量分别为 ε_{r1} 和 ε_{r2} 的电介质充满（图 15.25）。求此电容器的电容。

15.20 一种利用电容器测量油箱中油量的装置示意图如图 15.26 所示。附接电子线路能测出等效相对介电常量 $\varepsilon_{r,eff}$（即电容相当而充满板间的电介质的相对介电常量）。设电容器两板的高度都是 a，试导出等效相对介电常量和油面高度的关系，以 ε_r 表示油的相对介电常量。就汽油（$\varepsilon_r=1.95$）和甲醇（$\varepsilon_r=33$）相比，哪种燃料更适宜用此种油量计？

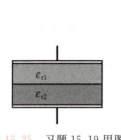

图 15.25 习题 15.19 用图

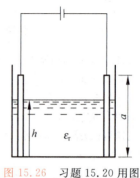

图 15.26 习题 15.20 用图

15.21 一球形电容器的两球间下半部充满了相对介电常量为 ε_r 的油，它的电容较未充油前变化了多少？

15.22 将一个电容为 $4\,\mu F$ 的电容器和一个电容为 $6\,\mu F$ 的电容器串联起来接到 200 V 的电源上，充电后，将电源断开并将两电容器分离。在下列两种情况下，每个电容器的电压各变为多少？

（1）将每一个电容器的正板与另一电容器的负板相连；

（2）将两电容器的正板与正板相连，负板与负板相连。

15.23 将一个 100 pF 的电容器充电到 100 V，然后把它和电源断开，再把它和另一电容器并联，最后电压为 30 V。第二个电容器的电容多大？并联时损失了多少电能？这电能哪里去了？

*15.24 一个平行板电容器，板面积为 S，板间距为 d（图 15.27）。

（1）充电后保持其电量 Q 不变，将一块厚为 b 的金属板平行于两极板插入。与金属板插入前相比，电容器储能增加多少？

（2）导体板进入时，外力（非电力）对它做功多少？是被吸入还是需要推入？

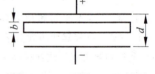

图 15.27 习题 15.24 用图

（3）如果充电后保持电容器的电压 U 不变，则（1），（2）两问结果又如何？

*15.25 如图 15.28 所示，桌面上固定一半径为 7 cm 的金属圆筒，其中共轴地吊一半径为 5 cm 的另一金属圆筒。今将两筒间加 5 kV 的电压后将电源撤除，求内筒受的向下的电力（注意利用功能关系）。

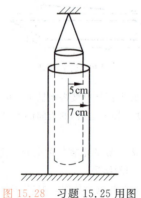

图 15.28 习题 15.25 用图

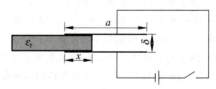

图 15.29 习题 15.26 用图

*15.26 一平行板电容器的极板长为 a,宽为 b,两板相距为 δ(图 15.29)。对它充电使带电量为 Q 后把电源断开。

(1) 两板间为真空时,电容器储存的电能是多少?

(2) 板间插入一块宽为 b,厚为 δ,相对介电常量为 ε_r 的均匀电介质板。当介质板插入一段距离 x 时,电容器储存的电能是多少?

(3) 当电介质板插入距离 x 时,它受的电力的大小和方向各如何?

(4) 在 x 从 0 增大到 a 的过程中,此系统的能量转化情况如何(设电介质板与电容器极板没有摩擦)?

(5) 如果电介质板插入时电容器两极板保持与电压恒定为 U 的电源相连,其他条件不变,以上(2)~(4)问的解答又如何(还利用功能关系但注意电源在能量上的作用)?

*15.27 证明:球形电容器带电后,其电场的能量的一半储存在内半径为 R_1,外半径为 $2R_1R_2/(R_1+R_2)$ 的球壳内,式中 R_1 和 R_2 分别为电容器内球和外球的半径。一个孤立导体球带电后其电场能的一半储存在多大的球壳内?

*15.28 一个平行板电容器板面积为 S,板间距离为 y_0,下板在 $y=0$ 处,上板在 $y=y_0$ 处。充满两板间的电介质的相对介电常量随 y 而改变,其关系为

$$\varepsilon_r = 1 + \frac{3}{y_0}y$$

(1) 此电容器的电容多大?

(2) 此电容器带有电量 Q(上极板带$+Q$)时,电介质上下表面的面束缚电荷密度多大?

(3) 用高斯定律求电介质内体束缚电荷密度。

(4) 证明体束缚电荷总量加上面束缚电荷其总和为零。

*15.29 一个中空铜球浮在相对介电常量为 3.0 的大油缸中,一半没入油内。如果铜球所带总电量为 2.0×10^{-6} C,它的上半部和下半部各带多少电量?

*15.30 在具有杂质离子的半导体中,电子围绕这些离子作轨道运动。若该轨道的尺寸大于半导体的原子间的距离,则可认为电子是在介电常量近似均匀的电介质的空间中运动。

(1) 按照在习题 13.34 中所描述的玻尔理论,计算一个电子的轨道能;

(2) 半导体锗的相对介电常量为 $\varepsilon_r=15.8$,估算一个电子围绕嵌在锗中的离子运动的轨道能,假定电子处在最小的玻尔轨道。所得的结果与真空中电子围绕离子运动的最小轨道能相比如何?

第16章

恒 定 电 流

前面讨论了静电场的规律,本章介绍电流的规律。首先引入电流密度的概念,接着说明恒定电流的意义及其闭合性以及基尔霍夫第一方程。然后介绍欧姆定律,该定律表明了通常导体中电流密度与电场以及导体材料的关系。其后介绍的电动势是本章的重点概念,它涉及电路中能量的转换。在此基础上又介绍了恒定电流电路中的电流分布与电势变化的关系——基尔霍夫第二方程。接着举例说明了基尔霍夫两个方程的应用,包括电容器充放电的规律。最后介绍了电流的经典微观图像,近似地说明了电流规律的微观本质。

16.1 电流和电流密度

电流是电荷的定向运动,从微观上看,电流实际上是带电粒子的定向运动。形成电流的带电粒子统称**载流子**。它们可以是电子、质子、正的或负的离子,在半导体中还可能是带正电的"空穴"。导体中由电荷的运动形成的电流称做**传导电流**。

常见的电流是沿着一根导线流动的电流。电流的强弱用**电流[强度]**来描述,它等于单位时间里通过导线某一横截面的电量。如果在一段时间 Δt 内通过某一截面的电量是 Δq,则通过该截面的电流 I 是

$$I = \frac{\Delta q}{\Delta t} \tag{16.1}$$

在国际单位制中电流的单位名称是安[培],符号是 A,

$$1\,\text{A} = 1\,\text{C/s}$$

实际上还常常遇到在大块导体中产生的电流。整个导体内各处的电流形成一个"电流场"。例如在有些地质勘探中利用的大地中的电流,电解槽内电解液中的电流,气体放电时通过气体的电流等。在这种情况下为了描述导体中各处电荷定向运动的情况,引入电流密度概念。

先考虑一种最简单的情况,即只有一种载流子,它们带的电量都是 q,都以同一种速度 v 沿同一方向运动。设想在导体内有一小面积 dS,它的正法线方向与 v 成 θ 角(图 16.1)。在 dt 时间内通过 dS 面的载流子应是在底面积为 dS,斜长为 vdt

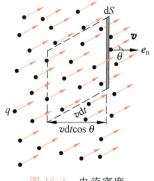

图 16.1 电流密度

的斜柱体内的所有载流子。此斜柱体的体积为 $v\mathrm{d}t\cos\theta\mathrm{d}S$。以 n 表示单位体积内这种载流子的数目，则单位时间内通过 $\mathrm{d}S$ 的电量，也就是通过 $\mathrm{d}S$ 的电流为

$$\mathrm{d}I = \frac{qnv\mathrm{d}t\cos\theta\mathrm{d}S}{\mathrm{d}t} = qnv\cos\theta\mathrm{d}S$$

令 $\mathrm{d}\boldsymbol{S} = \mathrm{d}S \cdot \boldsymbol{e}_n$，此式可以写成

$$\mathrm{d}I = qn\boldsymbol{v} \cdot \mathrm{d}\boldsymbol{S}$$

引入矢量 $\boldsymbol{J}$，并定义

$$\boldsymbol{J} = qn\boldsymbol{v} \tag{16.2}$$

则上一式可以写成

$$\mathrm{d}I = \boldsymbol{J} \cdot \mathrm{d}\boldsymbol{S} \tag{16.3}$$

这样定义的 $\boldsymbol{J}$ 就叫小面积 $\mathrm{d}S$ 处的**电流密度**。由此定义式可知，对于正载流子，电流密度的方向与载流子运动的方向相同；对负载流子，电流密度的方向与载流子的运动方向相反。

在式(16.3)中，如果 $\boldsymbol{J}$ 与 $\mathrm{d}\boldsymbol{S}$ 垂直，则 $\mathrm{d}I = J\mathrm{d}S$，或 $J = \mathrm{d}I/\mathrm{d}S$。这就是说，电流密度的大小等于通过垂直于载流子运动方向的单位面积的电流。

在国际单位制中电流密度的单位名称为安每平方米，符号为 $\mathrm{A/m}^2$。

实际的导体中可能有几种载流子。以 n_i, q_i 和 $\boldsymbol{v}_i$ 分别表示第 i 种载流子的数密度、电量和速度，以 $\boldsymbol{J}_i$ 表示这种载流子形成的电流密度，则通过 $\mathrm{d}S$ 面的电流应为

$$\mathrm{d}I = \sum q_i n_i \boldsymbol{v}_i \cdot \mathrm{d}\boldsymbol{S} = \sum \boldsymbol{J}_i \cdot \mathrm{d}\boldsymbol{S}$$

以 $\boldsymbol{J}$ 表示总电流密度，它是各种载流子的电流密度的矢量和，即 $\boldsymbol{J} = \sum \boldsymbol{J}_i$，则上式可写成

$$\mathrm{d}I = \boldsymbol{J} \cdot \mathrm{d}\boldsymbol{S}$$

这一公式和只有一种载流子时的式(16.3)形式上一样。

金属中只有一种载流子，即自由电子，但各自由电子的速度不同。设电子的电量为 e，单位体积内以速度 $\boldsymbol{v}_i$ 运动的电子的数目为 n_i，则

$$\boldsymbol{J} = \sum \boldsymbol{J}_i = \sum n_i e \boldsymbol{v}_i = e \sum n_i \boldsymbol{v}_i$$

以 $\langle \boldsymbol{v} \rangle$ 表示平均速度，则由平均值的定义可得

$$\langle \boldsymbol{v} \rangle = \sum n_i \boldsymbol{v}_i \Big/ \sum n_i = \sum n_i \boldsymbol{v}_i / n$$

式中 n 为单位体积内的总电子数。利用平均速度，则金属中的电流密度可表示为

$$\boldsymbol{J} = ne\langle \boldsymbol{v} \rangle \tag{16.4}$$

在无外加电场的情况下，金属中的电子作无规则热运动，$\langle \boldsymbol{v} \rangle = 0$，所以不产生电流。在外加电场中，金属中的电子将有一个平均定向速度 $\langle \boldsymbol{v} \rangle$，由此形成了电流。这一平均定向速度叫做**漂移速度**。

式(16.3)给出了通过一个小面积 $\mathrm{d}S$ 的电流，对于电流区域内一个有限的面积 S(图16.2)，通过它的电流应为通过它的各面元的电流的代数和，即

$$I = \int_S \mathrm{d}I = \int_S \boldsymbol{J} \cdot \mathrm{d}\boldsymbol{S} \tag{16.5}$$

由此可见，在电流场中，通过某一面积的电流就是通过该面积的电流密度的通量。它是一个代数量，不是矢量。

 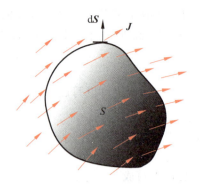

图 16.2 通过任一曲面的电流　　　　图 16.3 通过封闭曲面的电流

通过一个封闭曲面 S 的电流(图 16.3)可以表示为

$$I = \oint_S \boldsymbol{J} \cdot \mathrm{d}\boldsymbol{S} \tag{16.6}$$

根据 $\boldsymbol{J}$ 的意义可知,这一公式实际上表示净流出封闭面的电流,也就是单位时间内从封闭面内向外流出的正电荷的电量。根据电荷守恒定律,通过封闭面流出的电量应等于封闭面内电荷 q_{in} 的减少。因此,式(16.6)应该等于 q_{in} 的减少率,即

$$\oint_S \boldsymbol{J} \cdot \mathrm{d}\boldsymbol{S} = -\frac{\mathrm{d}q_{\mathrm{in}}}{\mathrm{d}t} \tag{16.7}$$

这一关系式叫**电流的连续性方程**。

16.2　恒定电流与恒定电场

在大块导体中,电流密度可以各处不同,也还可能随时间变化。在本章我们只讨论恒定电流,**恒定电流**是指导体内各处的电流密度都不随时间变化的电流。

恒定电流有一个很重要的性质,就是通过任一封闭曲面的恒定电流为零,即

$$\oint_S \boldsymbol{J} \cdot \mathrm{d}\boldsymbol{S} = 0 \quad (\text{恒定电流}) \tag{16.8}$$

如果不是这样,那么设流出某一封闭曲面的净电流大于零,即有正电荷从封闭面内流出,又由于电流不随时间改变,这一流出将永不休止。这意味着封闭面内有无穷多的正电荷或能不断产生正电荷(参考式(16.7))。根据电荷守恒定律,这都是不可能的。因此,对恒定电流来说,式(16.8)必定成立。

对于在一根导线中通过的恒定电流,利用式(16.8)可以得出,通过导线各个截面的电流都相等。这是因为对于包围任一段导线的封闭曲面(图 16.4(a))只有流进的电流 I_1 和流出的电流 I_2 相等,才能使通过此封闭曲面的电流为零。对流通着恒定电流的电路来说,由于通过电路各截面的电流必须相等,所以恒定电流的电路一定是闭合的,即形成闭合的回路。

对于恒定电流电路中几根导线相交的**节点**,即几个电流的汇合点(图 16.4(b))来说,取一包围该节点的封闭曲面,由式(16.8)可得

$$\sum I_i = 0 \tag{16.9}$$

即流出节点的电流的代数和为零。由于流出节点的电流为正,流入为负,所以对于

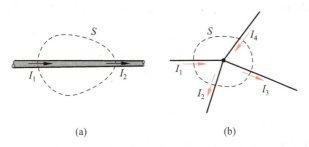

图 16.4　通过封闭曲面的恒定电流为零

图 16.4(b)中的节点，应该有

$$-I_1 + I_2 + I_3 - I_4 = 0$$

表示恒定电流电路中的电流规律的式(16.9)叫**节点电流方程**，也叫**基尔霍夫第一方程**。

当通过任意封闭曲面的电流等于零，即在任意一段时间内通过此封闭面流出和流入的电量相等时，根据电荷守恒定律，这一封闭曲面内的总电量应不随时间改变。在导体内各处都作一封闭曲面，如此分析，可以得到：在恒定电流的情况下，导体内电荷的分布不随时间改变。不随时间改变的电荷分布产生不随时间改变的电场，这种电场叫**恒定电场**。导体内恒定的不随时间改变的电荷分布就像固定的静止电荷分布一样，因此恒定电场与静电场有许多相似之处。例如，它们都服从高斯定律和场强环路积分为零的环路定理。就后一点来说，以 E 表示恒定电场的电场强度，则也应有

$$\oint_L \boldsymbol{E} \cdot \mathrm{d}\boldsymbol{r} = 0 \tag{16.10}$$

根据恒定电场的这一保守性，也可引进**电势**的概念。由于 $\boldsymbol{E} \cdot \mathrm{d}\boldsymbol{r}$ 是通过线元 $\mathrm{d}r$ 发生的电势降落，所以上式也常说成是：在**恒定电流电路中，沿任何闭合回路一周的电势降落的代数和总等于零**。在分析解决直流电路的问题时，常根据这一规律列出一些方程，这些方程叫**回路电压方程**，也叫**基尔霍夫第二方程**。

尽管如此，恒定电场和静电场还是有重要区别的，其根本原因是产生恒定电场的电荷分布虽然不随时间改变，但这种分布总伴随着电荷的运动，而产生静电场的电荷则是始终固定不动的。因此即使在导体内部，恒定电场也不等于零。又因为电荷运动时恒定电场力是要做功的，因此恒定电场的存在总要伴随着能量的转换。但是静电场是由固定电荷产生的，所以维持静电场不需要能量的转换。

16.3　欧姆定律和电阻

对很多导体来说，例如对一般的金属或电解液，在恒定电流的情况下，一段导体两端的电势差(或电压)U 与通过这段导体的电流 I 之间服从**欧姆定律**，即

$$U = IR \tag{16.11}$$

式中 R 叫导体的**电阻**。由于在导体中，电流总是沿着电势降低的方向，所以式(16.11)表示：**经过一个电阻沿电流的方向电势降落的数值等于电流与电阻的乘积**。在国际单位制中，电阻的单位名称是欧[姆]，符号为 Ω。

导体的电阻与导体的长度 l 成正比，与导体的横截面积(即垂直于电流方向的截面积)

S 成反比,而且还和材料的性质有关。它们之间的关系可用公式表示为

$$R = \rho \frac{l}{S} \qquad (16.12)$$

这一公式叫做**电阻定律**,式中 ρ 是导体材料的**电阻率**。有时也用 ρ 的倒数 $\sigma = 1/\rho$ 代替 ρ 写入上式,得

$$R = \frac{l}{\sigma S} \qquad (16.13)$$

σ 叫做导体材料的**电导率**。在国际单位制中电阻率的单位名称是欧[姆]米,符号是 $\Omega \cdot m$;电导率的单位名称是西[门子]每米,符号为 S/m[①]。

电阻率(或电导率)不但与材料的种类有关,而且还和温度有关。一般的金属在温度不太低时,ρ 与温度 t(℃)有线性关系,即

$$\rho_t = \rho_0 (1 + \alpha t) \qquad (16.14)$$

其中 ρ_t 和 ρ_0 分别是 t℃和 0℃时的电阻率,α 叫做电阻温度系数,随材料的不同而不同。例如铜的 α 值为 4.3×10^{-3} K^{-1}[②],而锰铜合金(12% 锰、84% 铜、4% 镍)的 α 值为 1×10^{-5} K^{-1}。这说明锰铜合金的电阻率随温度的变化特别小,用它制作的电阻受温度的影响就很小,因此,常用这种材料作标准电阻。

有些金属和化合物的温度在降到接近绝对零度时,它们的电阻率突然减小到零,这种现象叫**超导**。超导现象的研究在理论上有很重要的意义,在技术上超导也获得了很重要的应用。(参看"今日物理趣闻 I 超导电性"。)

一段截面积均匀的导体的电阻可以直接用式(16.12)进行计算。对于截面积不均匀的材料的电阻,需要根据实际情况进行积分运算。下面举个例子。

例 16.1

两个同轴金属圆筒长为 a,内外筒半径分别为 R_1 和 R_2,两筒间充满电阻率 ρ 相当大的均匀材料。当内外两筒之间加上电压后,电流沿径向由内筒流向外筒(图 16.5)。试计算内外筒之间的均匀材料的总电阻(这就是圆柱形电容器、同轴电缆的**漏电阻**)。

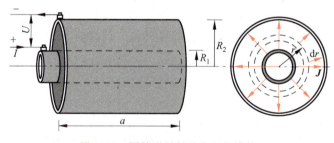

图 16.5 圆筒形材料总电阻的计算

解 由电流的方向可知,通过电流的"横截面"是与圆筒同轴的圆柱面,而"长度"是内外筒的间隔。由于截面积随长度而改变,所以不能直接应用式(16.12)。为了计算两筒间材料的总电阻,可以设想两筒

---

① 在国际单位制中,电阻的单位为欧[姆],符号为 Ω,电导的单位为西[门子],符号为 S。1 S=1 Ω^{-1}。
② 在计量温度变化时,1℃=1 K。

间材料由许许多多薄圆柱层所组成，以 r 代表其中任一薄层的半径，其面积就是 $2\pi ra$，以 dr 表示此薄层的厚度，则这一薄层的电阻就是

$$dR = \rho \frac{dr}{2\pi ra}$$

由于各个薄层都是串联的，所以总电阻应是各薄层电阻之和，亦即上式的积分。由此得总电阻为

$$R = \int dR = \int_{R_1}^{R_2} \rho \frac{dr}{2\pi ra} = \frac{\rho}{2\pi a} \ln \frac{R_2}{R_1}$$

欧姆定律式(16.11)给出了电压和电流的关系，这是电场在一段导体内引起的总效果的表示。由于电场强度和电压有一定的关系，所以还可以根据式(16.11)导出电场和电流的关系，如图 16.6 所示。以 Δl 和 ΔS 分别表示一段导体的长度和截面积，它的电阻率为 ρ，其中有电流 I 沿它的长度方向流动。由于电压 $U = \varphi_1 - \varphi_2 = E\Delta l$，电流 $I = J\Delta S$，而电阻 $R = \rho\Delta l/\Delta S$，将这些量代入欧姆定律式(16.11)就可以得到

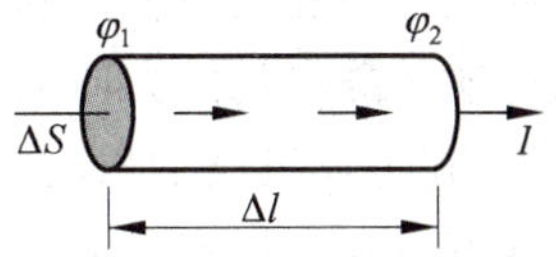

$$J = E/\rho = \sigma E$$

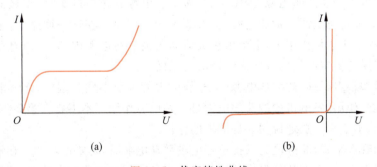

图 16.6 推导欧姆定律用图

实际上，在金属或电解液内，电流密度 J 的方向与电场强度 E 的方向相同。因此又可写成

$$\boldsymbol{J} = \sigma \boldsymbol{E} \tag{16.15}$$

这一和欧姆定律等效的关系式表示了导体中各处的电流密度与该处的电场强度的关系，可以叫做**欧姆定律的微分形式**。

还应该再强调的是，只是对于一般的金属或电解液，欧姆定律在相当大的电压范围内是成立的，即电流和电压成正比。对于许多导体(如电离了的气体)或半导体，欧姆定律并不成立。气体中的电流一般与电压不成正比，它的电流电压曲线(叫**伏安特性曲线**)如图 16.7(a)所示。半导体(如二极管)中的电流不但与电压不成正比，而且电流方向改变时，它和电压的关系也不同，它的伏安特性曲线如图 16.7(b)所示。

图 16.7 伏安特性曲线
(a) 气体的；(b) 半导体二极管的

很多材料的这种**非欧姆导电特性**是有很大的实际意义的。例如，如果没有半导体材料的非欧姆特性，作为现代技术标志之一的电子技术，包括电子计算机技术，就是不可能的了。

16.4 电动势

一般来讲,当把两个电势不等的导体用导线连接起来时,在导线中就会有电流产生,电容器的放电过程就是这样(图 16.8)。但是在这一过程中,随着电流的继续,两极板上的电荷逐渐减少。这种随时间减少的电荷分布不能产生恒定电场,因而也就不能形成恒定电流。实际上电容器的放电电流是一个很快地减小的电流。要产生恒定电流就必须设法使流到负极板上的电荷重新回到正极板上去,这样就可以保持恒定的电荷分布,从而产生一个恒定电场。但是由于在两极板间的静电场方向是由电势高的正极板指向电势低的负极板的,所以要使正电荷从负极板回到正极板,靠静电力 F_e 是办不到的,只能靠其他类型的力,这力使正电荷逆着静电场的方向运动(图 16.9)。这种其他类型的力统称为**非静电力 F_{ne}**。由于它的作用,在电流继续的情况下,仍能在正负极板上产生恒定的电荷分布,从而产生恒定的电场,这样就得到了恒定电流。

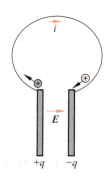 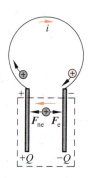

图 16.8 电容器放电时产生的电流　　图 16.9 非静电力 F_{ne} 反抗静电力 F_e 移动电荷

提供非静电力的装置叫**电源**,如图 16.9 所示。电源有正负两个极,正极的电势高于负极的电势,用导线将正负两个极相连时,就形成了闭合回路。在这一回路中,电源外的部分(叫外电路),在恒定电场作用下,电流由正极流向负极。在电源内部(叫内电路),非静电力的作用使电流逆着恒定电场的方向由负极流向正极。

电源的类型很多,不同类型的电源中,非静电力的本质不同。例如,化学电池中的非静电力是一种化学作用,发电机中的非静电力是一种电磁作用。本书将在第 20 章讨论这种电磁作用的本质,本节只一般地说明非静电力的作用。

从能量的观点来看,非静电力反抗恒定电场移动电荷时,是要做功的。在这一过程中电荷的电势能增大了,这是其他种形式的能量转化来的。例如在化学电池中,是化学能转化成电能,在发电机中是机械能转化为电能。

在不同的电源内,由于非静电力的不同,使相同的电荷由负极移到正极时,非静电力做的功是不同的。这说明不同的电源转化能量的本领是不同的。为了定量地描述电源转化能量本领的大小,我们引入电动势的概念。在电源内,单位正电荷从负极移向正极的过程中,非静电力做的功,叫做**电源的电动势**。如果用 A_{ne} 表示在电源内电量为 q 的正电荷从负极移到正极时非静电力做的功,则电源的电动势 $\mathscr{E}$ 为

$$\mathscr{E} = \frac{A_{\text{ne}}}{q} \tag{16.16}$$

从量纲分析可知,电动势的量纲和电势差的量纲相同。在国际单位制中它的单位也是 V。应当特别注意,虽然电动势和电势的量纲相同而且又都是标量,但它们是两个完全不同的物理量。电动势总是和非静电力的功联系在一起的,而电势是和静电力的功联系在一起的。电动势完全取决于电源本身的性质(如化学电池只取决于其中化学物质的种类)而与外电路无关,但电路中的电势的分布则和外电路的情况有关。

从能量的观点来看,式(16.16)定义的电动势也等于单位正电荷从负极移到正极时由于非静电力作用所增加的电势能,或者说,就等于从负极到正极非静电力所引起的电势升高。我们通常把电源内从负极到正极的方向,也就是电势升高的方向,叫做**电动势的"方向"**,虽然电动势并不是矢量。

用场的概念,可以把各种非静电力的作用看作是等效的各种"**非静电场**"的作用。以 $\boldsymbol{E}_{\text{ne}}$ 表示非静电场的强度,则它对电荷 q 的非静电力就是 $\boldsymbol{F}_{\text{ne}} = q\boldsymbol{E}_{\text{ne}}$,在电源内,电荷 q 由负极移到正极时非静电力做的功为

$$A_{\text{ne}} = \int_{\substack{(-) \\ (\text{电源内})}}^{(+)} q\boldsymbol{E}_{\text{ne}} \cdot \mathrm{d}\boldsymbol{r}$$

将此式代入式(16.16)可得

$$\mathscr{E} = \int_{\substack{(-) \\ (\text{电源内})}}^{(+)} \boldsymbol{E}_{\text{ne}} \cdot \mathrm{d}\boldsymbol{r} \tag{16.17}$$

此式表示非静电力集中在一段电路内(如电池内)作用时,用场的观点表示的电动势。在有些情况下非静电力存在于整个电流回路中,这时整个回路中的总电动势应为

$$\mathscr{E} = \oint_L \boldsymbol{E}_{\text{ne}} \cdot \mathrm{d}\boldsymbol{r} \tag{16.18}$$

式中线积分遍及整个回路 L。

16.5 有电动势的电路

回路中有电动势时,电流如何确定呢?下面来说明这一问题。

在导体内有非静电力和静电力同时存在的情况下,恒定电流的电流密度 $\boldsymbol{J}$ 应由非静电场 $\boldsymbol{E}_{\text{ne}}$ 和恒定电场 $\boldsymbol{E}$ 共同决定。这时欧姆定律的微分形式应写成

$$\boldsymbol{J} = \frac{1}{\rho}(\boldsymbol{E} + \boldsymbol{E}_{\text{ne}}) = \sigma(\boldsymbol{E} + \boldsymbol{E}_{\text{ne}}) \tag{16.19}$$

现在我们考虑一个由负载电阻 R 接到电源两极上而构成的简单闭合回路 L(图16.10)。由恒定电场的保守性,对此回路沿电流方向取电场强度 $\boldsymbol{E}$ 的线积分就有

$$\oint_L \boldsymbol{E} \cdot \mathrm{d}\boldsymbol{r} = 0$$

由式(16.19)求出 $\boldsymbol{E}$,代入此式,并以 $\mathrm{d}\boldsymbol{l} = \mathrm{d}\boldsymbol{r}$ 表示电路中一段有向长度元,可得

$$-\oint_L \boldsymbol{E}_{\text{ne}} \cdot \mathrm{d}\boldsymbol{l} + \oint_L \frac{\boldsymbol{J} \cdot \mathrm{d}\boldsymbol{l}}{\sigma} = 0 \tag{16.20}$$

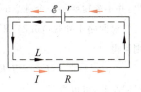

图 16.10 简单电路

由于 dl 的方向与导线中 J 的方向相同,因此

$$\oint_L \frac{\boldsymbol{J} \cdot \mathrm{d}\boldsymbol{l}}{\sigma} = \oint_L \frac{J\mathrm{d}l}{\sigma} = \oint_L \frac{JS\mathrm{d}l}{\sigma S}$$

其中 $JS=I$ 为回路中的电流。由于各处电流相等,所以有

$$\oint_L \frac{I}{\sigma S}\mathrm{d}l = I\oint_L \frac{\mathrm{d}l}{\sigma S}$$

由于 $\dfrac{\mathrm{d}l}{\sigma S}$ 为回路中长度元 dl 的电阻,所以此等式右侧的积分为整个回路的总电阻 R_L,包括电源内的电阻(内阻)r 和电源外的电阻 R。因此

$$I\oint_L \frac{\mathrm{d}l}{\sigma S} = IR_L = I(r+R) \tag{16.21}$$

由于式(16.20)中的第一项为整个闭合电路的电动势的负值,即"$-\mathscr{E}$",所以式(16.20)可写作

$$-\mathscr{E} + I(r+R) = 0 \tag{16.22}$$

或

$$I = \frac{\mathscr{E}}{R+r} \tag{16.23}$$

这就是大家熟悉的**全电路欧姆定律公式**,它适用于电路只有一个回路的情况。

对于有多个回路的复杂电路,我们可以一个一个回路分析。如图 16.11 所示,一个回路中可以有几个电源,而且各部分电流可以不相同。对于这一回路 L 如果仍像上面那样利用式(16.19)和恒定电场的保守性,就可以得出式(16.22)的更为普遍的形式:

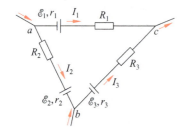

$$\sum(\mp \mathscr{E}_i) + \sum(\pm I_i R_i) = 0 \tag{16.24}$$

此式中每一项前面的正负号按照下述规则选取:电动势的方向和回路 L 的方向相同的 $\mathscr{E}$ 取负号,相反的取正号;电流方向与回路 L 方向相同的 I 取正号,相反的取负号。式(16.24)就是应用于任意回路的基尔霍夫第二方程式的普遍形式。

图 16.11 复杂电路中的一个回路

下面我们举一个稍微复杂的电路的例子。

例 16.2

如图 16.12 所示的电路,$\mathscr{E}_1 = 12$ V,$r_1 = 1\ \Omega$,$\mathscr{E}_2 = 8$ V,$r_2 = 0.5\ \Omega$,$R_1 = 3\ \Omega$,$R_2 = 1.5\ \Omega$,$R_3 = 4\ \Omega$。试求通过每个电阻的电流。

解 设通过各个电阻的电流 I_1, I_2, I_3 如图 16.12。对节点 a 列出式(16.9)那样的基尔霍夫第一方程

$$-I_1 + I_2 + I_3 = 0$$

如果对节点 b 也列电流方程,将得到与此式相同的结果,并不能得到另一个独立的方程。

对回路 Ⅰ 列式(16.24)那样的基尔霍夫第二方程,则可得

$$-\mathscr{E}_1 + I_1 r_1 + I_1 R_1 + I_3 R_3 = 0$$

对回路 Ⅱ,可以得

$$\mathscr{E}_2 + I_2 r_2 + I_2 R_2 - I_3 R_3 = 0$$

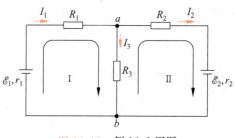

图 16.12 例 16.2 用图

如果对整个外面的大回路列基尔霍夫第二方程,就会发现那将是上面两个方程的叠加,也不是一个独立的方程,所以不能用。

将已知数据代入这两个回路方程并与上面的电流方程联立求解就可得
$$I_1 = 1.25 \text{ A}, \quad I_2 = -0.5 \text{ A}, \quad I_3 = 1.75 \text{ A}$$
此结果中 I_1,I_3 为正值,说明实际电流方向与图 16.12 中所设相同。I_2 为负值,说明它的实际方向与图中所设方向相反。

例 16.3

电势差计(又叫电位差计或电位计)是用来测量电动势的仪器,它的电路图如图 16.13 所示。$\mathscr{E}_0$ 是一个电动势比较稳定的电源,AB 是一根均匀的电阻丝,$\mathscr{E}_s$ 是标准电池,其电动势是已知标准值,$\mathscr{E}_x$ 是待测电动势。工作时在合上电键 K 后将电键 K_1 和 K_2 合到 $\mathscr{E}_s$ 一侧,然后在保持滑动接头在确定位置 D 的情况下,调整电阻 R 使电流计 G 中无电流。这时对节点 a,由基尔霍夫第一方程可知电流 I 全部流过 AB 电阻丝。对回路 $\mathscr{E}_0 aDB\mathscr{E}_0$,基尔霍夫第二方程为

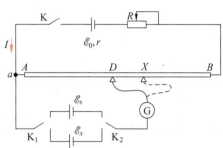

图 16.13 电势差计电路

$$-\mathscr{E}_0 + IR_{AB} + IR + Ir = 0$$

由此得
$$I = \frac{\mathscr{E}_0}{R_{AB} + R + r}$$

对回路 $\mathscr{E}_s GDa\mathscr{E}_s$,基尔霍夫第二方程为
$$\mathscr{E}_s - IR_{AD} = 0$$

由此得
$$\mathscr{E}_s = IR_{AD} = \frac{\mathscr{E}_0 R_{AD}}{R_{AB} + R + r}$$

此后再保持 R 不变,将电键 K_1 和 K_2 合向待测电动势 $\mathscr{E}_x$ 一侧,这时移动滑动接头的位置直到电流计中也没有电流为止。以 X 表示这时滑动接头的位置,仿照上面的分析可得
$$\mathscr{E}_x = \frac{\mathscr{E}_0 R_{AX}}{R_{AB} + R + r}$$

将此式与 $\mathscr{E}_s$ 相比,可得
$$\mathscr{E}_x = \frac{R_{AX}}{R_{AD}} \mathscr{E}_s$$

由于 AB 是均匀电阻丝,其中一段的电阻应和该段长度 l 成正比,所以又可得
$$\mathscr{E}_x = \frac{l_{AX}}{l_{AD}} \mathscr{E}_s$$

实际的仪器中电阻丝 AB 都已按 $\mathscr{E}_s$ 与 l_{AD} 的比值作了正比刻度,所以由 X 的位置就可直接读出 $\mathscr{E}_x$ 的数值。

---

*16.6 电容器的充电与放电

将电容 C、电阻 R 和电动势为 $\mathscr{E}$ 的电源以及刀键 K 连成如图 16.14 所示的电路。当 K 与 a 端接触时电容器充电,其电量从零开始增大。充电完毕后,将 K 倒向和 b 接触,电容器又通过电阻 R 放电,其电量又逐渐减小。这种过程中电量以及电流的变化也可以应用基

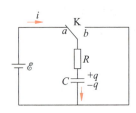

图 16.14 电容器的充电

尔霍夫方程加以分析。

先分析充电的情形。设在充电的某一时刻电流为 i,电容器上的电量为 q,两板之间的电压为 u;则在此时刻,整个回路以电流方向为正方向的基尔霍夫第二方程为

$$-\mathscr{E} + iR + u = 0 \tag{16.25}$$

在充电过程中电容器上电量的增加是电流输入电荷的结果,而且在单位时间内电量的增量就等于电流,即

$$i = \frac{\mathrm{d}q}{\mathrm{d}t}$$

电容器上电压 u 与电量 q 的关系为

$$u = \frac{q}{C}$$

将这两关系式代入式(16.25),可得

$$R\frac{\mathrm{d}q}{\mathrm{d}t} + \frac{q}{C} = \mathscr{E}$$

这是一个微分方程。结合起始条件 $t=0$ 时,$q=0$,可解得

$$q = C\mathscr{E}(1 - \mathrm{e}^{-\frac{t}{RC}}) \tag{16.26}$$

并可由此得

$$i = \frac{\mathrm{d}q}{\mathrm{d}t} = \frac{\mathscr{E}}{R}\mathrm{e}^{-\frac{t}{RC}} \tag{16.27}$$

电量和电流随时间变化的曲线分别如图 16.15(a)和(b)所示。

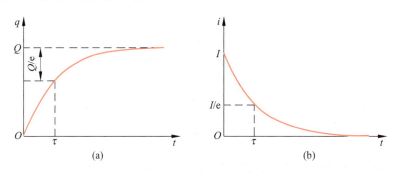

图 16.15 电容器充电曲线

由式(16.26)和式(16.27)可知,电量和电流均按指数规律变化,电量由零增大到最大值 $Q=C\mathscr{E}$,而电流由最大值 $\mathscr{E}/R$ 减小到零。变化的快慢由乘积 RC 决定,这一乘积叫电路的**时间常量**。以 τ 表示时间常量,就有 $\tau=RC$。τ 的意义表示当经过时间 τ 时,电量将增大到与最大值的差值为最大值的 $1/\mathrm{e}$ 倍(约 37%),而电流减小到它的最大值的 $1/\mathrm{e}$ 倍。τ 越大,电量增大得越慢,电流也减小得越慢。对于实际的电路例如 $R=10^3\,\Omega$,$C=1\,\mu\mathrm{F}$,则 $\tau=10^{-3}\,\mathrm{s}$。

从式(16.26)和式(16.27)来看,只有当 $t\to\infty$ 时,电量才能达到最大值而电流才减小到零。但是实际上,当 $t=10\tau$ 时,由于 $\mathrm{e}^{-10}\approx 1/(2\times 10^4)$,电量已增大到离最大值不到它的二万分之一,而电流已降到了初值的二万分之一以下。实际上就可以认为是充电完毕了。对于上述 $\tau=10^{-3}\,\mathrm{s}$ 的电路来说,10τ 也不过是 $10^{-2}\,\mathrm{s}$。

图 16.14 中电容充电至带电量为 Q 后,如果将 K 倒向 b 边,则电容器开始放电。如图 16.16 所示,仍以电流方向为回路的正方向,在电容的电量为 q 而电流为 i 时的基尔霍夫第二方程为

$$iR - u = 0 \tag{16.28}$$

此时的电流 i 应等于电容器的电量的减少率,即

$$i = -\frac{dq}{dt}$$

而

$$u = \frac{q}{C}$$

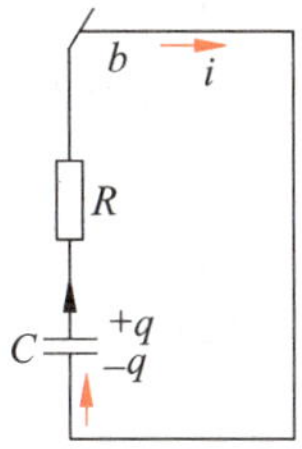

图 16.16 电容器的放电过程

代入式(16.28)则有

$$R\frac{dq}{dt} + \frac{q}{C} = 0$$

结合起始条件 $t=0$ 时,$q=Q$,可解得

$$q = Q e^{-\frac{t}{RC}} \tag{16.29}$$

并可进一步得出

$$i = \frac{Q}{RC} e^{-\frac{t}{RC}} \tag{16.30}$$

这个结果说明在电容器放电时,电量和电流都按指数规律随时间减小,时间常量也是 $\tau = RC$。

应该指出,在电容器的充电和放电过程中,电容器的电量和电流都是随时间改变的,并不是恒定电流,电场也不是恒定电场。因此应用基尔霍夫第二方程似乎不合理。是这样的!但是当电量变化得比较慢,以致回路的线度比距离 $c\tau$(c 为光在真空中的速率)小得很多时,电场虽然变化,但在任一时刻,在回路范围内的电场都十分近似地由该时刻的电荷分布所决定,因而这电场也就可以按恒定电场处理,该时刻电路中电势的分布也就服从恒定电场的规律。这种变化缓慢的电场叫**似稳电场**(或准稳电场),**对于似稳电场实际上也可以应用基尔霍夫方程**。

16.7 电流的一种经典微观图像

在 16.3 节中曾对于金属或电解液等导体,得出电流密度 J 和电场强度 E 有式(16.15)所表示的关系:

$$J = \sigma E$$

我们知道,电流密度决定于载流子运动的速度,但电场 E 对载流子的作用力决定载流子的加速度。二者为什么会有正比的关系呢?这一点可以用微观理论加以说明。最符合实际的微观理论是量子统计理论。限于本课程的要求,下面用经典理论给出一个近似的然而是形象化的解释。

以金属中自由电子的导电为例,在金属中的自由电

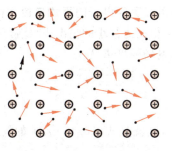

图 16.17 金属中自由电子无规则运动示意图

子在正离子组成的晶格中间作无规则运动(图 16.17),在运动中还不断地和正离子作无规则的碰撞。在没有外电场作用时,电子这种无规则运动使得它的平均速度为零,所以没有电流。在外电场 E 加上后,每个电子(电荷为 e)都要受到同一方向的力 eE 的作用,因而在无规则运动的基础上将叠加一个定向运动。由于电子还要不断地和正离子碰撞,所以电子的定向运动并不是持续不断地加速运动。以 v_{0i} 表示第 i 个电子刚经过一次碰撞后的初速度,在此次碰撞后自由飞行一段时间 t_i 时的速度应为

$$v_i = v_{0i} + \frac{eE}{m} t_i$$

式中 m 是电子的质量。在经过下一次碰撞时,电子的速度又复归于混乱。为了简单起见,我们作一个关于碰撞的统计性假定,即每经过一次碰撞,电子的运动又复归于完全无规则,或者形象化地说,经过一次碰撞,电子完全"忘记"了它在碰撞前的运动情况。这就是说,v_{0i} 是完全无规则的,就好像前次没有被电场加速过一样。从每次碰撞完毕开始,电子都在电场作用下重新开始加速。因此,电子的定向运动是一段一段的加速运动的接替,而各段加速运动都是从速度为零开始。

为了求出某一时刻 t 的电流密度,我们利用电流密度公式。以 n 表示单位体积内的自由电子总数,以 e 代表电子的电量,则

$$J = \sum_{i=1}^{n} e v_i$$

式中 v_i 为 t 时刻单位体积内第 i 个电子的速度。将上述 v_i 的关系式代入,得

$$J = e \sum_{i=1}^{n} v_{0i} + \frac{e^2 E}{m} \sum_{i=1}^{n} t_i \tag{16.31}$$

由于电子在碰撞后的初速度完全无规则性,上式中等号右侧第一项为零,第二项的 $\sum_{i=1}^{n} t_i$ 为所有电子从它们各自的上一次碰撞到时刻 t 所经历的自由飞行时间的总和。这一时间可以用一个平均值表示出来,此平均值写作

$$\tau = \frac{\sum_{i=1}^{n} t_i}{n} \tag{16.32}$$

这个平均值是自由电子从上一次碰撞到时刻 t 的自由飞行时间的平均值,它也等于从时刻 t 到各电子遇到下一次碰撞的自由飞行时间的平均值。又因为自由飞行时间是完全无规则的,即下一次自由飞行时间的长短和上一次飞行时间完全无关,所以这一平均值也是电子在任意相邻的两次碰撞之间的自由飞行时间的平均值。我们可以称为电子的**平均自由飞行时间**。在电场比较弱,电子获得的定向速度和无规则运动速度相比为甚小的情况下(实际情况正是这样),这一平均自由飞行时间由无规则运动决定而与电场强度 E 无关。

将式(16.32)代入式(16.31)可得

$$J = \frac{ne^2 \tau}{m} E \tag{16.33}$$

由于 E 的系数和 E 无关,所以得到电流密度 J 与 E 成正比,这就是式(16.15)表示的关系。和式(16.15)对比,还可以得出金属的电导率为

$$\sigma = \frac{ne^2 \tau}{m} \tag{16.34}$$

这一结果在一定的范围内和实验近似地符合。

利用上述的自由电子导电图像还可以说明电流通过金属导体时发热的物理过程和规律——**焦耳定律**。当电流在金属内形成时,自由电子与正离子不断相碰,由于这种碰撞,自由电子在自由飞行时间内受电场力作用而增加的动能都传给了正离子,使正离子的无规则振动能量增大,这在宏观上就表现为导体的温度升高,即发热。这个过程实际上是电场能量转换为导体内能的过程,所转换的能量叫**焦耳热**。下面推导这种能量转换的功率。

以 E 表示金属中的电场。在这电场力作用下一个电子从某一次碰撞到下一次碰撞经过自由飞行时间 t 获得的定向速率为

$$v = at = \frac{eE}{m}t$$

相应的动能为

$$\frac{1}{2}mv^2 = \frac{e^2E^2}{2m}t^2$$

由于经过一次碰撞后这一定向运动完全结束,所以相应的能量也就变成了离子的无规则振动能量。对大量电子来说,上述能量的平均值为

$$\overline{\frac{1}{2}mv^2} = \frac{e^2E^2}{2m}\overline{t^2}$$

根据统计理论,平均值 $\overline{t^2}$ 与电子的平均自由飞行时间 τ 的关系为

$$\overline{t^2} = 2\tau^2$$

于是有

$$\overline{\frac{1}{2}mv^2} = \frac{e^2E^2}{m}\tau^2$$

由于平均来讲,一秒钟内一个自由电子经历 $1/\tau$ 次碰撞,而且金属导体单位体积内有 n 个自由电子,所以单位时间内在导体单位体积内电能转换成的内能,即产生的焦耳热为

$$p = n\frac{1}{\tau}\overline{\frac{1}{2}mv^2} = \frac{ne^2\tau}{m}E^2$$

利用上面式(16.34)可得

$$p = \sigma E^2 \tag{16.35}$$

此式中的 p 叫电流的**热功率密度**,而这一公式叫**焦耳定律的微分形式**。

对于一根长 l,横截面为 S 的导体来说,当电流 I 流过它时,整个导体发热的功率为

$$P = plS = \sigma E^2 lS = \frac{(\sigma E)^2 lS}{\sigma} = \frac{(JS)^2 l}{\sigma S}$$

由于 $JS=I$ 为通过导体的电流,$l/\sigma S$ 为导体的电阻,所以上式又可写成

$$P = I^2 R \tag{16.36}$$

这就是导体的焦耳热功率公式,它表示焦耳热与导体的电阻有直接的联系。由于此式中的电流以平方的形式出现,所以焦耳热与电流的方向无关。

提要

1. 电流密度：$\boldsymbol{J} = nq\boldsymbol{v}$

电流：$I = \int_S \boldsymbol{J} \cdot \mathrm{d}\boldsymbol{S}$

电流的连续性方程：$\oint_S \boldsymbol{J} \cdot \mathrm{d}\boldsymbol{S} = -\dfrac{\mathrm{d}q_{\text{in}}}{\mathrm{d}t}$

2. 恒定电流：$\oint_S \boldsymbol{J} \cdot \mathrm{d}\boldsymbol{S} = 0$

节点电流方程（基尔霍夫第一方程）：$\sum I_i = 0$

恒定电场：稳定电荷分布产生的电场

$$\oint_L \boldsymbol{E} \cdot \mathrm{d}\boldsymbol{r} = 0$$

3. 欧姆定律：$U = IR$

$$\boldsymbol{J} = \sigma \boldsymbol{E} \quad (\text{微分形式})$$

电阻：$R = \rho \dfrac{l}{S}$

4. 电动势：非静电力反抗静电力移动电荷做功，把其他种形式的能量转换为电势能，产生电势升高。

$$\mathscr{E} = \dfrac{A_{\text{ne}}}{q} = \oint_L \boldsymbol{E}_{\text{ne}} \cdot \mathrm{d}\boldsymbol{r}$$

回路电压方程（基尔霍夫第二方程）

$$\sum (\mp \mathscr{E}_i) + \sum (\pm I_i R_i) = 0$$

*5. 电容器的充放电

充电：$q = C\mathscr{E}(1 - \mathrm{e}^{-\frac{t}{RC}})$，$i = \dfrac{\mathscr{E}}{R} \mathrm{e}^{-\frac{t}{RC}}$

放电：$q = Q\mathrm{e}^{-\frac{t}{RC}}$，$i = \dfrac{Q}{RC} \mathrm{e}^{-\frac{t}{RC}}$

时间常数：$\tau = RC$

似稳电场：$l \ll c\tau$

6. 金属中电流的经典微观图像：自由电子的定向运动是一段一段加速运动的接替，各段加速运动都是从定向速度为零开始。

$$\sigma = \dfrac{ne^2}{m}\tau \quad (\tau \text{ 为电子自由飞行时间})$$

7. 焦耳定律：$p = \sigma E^2$，$P = I^2 R$

思考题

16.1 当导体中没有电场时,其中能否有电流?当导体中无电流时,其中能否存在电场?

16.2 证明:用给定物质做成的一定长度的导线,它的电阻和它的质量成反比。

16.3 半导体和绝缘体的电阻随温度增加而减小,你能给出大概的解释吗?

16.4 试解释基尔霍夫第二方程与电路中的能量守恒等价。

16.5 电动势与电势差有什么区别?

16.6 试想出一个用 RC 电路测量高电阻的方法。

16.7 你能很快估计出图 16.18 所示的电路中 A,B 之间的电阻值吗?

16.8 大约 0.02 A 的电流从手到脚流过时就会引起胸肌收缩从而使人窒息而死。人体从手到脚的电阻约为 10 kΩ,试分析人应避免手触多大电压的线路(注意:有时甚至十几伏的电压也会导致神经系统严重损伤而丧命)?

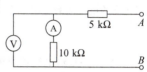

图 16.18 思考题 16.7 用图

16.9 范德格拉夫静电加速器工作时,上部金属球带电后,由于周围空气的微弱导电性,会在空气中产生由球到地的微弱电流,从而与传送带上的电荷运动一起形成了一个闭合恒定电流回路。在这个回路中,电动势在何处?在有的演示用的范德格拉夫静电加速器内,是用手转动皮带轮使导体球带电的。这里产生电动势的非静电力是什么力?是什么能量转化成了电能?

习题

16.1 北京正负电子对撞机的储存环是周长为 240 m 的近似圆形轨道。当环中电子流强度为 8 mA 时,在整个环中有多少电子在运行?已知电子的速率接近光速。

16.2 在范德格拉夫静电加速器中,一宽为 30 cm 的橡皮带以 20 cm/s 的速度运行,在下边的滚轴处给橡皮带带上表面电荷,橡皮带的面电荷密度足以在带子的每一侧产生 1.2×10^6 V/m 的电场,求电流是多少毫安?

16.3 设想在银这样的金属中,导电电子数等于原子数。当 1 mm 直径的银线中通过 30 A 的电流时,电子的漂移速度是多大?给出近似答案,计算中所需要的那些你一时还找不到的数据,可自己估计数量级并代入计算。若银线温度是 20℃,按经典电子气模型,其中自由电子的平均速率是多大?

16.4 一铜棒的横截面积为 20 mm×80 mm,长为 2 m,两端的电势差为 50 mV。已知铜的电阻率为 $\rho=1.75\times10^{-8}$ Ω·m,铜内自由电子的数密度为 $8.5\times10^{28}/m^3$。求:(1)棒的电阻;(2)通过棒的电流;(3)棒内的电流密度;(4)棒内的电场强度;(5)棒所消耗的功率;(6)棒内电子的漂移速度。

16.5 一铁制水管,内、外直径分别为 2.0 cm 和 2.5 cm,这水管常用来使电气设备接地。如果从电气设备流入到水管中的电流是 20 A,那么电流在管壁中和水中各占多少?假设水的电阻率为 0.01 Ω·m,铁的电阻率为 8.7×10^{-8} Ω·m。

16.6 地下电话电缆由一对导线组成,这对导线沿其长度的某处发生短路(图 16.19)。电话电缆长 5 m。为了找出何处短路,技术人员首先测量 AB 间的电阻,然后测量 CD 间的电阻。前者测得电阻为 30 Ω,后者测得为 70 Ω。求短路出现在何处。

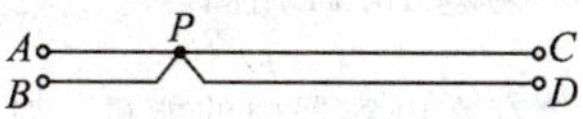

图 16.19 习题 16.6 用图

16.7 大气中由于存在少量的自由电子和正离子而具有微弱的导电性。

(1) 地表附近,晴天大气平均电场强度约为 120 V/m,大气平均电流密度约为 4×10^{-12} A/m²。求大气电阻率是多大?

(2) 电离层和地表之间的电势差为 4×10^5 V,大气的总电阻是多大?

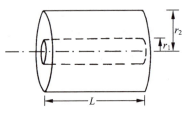

图 16.20 习题 16.8 用图

16.8 如图 16.20 所示,电缆的芯线是半径为 $r_1=0.5$ cm 的铜线,在铜线外面包一层同轴的绝缘层,绝缘层的外半径为 $r_2=2$ cm,电阻率 $\rho=1\times10^{12}$ Ω·m。在绝缘层外面又用铅层保护起来。

(1) 求长 $L=1000$ m 的这种电缆沿径向的电阻;

(2) 当芯线与铅层的电势差为 100 V 时,在这电缆中沿径向的电流多大?

16.9 球形电容器的内外导体球壳的半径分别为 r_1 和 r_2,中间充满的电介质的电阻率为 ρ。求证它的漏电电阻为

$$R=\frac{\rho}{4\pi}\left(\frac{1}{r_1}-\frac{1}{r_2}\right)$$

*16.10 一根输电线被飓风吹断,一端触及地面,从而使 200 A 的电流由触地点流入地内。设地面水平,土地为均匀物质,电阻率为 10.0 Ω·m。一人走近输电线接地端,左脚距该端 1.0 m,右脚距该端 1.3 m。求地面上他的两脚间的电压。

16.11 如图 16.21 所示,$\mathscr{E}_1=3.0$ V,$r_1=0.5$ Ω,$\mathscr{E}_2=6.0$ V,$r_2=1.0$ Ω,$R_1=2.0$ Ω,$R_2=4.0$ Ω,求通过 R_1 和 R_2 的电流。

16.12 如图 16.22 所示,其中 $\mathscr{E}_1=3.0$ V,$\mathscr{E}_2=1.0$ V,$r_1=0.5$ Ω,$r_2=1.0$ Ω,$R_1=4.5$ Ω,$R_2=19.0$ Ω,$R_3=10.0$ Ω,$R_4=5.0$ Ω。求电路中的电流分布。

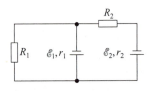

图 16.21 习题 16.11 用图

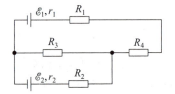

图 16.22 习题 16.12 用图

16.13 如图 16.23 所示的电桥,以 I_1,I_2,I_g 为未知数列出 3 个回路电压方程,从中解出 I_g,并证明当 $R_1/R_2=R_3/R_4$ 时 $I_g=0$,从而说明 4 个电阻的这一关系是电桥平衡的充分条件。

16.14 如图 16.24 所示的晶体管电路中 $\mathscr{E}=6$ V,内阻为 0,$U_{ec}=1.96$ V,$U_{eb}=0.2$ V,$I_c=2$ mA,$I_b=20$ μA,$I_2=0.4$ mA,$R_c=1$ kΩ。求 R_1,R_2,R_e 之值。

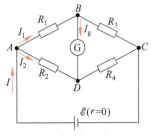

图 16.23 习题 16.13 用图

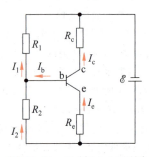

图 16.24 习题 16.14 用图

*16.15 证明:电容器 C 通过电阻放电时,R 上耗散的能量等于原来储存在电容器内的能量。对于

放电过程,有人认为当 $t=\infty$ 时,才能有 $Q=0$,所以电容器是永远不会真正放完电的。你如何反击这一意见?你可以在某种合理的关于 R,C 值,以及电容器的初始电压为 U_0 值的假定下,计算电荷减小到剩下一个电子所需要的时间。

*16.16 红宝石激光器中的脉冲氙灯常用 2 000 μF 的电容器充电到 4 000 V 后放电时的瞬时大电流来使之发光,如电源给电容器充电时的最大输出电流为 1 A,求此充电电路的最小时间常数。脉冲氙灯放电时,其灯管内电阻近似为 0.5 Ω,求最大放电电流及放电电路的时间常数。

16.17 一台大电磁铁在 400 V 电压下以 200 A 的电流工作。它的线圈用水冷,水的进口温度为 20℃,如果水的出口温度不超过 80℃,那么水的最小流量(L/min)应是多少?

*16.18 试根据式(16.15)和高斯定律证明:在恒定电流的电路中,均匀导体(即各处电阻率相同)内不可能有净电荷存在。因此,净电荷只可能存在于导体表面或不同导体的接界面处。

第 17 章

磁场和它的源

本章开始讲解,电荷之间的另一种相互作用——磁力,它是运动电荷之间的一种相互作用。利用场的概念,就认为这种相互作用是通过另一种场——**磁场**实现的。本章在引入描述磁场的物理量,即磁感应强度之后,就介绍磁场的源,如运动电荷(包括电流)产生磁场的规律。先介绍这一规律的宏观基本形式,即表明电流元的磁场的毕奥-萨伐尔定律。由这一定律原则上可以利用积分运算求出任意电流分布的磁场。接着在这一基础上导出了关于恒定磁场的一条基本定理:安培环路定理。然后利用这两个定理求解有一定对称性的电流分布的磁场分布。这一求解方法类似于利用电场的高斯定律来求有一定对称性的电荷分布的静电场分布。

17.1 磁力与电荷的运动

一般情况下,磁力是指电流和磁体之间的相互作用力。我国古籍《吕氏春秋》(成书于公元前 3 世纪战国时期)所载的"慈石召铁",即天然磁石对铁块的吸引力,就是磁力。这种磁力现在很容易用两条磁铁棒演示出来。如图 17.1(a),(b)所示,两根磁铁棒的同极相斥,异极相吸。

还有下述实验可演示磁力。

如图 17.2 所示,把导线悬挂在蹄形磁铁的两极之间,当导线中通入电流时,导线会被排开或吸入,显示了通有电流的导线受到了磁铁的作用力。

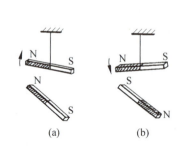

图 17.1 永磁体同极相斥,异极相吸

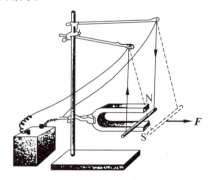

图 17.2 磁体对电流的作用

如图 17.3 所示，一个阴极射线管的两个电极之间加上电压后，会有电子束从阴极 K 射向阳极 A。当把一个蹄形磁铁放到管的近旁时，会看到电子束发生偏转。这显示运动的电子受到了磁铁的作用力。

如图 17.4 所示，一个磁针沿南北方向静止在那里，如果在它上面平行地放置一根导线，当导线中通入电流时，磁针就要转动。这显示了磁针受到了电流的作用力。1820 年奥斯特做的这个实验，在历史上第一次揭示了电现象和磁现象的联系，对电磁学的发展起了重要的作用。

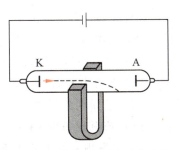

图 17.3　磁体对运动电子的作用

图 17.4　奥斯特实验

如图 17.5 所示，有两段平行放置并两端固定的导线，当它们通以方向相同的电流时，互相吸引（图 17.5(a)）。当它们通以相反方向的电流时，互相排斥（图 17.5(b)）。这说明电流与电流之间有相互作用力。

在这些实验中，图 17.5 所示的电流之间的相互作用可以说是运动电荷之间的相互作用，因为电流是电荷的定向运动形成的。其他几类现象都用到永磁体，为什么说它们也是运动电荷相互作用的表现呢？这是因为，永磁体也是由分子和原子组成的，在分子内部，电子和质子等带电粒子的运动等效成微小的电流，称为**分子电流**。当成为磁体时，其内部的分子电流的方向都按一定的方式**排列**起来了。一个永磁体与其他永磁体或电流的相互作用，实际上就是这些已排列整齐了的分子电流之间或它们与导线中定向运动的电荷之间的相互作用，因此它们之间的相互作用也是运动电荷之间的相互作用的表现。

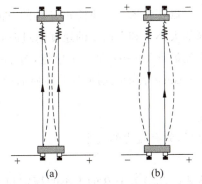

图 17.5　平行电流间的相互作用

总之，在所有情况下，**磁力都是运动电荷之间相互作用的表现**。

17.2　磁场与磁感应强度

为了说明磁力的作用，我们也引入场的概念。产生磁力的场叫**磁场**。一个运动电荷在它的周围除产生电场外，还产生磁场。另一个在它附近运动的电荷受到的磁力就是该磁场对它的作用。但因前者还产生电场，所以后者还受到前者的电场力的作用。

为了研究磁场，需要选择一种只有磁场存在的情况。通有电流的导线的周围空间就是这种情况。在这里一个电荷是不会受到电场力的作用的，这是因为导线内既有正电荷，即金属正离子,也有负电荷,即自由电子。在通有电流时,导线也是中性的,其中的正负电荷密度相等,在导线外产生的电场相互抵消,合电场为零了。在电流的周围,一个**运动的**带电粒子是要受到作用力的,这力和该粒子的速度直接有关。这力就是**磁力**,它就是导线内定向运动的自由电子所产生的磁场对运动的电荷的作用力。下面我们就利用这种情况先说明如何对磁场加以描述。

对应于用电场强度对电场加以描述,我们用**磁感应强度**(矢量)对磁场加以描述。通常用 **B** 表示磁感应强度,它用下述方法定义。

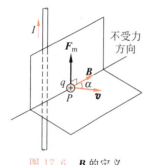

图 17.6　**B** 的定义

如图 17.6 所示,一电荷 q 以速度 v 通过电流周围某场点 P。我们把这一运动电荷当作检验(磁场的)电荷。实验指出,q 沿不同方向通过 P 点时,它受磁力的大小不同,但当 q 沿某一特定方向(或其反方向)通过 P 点时,它受的磁力为零而与 q 无关。磁场中各点都有各自的这种特定方向。这说明磁场本身具有"方向性"。我们就可以用这个特定方向(或其反方向)来规定磁场的方向。当 q 沿其他方向运动时,实验发现 q 受的磁力 **F** 的方向总与此"不受力方向"以及 q 本身的速度 v 的方向垂直。这样我们就可以进一步具体地规定 **B** 的方向使得 $v \times \boldsymbol{B}$ 的方向正是 **F** 的方向,如图 17.6 所示。

以 α 表示 q 的速度 v 与 **B** 的方向之间的夹角。实验给出,在不同的场点,不同的 q 以不同的大小 v 和方向 α 的速度越过时,它受的磁力 **F** 的大小一般不同;但在同一场点,实验给出比值 $F/qv\sin\alpha$ 是一个恒量,与 q,v,α 无关,只决定于场点的位置。根据这一结果,可以用 $F/qv\sin\alpha$ 表示磁场本身的性质而把 **B** 的大小规定为

$$B = \frac{F}{qv\sin\alpha} \tag{17.1}$$

这样,就有磁力的大小

$$F = Bqv\sin\alpha \tag{17.2}$$

将式(17.2)关于 **B** 的大小的规定和上面关于 **B** 的方向的规定结合到一起,可得到磁感应强度(矢量)**B** 的定义式为

$$\boldsymbol{F} = q\boldsymbol{v} \times \boldsymbol{B} \tag{17.3}$$

这一公式在中学物理中被称为**洛伦兹力**公式,现在我们用它根据运动的检验电荷受力来定义磁感应强度。在已经测知或理论求出磁感应强度分布的情况下,就可以用式(17.3)求任意运动电荷在磁场中受的磁场力。

在国际单位制中磁感应强度的单位名称叫特[斯拉],符号为 T。几种典型的磁感应强度的大小如表 17.1 所示。

磁感应强度的一种非国际单位制的(但目前还常见的)单位名称叫高斯,符号为 G,它和 T 在数值上有下述关系:

$$1 \text{ T} = 10^4 \text{ G}$$

在电磁学中,表示同一规律的数学形式常随所用单位制的不同而不同,式(17.3)的形式只用于国际单位制。

表 17.1　一些磁感应强度的大小　　　　　　　　　　T

原子核表面	约 10^{12}
中子星表面	约 10^8
目前实验室值：瞬时	1×10^3
恒定	37
大型气泡室内	2
太阳黑子中	约 0.3
电视机内偏转磁场	约 0.1
太阳表面	约 10^{-2}
小型条形磁铁近旁	约 10^{-2}
木星表面	约 10^{-3}
地球表面	约 5×10^{-5}
太阳光内（地面上，均方根值）	3×10^{-6}
蟹状星云内	约 10^{-8}
星际空间	10^{-10}
人体表面（例如头部）	3×10^{-10}
磁屏蔽室内	3×10^{-14}

产生磁场的运动电荷或电流可称为磁场源。实验指出，在有若干个磁场源的情况下，它们产生的磁场服从叠加原理。以 $\boldsymbol{B}_i$ 表示第 i 个磁场源在某处产生的磁场，则在该处的总磁场 $\boldsymbol{B}$ 为

$$\boldsymbol{B}=\sum\boldsymbol{B}_i \tag{17.4}$$

为了形象地描绘磁场中磁感应强度的分布，类比电场中引入电场线的方法引入磁感线（或叫 $\boldsymbol{B}$ 线）。磁感线的画法规定与电场线画法一样。实验上可用铁粉来显示磁感线图形，如图 17.7 所示。

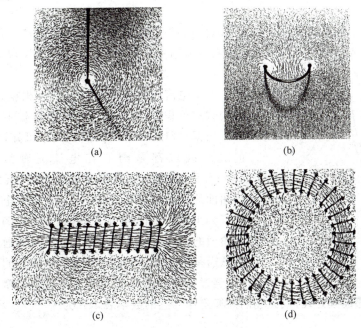

图 17.7　铁粉显示的磁感线图
(a) 直电流；(b) 圆电流；(c) 载流螺线管；(d) 载流螺绕环

在说明磁场的规律时,类比电通量,也引入**磁通量**的概念。通过某一面积的磁通量 Φ 的定义是

$$\Phi = \int_S \boldsymbol{B} \cdot \mathrm{d}\boldsymbol{S} \tag{17.5}$$

它就等于通过该面积的磁感线的总条数。

在国际单位制中,磁通量的单位名称是韦[伯],符号为 Wb。$1\ \mathrm{Wb} = 1\ \mathrm{T} \cdot \mathrm{m}^2$。据此,磁感应强度的单位 T 也常写作 $\mathrm{Wb/m}^2$。

我们已用电流周围的磁场定义了磁感应强度,在给定电流周围不同的场点磁感应强度一般是不同的。下面就介绍恒定电流周围磁场分布的规律。由于恒定电流是不随时间改变的,所以它产生的磁场在各处的分布也不随时间改变。

17.3 毕奥-萨伐尔定律

考虑长度为 $\mathrm{d}l$ 的一段通电导线,把它规定为矢量,使它的方向与其上电流的方向相同。这样一段载有电流的导线元就是一个电流元,以 $I\mathrm{d}\boldsymbol{l}$ 表示。这样的磁场叫**恒定磁场**或**静磁场**。恒定电流在其周围产生磁场,其规律的基本形式是电流元产生的磁场和该电流元的关系。对于一给定电流元 $I\mathrm{d}\boldsymbol{l}$,以 $\boldsymbol{r}$ 表示从此电流元指向某一场点 P 的径矢(图 17.8),实验给出,此电流元在 P 点产生的磁场 $\mathrm{d}\boldsymbol{B}$ 由下式决定:

$$\mathrm{d}\boldsymbol{B} = \frac{\mu_0}{4\pi} \frac{I\mathrm{d}\boldsymbol{l} \times \boldsymbol{e}_r}{r^2} \tag{17.6}$$

式中

$$\mu_0 = \frac{1}{\varepsilon_0 c^2} = 4\pi \times 10^{-7}\ \mathrm{N/A^2}\text{①} \tag{17.7}$$

叫**真空磁导率**。由于电流元不能孤立地存在,所以式(17.6)不是直接对实验数据的总结。它是 1820 年首先由毕奥和萨伐尔根据对电流的磁作用的实验结果分析得出的,现在就叫**毕奥-萨伐尔定律**。

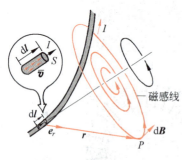

图 17.8 电流元的磁场

有了电流元的磁场公式(17.6),根据叠加原理,对这一公式进行积分,就可以求出任意电流的磁场分布。

根据式(17.6)中的矢量积关系可知,电流元的磁场的磁感线也都是圆心在电流元轴线上的同心圆(图 17.8)。由于这些圆都是闭合曲线,所以通过任意封闭曲面的磁通量都等于零。又由于任何电流都是一段段电流元组成的,根据叠加原理,在它的磁场中通过一个封闭曲面的磁通量应是各个电流元的磁场通过该封闭曲面的磁通量的代数和。既然每一个电流元的磁场通过该封闭面的磁通量为零,所以在**任何磁场中通过任意封闭曲面的磁通量总等于零**。这个关于磁场的结论叫**磁通连续定理**,或磁场的高斯定律。它的数学表示式为

---

① 此单位 $\mathrm{N/A}^2$ 就是 H/m,H(亨) 是电感的单位,见 19.4 节。

$$\oint_S \boldsymbol{B} \cdot \mathrm{d}\boldsymbol{S} = 0 \tag{17.8}$$

和电场的高斯定律相比,可知磁通连续反映自然界中没有与电荷相对应的"磁荷"即单独的磁极或磁单极子存在。近代关于基本粒子的理论研究早已预言有磁单极子存在,也曾企图在实验中找到它。但至今还没发现它。

下面举几个例子,说明如何用毕奥-萨伐尔定律求电流的磁场分布。

例 17.1

直线电流的磁场。如图 17.9 所示,导电回路中通有电流 I,求长度为 L 的直线段的电流在它周围某点 P 处的磁感应强度,P 点到导线的距离为 r。

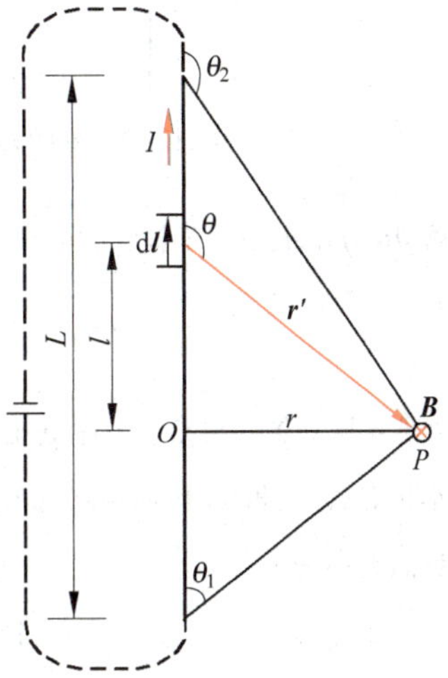

解 以 P 点在直导线上的垂足为原点 O,选坐标如图。由毕奥-萨伐尔定律可知,L 段上任意一电流元 $I\mathrm{d}\boldsymbol{l}$ 在 P 点所产生的磁场为

$$\mathrm{d}\boldsymbol{B} = \frac{\mu_0}{4\pi} \frac{I\mathrm{d}\boldsymbol{l} \times \boldsymbol{e}_{r'}}{r'^2}$$

其大小为

$$\mathrm{d}B = \frac{\mu_0}{4\pi} \frac{I\mathrm{d}l \sin\theta}{r'^2}$$

式中 r' 为电流元到 P 点的距离。由于直导线上各个电流元在 P 点的磁感应强度的方向相同,都垂直于纸面向里,所以合磁感应强度也在这个方向,它的大小等于上式 $\mathrm{d}B$ 的标量积分,即

$$B = \int \mathrm{d}B = \int \frac{\mu_0}{4\pi} \frac{I\mathrm{d}l \sin\theta}{r'^2}$$

图 17.9 直线电流的磁场

由图 17.9 可以看出,$r' = r/\sin\theta$,$l = -r\cot\theta$,$\mathrm{d}l = r\mathrm{d}\theta/\sin^2\theta$。把此 r' 和 $\mathrm{d}l$ 代入上式,可得

$$B = \int_{\theta_1}^{\theta_2} \frac{\mu_0 I}{4\pi r} \sin\theta \mathrm{d}\theta$$

由此得

$$B = \frac{\mu_0 I}{4\pi r}(\cos\theta_1 - \cos\theta_2) \tag{17.9}$$

上式中 θ_1 和 θ_2 分别是直导线两端的电流元和它们到 P 点的径矢之夹角。

对于无限长直电流来说,式(17.9)中 $\theta_1 = 0$,$\theta_2 = \pi$,于是有

$$B = \frac{\mu_0 I}{2\pi r} \tag{17.10}$$

此式表明,无限长载流直导线周围的磁感应强度 B 与导线到场点的距离成反比,与电流成正比。它的磁感应线是在垂直于导线的平面内以导线为圆心的一系列同心圆,如图 17.10 所示。这和用铁粉显示的图形(图 17.7(a))相似。

例 17.2

圆电流的磁场。一圆形载流导线,电流强度为 I,半径为 R。求圆形导线轴线上的磁场分布。

解 如图 17.11 所示,把圆电流轴线作为 x 轴,并令原点在圆心上。在圆线圈上任取一电流元 $I\mathrm{d}\boldsymbol{l}$,

它在轴上任一点 P 处的磁场 $\mathrm{d}\boldsymbol{B}$ 的方向垂直于 $\mathrm{d}\boldsymbol{l}$ 和 $\boldsymbol{r}$,亦即垂直于 $\mathrm{d}\boldsymbol{l}$ 和 $\boldsymbol{r}$ 组成的平面。由于 $\mathrm{d}\boldsymbol{l}$ 总与 $\boldsymbol{r}$ 垂直,所以 $\mathrm{d}B$ 的大小为

$$\mathrm{d}B = \frac{\mu_0 I \mathrm{d}l}{4\pi r^2}$$

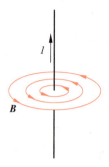

图 17.10 无限长直电流的磁感应线

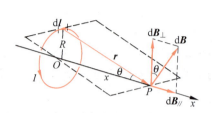

图 17.11 圆电流的磁场

将 $\mathrm{d}\boldsymbol{B}$ 分解成平行于轴线的分量 $\mathrm{d}\boldsymbol{B}_{/\!/}$ 和垂直于轴线的分量 $\mathrm{d}\boldsymbol{B}_\perp$ 两部分,它们的大小分别为

$$\mathrm{d}B_{/\!/} = \mathrm{d}B\sin\theta = \frac{\mu_0 IR}{4\pi r^3}\mathrm{d}l$$

$$\mathrm{d}B_\perp = \mathrm{d}B\cos\theta$$

式中 θ 是 $\boldsymbol{r}$ 与 x 轴的夹角。考虑电流元 $I\mathrm{d}\boldsymbol{l}$ 所在直径另一端的电流元在 P 点的磁场,可知它的 $\mathrm{d}\boldsymbol{B}_\perp$ 与 $I\mathrm{d}\boldsymbol{l}$ 的大小相等、方向相反,因而相互抵消。由此可知,整个圆电流垂直于 x 轴的磁场 $\int \mathrm{d}\boldsymbol{B}_\perp = 0$,因而 P 点的合磁场的大小为

$$B = \int \mathrm{d}B_{/\!/} = \oint \frac{\mu_0 RI}{4\pi r^3}\mathrm{d}l = \frac{\mu_0 RI}{4\pi r^3}\oint \mathrm{d}l$$

因为 $\oint \mathrm{d}l = 2\pi R$,所以上述积分为

$$B = \frac{\mu_0 R^2 I}{2r^3} = \frac{\mu_0 IR^2}{2(R^2+x^2)^{3/2}} \tag{17.11}$$

$\boldsymbol{B}$ 的方向沿 x 轴正方向,其指向与圆电流的电流流向符合右手螺旋定则。

定义一个闭合通电线圈的**磁偶极矩**或**磁矩**为

$$\boldsymbol{m} = IS\boldsymbol{e}_\mathrm{n} \tag{17.12}$$

其中 $\boldsymbol{e}_\mathrm{n}$ 为线圈平面的正法线方向,它和线圈中电流的方向符合右手螺旋定则。磁矩的 SI 单位为 $\mathrm{A}\cdot\mathrm{m}^2$。对本例的圆电流来说,其磁矩的大小为 $m = IS = I\pi R^2$。这样就可将式(17.11)写成

$$B = \frac{\mu_0 m}{2\pi r^3} \tag{17.13}$$

如果用矢量式表示圆电流轴线上的磁场,则由于它的方向与圆电流磁矩 $\boldsymbol{m}$ 的方向相同,所以上式可写成

$$\boldsymbol{B} = \frac{\mu_0 \boldsymbol{m}}{2\pi r^3} = \frac{\mu_0 \boldsymbol{m}}{2\pi(R^2+x^2)^{3/2}} \tag{17.14}$$

在圆电流中心处,$r=R$,式(17.11)给出

$$B = \frac{\mu_0 I}{2R} \tag{17.15}$$

式(17.14)给出了磁矩为 $\boldsymbol{m}$ 的线圈在其轴线上产生的磁场。这一公式与习题 12.6 给出的电偶极子在其轴线上产生的电场的公式形式相同,只是将其中 μ_0 换成 $1/\varepsilon_0$。可以一般地证明,磁矩为 $\boldsymbol{m}$ 的小线圈在其周围较远的距离 r 处产生的磁场为

$$\boldsymbol{B} = \frac{\mu_0}{4\pi}\left(\frac{-\boldsymbol{m}}{r^3} + \frac{3\boldsymbol{m}\cdot\boldsymbol{r}}{r^5}\boldsymbol{r}\right) \tag{17.16}$$

这一公式和电偶极子的电场的一般公式(13.18)的形式也相同。由式(17.16)给出的磁感线图形如图 17.12 所示。它和图 17.7(b)中电偶极子的电场线图形是类似的(电偶极子所在处除外)。

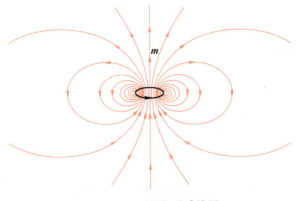

图 17.12　磁矩的磁感线图

例 17.3

载流直螺线管轴线上的磁场。图 17.13 所示为一均匀密绕螺线管，管的长度为 L，半径为 R，单位长度上绕有 n 匝线圈，通有电流 I。求螺线管轴线上的磁场分布。

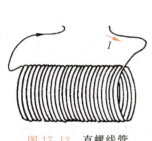 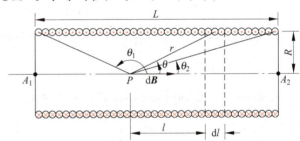

图 17.13　直螺线管　　　图 17.14　直螺线管轴线上磁感应强度计算

解　螺线管各匝线圈都是螺旋形的，但在密绕的情况下，可以把它看成是许多匝圆形线圈紧密排列组成的。载流直螺线管在轴线上某点 P 处的磁场等于各匝线圈的圆电流在该处磁场的矢量和。

如图 17.14 所示，在距轴上任一点 P 为 l 处，取螺线管上长为 $\mathrm{d}l$ 的一元段，将它看成一个圆电流，其电流为

$$\mathrm{d}I = nI\mathrm{d}l$$

磁矩为

$$\mathrm{d}m = S\mathrm{d}I = \pi R^2 \mathrm{d}I = \pi R^2 nI\mathrm{d}l$$

它在 P 点的磁场，据式(17.13)为

$$\mathrm{d}B = \frac{\mu_0 nIR^2 \mathrm{d}l}{2r^3}$$

由图 17.14 中可看出，$R = r\sin\theta, l = R\cot\theta$，而 $\mathrm{d}l = -\dfrac{R}{\sin^2\theta}\mathrm{d}\theta$，式中 θ 为螺线管轴线与 P 点到元段 $\mathrm{d}l$ 周边的距离 r 之间的夹角。将这些关系代入上式，可得

$$\mathrm{d}B = -\frac{\mu_0 nI}{2}\sin\theta\mathrm{d}\theta$$

由于各元段在 P 点产生的磁场方向相同,所以将上式积分即得 P 点磁场的大小为

$$B = \int dB = -\int_{\theta_1}^{\theta_2} \frac{\mu_0 nI}{2} \sin\theta d\theta$$

或

$$B = \frac{\mu_0 nI}{2}(\cos\theta_2 - \cos\theta_1) \tag{17.17}$$

此式给出了螺线管轴线上任一点磁场的大小,磁场的方向如图 17.14 所示,应与电流的绕向成右手螺旋定则。

由式(17.17)表示的磁场分布(在 $L=10R$ 时)如图 17.15 所示,在螺线管中心附近轴线上各点磁场基本上是均匀的。到管口附近 B 值逐渐减小,出口以后磁场很快地减弱。在距管轴中心约等于 7 个管半径处,磁场就几乎等于零了。

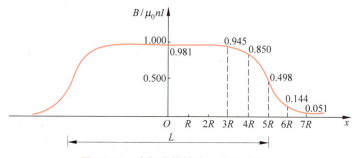

图 17.15 直螺线管轴线上的磁场分布

在一无限长直螺线管(即管长比半径大很多的螺线管)内部轴线上的任一点,$\theta_2 = 0, \theta_1 = \pi$,由式(17.17)可得

$$B = \mu_0 nI \tag{17.18}$$

在长螺线管任一端口的中心处,例如图 17.14 中的 A_2 点,$\theta_2 = \pi/2, \theta_1 = \pi$,式(17.17)给出此处的磁场为

$$B = \frac{1}{2}\mu_0 nI \tag{17.19}$$

一个载流螺线管周围的磁感线分布如图 17.16 所示,这和用铁粉显示的磁感线图 17.7(c)相符合。管外磁场非常弱,而管内基本上是均匀场。螺线管越长,这种特点越显著。

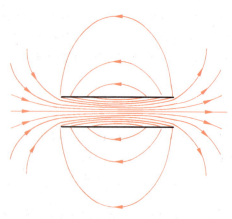

图 17.16 螺线管的 **B** 线分布示意图

*17.4 匀速运动点电荷的磁场

由于电流是运动电荷形成的,所以可以从电流元的磁场公式(17.6)导出匀速运动电荷的磁场公式。对如图 17.8 所示的电流元来说,设它的截面为 S,其中载流子的数密度为 n,每个载流子的电荷都是 q,并且都以漂移速度 v 运动,v 的方向与 dl 的方向相同。整个电流元 Idl 在 P 点产生的磁场可以认为是这些以同样速度 v 运动的载流子在 P 点产生的磁场的同向叠加。由于 $I=nqSv$,而且此电流元内共有 $nSdl$ 个载流子,所以每个载流子在 P 点产生的磁场(忽略各载流子到 P 点的径矢 r 的差别)就应该是

$$B_1 = \frac{\mu_0}{4\pi} \frac{nqSvdl \times e_r}{r^2} \Big/ nSdl$$

由于 v 和 dl 方向相同,所以 $vdl = vdl$,因而有

$$B_1 = \frac{\mu_0}{4\pi} \frac{qv \times e_r}{r^2} \tag{17.20}$$

由式(17.20)可知 B_1 的方向总垂直于 v 和 r,其大小为

$$B_1 = \frac{\mu_0}{4\pi} \frac{qv\sin\theta}{r^2} \tag{17.21}$$

式中 θ 为 v 和 r 之间的夹角。式(17.21)说明 B_1 和 θ 有关。当 $\theta=0$ 或 π 时,$B_1=0$,即在运动点电荷的正前方和正后方,该电荷的磁场为零;当 $\theta=\frac{\pi}{2}$ 时,即在运动点电荷的两侧与其运动速度垂直的平面内,B_1 有最大值 $B_{1m} = \frac{\mu_0}{4\pi} \frac{qv}{r^2}$。一个运动点电荷的磁场的电感线如图 17.18 所示,都是在垂直于运动方向的平面内,且圆心在速度所在直线上的同心圆。因此,对一个运动电荷来说,由式(17.8)表示的磁通连续定理也成立。

例 17.4

按玻尔模型,在基态的氢原子中,电子绕原子核作半径为 0.53×10^{-10} m 的圆周运动(图 17.17),速度为 2.2×10^6 m/s。求此运动的电子在核处产生的磁感应强度的大小。

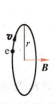

图 17.17 氢原子中电子的磁场

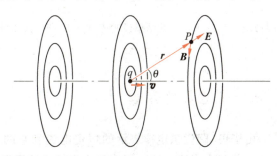

图 17.18 运动点电荷的磁感线图

解 按式(17.21),由于 $\theta=\pi/2$,所求磁感应强度为

$$B = \frac{\mu_0}{4\pi} \frac{ev}{r^2} = \frac{4\pi\times 10^{-7}}{4\pi} \frac{1.6\times 10^{-19} \times 2.2\times 10^6}{(0.53\times 10^{-10})^2} = 12.5 \text{ (T)}$$

一个静止电荷的电场为

$$E = \frac{q}{4\pi\varepsilon_0 r^2} e_r \qquad (17.22)$$

式中 r 为从电荷到场点的距离。在电荷运动速度较小（$v \ll c$）时，此式仍可近似地用来求**运动电荷的电场**。将此式和式(17.20)对比，并利用 $\mu_0 = 1/\varepsilon_0 c^2$ 的关系，可得

$$B_1 = \frac{1}{c^2} v \times E_1 \qquad (17.23)$$

这就是在点电荷运动速度为 v 的参考系内该电荷的磁场与电场的关系。

例 17.5

两质子的相互作用。两个质子 p_1 和 p_2 某一时刻相距为 a，其中 p_1 沿着两者的连线方向离开 p_2 以速度 v_1 运动，p_2 沿着垂直于二者连线的方向以速度 v_2 运动。求此时刻每个质子受另一质子的作用力的大小和方向（设 v_1 和 v_2 均较小）。

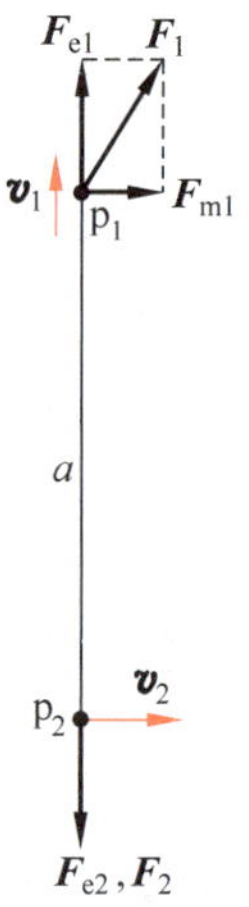

解 如图 17.19 所示，p_2 在 p_1 处的电场 E_2 的大小为 $E_2 = e/4\pi\varepsilon_0 a^2$，方向与 v_1 相同；据式(17.21)磁场 B_2 的大小为 $B_2 = ev_2/4\pi\varepsilon_0 c^2 a^2$。据式(17.20) B_2 的方向则垂直于纸面向外。p_1 受 p_2 的作用力有电力与磁力，分别为

$$F_{e1} = eE_2 = e^2/4\pi\varepsilon_0 a^2$$
$$F_{m1} = ev_1 B_2 = e^2 v_1 v_2/4\pi\varepsilon_0 c^2 a^2$$

二者方向如图。

p_1 在 p_2 处的电场为 $E_1 = e/4\pi\varepsilon_0 a^2$，方向沿二者连线方向指离 p_1。p_1 在 p_2 处的磁场 $B_1 = 0$。p_2 受 p_1 的作用力就只有电力

$$F_{e2} = eE_1 = e^2/4\pi\varepsilon_0 a^2$$

方向如图 17.19。

图 17.19 例 17.5 用图

p_1 和 p_2 相互受对方的作用力的大小分别为

$$F_1 = \sqrt{F_{e1}^2 + F_{m1}^2} = \frac{e^2}{4\pi\varepsilon_0 a^2} \left[1 + \left(\frac{v_1 v_2}{c^2}\right)^2 \right]^{1/2}$$

$$F_2 = F_{e2} = \frac{e^2}{4\pi\varepsilon_0 a^2}$$

方向如图 17.19 所示。此结果说明 $F_1 \neq -F_2$，即它们的相互作用力不满足牛顿第三定律。

17.5 安培环路定理

由毕奥-萨伐尔定律表示的恒定电流和它的磁场的关系，可以导出表示恒定电流的磁场的一条基本规律。这一规律称为**安培环路定理**，它表述为：**在恒定电流的磁场中，磁感应强度 B 沿任何闭合路径 C 的线积分（即环路积分）等于路径 C 所包围的电流强度的代数和的 μ_0 倍**，它的数学表示式为

$$\oint_C B \cdot dr = \mu_0 \sum I_{in} \qquad (17.24)$$

为了说明此式的正确性，让我们先考虑载有恒定电流 I 的无限长直导线的磁场。

根据式(17.10)，与一无限长直电流相距为 r 处的磁感应强度为

$$B = \frac{\mu_0 I}{2\pi r}$$

$\boldsymbol{B}$ 线为在垂直于导线的平面内围绕该导线的同心圆，其绕向与电流方向符合右手螺旋定则。在上述平面内围绕导线作一任意形状的闭合路径 C(图 17.20)，沿 C 计算 $\boldsymbol{B}$ 的环路积分

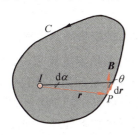

图 17.20 安培环路定理的说明

$\oint_C \boldsymbol{B} \cdot \mathrm{d}\boldsymbol{r}$ 的值。先计算 $\boldsymbol{B} \cdot \mathrm{d}\boldsymbol{r}$ 的值。如图示，在路径上任一点 P 处，$\mathrm{d}\boldsymbol{r}$ 与 $\boldsymbol{B}$ 的夹角为 θ，它对电流通过点所张的角为 $\mathrm{d}\alpha$。由于 $\boldsymbol{B}$ 垂直于径矢 $\boldsymbol{r}$，因而 $|\mathrm{d}\boldsymbol{r}|\cos\theta$ 就是 $\mathrm{d}\boldsymbol{r}$ 在垂直于 $\boldsymbol{r}$ 方向上的投影，它等于 $\mathrm{d}\alpha$ 所对的以 r 为半径的弧长。由于此弧长等于 $r\mathrm{d}\alpha$，所以

$$\boldsymbol{B} \cdot \mathrm{d}\boldsymbol{r} = Br\mathrm{d}\alpha$$

沿闭合路径 C 的 $\boldsymbol{B}$ 的环路积分为

$$\oint_C \boldsymbol{B} \cdot \mathrm{d}\boldsymbol{r} = \oint_C Br\mathrm{d}\alpha$$

将前面的 $\boldsymbol{B}$ 值代入上式，可得

$$\oint_C \boldsymbol{B} \cdot \mathrm{d}\boldsymbol{r} = \oint_C \frac{\mu_0 I}{2\pi r} r\mathrm{d}\alpha = \frac{\mu_0 I}{2\pi} \oint_C \mathrm{d}\alpha$$

沿整个路径一周积分，$\oint_C \mathrm{d}\alpha = 2\pi$，所以

$$\oint_C \boldsymbol{B} \cdot \mathrm{d}\boldsymbol{r} = \mu_0 I \tag{17.25}$$

此式说明，当闭合路径 C 包围电流 I 时，这个电流对该环路上 $\boldsymbol{B}$ 的环路积分的贡献为 $\mu_0 I$。

如果电流的方向相反，仍按如图 17.20 所示的路径 C 的方向进行积分时，由于 $\boldsymbol{B}$ 的方向与图示方向相反，所以应该得

$$\oint_C \boldsymbol{B} \cdot \mathrm{d}\boldsymbol{r} = -\mu_0 I$$

可见积分的结果与电流的方向有关。如果对于电流的正负作如下的规定，即电流方向与 C 的绕行方向符合右手螺旋定则时，此电流为正，否则为负，则 $\boldsymbol{B}$ 的环路积分的值可以统一地用式(17.25)表示。

如果闭合路径不包围电流，例如，图 17.21 中 C 为在垂直于直导线平面内的任一不围绕导线的闭合路径，那么可以从导线与上述平面的交点作 C 的切线，将 C 分成 C_1 和 C_2 两部分，再沿图示方向取 $\boldsymbol{B}$ 的环流，于是有

$$\oint_C \boldsymbol{B} \cdot \mathrm{d}\boldsymbol{r} = \int_{C_1} \boldsymbol{B} \cdot \mathrm{d}\boldsymbol{r} + \int_{C_2} \boldsymbol{B} \cdot \mathrm{d}\boldsymbol{r}$$

$$= \frac{\mu_0 I}{2\pi}\left(\int_{C_1} \mathrm{d}\alpha + \int_{C_2} \mathrm{d}\alpha\right)$$

$$= \frac{\mu_0 I}{2\pi}[\alpha + (-\alpha)] = 0$$

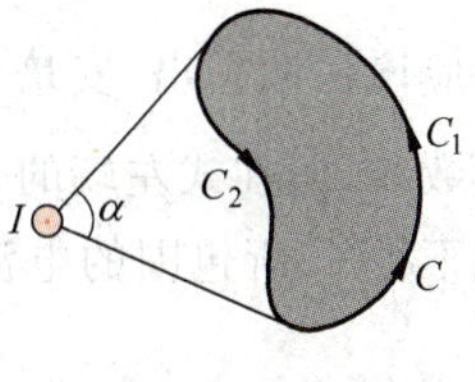

图 17.21 C 不包围电流的情况

可见，闭合路径 C 不包围电流时，该电流对沿这一闭合路径的 $\boldsymbol{B}$ 的环路积分无贡献。

上面的讨论只涉及在垂直于长直电流的平面内的闭合路径。可以比较容易地论证在长

直电流的情况下,对非平面闭合路径,上述讨论也适用。还可以进一步证明(步骤比较复杂,证明略去),对于任意的闭合恒定电流,上述 $\boldsymbol{B}$ 的环路积分和电流的关系仍然成立。这样,再根据磁场叠加原理可得到,当有若干个闭合恒定电流存在时,沿任一闭合路径 C 的合磁场 $\boldsymbol{B}$ 的环路积分应为

$$\oint_C \boldsymbol{B} \cdot \mathrm{d}\boldsymbol{r} = \mu_0 \sum I_{\mathrm{in}}$$

式中 $\sum I_{\mathrm{in}}$ 是环路 C 所包围的电流的代数和。这就是我们要说明的安培环路定理。

这里特别要注意闭合路径 C "包围"的电流的意义。对于闭合的恒定电流来说,只有与 C 相**铰链**的电流,才算被 C 包围的电流。在图 17.22 中,电流 I_1、I_2 被回路 C 所包围,而且 I_1 为正,I_2 为负;I_3 和 I_4 没有被 C 所包围,它们对沿 C 的 $\boldsymbol{B}$ 的环路积分无贡献。

如果电流回路为螺旋形,而积分环路 C 与数匝电流铰链,则可作如下处理。如图 17.23 所示,设电流有 2 匝,C 为积分路径。可以设想将 cf 用导线连接起来,并想象在这一段导线中有两支方向相反、大小都等于 I 的电流流通。这样的两支电流不影响原来的电流和磁场的分布。这时 $abcfa$ 组成了一个电流回路,$cdefc$ 也组成了一个电流回路,对 C 计算 $\boldsymbol{B}$ 的环路积分时,应有

$$\oint_C \boldsymbol{B} \cdot \mathrm{d}\boldsymbol{r} = \mu_0(I + I) = \mu_0 \cdot 2I$$

此式就是上述情况下实际存在的电流所产生的磁场 $\boldsymbol{B}$ 沿 C 的环路积分。

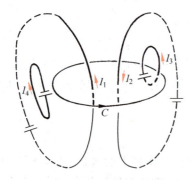

图 17.22 电流回路与环路 C 铰链

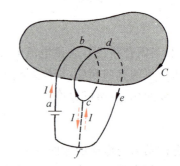

图 17.23 积分回路 C 与 2 匝电流铰链

如果电流在螺线管中流通,而积分环路 C 与 N 匝线圈铰链,则同理可得

$$\oint_C \boldsymbol{B} \cdot \mathrm{d}\boldsymbol{r} = \mu_0 NI \tag{17.26}$$

应该强调指出,安培环路定理表达式中右端的 $\sum I_{\mathrm{in}}$ 中包括闭合路径 C 所包围的电流的代数和,但在式左端的 $\boldsymbol{B}$ 却代表空间所有电流产生的磁感应强度的矢量和,其中也包括那些不被 C 所包围的电流产生的磁场,只不过后者的磁场对沿 C 的 $\boldsymbol{B}$ 的环路积分无贡献罢了。

还应明确的是,安培环路定理中的电流都应该是**闭合恒定电流**,对于一段恒定电流的磁场,安培环路定理不成立(对于图 17.20 的说明所涉及的无限长直电流,可以认为是在无限远处闭合的)。对于变化电流的磁场,式(17.24)的定理形式也不成立,其推广的形式见 17.7 节。

17.6 利用安培环路定理求磁场的分布

正如利用高斯定律可以方便地计算某些具有对称性的带电体的电场分布一样,利用安培环路定理也可以方便地计算出某些具有一定对称性的载流导线的磁场分布。

利用安培环路定理求磁场分布一般也包含两步:首先依据电流的对称性分析磁场分布的对称性,然后再利用安培环路定理计算磁感应强度的数值和方向。此过程中决定性的技巧是选取合适的闭合路径 C(也称**安培环路**),以便使积分 $\oint_C \boldsymbol{B} \cdot \mathrm{d}\boldsymbol{r}$ 中的 B 能以标量形式从积分号内提出来。

下面举几个例子。

例 17.6

无限长圆柱面电流的磁场分布。设圆柱面半径为 R,面上均匀分布的轴向总电流为 I。求这一电流系统的磁场分布。

解 如图 17.24 所示,P 为距柱面轴线距离为 r 处的一点。由于圆柱无限长,根据电流沿轴线分布的平移对称性,通过 P 而且平行于轴线的直线上各点的磁感应强度 B 应该相同。为了分析 P 点的磁场,将 B 分解为相互垂直的 3 个分量:径向分量 B_r,轴向分量 B_a 和切向分量 B_t。先考虑径向分量 B_r。设想与圆柱同轴的一段半径为 r,长为 l 的两端封闭的圆柱面。根据电流分布的柱对称性,在此封闭圆柱面侧面(S_1)上各点的 B_r 应该相等。通过此封闭圆柱面上底下底的磁通量由 B_a 决定,一正一负相消为零。因此通过封闭圆柱面的磁通量为

$$\oint_S \boldsymbol{B} \cdot \mathrm{d}\boldsymbol{S} = \int_{S_1} B_r \mathrm{d}S = 2\pi r l B_r$$

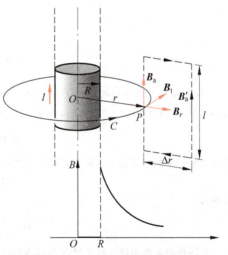

图 17.24 无限长圆柱面电流的磁场的对称性分析

由磁通连续定理公式(17.8)可知此磁通量应等于零,于是 $B_r = 0$。这就是说,无限长圆柱面电流的磁场不能有径向分量。

其次考虑轴向分量 B_a。电流元产生的磁场方向一定垂直于电流元,而所有电流元都是一个方向。这就是说,无限长直圆柱面电流的磁场不可能有轴向分量。

这样,无限长直圆柱面电流的磁场就只可能有切向分量了,即 $\boldsymbol{B} = \boldsymbol{B}_t$。由电流的轴对称性可知,在通过 P 点,垂直于圆柱面轴线的圆周 C 上各点的 B 的指向都沿同一绕行方向,而且大小相等。于是沿此圆周(取与电流成右手螺线关系的绕向为正方向)的 B 的环路积分为

$$\oint_C \boldsymbol{B} \cdot \mathrm{d}\boldsymbol{r} = B \cdot 2\pi r$$

由此得

$$B = \frac{\mu_0 I}{2\pi r} \quad (r > R) \tag{17.27}$$

这一结果说明,在无限长圆柱面电流外面的磁场分布与电流都汇流在轴线中的直线电流产生的磁场相同。

如果选 $r<R$ 的圆周作安培环路，上述分析仍然适用，但由于 $\sum I_{in}=0$，所以有

$$B=0 \quad (r<R) \tag{17.28}$$

即在无限长圆柱面电流内的磁场为零。图 17.24 中也画出了 B-r 曲线。

例 17.7

通电螺绕环的磁场分布。如图 17.25(a) 所示的环状螺线管叫**螺绕环**。设环管的轴线半径为 R，环上均匀密绕 N 匝线圈（图 17.25(b)），线圈中通有电流 I。求线圈中电流的磁场分布。

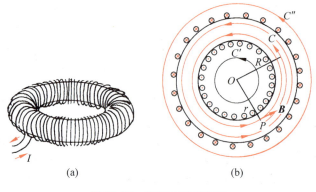

图 17.25 螺绕环及其磁场
(a) 螺绕环；(b) 螺绕环磁场分布

解 根据电流分布的对称性，仿照例 17.6 的对称性分析方法，可得与螺绕环共轴的圆周上各点 **B** 的大小相等，方向沿圆周的切线方向。以在环管内顺着环管的、半径为 r 的圆周为安培环路 C，则

$$\oint_C \boldsymbol{B} \cdot \mathrm{d}\boldsymbol{r} = B \cdot 2\pi r$$

该环路所包围的电流为 NI，故安培环路定理给出

$$B \cdot 2\pi r = \mu_0 NI$$

由此得

$$B = \frac{\mu_0 NI}{2\pi r} \quad （在环管内） \tag{17.29}$$

在环管横截面半径比环半径 R 小得多的情况下，可忽略从环心到管内各点的 r 的区别而取 $r=R$，这样就有

$$B = \frac{\mu_0 NI}{2\pi R} = \mu_0 nI \tag{17.30}$$

其中 $n=N/2\pi R$ 为螺绕环单位长度上的匝数。

对于管外任一点，过该点作一与螺绕环共轴的圆周为安培环路 C' 或 C''，由于这时 $\sum I_{in}=0$，所以有

$$B=0 \quad （在环管外） \tag{17.31}$$

上述两式的结果说明，密绕螺绕环的磁场集中在管内，外部无磁场。这也和用铁粉显示的通电螺绕环的磁场分布图像（图 17.7(d)）一致。

例 17.8

无限大平面电流的磁场分布。如图 17.26 所示，一无限大导体薄平板垂直于纸面放置，

其上有方向指向读者的电流流通,**面电流密度**(即通过与电流方向垂直的单位长度的电流)到处均匀,大小为 j。求此电流板的磁场分布。

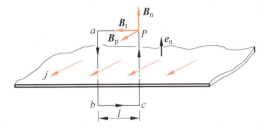

图 17.26 无限大平面电流的磁场分析

解 根据电流分布的对称性,类似例 17.6 的分析,可知磁场只有平行于平面且垂直于电流方向的分量,即 $B = B_t$。根据这一结果,可以作矩形回路 $PabcP$,其中 Pa 和 bc 两边与电流平面平行,长为 l,ab 和 cP 与电流平面垂直而且被电流平面等分。该回路所包围的电流为 jl,由安培环路定理,有

$$\oint_C \boldsymbol{B} \cdot d\boldsymbol{r} = B \cdot 2l = \mu_0 jl$$

由此得

$$B = \frac{1}{2}\mu_0 j \tag{17.32}$$

这个结果说明,在无限大均匀平面电流两侧的磁场都是均匀磁场,并且大小相等,但方向相反。

17.7 与变化电场相联系的磁场

在安培环路定理公式(17.24)的说明中,曾指出闭合路径所包围的电流是指与该闭合路径所**铰链**的闭合电流。由于电流是闭合的,所以与闭合路径"铰链"也意味着该电流穿过以该闭合路径为边的**任意形状**的曲面。例如,在图 17.27 中,闭合路径 C 环绕着电流 I,该电流通过以 L 为边的平面 S_1,它也同样通过以 C 为边的口袋形曲面 S_2,由于恒定电流总是闭合的,所以安培环路定理的正确性与所设想的曲面 S 的形状无关,只要闭合路径是确定的就可以了。

实际上也常遇到并不闭合的电流,如电容器充电(或放电)时的电流(图 17.28)。这时电流随时间改变,也不再是恒定的了,那么安培环路定理是否还成立呢?由于电流不闭合,所以不能再说它与闭合路径铰链了。实际上这时通过 S_1 和通过 S_2 的电流不相等了。如果按面 S_1 计算电流,沿闭合路径 C 的 $\boldsymbol{B}$ 的环路积分等于 $\mu_0 I$。但如果按面 S_2 计算电流,则由于没有电流通过面 S_2,沿闭合路径 C 的 $\boldsymbol{B}$ 的环路积分按式(17.24)就要等于零。由于沿同一闭合路径 $\boldsymbol{B}$ 的环流只能有一个值,所以这里明显地出现了矛盾。它说明以式(17.24)的形式表示的安培环路定理不适用于非恒定电流的情况。

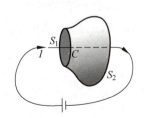

图 17.27 C 环路环绕闭合电流

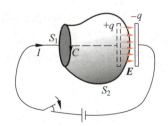

图 17.28 C 环路环绕不闭合电流

1861年麦克斯韦研究电磁场的规律时,想把安培环路定理推广到非恒定电流的情况。他注意到如图17.28所示的电容器充电的情况下,在电流断开处,随着电容器被充电,这里总有电荷的不断积累或散开,如在电容器充电时,两平行板上的电量是不断变化的,因而在电流断开处的**电场总是变化的**。他大胆地假设这电场的变化和磁场相联系,并从电荷守恒要求出发给出在没有电流的情况下这种联系的定量关系为

$$\oint_C \boldsymbol{B} \cdot \mathrm{d}\boldsymbol{r} = \mu_0 \varepsilon_0 \frac{\mathrm{d}\Phi_e}{\mathrm{d}t} = \mu_0 \varepsilon_0 \frac{\mathrm{d}}{\mathrm{d}t} \int_S \boldsymbol{E} \cdot \mathrm{d}\boldsymbol{S} \tag{17.33}$$

式中 S 是以闭合路径 C 为边线的任意形状的曲面。此式说明和变化电场相联系的磁场沿闭合路径 C 的环路积分等于以该路径为边线的任意曲面的电通量 Φ_e 的变化率的 $\mu_0\varepsilon_0$(即 $1/c^2$)倍(国际单位制)。电场和磁场的这种**联系**常被称为变化的电场产生磁场,式(17.33)就成了**变化电场产生磁场的规律**。

如果一个面 S 上有传导电流(即电荷运动形成的电流)I_c 通过而且还同时有变化的电场存在,则沿此面的边线 L 的磁场的环路积分由下式决定:

$$\oint_C \boldsymbol{B} \cdot \mathrm{d}\boldsymbol{r} = \mu_0 \left(I_{c,\mathrm{in}} + \varepsilon_0 \frac{\mathrm{d}}{\mathrm{d}t} \int_S \boldsymbol{E} \cdot \mathrm{d}\boldsymbol{S} \right)$$

$$= \mu_0 \int_S \left(\boldsymbol{J}_c + \varepsilon_0 \frac{\partial \boldsymbol{E}}{\partial t} \right) \cdot \mathrm{d}\boldsymbol{S} \tag{17.34}$$

这一公式被称做**推广了的或普遍的安培环路定理**。事后的实验证明,麦克斯韦的假设和他提出的定量关系是完全正确的,而式(17.34)也就成了一条电磁学的基本定律。

由于式(17.34)中第一个等号右侧括号内第二项具有电流的量纲,所以也可以把它叫做"电流"。麦克斯韦在引进这一项时曾把它和"以太粒子"的运动联系起来,并把它称为**位移电流**。以 I_d 表示通过 S 面的位移电流,则有

$$I_d = \varepsilon_0 \frac{\mathrm{d}\Phi_e}{\mathrm{d}t} = \varepsilon_0 \frac{\mathrm{d}}{\mathrm{d}t} \int_S \boldsymbol{E} \cdot \mathrm{d}\boldsymbol{S} \tag{17.35}$$

而位移电流密度 $\boldsymbol{J}_d$ 则直接和电场的变化相联系,即

$$\boldsymbol{J}_d = \varepsilon_0 \frac{\partial \boldsymbol{E}}{\partial t} \tag{17.36}$$

现在,从本质上看来,真空中的位移电流不过是变化电场的代称,并不是电荷的运动①,而且除了在产生磁场方面与电荷运动形成的传导电流等效外,和传导电流并无其他共同之处。

传导电流与位移电流之和,即式(17.34)第一个等号右侧括号中两项之和称做"**全电流**"。以 I 表示全电流,则通过 S 面的全电流为

$$I = I_c + I_d = \int_S \boldsymbol{J}_c \cdot \mathrm{d}\boldsymbol{S} + \int_S \boldsymbol{J}_d \cdot \mathrm{d}\boldsymbol{S} = \int_S \left(\boldsymbol{J}_c + \varepsilon_0 \frac{\partial \boldsymbol{E}}{\partial t} \right) \cdot \mathrm{d}\boldsymbol{S} \tag{17.37}$$

现在再来讨论图17.28所示的情况。对口袋形面积 S_2 来说,并没有传导电流 I 通过,但由于电场的变化而有位移电流通过。由于板间 $E=\sigma/\varepsilon_0$,所以 $\Phi_e=q/\varepsilon_0$,其中 q 是一个板上已积累的电荷。因此通过 S_2 面的位移电流为

$$I_d = \varepsilon_0 \frac{\mathrm{d}\Phi_e}{\mathrm{d}t} = \frac{\mathrm{d}q}{\mathrm{d}t}$$

---

① 位移电流的一般定义是电位移通量的变化率,即 $I_d = \frac{\mathrm{d}}{\mathrm{d}t}\Phi_d = \frac{\mathrm{d}}{\mathrm{d}t}\int_S \boldsymbol{D} \cdot \mathrm{d}\boldsymbol{S}$。在电介质内部,位移电流中确有一部分是电荷(束缚电荷)的定向运动。

由于单位时间内极板上电荷的增量 dq/dt 等于通过导线流入极板的电流 I,所以上式给出 $I_d = I$。这就是说,对于和磁场的关系来说,**全电流是连续的**,而式(17.34)中 $\boldsymbol{B}$ 的环路积分也就和以积分回路 L 为边的曲面 S 的形状无关了。

现在考虑全电流的一般情况。对于有全电流分布的空间,通过任一封闭曲面的全电流为

$$I = \oint_S \boldsymbol{J}_c \cdot d\boldsymbol{S} + \varepsilon_0 \frac{d}{dt} \oint_S \boldsymbol{E} \cdot d\boldsymbol{S} = \oint_S \boldsymbol{J}_c \cdot d\boldsymbol{S} + \frac{dq_{in}}{dt}$$

此式后一等式应用了高斯定律 $\oint_S \boldsymbol{E} \cdot d\boldsymbol{S} = q_{in}/\varepsilon_0$。此式第二个等号后第一项表示流出封闭面的总电流,即单位时间内流出封闭面的电量。第二项表示单位时间内封闭面内电荷的增量。根据表示电荷守恒的连续性方程式(16.7),这两项之和应该等于零。这就是说,通过任意封闭曲面的全电流等于零,也就是说,全电流总是连续的。上述电容器充电时全电流的连续正是这个结论的一个特例。

例 17.9

一板面半径为 $R = 0.2 \text{ m}$ 的圆形平行板电容器,正以 $I_c = 10 \text{ A}$ 的传导电流充电。求在板间距轴线 $r_1 = 0.1 \text{ m}$ 处和 $r_2 = 0.3 \text{ m}$ 处的磁场(忽略边缘效应)。

解 两板之间的电场为

$$E = \sigma/\varepsilon_0 = \frac{q}{\pi \varepsilon_0 R^2}$$

由此得

$$\frac{dE}{dt} = \frac{1}{\pi \varepsilon_0 R^2} \frac{dq}{dt} = \frac{I_c}{\pi \varepsilon_0 R^2}$$

如图 17.29(a)所示,由于两板间的电场对圆形平板具有轴对称性,所以磁场的分布也具有轴对称性。磁感线都是垂直于电场而圆心在圆板中心轴线上的同心圆,其绕向与 $\dfrac{d\boldsymbol{E}}{dt}$ 的方向符合右手螺旋定则。

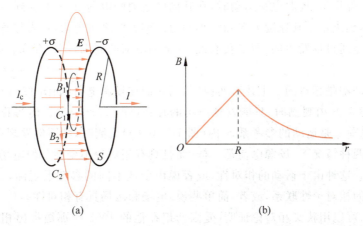

图 17.29 平行板电容器充电时,板间的磁场分布(a)和 B 随 r 变化的曲线(b)

取半径为 r_1 的圆周为安培环路 C_1,$\boldsymbol{B}_1$ 的环路积分为

$$\oint_C \boldsymbol{B}_1 \cdot d\boldsymbol{r} = 2\pi r_1 B_1$$

而
$$\frac{d\Phi_{e1}}{dt} = \pi r_1^2 \frac{dE}{dt} = \frac{\pi r_1^2 I_c}{\pi \varepsilon_0 R^2} = \frac{r_1^2 I_c}{\varepsilon_0 R^2}$$

式(17.33)给出
$$2\pi r_1 B_1 = \mu_0 \varepsilon_0 \frac{r_1^2 I_c}{\varepsilon_0 R^2} = \mu_0 \frac{r_1^2 I_c}{R^2}$$

由此得
$$B_1 = \frac{\mu_0 r_1 I_c}{2\pi R^2} = \frac{4\pi \times 10^{-7} \times 0.1 \times 10}{2\pi \times 0.2^2} = 5 \times 10^{-6} \text{(T)}$$

对于 r_2,由于 $r_2 > R$,取半径为 r_2 的圆周 C_2 为安培环路时,
$$\frac{d\Phi_{e2}}{dt} = \pi R^2 \frac{dE}{dt} = \frac{I_c}{\varepsilon_0}$$

式(17.33)给出
$$2\pi r_2 B_2 = \mu_0 I_c$$

由此得
$$B_2 = \frac{\mu_0 I_c}{2\pi r_2} = \frac{4\pi \times 10^{-7} \times 10}{2\pi \times 0.3} = 6.67 \times 10^{-6} \text{(T)}$$

磁场的方向如图 17.29(a)所示。图 17.29(b)中画出了板间磁场的大小随离中心轴的距离变化的关系曲线。

*17.8 电场和磁场的相对性和统一性

一个静止的电荷在其周围产生电场 E。在这电场中,另一个静止的电荷 q 会受到作用力 $F = qE$,这力称为电场力。当 q 在这电场中运动时,在同一地点也会受到电场力。这电场力和受力电荷 q 的速度无关,仍为 $F = qE$。

在17.2节曾指出,场源电荷运动时,在其周围运动的电荷 q,不但受到与 q 速度无关的力,而且还会受到决定于其速度方向和大小的力。前者归之于电力,后者被称为磁力。由于电力和磁力都是通过场发生的,所以我们说,在运动电荷的周围,不但存在着电场,而且还有磁场。

静止和运动都是相对的。上述事实说明,当我们在场源电荷(如图17.30中的长直线电荷)静止的参考系 S 内观测时,只能发现电场的存在(图17.30(a))。但当我们换一个参考系,即在场源电荷 q 是运动的参考系 S' 内(图17.30(b))观测时,则不但发现存在有电场,而且还有磁场。两种情况下,场源电荷都一样(而且具有相对论不变性),但电场和磁场的存在情况却不相同。这种由于运动的相对性,或者说由于从不同的参考系观测,引起的不同,说明电场和磁场的相对论性联系,或者,简单些说,电场和磁场具有相对性。

一般地说,可以用狭义相对论证明(爱因斯坦在他的1905年那篇提出相对论的著名文章中首先给出了这个证明),同一电荷系统(不管其成员静止还是运动)周围的电场和磁场,在不同的参考系内观测,会有不同的表现,而且和参考系的相对运动速度有定量的关系。以 $E(E_x, E_y, E_z)$,$B(B_x, B_y, B_z)$ 和 $E'(E'_x, E'_y, E'_z)$,$B'(B'_x, B'_y, B'_z)$ 分别表示在 S 系和 S' 系(以速度 u 沿 S 系的 x 轴正向运动)的电场和磁场,则它们之间有下述变换关系:

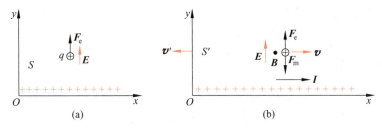

图 17.30 电场磁场和参考系

(a) 在其中场源电荷静止的参考系 S；(b) 在其中场源电荷运动的参考系 S'

$$\left.\begin{array}{ll} E'_x = E_x, & B'_x = B_x \\ E'_y = (E_y - uB_z)/\sqrt{1-u^2/c^2}, & B'_y = \left(B_y + \dfrac{u}{c^2}E_z\right)/\sqrt{1-u^2/c^2} \\ E'_z = (E_z + uB_y)/\sqrt{1-u^2/c^2}, & B'_z = \left(B_z - \dfrac{u}{c^2}E_y\right)/\sqrt{1-u^2/c^2} \end{array}\right\} \quad (17.38)$$

就像洛伦兹变换公式说明了时间和空间的紧密联系而构成统一的时空一样，式(17.38)所表示的电场和磁场的相对论性联系，同时也就说明了电场和磁场构成了一个统一的实体，这一实体称为**电磁场**。

提 要

1. **磁力**：磁力是运动电荷之间的相互作用，它是通过磁场实现的。
2. **磁感应强度 B**：用洛伦兹力公式定义 $\boldsymbol{F} = q\boldsymbol{v} \times \boldsymbol{B}$。
3. **毕奥-萨伐尔定律**：电流元的磁场

$$\mathrm{d}\boldsymbol{B} = \frac{\mu_0}{4\pi} \frac{I\mathrm{d}\boldsymbol{l} \times \boldsymbol{e}_r}{r^2}$$

其中真空磁导率：$\mu_0 = 4\pi \times 10^{-7} \text{ N/A}^2$。

4. **磁通连续定理**：$\oint_S \boldsymbol{B} \cdot \mathrm{d}\boldsymbol{S} = 0$ 此定理表明没有单独的"磁场"存在。

5. **典型磁场**：无限长直电流的磁场：$B = \dfrac{\mu_0 I}{2\pi r}$

载流长直螺线管内的磁场：$B = \mu_0 n I$

匀速运动($v \ll c$)电荷的磁场：$\boldsymbol{B} = \dfrac{\mu_0}{4\pi} \dfrac{q\, \boldsymbol{v} \times \boldsymbol{e}_r}{r^2}$

6. **安培环路定理**（适用于恒定电流）：

$$\oint_L \boldsymbol{B} \cdot \mathrm{d}\boldsymbol{r} = \mu_0 \sum I_{\text{in}}$$

7. **与变化电场相联系的磁场**：

$$\oint_L \boldsymbol{B} \cdot \mathrm{d}\boldsymbol{r} = \mu_0 \varepsilon_0 \frac{\mathrm{d}}{\mathrm{d}t} \int_S \boldsymbol{E} \cdot \mathrm{d}\boldsymbol{S}$$

位移电流：$I_d = \varepsilon_0 \dfrac{\mathrm{d}}{\mathrm{d}t} \int_S \boldsymbol{E} \cdot \mathrm{d}\boldsymbol{S}$

位移电流密度：$\boldsymbol{J}_d = \varepsilon_0 \dfrac{\partial \boldsymbol{E}}{\partial t}$

全电流：$I = I_c + I_d$，总是连续的。

8. 普遍的安培环路定理：

$$\oint_L \boldsymbol{B} \cdot \mathrm{d}\boldsymbol{r} = \mu_0 \left(I + \varepsilon_0 \dfrac{\mathrm{d}}{\mathrm{d}t} \int_S \boldsymbol{E} \cdot \mathrm{d}\boldsymbol{S} \right)$$

思考题

17.1 在电子仪器中，为了减弱与电源相连的两条导线的磁场，通常总是把它们扭在一起。为什么？

17.2 两根通有同样电流 I 的长直导线十字交叉放在一起，交叉点相互绝缘（图 17.31）。试判断何处的合磁场为零。

17.3 一根导线中间分成相同的两支，形成一菱形（图 17.32）。通入电流后菱形的两条对角线上的合磁场如何？

17.4 解释等离子体电流的箍缩效应，即等离子柱中通以电流时（图 17.33），它会受到自身电流的磁场的作用而向轴心收缩的现象。

图 17.31　思考题 17.2 用图

图 17.32　思考题 17.3 用图

图 17.33　思考题 17.4 用图

17.5 研究受控热核反应的托卡马克装置中，等离子体除了受到螺绕环电流的磁约束外也受到自身的感应电流（由中心感应线圈中的变化电流引起，等离子体中产生的感应电流常超过 10^6 A）的磁场的约束（图 17.34）。试说明这两种磁场的合磁场的磁感线是绕着等离子体环轴线的螺旋线（这样的磁场更有利于约束等离子体）。

17.6 考虑一个闭合的面，它包围磁铁棒的一个磁极。通过该闭合面的磁通量是多少？

17.7 磁场是不是保守场？

17.8 在无电流的空间区域内，如果磁力线是平行直线，那么磁场一定是均匀场。试证明之。

17.9 试证明：在两磁极间的磁场不可能像图 17.35 那样突然降到零。

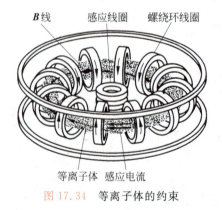

图 17.34　等离子体的约束

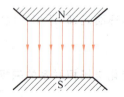

图 17.35　思考题 17.9 用图

17.10 如图 17.36 所示，一长直密绕螺线管，通有电流 I。对于闭合回路 L，求 $\oint_L \boldsymbol{B} \cdot \mathrm{d}\boldsymbol{r}$。

17.11 像图 17.37 那样的截面是任意形状的密绕长直螺线管,管内磁场是否是均匀磁场？其磁感应强度是否仍可按 $B=\mu_0 nI$ 计算？

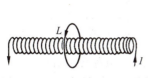
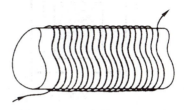

图 17.36　思考题 17.10 用图　　　　图 17.37　思考题 17.11 用图

17.12 图 17.29 中的电容器充电(电流 I_c 方向如图示)和放电(电流 I_c 的方向与图示方向相反)时,板间位移电流的方向各如何？r_1 处的磁场方向又各如何？

习题

17.1 求图 17.38 各图中 P 点的磁感应强度 $\boldsymbol{B}$ 的大小和方向。

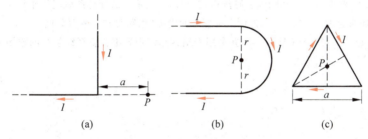

图 17.38　习题 17.1 用图

(a) P 在水平导线延长线上；(b) P 在半圆中心处；(c) P 在正三角形中心

17.2 高压输电线在地面上空 25 m 处,通过电流为 1.8×10^3 A。
(1) 求在地面上由这电流所产生的磁感应强度多大？
(2) 在上述地区,地磁场为 0.6×10^{-4} T,问输电线产生的磁场与地磁场相比如何？

17.3 在汽船上,指南针装在相距载流导线 0.80 m 处,该导线中电流为 20 A。
(1) 该电流在指南针所在处的磁感应强度多大(导线作为长直导线处理)？
(2) 地磁场的水平分量(向北)为 0.18×10^{-4} T。由于导线中电流的磁场作用,指南针的指向要偏离正北方向。如果电流的磁场是水平的而且与地磁场垂直,指南针将偏离正北方向多少度？求在最坏情况下,上述汽船中的指南针偏离正北方向多少度。

17.4 两根导线沿半径方向被引到铁环上 A,C 两点,电流方向如图 17.39 所示。求环中心 O 处的磁感应强度是多少？

17.5 两平行直导线相距 $d=40$ cm,每根导线载有电流 $I_1=I_2=20$ A,如图 17.40 所示。求：
(1) 两导线所在平面内与该两导线等距离的一点处的磁感应强度；
(2) 通过图 17.40 中灰色区域所示面积的磁通量(设 $r_1=r_3=10$ cm, $l=25$ cm)。

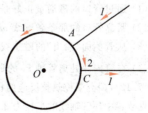

图 17.39　习题 17.4 用图

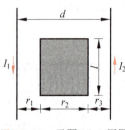
图 17.40　习题 17.5 用图

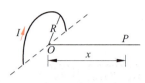
图 17.41　习题 17.6 用图

17.6　如图 17.41 所示，求半圆形电流 I 在半圆的轴线上离圆心距离 x 处的 $\boldsymbol{B}$。

17.7　连到一个大电磁铁，通有 $I = 5.0 \times 10^3$ A 的电流的长引线构造如下：中间是一直径为 5.0 cm 的铝棒，周围同轴地套以内直径为 7.0 cm，外直径为 9.0 cm 的铝筒作为电流的回程（筒与棒间充以油类并使之流动以散热）。在每件导体的截面上电流密度均匀。计算从轴心到圆筒外侧的磁场分布（铝和油本身对磁场分布无影响），并画出相应的关系曲线。

17.8　根据长直电流的磁场公式(17.10)，用积分法求：

(1) 无限长圆柱均匀面电流 I 内外的磁场分布；

(2) 无限大平面均匀电流（面电流密度 j）两侧的磁场分布。

17.9　图 17.11 圆电流 I 在其轴线上磁场由式(17.11)表示。试计算此磁场沿轴线从 $-\infty$ 到 $+\infty$ 的线积分以验证安培环路定理式(17.24)。为什么可忽略此电流"回路"的"回程"部分？

17.10　试设想一矩形回路（图 17.42）并利用安培环路定理导出长直螺线管内的磁场为 $B = \mu_0 n I$。

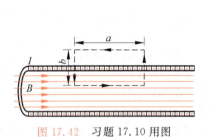
图 17.42　习题 17.10 用图

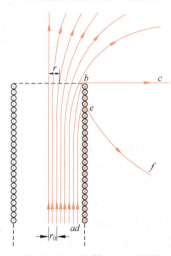
图 17.43　习题 17.11 用图

*17.11　两个半无限长直螺线管对接起来就形成一无限长直螺线管。对于半无限长直螺线管（图 17.43），试用叠加原理证实：

(1) 通过管口的磁通量正好是通过远离管口内部截面的磁通量的一半；

(2) 紧靠管口的那条磁感线 abc 的管外部分是一条垂直于管轴的直线；

(3) 从管侧面"漏出"的磁感线在管外弯离管口，如图中 def 线所表示的那样；

(4) 在管内深处离管轴 r_0 的那条磁感线通过管口时离管轴的距离为 $r = \sqrt{2} r_0$。

17.12　研究受控热核反应的托卡马克装置中，用螺绕环产生的磁场来约束其中的等离子体。设某一托卡马克装置中环管轴线的半径为 2.0 m，管截面半径为 1.0 m，环上均匀绕有 10 km 长的水冷铜线。求铜线内通入峰值为 7.3×10^4 A 的脉冲电流时，管内中心的磁场峰值多大（近似地按恒定电流计算）？

17.13 如图 17.44 所示,线圈均匀密绕在截面为长方形的整个木环上(木环的内外半径分别为 R_1 和 R_2,厚度为 h,木料对磁场分布无影响),共有 N 匝,求通入电流 I 后,环内外磁场的分布。通过管截面的磁通量是多少?

17.14 两块平行的大金属板上有均匀电流流通,面电流密度都是 j,但方向相反。求板间和板外的磁场分布。

17.15 无限长导体圆柱沿轴向通以电流 I,截面上各处电流密度均匀分布,柱半径为 R。求柱内外磁场分布。在长为 l 的一段圆柱内环绕中心轴线的磁通量是多少?

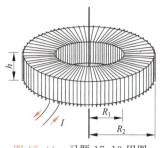

图 17.44 习题 17.13 用图

17.16 有一长圆柱形导体,截面半径为 R。今在导体中挖去一个与轴平行的圆柱体,形成一个截面半径为 r 的圆柱形空洞,其横截面如图 17.45 所示。在有洞的导体柱内有电流沿柱轴方向流通。求洞中各处的磁场分布。设柱内电流均匀分布,电流密度为 J,从柱轴到空洞轴之间的距离为 d。

17.17 亥姆霍兹(Helmholtz)线圈常用于在实验室中产生均匀磁场。这线圈由两个相互平行的共轴的细线圈组成(图 17.46)。线圈半径为 R,两线圈相距也为 R,线圈中通以同方向的相等电流。

(1) 求 z 轴上任一点的磁感应强度;

(2) 证明在 $z=0$ 处 $\dfrac{dB}{dz}$ 和 $\dfrac{d^2B}{dz^2}$ 两者都为零。

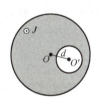

图 17.45 习题 17.16 用图

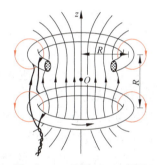

图 17.46 习题 17.17 用图

17.18 一个塑料圆盘,半径为 R,表面均匀分布电量 q。试证明:当它绕通过盘心而垂直于盘面的轴以角速度 ω 转动时,盘心处的磁感应强度 $B=\dfrac{\mu_0 \omega q}{2\pi R}$。

17.19 一平行板电容器的两板都是半径为 5.0 cm 的圆导体片,在充电时,其中电场强度的变化率为 $\dfrac{dE}{dt}=1.0\times 10^{12}$ V/(m·s)。

(1) 求两极板间的位移电流;

(2) 求极板边缘的磁感应强度 $\boldsymbol{B}$。

17.20 在一对平行圆形极板组成的电容器(电容 $C=1\times 10^{-12}$ F)上,加上频率为 50 Hz,峰值为 1.74×10^5 V 的交变电压,计算极板间的位移电流的最大值。

麦克斯韦

第 18 章

磁　　力

磁 场对其中的运动电荷,根据洛伦兹力公式 $\boldsymbol{F}=q\boldsymbol{v}\times\boldsymbol{B}$,有磁力的作用。大家在中学物理中已学过带电粒子在磁场中作匀速圆周运动,磁场对电流的作用力(安培力),磁场对载流线圈的力矩作用(电动机的原理)等知识。本章将对这些规律做简要但更系统全面的讲述。关于磁力矩,本章特别着重于讲解载流线圈所受的磁力矩与其磁矩的关系。

18.1 带电粒子在磁场中的运动

一个带电粒子以一定速度 v 进入磁场后,它会受到由式(17.3)所表示的洛伦兹力的作用,因而改变其运动状态。下面先讨论均匀磁场的情形。

设一个质量为 m 带有电量为 q 的正离子,以速度 v 沿垂直于磁场方向进入一均匀磁场中(图 18.1)。由于它受的力 $\boldsymbol{F}=q\boldsymbol{v}\times\boldsymbol{B}$ 总与速度垂直,因而它的速度的大小不改变,而只是方向改变。又因为这个 $\boldsymbol{F}$ 也与磁场方向垂直,所以正离子将在垂直于磁场平面内作圆周运动。用牛顿第二定律①可以容易地求出这一圆周运动的半径 R 为

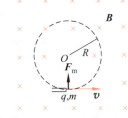

图 18.1　带电粒子在均匀磁场中作圆周运动

$$R=\frac{mv}{qB}=\frac{p}{qB} \qquad (18.1)$$

而圆运动的周期,即**回旋周期** T 为

$$T=\frac{2\pi m}{qB} \qquad (18.2)$$

由上述两式可知,回旋半径与粒子速度成正比,但回旋周期与粒子速度无关,这一点被用在回旋加速器中来加速带电粒子。

如果一个带电粒子进入磁场时的速度 v 的方向不与磁场垂直,则可将此入射速度分解为沿磁场方向的分速度 $v_{/\!/}$ 和垂直于磁场方向的分速度 $v_{\perp}$(图 18.2)。后者使粒子产生垂直于磁场方向的圆运动,使其不能飞开,其圆周半径由式(18.1)得出,为

---

① 在回旋加速器内,带电粒子的速率可被加速到与光速十分接近的程度。但因洛伦兹力总与粒子速度垂直,所以此时相对论给出的结果与牛顿第二定律给出的结果(式(18.1))形式上相同,只是式中 m 应该用相对论质量 $m_0/\sqrt{1-v^2/c^2}$ 代替。

$$R = \frac{mv_\perp}{qB} \tag{18.3}$$

而回旋周期仍由式(18.2)给出。粒子平行于磁场方向的分速度 $v_\parallel$ 不受磁场的影响,因而粒子将具有沿磁场方向的匀速分运动。上述两种分运动的合成是一个轴线沿磁场方向的螺旋运动,这一螺旋轨迹的**螺距**为

$$h = v_\parallel T = \frac{2\pi m}{qB} v_\parallel \tag{18.4}$$

如果在均匀磁场中某点 A 处(图 18.3)引入一发散角不太大的带电粒子束,其中粒子的速度又大致相同;则这些粒子沿磁场方向的分速度大小几乎一样,因而其轨迹有几乎相同的螺距。这样,经过一个回旋周期后,这些粒子将重新会聚穿过另一点 A'。这种发散粒子束汇聚到一点的现象叫做**磁聚焦**。它广泛地应用于电真空器件中,特别是电子显微镜中。

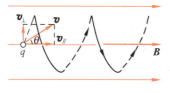

图 18.2 螺旋运动

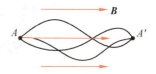

图 18.3 磁聚焦

在非均匀磁场中,速度方向和磁场不同的带电粒子,也要作螺旋运动,但半径和螺距都将不断发生变化。特别是当粒子具有一分速度向磁场较强处螺旋前进时,它受到的磁场力,根据式(17.3),有一个和前进方向相反的分量(图 18.4)。这一分量有可能最终使粒子的前进速度减小到零,并继而沿反方向前进。强度逐渐增加的磁场能使粒子发生"反射",因而把这种磁场分布叫做**磁镜**。

可以用两个电流方向相同的线圈产生一个中间弱两端强的磁场(图 18.5)。这一磁场区域的两端就形成两个磁镜,平行于磁场方向的速度分量不太大的带电粒子将被约束在两个磁镜间的磁场内来回运动而不能逃脱。这种能约束带电粒子的磁场分布叫**磁瓶**。在现代研究受控热核反应的实验中,需要把很高温度的等离子体限制在一定空间区域内。在这样的高温下,所有固体材料都将化为气体而不能用作容器。上述**磁约束**就成了达到这种目的的常用方法之一。

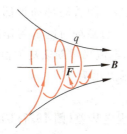

图 18.4 不均匀磁场对运动的带电粒子的力

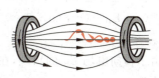

图 18.5 磁瓶

磁约束现象也存在于宇宙空间中,地球的磁场是一个不均匀磁场,从赤道到地磁的两极磁场逐渐增强。因此地磁场是一个天然的磁捕集器,它能俘获从外层空间入射的电子或质子形成一个带电粒子区域。这一区域叫**范艾仑辐射带**(图 18.6)。它有两层,内层在地面上

空 800～4 000 km 处，外层在 60 000 km 处。在范艾仑辐射带中的带电粒子就围绕地磁场的磁感线作螺旋运动而在靠近两极处被反射回来。这样，带电粒子就在范艾仑带中来回振荡直到由于粒子间的碰撞而被逐出为止。这些运动的带电粒子能向外辐射电磁波。在地磁两极附近由于磁感线与地面垂直，由外层空间入射的带电粒子可直射入高空大气层内。它们和空气分子的碰撞产生的辐射就形成了绚丽多彩的**极光**。

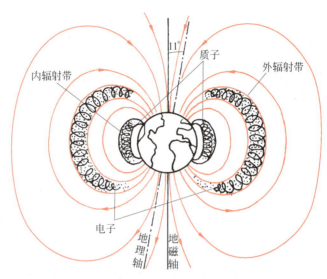

图 18.6 地磁场内的范艾仑辐射带

据宇宙飞行探测器证实，在土星、木星周围也有类似地球的范艾仑辐射带存在。

18.2 霍尔效应

如图 18.7 所示，在一个金属窄条（宽度为 h，厚度为 b）中，通以电流。这电流是外加电场 E 作用于电子使之向右作定向运动（漂移速度为 v）形成的。当加以外磁场 B 时，由于洛伦兹力的作用，电子的运动将向下偏（图 18.7(a)），当它们跑到窄条底部时，由于表面所限，它们不能脱离金属因而就聚集在窄条的底部，同时在窄条的顶部显示出有多余的正电荷。这些多余的正、负电荷将在金属内部产生一横向电场 E_H。随着底部和顶部多余电荷的增多，这一电场也迅速地增大到它对电子的作用力 $(-e)E_H$ 与磁场对电子的作用力 $(-e)v \times B$ 相平衡。这时电子将恢复原来水平方向的漂移运动而电流又重新恢复为恒定电流。由平衡条件 $(-e)E_H + (-e)v \times B = 0$ 可知所产生横向电场的大小为

$$E_H = vB \tag{18.5}$$

由于横向电场 E_H 的出现，在导体的横向两侧会出现电势差（图 18.7(b)），这一电势差的数值为

$$U_H = E_H h = vBh$$

已经知道电子的漂移速度 v 与电流 I 有下述关系：

$$I = nSqv = nbhqv$$

其中 n 为载流子浓度，即导体内单位体积内的载流子数目。由此式求出 v 代入上式可得

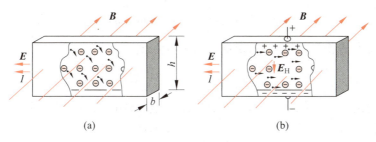

图 18.7 霍尔效应

$$U_H = \frac{IB}{nqb} \tag{18.6}$$

对于金属中的电子导电来说,如图 18.7(b)所示,导体顶部电势高于底部电势。如果载流子带正电,在电流和磁场方向相同的情况下,将会得到相反的,即正电荷聚集在底部而底部电势高于顶部电势的结果。因此通过电压正负的测定可以确定导体中载流子所带的电荷的正负,这是方向相同的电流由于载流子种类的不同而引起不同效应的一个实际例子。

在磁场中的载流导体上出现横向电势差的现象是 24 岁的研究生霍尔(Edwin H. Hall)在 1879 年发现的,现在称之为**霍尔效应**,式(18.6)给出的电压就叫**霍尔电压**。当时还不知道金属的导电机构,甚至还未发现电子。现在霍尔效应有多种应用,特别是用于半导体的测试。由测出的霍尔电压即横向电压的正负可以判断半导体的载流子种类(是电子或是空穴),还可以用式(18.6)计算出载流子浓度。用一块制好的半导体薄片通以给定的电流,在校准好的条件下,还可以通过霍尔电压来测磁场 B。这是现在测磁场的一个常用的比较精确的方法。

应该指出,对于金属来说,由于是电子导电,在如图 18.7 所示的情况下测出的霍尔电压应该显示顶部电势高于底部电势。但是实际上有些金属却给出了相反的结果,好像在这些金属中的载流子带正电似的。这种"反常"的霍尔效应,以及正常的霍尔效应实际上都只能用金属中电子的量子理论才能圆满地解释。

量子霍尔效应

由式(18.6)可得

$$\frac{U_H}{I} = \frac{B}{nqb} \tag{18.7}$$

这一比值具有电阻的量纲,因而被定义为**霍尔电阻** R_H。此式表明霍尔电阻应正比于磁场 B。1980 年,在研究半导体在极低温度下和强磁场中的霍尔效应时,德国物理学家克里青(Klaus von Klitzing)发现霍尔电阻和磁场的关系并不是线性的,而是有一系列台阶式的改变,如图 18.8 所示(该图数据是在 1.39 K 的温度下取得的,电流保持在 25.52 μA 不变)。这一效应叫**量子霍尔效应**,克里青因此获得 1985 年诺贝尔物理学奖。

量子霍尔效应只能用量子理论解释,该理论指出

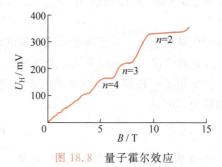

图 18.8 量子霍尔效应

$$R_H = \frac{U_H}{I} = \frac{R_K}{n} \quad (n = 1, 2, 3, \cdots) \tag{18.8}$$

式中 R_K 叫做克里青常量，它和基本常量 h 和 e 有关，即

$$R_K = \frac{h}{e^2} = 25\,813\ \Omega \tag{18.9}$$

由于 R_K 的测定值可以准确到 10^{-10}，所以量子霍尔效应被用来定义电阻的标准。从 1990 年开始，"欧姆"就根据霍尔电阻精确地等于 25 812.80 Ω 来定义了。

克里青当时的测量结果显示式(18.8)中的 n 为整数。其后美籍华裔物理学家崔琦(D. C. Tsui, 1939—)和施特默(H. L. Stömer, 1949—)等研究量子霍尔效应时，发现在更强的磁场(如 20 T 甚至 30 T)下，式(18.8)中的 n 可以是分数，如 1/3, 1/5, 1/2, 1/4 等。这种现象称为**分数量子霍尔效应**。它的发现和理论研究使人们对宏观量子现象的认识更深入了一步。崔琦、施特默和劳克林(R. B. Laughlin, 1950—)等也因此而获得了 1998 年诺贝尔物理学奖。如果不外加磁场，仅靠材料自身内部的磁性也可能发生量子霍尔效应，称为量子反常霍尔效应。2013 年，清华大学物理系薛其坤和王亚愚研究团队在磁性掺杂的拓扑绝缘体薄膜中首次观测到这个现象，杨振宁认为这是诺贝尔奖级别的重要发现。

18.3 载流导线在磁场中受的磁力

导线中的电流是由其中的载流子定向移动形成的。当把载流导线置于磁场中时，这些运动的载流子就要受到洛伦兹力的作用，其结果将表现为载流导线受到磁力的作用。为了计算一段载流导线受的磁力，先考虑它的一段长度元受的作用力。

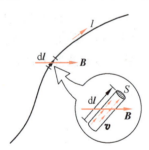

图 18.9 电流元受的磁场力

如图 18.9 所示，设导线截面积为 S，其中有电流 I 通过。考虑其中一电流元 $I\mathrm{d}\boldsymbol{l}$。设导线的单位体积内有 n 个载流子，每一个载流子的电荷都是 q。为简单起见，我们认为各载流子都以漂移速度 $\boldsymbol{v}$ 运动。由于每一个载流子受的磁场力都是 $q\boldsymbol{v}\times\boldsymbol{B}$，而在 $\mathrm{d}\boldsymbol{l}$ 段中共有 $n\mathrm{d}lS$ 个载流子，所以这些载流子受的力的总和就是

$$\mathrm{d}\boldsymbol{F} = nS\mathrm{d}l\, q\,\boldsymbol{v}\times\boldsymbol{B}$$

由于 $\boldsymbol{v}$ 的方向和 $\mathrm{d}\boldsymbol{l}$ 的方向相同，所以 $q\mathrm{d}l\,\boldsymbol{v} = qv\mathrm{d}\boldsymbol{l}$。利用这一关系，上式就可写成

$$\mathrm{d}\boldsymbol{F} = nSvq\mathrm{d}\boldsymbol{l}\times\boldsymbol{B}$$

又由于 $nSvq = I$，即通过 $\mathrm{d}l$ 的电流强度的大小，所以最后可得

$$\mathrm{d}\boldsymbol{F} = I\mathrm{d}\boldsymbol{l}\times\boldsymbol{B} \tag{18.10}$$

$\mathrm{d}l$ 中的载流子由于受到这些力所增加的动量最终总要传给导线本体的正离子结构，所以这一公式也就给出了这一段导线元受的磁力。载流导线受磁场的作用力通常叫做**安培力**。

知道了一段载流导线元受的磁力就可以用积分的方法求出一段有限长载流导线 L 受的磁力，如

$$\boldsymbol{F} = \int_L I\mathrm{d}\boldsymbol{l}\times\boldsymbol{B} \tag{18.11}$$

式中 $\boldsymbol{B}$ 为各电流元所在处的"当地 $\boldsymbol{B}$"。

例 18.1

载流导线受磁力。在均匀磁场 B 中有一段弯曲导线 ab，通有电流 I（图 18.10），求此段导线受的磁场力。

解 根据式(18.11)，所求力为

$$F = \int_{(a)}^{(b)} I d l \times B = I \left(\int_{(a)}^{(b)} d l \right) \times B$$

此式中积分是各段矢量长度元 dl 的矢量和，它等于从 a 到 b 的矢量直线段 l。因此得

$$F = I l \times B$$

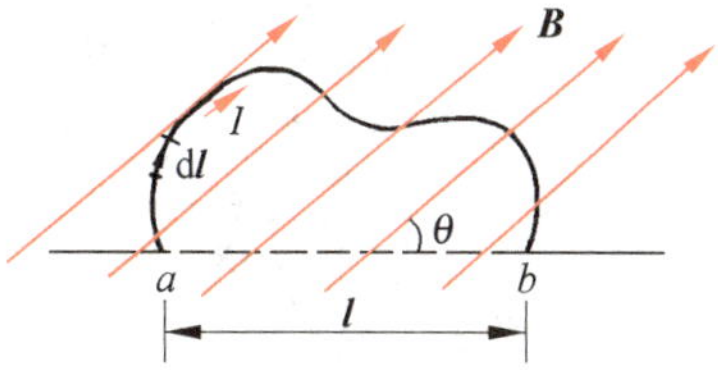

图 18.10 例 18.1 用图

这说明整个弯曲导线受的磁场力的总和等于从起点到终点连起的直导线通过相同的电流时受的磁场力。在图 18.10 所示的情况下，l 和 B 的方向均与纸面平行，因而

$$F = IlB \sin \theta$$

此力的方向垂直纸面向外。

如果 a,b 两点重合，则 $l=0$，上式给出 $F=0$。这就是说，**在均匀磁场中的闭合载流回路整体上不受磁力**。

例 18.2

载流圆环受磁力。在一个圆柱形磁铁 N 极的正上方水平放置一半径为 R 的导线环，其中通有顺时针方向（俯视）的电流 I。在导线所在处磁场 B 的方向都与竖直方向成 α 角。求导线环受的磁力。

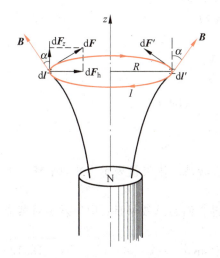

图 18.11 例 18.2 用图

解 如图 18.11 所示，在导线环上选电流元 Idl 垂直纸面向里，此电流元受的磁力为

$$dF = Idl \times B$$

此力的方向就在纸面内垂直于磁场 B 的方向。

将 dF 分解为水平与竖直两个分量 dF_h 和 dF_z。由于磁场和电流的分布对竖直 z 轴的轴对称性，所以环上各电流元所受的磁力 dF 的水平分量 dF_h 的矢量和为零。又由于各电流元的 dF_z 的方向都相同，所以圆环受的总磁力的大小为

$$F = F_z = \int dF_z = \int dF \sin \alpha = \int_0^{2\pi R} IB \sin \alpha \, dl$$

$$= 2IB\pi R \sin \alpha$$

此力的方向竖直向上。

18.4 载流线圈在均匀磁场中受的磁力矩

如图 18.12(a)所示，一个载流圆线圈半径为 R，电流为 I，放在一均匀磁场中。它的平面法线方向 e_n（e_n 的方向与电流的流向符合右手螺旋关系）与磁场 B 的方向夹角为 θ。在

例 18.1 已经得出,此载流线圈整体上所受的磁力为零。下面来求此线圈所受磁场的力矩。为此,将磁场 B 分解为与 e_n 平行的 $B_{//}$ 和与 e_n 垂直的 $B_\perp$ 两个分量,分别考虑它们对线圈的作用力。

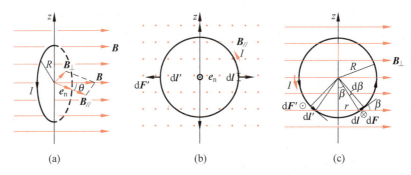

图 18.12 载流线圈受的力和力矩

$B_{//}$ 分量对线圈的作用力如图 18.12(b)所示,各段 $\mathrm{d}l$ 相同的导线元所受的力大小都相等,方向都在线圈平面内沿径向向外。由于这种对称性,线圈受这一磁场分量的合力矩也为零。

$B_\perp$ 分量对线圈的作用如图 18.12(c)所示,右半圈上一电流元 $I\mathrm{d}l$ 受的磁场力的大小为
$$\mathrm{d}F = I\mathrm{d}l B_\perp \sin\beta$$
此力的方向垂直纸面向里。和它对称的左半圈上的电流元 $I\mathrm{d}l'$ 受的磁场力的大小和 $I\mathrm{d}l$ 受的一样,但力的方向相反,向外。但由于 $I\mathrm{d}l$ 和 $I\mathrm{d}l'$ 受的磁力不在一条直线上,所以对线圈产生一个力矩。$I\mathrm{d}l$ 受的力对线圈 z 轴产生的力矩的大小为
$$\mathrm{d}M = \mathrm{d}F\, r = I\mathrm{d}l B_\perp \sin\beta\, r$$
由于 $\mathrm{d}l = R\mathrm{d}\beta$, $r = R\sin\beta$,所以
$$\mathrm{d}M = IR^2 B_\perp \sin^2\beta\, \mathrm{d}\beta$$
对 β 由 0 到 2π 进行积分,即可得线圈所受磁力的力矩为
$$M = \int\mathrm{d}M = IR^2 B_\perp \int_0^{2\pi}\sin^2\beta\, \mathrm{d}\beta = \pi IR^2 B_\perp$$
由于 $B_\perp = B\sin\theta$,所以又可得
$$M = \pi R^2 IB\sin\theta$$
在此力矩的作用下,线圈要绕 z 轴按反时针方向(俯视)转动。用矢量表示力矩,则 M 的方向沿 z 轴正向。

综合上面得出的 $B_{//}$ 和 $B_\perp$ 对载流线圈的作用,可得它们的总效果是:均匀磁场对载流线圈的合力为 0,而力矩为
$$M = \pi R^2 IB\sin\theta = SIB\sin\theta \tag{18.12}$$
其中 $S = \pi R^2$ 为线圈围绕的面积。根据 e_n 和 B 的方向以及 M 的方向,此式可用矢量积表示为
$$\boldsymbol{M} = SI\boldsymbol{e}_n \times \boldsymbol{B} \tag{18.13}$$
根据载流线圈的磁偶极矩,或磁矩(它是一个矢量)的定义
$$\boldsymbol{m} = SI\boldsymbol{e}_n \tag{18.14}$$
则式(18.13)又可写成
$$\boldsymbol{M} = \boldsymbol{m} \times \boldsymbol{B} \tag{18.15}$$
此力矩力图使 e_n 的方向,也就是磁矩 m 的方向,转向与外加磁场方向一致。当 m 与 B 方向一致时,$M = 0$。线圈不再受磁场的力矩作用。

不只是载流线圈有磁矩,电子、质子等微观粒子也有磁矩。磁矩是粒子本身的特征之一。它们在磁场中受的力矩也都由式(18.15)表示。

在非均匀磁场中,载流线圈除受到磁力矩作用外,还受到磁力的作用。因其情况复杂,我们就不作进一步讨论了。

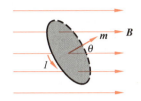

图 18.13 均匀磁场中的磁矩

根据磁矩为 m 的载流线圈在均匀磁场中受到磁力矩的作用,可以引入磁矩在均匀磁场中的和其转动相联系的势能的概念。假设磁矩 m 大小不变,以 θ 表示 m 与 B 之间的夹角(图 18.13),此夹角由 θ_1 增大到 θ_2 的过程中,外力需克服磁力矩做的功为

$$A = \int_{\theta_1}^{\theta_2} M \mathrm{d}\theta = \int_{\theta_1}^{\theta_2} mB\sin\theta \mathrm{d}\theta = mB(\cos\theta_1 - \cos\theta_2)$$

此功就等于磁矩 m 在磁场中势能的增量。通常以磁矩方向与磁场方向垂直,即 $\theta_1 = \pi/2$ 时的位置为势能为零的位置。这样,由上式可得,在均匀磁场中,当磁矩与磁场方向间夹角为 $\theta(\theta = \theta_2)$ 时,磁矩的势能为

$$W_m = -mB\cos\theta = -\boldsymbol{m} \cdot \boldsymbol{B} \tag{18.16}$$

此式给出,当磁矩与磁场平行时,势能有极小值 $-mB$;当磁矩与磁场反平行时,势能有极大值 mB。

读者应当注意到,式(18.15)的磁力矩公式和式(12.15)的电力矩公式形式相同,式(18.16)的磁矩在磁场中的势能公式和式(13.20)的电矩在电场中的势能公式形式也相同。

例 18.3

电子的磁势能。电子具有固有的(或内禀的)自旋**磁矩**,其大小为 $m = 1.60 \times 10^{-23}$ J/T。在磁场中,电子的磁矩指向是"量子化"的,即只可能有两个方向。一个是与磁场成 $\theta_1 = 54.7°$,另一个是与磁场成 $\theta_2 = 125.3°$。其经典模型如图 18.14 所示(实际上电子的自旋轴绕磁场方向"进动")。试求在 0.50 T 的磁场中电子处于这两个位置时的势能分别是多少?

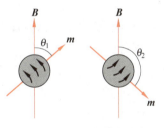

图 18.14 电子自旋的取向

解 由式(18.16)可得,当磁矩与磁场成 $\theta_1 = 54.7°$ 时,势能为

$$W_{m1} = -mB\cos 54.7° = -1.60 \times 10^{-23} \times 0.50 \times 0.578$$
$$= -4.62 \times 10^{-24} \text{ (J)} = -2.89 \times 10^{-5} \text{ (eV)}$$

当磁矩与磁场成 $\theta_2 = 125.3°$ 时,势能为

$$W_{m2} = -mB\cos 125.3° = -1.60 \times 10^{-23} \times 0.50 \times (-0.578)$$
$$= 4.62 \times 10^{-24} \text{ (J)} = 2.89 \times 10^{-5} \text{ (eV)}$$

18.5 平行载流导线间的相互作用力

设有两根平行的长直导线,分别通有电流 I_1 和 I_2,它们之间的距离为 d(图 18.15),导线直径远小于 d。让我们来求每根导线单位长度线段受另一电流的磁场的作用力。

电流 I_1 在电流 I_2 处所产生的磁场为(式(17.10))

$$B_1 = \frac{\mu_0 I_1}{2\pi d}$$

载有电流 I_2 的导线单位长度线段受此磁场①的安培力为(式(18.10))

$$F_2 = B_1 I_2 = \frac{\mu_0 I_1 I_2}{2\pi d} \tag{18.17}$$

同理,载流导线 I_1 单位长度线段受电流 I_2 的磁场的作用力也等于这一数值,即

$$F_1 = B_2 I_1 = \frac{\mu_0 I_1 I_2}{2\pi d}$$

当电流 I_1 和 I_2 方向相同时,两导线相吸;相反时,则相斥。

在国际单位制中,电流的单位安[培](符号为 A)就是根据式(18.17)规定的。设在真空中两根无限长的平行直导线相距 1 m,通以大小相同的恒定电流,如果导线每米长度受的作用力为 2×10^{-7} N,则每根导线中的电流强度就规定为 1 A。

根据这一定义,由于 $d=1$ m,$I_1=I_2=1$ A,$F=2\times10^{-7}$ N,式(18.17)给出

$$\mu_0 = \frac{2\pi F d}{I^2} = \frac{2\pi \times 2 \times 10^{-7} \times 1}{1 \times 1} = 4\pi \times 10^{-7} \text{ (N/A}^2\text{)}$$

这一数值与式(17.7)中 μ_0 的值相同。

电流的单位确定之后,电量的单位也就可以确定了。在通有 1 A 电流的导线中,每秒钟流过导线任一横截面上的电量就定义为 1 C,即

$$1 \text{ C} = 1 \text{ A} \cdot \text{s}$$

实际的测电流之间的作用力的装置如图 18.16 所示,称为电流秤。它用到两个固定的线圈 C_1 和 C_2,吊在天平的一个盘下面的活动线圈 C_M 放在它们中间,三个线圈通有大小相同的电流。天平的平衡由加减砝码来调节。这样的电流秤用来校准其他更方便的测量电流的二级标准。

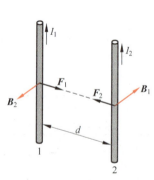

图 18.15　两平行载流长直导线之间的作用力

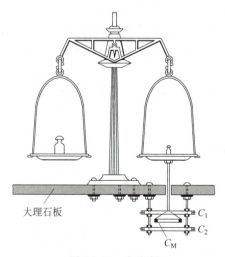

图 18.16　电流秤

---

① 由于电流 I_2 的各电流元在本导线所在处所产生的磁场为零,所以电流 I_2 各段不受本身电流的磁力作用。

关于常量 μ_0, ε_0, c 的数值关系

上面讲了电流单位安[培]的规定，它利用了式(18.17)。此式中有比例常量 μ_0（真空磁导率）。只有 μ_0 有了确定的值，电流的单位才可能规定，因此 μ_0 的值需要事先规定，

$$\mu_0 = 4\pi \times 10^{-7} \text{N/A}^2 = 1.256\,637\,061\,4\cdots \times 10^{-7} \text{N/A}^2$$

由于是人为规定的，不依赖于实验，所以它是精确的。

真空中的光速值

$$c = 299\,792\,458 \text{ m/s}$$

由电磁学理论知，c 和 ε_0, μ_0 有下述关系：

$$c^2 = \frac{1}{\mu_0 \varepsilon_0}$$

因此真空电容率

$$\varepsilon_0 = \frac{1}{\mu_0 c^2} = 8.854\,187\,817\cdots \times 10^{-12} \text{F/m}$$

例 18.4

磁力电力对比。相互平行而且相距为 d 的两条长直带电线分别以速度 v_1 和 v_2 沿长度方向运动，它们所带电荷的线密度分别是 λ_1 和 λ_2。求这两条直线各自单位长度受的力并比较电力和磁力的大小。

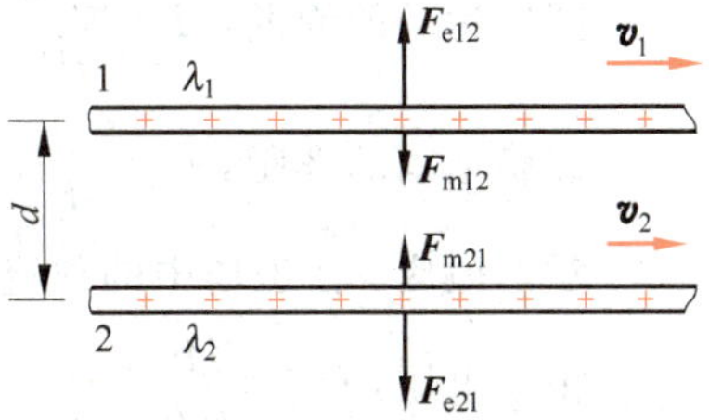

解 如图 18.17 所示，每根带电直线由于运动而形成的电流分别是 $\lambda_1 v_1$ 和 $\lambda_2 v_2$。由式(18.17)可得，两根带电线单位长度分别受到的磁力为

$$F_m = \frac{\mu_0 \lambda_1 v_1 \lambda_2 v_2}{2\pi d}$$

力的方向是相互吸引。

图 18.17 两条平行的运动带电直线的相互作用

两根带电线间还有电力相互作用。λ_1 带电线上的电荷在 λ_2 带电线处的电场是

$$E_1 = \frac{\lambda_1}{2\pi \varepsilon_0 d}$$

λ_2 带电直线单位长度受的电力为

$$F_e = E_1 \lambda_2 = \frac{\lambda_1 \lambda_2}{2\pi \varepsilon_0 d}$$

力的方向是相互排斥。每根导线单位长度受的力为

$$F = F_e - F_m = \frac{\lambda_1 \lambda_2}{2\pi \varepsilon_0 d}(1 - \mu_0 \varepsilon_0 v_1 v_2)$$

$$= \frac{\lambda_1 \lambda_2}{2\pi \varepsilon_0 d}\left(1 - \frac{v_1 v_2}{c^2}\right) \tag{18.18}$$

力的方向是相互排斥。

磁力与电力的比值为

$$\frac{F_m}{F_e} = \varepsilon_0 \mu_0 v_1 v_2 = \frac{v_1 v_2}{c^2} \tag{18.19}$$

在通常情况下，v_1 和 v_2 均较 c 小很多，所以通常磁力比电力小得多。

让我们通过一个典型的例子来估计一下式(18.19)中的比值大小。设有两根平行的所载电流分别为 I_1 和 I_2 的静止铜导线,导线中的正电荷几乎是不动的,而自由电子则作定向运动,它们的漂移速度约为 10^{-4} m/s,所以

$$\frac{F_m}{F_e} = \frac{v^2}{c^2} \approx 10^{-25}$$

这就是说,这两根导线中的运动电子之间的磁力与它们之间的电力之比为 10^{-25},磁力比电力小很多。那为什么在这种情况下实验中总是观察到磁力而发现不了电力呢?这是因为在铜导线中实际有两种电荷,每根导线中各自的正、负电荷在周围产生的电场相互抵消,所以此一导线中的运动电子就不受彼一导线中电荷的电力,而只有磁力显现出来了。在没有相反电荷抵消电力的情况下,磁力是相对很不显著的。在原子内部电荷的相互作用就是这样。在那里电力起主要作用,而磁力不过是一种小到"二级"(v^2/c^2)的效应。

提要

1. **带电粒子在均匀磁场中的运动**

   圆周运动的半径: $R = \dfrac{mv}{qB}$

   圆周运动的周期: $T = \dfrac{2\pi m}{qB}$

   螺旋运动的螺距: $h = \dfrac{2\pi m}{qB} v_{/\!/}$

2. **霍尔效应**: 在磁场中的载流导体上出现横向电势差的现象。

   霍尔电压: $U_H = \dfrac{IB}{nqb}$

   霍尔电压的正负和形成电流的载流子的正负有关。

3. **载流导线在磁场中受的磁力——安培力**

   对电流元 $Id\boldsymbol{l}$: $d\boldsymbol{F} = Id\boldsymbol{l} \times \boldsymbol{B}$

   对一段载流导线: $\boldsymbol{F} = \displaystyle\int_L Id\boldsymbol{l} \times \boldsymbol{B}$

   对均匀磁场中的载流线圈,磁力 $\boldsymbol{F} = 0$

4. **载流线圈受均匀磁场的力矩**

   $$\boldsymbol{M} = \boldsymbol{m} \times \boldsymbol{B}$$

   其中 $\boldsymbol{m} = I\boldsymbol{S} = IS\,\boldsymbol{e}_n$

   为载流线圈的磁矩。

5. **平行载流导线间的相互作用力**: 单位长度导线段受的力的大小为

   $$F_1 = \frac{\mu_0 I_1 I_2}{2\pi d}$$

   国际上约定以这一相互作用力定义电流的 SI 单位 A。

思 考 题

18.1 说明：如果测得以速度 v 运动的电荷 q 经过磁场中某点时受的磁力最大值为 $F_{m,max}$，则该点的磁感应强度 B 可用下式定义：
$$B = F_{m,max} \times v/qv^2$$

18.2 宇宙射线是高速带电粒子流(基本上是质子)，它们交叉来往于星际空间并从各个方向撞击着地球。为什么宇宙射线穿入地球磁场时，接近两磁极比其他任何地方都容易？

18.3 如果我们想让一个质子在地磁场中一直沿着赤道运动，我们是向东还是向西发射它呢？

18.4 赤道处的地磁场沿水平面并指向北。假设大气电场指向地面，因而电场和磁场相互垂直。我们必须沿什么方向发射电子，使它的运动不发生偏斜？

18.5 能否利用磁场对带电粒子的作用力来增大粒子的动能？

18.6 当带电粒子由弱磁场区向强磁场区作螺旋运动时，平行于磁场方向的速度分量如何变化？动能如何变化？垂直于磁场方向的速度分量如何变化？

18.7 一根长直导线周围有不均匀磁场，今有一带正电粒子平行于导线方向射入这磁场中，它此后的运动将是怎样的？轨迹如何？（大致定性说明。）

18.8 相互垂直的电场 E 和磁场 B 可做成一个带电粒子**速度选择器**，它能使选定速度的带电粒子垂直于电场和磁场射入后无偏转地前进。试求这带电粒子的速度和 E 及 B 的关系。

18.9 在磁场方向和电流方向一定的条件下，导体所受的安培力的方向与载流子的种类有无关系？霍尔电压的正负与载流子的种类有无关系？

18.10 图 18.18 显示出在一汽泡室中产生的一对正、负电子的轨迹图，磁场垂直于图面而指离读者。试分析哪一支是电子的轨迹，哪一支是正电子的轨迹？为何轨迹呈螺旋形？

18.11 如图 18.19 所示，均匀电场 $E = E\boldsymbol{j}$，均匀磁场 $B = B\boldsymbol{k}$。试定性说明一质子由静止从原点出发，将沿图示的曲线（这样的曲线叫旋轮线或摆线）运动，而且不断沿 x 方向重复下去。质子的速率变化情况如何？

图 18.18　思考题 18.10 用图

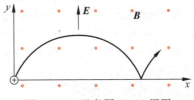

图 18.19　思考题 18.11 用图

习题

18.1 某一粒子的质量为 0.5 g，带有 2.5×10^{-8} C 的电荷。这一粒子获得一初始水平速度 6.0×10^4 m/s，若利用磁场使这粒子仍沿水平方向运动，则应加的磁场的磁感应强度的大小和方向各如何？

18.2 如图 18.20，一电子经过 A 点时，具有速率 $v_0=1\times10^7$ m/s。
(1) 欲使这电子沿半圆自 A 至 C 运动，试求所需的磁场大小和方向；
(2) 求电子自 A 运动到 C 所需的时间。

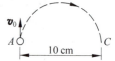

图 18.20　习题 18.2 用图

18.3 把 2.0×10^3 eV 的一个正电子，射入磁感应强度 $B=0.1$ T 的匀强磁场中，其速度矢量与 $\boldsymbol{B}$ 成 $89°$，路径成螺旋线，其轴在 $\boldsymbol{B}$ 的方向。试求这螺旋线运动的周期 T、螺距 h 和半径 r。

18.4 估算地求磁场对电视机显像管中电子束的影响。假设加速电势差为 2.0×10^4 V，如电子枪到屏的距离为 0.2 m，试计算电子束在大小为 0.5×10^{-4} T 的横向地磁场作用下约偏转多少？假定没有其他偏转磁场，这偏转是否显著？

18.5 北京正负电子对撞机中电子在周长为 240 m 的储存环中作轨道运动。已知电子的动量是 1.49×10^{-18} kg·m/s，求偏转磁场的磁感应强度。

18.6 蟹状星云中电子的动量可达 10^{-16} kg·m/s，星云中磁场约为 10^{-8} T，这些电子的回转半径多大？如果这些电子落到星云中心的中子星表面附近，该处磁场约为 10^8 T，它们的回转半径又是多少？

18.7 在一汽泡室中，磁场为 20 T，一高能质子垂直于磁场飞过时留下一半径为 3.5 m 的圆弧径迹。求此质子的动量和能量。

18.8 从太阳射来的速度是 0.80×10^8 m/s 的电子进入地球赤道上空高层范艾仑带中，该处磁场为 4×10^{-7} T。此电子作圆周运动的轨道半径是多大？此电子同时沿绕地磁场磁感线的螺线缓慢地向地磁北极移动。当它到达地磁北极附近磁场为 2×10^{-5} T 的区域时，其轨道半径又是多大？

18.9 一台用来加速氘核的回旋加速器的 D 盒直径为 75 cm，两磁极可以产生 1.5 T 的均匀磁场（图 18.21）。氘核的质量为 3.34×10^{-27} kg，电量就是质子电量。求：
(1) 所用交流电源的频率应多大？
(2) 氘核由此加速器射出时的能量是多少 MeV？

18.10 质谱仪的基本构造如图 18.22 所示。质量 m 待测的、带电 q 的离子束经过速度选择器（其中有相互垂直的电场 E 和磁场 $\boldsymbol{B}$）后进入均匀磁场 $\boldsymbol{B}'$ 区域发生偏转而返回，打到胶片上被记录下来。
(1) 证明偏转距离为 l 的离子的质量为
$$m=\frac{qBB'l}{2E}$$
(2) 在一次实验中 ^{16}O 离子的偏转距离为 29.20 cm，另一种氧的同位素离子的偏转距离为 32.86 cm。已知 ^{16}O 离子的质量为 16.00 u，另一种同位素离子的质量是多少？

18.11 如图 18.23 所示，一铜片厚为 $d=1.0$ mm，放在 $B=1.5$ T 的磁场中，磁场方向与铜片表面垂直。已知铜片里每立方厘米有 8.4×10^{22} 个自由电子，每个电子的电荷 $-e=-1.6\times10^{-19}$ C，当铜片中有 $I=200$ A 的电流流通时，
(1) 求铜片两侧的电势差 $U_{aa'}$；
(2) 铜片宽度 b 对 $U_{aa'}$ 有无影响？为什么？

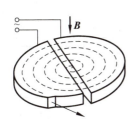

图 18.21 回旋加速器的两个 D 盒(其上，下两磁极未画出)示意图

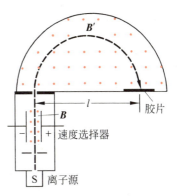

图 18.22 质谱仪结构简图

18.12 如图 18.24 所示，一块半导体样品的体积为 $a \times b \times c$，沿 x 方向有电流 I，在 z 轴方向加有均匀磁场 B。这时实验得出的数据 $a=0.10$ cm，$b=0.35$ cm，$c=1.0$ cm，$I=1.0$ mA，$B=3\,000$ G，片两侧的电势差 $U_{AA'}=6.55$ mV。

(1) 这半导体是正电荷导电(P 型)还是负电荷导电(N 型)？

(2) 求载流子浓度。

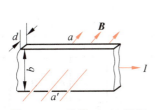

图 18.23 习题 18.11 用图

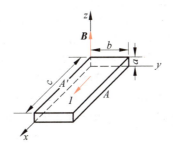

图 18.24 习题 18.12 用图

18.13 掺砷的硅片是 N 型半导体，这种半导体中的电子浓度是 2×10^{21} 个/m³，电阻率是 1.6×10^{-2} Ω·m。用这种硅做成霍尔探头以测量磁场，硅片的尺寸相当小，是 0.5 cm×0.2 cm×0.005 cm。将此片长度的两端接入电压为 1 V 的电路中。当探头放到磁场某处并使其最大表面与磁场某主向垂直时，测得 0.2 cm 宽度两侧的霍尔电压是 1.05 mV。求磁场中该处的磁感应强度。

18.14 磁力可用来输送导电液体，如液态金属、血液等而不需要机械活动组件。如图 18.25 所示是输送液态钠的管道，在长为 l 的部分加一横向磁场 B，同时垂直于磁场和管道通以电流，其电流密度为 J。

(1) 证明：在管内液体 l 段两端由磁力产生的压力差为 $\Delta p = JlB$，此压力差将驱动液体沿管道流动；

(2) 要在 l 段两端产生 1.00 atm 的压力差，电流密度应多大？设 $B=1.50$ T，$l=2.00$ cm。

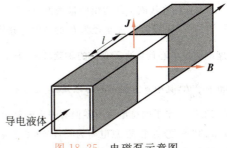

图 18.25 电磁泵示意图

18.15 霍尔效应可用来测量血液的速度。其原理如图 18.26 所示，在动脉血管两侧分别安装电极并加以磁场。设血管直径是 2.0 mm，磁感应强度为 0.080 T，毫伏表测出的电压为 0.10 mV，血流的速度多大？(实际上磁场由交流电产生而电压也是交流电压。)

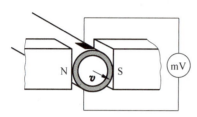

图 18.26 习题 18.15 用图

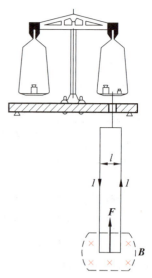

图 18.27 习题 18.16 用图

18.16 安培天平如图 18.27 所示,它的一臂下面挂有一个矩形线圈,线圈共有 n 匝。它的下部悬在一均匀磁场 B 内,下边一段长为 l,它与 B 垂直。当线圈的导线中通有电流 I 时,调节砝码使两臂达到平衡;然后使电流反向,这时需要在一臂上加质量为 m 的砝码,才能使两臂再达到平衡(设 $g=9.80 \text{ m/s}^2$)。

(1) 写出求磁感应强度 B 的大小公式;

(2) 当 $l=10.0 \text{ cm}, n=5, I=0.10 \text{ A}, m=8.78 \text{ g}$ 时,$B=?$

18.17 一矩形线圈长 20 mm,宽 10 mm,由外皮绝缘的细导线密绕而成,共绕有 1 000 匝,放在 $B=1\ 000 \text{ G}$ 的均匀外磁场中,当导线中通有 100 mA 的电流时,求图 18.28 中下述两种情况下线圈每边所受的力与整个线圈所受的力及力矩,并验证力矩符合式(18.15)。

(1) B 与线圈平面的法线重合(图 18.28(a));

(2) B 与线圈平面的法线垂直(图 18.28(b))。

18.18 一正方形线圈由外皮绝缘的细导线绕成,共绕有 200 匝,每边长为 150 mm,放在 $B=4.0 \text{ T}$ 的外磁场中,当导线中通有 $I=8.0 \text{ A}$ 的电流时,求:

(1) 线圈磁矩 m 的大小;

(2) 作用在线圈上的力矩的最大值。

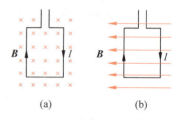

图 18.28 习题 18.17 用图

18.19 一质量为 m 半径为 R 的均匀电介质圆盘均匀带有电荷,面电荷密度为 σ。求证当它以 ω 的角速度绕通过中心且垂直于盘面的轴旋转时,其磁矩的大小为 $m=\frac{1}{4}\pi\omega\sigma R^4$,而且磁矩 m 与角动量 L 的关系为 $m=\frac{q}{2m}L$,其中 q 为盘带的总电量。

*18.20 中子的总电荷为零但有一定的磁矩。已知一个中子由一个带 $+2e/3$ 的"上"夸克和两个各带 $-e/3$ 的"下"夸克组成,总电荷为零,但由于夸克的运动,可以产生一定的磁矩。一个最简单的模型是三个夸克都在半径为 r 的同一个圆周上以同一速率 v 运动,两个下夸克的绕行方向一致,但和上夸克的绕行方向相反。

(1) 写出由于这三个夸克的运动而使中子具有的磁矩的表示式;

(2) 如果夸克运动的轨道半径 $r=1.20\times10^{-15} \text{ m}$,求夸克的运动速率 v 是多大才能使中子的磁矩符合

实验值 $m = 9.66 \times 10^{-27}$ A·m²。

*18.21 电子的内禀自旋磁矩为 0.928×10^{-23} J/T。电子的一个经典模型是均匀带电球壳,半径为 R,电量为 e。当它以 ω 的角速度绕通过中心的轴旋转时,其磁矩的表示式如何？现代实验证实电子的半径小于 10^{-18} m,按此值计算,电子具有实验值的磁矩时其赤道上的线速度多大？这一经典模型合理吗？

18.22 如图 18.29 所示,在长直电流近旁放一矩形线圈与其共面,线圈各边分别平行和垂直于长直导线。线圈长度为 l,宽为 b,近边距长直导线距离为 a,长直导线中通有电流 I。当矩形线圈中通有电流 I_1 时,它受的磁力的大小和方向各如何？它又受到多大的磁力矩？

18.23 一无限长薄壁金属筒,沿轴线方向有均匀电流流通,面电流密度为 j(A/m)。求单位面积筒壁受的磁力的大小和方向。

18.24 将一均匀分布着电流的无限大载流平面放入均匀磁场中,电流方向与此磁场垂直。已知平面两侧的磁感应强度分别为 $\boldsymbol{B}_1$ 和 $\boldsymbol{B}_2$(图 18.30),求该载流平面单位面积所受的磁场力的大小和方向。

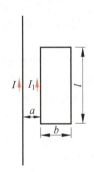

图 18.29 习题 18.22 用图

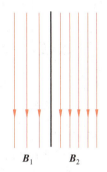

图 18.30 习题 18.24 用图

18.25 两条无限长平行直导线相距 5.0 cm,各通以 30 A 的电流。求一条导线上每单位长度受的磁力多大？如果导线中没有正离子,只有电子在定向运动,那么电流都是 30 A 的一条导线的每单位长度受另一条导线的电力多大？电子的定向运动速度为 1.0×10^{-3} m/s。

18.26 如图 18.31 所示,一半径为 R 的无限长半圆柱面导体,其上电流与其轴线上一无限长直导线的电流等值反向,电流 I 在半圆柱面上均匀分布。

(1) 试求轴线上导线单位长度所受的力；

(2) 若将另一无限长直导线(通有大小、方向与半圆柱面相同的电流 I)代替圆柱面,产生同样的作用力,该导线应放在何处？

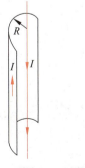

图 18.31 习题 18.26 用图

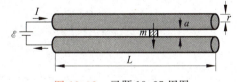

图 18.32 习题 18.27 用图

18.27 正在研究的一种电磁导轨炮(子弹的出口速度可达 10 km/s)的原理可用图 18.32 说明。子弹置于两条平行导轨之间,通以电流后子弹会被磁力加速而以高速从出口射出。以 I 表示电流,r 表示导轨(视为圆柱)半径,a 表示两轨面之间的距离。将导轨近似地按无限长处理,证明子弹受的磁力近似地可以

表示为

$$F = \frac{\mu_0 I^2}{2\pi} \ln \frac{a+r}{r}$$

设导轨长度 $L=5.0$ m, $a=1.2$ cm, $r=6.7$ cm, 子弹质量为 $m=317$ g, 发射速度为 4.2 km/s。

(1) 求该子弹在导轨内的平均加速度是重力加速度的几倍？(设子弹由导轨末端起动。)

(2) 通过导轨的电流应多大？

(3) 以能量转换效率 40% 计, 子弹发射需要多大功率的电源？

*18.28 置于均匀磁场 **B** 中的一段软导线通有电流 I, 下端悬一重物使软导线中产生张力 **T** (图 18.33)。这样, 软导线将形成一段圆弧。

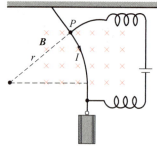

图 18.33 习题 18.28 用图

(1) 证明：圆弧的半径为 $r=T/BI$。

(2) 如果去掉导线, 通过点 P 沿着原来导线方向射入一个动量为 $p=qT/I$ 的带电为 $-q$ 的粒子, 试证该粒子将沿同一圆弧运动。(这说明可以用软导线来模拟粒子的轨迹。实验物理学家有时用这种办法来验证粒子通过一系列磁铁时的轨迹。)

*18.29 两个质子某一时刻相距为 a, 其中质子 1 沿着两质子连线方向离开质子 2, 以 v_1 的速度运动。质子 2 垂直于二者连线方向以 v_2 的速度运动。求此时刻每个质子受另一质子的作用力的大小和方向。(设 v_1 和 v_2 均甚小于光速 c)。这两个力是否服从牛顿第三定律？(牛顿第三定律实际上是两粒子的动量守恒在经典力学中的表现形式。这里两质子作为粒子虽然不满足牛顿第三定律, 但如果计入电磁场的动量, 这一系统的总动量仍然是守恒的。)

*18.30 原子处于不同状态时的磁矩不同, 钠原子在标记为 "$^2P_{3/2}$" 的状态时的 "有效" 磁矩为 2.39×10^{-23} J/T。由于磁矩在磁场中的方位的量子化, 处于此状态的钠原子的磁矩在磁场中的指向只可能有四种, 它们与磁场方向的夹角分别为 $39.2°, 75°, 105°, 140.8°$。求在 $B=2.0$ T 的磁场中, 处于此状态的钠原子的磁势能可能分别是多少？

今日物理趣闻

等离子体

H.1 物质的第四态

随着温度的升高，一般物质依次表现为固体、液体和气体。它们统称物质的三态。当气体温度进一步升高时，其中许多，甚至全部分子或原子将由于激烈的相互碰撞而离解为电子和正离子。这时物质将进入一种新的状态，即主要由电子和正离子（或是带正电的核）组成的状态。这种状态的物质叫**等离子体**，它可以称为物质的第四态。

宇宙中99％的物质是等离子体，太阳和所有恒星、星云都是等离子体。只是在行星、某些星际气体或尘云中人们发现有固体、液体或气体，但是这些物体只是宇宙物质的很小的一部分。在地球上，天然的等离子体是非常稀少的，这是因为等离子体存在的条件和人类生存的条件是不相容的。在地球上的自然现象中，只有闪电、极光等等离子体现象。地球表面以上约50 km到几万千米的高空存在一层等离子体，叫**电离层**，它对地球的环境和无线电通信有重要的影响。近代技术越来越多地利用人造的等离子体，例如霓虹灯、电弧、日光灯内的发光物质都是等离子体，火箭体内燃料燃烧后喷出的火焰、原子弹爆炸时形成的火球也都是等离子体。

通常的气体中也可能会有电子和正离子，但它不是等离子体。把气体加热使之温度越来越高，它就可以转化为等离子体。但是，通常气体和等离子体的转化并没有严格的界限，它不像固体溶解或液体汽化那么明显。例如，蜡烛的火焰就处于一种临界状态，其中电子和离子数多时就是等离子体，少时就是一般的高温气体。高温气体和等离子体的主要差别在于其电磁特性。等离子体因为具有大量的电子和正离子而成为良好的导体，宏观电磁场对它有明显的影响，高温气体是绝缘体，它对电磁场几乎没有什么反应。

等离子体中有大量的电子和正离子，但总体来讲它是电中性的。作为等离子体，它内部的电子和正离子数目必须足够大以至于不会发生局部的正或负电荷的集中，从而导致电中性的破坏。如果由于偶然的原因，例如，在某处形成了正电荷的集中，它附近的负电荷会被吸引而很快地移过来，从而又恢复了该处的电中性。这就是说，尽管在等离子体中有大量的正电荷和负电荷，但这些电荷之间的相互作用总是要使等离子体内保持宏观的电中性。

我们知道，在静电条件下，一个良导体内部电场是等于零的，它的表面的感生电荷使导体能屏蔽其内部,而不受电场的作用。作为导体的等离子体也有这种性质。设想在等离子体中插入一个,譬如说,带正电的导体(它的表面涂有一层绝缘介质膜使之不和等离子体直接接触),这时等离子体中的电子就会迅速向带电体靠近,最后在导体表面外将形成一层负电荷(图 H.1),从而屏蔽了等离子体内部使不受带电体电场的作用。由于电子的热运动,带电体表面外等离子体内的电荷层是有一定厚度的,而这一厚度随温度的升高而增大。只是在层内,带电体所带电荷才对等离子体有影响。对于层外的等离子体内部,带电体的电荷不发生任何作用,在这里也没有宏观电场存在。

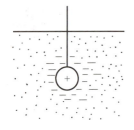

图 H.1 等离子体的屏蔽作用

上述带电体外有净电荷的等离子层的厚度叫做**屏蔽距离**或**德拜距离**,它由下面公式给出:

$$D = \sqrt{\frac{\varepsilon_0 kT}{ne^2}} \tag{H.1}$$

式中 n 是单位体积内的电子数,T 是这些电子的温度,k 为玻耳兹曼常量。这一距离决定了外电场能深入到等离子体内的程度,也给出了等离子体内由于热运动而可能引起的局部偏离电中性的空间尺寸。对于线度大于德拜距离的等离子体,它将保持宏观的电中性,因为任何电荷的集中将会很快地被一相反的电荷层所包围,从而恢复电中性。因此,德拜距离可以作为判定等离子体的一个判据。当电离气体的线度远大于德拜距离时,它就是一个等离子体。例如在普通氖管中,电离气体的电子数密度约为 10^9 cm^{-3},这些电子的温度为 2×10^4 K。由式(H.1)可算出德拜距离为

$$D = \sqrt{\frac{8.85 \times 10^{-12} \times 1.38 \times 10^{-23} \times 2 \times 10^4}{10^{15} \times (1.6 \times 10^{-19})^2}}$$
$$= 3 \times 10^{-4}(\text{m}) = 0.3(\text{mm})$$

因此,只要氖管的尺寸大于几毫米,其中的电离气体就成了等离子体。

在上面的计算中用了电子温度为 2×10^4 K 这个数据,即电子温度为两万度。这似乎不符合事实,然而事实上正是这样。这是因为在等离子体中同时有两种温度,一是电子的温度,一是正离子的温度。在氖管中,前者可达 2×10^4 K,而后者只有 2×10^3 K。所以有这种区别要归因于电子和离子之间的能量交换。由于电子比较轻快,正离子比较笨重,所以等离子体中的电流基本上是电子运动形成的。因此电子得到了几乎全部外电源供给的能量,所以达到了较高的温度。正离子基本上只能间接地通过和电子碰撞从电子那里得到能量。根据力学原理,质量小的质点和质量大的质点碰撞时,质量小的质点的能量几乎没有损失,因此,正离子从与电子碰撞中得到能量是很少的,所以它们的温度就很难升高。(当然,经过相当一段时间,通过碰撞,电子和正离子会达到热平衡而具有相同的温度。但是,现代技术中所获得的等离子体存在的时间往往比电子和正离子达到热平衡所需要的时间短很多,因此,在等离子体存在的期间内,其中总有两种不同的温度。)

表 H.1 列出了几种等离子体,其中大多数是发光的,但也有些不发光,如地球的电离层、日冕、太阳风等。它们所以不发光,是因为构成它们的等离子体太稀薄,以至不能发出足够多的能量,尽管它们的温度很高。

表 H.1　几种等离子体

等离子体	电子温度/K	电子数密度/cm^{-3}
太阳中心	2×10^7	10^{26}
太阳表面	5×10^3	10^6
日冕	10^6	10^5
聚变实验(托卡马克)	10^8	10^{14}
原子弹爆炸火球	10^7	10^{20}
太阳风	10^5	5
闪电	3×10^4	10^{18}
辉光放电(氖管)	2×10^4	10^9
地球电离层	2×10^3	10^5
一般火焰	2×10^3	10^8

H.2　等离子体内的磁场

在实验室里或自然界里等离子体多处于磁场之中。这磁场可能是外加的，也可能是通过等离子体本身的电流产生的。由于等离子体是良导体，所以其内部不能有电场存在，但是可以有磁场。不但如此，而且由法拉第定律，变化的磁场会感生出电场，不能有电场存在，就要求等离子体内部的磁场不能发生改变。这就是说，等离子体内部一旦具有了磁场，这磁场将不再发生变化，这种现象叫磁场在等离子体内部的**冻结**。也可以用楞次定律来解释这一现象。设想等离子体内磁场要发生变化，当它刚一开始变化时，就会感生出一个电流，这电流的磁场和原磁场的叠加正好使原磁场不发生改变。

由于磁场的冻结，所以当等离子体在磁场中运动时，体内的磁感线会跟着等离子体一起运动(如图 H.2(b)所示，图 H.2(a)是一块等离子体静止于磁场中的情形)。更有甚者，当等离子体被压缩时，其中的磁感线也被压缩(图 H.2(c))。

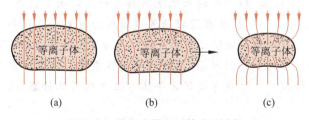

图 H.2　磁场在等离子体中的冻结

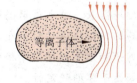

图 H.3　等离子体挤压磁感线

由于等离子体内的磁场不会发生变化，所以将一块内部没有磁场的等离子体移入磁场中时，它会挤压磁感线使之变形，如图 H.3 所示。这也可以由楞次定律说明。磁场刚要进入等离子体中时，就感应出了电流，这电流的磁场和原磁场的叠加使等离子体内部磁场仍保持为零，而外部合磁场的磁感线变成了扭曲的形状。

等离子体排挤磁场的性质对地磁场的形状有重要的影响。不受外界影响时，地磁场应是一个磁偶极子的磁场，对于地磁场具有轴对称分布。实际上由于太阳风的作用，这磁场大大地变形了。**太阳风**是由电子和质子组成的中性等离子体。它由太阳向四外发射，速度可达 400 km/s。吹向地球的太阳风将改变地磁场的形状：面向太阳的一面被压缩，背向太阳的一面被拉长（图 H.4）。地磁场所占据的空间叫**磁球**。由于太阳风的作用，磁球不再呈球形，而是像一个拉长了的雨滴，尾部可以延伸至几十万千米远处。

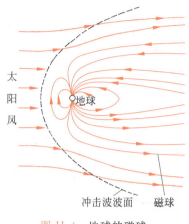

图 H.4　地球的磁球

可以附带指出的是，由于地球相对于太阳风的速度（400 km/s）远大于太阳风中声波传播的速度，所以这一相对运动会在太阳风中产生冲击波，正像超音速飞机在空气中引起的激波一样。图 H.4 中也画出了这一冲击波的波面。

H.3　磁场对等离子体的作用

等离子体中的电子和正离子都在作高速运动，因此磁场会对这些粒子有作用，这些作用宏观上表现为对整个等离子体的作用。

运动电荷在磁场作用下的运动情况在第 18 章中已讨论过了。在匀强磁场中，带电粒子要绕磁感线作**螺旋运动**（参看图 18.2）。在非均匀磁场中，作螺旋运动的带电粒子会受到与磁场增强方向相反的力的作用，因而要被推向磁场较弱的区域，这就是**磁镜**的原理（参看图 18.5）。这是非均匀磁场对沿磁感线方向运动的带电粒子的影响。

由于非均匀磁场的作用，运动的带电粒子还会发生一种垂直于磁场方向的**漂移**。如图 H.5 所示，非均匀磁场的方向垂直纸面指离读者，上强下弱。设正离子或电子初速度的方向和磁场方向垂直。由于洛伦兹力的作用，它们还是要作回旋运动，但与均匀磁场的情形不同，在磁场强的地方，回旋半径小，在磁场弱的地方，回旋半径大，即粒子在磁场强的地方拐弯较快，在磁场弱的地方拐弯较慢。其结果，粒子的运动轨迹不再是一个封闭的圆周，而成了一个有回折的振荡曲线。每一次"振荡"中，粒子在弱磁场区域经历的时间和路程都比在强磁场区长。这也表示磁场要把带电粒子推向磁场较弱的区域。更为突出的是这种不均匀磁场的作用使运动粒子发生了垂直于磁场方向的移动，这一移动叫做**漂移**。值得注意的是正离子和电子的横向漂移的方向是**相反**的。这将导致等离子体中正负电荷的**分离**，从而影响等离子体的稳定性。

以上讨论的磁场都是"外加"的。当等离子体中有电流流过时，这电流也产生磁场，而等离子体也会受到本身的电流的磁场的作用。图 H.6 画出了一个通有纵向电流的等离子体圆柱。不但圆柱体外有磁场，而且圆柱体内也有磁场。在圆柱体内的磁场是沿径向向外逐渐增强的。根据上面讲的在不均匀磁场中，运动的带电粒子总要被推向磁场较弱的区域的规律，等离子体柱有向中心收缩的趋势。或者说等离子体受到了自身电流的磁场的收缩，这种现象叫**箍缩效应**。

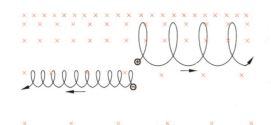
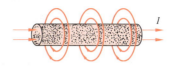

图 H.5　正离子和电子在非均匀磁场中的横向漂移　　图 H.6　箍缩效应

在等离子体中有电流流过时,在严格的条件下,箍缩效应所产生的压缩等离子体的压强和等离子体中粒子热运动产生的扩张的压强相平衡。这时等离子体柱处于平衡的状态,但这一平衡是非常不稳定的。如果等离子体柱由于某种偶然的原因产生一微小的变形,那它就会迅速继续扩大以致平衡最终被破坏。例如,当一等离子体圆柱由于某种原因产生一个小小的弯曲时,那么在弯曲部位,凹侧的磁场就会比凸侧的磁场强。由于等离子体要被磁场推向磁场较弱的区域,这等离子体柱将更加弯曲。越来越严重的弯曲最终将使等离子体消散,这种情况叫做"**扭曲不稳定性**"(图 H.7(a))。又例如,若等离子体柱由于某种原因造成粗细略有不均匀,那么在细的部位的磁场要比粗的部位的强。磁场的作用将促使细的部位进一步变细,以致最后发展到这个部位等离子体柱被截断。这种情况叫做"**截断不稳定性**"或"**腊肠不稳定性**"(图 H.7(b))。

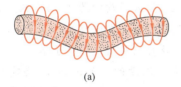
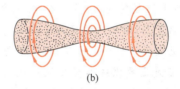

(a)　　(b)

图 H.7　扭曲不稳定性(a)与腊肠不稳定性(b)

还有其他很多的不稳定性。由于这些不稳定性,人造的等离子体常常是在极短时间内(10^{-6} s)就分崩离析了。如何使等离子体保持较长时间的稳定,目前仍是等离子体物理学中一个重要的研究课题。

H.4　热核反应

热核反应,或原子核的聚变反应,是当前很有前途的新能源。在这种反应中几个较轻的核,譬如氘核(D,包含一个质子和一个中子)或氚核(T,包含一个质子和两个中子)结合成一个较重的核,如氦核,同时放出巨大的能量。这种能源之所以诱人,首先是因为自然界中有大量这种燃料存在。天然的氘存在于重水的分子(HDO)中,而海水中大约有0.03%是重水。氚具有放射性,在自然界中没有天然的氚,但它可以在反应堆中用中子轰击锂原子而产生。海水中氘的储量估计能满足人类十亿年的所有能量的需求,而地壳中锂的含量也足够人类使用一百万年。聚变能源的另一特点是它放出的能量多,例如1 kg的氘聚变时放出的能量约等于1 kg的铀裂变时放出的能量的4倍。另外,聚变比较"干净",它的生成物是无害的核(放出的中子可以用适当材料吸收掉),不像铀核裂变那样生成许多种放射性核。

最易实现的聚变反应是氘氘反应和氘氚反应。氘氘反应实际上是由四步组成的,它们是

$$D+D \longrightarrow {}^3He+n$$
$$D+D \longrightarrow T+p$$
$$D+T \longrightarrow {}^4He+n$$
$$D+{}^3He \longrightarrow {}^4He+p$$
$$\overline{6D \longrightarrow 2{}^4He+2p+2n+43.1\ MeV}$$

总结果是六个氘核反应生成两个氦核、两个质子、两个中子和 43.1 MeV 的能量。

氘氚反应需要有锂核参加,它分两步进行:

$$n+{}^6Li \longrightarrow {}^4He+T$$
$$D+T \longrightarrow {}^4He+n$$
$$\overline{D+{}^6Li \longrightarrow 2{}^4He+22.4\ MeV}$$

总结果是氘核和锂核反应生成氦核和 22.4 MeV 的能量,氚核只是在中间过程中出现。氘氚反应比氘氘反应在技术上要复杂得多,但由于前者的点火温度比较低,所以被认为是一种更有希望的聚变反应。

不论是氘氘反应,还是氘氚反应,都是带正电的原子核相结合的反应。由于核之间的库仑斥力很大,所以参加反应的核必须具有很大的动能。增大核的动能的唯一可行的方法是通过热运动,因此,参加反应的物质必须具有很高的温度,这一温度就叫做聚变的**点火温度**。对氘氘反应,所需温度约为 5×10^9 K,对氘氚反应,所需温度约为 1×10^8 K。这样的温度都比太阳中心的温度高,因此这些聚变反应又叫做**热核反应**。在这样高的温度下,氘和氚的原子都已经完全电离成原子核和电子了,所以参与聚变反应的物质是等离子体。

引发核聚变是需要供给能量使燃料达到其点火温度的。不但如此,要建成一个有实用价值的反应器,就必须使热核反应放出的能量至少要和加热燃料所用的能量相等。为达到这一目的,就必须增加核燃料的密度。同时,由于等离子体极不稳定,所以还必须设法延长等离子体存在的时间。燃料核的密度越大,它们之间碰撞的机会越多,反应就越充分。在一定燃料核密度下,稳定时间越长,反应也越充分。反应越充分,释放的能量就越多。计算表明要使热核反应器成为一个自行维持反应的系统的条件是

$$n(离子数密度)\times \tau(稳定时间)\geqslant 常数 \qquad (H.2)$$

这一条件称为**劳森判据**。如果式中 n 表示每立方厘米的离子数,时间用秒计算,则对氘氘反应,式中的常数为 5×10^{15},对于氘氚反应,这一常数为 2×10^{14}。因此,对于氘氚反应,如果等离子体的密度为 10^{14} cm^{-3},则至少需要它稳定 2 s。如果等离子体的密度为 10^{23} cm^{-3},则稳定时间可以减小到 2×10^{-9} s。

H.5 等离子体的约束

如上所述要产生有效的热核反应,需要燃料等离子体处于很高的温度,同时还要维持等离子体存在一定的时间。这两方面的要求都是很难达到的,这正是受控热核反应所要解决的问题。

要使热核反应在某种装置内进行,首先碰到的问题是要把超高温等离子体盛放在一定

的容器中。任何实际的固体容器都不能用来盛放这种等离子体,因为到 4 000℃以上的温度时,现有的任何耐火材料都会熔化。现在技术中用来盛放或约束等离子体的方法是借助于磁场来实现的。

最简单的约束等离子体的磁场设计是 18.1 节讲过的**磁瓶**。它两端的磁场比中间的磁场强,形成了两个能反射等离子体中的电子和正离子的磁镜,因而把等离子体限制在这样的磁瓶中。但是,由于磁场对沿磁感线方向运动的离子没有作用力,所以,实际上,离子和电子还是有可能从两端泄漏出去的。

为了避免等离子体从磁瓶的两端泄漏,人们设计了**环形磁瓶**来约束等离子体。它实际上是一个环形螺线管(图 H.8),通以电流后在其内部形成封闭的环向磁场。在这无头无尾的磁场内,人们期望等离子体中的粒子会无休止地绕磁感线旋进,从而实现稳定的约束。但事实上达到稳定的约束很难,因为在环管的截面上磁场的分布实际上是不均匀的,内侧强而外侧弱。这不均匀磁场将把等离子体推向环管的外侧壁上,从而使其失去约束。

前面讲过电流通过等离子体时,其磁场对等离子体本身的箍缩效应也可以用来约束等离子体。根据这一原理设计的装置如图 H.9 所示,一个变压器的原线圈通过一个开关与一组高压电容器相连,另有一个环形反应室作为变压器的副线圈。首先向反应室内充入等离子体热核燃料,然后合上开关。这时预先充了电的电容器立即通过变压器的原线圈放电,从而产生强大的脉冲电流。同时在环状反应室内的等离子体中感应出更为强大的电流(可达 10^6 A)。这电流将对等离子体自身产生箍缩压力,而使等离子体约束在一个环内。在这一过程中,还由于强大的电流通过等离子体而起了加热作用,使等离子体温度进一步升高,同时由于等离子体环受箍缩变细而提高了等离子体的密度。这都有利于实现等离子体热核燃料的点火。但是这种装置也还未实现人们的理想。原因是它在环的截面上的磁场分布也是不均匀的,另外这种磁场箍缩容易被扭曲不稳定性或腊肠不稳定性等不稳定因素破坏。

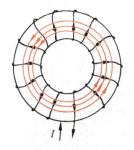

图 H.8　环状磁瓶

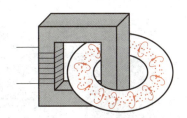

图 H.9　环形箍缩装置

为了进一步接近产生受控热核反应的条件,就把上述环形磁瓶装置和环形箍缩装置结合起来。这也就是在环形箍缩装置中的环形反应室外面再绕上线圈,并通以电流(图 H.10)。这样,当合上变压器的原线圈上的开关后,在反应器内就会有两种磁场:一种是轴向的(B_1),它由反应室外面的线圈中的电流产生;另一种是圈向的(B_2),它由等离子体中的感生电流产生。这两种磁场的叠加形成螺旋形的总磁场(B)。理论和实验都证明,约束在这种磁场内的等离子体,稳定性比较

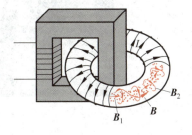

图 H.10　托卡马克装置

好。在这种反应器内,粒子除了由于碰撞而引起的横越磁感线的损失外,几乎可以无休止地在环形室内绕磁感线旋进。由于磁感线呈螺线形或扭曲形,在绕环管一周后并不自相闭合,所以粒子绕磁感线旋进时一会儿跑到环管内侧,一会儿跑到环管外侧,总徘徊于磁场之中,而不会由于磁场的不均匀而引起电荷的分离。在这种装置里,还可分别调节轴向磁场 B_1 和圈向磁场 B_2,从而找到等离子体比较稳定的工作条件。

图 H.10 的实验装置叫**托卡马克装置**,是目前建造得比较多的受控热核反应实验装置。这种装置算是相对比较简单、比较容易制造的装置。目前,在这种装置上,已能使等离子体加热至 4×10^8 K,约束时间达到 5 s。尽管困难还是很多,但看来这种装置最有希望首先实现受控热核反应。

除了利用磁约束来实现受控热核反应以外,目前还在设计试验一种**惯性约束**方法。它的基本做法是把核聚变燃料做成直径约 1 mm 的小靶丸。每一次有一个小靶丸放入反应室,然后用强的激光脉冲(延续 10^{-9} s,具有 100 kJ 的能量)照射。这样高能量的输入会使靶丸变成等离子体,而且在这等离子体由于惯性还来不及飞散的短时间内,把它加热到极高的温度而发生聚变反应。这实际上是强激光一个个地引爆超小型氢弹,这种反应叫**激光核聚变**。这种技术的成功一方面取决于燃料靶丸的制造,同时也取决于大功率的激光器的发展。

由我国自行设计、建造的"中国环流器一号"受控热核反应研究装置于 1984 年 9 月 21 日在成都建成启动,它是一种托卡马克装置。20 世纪 90 年代已把它改建成"中国环流器新一号"(图 H.11)。进入 21 世纪,又建成了新的环流器 HL—2A。2006 年 2 月,在合肥的中国科学院等离子体研究所建成了一座实验高级超导托卡马克(EAST)装置,它是目前世界上唯一运行的全超导磁体的核聚变实验装置(图 H.12)。它已首先完成了放电实验,获得了电流 300×10^3 A、延续时间近 3 s 的高温等离子体放电,温度已达到 10^8 ℃。国际上,俄、美、日等许多国家也早已开展了类似的研究,并已获得了输出功率大于输入功率的成果。2006 年,美、俄、日、欧共体等联合开发的国际热核聚变实验堆(ITER)已完成设计,决定在

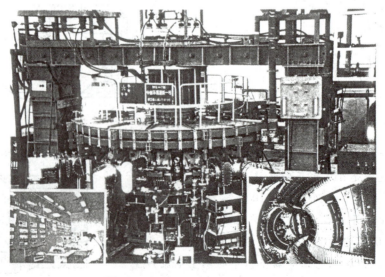

图 H.11 中国环流器新一号外景

左下图为控制室,右下图为环形反应室内景

图 H.12　EAST 外景

法国 Catalache 建设，预定在 2025 年基本组装完毕，2035 年整体建设完成进入全负荷实验阶段。该计划由世界上众多（包括中国的）专家参与。热核聚变前景光明，专家估计到 2050 年前后人类有可能实现原型示范的可控热核聚变电站发电。

第 19 章

磁场中的磁介质

上两章讨论了真空中磁场的规律,在实际应用中,常需要了解物质中磁场的规律。由于物质的分子(或原子)中都存在着运动的电荷,所以当物质放到磁场中时,其中的运动电荷将受到磁力的作用而使物质处于一种特殊的状态中,处于这种特殊状态的物质又会反过来影响磁场的分布。本章将讨论物质和磁场相互影响的规律。

值得指出的是,本章所述研究磁介质的方法,包括一些物理量的引入和规律的介绍,都和第 15 章研究电介质的方法十分类似,几乎可以"平行地"对照说明。这一点对读者是很有启发性的。

19.1 磁介质对磁场的影响

在考虑物质受磁场的影响或它对磁场的影响时,物质统称为**磁介质**。磁介质对磁场的影响可以通过实验观察出来。最简单的方法是做一个长直螺线管,先让管内是真空或空气(图 19.1(a)),沿导线通入电流 I,测出此时管内的磁感应强度的大小(测量的方法可以用习题 18.16 的安培秤的方法,也可以用在第 20 章要讲的电磁感应的方法)。然后使管内充满某种磁介质材料(图 19.1(b)),保持电流 I 不变,再测出此时管内磁介质内部的磁感应强度的大小。以 B_0 和 B 分别表示管内为真空和充满磁介质时的磁感应强度,则实验结果显示出二者的数值不同,它们的关系可以用下式表示:

$$B = \mu_r B_0 \tag{19.1}$$

式中 μ_r 叫磁介质的**相对磁导率**,它随磁介质的种类或状态的不同而不同(表 19.1)。有的磁介质的 μ_r 是略小于 1 的常数,这种磁介质叫**抗磁质**。有的磁介质的 μ_r 是略大于 1 的常数,这种磁介质叫**顺磁质**。这两种磁介质对磁场的影响很小,一般技术中常不考虑它们的影响。还有一种磁介质,它的 μ_r 比 1 大得多,而且还随 B_0 的大小发生变化,这种磁介质叫**铁磁质**。

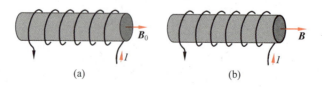

图 19.1 磁介质对磁场的影响

它们对磁场的影响很大，在电工技术中有广泛的应用。

表 19.1 几种磁介质的相对磁导率

磁介质种类		相对磁导率
抗磁质 $\mu_r < 1$	铋(293 K)	$1 - 16.6 \times 10^{-5}$
	汞(293 K)	$1 - 2.9 \times 10^{-5}$
	铜(293 K)	$1 - 1.0 \times 10^{-5}$
	氢(气体)	$1 - 3.98 \times 10^{-5}$
顺磁质 $\mu_r > 1$	氧(液体, 90 K)	$1 + 769.9 \times 10^{-5}$
	氧(气体, 293 K)	$1 + 344.9 \times 10^{-5}$
	铝(293 K)	$1 + 1.65 \times 10^{-5}$
	铂(293 K)	$1 + 26 \times 10^{-5}$
铁磁质 $\mu_r \gg 1$	纯铁	5×10^3 (最大值)
	硅钢	7×10^2 (最大值)
	坡莫合金	1×10^5 (最大值)

为什么磁介质对磁场有这样的影响？这要由磁介质受磁场的影响而发生的改变来说明。这就涉及到磁介质的微观结构，下面我们来说明这一点。

19.2 原子的磁矩

在原子内，核外电子有绕核的轨道运动，同时还有自旋，核也有自旋运动。这些运动都可以等效成微小的圆电流。我们知道，一个小圆电流所产生的磁场或它受磁场的作用都可以用它的**磁偶极矩**(简称**磁矩**)来说明。以 I 表示电流，以 S 表示圆面积，则一个圆电流的磁矩为

$$m = IS e_n$$

其中 e_n 为圆面积的正法线方向的单位矢量，它与电流流向满足右手螺旋关系。

下面我们用一个简单的模型来估算原子内电子轨道运动的磁矩的大小。假设电子在半径为 r 的圆周上以恒定的速率 v 绕原子核运动，电子轨道运动的周期就是 $2\pi r/v$。由于每个周期内通过轨道上任一"截面"的电量为一个电子的电量 e，因此，沿着圆形轨道的电流就是

$$I = \frac{e}{2\pi r/v} = \frac{ev}{2\pi r}$$

而电子轨道运动的磁矩为

$$m = IS = \frac{ev}{2\pi r} \pi r^2 = \frac{evr}{2} \tag{19.2}$$

由于电子轨道运动的角动量 $L = m_e v r$，所以此轨道磁矩还可表示为

$$m = \frac{e}{2m_e} L \tag{19.3}$$

上面用经典模型推出了电子的轨道磁矩和它的轨道角动量的关系，量子力学理论也给

出同样的结果。上式不但对单个电子的轨道运动成立,而且对一个原子内所有电子的总轨道磁矩和总轨道角动量也成立。量子力学给出的总轨道角动量是量子化的,即它的值只可能是①

$$L = m\hbar, \quad m = 0,1,2,\cdots \tag{19.4}$$

再据式(19.3)可知,原子电子轨道总磁矩也是量子化的。例如氧原子的总轨道角动量的一个可能值是 $L=1\hbar=1.05\times10^{-34}$ J·s,相应的轨道总磁矩就是

$$m = \frac{e}{2m_e}\hbar = 9.27\times10^{-24} \text{ J/T}$$

电子在轨道运动的同时,还具有自旋运动——内禀(固有)自旋。电子内禀自旋角动量 s 的大小为 $\hbar/2$。它的内禀自旋磁矩为

$$m_B = \frac{e}{m_e}s = \frac{e}{2m_e}\hbar = 9.27\times10^{-24} \text{ J/T} \tag{19.5}$$

这一磁矩称为**玻尔磁子**。

原子核也有磁矩,但都小于电子磁矩的千分之一。所以通常计算原子的磁矩时只计算它的电子的轨道磁矩和自旋磁矩的矢量和也就足够精确了,但有的情况下要单独考虑核磁矩,如核磁共振技术。

在一个分子中有许多电子和若干个核,一个分子的磁矩是其中所有电子的轨道磁矩和自旋磁矩以及核的自旋磁矩的矢量和。有些分子在正常情况下,其磁矩的矢量和为零。由这些分子组成的物质就是抗磁质。有些分子在正常情况下其磁矩的矢量和具有一定的值,这个值叫分子的**固有磁矩**。由这些分子组成的物质就是顺磁质。铁磁质是顺磁质的一种特殊情况,它们的原子内电子之间还存在一种特殊的相互作用使它们具有很强的磁性。表19.2列出了几种原子的磁矩的大小。

表19.2 几种原子的磁矩   J/T

原子	磁矩	原子	磁矩
H	9.27×10^{-24}	Na	9.27×10^{-24}
He	0	Fe	20.4×10^{-24}
Li	9.27×10^{-24}	Ce^{3+}	19.8×10^{-24}
O	13.9×10^{-24}	Yb^{3+}	37.1×10^{-24}
Ne	0		

当顺磁质放入磁场中时,其分子的固有磁矩就要受到磁场的力矩的作用。这力矩力图使分子的磁矩的方向转向与外磁场方向一致。由于分子的热运动的妨碍,各个分子的磁矩的这种取向不可能完全整齐。外磁场越强,分子磁矩排列得越整齐,正是这种排列使它对原磁场发生了影响。

抗磁质的分子没有固有磁矩,但为什么也能受磁场的影响并进而影响磁场呢?这是因为抗磁质的分子在外磁场中产生了和外磁场方向相反的**感生磁矩**的缘故。

---

① 严格来讲,式(19.4)的量子化值指的是角动量沿空间某一方向(实际上总是外加磁场的方向)的分量。下面式(19.5)关于自旋磁矩的意义也如此。

可以证明[①]，在外磁场作用下，一个电子的轨道运动会发生变化，因而都在原有磁矩 m_0 的基础上产生一**附加磁矩** Δm，而且不管原有磁矩的方向如何，所产生的附加磁矩的方向都**是和外加磁场方向相反**的。对抗磁质分子来说，尽管在没有外加磁场时，其中所有电子以及核的磁矩的矢量和为零，因而没有固有磁矩；但是在加上外磁场后，每个电子和核都会产生与外磁场方向相反的附加磁矩。这些方向相同的附加磁矩的矢量和就是一个分子在外磁场中产生的感生磁矩。

在实验室通常能获得的磁场中，一个分子所产生的感生磁矩要比分子的固有磁矩小到 5 个数量级以下。就是由于这个原因，虽然顺磁质的分子在外磁场中也要产生感生磁矩，但和它的固有磁矩相比，前者的效果是可以忽略不计的。

感生磁矩产生过程的一种经典理论解释

以电子的轨道运动为例。如图 19.2(b)，(c) 所示，电子作轨道运动时，具有一定的角动量，以 L 表示此角动量，它的方向与电子运动的方向有右手螺旋关系。电子的轨道运动使它也具有磁矩 m_0。由于电子带负电，这一磁矩的方向和它的角动量 L 的方向相反。

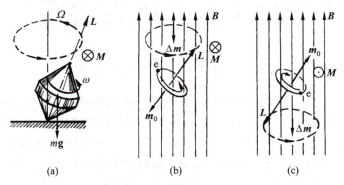

图 19.2 电子轨道运动在磁场中的进动与附加磁矩

当分子处于磁场中时，其电子的轨道运动要受到力矩的作用，这一力矩为 $M = m_0 \times B$。在图 19.2(b) 所示的时刻，电子轨道运动所受的磁力矩方向垂直于纸面向里。具有角动量的运动物体在力矩作用下是要发生进动的，正如图 19.2(a) 中的转子在重力矩的作用下，它的角动量要绕竖直轴按逆时针方向（俯视）进动一样。在图 19.2(b) 中作轨道运动的电子，由于受到力矩的作用，它的角动量 L 也要绕与磁场 B 平行的轴按逆时针方向（迎着 B 看）进动。与这一进动相应，电子除了原有的轨道磁矩 m_0 外，又具有了一个**附加磁矩** Δm，此附加磁矩的方向正好与外磁场 B 的方向相反。对于图 19.2(c) 所示的沿相反方向作轨道运动的电子，它的角动量 L 与轨道磁矩 m_0 的方向都与图 (b) 中的电子的方向相反。相同方向的外磁场将对电子的轨道运动产生相反方向的力矩 M。这一力矩也使得角动量 L 沿与 B 平行的轴进动，进动的方向仍然是逆时针（迎着 B 看）的，因而所产生的附加磁矩 Δm 也和外磁场 B 的方向相反。因此，不管电子轨道运动方向如何，外磁场对它的力矩的作用总是要使它产生一个与**外磁场方向相反**的附加磁矩。

[①] 本节最后介绍了附加磁矩产生过程的一种经典理论解释。未学过力学篇中 5.7 节"进动"的读者，可参阅本书 20.3 节中例 20.4 对附加磁矩产生过程的另一种解释。

19.3 磁介质的磁化

一块顺磁质放到外磁场中时,它的分子的固有磁矩要沿着磁场方向取向(图 19.3(a))。一块抗磁质放到外磁场中时,它的分子要产生感生磁矩(图 19.3(b))。考虑和这些磁矩相对应的小圆电流,可以发现在磁介质内部各处总是有相反方向的电流流过,它们的磁作用就相互抵消了。但在磁介质表面上,这些小圆电流的外面部分未被抵消,它们都沿着相同的方向流通,这些表面上的小电流的总效果相当于在介质圆柱体表面上有一层电流流过。这种电流叫**束缚电流**,也叫**磁化电流**。在图 19.3 中,其面电流密度用 j' 表示。它是分子内的电荷运动一段段接合而成的,不同于金属中由自由电子定向运动形成的传导电流。对比之下,金属中的传导电流(以及其他由电荷的宏观移动形成的电流)可称作**自由电流**。

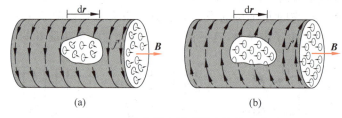

图 19.3 磁介质表面束缚电流的产生

由于顺磁质分子的固有磁矩在磁场中定向排列或抗磁质分子在磁场中产生了感生磁矩,因而在磁介质的表面上出现束缚电流的现象叫**磁介质的磁化**[①]。顺磁质的束缚电流的方向与磁介质中外磁场的方向有右手螺旋关系,它产生的磁场要加强磁介质中的磁场。抗磁质的束缚电流的方向与磁介质中外磁场的方向有左手螺旋关系,它产生的磁场要减弱磁介质中的磁场。这就是两种磁介质对磁场影响不同的原因。

磁介质磁化后,在一个小体积内的各个分子的磁矩的矢量和都将不再是零。顺磁质分子的固有磁矩排列得越整齐,它们的矢量和就越大。抗磁质分子所产生的感生磁矩越大,它们的矢量和也越大。因此可以用单位体积内分子磁矩的矢量和表示磁介质磁化的程度。单位体积内分子磁矩的矢量和叫磁介质的**磁化强度**。以 $\sum \boldsymbol{m}_i$ 表示宏观体积元 ΔV 内的磁介质的所有分子的磁矩的矢量和,以 $\boldsymbol{M}$ 表示磁化强度,则有

$$\boldsymbol{M} = \frac{\sum \boldsymbol{m}_i}{\Delta V} \tag{19.6}$$

式中 $\boldsymbol{m}_i$ 表示在体积为 ΔV 的磁介质中的第 i 个分子的磁矩。设分子密度 n,则 $\boldsymbol{M}/n$ 是单个分子的平均磁矩,这个平均磁矩对应一个等效的分子电流。

在国际单位制中,磁化强度的单位名称是安每米,符号为 A/m,它的量纲和面电流密度的量纲相同。

顺磁质和抗磁质的磁化强度都随外磁场的增强而增大。实验证明,在一般的实验条件下,各向同性的顺磁质或抗磁质(以及铁磁质在磁场较弱时)的磁化强度都和总磁场 $\boldsymbol{B}$ 成正

[①] 非均匀磁介质放在外磁场中时,磁介质内部还可以产生**体**束缚电流。

比，其关系可表示为

$$M = \frac{\mu_r - 1}{\mu_0 \mu_r} B \tag{19.7}$$

式中 μ_r 即磁介质的相对磁导率。(比例式写成这种特殊复杂的形式是由于历史的原因[①]。)

由于磁介质的束缚电流是磁介质磁化的结果，所以束缚电流和磁化强度之间一定存在着某种定量关系。下面我们来求这一关系。

考虑磁介质内部一长度元 $d\boldsymbol{r}$。它和外磁场 $\boldsymbol{B}$ 的方向之间的夹角为 θ。由于磁化，平均分子磁矩要沿 $\boldsymbol{B}$ 的方向排列，因而等效分子电流的平面将转到与 $\boldsymbol{B}$ 垂直的方向。设每个分子的分子电流为 i，它所环绕的圆周半径为 a，则与 $d\boldsymbol{r}$ 铰链的(即套住 $d\boldsymbol{r}$ 的)分子电流的中心都将位于以 $d\boldsymbol{r}$ 为轴线、以 πa^2 为底面积的斜柱体内(图 19.4)。以 n 表示单位体积内的分子数，则与 $d\boldsymbol{r}$ 铰链的总分子电流为

$$dI' = n\pi a^2 dr \cos\theta \, i$$

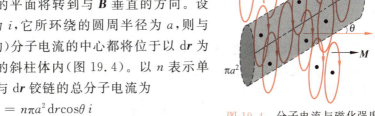

图 19.4 分子电流与磁化强度

由于 $\pi a^2 i = m$，为一个分子的平均磁矩，nm 为单位体积内分子磁矩的矢量和的大小，亦即磁化强度 $\boldsymbol{M}$ 的大小 M，所以有

$$dI' = M\cos\theta \, dr = \boldsymbol{M} \cdot d\boldsymbol{r} \tag{19.8}$$

如果碰巧 $d\boldsymbol{r}$ 是磁介质表面上沿表面的一个长度元 $d\boldsymbol{l}$，则 dI' 将表现为面束缚电流。dI'/dl 称做**面束缚电流密度**。以 j' 表示面束缚电流密度，则由式(19.8)可得

$$j' = \frac{dI}{dl} = \frac{dI}{dr} = M\cos\theta = M_l \tag{19.9}$$

即面束缚电流密度等于该表面处磁介质的磁化强度沿表面的分量。当 $\theta = 0$，即 $\boldsymbol{M}$ 与表面平行时(图 19.5，并参看图 19.3)，

$$j' = M \tag{19.10}$$

方向与 $\boldsymbol{M}$ 垂直。考虑到方向，式(19.9)可以写成

$$\boldsymbol{j}' = \boldsymbol{M} \times \boldsymbol{e}_n \tag{19.11}$$

其中 $\boldsymbol{e}_n$ 为磁介质表面的外正法线方向的单位矢量。

现在来求在磁介质内与任意闭合路径 L(图 19.6)铰链的(或闭合路径 L 包围的)总束缚电流。它应该等于与 L 上各长度元铰链的束缚电流的积分，即

$$I' = \oint_L dI' = \oint_L \boldsymbol{M} \cdot d\boldsymbol{r} \tag{19.12}$$

这一公式说明，闭合路径 L 所包围的总束缚电流等于磁化强度沿该闭合路径的环流。

[①] 19.4 节将引入磁场强度 $\boldsymbol{H}$ 这一物理量，它和 $\boldsymbol{B}$ 有 $\boldsymbol{H} = \boldsymbol{B}/\mu_0\mu_r$ 的关系式(19.16)。这样式(19.7)可写做 $\boldsymbol{M} = (\mu_r - 1)\boldsymbol{H}$。令 $\mu_r - 1 = \chi_m$，则有 $\boldsymbol{M} = \chi_m \boldsymbol{H}$。这就是磁化强度和磁场的关系式的一种简单形式。$\chi_m$ 叫磁介质的**磁化率**，对顺磁质、抗磁质来说，它就是表 19.1 中 μ_r 值的"尾数"。

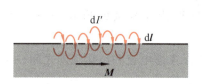
图 19.5 面束缚电流

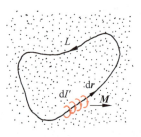
图 19.6 与闭合路径铰链的束缚电流

19.4 H 的环路定理

磁介质放在磁场中时，磁介质受磁场的作用要产生束缚电流，这束缚电流又会反过来影响磁场的分布。这时任一点的磁感应强度 B 应是自由电流的磁场 B_0 和束缚电流的磁场 B' 的矢量和，即

$$B = B_0 + B' \tag{19.13}$$

由于束缚电流和磁介质磁化的程度有关，而这磁化的程度又取决于磁感应强度 B，所以磁介质和磁场的相互影响呈现一种比较复杂的关系。这种复杂关系也可以像研究电介质和电场的相互影响那样，通过引入适当的物理量而加以简化。下面就通过安培环路定理来导出这种简化表示式。

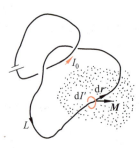

图 19.7 H 的环路定理

如图 19.7 所示，载流导体和磁化了的磁介质组成的系统可视为由一定的自由电流 I_0 和束缚电流 $I'(j')$ 分布组成的电流系统。所有这些电流产生一磁场分布 B，由安培环路定律式(17.24)可知，对任一闭合路径 L，

$$\oint_L \boldsymbol{B} \cdot \mathrm{d}\boldsymbol{r} = \mu_0 \left(\sum I_{0\text{in}} + I'_{\text{in}} \right)$$

将式(19.12)的 I' 代入此式中的 I'_{in}，移项后可得

$$\oint_L \left(\frac{\boldsymbol{B}}{\mu_0} - \boldsymbol{M} \right) \cdot \mathrm{d}\boldsymbol{r} = \sum I_{0\text{in}}$$

在此，引入一辅助物理量表示积分号内的合矢量，叫做**磁场强度**，并以 H 表示，即定义

$$\boldsymbol{H} = \frac{\boldsymbol{B}}{\mu_0} - \boldsymbol{M} \tag{19.14}$$

则上式就可简洁地表示为

$$\oint_L \boldsymbol{H} \cdot \mathrm{d}\boldsymbol{r} = \sum I_{0\text{in}} \tag{19.15}$$

此式说明**沿任一闭合路径磁场强度的环路积分等于该闭合路径所包围的自由电流的代数和**。这一关系叫 H 的**环路定理**，也是电磁学的一条基本定律[①]。在无磁介质的情况下，$\boldsymbol{M}=0$，式(19.15)还原为式(17.24)。

---

① 这里讨论的是恒定电流的情况。对于变化的电流，式(19.15)等号右侧还需要加上位移电流项 $\dfrac{\mathrm{d}}{\mathrm{d}t}\int_S \boldsymbol{D} \cdot \mathrm{d}\boldsymbol{S}$。

将式(19.7)的 M 代入式(19.14),可得

$$H = \frac{B}{\mu_0\mu_r} \tag{19.16}$$

还常用 μ 代表 $\mu_0\mu_r$,即

$$\mu = \mu_0\mu_r \tag{19.17}$$

称之为磁介质的**磁导率**,它的单位与 μ_0 相同。这样,式(19.17)还可以写成

$$H = \frac{B}{\mu} \tag{19.18}$$

这也是一个点点对应的关系,即在各向同性的磁介质中,某点的磁场强度等于该点的磁感应强度除以该点磁介质的磁导率,二者的方向相同。

在国际单位制中,磁场强度的单位名称为安每米,符号为 A/m。

式(19.15)和式(19.16)(或式(19.18))一起是分析计算有磁介质存在时的磁场的常用公式。一般是根据自由电流的分布先利用式(19.15)求出 H 的分布,然后再利用式(19.16)求出 B 的分布。

下面举两个有磁介质存在时求恒定电流的磁场分布的例子。

例 19.1

一无限长直螺线管,单位长度上的匝数为 n,螺线管内充满相对磁导率为 μ_r 的均匀磁介质。今在导线圈内通以电流 I,求管内磁感应强度和磁介质表面的面束缚电流密度。

解 如图 19.8 所示,由于螺线管无限长,所以管外磁场为零,管内磁场均匀而且 B 与 H 均与管内的轴线平行。过管内任一点 P 作一矩形回路 $abcda$,其中 ab,cd 两边与管轴平行,长为 l, cd 边在管外。磁场强度 H 沿此回路 L 的环路积分为

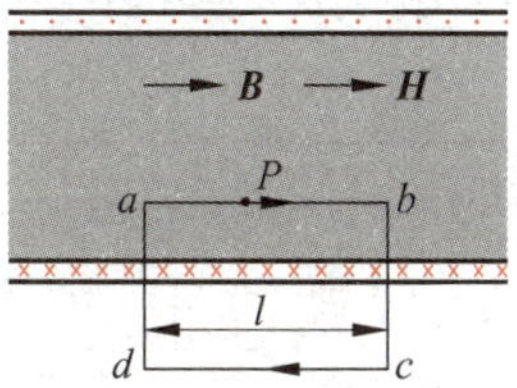

$$\oint_L H \cdot dr = \int_{ab} H \cdot dr + \int_{bc} H \cdot dr + \int_{cd} H \cdot dr + \int_{da} H \cdot dr = Hl$$

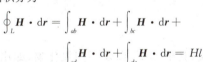

图 19.8 例 19.1 用图

此回路所包围的自由电流为 nlI。根据 H 的环路定理,有

$$Hl = nlI$$

由此得

$$H = nI$$

再利用式(19.16),管内的磁感应强度为

$$B = \mu_0\mu_r H = \mu_0\mu_r nI$$

此式表示,螺线管内有磁介质时,其中磁感应强度是真空时的 μ_r 倍。对于顺磁质和抗磁质,$\mu_r \approx 1$,磁感应强度变化不大。对于铁磁质,由于 $\mu_r \gg 1$,所以其中磁感应强度比真空时可增大到千百倍以上。

在磁介质的表面上存在着束缚电流,它的方向与螺线管轴线垂直。以 j' 表示这种面束缚电流密度,则由式(19.10)和式(19.7)可得

$$j' = (\mu_r - 1)nI$$

由此结果可以看出:对于抗磁质,有 $\mu_r < 1$,从而 $j' < 0$,说明束缚电流方向和传导电流方向相反;对于顺磁质,有 $\mu_r > 1$,$j' > 0$,说明束缚电流方向和传导电流方向相同;对于铁磁质,$\mu_r \gg 1$,束缚电流和传导电流方向也相同,而且面束缚电流密度比传导面电流密度(nI)大得多,因而可以认为这时的磁场基本上是由铁磁质表面的束缚电流产生的。

例 19.2

一根长直单芯电缆的芯是一根半径为 R 的金属导体,它和导电外壁之间充满相对磁导率为 μ_r 的均匀介质(图 19.9)。今有电流 I 均匀地流过芯的横截面并沿外壁流回。求磁介质中磁感应强度的分布和紧贴导体芯的磁介质表面上的束缚电流。

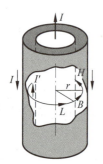

图 19.9　例 19.2 用图

解　圆柱体电流所产生的 **B** 和 **H** 的分布均具有轴对称性。在垂直于电缆轴的平面内作一圆心在轴上、半径为 r 的圆周 L。对此圆周应用 H 的环路定理,有

$$\oint_L \boldsymbol{H} \cdot \mathrm{d}\boldsymbol{r} = 2\pi r H = I$$

由此得

$$H = \frac{I}{2\pi r}$$

再利用式(19.16),可得磁介质中的磁感应强度为

$$B = \frac{\mu_0 \mu_r}{2\pi r} I$$

B 线是在与电缆轴垂直的平面内圆心在轴上的同心圆。磁介质内表面上的磁感应强度为 $B = \mu_0 \mu_r I / 2\pi R$,再利用式(19.10)和式(19.7),可得磁介质内表面上的面束缚电流密度为

$$j' = \frac{\mu_r - 1}{2\pi R} I$$

方向与轴平行。磁介质内表面上的总束缚电流为

$$I' = j' \cdot 2\pi R = (\mu_r - 1) I$$

19.5　铁磁质

铁、钴、镍和它们的一些合金、稀土族金属(在低温下)以及一些氧化物(如用来做磁带的 CrO_2 等)都具有明显而特殊的磁性。首先是它们的相对磁导率 μ_r 都比较大,而且随磁场的强弱发生变化;其次是它们都有明显的磁滞效应。下面简单介绍铁磁质的特性。

用实验研究铁磁质的性质时通常把铁磁质试样做成环状,外面绕上若干匝线圈(图 19.10)。线圈中通入电流后,铁磁质就被磁化。当这**励磁电流**为 I 时,环中的磁场强度 H 为

$$H = \frac{NI}{2\pi r}$$

式中 N 为环上线圈的总匝数,r 为环的平均半径。这时环内的 B 可以用另外的方法测出,于是可得一组对应的 H 和 B 的值,改变电流 I,可以依次测得许多组 H 和 B 的值(由于磁化强度 M 和 H,B 有一定的关系(式(19.14)),所以也就可以求得许多组 H 和 M 的值),这样就可以绘出一条关于试样的 H-B(或 H-M)关系曲线以表示试样的磁化特点。这样的曲线叫**磁化曲线**。

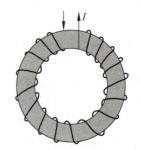

图 19.10　环状铁芯被磁化

如果从试样完全没有磁化开始,逐渐增大电流 I,从而逐渐增大 H,那么所得的磁化曲

线叫**起始磁化曲线**,一般如图 19.11 所示。H 较小时,B 随 H 成正比地增大。H 再稍大时 B 就开始急剧地但也约成正比地增大,接着增大变慢,当 H 到达某一值后再增大时,B 就几乎不再随 H 增大而增大了。这时铁磁质试样到达了一种**磁饱和状态**,它的磁化强度 M 达到了最大值。

根据 $\mu_r = B/\mu_0 H$,可以求出不同 H 值时的 μ_r 值,μ_r 随 H 变化的关系曲线也对应地画在图 19.11 中。

实验证明,各种铁磁质的起始磁化曲线都是"不可逆"的,即当铁磁质到达磁饱和后,如果慢慢减小磁化电流以减小 H 的值,铁磁质中的 B 并不沿起始磁化曲线逆向逐渐减小,而是减小得比原来增加时慢。如图 19.12 中 ab 线段所示,当 $I=0$,因而 $H=0$ 时,B 并不等于 0,而是还保持一定的值。这种现象叫**磁滞效应**。H 恢复到零时铁磁质内仍保留的磁化状态叫**剩磁**,相应的磁感应强度常用 B_r 表示。

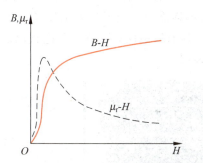

图 19.11　铁磁质中 B 和 μ_r 随 H 变化的曲线

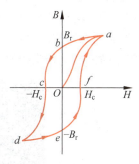

图 19.12　磁滞回线

要想把剩磁完全消除,必须改变电流的方向,并逐渐增大这反向的电流(图 19.12 中 bc 段)。当 H 增大到 $-H_c$ 时,$B=0$。这个使铁磁质中的 B 完全消失的 H_c 值叫铁磁质的**矫顽力**。

再增大反向电流以增加 H,可以使铁磁质达到反向的磁饱和状态(cd 段)。将反向电流逐渐减小到零,铁磁质会达到 $-B_r$ 所代表的反向剩磁状态(de 段)。把电流改回原来的方向并逐渐增大,铁磁质又会经过 H_c 表示的状态而回到原来的饱和状态(efa 段)。这样,磁化曲线就形成了一个闭合曲线,这一闭合曲线叫**磁滞回线**。由磁滞回线可以看出,铁磁质的磁化状态并不能由励磁电流或 H 值单值地确定,它还取决于该铁磁质此前的磁化历史。

不同的铁磁质的磁滞回线的形状不同,表示它们各具有不同的剩磁和矫顽力 H_c。纯铁、硅钢、坡莫合金(含铁、镍)等材料的 H_c 很小,因而磁滞回线比较瘦(图 19.13(a)),这些材料叫**软磁材料**,常用作变压器和电磁铁的铁芯。碳钢、钨钢、铝镍钴合金(含 Fe、Al、Ni、Co、Cu)等材料具有较大的矫顽力 H_c,因而磁滞回线显得胖(图 19.13(b)),它们一旦磁化后对外加的较弱磁场有较大的抵抗力,或者说它们对于其磁化状态有一定的"记忆能力",这种材料叫**硬磁材料**,常用来作永久磁体、记录磁带或电子计算机的记忆元件。

实验指出,当温度高达一定程度时,铁磁材料的上述特性将消失而成为顺磁质。这一温度叫**居里点**。几种铁磁质的居里点如下:铁为 1 040 K,钴为 1 390 K,镍为 630 K。

铁磁性的起源可以用"磁畴"理论来解释。在铁磁体内存在着无数个线度约为 10^{-4} m 的小区域,这些小区域叫**磁畴**(图 19.14)。在每个磁畴中,所有原子的磁矩全都向着同一个

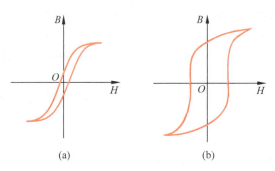

图 19.13 软磁材料的磁滞回线(a)与硬磁材料的磁滞回线(b)

方向排列整齐了。在未磁化的铁磁质中,各磁畴的磁矩的取向是无规则的,因而整块铁磁质在宏观上没有明显的磁性。当在铁磁质内加上外磁场并逐渐增大时,其磁矩方向和外加磁场方向相近的磁畴逐渐扩大,而方向相反的磁畴逐渐缩小。最后当外加磁场大到一定程度后,所有磁畴的磁矩方向也都指向同一个方向了,这时铁磁质就达到了磁饱和状态。磁滞现象可以用磁畴的畴壁很难按原来的形状恢复来说明。

图 19.14 铁磁质内的磁畴(线度 0.1~0.3 mm)

实验指出,把铁磁质放到周期性变化的磁场中被反复磁化时,它要变热。变压器或其他交流电磁装置中的铁芯在工作时由于这种反复磁化发热而引起的能量损失叫**磁滞损耗**或"铁损"。单位体积的铁磁质反复磁化一次所发的热和这种材料的磁滞回线所围的面积成正比。因此在交流电磁装置中,利用软磁材料如硅钢作铁芯是相宜的。

有趣的是,某些电介质,如钛酸钡($BaTiO_3$)、铌酸钠($NaNbO_3$)具有类似铁磁性的电性,因而叫铁电体。它们的特点是相对介电常数 ε_r 很大($10^2 \sim 10^4$),而且随外加电场改变;电极化过程也具有类似铁磁体磁化过程的电滞现象,D(或 P)和 E 也有电滞回线表示的与电极化历史有关的现象。铁电现象也只在一定温度范围内发生,例如钛酸钡的居里点为 125℃。这种性质可以用铁电材料内有电畴存在来解释。铁电材料也有许多特殊的用途。

磁场的边界条件

在磁场中两种磁介质的交界面的两侧,由于相对磁导率不同,磁化强度也不同,因而界面两侧的磁场也不同。但两侧的磁场有一定的关系,下面根据磁场的基本规律导出这一关系。设两种磁介质的相对磁导率分别为 μ_{r1} 和 μ_{r2}，而且在交界面上无自由电流存在。

如图 19.15(a) 表示，在分界面上取一狭长的矩形回路，长度为 Δl 的两长对边分别在两磁介质内并平行于界面。以 $\boldsymbol{H}_{1t}$ 和 $\boldsymbol{H}_{2t}$ 分别表示界面两侧的磁场强度的切向分量，则由 $\boldsymbol{H}$ 的环路定理式(19.15)(忽略两短边的积分值)可得

$$\oint_L \boldsymbol{H} \cdot \mathrm{d}\boldsymbol{r} = H_{1t}\Delta l - H_{2t}\Delta l = 0$$

由此得

$$H_{1t} = H_{2t} \tag{19.19}$$

即分界面两侧磁场强度的切向分量相等。

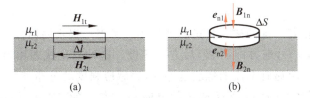

图 19.15 磁场的边界条件
(a) 切向磁场强度相等；(b) 法向磁感强度相等

如图 19.15(b) 所示，在磁介质分界面上作一扁筒式封闭面，面积为 ΔS 的两底面分别在两磁介质内并平行于界面。以 $\boldsymbol{B}_{1n}$ 和 $\boldsymbol{B}_{2n}$ 分别表示界面两侧磁感应强度的法向分量，则由磁通连续定理(忽略筒侧面的积分值)可得

$$\oint \boldsymbol{B} \cdot \mathrm{d}\boldsymbol{S} = -B_{1n}\Delta S + B_{2n}\Delta S = 0$$

由此得

$$B_{1n} = B_{2n} \tag{19.20}$$

即分界面两侧磁感应强度法向分量相等。

式(19.19)和式(19.20)统称磁场的边界条件，由它们还可以求出磁感应强度越过两种磁介质表面时方向的改变。如图 19.16 所示，以 θ_1 和 θ_2 分别表示两磁介质中的磁感应强度和界面法线的夹角，由图可看出

$$\frac{\tan\theta_1}{\tan\theta_2} = \frac{B_{1t}/B_{1n}}{B_{2t}/B_{2n}} = \frac{B_{1t}}{B_{2t}} = \frac{\mu_{r1}H_{1t}}{\mu_{r2}H_{2t}}$$

根据式(19.19)可得

$$\frac{\tan\theta_1}{\tan\theta_2} = \frac{\mu_{r1}}{\mu_{r2}} \tag{19.21}$$

这一关系式给出磁感线穿过两种磁介质分界面时"折射"的情况。对于顺磁质和抗磁质，由于它们的相对磁导率都几乎等于 1，所以 B 线越过它们的分界面时，方向基本不变。对铁磁质来说，由于 $\mu_r \gg 1$，所以除了垂直于分界面的 B 线方向不变外，当 B 线由非铁磁质(如空气)进入铁磁质时，方向都将有很大的改变，使铁磁质内的 B 线几乎都平行于表面延续。图 19.17 是磁场中放一铁管时在垂直于铁管的平面内的磁感线分布图。铁筒中的磁场非常弱，这就是用封闭的铁盒能实现**磁屏蔽**的道理。

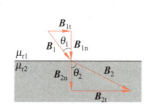

图 19.16　磁感应强度方向的改变

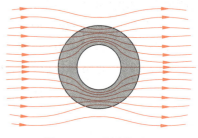

图 19.17　磁屏蔽原理

永磁体

永磁体是仍保留着一定的磁化状态的铁磁体。考虑一根永磁体棒，设它均匀磁化，磁化强度为 M（图 19.18(a)），前方即 N 极，后方即 S 极。这种磁化状态相当于束缚电流沿磁棒表面流通。这正像一个通有电流的螺线管那样，磁感应强度的分布如图 19.18(b) 所示。在磁棒外面，由于 $H = B/\mu_0$，在各处 H 和 B 的方向都一致。在磁棒内部，H 还和 M 有关。根据定义公式 (19.14)，$H = B/\mu_0 - M$，如图 19.18(c) 的附图所示；H 线则不同程度地和 B 线反向，如图 19.18(c) 所画的那样。图 19.18(c) 还显示，磁铁棒的两个端面（磁极）好像是 H 线的"源"，于是可以引入"磁荷"的概念来说明这种源：N 极端面可以说是分布有"正磁荷"，H 线由它发出（向磁棒内外）；S 极端面可以说是分布有"负磁荷"，H 线向它汇集。正是基于这种想象的磁荷的"存在"，早先建立了一套关于磁场的磁荷理论，至今在有些论述电磁场的资料中还在应用这种理论来讨论问题。

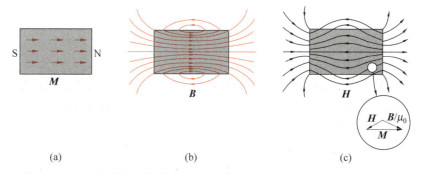

图 19.18　永磁体棒的磁化强度（M）、磁感应强度（B）和磁场强度（H）的分布

19.6　简单磁路

由于铁磁材料的磁导率很大，所以铁芯有使磁场集中到它内部的作用。如图 19.19(a) 所示，一个没有铁芯的载流线圈所产生的磁场弥漫在它的周围。如果把相同的线圈绕在一个铁环（可以有一个缺口）上（如图 19.19(b) 所示），并通以相同的电流，则铁环就被磁化，在它的表面产生束缚电流。由于 μ_r 很大，所以这束缚电流就比励磁电流 I 大得多，这时整个铁环就相当于一个由这些束缚电流组成的螺绕环，磁场分布基本上由这束缚电流决定。其结果是磁场大大增强，而且基本上集中到铁芯内部了。铁芯外部相对很弱的磁场叫**漏磁通**，

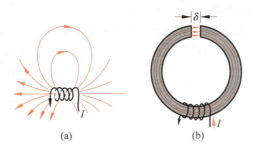

图 19.19　无铁芯螺线管的磁场分布(a)与有铁芯螺线管的磁场分布(b)

一般电工技术中常忽略不计。由于磁场集中在铁芯内，所以磁力线基本上都沿着铁芯走。由铁芯(或一定的间隙)构成的这种磁感线集中的通路叫**磁路**。磁路中各处磁场的计算在电工设计中很重要。下面举一个简单的例子。

例 19.3

如图 19.19(b)所示的一个铁环，设环的长度 $l=0.5$ m，截面积 $S=4\times10^{-4}$ m^2，环上气隙的宽度 $\delta=1.0\times10^{-3}$ m。环的一部分上绕有线圈 $N=200$ 匝，设通过线圈的电流 $I=0.5$ A，而铁芯相应的 $\mu_r=5\,000$，求铁环气隙中的磁感应强度 B 的数值。

解　忽略漏磁通，根据磁通连续定理，通过铁芯各截面的磁通量 Φ 应该相等，因而铁芯内各处的磁感应强度 $B=\Phi/S$ 也应相等。在气隙内，由于 $\delta\ll l$，磁场虽然有所散开，但散开不大，仍可认为磁场集中在其截面与铁芯截面相等的空间内。这样，磁通连续定理给出气隙中的磁感应强度 $B_0=\Phi/S=B$。

为了计算 B 的数值，我们应用磁场强度 **H** 的环路定理，做一条沿着铁环轴线穿过气隙的封闭曲线，将它作为安培环路 L，则有

$$\oint_L \boldsymbol{H}\cdot\mathrm{d}\boldsymbol{r}=\int_l H\mathrm{d}r+\int_\delta H_0\mathrm{d}r=NI$$

由此得

$$Hl+H_0\delta=NI$$

其中 H 和 H_0 分别是铁环内和气隙中的磁场强度的值。由于 $H=\dfrac{B}{\mu_0\mu_r}$，$H_0=\dfrac{B_0}{\mu_0}=\dfrac{B}{\mu_0}$，所以上式可写成

$$\frac{Bl}{\mu_0\mu_r}+\frac{B\delta}{\mu_0}=NI \tag{19.22}$$

于是

$$B=\frac{\mu_0 NI}{\dfrac{l}{\mu_r}+\delta}=\frac{4\pi\times10^{-7}\times200\times0.5}{\dfrac{0.5}{5\,000}+10^{-3}}=0.114\ (\text{T})$$

从这个例子可以看出，由于空气的 μ_r 比铁芯的 μ_r 小得多，所以即使是 1 mm 的气隙也会大大影响铁芯内的磁场。在本例中，有气隙和没有气隙相比，磁感应强度减弱到十分之一。

由于 $B=\Phi/S$，式(19.22)可写成下述形式：

$$\Phi\left(\frac{l}{\mu_0\mu_r S}+\frac{\delta}{\mu_0 S}\right)=NI$$

括号内两项具有电阻公式 $R=\rho l/S$ 的形式，因而被称为**磁阻**。前后两项分别是铁环和气隙的磁阻。和全电路欧姆定律公式 $I(R+r)=\mathscr{E}$ 对比，Φ 具有电流的"地位"，而 NI 具有电动

势的"地位",因而 NI 叫**磁动势**。这样类比之下,磁通、磁阻和磁动势就在形式上服从欧姆定律。可以证明,磁通、磁阻和磁动势也形式地服从相应的串并联规律。电工计算中正是根据这种类比来解决较为复杂的磁路问题的。

在例 19.3 中,绕有 N 匝载流线圈的有气隙的铁芯就是**电磁铁**。一般的电磁铁多做成图 19.20 那样,它的气隙中的磁场也可以按上例的方法粗略地计算出来。

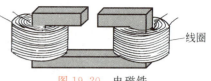

图 19.20 电磁铁

提要

1. 三种磁介质:抗磁质($\mu_r < 1$),顺磁质($\mu_r > 1$),铁磁质($\mu_r \gg 1$)。

2. 原子的磁矩:原子中运动的电子有轨道磁矩和自旋磁矩。

玻尔磁子 $\qquad m_B = 9.27 \times 10^{-24}$ J/T

顺磁质分子有固有磁矩,抗磁质分子无固有磁矩。

在外磁场中磁介质的分子会产生与外磁场方向相反的感应磁矩。

3. 磁介质的磁化:在外磁场中固有磁矩沿外磁场方向取向或感应磁矩的产生使磁介质表面(或内部)出现束缚电流。

磁化强度:在各向同性磁介质中,磁场不太强时,

$$M = \frac{\mu_r - 1}{\mu_0 \mu_r} B = \chi_m H$$

面束缚电流密度:$j' = M_t$,$j' = M \times e_n$

4. 磁场强度矢量

$$H = \frac{B}{\mu_0} - M$$

对各向同性磁介质,

$$H = \frac{B}{\mu_r \mu_0} = \frac{B}{\mu}$$

H 的环路定理

$$\oint_L H \cdot dr = \sum I_{0in} \quad \text{(用于恒定电流)}$$

5. 铁磁质:$\mu_r \gg 1$,且随磁场改变。有磁滞现象和居里点。

磁场的边界条件:$H_{1t} = H_{2t}$,$B_{1n} = B_{2n}$。

6. 磁路:由铁芯(或夹有气隙)形成的磁感线通路,可形式地用电流欧姆定律求解。

思考题

19.1 下面的几种说法是否正确,试说明理由:

(1) H 仅与传导电流(自由电流)有关;

(2) 在抗磁质与顺磁质中,B 总与 H 同向;

(3) 通过以闭合曲线 L 为边线的任意曲面的 **B** 通量均相等;

(4) 通过以闭合曲线 L 为边线的任意曲面的 **H** 通量均相等。

19.2 将磁介质样品装入试管中,用弹簧吊起来挂到一竖直螺线管的上端开口处(图19.21)。当螺线管通电流后,则可发现随样品的不同,它可能受到该处不均匀磁场的向上或向下的磁力。这是一种区分样品是顺磁质还是抗磁质的精细的实验。受到向上的磁力的样品是顺磁质还是抗磁质?

19.3 设想一个封闭曲面包围住永磁体的 N 极(图19.22),通过此封闭面的磁通量是多少? 通过此封闭面的 H 通量如何?

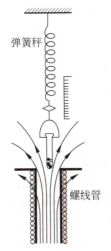
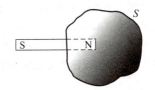

图 19.21 思考题 19.2 用图   图 19.22 思考题 19.3 用图

19.4 一块永磁铁落到地板上就可能部分退磁? 为什么? 把一根铁条南北放置,敲它几下,就可能磁化,又为什么?

19.5 为什么一块磁铁能吸引一块原来并未磁化的铁块?

19.6 马蹄形磁铁不用时,要用一铁片吸到两极上,条形磁铁不用时,要成对而 N,S 极方向相反地靠在一起放置,为什么? 有什么作用?

19.7 顺磁质和铁磁质的磁导率明显地依赖于温度,而抗磁质的磁导率则几乎与温度无关,为什么?

19.8 磁路中磁通量 Φ 具有和恒定电流 I 相同的"性质":串联磁路 Φ 各处相同,并联磁路各分路的 Φ_i 之和等于干路的 Φ。这有什么根据?

*19.9 **磁冷却**。将顺磁样品(如硝酸铈镁)在低温下磁化,其固有磁矩沿磁场排列时要放出能量以热量的形式向周围环境排出。然后在**绝热情况下**撤去外磁场,这时样品温度就要降低,实验中可降低到 10^{-3} K。如果使核自旋磁矩先排列,然后再绝热地撤去磁场,则温度可降到 10^{-6} K。试解释为什么样品绝热退磁时温度会降低。

19.10 北宋初年(1044年)曾公亮主编的《武经总要》前集卷十五介绍了指南鱼的作法:"鱼法以薄铁叶剪裁,长二寸阔五分,首尾锐如鱼形,置炭火中烧之,候通赤,以铁钤钤[钳]鱼首出火,以尾正对子位[正北],蘸水盆中,没尾数分[鱼尾斜向下]则止。以密器[铁盒]收之。用时置水碗于无风处,平放鱼在水面令浮,其首常南向午[正南]也。"这段生动的描述(参见图19.23)包含了对铁磁性的哪些认识? 又包含了对地磁场的哪些认识?

19.11 (1) 如图 19.24(a)所示,电磁铁的气隙很窄,气隙中的 B 和铁芯中的 B 是否相同?

(2) 如图 19.24(b)所示,电磁铁的气隙较宽,气隙中的 B 和铁芯中的 B 是否相同?

(3) 就图 19.24(a)和(b)比较,两线圈中的安匝数(即 NI)相同,两个气隙中的 B 是否相同? 为什么?

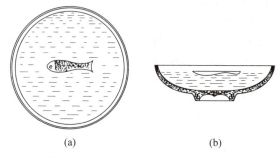

图 19.23 《武经总要》指南鱼复原图
(a) 俯视；(b) 侧视

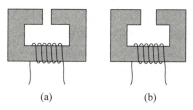

图 19.24 思考题 19.11 用图

*19.1 考虑一个顺磁样品，其单位体积内有 N 个原子，每个原子的固有磁矩为 m。设在外加磁场 B 中磁矩的取向只可能有两个：平行或反平行于外磁场，因而其能量 $W_m = -\boldsymbol{m} \cdot \boldsymbol{B}$ 也只能取两个值：$-mB$ 和 $+mB$（这是原子磁矩等于一个玻尔磁子的情形）。玻耳兹曼统计分布律给出一个原子处于能量为 W 的概率正比于 $\mathrm{e}^{-W/kT}$。试由此证明此顺磁样品在外磁场 B 中的磁化强度为

$$M = Nm \frac{\mathrm{e}^{mB/kT} - \mathrm{e}^{-mB/kT}}{\mathrm{e}^{mB/kT} + \mathrm{e}^{-mB/kT}}$$

并证明：

(1) 当温度较高使得 $mB \ll kT$ 时，

$$M = Nm^2 B / kT$$

此式给出的 $M \propto B/T$ 关系叫**居里定律**。

(2) 当温度较低使得 $mB \gg kT$ 时，

$$M = Nm$$

达到了**磁饱和**状态。

*19.2 在图 19.2 中，电子的轨道角动量 L 与外磁场 B 之间的夹角为 θ。

(1) 证明电子轨道运动受到的磁力矩为 $\dfrac{BeL}{2m_e}\sin\theta$；

(2) 证明电子进动的角速度为 $\dfrac{Be}{2m_e}$，并计算电子在 1 T 的外磁场中的进动角速度。

*19.3 氢原子中，按玻尔模型，常态下电子的轨道半径为 $r = 0.53 \times 10^{-10}$ m，速度为 $v = 2.2 \times 10^6$ m/s。

(1) 此轨道运动在圆心处产生的磁场 B 多大？

(2) 在圆心处的质子的自旋角动量为 $S = \hbar/2 = 0.53 \times 10^{-34}$ J·s，磁矩 $m = 1.41 \times 10^{-26}$ A·m²，磁矩方向与电子轨道运动在圆心处的磁场方向的夹角为 θ，此质子的进动角速度多大？

*19.4 在铁晶体中，每个原子有两个电子的自旋参与磁化过程。设一根磁铁棒直径为 1.0 cm，长 12 cm，其中所有有关电子的自旋都沿棒轴的方向排列整齐了。已知铁的密度为 7.8 g/cm³，摩尔（原子）质量为 55.85 g/mol。

(1) 自旋排列整齐的电子数是多少？

(2) 这些自旋已排列整齐的电子的总磁矩多大？

(3) 磁铁棒的面电流多大才能产生这样大的总磁矩？

(4) 这样的面电流在磁铁棒内部产生的磁场多大?

19.5 在铁晶体中,每个原子有两个电子的自旋参与磁化过程。一根磁针按长 8.5 cm,宽 1.0 cm,厚 0.02 cm 的铁片计算,设其中有关电子的自旋都排列整齐了。已知铁的密度是 7.8 g/cm³,摩尔(原子)质量是 55.85 g/mol。

(1) 这根磁针的磁矩多大?

(2) 当这根磁针垂直于地磁场放置时,它受的磁力矩多大?设地磁场为 0.52×10^{-4} T。

(3) 当这根磁针与上述地磁场逆平行地放置时,它的磁场能多大?

19.6 螺绕环中心周长 $l=10$ cm,环上线圈匝数 $N=20$,线圈中通有电流 $I=0.1$ A。

(1) 求管内的磁感应强度 B_0 和磁场强度 H_0;

(2) 若管内充满相对磁导率 $\mu_r=4\,200$ 的磁介质,那么管内的 B 和 H 是多少?

(3) 磁介质内由导线中电流产生的 B_0 和由磁化电流产生的 B' 各是多少?

19.7 一铁制的螺绕环,其平均圆周长 30 cm,截面积为 1 cm²,在环上均匀绕以 300 匝导线。当绕组内的电流为 0.032 A 时,环内磁通量为 2×10^{-6} Wb。试计算:

(1) 环内的磁通量密度(即磁感应强度);

(2) 磁场强度;

(3) 磁化面电流(即面束缚电流)密度;

(4) 环内材料的磁导率和相对磁导率;

(5) 铁芯内的磁化强度。

19.8 在铁磁质磁化特性的测量实验中,设所用的环形螺线管上共有 1 000 匝线圈,平均半径为 15.0 cm,当通有 2.0 A 电流时,测得环内磁感应强度 $B=1.0$ T,求:

(1) 螺绕环铁芯内的磁场强度 H;

(2) 该铁磁质的磁导率 μ 和相对磁导率 μ_r;

(3) 已磁化的环形铁芯的面束缚电流密度。

19.9 图 19.25 是退火纯铁的起始磁化曲线。用这种铁做芯的长直螺线管的导线中通入 6.0 A 的电流时,管内产生 1.2 T 的磁场。如果抽出铁芯,要使管内产生同样的磁场,需要在导线中通入多大电流?

19.10 如果想用退火纯铁作铁芯做一个每米 800 匝的长直螺线管,而在管中产生 1.0 T 的磁场,导线中应通入多大的电流?(参照图 19.25 的 B-H 图线。)

19.11 某种铁磁材料具有矩形磁滞回线(称矩形材料)如图 19.26(a)。反向磁场一旦超过矫顽力,磁化方向就立即反转。矩形材料的用途是制作电子计算机中存储元件的环形磁芯。图 19.26(b)所示为一种这样的磁芯,其外直径为 0.8 mm,内直径为 0.5 mm,高为 0.3 mm。这类磁芯由矩形铁氧体材料制成。若磁芯原来已被磁化,方向如图 19.26(b)所示,要使磁芯的磁化方向全部翻转,导线中脉冲电流 i 的峰值至少应多大?设磁芯矩形材料的矫顽力 $H_c=2$ A/m。

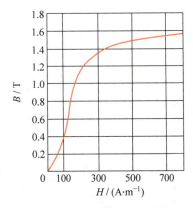

图 19.25 习题 19.9 用图

19.12 铁环的平均周长为 61 cm,空气隙长 1 cm,环上线圈总数为 1 000 匝。当线圈中电流为 1.5 A 时,空气隙中的磁感应强度 B 为 0.18 T。求铁芯的 μ_r 值。(忽略空气隙中磁感应强度线的发散。)

19.13 一个利用空气间隙获得强磁场的电磁铁如图 19.27 所示。铁芯中心线的长度 $l_1=500$ mm,空气隙长度 $l_2=20$ mm,铁芯是相对磁导率 $\mu_r=5\,000$ 的硅钢。要在空气隙中得到 $B=3$ T 的磁场,求绕在铁芯上的线圈的安匝数 NI。

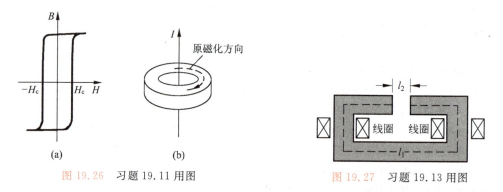

图 19.26　习题 19.11 用图　　　　图 19.27　习题 19.13 用图

19.14　某电钟里有一铁芯线圈,已知铁芯的磁路长 14.4 cm,空气隙宽 2.0 mm,铁芯横截面积为 0.60 cm^2,铁芯的相对磁导率 $\mu_r = 1\,600$。现在要使通过空气隙的磁通量为 4.8×10^{-6} Wb,求线圈电流的安匝数 NI。若线圈两端电压为 220 V,线圈消耗的功率为 20 W,求线圈的匝数 N。

第20章

电磁感应

1820年奥斯特通过实验发现了电流的磁效应。由此人们自然想到,能否利用磁效应产生电流呢?从1822年起,法拉第就开始对这一问题进行有目的的实验研究。经过多次失败,终于在1831年取得了突破性的进展,发现了电磁感应现象,即利用磁场产生电流的现象。从实用的角度看,这一发现使电工技术有可能长足发展,为后来的人类生活电气化打下了基础。从理论上说,这一发现更全面地揭示了电和磁的联系,使在这一年出生的麦克斯韦后来有可能建立一套完整的电磁场理论,这一理论在近代科学中得到了广泛的应用。因此,怎样估计法拉第的发现的重要性都是不为过的。

本章讲解电磁感应现象的基本规律——法拉第电磁感应定律,产生感应电动势的两种情况——动生的和感生的。然后介绍在电工技术中常遇到的互感和自感两种现象的规律。最后推导磁场能量的表达式。

20.1 法拉第电磁感应定律

法拉第的实验大体上可归结为两类:一类实验是磁铁与线圈有相对运动时,线圈中产生了电流;另一类实验是当一个线圈中电流发生变化时,在它附近的其他线圈中也产生了电流。法拉第将这些现象与静电感应类比,把它们称作"电磁感应"现象。

对所有电磁感应实验的分析表明,当穿过一个闭合导体回路所限定的面积的磁通量(磁感应强度通量)发生变化时,回路中就出现电流。这电流叫**感应电流**。

我们知道,在闭合导体回路中出现了电流,一定是由于回路中产生了电动势。当穿过导体回路的磁通量发生变化时,回路中产生了电流,就说明此时在回路中产生了电动势。由这一原因产生的电动势叫**感应电动势**。

实验表明,**感应电动势的大小和通过导体回路的磁通量的变化率成正比**,感应电动势的方向有赖于磁场的方向和它的变化情况。以 Φ 表示通过闭合导体回路的磁通量,以 $\mathscr{E}$ 表示磁通量发生变化时在导体回路中产生的感应电动势,由实验总结出的规律是

$$\mathscr{E} = -\frac{\mathrm{d}\Phi}{\mathrm{d}t} \tag{20.1}$$

这一公式是**法拉第电磁感应定律**的一般表达式。

式(20.1)中的负号反映感应电动势的方向与磁通量变化的关系。在判定感应电动势的

方向时,应先规定导体回路 L 的绕行正方向。如图 20.1 所示,当回路中磁力线的方向和所规定的回路的绕行正方向有右手螺旋关系时,磁通量 Φ 是正值。这时,如果穿过回路的磁通量增大,$\frac{\mathrm{d}\Phi}{\mathrm{d}t}>0$,则 $\mathscr{E}<0$,这表明此时感应电动势的方向和 L 的绕行正方向相反(图 20.1(a))。如果穿过回路的磁通量减小,即 $\frac{\mathrm{d}\Phi}{\mathrm{d}t}<0$,则 $\mathscr{E}>0$,这表示此时感应电动势的方向和 L 的绕行正方向相同(图 20.1(b))。

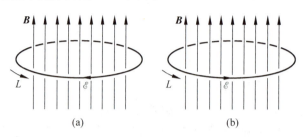

图 20.1 $\mathscr{E}$ 的方向和 Φ 的变化的关系
(a) Φ 增大时;(b) Φ 减小时

图 20.2 是一个产生感应电动势的实际例子。当中是一个线圈,通有图示方向的电流时,它的磁场的磁感线分布如图示,另一导电圆环 L 的绕行正方向规定如图。当它在线圈上面向下运动时,$\frac{\mathrm{d}\Phi}{\mathrm{d}t}>0$,从而 $\mathscr{E}<0$,$\mathscr{E}$ 沿 L 的反方向。当它在线圈下面向下运动时,$\frac{\mathrm{d}\Phi}{\mathrm{d}t}<0$,从而 $\mathscr{E}>0$,$\mathscr{E}$ 沿 L 的正方向。

导体回路中产生的感应电动势将按自己的方向产生感应电流,这感应电流将在导体回路中产生自己的磁场。在图 20.2 中,圆环在上面时,其中感应电流在环内产生的磁场向上;在下面时,环中的感应电流产生的磁场向下。和感应电流的磁场联系起来考虑,上述借助于式(20.1)中的负号所表示的感应电动势方向的规律可以表述如下:感应电动势总具有这样的方向,即使它产生的感应电流在回路中产生的磁场去**阻碍**引起感应电动势的**磁通量的变化**,这个规律叫做**楞次定律**。图 20.2 所示感应电动势的方向是符合这一规律的。

实际上用到的线圈常常是许多匝串联而成的,在这种情况下,在整个线圈中产生的感应电动势应是每匝线圈中产生的感应电动势之和。当穿过各匝线圈的磁通量分别为 $\Phi_1,\Phi_2,\cdots,\Phi_n$ 时,总电动势则应为

$$\mathscr{E}=-\left(\frac{\mathrm{d}\Phi_1}{\mathrm{d}t}+\frac{\mathrm{d}\Phi_2}{\mathrm{d}t}+\cdots+\frac{\mathrm{d}\Phi_n}{\mathrm{d}t}\right)$$
$$=-\frac{\mathrm{d}}{\mathrm{d}t}\left(\sum_{i=1}^{n}\Phi_i\right)=-\frac{\mathrm{d}\Psi}{\mathrm{d}t} \quad (20.2)$$

其中 $\Psi=\sum_i\Phi_i$ 是穿过各匝线圈的磁通量的总和,叫穿过线圈的**全磁通**。当穿过各匝线圈的磁通量相等时,N 匝线圈的全磁通为 $\Psi=N\Phi$,叫做**磁链**,这时

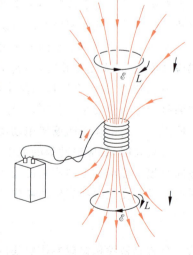

图 20.2 感应电动势的方向实例

$$\mathscr{E} = -\frac{\mathrm{d}\Psi}{\mathrm{d}t} = -N\frac{\mathrm{d}\Phi}{\mathrm{d}t} \tag{20.3}$$

式(20.1),式(20.2),式(20.3)中各量的单位都需用国际单位制单位,即 Φ 或 Ψ 的单位用 Wb,t 的单位用 s,$\mathscr{E}$ 的单位用 V。于是由式(20.2)可知

$$1\ \mathrm{V} = 1\ \mathrm{Wb/s}$$

20.2 动生电动势

如式(20.1)所表示的,穿过一个闭合导体回路的磁通量发生变化时,回路中就产生感应电动势。但引起磁通量变化的原因可以不同,本节讨论导体在恒定磁场中运动时产生的感应电动势。这种感应电动势叫**动生电动势**。

如图 20.3 所示,一矩形导体回路,可动边是一根长为 l 的导体棒 ab,它以恒定速度 v 在垂直于磁场 $\boldsymbol{B}$ 的平面内,沿垂直于它自身的方向向右平移,其余边不动。某时刻穿过回路所围面积的磁通量为

$$\Phi = BS = Blx$$

随着棒 ab 的运动,回路所围绕的面积扩大,因而回路中的磁通量发生变化。用式(20.1)计算回路中的感应电动势大小,可得

$$|\mathscr{E}| = \frac{\mathrm{d}\Phi}{\mathrm{d}t} = \frac{\mathrm{d}}{\mathrm{d}t}(Blx) = Bl\frac{\mathrm{d}x}{\mathrm{d}t} = Blv \tag{20.4}$$

至于这一电动势的方向,可用楞次定律判定为逆时针方向。由于其他边都未动,所以动生电动势应归之于 ab 棒的运动,因而只在棒内产生。回路中感生电动势的逆时针方向说明在 ab 棒中的动生电动势方向应沿由 a 到 b 的方向。像这样一段导体在磁场中运动时所产生的动生电动势的方向可以简便地用**右手定则**判断:伸平右手掌并使拇指与其他四指垂直,让磁感线从掌心穿入,当拇指指着导体运动方向时,四指就指着导体中产生的动生电动势的方向。

像图 20.3 所示的情况,感应电动势集中于回路的一段内,这一段可视为整个回路中的电源部分。由于在电源内电动势的方向是由低电势处指向高电势处,所以在棒 ab 上,b 点电势高于 a 点电势。

我们知道,电动势是非静电力作用的表现。引起动生电动势的非静电力是洛伦兹力。当棒 ab 向右以速度 v 运动时,棒内的自由电子被带着以同一速度 v 向右运动,因而每个电子都受到洛伦兹力 $\boldsymbol{f}$ 的作用(图 20.4),

$$\boldsymbol{f} = -e\boldsymbol{v} \times \boldsymbol{B} \tag{20.5}$$

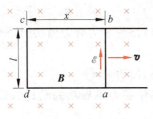

图 20.3 动生电动势

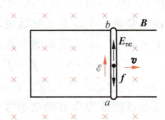

图 20.4 动生电动势与洛伦兹力

把这个作用力看成是一种等效的"非静电场"的作用,则这一非静电场的强度应为

$$\boldsymbol{E}_{\text{ne}} = \frac{\boldsymbol{f}}{-e} = \boldsymbol{v} \times \boldsymbol{B} \tag{20.6}$$

根据电动势的定义,又由于 $\mathrm{d}\boldsymbol{r} = \mathrm{d}\boldsymbol{l}$ 为棒 ab 的长度元,棒 ab 中由这外来场所产生的电动势应为

$$\mathscr{E}_{ab} = \int_a^b \boldsymbol{E}_{\text{ne}} \cdot \mathrm{d}\boldsymbol{r} = \int_a^b (\boldsymbol{v} \times \boldsymbol{B}) \cdot \mathrm{d}\boldsymbol{l} \tag{20.7}$$

如图 20.4 所示,由于 $\boldsymbol{v}$,$\boldsymbol{B}$ 和 $\mathrm{d}\boldsymbol{l}$ 相互垂直,所以上一积分的结果应为

$$\mathscr{E}_{ab} = Blv$$

这一结果和式(20.4)相同。

这里我们只把式(20.7)应用于直导体棒在均匀磁场中运动的情况。对于非均匀磁场而且导体各段运动速度不同的情况,则可以先考虑一段以速度 v 运动的导体元 $\mathrm{d}\boldsymbol{l}$,在其中产生的动生电动势为 $\boldsymbol{E}_{\text{ne}} \cdot \mathrm{d}\boldsymbol{l} = (\boldsymbol{v} \times \boldsymbol{B}) \cdot \mathrm{d}\boldsymbol{l}$,整个导体中产生的动生电动势应该是在各段导体之中产生的动生电动势之和。其表示式就是式(20.7)。因此,式(20.7)是在磁场中运动的导体内产生的动生电动势的一般公式。特别是,如果整个导体回路 L 都在磁场中运动,则在回路中产生的总的动生电动势应为

$$\mathscr{E} = \oint_L (\boldsymbol{v} \times \boldsymbol{B}) \cdot \mathrm{d}\boldsymbol{l} \tag{20.8}$$

在图 20.3 所示的闭合导体回路中,当由于导体棒的运动而产生电动势时,在回路中就会有感应电流产生。电流流动时,感应电动势是要做功的,电动势做功的能量是从哪里来的呢?考察导体棒运动时所受的力就可以给出答案。设电路中感应电流为 I,则感应电动势做功的功率为

$$P = I\mathscr{E} = IBlv \tag{20.9}$$

通有电流的导体棒在磁场中是要受到磁力的作用的。ab 棒受的磁力为 $F_{\text{m}} = IlB$,方向向左(图 20.5)。为了使导体棒匀速向右运动,必须有外力 $\boldsymbol{F}_{\text{ext}}$ 与 $\boldsymbol{F}_{\text{m}}$ 平衡,因而 $\boldsymbol{F}_{\text{ext}} = -\boldsymbol{F}_{\text{m}}$。此外力的功率为

$$P_{\text{ext}} = F_{\text{ext}}v = IlBv$$

这正好等于上面求得的感应电动势做功的功率。由此我们知道,电路中感应电动势提供的电能是由外力做功所消耗的机械能转换而来的,这就是发电机内的能量转换过程。

我们知道,当导线在磁场中运动时产生的感应电动势是洛伦兹力作用的结果。据式(20.9),感应电动势是要做功的。但是,我们早已知道洛伦兹力对运动电荷不做功,这个矛盾如何解决呢?可以这样来解释,如图 20.6 所示,随同导线一齐运动的自由电子受到的洛伦兹力由式(20.5)给出,由于这个力的作用,电子将以速度 v' 沿导线运动,而速度 v' 的存在使电子还要受到一个垂直于导线的洛伦兹力 $\boldsymbol{f}'$ 的作用,$\boldsymbol{f}' = -e\boldsymbol{v}' \times \boldsymbol{B}$。电子受洛伦兹力的合力为 $\boldsymbol{F} = \boldsymbol{f} + \boldsymbol{f}'$,电子运动的合速度为 $\boldsymbol{V} = \boldsymbol{v} + \boldsymbol{v}'$,所以洛伦兹力合力做功的功率为

$$\boldsymbol{F} \cdot \boldsymbol{V} = (\boldsymbol{f} + \boldsymbol{f}') \cdot (\boldsymbol{v} + \boldsymbol{v}')$$
$$= \boldsymbol{f} \cdot \boldsymbol{v}' + \boldsymbol{f}' \cdot \boldsymbol{v} = -evBv' + ev'Bv = 0$$

这一结果表示洛伦兹力合力做功为零,这与我们所知的洛伦兹力不做功的结论一致。从上述结果中看到

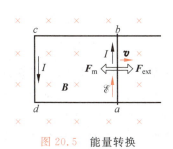
图 20.5　能量转换

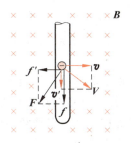
图 20.6　洛伦兹力不做功

$$\boldsymbol{f} \cdot \boldsymbol{v}' + \boldsymbol{f}' \cdot \boldsymbol{v} = 0$$

即

$$\boldsymbol{f} \cdot \boldsymbol{v}' = -\boldsymbol{f}' \cdot \boldsymbol{v}$$

为了使自由电子按 $\boldsymbol{v}$ 的方向匀速运动，必须有外力 $\boldsymbol{f}_{\text{ext}}$ 作用在电子上，而且 $\boldsymbol{f}_{\text{ext}} = -\boldsymbol{f}'$。因此上式又可写成

$$\boldsymbol{f} \cdot \boldsymbol{v}' = \boldsymbol{f}_{\text{ext}} \cdot \boldsymbol{v}$$

此等式左侧是洛伦兹力的一个分力使电荷沿导线运动所做的功，宏观上就是感应电动势驱动电流的功。等式右侧是在同一时间内外力反抗洛伦兹力的另一个分力做的功，宏观上就是外力拉动导线做的功。洛伦兹力做功为零，实质上表示了能量的转换与守恒。洛伦兹力在这里起了一个能量转换者的作用，一方面接受外力的功，同时驱动电荷运动做功。

例 20.1

法拉第曾利用图 20.7 的实验来演示感应电动势的产生。铜盘在磁场中转动时能在连接电流计的回路中产生感应电流。为了计算方便，我们设想一半径为 R 的铜盘在均匀磁场 $\boldsymbol{B}$ 中转动，角速度为 ω（图 20.8）。求盘上沿半径方向产生的感应电动势。

解　盘上沿半径方向产生的感应电动势可以认为是沿任意半径的一导体杆在磁场中运动的结果。由动生电动势公式(20.7)，求得在半径上长为 $\mathrm{d}l$ 的一段杆上产生的感应电动势为

$$\mathrm{d}\mathscr{E} = (\boldsymbol{v} \times \boldsymbol{B}) \cdot \mathrm{d}\boldsymbol{l} = Bv\mathrm{d}l = B\omega l \mathrm{d}l$$

式中 l 为 $\mathrm{d}l$ 段与盘心 O 的距离，v 为 $\mathrm{d}l$ 段的线速度。整个杆上产生的电动势为

$$\mathscr{E} = \int \mathrm{d}\mathscr{E} = \int_0^R B\omega l \mathrm{d}l = \frac{1}{2} B\omega R^2$$

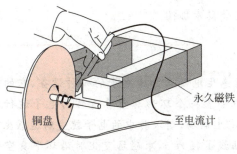
图 20.7　法拉第电机

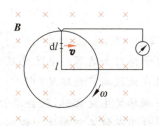
图 20.8　铜盘在均匀磁场中转动

20.3 感生电动势和感生电场

本节讨论引起回路中磁通量变化的另一种情况。一个静止的导体回路,当它包围的磁场发生变化时,穿过它的磁通量也会发生变化,这时回路中也会产生感应电动势。这样产生的感应电动势称为**感生电动势**,它和磁通量变化率的关系也由式(20.1)表示。

产生感生电动势的非静电力是什么力呢?由于导体回路未动,所以它不可能像在动生电动势中那样是洛伦兹力。由于这时的感应电流是原来宏观静止的电荷受非静电力作用形成的,而静止电荷受到的力只能是电场力,所以这时的非静电力也只能是一种电场力。由于这种电场是磁场的变化引起的,所以叫**感生电场**。它就是产生感生电动势的"非静电场"。以 E_i 表示感生电场,则根据电动势的定义,由于磁场的变化,在一个导体回路 L 中产生的感生电动势应为

$$\mathscr{E} = \oint_L \boldsymbol{E}_i \cdot \mathrm{d}\boldsymbol{l} \tag{20.10}$$

根据法拉第电磁感应定律应该有

$$\oint_L \boldsymbol{E}_i \cdot \mathrm{d}\boldsymbol{l} = -\frac{\mathrm{d}\Phi}{\mathrm{d}t} \tag{20.11}$$

法拉第当时只着眼于导体回路中感应电动势的产生,麦克斯韦则更着重于电场和磁场的关系的研究。他提出,在磁场变化时,不但会在导体回路中,而且在空间任一地点都会产生感生电场,而且感生电场沿任何闭合路径的环路积分都满足式(20.11)表示的关系。用 $\boldsymbol{B}$ 来表示磁感应强度,则式(20.11)可以用下面的形式更明显地表示出电场和磁场的关系:

$$\oint_L \boldsymbol{E}_i \cdot \mathrm{d}\boldsymbol{r} = -\frac{\mathrm{d}}{\mathrm{d}t}\int_S \boldsymbol{B} \cdot \mathrm{d}\boldsymbol{S} = -\int_S \frac{\partial \boldsymbol{B}}{\partial t} \cdot \mathrm{d}\boldsymbol{S} \tag{20.12}$$

式中 $\mathrm{d}\boldsymbol{r}$ 表示空间内任一静止回路 L 上的位移元,S 为该回路所限定的曲面。由于感生电场的环路积分不等于零,所以它又叫做涡旋电场。此式表示的规律可以理解为变化的磁场产生电场。

在一般的情况下,空间的电场可能既有静电场 $\boldsymbol{E}_s$,又有感生电场 $\boldsymbol{E}_i$。根据叠加原理,总电场 $\boldsymbol{E}$ 沿某一封闭路径 L 的环路积分应是静电场的环路积分和感生电场的环路积分之和。由于前者为零,所以 $\boldsymbol{E}$ 的环路积分就等于 $\boldsymbol{E}_i$ 的环流。因此,利用式(20.12)可得

$$\oint_L \boldsymbol{E} \cdot \mathrm{d}\boldsymbol{r} = -\int_S \frac{\partial \boldsymbol{B}}{\partial t} \cdot \mathrm{d}\boldsymbol{S} \tag{20.13}$$

这一公式是关于磁场和电场关系的又一个普遍的基本规律。

例 20.2

电子感应加速器。电子感应加速器是利用感生电场来加速电子的一种设备,它的柱形电磁铁在两极间产生磁场(图 20.9),在磁场中安置一个环形真空管道作为电子运行的轨道。当磁场发生变化时,就会沿管道方向产生感生电场,射入其中的电子就受到这感生电场的持续作用而被不断加速。设环形真空管的轴线半径为 a,求磁场变化时沿环形真空管轴线的感生电场。

解 由磁场分布的轴对称性可知,感生电场的分布也具有轴对称性。沿环管轴线上各处的电场强度

大小应相等，而方向都沿轴线的切线方向。因而沿此轴线的感生电场的环路积分为

$$\oint_L \boldsymbol{E}_i \cdot \mathrm{d}\boldsymbol{r} = E_i \cdot 2\pi a$$

以 $\overline{B}$ 表示环管轴线所围绕的面积上的平均磁感应强度，则通过此面积的磁通量为

$$\Phi = \overline{B}S = \overline{B} \cdot \pi a^2$$

由式(20.12)可得

$$E_i \cdot 2\pi a = -\frac{\mathrm{d}\Phi}{\mathrm{d}t} = -\pi a^2 \frac{\mathrm{d}\overline{B}}{\mathrm{d}t}$$

由此得

$$E_i = -\frac{a}{2} \frac{\mathrm{d}\overline{B}}{\mathrm{d}t}$$

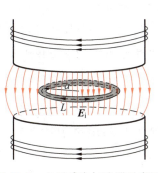

图 20.9　电子感应加速器示意图

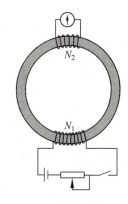

图 20.10　测铁磁质中的磁感应强度

例 20.3

测铁磁质中的磁感应强度。如图 20.10 所示，在铁磁试样做的环上绕上两组线圈。一组线圈匝数为 N_1，与电池相连。另一组线圈匝数为 N_2，与一个"冲击电流计"(这种电流计的最大偏转与通过它的电量成正比)相连。设铁环原来没有磁化。当合上电键使 N_1 中电流从零增大到 I_1 时，冲击电流计测出通过它的电量是 q。求与电流 I_1 相应的铁环中的磁感应强度 B_1 是多大？

解　当合上电键使 N_1 中的电流增大时，它在铁环中产生的磁场也增强，因而 N_2 线圈中有感生电动势产生。以 S 表示环的截面积，以 B 表示环内磁感应强度，则 $\Phi = BS$，而 N_2 中的感生电动势的大小为

$$\mathscr{E} = \frac{\mathrm{d}\Psi}{\mathrm{d}t} = N_2 \frac{\mathrm{d}\Phi}{\mathrm{d}t} = N_2 S \frac{\mathrm{d}B}{\mathrm{d}t}$$

以 R 表示 N_2 回路(包括冲击电流计)的总电阻，则 N_2 中的电流为

$$i = \frac{\mathscr{E}}{R} = \frac{N_2 S}{R} \frac{\mathrm{d}B}{\mathrm{d}t}$$

设 N_1 中的电流增大到 I_1 需要的时间为 τ，则在同一时间内通过 N_2 回路的电量为

$$q = \int_0^\tau i\, \mathrm{d}t = \int_0^\tau \frac{N_2 S}{R} \frac{\mathrm{d}B}{\mathrm{d}t}\mathrm{d}t = \frac{N_2 S}{R}\int_0^{B_1} \mathrm{d}B = \frac{N_2 S B_1}{R}$$

由此得

$$B_1 = \frac{qR}{N_2 S}$$

这样,根据冲击电流计测出的电量 q,就可以算出与 I_1 相对应的铁环中的磁感应强度。这是常用的一种测量磁介质中的磁感应强度的方法。

例 20.4

原子中电子轨道运动附加磁矩的产生。按经典模型,一电子沿半径为 r 的圆形轨道运动,速率为 v。今垂直于轨道平面加一磁场 **B**,求由于电子轨道运动发生变化而产生的附加磁矩。处于基态的氢原子在较强的 $B=2$ T 的磁场中,其电子的轨道运动附加磁矩多大?

解 电子的轨道运动的磁矩的大小由式(19.2)

$$m = \frac{evr}{2}$$

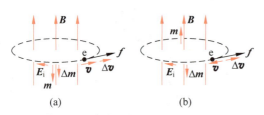

图 20.11 电子轨道运动附加磁矩的产生

给出。在图 20.11(a)中,电子轨道运动的磁矩方向向下。设所加磁场 **B** 的方向向上,在这磁场由 0 增大到 **B** 的过程中,在该区域将产生感生电场 E_i,其大小为 $\frac{r}{2}\frac{dB}{dt}$(参看例20.2),方向如图所示。在此电场作用下,电子将沿轨道加速,加速度为

$$a = \frac{f}{m_e} = \frac{eE_i}{m_e} = \frac{er}{2m_e}\frac{dB}{dt}$$

在轨道半径不变的情况下(参见习题 20.12),在加磁场的整个过程中,电子的速率的增加值为

$$\Delta v = \int a\,dt = \int_0^B \frac{er}{2m_e}dB = \frac{erB}{2m_e}$$

与此速度增量相应的磁矩的增量——附加磁矩 Δm——的大小为

$$\Delta m = \frac{er\Delta v}{2} = \frac{e^2r^2B}{4m_e}$$

其方向由速度的增量的方向判断,如图 20.11(a)所示,是和外加磁场的方向相反的。

如果如图 20.11(b)所示,电子轨道运动方向与图(a)中的相反,则其磁矩方向将向上。在加同样的磁场的过程中,感生电场将使电子减速,从而也产生一附加磁矩 Δm。此附加磁矩的大小也可以如上分析计算。要注意,如图 20.11(b)所示,Δm 的方向也是和外加磁场方向相反的!

氢原子处于基态时,电子的轨道半径 $r=0.5\times 10^{-10}$ m。由此可得

$$\Delta v = \frac{erB}{2m_e} = \frac{1.6\times 10^{-19}\times 0.5\times 10^{-10}\times 2}{2\times 9.1\times 10^{-31}} = 9 \text{ (m/s)}$$

$$\Delta m = \frac{er\Delta v}{2} = \frac{1.6\times 10^{-19}\times 0.5\times 10^{-10}\times 9}{2} = 3.6\times 10^{-29} \text{ (A·m}^2\text{)}$$

这一数值比表 19.2 所列的顺磁质原子的固有磁矩要小 5～6 个数量级。

20.4 互感

在实际电路中,磁场的变化常常是由于电流的变化引起的,因此,把感生电动势直接和电流的变化联系起来是有重要实际意义的。互感和自感现象的研究就是要找出这方面的规律。

一闭合导体回路,当其中的电流随时间变化时,它周围的磁场也随时间变化,在它附近的导体回路中就会产生感生电动势。这种电动势叫**互感电动势**。

20.4 互感

如图 20.12 所示，有两个固定的闭合回路 L_1 和 L_2。闭合回路 L_2 中的互感电动势是由于回路 L_1 中的电流 i_1 随时间的变化引起的，以 $\mathscr{E}_{21}$ 表示此电动势。下面说明 $\mathscr{E}_{21}$ 与 i_1 的关系。

由毕奥-萨伐尔定律可知，电流 i_1 产生的磁场正比于 i_1，因而通过 L_2 所围面积的、由 i_1 所产生的全磁通 Ψ_{21} 也应该和 i_1 成正比，即

$$\Psi_{21} = M_{21} i_1 \tag{20.14}$$

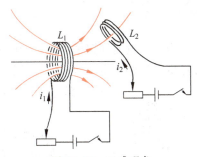

图 20.12 互感现象

其中比例系数 M_{21} 叫做回路 L_1 对回路 L_2 的**互感系数**，它取决于两个回路的几何形状、相对位置、它们各自的匝数以及它们周围磁介质的分布。对两个固定的回路 L_1 和 L_2 来说互感系数是一个常数。在 M_{21} 一定的条件下电磁感应定律给出

$$\mathscr{E}_{21} = -\frac{\mathrm{d}\Psi_{21}}{\mathrm{d}t} = -M_{21}\frac{\mathrm{d}i_1}{\mathrm{d}t} \tag{20.15}$$

如果图 20.12 回路 L_2 中的电路 i_2 随时间变化，则在回路 L_1 中也会产生感应电动势 $\mathscr{E}_{12}$。根据同样的道理，可以得出通过 L_1 所围面积的由 i_2 所产生的全磁通 Ψ_{12} 应该与 i_2 成正比，即

$$\Psi_{12} = M_{12} i_2 \tag{20.16}$$

而且

$$\mathscr{E}_{12} = -\frac{\mathrm{d}\Psi_{12}}{\mathrm{d}t} = -M_{12}\frac{\mathrm{d}i_2}{\mathrm{d}t} \tag{20.17}$$

上两式中的 M_{12} 叫 L_2 对 L_1 的互感系数。

可以证明(参看例 20.9)对给定的一对导体回路，有

$$M_{12} = M_{21} = M$$

M 就叫做这两个导体回路的**互感系数**，简称它们的**互感**。

在国际单位制中，互感系数的单位名称是亨[利]，符号为 H。由式(20.15)知

$$1\,\mathrm{H} = 1\,\frac{\mathrm{V}\cdot\mathrm{s}}{\mathrm{A}} = 1\,\Omega\cdot\mathrm{s}$$

例 20.5

一长直螺线管，单位长度上的匝数为 n。另一半径为 r 的圆环放在螺线管内，圆环平面与管轴垂直(图 20.13)。求螺线管与圆环的互感系数。

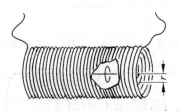

图 20.13 计算螺线管与圆环的互感系数

解 设螺线管内通有电流 i_1，螺线管内磁场为 B_1，则 $B_1 = \mu_0 n i_1$，通过圆环的全磁通为

$$\Psi_{21} = B_1 \pi r^2 = \pi r^2 \mu_0 n i_1$$

由定义公式(20.14)得互感系数为

$$M_{21} = \frac{\Psi_{21}}{i_1} = \pi r^2 \mu_0 n$$

由于 $M_{21} = M_{12} = M$，所以螺线管与圆环的互感系数就是 $M = \mu_0 \pi r^2 n$。

20.5 自感

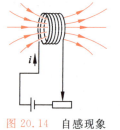

图 20.14 自感现象

当一个电流回路的电流 i 随时间变化时,通过回路自身的全磁通也发生变化,因而回路自身也产生感生电动势(图 20.14)。这就是自感现象,这时产生的感生电动势叫**自感电动势**。在这里,全磁通与回路中的电流成正比,即

$$\Psi = Li \tag{20.18}$$

式中比例系数 L 叫回路的**自感系数**(简称**自感**),它取决于回路的大小、形状、线圈的匝数以及它周围的磁介质的分布。自感系数与互感系数的量纲相同,在国际单位制中,自感系数的单位也是 H。

由电磁感应定律,在 L 一定的条件下自感电动势为

$$\mathscr{E}_L = -\frac{d\Psi}{dt} = -L\frac{di}{dt} \tag{20.19}$$

在图 20.14 中,回路的正方向一般就取电流 i 的方向。当电流增大,即 $\frac{di}{dt} > 0$ 时,式(20.19)给出 $\mathscr{E}_L < 0$,说明 $\mathscr{E}_L$ 的方向与电流的方向相反;当 $\frac{di}{dt} < 0$ 时,式(20.19)给出 $\mathscr{E}_L > 0$,说明 $\mathscr{E}_L$ 的方向与电流的方向相同。由此可知自感电动势的方向总是要使它**阻碍**回路本身电流的变化。

例 20.6

计算一个螺绕环的自感。设环的截面积为 S,轴线半径为 R,单位长度上的匝数为 n,环中充满相对磁导率为 μ_r 的磁介质。

解 设螺绕环绕组通有电流为 i,由于螺绕环管内磁场 $B = \mu_0 \mu_r n i$,所以管内全磁通为

$$\Psi = N\Phi = 2\pi R n \cdot BS = 2\pi \mu_0 \mu_r R n^2 S i$$

由自感系数定义式(20.18),得此螺绕环的自感为

$$L = \frac{\Psi}{i} = 2\pi \mu_0 \mu_r R n^2 S$$

由于 $2\pi RS = V$ 为螺绕环管内的体积,所以螺绕环自感又可写成

$$L = \mu_0 \mu_r n^2 V = \mu n^2 V \tag{20.20}$$

此结果表明环内充满磁介质时,其自感系数比在真空时要增大到 μ_r 倍。

例 20.7

一根电缆由同轴的两个薄壁金属管构成,半径分别为 R_1 和 R_2 ($R_1 < R_2$),两管壁间充以 $\mu_r = 1$ 的电介质。电流由内管流走,由外管流回。试求单位长度的这种电缆的自感系数。

解 这种电缆可视为单匝回路(图 20.15),其磁通量即通过任一纵截面的磁通量。以 I 表示通过的电流,则在两管壁间距轴 r 处的磁感应强度为

$$B = \frac{\mu_0 I}{2\pi r}$$

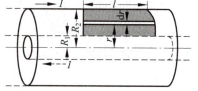

图 20.15 电缆的磁通量计算

而通过单位长度纵截面的磁通量为

$$\Phi_1 = \int \boldsymbol{B} \cdot \mathrm{d}\boldsymbol{S} = \int_{R_1}^{R_2} B \mathrm{d}r \cdot 1 = \int_{R_1}^{R_2} \frac{\mu_0 I}{2\pi r} \mathrm{d}r = \frac{\mu_0 I}{2\pi} \ln \frac{R_2}{R_1}$$

单位长度的自感系数应为

$$L_1 = \frac{\Phi_1}{I} = \frac{\mu_0}{2\pi} \ln \frac{R_2}{R_1} \qquad (20.21)$$

例 20.8

RL 电路。如图 20.16(a)所示,由一自感线圈 L、电阻 R 与电源 $\mathscr{E}$ 组成的电路。当电键 K 与 a 端相接触时,自感线圈和电阻串联而与电源相接,求接通后电流的变化情况。待电流稳定后,再迅速将电键打向 b 端,再求此后的电流变化情况。

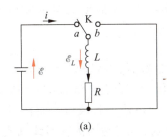
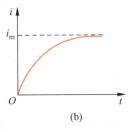

图 20.16　RL 电路与直流电源接通(a)及其后的电流增长曲线(b)

解　从电键 K 接通电源开始,电流是变化的。由于电流变化比较慢,所以在任一时刻基尔霍夫第二方程仍然成立。对整个电路,在图示电流与电动势方向的情况下,基尔霍夫第二方程为

$$-\mathscr{E} - \mathscr{E}_L + iR = 0$$

由于线圈的自感电动势 $\mathscr{E}_L = -L \dfrac{\mathrm{d}i}{\mathrm{d}t}$,所以由上式可得

$$\mathscr{E} = L \frac{\mathrm{d}i}{\mathrm{d}t} + iR$$

利用初始条件,$t=0$ 时,$i=0$,上一方程式的解为

$$i = \frac{\mathscr{E}}{R}(1 - \mathrm{e}^{-\frac{R}{L}t}) \qquad (20.22)$$

此结果表明,电流随时间逐渐增大,其极大值为

$$i_\mathrm{m} = \frac{\mathscr{E}}{R}$$

式(20.22)的指数 L/R 具有时间的量纲,称为此电路的**时间常数**。常以 τ 表示时间常数,即 $\tau = L/R$。电键接通后经过时间 τ,电流与其最大值的差为最大值的 $1/\mathrm{e}$。当 t 大于 τ 的若干倍以后,电流基本上达到最大值,就可以认为是稳定的了。图 20.16(b)画出了上述电路中电流随时间增长的情况。

当电键 K 由 a 换到 b 后(图 20.17(a)),对整个回路的基尔霍夫第二方程为

$$-\mathscr{E}_L + iR = 0$$

将 $\mathscr{E}_L = -L \dfrac{\mathrm{d}i}{\mathrm{d}t}$ 代入上式可得

$$L \frac{\mathrm{d}i}{\mathrm{d}t} + iR = 0$$

利用初始条件,$t=0$ 时,$i_0 = \dfrac{\mathscr{E}}{R}$,这一方程的解为

$$i = \frac{\mathscr{E}}{R} e^{-\frac{R}{L}t} \tag{20.23}$$

这一结果说明,电流随时间按指数规律减小。当 $t=\tau$ 时,i 减小为原来的 $1/e$。式(20.23)所示的电流与时间关系曲线如图 20.17(b) 所示。

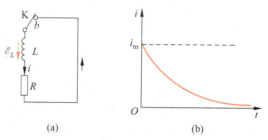

图 20.17 已通电的 RL 电路短接(a)及其后的电流变化曲线(b)

式(20.22)和式(20.23)所表示的电流变化情况还可以用实验演示。在图 20.18(a) 的实验中,当合上电键后,A 灯比 B 灯先亮,就是因为在合上电键后,A,B 两支路同时接通,但 B 灯的支路中有一多匝线圈,自感系数较大,因而电流增长较慢。而在图 20.18(b) 的实验中,在打开电键时,灯泡突然强烈地闪亮一下再熄灭,就是因为多匝线圈支路中的较大的电流在电键打开后通过灯泡而又逐渐消失的缘故。

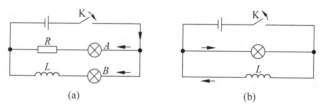

图 20.18 自感现象演示

20.6 磁场的能量

在图 20.18(b) 所示的实验中,当电键 K 打开后,电源已不再向灯泡供给能量了,它突然强烈地闪亮一下所消耗的能量是哪里来的呢?由于使灯泡闪亮的电流是线圈中的自感电动势产生的电流,而这电流随着线圈中的磁场的消失而逐渐消失,所以可以认为使灯泡闪亮的能量是原来储存在通有电流的线圈中的,或者说是储存在线圈内的磁场中的。因此,这种能量叫做**磁能**。自感为 L 的线圈中通有电流 I 时所储存的磁能应该等于这电流消失时自感电动势所做的功。这个功可如下计算。以 $i\mathrm{d}t$ 表示在短路后某一时间 $\mathrm{d}t$ 内通过灯泡的电量,则在这段时间内自感电动势做的功为

$$\mathrm{d}A = \mathscr{E}_L \, i\mathrm{d}t = -L \frac{\mathrm{d}i}{\mathrm{d}t} i\mathrm{d}t = -Li\mathrm{d}i$$

电流由起始值减小到零时,自感电动势所做的总功就是

$$A = \int \mathrm{d}A = \int_I^0 -Li\,\mathrm{d}i = \frac{1}{2}LI^2$$

因此，具有自感为 L 的线圈通有电流 I 时所具有的磁能就是

$$W_m = \frac{1}{2}LI^2 \qquad (20.24)$$

这就是自感磁能公式。

对于磁场的能量也可以引入能量密度的概念，下面我们用特例导出磁场能量密度公式。考虑一个螺绕环，在例 20.6 中，已求出螺绕环的自感系数为

$$L = \mu n^2 V$$

利用式(20.24)可得通有电流 I 的螺绕环的磁场能量是

$$W_m = \frac{1}{2}LI^2 = \frac{1}{2}\mu n^2 V I^2$$

由于螺绕环管内的磁场 $B = \mu n I$，所以上式可写作

$$W_m = \frac{B^2}{2\mu}V$$

由于螺绕环的磁场集中于环管内，其体积就是 V，并且管内磁场基本上是均匀的，所以环管内的磁场能量密度为

$$w_m = \frac{B^2}{2\mu} \qquad (20.25)$$

利用磁场强度 $\boldsymbol{H} = \boldsymbol{B}/\mu$，此式还可以写成

$$w_m = \frac{1}{2}\boldsymbol{B} \cdot \boldsymbol{H} \qquad (20.26)$$

此式虽然是从一个特例中推出的，但是可以证明它对磁场普遍有效。利用它可以求得某一磁场所储存的总能量为

$$W_m = \int w_m dV = \int \frac{\boldsymbol{H} \cdot \boldsymbol{B}}{2} dV$$

此式的积分应遍及整个磁场分布的空间①。

例 20.9

求两个相互邻近的电流回路的磁场能量，这两个回路的电流分别是 I_1 和 I_2。

解 两个电路如图 20.19 所示。为了求出此系统在所示状态时的磁能，我们设想 I_1 和 I_2 是按下述步骤建立的。

(1) 先合上电键 K_1，使 i_1 从零增大到 I_1。这一过程中由于自感 L_1 的存在，由电源 $\mathscr{E}_1$ 做功而储存到磁场中的能量为

$$W_1 = \frac{1}{2}L_1 I_1^2$$

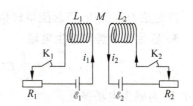

图 20.19 两个载流线圈的磁场能量

(2) 再合上电键 K_2，调节 R_1 使 I_1 保持不变，这时 i_2 由零增大到 I_2。这一过程中由于自感 L_2 的存在由电源 $\mathscr{E}_2$ 做功而储存到磁场中的能量为

$$W_2 = \frac{1}{2}L_2 I_2^2$$

还要注意到，当 i_2 增大时，在回路 1 中会产生互感电动势 $\mathscr{E}_{12}$。由式(20.17)得

---

① 由于铁磁质具有磁滞现象，本节磁能公式对铁磁质不适用。

$$\mathscr{E}_{12} = -M_{12}\frac{\mathrm{d}i_2}{\mathrm{d}t}$$

要保持电流 I_1 不变，电源 $\mathscr{E}_1$ 还必须反抗此电动势做功。这样由于互感的存在，由电源 $\mathscr{E}_1$ 做功而储存到磁场中的能量为

$$W_{12} = -\int \mathscr{E}_{12} I_1 \mathrm{d}t = \int M_{12} I_1 \frac{\mathrm{d}i_2}{\mathrm{d}t}\mathrm{d}t$$
$$= \int_0^{I_2} M_{12} I_1 \mathrm{d}i_2 = M_{12} I_1 \int_0^{I_2} \mathrm{d}i_2 = M_{12} I_1 I_2$$

经过上述两个步骤后，系统达到电流分别是 I_1 和 I_2 的状态，这时储存到磁场中的总能量为

$$W_\mathrm{m} = W_1 + W_2 + W_{12} = \frac{1}{2}L_1 I_1^2 + \frac{1}{2}L_2 I_2^2 + M_{12} I_1 I_2$$

如果我们先合上 K_2，再合上 K_1，仍按上述推理，则可得到储存到磁场中的总能量为

$$W'_\mathrm{m} = \frac{1}{2}L_1 I_1^2 + \frac{1}{2}L_2 I_2^2 + M_{21} I_1 I_2$$

由于这两种通电方式下的最后状态相同，即两个电路中分别通有 I_1 和 I_2 的电流，那么能量应该和达到此状态的过程无关，也就是应有 $W_\mathrm{m} = W'_\mathrm{m}$。由此我们得

$$M_{12} = M_{21}$$

即回路 1 对回路 2 的互感系数等于回路 2 对回路 1 的互感系数。用 M 来表示此互感系数，则最后储存在磁场中的总能量为

$$W_\mathrm{m} = \frac{1}{2}L_1 I_1^2 + \frac{1}{2}L_2 I_2^2 + M I_1 I_2$$

提要

1. 法拉第电磁感应定律：$\mathscr{E} = -\dfrac{\mathrm{d}\Psi}{\mathrm{d}t}$

其中 Ψ 为磁链，对螺线管，可以有 $\Psi = N\Phi$。

2. 动生电动势：$\mathscr{E}_{ab} = \int_a^b (\boldsymbol{v} \times \boldsymbol{B}) \cdot \mathrm{d}\boldsymbol{l}$

洛伦兹力不做功，但起能量转换作用。

3. 感生电动势和感生电场

$$\mathscr{E} = \oint_L \boldsymbol{E}_\mathrm{i} \cdot \mathrm{d}\boldsymbol{r} = -\frac{\mathrm{d}\Phi}{\mathrm{d}t} = -\frac{\mathrm{d}}{\mathrm{d}t}\int_S \boldsymbol{B} \cdot \mathrm{d}\boldsymbol{S}$$

其中 $\boldsymbol{E}_\mathrm{i}$ 为感生电场强度。

4. 互感

互感系数：$M = \dfrac{\Psi_{21}}{i_1} = \dfrac{\Psi_{12}}{i_2}$

互感电动势：$\mathscr{E}_{21} = -M\dfrac{\mathrm{d}i_1}{\mathrm{d}t}$（$M$ 一定时）

5. 自感

自感系数：$L = \dfrac{\Psi}{i}$

自感电动势：$\mathscr{E}_L = -L\dfrac{\mathrm{d}i}{\mathrm{d}t}$（$L$ 一定时）

自感磁能：$W_\mathrm{m} = \dfrac{1}{2}LI^2$

6. 磁场的能量密度：$w_\mathrm{m} = \dfrac{B^2}{2\mu} = \dfrac{1}{2}\boldsymbol{B}\cdot\boldsymbol{H}$（非铁磁质）

20.1 灵敏电流计的线圈处于永磁体的磁场中，通入电流，线圈就发生偏转。切断电流后，线圈在回复原来位置前总要来回摆动好多次。这时如果用导线把线圈的两个接头短路，则摆动会马上停止。这是什么缘故？

20.2 熔化金属的一种方法是用"高频炉"。它的主要部件是一个铜制线圈，线圈中有一坩埚，锅中放待熔的金属块。当线圈中通以高频交流电时，锅中金属就可以被熔化。这是什么缘故？

20.3 变压器的铁芯为什么总做成片状的，而且涂上绝缘漆相互隔开？铁片放置的方向应和线圈中磁场的方向有什么关系？

20.4 将尺寸完全相同的铜环和铝环适当放置，使通过两环内的磁通量的变化率相等。问这两个环中的感应电流及感生电场是否相等？

20.5 电子感应加速器中，电子加速所得到的能量是哪里来的？试定性解释。

20.6 三个线圈中心在一条直线上，相隔的距离很近，如何放置可使它们两两之间的互感系数为零？

20.7 有两个金属环，一个的半径略小于另一个。为了得到最大互感，应把两环面对面放置还是一环套在另一环中？如何套？

20.8 如果电路中通有强电流，当突然打开刀闸断电时，就有一大火花跳过刀闸。试解释这一现象。

20.9 利用楞次定律说明为什么一个小的条形磁铁能悬浮在用超导材料做成的盘上（图 20.20）。

20.10 金属探测器的探头内通入脉冲电流，才能测到埋在地下的金属物品发回的电磁信号（图 20.21）。能否用恒定电流来探测？埋在地下的金属为什么能发回电磁信号？

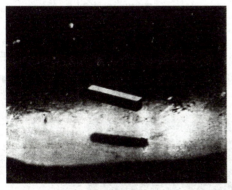

图 20.20 超导磁悬浮

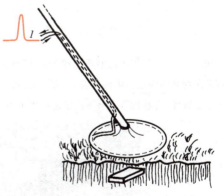

图 20.21 思考题 20.10 用图

习题

20.1 在通有电流 $I=5$ A 的长直导线近旁有一导线段 ab,长 $l=20$ cm,离长直导线距离 $d=10$ cm(图 20.22)。当它沿平行于长直导线的方向以速度 $v=10$ m/s 平移时,导线段中的感应电动势多大?a,b 哪端的电势高?

20.2 平均半径为 12 cm 的 4×10^3 匝线圈,在强度为 0.5 G 的地磁场中每秒钟旋转 30 周,线圈中可产生最大感应电动势为多大?如何旋转和转到何时,才有这样大的电动势?

20.3 如图 20.23 所示,长直导线中通有电流 $I=5$ A,另一矩形线圈共 1×10^3 匝,宽 $a=10$ cm,长 $L=20$ cm,以 $v=2$ m/s 的速度向右平动,求当 $d=10$ cm 时线圈中的感生电动势。

20.4 上题中若线圈不动,而长导线中通有交变电流 $i=5\sin 100\pi t$ A,线圈内的感生电动势将为多大?

20.5 在半径为 R 的圆柱形体积内,充满磁感应强度为 $\boldsymbol{B}$ 的均匀磁场。有一长为 L 的金属棒放在磁场中,如图 20.24 所示。设磁场在增强,并且 $\dfrac{dB}{dt}$ 已知,求棒中的感生电动势,并指出哪端电势高。

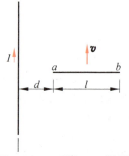

图 20.22 习题 20.1 用图

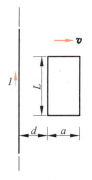

图 20.23 习题 20.3 用图

图 20.24 习题 20.5 用图

20.6 在 50 周年国庆盛典上我 FBC-1"飞豹"新型超音速歼击轰炸机(图 20.25)在天安门上空沿水平方向自东向西呼啸而过。该机翼展 12.705 m。设北京地磁场的竖直分量为 0.42×10^{-4} T,该机又以最大 Ma 数 1.70(Ma 数即"马赫数",表示飞机航速相当于声速的倍数)飞行,求该机两翼尖间的电势差。哪端电势高?

图 20.25 习题 20.6 用图

20.7 为了探测海洋中水的运动,海洋学家有时依靠水流通过地磁场所产生的动生电动势。假设在某处地磁场的竖直分量为 $0.70×10^{-4}$ T,两个电极垂直插入被测的相距 200 m 的水流中,如果与两极相连的灵敏伏特计指示 $7.0×10^{-3}$ V 的电势差,求水流速率多大。

20.8 发电机由矩形线圈组成,线圈平面绕竖直轴旋转。此竖直轴与大小为 $2.0×10^{-2}$ T 的均匀水平磁场垂直。环的尺寸为 10.0 cm×20.0 cm,它有 120 圈。导线的两端接到外电路上,为了在两端之间产生最大值为 12.0 V 的感应电动势,线圈必须以多大的转速旋转?

20.9 一种用小线圈测磁场的方法如下:做一个小线圈,匝数为 N,面积为 S,将它的两端与一测电量的冲击电流计相连。它和电流计线路的总电阻为 R。先把它放到待测磁场处,并使线圈平面与磁场方向垂直,然后急速地把它移到磁场外面,这时电流计给出通过的电量是 q。试用 N,S,q,R 表示待测磁场的大小。

20.10 **电磁阻尼**。一金属圆盘,电阻率为 ρ,厚度为 b。在转动过程中,在离转轴 r 处面积为 a^2 的小方块内加以垂直于圆盘的磁场 $\boldsymbol{B}$(图 20.26)。试导出当圆盘转速为 ω 时阻碍圆盘的电磁力矩的近似表达式。

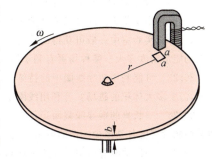

图 20.26 习题 20.10 用图

20.11 在电子感应加速器中,要保持电子在半径一定的轨道环内运行,轨道环内的磁场 B 应该等于环围绕的面积中 B 的平均值 $\bar{B}$ 的一半,试证明之。

20.12 在分析图 20.11(a)中的电子轨道运动附加磁矩的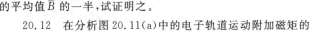产生时,曾假定轨道半径 r 不变。试用经典理论证明这一假定:先求出轨道半径不变而电子速率增加 Δv 时需要增加的向心力 ΔF(取一级近似),再求出加入磁场 $\boldsymbol{B}$ 后,速率为 $v+\Delta v$ 的电子所受的洛伦兹力(也取一级近似)。根据此洛伦兹力等于所需增加的向心力可知轨道半径是可以保持不变的。

20.13 一个长 l、截面半径为 R 的圆柱形纸筒上均匀密绕有两组线圈。一组的总匝数为 N_1,另一组的总匝数为 N_2。求筒内为空气时两组线圈的互感系数。

20.14 一圆环形线圈 a 由 50 匝细线绕成,截面积为 4.0 cm²,放在另一个匝数等于 100 匝、半径为 20.0 cm 的圆环形线圈 b 的中心,两线圈同轴。求:
(1) 两线圈的互感系数;
(2) 当线圈 a 中的电流以 50 A/s 的变化率减少时,线圈 b 内磁通量的变化率;
(3) 线圈 b 的感生电动势。

20.15 半径为 2.0 cm 的螺线管,长 30.0 cm,上面均匀密绕 1 200 匝线圈,线圈内为空气。
(1) 求这螺线管中自感多大?
(2) 如果在螺线管中电流以 $3.0×10^2$ A/s 的速率改变,在线圈中产生的自感电动势多大?

20.16 一长直螺线管的导线中通入 10.0 A 的恒定电流时,通过每匝线圈的磁通量是 20 μWb;当电流以 4.0 A/s 的速率变化时,产生的自感电动势为 3.2 mV。求此螺线管的自感系数与总匝数。

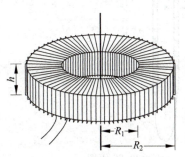

图 20.27 习题 20.17 用图

20.17 如图 20.27 所示的截面为矩形的螺绕环,总匝数为 N。
(1) 求此螺绕环的自感系数;
(2) 沿环的轴线拉一根直导线。求直导线与螺绕环的互感系数 M_{12} 和 M_{21},二者是否相等?

20.18 两条平行的输电线半径为 a,二者中心相距为 D,电流一去一回。若忽略导线内的磁场,证明这两条输电线单位长度的自感为

$$L_1 = \frac{\mu_0}{\pi}\ln\frac{D-a}{a}$$

20.19 两个平面线圈,圆心重合地放在一起,但轴线正交。二

者的自感系数分别为 L_1 和 L_2，以 L 表示二者相连结时的等效自感，试证明：

(1) 两线圈串联时，
$$L = L_1 + L_2$$

(2) 两线圈并联时，
$$\frac{1}{L} = \frac{1}{L_1} + \frac{1}{L_2}$$

20.20　两线圈的自感分别为 L_1 和 L_2，它们之间的互感为 M（图 20.28）。

(1) 当二者顺串联，即 2,3 端相连，1,4 端接入电路时，证明二者的等效自感为 $L=L_1+L_2+2M$；

(2) 当二者反串联，即 2,4 端相连，1,3 端接入电路时，证明二者的等效自感为 $L=L_1+L_2-2M$。

20.21　中子星表面的磁场估计为 10^8 T，该处的磁能密度多大？（按质能关系，以 kg/m^3 表示之。）

20.22　实验室中一般可获得的强磁场约为 2.0 T，强电场约为 1×10^6 V/m。求相应的磁场能量密度和电场能量密度多大？哪种场更有利于储存能量？

20.23　可能利用超导线圈中的持续大电流的磁场储存能量。要储存 1 kW·h 的能量，利用 1.0 T 的磁场，需要多大体积的磁场？若利用线圈中的 500 A 的电流储存上述能量，则该线圈的自感系数应多大？

20.24　一长直的铜导线截面半径为 5.5 mm，通有电流 20 A。求导线外贴近表面处的电场能量密度和磁场能量密度各是多少？铜的电阻率为 1.69×10^{-8} Ω·m。

20.25　一同轴电缆由中心导体圆柱和外层导体圆筒组成，二者半径分别为 R_1 和 R_2，筒和圆柱之间充以电介质，电介质和金属的 μ_r 均可取作 1，求此电缆通过电流 I（由中心圆柱流出，由圆筒流回）时，单位长度内储存的磁能，并通过和自感磁能的公式比较求出单位长度电缆的自感系数。

*20.26　两条平行的半径为 a 的导电细直管构成一电路，二者中心相距为 $D_1 \gg a$（图 20.29）。通过直管的电流 I 始终保持不变。

(1) 求这对细直管单位长度的自感；

(2) 固定一个管，将另一管平移到较大的间距 D_2 处。求在这一过程中磁场对单位长度的动管所做的功 A_m；

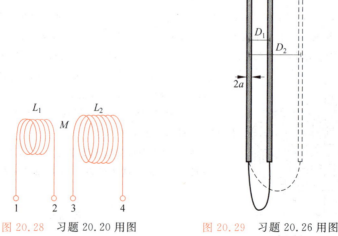

图 20.28　习题 20.20 用图　　　图 20.29　习题 20.26 用图

(3) 求与这对细管单位长度相联系的磁能的改变 ΔW_m;

(4) 判断在上述过程中这对细管单位长度内的感应电动势 $\mathscr{E}$ 的方向以及此电动势所做的功 $A_\mathscr{E}$;

(5) 给出 A_m, ΔW_m 和 $A_\mathscr{E}$ 的关系。

*20.27 两个长直螺线管截面积 S 几乎相同,一个插在另一个内部,如图 20.30 所示。二者单位长度的匝数分别为 n_1 和 n_2,通有电流 I_1 和 I_2。试证明两者之间的磁力为

$$F_\mathrm{m} = \mu_0 n_1 n_2 S I_1 I_2$$

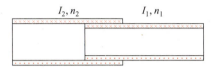

图 20.30 习题 20.27 用图

法拉第

今日物理趣闻

超导电性

超导是超导电性的简称,它是指金属、合金或其他材料电阻变为零的性质。超导现象是荷兰物理学家翁纳斯(H. K. Onnes,1853—1926年)首先发现的。

I.1 超导现象

翁纳斯在1908年首次把最后一个"永久气体"氦气液化,并得到了低于4 K的低温。1911年他在测量一个固态汞样品的电阻与温度的关系时发现,当温度下降到4.2 K附近时,样品的电阻突然减小到仪器无法觉察出的一个小值(当时约为1×10^{-5} Ω)。图I.1画出了由实验测出的汞的电阻率在4.2 K附近的变化情况。该曲线表示在低于4.15 K的温度下汞的电阻率为零(作为对比,在图I.1中还用虚线画出了正常金属铂的电阻率随温度变化的关系)。

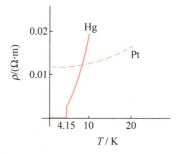

图I.1 汞和正常金属铂的电导率随温度变化的关系

电阻率为零,即完全没有电阻的状态称为**超导态**。除了汞以外,以后又陆续发现有许多金属及合金在低温下也能转变成超导态,但它们的**转变温度**(或叫**临界温度** T_c)不同。表I.1列出了几种材料的转变温度。

表I.1 几种超导体的转变温度

材料	T_c/K	材料	T_c/K
Al	1.20	Nb	9.26
In	3.40	V_3Ga	14.4
Sn	3.72	Nb_3Sn	18.0
Hg	4.15	Nb_3Al	18.6
Au	4.15	Nb_3Ge	23.2
V	5.30	钡基氧化物	约90
Pb	7.19		

利用超导体的持续电流清华大学物理表演室做了一个很有趣的悬浮实验。用永久磁铁块(NdFeB)成一环形轨道(其断面磁极呈NSN排列)。将一小方块超导体(钇钡铜氧

材料,用浸有液氮的泡沫塑料包裹)放到轨道上面,它就可以悬浮在那里而不下落(图I.2)。这是由于电磁感应使超导块在放上时其表面感应出了持续电流。根据楞次定律,轨道的磁场将对这电流,也就是对超导块,产生斥力,超导块越靠近轨道,斥力就越大。最后这斥力可以大到足以抵消超导块所受重力而使它悬浮在空中。这时如果沿轨道方向轻轻地推一下超导块,它就将沿轨道运动成为一辆磁悬浮小车。

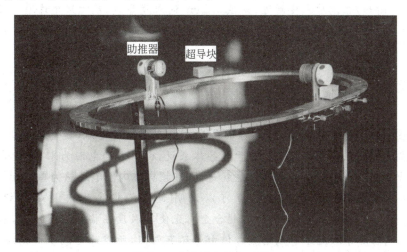

图 I.2　磁悬浮小车实验装置

超导体的电阻准确为零,因此一旦它内部产生电流后,只要保持超导状态不变,其电流就不会减小。这种电流称为**持续电流**。有一次,有人在超导铅环中激发了几百安培的电流,在持续两年半的时间内没有发现可观察到的电流变化。如果不是撤掉了维持低温的液氦装置,此电流可能持续到现在。当然,任何测量仪器的灵敏度都是有限的,测量都会有一定的误差,因而我们不可能证明超导态时的电阻严格地为零。但即使不是零,那也肯定是非常小的——它的电阻率不会超过最好的正常导体的电阻率的 10^{-15} 倍。

I.2　临界磁场

具有持续电流的超导环能产生磁场,而且除了最初产生持久电流时需要输入一些能量外,它和永久磁体一样,维持这电流和它所产生的磁场,并不需要任何电源。这意味着利用超导体可以在只消耗少许能量的条件下获得很强的磁场。

遗憾的是,强磁场对超导体有相反的作用,即强磁场可以破坏超导电性。例如,在绝对零度附近,0.041 T 的磁场就足以破坏汞的超导电性。接近临界温度时,甚至更弱的磁场也能破坏超导电性。破坏材料超导电性的最小磁场称为**临界磁场**,以 B_c 表示,B_c 随温度而改变。在图 I.3 中画出了汞的临界磁场 B_c 与绝对温度 T 的关系曲线。

实验已表明,对于所有的超导体,B_c 与 T 的关系可以近似地用抛物线公式

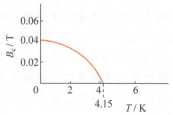

图 I.3　汞的 B_c-T 曲线

$$B_c(T) = B_c(0) \times \left(1 - \frac{T}{T_c}\right)^2 \qquad (\text{I}.1)$$

表示,式中 $B_c(0)$ 为绝对零度时的临界磁场。

临界磁场的存在限制了超导体中能够通过的电流。例如,在一根超导线中有电流通过时,电流也在超导线中产生磁场。随着电流的增大,当它的磁场足够强时,导线的超导电性就会被破坏。例如,在绝对零度附近,直径 0.2 cm 的汞超导线,最大只允许通过 200 A 的电流,电流再大,它将失去超导电性。对超导电性的这一限制,在设计超导磁体时是必须加以考虑的。

I.3 超导体中的电场和磁场

我们知道,由于导体有电阻,所以为了在导体中产生恒定电流,就需要在其中加电场。电阻越大,需要加的电场也就越强。对于超导体来说,由于它的电阻为零,即使在其中有电流产生,维持该电流也不需要加电场。这就是说,**在超导体内部电场总为零**。

利用超导体内电场总是零这一点可以说明如何在超导体内激起持续电流。如图 I.4(a)所示,用线吊起一个焊锡环(铅锡合金),先使其温度在临界温度以上,当把一个条形磁铁移近时,在环中激起了感应电流。但由于环有电阻,所以此电流很快就消失了,但环内留有磁通量 Φ。然后,如图 I.4(b)所示,将液氦容器上移,使焊锡环变成超导体。这时环内的磁通量 Φ 不变,如果再移走磁铁,合金环内的磁通量是不能改变的。若改变了,根据电磁感应定律,在环体内将产生电场,这和超导体内电场为零是矛盾的。因此,在磁铁移走的过程中,超导环内就会产生电流(图 I.4(c)),它的大小自动地和 Φ 值相应。这个电流就是超导体中的持续电流。

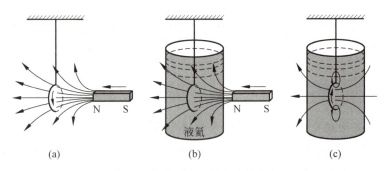

图 I.4 超导环中持续电流的产生

由于超导体内部电场强度为零,根据电磁感应定律,它体内各处的磁通量也不能变化。由此可以进一步导出超导体内部的磁场为零。例如,当把一个超导体样品放入一磁场中时,在放入的过程中,由于穿过超导体样品的磁通量发生了变化,所以将在样品的表面产生感应电流(图 I.5(a))。这电流将在超导体样品内部产生磁场。这磁场正好抵消外磁场,而使超导体内部磁场仍为零。在超导体的外部,超导体表面感应电流的磁场和原磁场的叠加将使合磁场的磁感线绕过超导体而发生弯曲(图 I.5(b))。这种结果常常说成是**磁感线不能进入超导体**。

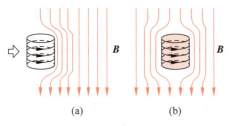
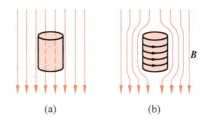

图 I.5　超导体样品放入磁场中　　图 I.6　在磁场中样品向超导体转变

不但把超导体移入磁场中时,磁感线不能进入超导体,而且原来就在磁场中的超导体也会把磁场排斥到超导体之外。1933 年迈斯纳(Meissner)和奥克森费尔特(Ochsenfeld)在实验中发现了下述事实。他们先把在临界温度以上的锡和铅样品放入磁场中,由于这时样品不是超导体,所以其中有磁场存在(图 I.6(a))。当他们维持磁场不变而降低样品的温度时,发现当样品转变为超导体后,其内部也没有磁场了(图 I.6(b))。这说明,在转变过程中,在超导体表面上也产生了电流,这电流在其内部的磁场完全抵消了原来的磁场。一种材料能减弱其内部磁场的性质叫**抗磁性**。迈斯纳实验表明,**超导体具有完全的抗磁性**。转变为超导体时能排除体内磁场的现象叫**迈斯纳效应**。迈斯纳效应中,只在超导体表面产生电流是就宏观而言的。在微观上,这电流是在表面薄层内产生的,薄层厚度约为 10^{-5} cm。在这表面层内,磁场并不完全为零,因而还有一些磁感线穿入表面层。

严格说来,理想的迈斯纳效应只能在沿磁场方向的非常长的圆柱体(如导线)中发生。对于其他形状的超导体,磁感线被排除的程度取决于样品的几何形状。在一般情况下,整个金属体内分成许多超导区和正常区。磁场增强时,正常区扩大,超导区缩小。当达到临界磁场时,整个金属都变成正常的了。

I.4　第二类超导体

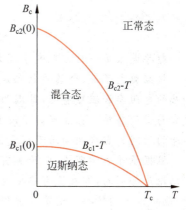

图 I.7　第二类超导体 B_c-T 曲线

大多数纯金属超导体排除磁感线的性质有一个明显的分界。在低于临界温度的某一温度下,当所加磁场比临界磁场弱时,超导体禁止磁感线进入。但一旦磁场比临界磁场强时,这种超导特性就消失了,磁感线可以进入金属体内。具有这种性质的超导体叫**第一类超导体**。还有一类超导体的磁性质较为复杂,它们被称做**第二类超导体**。目前发现的这类超导体有铌、钒和一些合金材料。这类超导体在低于临界温度的一定温度下有两个临界磁场 B_{c1} 和 B_{c2}。图 I.7 示出了这类超导体的两个临界磁场对温度 T 的变化曲线。当磁场比第一临界磁场 B_{c1} 弱时,这类超导体处于纯粹的超导态,称迈斯纳态,这时它完全禁止磁感线进入。当磁场在 B_{c1} 和 B_{c2} 之间时,材料具有超导区和正常区相混杂的结构,叫做**混合态**,这时可以有部分磁感线进入。当磁场比第二临界磁场 B_{c2} 还要强时,材料完全转入正常态,磁感线可以自由进入。例如,铌三锡(Nb_3Sn)在 4.2 K 的温度下,$B_{c1}=0.019$ T,

$B_{c2}=22\text{ T}$,这个 B_{c2} 值是相当高的。这样高的 B_{c2} 值有很重要的实用价值,因为在任何金属都已丧失超导特性的强磁场中,这种材料还能保持超导电性。

第二类超导材料处于中等强度的磁场中时,它的混合态具有下述的结构:整个材料是超导的,但其中嵌有许多细的正常态的丝,这些丝都平行于外加磁场的方向,它们是外磁场的磁感线的通道(图 I.8)。每根细丝都被电流围绕着,这些电流屏蔽了细丝中磁场对外面的超导区的作用。这种电流具有涡旋性质,所以这种正常态细丝叫做**涡线**。

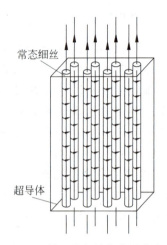

图 I.8 第二类超导体的混合态

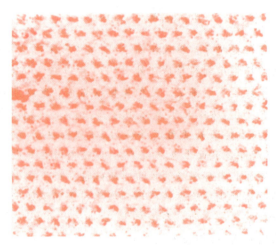

图 I.9 铁粉显示的涡线端头

实验证明,在每一条涡线中的磁通量都有一个确定的值 Φ_0,它和普朗克常数 h 以及电子电量 e 有一确定的关系,即

$$\Phi_0 = \frac{h}{2e} = 2.07 \times 10^{-15} \text{ T}\cdot\text{m}^2 \tag{I.2}$$

这说明磁通量是量子化的,Φ_0 就表示**磁通量子**。在第二类超导体处于混合态时,外磁场的增强只能增加涡线的数目,而不能增加每根涡线中的磁通。磁场越强,涡线越多、越密。磁场达到 B_{c2} 时,涡线将充满整个材料而使材料全部转变为正常态。这种涡线可以用铁粉显示出来。图 I.9 就是用铁粉显示的铅-铟超导材料断面图。图中显示涡线排列成整齐的图样,线与线之间的距离约为 0.005 cm。

I.5 BCS 理论

超导电性是一种宏观量子现象,只有依据量子力学才能给予正确的微观解释。

按经典电子说,金属的电阻是由于形成金属晶格的离子对定向运动的电子碰撞的结果。金属的电阻率和温度有关,是因为晶格离子的无规则热运动随温度升高而加剧,因而使电子更容易受到碰撞。在点阵离子没有热振动(冷却到绝对零度)的完整晶体中,一个电子能在离子的行间作直线运动而不经受任何碰撞。

根据量子力学理论,电子具有波的性质,上述经典理论关于电子运动的图像不再正确。但结论是相同的,即在没有热振动的完整晶体点阵中,电子波能自由地不受任何散射(或偏折)地向各方向传播。这是因为任何一个晶格离子的影响都会被其他粒子抵消。然而,如果点阵离子排列的完整规律性有缺陷时,在晶体中的电子波就会被散射而使传播受到阻碍,这就使金属具有了电阻。晶格离子的热振动是要破坏晶格的完全规律性的,因此,热振动也就使金属具有了电阻。在低温时,晶格热振动减小,电阻率就下降;在绝对零度时,热振动消失,电阻率也消失(除去杂质和晶格位错引起的残余电阻以外)。

由此不难理解为什么在低温下电阻率要减小,但还不能说明为什么在绝对零度以上几度的温度下有些金属的电阻会完全消失。成功地解释这种超导现象的理论是巴登(J. Bardeen, 1908—1991 年)、库珀(L. N. Cooper, 1930—)和史雷夫(J. R. Schrieffer, 1931—)于 1957 年联合提出的(现在就叫 BCS 理论)。根据这一理论,产生超导现象的关键在于,在超导体中电子形成了电子对,叫**库珀对**。金属中的电子不是十分自由的,它们都通过点阵离子而发生相互作用。每个电子的负电荷都要吸引晶格离子的正电荷。因此,邻近的离子要向电子微微靠拢。这些稍微聚拢了的正电荷又反过来吸引其他电子,总效果是一个自由电子对另一个自由电子产生了小的吸引力。在室温下,这种吸引力是非常小的,不会引起任何效果。但当温度低到接近绝对温度几度,因而热骚动几乎完全消失时,这吸引力就大得足以使两个电子结合成对。

当超导金属处于静电平衡时(没有电流),每个"库珀对"由两个动量完全相反的电子所组成。很明显,这样的结构用经典的观点是无法解释的。因为按经典的观点,如果两个粒子有数值相等、方向相反的动量,它们将沿相反的方向彼此分离,它们之间的相互作用将不断减小,因而不能永远结合在一起,然而,根据量子力学的观点,这种结构是有可能的。这里,每个粒子都用波来描述。如果两列波沿相反的方向传播,它们能较长时间地连续交叠在一起,因而就能连续地相互作用。

在有电流的超导金属中,每一个电子对都有一总动量,这动量的方向与电流方向相反,因而能传送电荷。电子对通过晶格运动时不受阻力。这是因为当电子对中的一个电子受到晶格散射而改变其动量时,另一个电子也同时要受到晶格的散射而发生相反的动量改变。结果这电子对的总动量不变。所以晶格既不能减慢也不能加快电子对的运动,这在宏观上就表现为超导体对电流的电阻是零。

I.6 约瑟夫森效应

超导电性的量子特征明显地表现在约瑟夫森(B. D. Josephson, 1940—)效应中。两块超导体中间夹一薄的绝缘层就形成一个**约瑟夫森结**。例如,先在玻璃衬板表面蒸发上一层超导膜(如铌膜),然后把它暴露在氧气中使此铌膜表面氧化,形成一个厚度约为 1~3 nm 的绝缘氧化薄层,之后在这氧化层上再蒸发上一层超导膜(如铅膜),这样便做成了一个约瑟夫森结(图 I.10(a))。

按经典理论,两种超导材料之间的绝缘层是禁止电子通过的。这是因为绝缘层内的电势比超导体中的电势低得多,对电子的运动形成了一个高的"势垒"。超导体中的电子的能量不足以使它爬过这势垒,所以宏观上不能有电流通过。但是,量子力学原理指出,即使对于相当高的势垒,能量较小的电子也能穿过(图 I.10(b)),好像势垒下面有隧道似的。这种电子对通过超导的约瑟夫森结中势垒隧道而形成超导电流的现象叫**超导隧道效应**,也叫约瑟夫森效应。

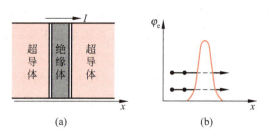

图 I.10　约瑟夫森结(a)及电子对通过势垒中的"隧道"(b)

约瑟夫森结两旁的电子波的相互作用产生了许多独特的**干涉**效应,其中之一是用直流产生交流。当在结的两侧加上一个恒定直流电压 U 时,发现在结中会产生一个交变电流,而且辐射出电磁波。这交变电流和电磁波的频率由下式给出:

$$\nu = \frac{2e}{h}U \qquad (\text{I}.3)$$

例如,$U=1\,\mu\text{V}$ 时,$\nu=483.6\,\text{MHz}$;$U=1\,\text{mV}$ 时,$\nu=483.6\,\text{GHz}$。利用这一现象可以作为特定频率的辐射源。测定一定直流电压下所发射的电磁波的频率,利用式(I.3)就可非常精确地算出基本常数 e 和 h 的比值,其精确度是以前从未达到过的。

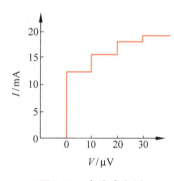

如果用频率为 ν 的电磁波照射约瑟夫森结,当改变通过结的电流时,则结上的电压 U 会出现台阶式变化(图 I.11)。电压突变值 U_n 和频率 ν 有下述关系:

$$U_n = n\frac{h\nu}{2e}, \quad n=0, \pm 1, \pm 2, \cdots \qquad (\text{I}.4)$$

例如当 $\nu=9.2\,\text{GHz}$ 时,台阶间隔约为 $19\,\mu\text{V}$。

根据这种电压决定于频率的关系,可以监视电压基准,使电压基准的稳定度和精确度提高 1～2 个数量级,这也是以前未曾达到的。

图 I.11　台阶式电压

另一独特的干涉效应是利用并联的约瑟夫森结产生的,这样的一个并联装置叫超导量子干涉仪 SQUID(图 I.12)。通过这一器件的总电流决定于穿过这一环路孔洞的磁通量。当这磁通量等于磁通量子 Φ_0(见式(I.2))的半整数倍时,电流最小,当等于 Φ_0 的整数倍时,电流最大(图 I.13)。由于 Φ_0 值很小,而且明显地和电流有关,所以这种器件可用来非常精密地测量磁场。

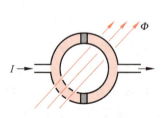

图 I.12　超导量子干涉仪原理示意图

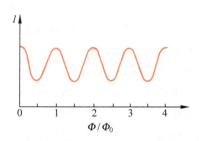

图 I.13　超导量子干涉仪中磁通量与电流的关系

I.7　超导在技术中的应用

超导在技术中最主要的应用是做成电磁铁的超导线圈以产生强磁场。这项技术是近30年来发展起来的新兴技术之一,在高能加速器、受控热核反应实验中已有很多的应用,在电力工业、现代医学等方面已显示出良好的前景。

传统的电磁铁是由铜线绕阻和铁芯构成的。尽管在理论上可通过增加电流来获得很强的磁场,但实际上由于铜线有电阻,电流增大时,发热量要按平方的倍数增加,因此,要维持一定的电流,就需要很大的功率。而且除了开始时产生磁场所需要的能量之外,供给电磁铁的能量都以热的形式损耗了。为此,还需要用大量的循环油或水进行冷却,这也需要额外的功率来维持。因此,传统的电磁铁是技术中效率最低的设备之一,而且形体笨重。与此相反,如果用超导线做电磁铁,则维持线圈中的产生强磁场的大电流并不需要输入任何功率。同时由于超导线(如 Nb_3Sn 芯线)的容许电流密度(10^9 A/m², 为临界磁场所限)比铜线的容许电流密度(10^2 A/m², 为发热熔化所限)大得多,因而导线可以细得多;再加上不需庞大的冷却设备,所以超导电磁铁可以做得很轻便。例如,一个产生 5 T 的中型传统电磁铁重量可达 20 t,而产生相同磁场的超导电磁铁不过几公斤!

当然,超导电磁铁的运行还是需要能量的。首先是最开始时产生磁场需要能量;其次,在正常运转时需保持材料温度在绝对温度几度,需要有用液氦的致冷系统,这也需要能量。尽管如此,还是比维持一个传统电磁铁需要的能量少。例如在美国阿贡实验室中的气泡室(探测微观粒子用的一种装置,作用如同云室)用的超导电磁铁,线圈直径4.8 m,产生1.8 T的磁场。在电流产生之后,维持此电磁铁运行只需要 190 kW 的功率来维持液氦致冷机运行,而同样规模的传统电磁铁的运行需要的功率则是 10 000 kW。这两种电磁铁的造价差不多,但超导电磁铁的年运行费用仅为传统电磁铁的 10%。

美国的费米实验室的高能加速器中的超导电磁铁长 7 m,磁场可达 4.5 T。整个加速器环的周长为 6.2 km,它由 774 块超导电磁铁组成,另外有 240 块磁体用来聚焦高能粒子束。超导电磁铁环安放在常规磁体环的下面,粒子首先在常规磁体环中加速,然后再送到超导电磁铁环中加速,最后能量可达到 10^6 MeV。

超导电磁铁还用作**核磁共振波谱仪**的关键部件,医学上利用核磁共振成像技术可早期诊断癌症。由于它的成像是三维立体像,这是其他成像方法(如X光、超声波成像)所无法比拟的。它能准确检查发病部位,而且无辐射伤害,诊断面广,使用方便。

超导材料(如 NbTi 合金或 Nb_3Sn)都很脆,因此做电缆时通常都把它们做成很多细丝而嵌在铜线内,并且把这种导线和铜线绕在一起。这样不仅增加了电缆的强度,而且增大了超导体的表面积。这后一点也是重要的,因为在超导体中,电流都是沿表面流通的,表面积的增大可允许通过更大的电流。另外,在超导情况下,相对于超导材料,铜是绝缘体,但一旦由于致冷出事故或磁场过强而使超导性破坏时,电流仍能通过铜导线流通。这样就可避免强电流(10^5 A 或更大)突然被大电阻阻断时,大量磁能突然转变为大量的热而发生的危险。

在电力工业中,超导电机是目前最令人感兴趣的应用之一。传统电机的效率已经是很高的了,例如可高达99%,而利用超导线圈,效率可望进一步提高。但更重要的是,超导电机可以具有更大的极限功率,而且重量轻、体积小。超导发电机在大功率核能发电站中可望得到应用。

超导材料还可能作为远距离传送电能的传输线。由于其电阻为零,当然大大减小了线路上能量的损耗(传统高压输电损耗可达10%)。更重要的是,由于重量轻、体积小,输送大功率的超导传输线可铺设在地下管道中,从而省去了许多传统输电线的架设铁塔。另外,传统输电需要高压,因而有升压、降压设备。用超导线就不需要高压,还可不用交流电而用直流电。用直流电的超导输电线比用交流的要便宜些,因为直流输电线可以用第二类超导材料,它的容许电流密度大而且设计简单。

利用超导线中的持续电流可以借磁场的形式储存电能,以调节城市每日用电的高峰与低潮。把各种储能方式的能量密度加以比较(表I.2),可知磁场储能最集中。例如,储存 10 000 kW·h 的电能所需要的磁场(10 T)的体积约为 10^4 m³,一个截面积是 5 m² 而直径是 100 m 的螺绕环就大致够了。

表 I.2 各种储能方式的能量密度

储能方式	能量密度/(kW·h/m³)
磁场,10 T	11.0
电场,10^5 kV/m	0.01
水库,高 100 m	0.27
压缩空气,50 atm	5
热水,100℃	18

最后提一下超导磁悬浮的应用。设想在列车下部装上超导线圈,当它通有电流而列车启动后,就可以悬浮在铁轨上。这样就大大减小了列车与铁轨之间的摩擦,从而可以提高列车的速度。有的工程师估计,在车速超过 200 km/h 时,超导磁悬浮的列车比利用轮子的列车更安全。目前在德、日等国都已有超导磁悬浮列车在做实验短途运行,速度已达 300 km/h。

I.8　高温超导

从超导现象发现之后,科学家一直寻求在较高温度下具有超导电性的材料,然而到 1985 年所能达到的最高超导临界温度也不过 23 K,所用材料是 Nb_3Ge。1986 年 4 月美国 IBM 公司的缪勒(K. A. Müller,1927—)和柏诺兹(J. G. Bednorz,1950—)博士宣布钡镧铜氧化物在 35 K 时出现超导现象。1987 年超导材料的研究出现了划时代的进展。先是年初华裔美籍科学家朱经武、吴茂昆宣布制成了转变温度为 98 K 的钇钡铜氧超导材料。其后在 1987 年 2 月 24 日中国科学院的新闻发布会上宣布,物理所赵忠贤、陈立泉等十三位科技人员制成了主要成分为钡钇铜氧四种元素的钡基氧化物超导材料,其零电阻的温度为 78.5 K。几乎同一时期,日、苏等科学家也获得了类似的成功。这样,科学家们就获得了液氮温区(91 K)的超导体,从而把人们认为到 2000 年才能实现的目标大大提前了。这一突破性的成果可能带来许多学科领域的革命,它将对电子工业和仪器设备发生重大影响,并为实现电能超导输送、数字电子学革命、大功率电磁铁和新一代粒子加速器的制造等提供实际的可能。目前中、美、日、俄等国家都正在大力开发高温超导体的研究工作。

目前，中国在高温超导材料研制方面仍处于世界领先地位。具体的成果有：钇钡铜氧材料临界电流密度可达 6 000 A/cm^2，同样材料的薄膜临界电流密度可达 10^6 A/cm^2。利用自制超导材料已可测到 2×10^{-8} G 的极弱磁场（这相当于人体内如肌肉电流的磁场），新研制的铋铅锑锶钙铜氧超导体的临界温度已达 132 K 到 164 K，这些材料的超导机制已不能用 BCS 理论解释，中国科学家在超导理论方面也正做着有开创性的工作。

第21章

麦克斯韦方程组和电磁辐射

至此，已介绍了电场和磁场的各种基本规律。作为电磁学篇的最后一章，将要对这些规律加以总结。麦克斯韦于 1865 年首先将这些规律归纳为一组基本方程，现在称之为麦克斯韦方程组。根据它可以解决宏观电磁场的各类问题，特别是关于电磁波（包括光）的问题。本章首先讨论麦克斯韦方程组。然后重点介绍电磁波的基本规律，作为麦克斯韦方程组的应用实例。介绍中没有用较复杂的数学，而是用较简单而直观的方法先介绍加速电荷的电场和磁场，进而介绍电磁辐射以及电磁波的各种性质，包括电场和磁场的关系，能量和动量等。

本章最后一节 A-B 效应，介绍了对电磁场本质的认识的重要发展。了解这一点，对开阔眼界很有好处。

21.1 麦克斯韦方程组

电磁学的基本规律是真空中的电磁场规律，它们是

$$
\left.\begin{aligned}
&\text{I} \quad \oint_S \boldsymbol{E} \cdot \mathrm{d}\boldsymbol{S} = \frac{q}{\varepsilon_0} = \frac{1}{\varepsilon_0}\int_V \rho \mathrm{d}V \\
&\text{II} \quad \oint_S \boldsymbol{B} \cdot \mathrm{d}\boldsymbol{S} = 0 \\
&\text{III} \quad \oint_L \boldsymbol{E} \cdot \mathrm{d}\boldsymbol{r} = -\frac{\mathrm{d}\Phi}{\mathrm{d}t} = -\int_S \frac{\partial \boldsymbol{B}}{\partial t} \cdot \mathrm{d}\boldsymbol{S} \\
&\text{IV} \quad \oint_L \boldsymbol{B} \cdot \mathrm{d}\boldsymbol{r} = \mu_0 I + \frac{1}{c^2}\frac{\mathrm{d}\Phi_e}{\mathrm{d}t} = \mu_0 \int_S \left(\boldsymbol{J} + \varepsilon_0 \frac{\partial \boldsymbol{E}}{\partial t}\right) \cdot \mathrm{d}\boldsymbol{S}
\end{aligned}\right\} \quad (21.1)
$$

这就是关于真空的**麦克斯韦方程组**的积分形式①。在已知电荷和电流分布的情况下,这组方程可以给出电场和磁场的唯一分布。特别是当初始条件给定后,这组方程还能唯一地预言电磁场此后变化的情况。正像牛顿运动方程能完全描述质点的动力学过程一样,麦克斯韦方程组能完全描述电磁场的动力学过程。

下面再简要地说明一下方程组(21.1)中各方程的物理意义:

方程 Ⅰ 是电场的高斯定律,它说明电场强度和电荷的联系。尽管电场和磁场的变化也有联系(如感生电场),但总的电场和电荷的联系总服从这一高斯定律。

方程 Ⅱ 是磁通连续定理,它说明,目前的电磁场理论认为在自然界中没有单一的"磁荷"(或磁单极子)存在。

方程 Ⅲ 是法拉第电磁感应定律,它说明变化的磁场和电场的联系。虽然电场和电荷也有联系,但总的电场和磁场的联系总符合这一规律。

方程 Ⅳ 是一般形式下的安培环路定理,它说明磁场和电流(即运动的电荷)以及变化的电场的联系。

为了求出电磁场对带电粒子的作用从而预言粒子的运动,还需要洛伦兹力公式

$$F = qE + q v \times B$$

这一公式实际上是电场 E 和磁场 B 的定义。

*21.2 加速电荷的电场

麦克斯韦方程组的一个直接重要的推论是电磁波的存在。麦克斯韦本人首先发现了这一点,并根据电磁波的速度与光速相等,在历史上第一次指出了光波就是一种电磁波,从而使人们认识到光现象和电磁现象的统一性。这一划时代的预言在他逝世约十年后的1888年被赫兹用实验证实了。从那时起,在麦克斯韦方程组的基础上,电磁学理论和光学理论不断地发展,同时促使了电工技术和无线电技术不断地更新。

从麦克斯韦方程组导出电磁波的存在并说明其性质,需要稍微复杂的数学,本书不再介

---

① 在有介质的情况下,利用辅助量 D 和 H,麦克斯韦方程组的积分形式如下:

Ⅰ′ $\oint_S D \cdot dS = \int_V \rho dV$

Ⅱ′ $\oint_S B \cdot dS = 0$

Ⅲ′ $\oint_L E \cdot dr = -\int_S \frac{\partial B}{\partial t} \cdot dS$

Ⅳ′ $\oint_L H \cdot dr = \int_S \left(J + \frac{\partial D}{\partial t}\right) \cdot dS$

利用数学上关于矢量运算的定理,上述方程组还可以变化为如下微分形式:

Ⅰ″ $\nabla \cdot D = \rho$

Ⅱ″ $\nabla \cdot B = 0$

Ⅲ″ $\nabla \times E = -\frac{\partial B}{\partial t}$

Ⅳ″ $\nabla \times H = J + \frac{\partial D}{\partial t}$

对于各向同性的线性介质,下述关系成立:

$D = \varepsilon_0 \varepsilon_r E$, $B = \mu_0 \mu_r H$, $J = \sigma E$

绍这样的推导。下面用稍微简单的数学通过一种更加直观的讨论(当然要结合麦克斯韦方程组)来介绍电磁波的产生和它的各种性质。

我们已研究过静止电荷的电场(第 12 章),显然,它是不会传播的。我们也研究过作匀速运动的电荷的电场,它的电场和静电场不同,而且与之相联系的还有磁场,这电场和磁场的分布都和电荷运动的速度有关。虽然如此,由于这种电磁场都只随着运动电荷一同运动,在运动电荷的周围总保持一样的分布,所以也没有场的向外传播。事实证明,电磁场的传播,也就是电磁波的产生总是和电荷的加速运动相联系的。下面就来研究加速电荷的场,首先是加速电荷的电场。

我们不作一般的研究,而只对一种最简单最基本的情况加以讨论。设在真实中一个点电荷 q 原来一直静止在原点 O,从时刻 $t=0$ 开始以加速度 a 沿 x 轴正方向作加速运动,在时刻 $t=\tau$ 时,速度达到 $v=a\tau$,此后即以此速度继续作匀速直线运动。为了简单起见我们假设 $v \ll c$(c 为光速),下面研究在任意时刻 $t(t \gg \tau)$ 此电荷的电场。

如图 21.1 所示,在 $t=0$ 时,电荷从原点出发,在 $t=\tau$ 时,电荷到达 P 点。在这一段时间内由于电荷的加速运动,它周围的电场会发生扰动。这一扰动以光速 c 向外传播。在时刻 t,这一扰动的前沿到达以 O 为心,以 $r=ct$ 为半径的球面上。根据相对论关于光速最大的结论,此时刻不可能有任何变化的信息传到此球面以外,因此球面以外的电场仍是电荷原来静止在 O 点时的静电场,它的电场线是沿着从 O 点引出的沿半径方向的直线。

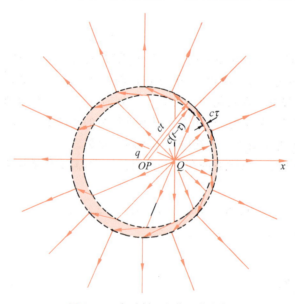

图 21.1　在时刻 t 电荷 q 的电场

在 $t=\tau$ 时,电荷停止加速。由电荷加速引起的电场扰动的后沿在 t 时刻已向四周传播了 $c(t-\tau)$ 的距离。以 P 为心,以 $c(t-\tau)$ 为半径作一球面,由于从 $t=\tau$ 开始,电荷作匀速运动,所以在这球面内的电场应该是作匀速直线运动的电荷的电场。根据我们的设定,$v \ll c$,所以这球面内的电场在任意时刻都近似地为静电场。在时刻 t,这一电场的电场线是从此时刻 q 所在点(Q 点)引出的沿半径方向的直线。

由图 21.1 可明显地看出,在上述两静电场之间,有一个由电荷的加速而引起的电场扰动所形成的过渡区。由于 $t\gg\tau,c\gg v$,所以 $ct\gg\frac{1}{2}v\tau$(即从 O 到 P 的距离)。因此,过渡区前、后沿的两个球面几乎是同心球面,而过渡区的厚度为 $c\tau$。随着时间的推移,这一过渡区的半径(ct)不断扩大,电场的扰动也就不断地由近及远地传播。这一传播就是一种特殊形式的电磁波。

由高斯定律可知,在过渡区两侧的电场线总条数是相等的,而且即使通过过渡区,电场线也应该是连续的。因此用电场线描绘整个电场时,应该把过渡区两侧同一方向的电场线连起来。这样在过渡区电场线就要发生扭折,正像图 21.1 所画的那样。在 $v\ll c$ 的情况下,这段扭折可以当直线段看待。

现在借助电场线图来分析过渡区域内的电场。如图 21.2,选用与 x 轴成 θ 角的那条电场线,此图中由于从 O 到 P 的距离比 $r=ct$ 小得多,我们把 O 和 P 看作一点 O(因此图中未标出 P),而 $OQ=\frac{v}{2}\tau+v(t-\tau)\approx vt$。过渡区内的电场 $\boldsymbol{E}$ 可以分成 $\boldsymbol{E}_r$ 和 $\boldsymbol{E}_\theta$ 两个分量。由图可以看出

$$\frac{E_\theta}{E_r}=\frac{vt\sin\theta}{c\tau}=\frac{at\sin\theta}{c}=\frac{ar\sin\theta}{c^2} \tag{21.2}$$

根据高斯定律,由于电通量只和垂直于高斯面的电场分量有关,所以电场线在过渡区连续就意味着 E_r 分量仍是库仑定律给出的径向电场,即

$$E_r=\frac{q}{4\pi\varepsilon_0 r^2} \tag{21.3}$$

将此式代入上一式可得

$$E_\theta=\frac{qa\sin\theta}{4\pi\varepsilon_0 c^2 r} \tag{21.4}$$

这一电场垂直于电磁场传播速度的方向(这里就是 r 的方向),并只在过渡区内存在,所以它就是电荷加速运动时所产生的**横向电场**。应该注意的是,它随着 r 的**一次方**成反比地减小,而静电场以及匀速运动电荷的电场则随着 r 的**二次方**成反比地减小,它们比加速电荷的横向电场减小得快。因此在离开电荷足够远的地方,当静电场已减小到可以忽略的程度时,加速电荷产生的横向电场还有明显的强度。这横向电场就是能传向远处的电磁波的组成部分。

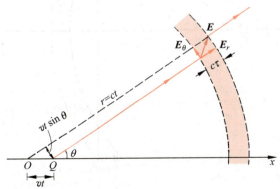

图 21.2 加速电荷的电场

*21.3 加速电荷的磁场

21.2 节导出了加速电荷的电场,由于这一电场是在空间传播的,所以它必然引起空间电场的变化。根据麦克斯韦理论,与这一电场的变化相联系必然有磁场存在。下面我们根据麦克斯韦方程导出这一磁场。为此我们利用式(21.1)中的第Ⅳ式,即

$$\oint_L \boldsymbol{B} \cdot \mathrm{d}\boldsymbol{r} = \mu_0 I + \frac{1}{c^2} \frac{\mathrm{d}\Phi_e}{\mathrm{d}t}$$

如图 21.3 所示,由于电场分布具有轴对称性,显然磁场也应该如此。所以磁感线应该是在垂直于电荷运动方向的平面内而圆心在电荷运动轨迹上的同心圆。选择这样一个圆作安培环路,它是垂直于 x 轴方向的一个平面与时刻 t 的过渡区前沿球面的交线。这个圆和图面相交于 A 和 A' 两点,规定此圆的绕行正方向和 x 轴正向有右手螺旋关系。此圆所限定的面积我们就取垂直于 x 轴的圆面积,它的正法线方向为 $\boldsymbol{e}_n$,它和图面的交线为 AA' 直线。由于并没有电流通过此面积,所以由公式(21.1)中Ⅳ式可得

$$\oint_L \boldsymbol{B} \cdot \mathrm{d}\boldsymbol{r} = \frac{1}{c^2} \frac{\mathrm{d}\Phi_e}{\mathrm{d}t} = \frac{1}{c^2} \frac{\mathrm{d}}{\mathrm{d}t} \int_S \boldsymbol{E} \cdot \mathrm{d}\boldsymbol{S}$$

此式中 $\boldsymbol{E} = \boldsymbol{E}_r + \boldsymbol{E}_\theta$。可以证明与 $\boldsymbol{E}_r$ 的电通量的变化率相对应的磁场就等于 17.4 节讨论的匀速运动电荷的磁场,它取决于**电荷的速度**。此处我们感兴趣的量是与 $\boldsymbol{E}_\theta$ 的电通量的变化率相对应的,亦即和电荷的**加速度**有关的磁场。以 $\boldsymbol{B}_\varphi$ 表示此磁场,则应该有

$$\oint_L \boldsymbol{B}_\varphi \cdot \mathrm{d}\boldsymbol{r} = \frac{1}{c^2} \frac{\mathrm{d}\Phi_{e,\theta}}{\mathrm{d}t} = \frac{1}{c^2} \frac{\mathrm{d}}{\mathrm{d}t} \int_S \boldsymbol{E}_\theta \cdot \mathrm{d}\boldsymbol{S} \tag{21.5}$$

由于 $\boldsymbol{E}_\theta$ 分布的轴对称性,所以 $\boldsymbol{B}_\varphi$ 的分布也具有轴对称性。因此

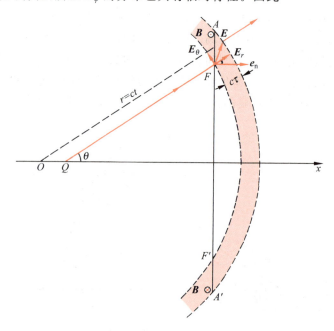

图 21.3 加速电荷的磁场

*21.3 加速电荷的磁场

$$\oint_L \boldsymbol{B}_\varphi \cdot \mathrm{d}\boldsymbol{r} = B_\varphi 2\pi r \sin\theta \tag{21.6}$$

其中 $2\pi r \sin\theta$ 为安培环路的周长。

为了计算 $\boldsymbol{E}_\theta$ 通过直径为 AA' 的圆面积的通量,我们注意到 $\boldsymbol{E}_\theta$ 只存在于过渡区内,因此通过圆面上由过渡区内沿所截取的部分(它与图面的交线为 FF' 直线段)$\boldsymbol{E}_\theta$ 的通量为零。我们只需要计算通过过渡区所截取的圆形条带(它与图面的交线是 AF 和 $A'F'$)的 $\boldsymbol{E}_\theta$ 的通量。这一条带的宽度为 $AF = c\tau/\sin\theta$,周长为 $2\pi r \sin\theta$,因此它的总面积为 $2\pi r c\tau$。通过它的 $\boldsymbol{E}_\theta$ 的通量为

$$\Phi_{e,\theta} = \int_S \boldsymbol{E}_\theta \cdot \mathrm{d}\boldsymbol{S} = \int E_\theta \cos\left(\frac{\pi}{2} + \theta\right) \mathrm{d}S = -E_\theta \sin\theta \cdot 2\pi r c\tau$$

由于过渡区向外传播,这些电通量将在时间 τ 内完全移出 AA' 圆面积,所以

$$\frac{\mathrm{d}\Phi_{e,\theta}}{\mathrm{d}t} = \frac{0 - \Phi_{e,\theta}}{\tau} = 2\pi r c E_\theta \sin\theta$$

将此式和式(21.6)代入式(21.5)即可求得

$$B_\varphi = \frac{E_\theta}{c} \tag{21.7}$$

再由式(21.4)可得

$$B_\varphi = \frac{qa\sin\theta}{4\pi\varepsilon_0 c^3 r} \tag{21.8}$$

这就是加速电荷的**横向磁场**公式,这磁场也是电磁波的组成部分。由于上式给出的 B_φ 是正值,所以知道这一磁场的磁感线的绕向与图 21.3 中所设定的圆形安培环路的绕向相同,在图示的 AF 区段 $\boldsymbol{B}_\varphi$ 的方向垂直图面向外。由此可知,$\boldsymbol{B}_\varphi$ 的方向垂直于 $\boldsymbol{E}_\theta$,并且也和电磁场的传播方向垂直。因此**电磁波是横波**。把这一方向关系和式(21.7)表示的大小关系合并起来,并以 $\boldsymbol{c}$ 表示电磁波的传播速度,则加速电荷在远处产生的横向电场 $\boldsymbol{E}_\theta$ 和横向磁场 $\boldsymbol{B}_\varphi$ 的关系可表示如下(去掉下标)

$$\boldsymbol{B} = \frac{\boldsymbol{c} \times \boldsymbol{E}}{c^2} \tag{21.9}$$

这一公式虽然是从上面的特殊情况导出的,但可以用麦克斯韦方程证明,对于真空中各种电磁波内的电场和磁场,这一公式都成立。

式(21.4)表示的电场和式(21.8)表示的磁场都和运动电荷的加速度成正比。如果电荷做简谐振动,它的加速度和时间就按正弦关系变化。离它较远处各点的电场和磁场也就将随时间按正弦变化,这种变化的电磁场还不断向外传播。这就形成了最简单形式的电磁波——简谐电磁波。以 x 轴正向表示这种电磁波的传播方向,则 x 轴上各点的 $\boldsymbol{E}$ 和 $\boldsymbol{B}$ 的方向都和 x 方向垂直。设 $\boldsymbol{E}$ 的方向沿 y 方向,则按式(21.9),$\boldsymbol{B}$ 要沿 z 方向。在同一时刻 x 轴上各点处的 $\boldsymbol{E}$ 和 $\boldsymbol{B}$ 的分布如图 21.4 所示。对于此图,除了注意它所表示 $\boldsymbol{E}$ 和 $\boldsymbol{B}$ 的方向特征外,还要注意到它们的变化是**同相**的,即 $\boldsymbol{E}$ 和 $\boldsymbol{B}$ 同时达到各自的正极大值,又同时到达各自的负极大值。这一点是式(21.7)已经表明了的。

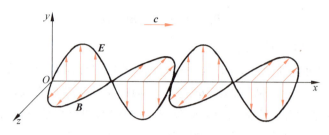

图 21.4　电磁波中的电场和磁场的变化

*21.4　电磁波的能量

在第 15 章中导出的电场能量密度公式(15.25)和在第 20 章中导出的磁场能量密度公式(20.25)也同样适用于电磁波内的电场 E 和磁场 B。由此可得在真空中的电磁波的单位体积内的能量为

$$w = w_e + w_m = \frac{\varepsilon_0}{2}E^2 + \frac{B^2}{2\mu_0} = \frac{\varepsilon_0}{2}E^2 + \frac{\varepsilon_0}{2}(Bc)^2$$

再利用式(21.9),可得

$$w = \varepsilon_0 E^2 \tag{21.10}$$

在电磁波传播时,其中的能量也随同传播。单位时间内通过与传播方向垂直的单位面积的能量,叫电磁波的**能流密度**,其时间平均值就是电磁波的**强度**。能流密度的大小可推导如下。如图 21.5 所示,设 dA 为垂直于传播方向的一个面元,在 dt 时间内通过此面元的能量应是底面积为 dA,厚度为 cdt 的柱形体积内的能量。以 S 表示能流密度的大小,则应有

$$S = \frac{w\, dA\, c\, dt}{dA\, dt} = cw = c\varepsilon_0 E^2 = \frac{EB}{\mu_0} \tag{21.11}$$

能流密度是矢量,它的方向就是电磁波传播的方向。考虑到式(21.9)所表示的 E, B 的方向和传播方向之间的相互关系,式(21.11)可以表示为下一矢量公式:

$$\boldsymbol{S} = \frac{1}{\mu_0}\boldsymbol{E}\times\boldsymbol{B} \tag{21.12}$$

电磁波的能流密度矢量又叫**坡印亭矢量**,它是表示电磁波性质的一个重要物理量。

对于简谐电磁波,各处的 E 和 B 都随时间做余弦式的变化。以 E_m 和 B_m 分别表示电场和磁场的最大值(即振幅),则电磁波的强度 I 为

$$I = \overline{S} = c\varepsilon_0 \overline{E^2} = \frac{1}{2}c\varepsilon_0 E_m^2 \tag{21.13}$$

由于方均根值 E_{rms} 与 E_m 的关系为 $E_{rms} = E_m/\sqrt{2}$,所以又有

$$I = c\varepsilon_0 E_{rms}^2 \tag{21.14}$$

对于作加速运动的电荷,将式(21.4)和式(21.8)代入式(21.12),可得

$$\boldsymbol{S} = \frac{q^2 a^2 \sin^2\theta}{16\pi^2 \varepsilon_0 c^3 r^3}\boldsymbol{r} \tag{21.15}$$

由这一表示式还可求出加速电荷 q 输出的总功率 P。为此,如图 21.6 所示,作一以电荷 q 为心的球面。先求通过宽度为 $rd\theta$,周长为 $2\pi r\sin\theta$ 的圆形条带的能流,它等于

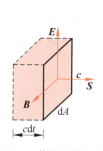
图 21.5 能流密度的推导

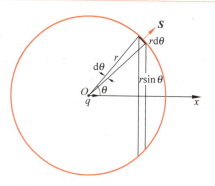
图 21.6 加速电荷辐射功率的计算

$$S \cdot 2\pi r \sin\theta \, r \, \mathrm{d}\theta = \frac{q^2 a^2 \sin^3\theta}{8\pi\varepsilon_0 c^3} \mathrm{d}\theta$$

然后对整个球面积分,即得

$$P = \int_0^\pi \frac{q^2 a^2 \sin^3\theta}{8\pi\varepsilon_0 c^3} \mathrm{d}\theta = \frac{q^2 a^2}{6\pi\varepsilon_0 c^3} \tag{21.16}$$

加速电荷的一个重要实例是电荷 q 在原点作角频率为 ω、振幅为 l 的简谐振动。电荷 q 的位置随时间变化的关系为

$$x = l\cos\omega t \tag{21.17}$$

它的加速度为

$$a = \frac{\mathrm{d}^2 x}{\mathrm{d}t^2} = -\omega^2 l \cos\omega t \tag{21.18}$$

将此式代入式(21.15),可得坡印亭矢量的瞬时值为

$$\boldsymbol{S} = \frac{q^2 l^2 \omega^4 \sin^2\theta}{16\pi^2 \varepsilon_0 c^3 r^3} \cos^2(\omega t) \boldsymbol{r} \tag{21.19}$$

时间平均值

$$\overline{\boldsymbol{S}} = \frac{\boldsymbol{S}}{2} = \frac{q^2 l^2 \omega^4 \sin^2\theta}{32\pi^2 \varepsilon_0 c^3 r^3} \boldsymbol{r} \tag{21.20}$$

将此式利用图 21.6 进行积分,可得此电荷的平均辐射总功率为

$$P = \frac{q^2 l^2 \omega^4}{12\pi\varepsilon_0 c^3} \tag{21.21}$$

当电荷 q 的位置按式(21.17)变化时,这一电荷可以看作按式

$$p = ql\cos\omega t = p_0 \cos\omega t$$

变化的**振荡电偶极子**,式中 $p_0 = ql$ 是此振荡电偶极子的振幅。这样式(21.21)又可写成

$$P = \frac{p_0^2 \omega^4}{12\pi\varepsilon_0 c^3} \tag{21.22}$$

这就是**振荡电偶极子的辐射功率**表示式。此式显示,这一功率和电偶极子的振荡频率的 4 次方成正比。

实际的无线电发射是利用天线中的振荡电流。由于振荡电流可以看作是许多振荡电偶极子的组合,所以有可能在研究振荡电偶极子的基础上研究天线的发射。

例 21.1

有一频率为 3×10^{13} Hz 的脉冲强激光束，它携带总能量 $W = 100$ J，持续时间是 $\tau = 10$ ns。此激光束的圆形截面半径为 $r = 1$ cm，求在这一激光束中的电场振幅和磁场振幅。

解 此激光束的平均能流密度为

$$\overline{S} = \frac{W}{\pi r^2 \tau} = \frac{100}{\pi \times 0.01^2 \times 10 \times 10^{-9}} = 3.3 \times 10^{13} \text{ (W/m}^2\text{)}$$

由式(21.13)可得

$$E_m = \sqrt{2c\mu_0 \overline{S}} = \sqrt{2 \times 3 \times 10^8 \times 4\pi \times 10^{-7} \times 3.3 \times 10^{13}}$$
$$= 1.6 \times 10^8 \text{ (V/m)}$$

$$B_m = \frac{E_m}{c} = \frac{1.6 \times 10^8}{3 \times 10^8} = 0.53 \text{ (T)}$$

这是相当强的电场和磁场。

例 21.2

图 21.7 表示一个正在充电的平行板电容器，电容器板为圆形，半径为 R，板间距离为 b。忽略边缘效应，证明：

(1) 两板间电场的边缘处的坡印亭矢量 **S** 的方向指向电容器内部；

(2) 单位时间内按坡印亭矢量计算进入电容器内部的总能量等于电容器中的静电能量的增加率。

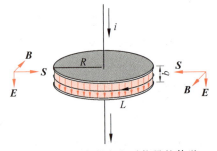

图 21.7 电容器充电时能量的传送

解 (1) 按图 21.7 所示电流充电时，电场的方向如图所示。为了确定坡印亭矢量的方向还要找出 **B** 的方向。为此利用麦克斯韦方程式(21.1)之Ⅳ式

$$\oint_L \boldsymbol{B} \cdot d\boldsymbol{r} = \mu_0 I + \frac{1}{c^2} \frac{d}{dt} \int_S \boldsymbol{E} \cdot d\boldsymbol{S}$$

选电容器板间与板的半径相同且圆心在极板中心轴上的圆为安培环路，并以此圆包围的圆面积为求电通量的面积。由于没有电流通过此面积，所以

$$\oint_L \boldsymbol{B} \cdot d\boldsymbol{l} = \frac{1}{c^2} \frac{d}{dt} \int_S \boldsymbol{E} \cdot d\boldsymbol{S}$$

沿图示的 L 的正方向求 **B** 的环流，可得

$$B \cdot 2\pi R = \frac{\pi R^2}{c^2} \frac{dE}{dt}$$

由此得

$$B = \frac{R}{2c^2} \frac{dE}{dt}$$

充电时，$dE/dt > 0$，因此 $B > 0$，所以磁力线的方向和环路 L 的正方向一致，即顺着电流看去是顺时针方向。由此可以确定圆周 L 上各点的磁场方向。这样，根据坡印亭矢量公式 $\boldsymbol{S} = \boldsymbol{E} \times \boldsymbol{B}/\mu_0$，可知在电容器两板间的电场边缘各处的坡印亭矢量都指向电容器内部。因此，电磁场能量在此处是由外面送入电容器的。

(2) 由上面求出的 B 值可以求出坡印亭矢量的大小为

$$S = \frac{EB}{\mu_0} = \frac{RE}{2c^2 \mu_0} \frac{dE}{dt}$$

由于围绕电容器板间外缘的面积为 $2\pi Rb$，所以单位时间内按坡印亭矢量计算进入电容器内部的总能量为

$$W_s = S \cdot 2\pi Rb = \frac{\pi R^2 b}{c^2 \mu_0} E \frac{dE}{dt}$$

$$= \pi R^2 b \frac{d}{dt}\left(\frac{\varepsilon_0 E^2}{2}\right) = \frac{d}{dt}\left(\pi R^2 b \frac{\varepsilon_0 E^2}{2}\right)$$

由于 $\pi R^2 b$ 是电容器板间的体积，$\varepsilon_0 E^2/2$ 是板间电能体密度，所以 $\pi R^2 b \varepsilon_0 E^2/2$ 就是板间的总的静电能量。因此，这一结果就说明，单位时间内按坡印亭矢量计算进入电容器板间的总能量的确正好等于电容器中的静电能量的增加率。

从电磁场的观点来说，电容器在充电时所得到的电场能量并不是由电流带入的，而是由电磁场从周围空间输入的。

*21.5　同步辐射

在电子回旋加速器中，电子作高速（$v \approx c$）的圆周运动。由于它有向心加速度，就同时不断向外辐射电磁波。由这种方法产生的电磁波叫**同步辐射**或**同步光**。发射此种辐射的专用回旋加速器就叫**同步辐射光源**。北京正负电子对撞机就是一个同步辐射光源，它的储存环周长 240 m，电子的最大设计能量为 2.8 GeV。合肥有一个专用的同步辐射光源（图 21.8），它的储存环周长 66 m，电子的能量为 0.8 GeV。

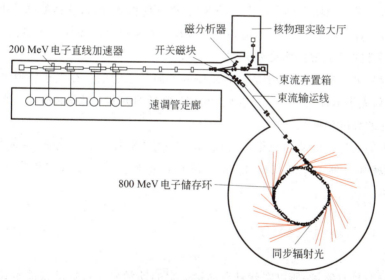

图 21.8　合肥国家同步辐射光源实验室平面图

电子作圆周运动时，如果速度较小（$v \ll c$），在圆周平面内远处进行观察，电子可以看作是作简谐振动，其辐射功率可用式（21.16）表示，即

$$P_{v \ll c} = \frac{e^2 a^2}{6\pi\varepsilon_0 c^3}$$

当电子作高速（$v \approx c$）的圆周运动时，可以证明，由于相对论效应，其辐射功率的表示式为

$$P_{v \approx c} = \frac{e^2 a^2}{6\pi\varepsilon_0 c^3} \gamma^4 \tag{21.23}$$

其中 $\gamma = (1 - v^2/c^2)^{-1/2}$。和上一式相比，高速圆周运动的辐射功率大大增加，这就是同步辐

射。又由于 $E=\gamma m_e c^2$（其中 m_e 为电子的静质量），所以上式又可写成

$$P_{v \approx c} = \frac{e^2 a^2}{6\pi\varepsilon_0 c^3}\left(\frac{E}{m_e c^2}\right)^4 \tag{21.24}$$

此式给出，电子的能量越大，其辐射功率越大。例如，合肥同步辐射光源的电子辐射功率比低速时可大到 6×10^{12} 倍，北京正负电子对撞机的电子同步辐射功率则大到 10^{15} 倍。

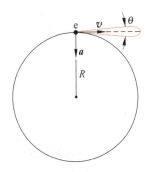

图 21.9　同步辐射能量的角分布

同步辐射光源不但具有功率大的特点，而且有很高的准直性。这是因为作高速圆周运动的电子的辐射能量绝大部分集中在运动速度的前方。它的辐射能量在圆周平面内的角分布如图 21.9 所示，其角宽度 θ 近似地为

$$\theta \approx m_e c^2 / E \tag{21.25}$$

根据此式，$E=2.8$ GeV 时，$\theta \approx 2\times10^{-4}$ rad；$E=0.8$ GeV 时，$\theta \approx 6\times10^{-4}$ rad。θ 都是非常小的，和激光束的准直性相近。

同步辐射的另一特点是有较宽的连续频谱。这是因为对于实验室中的固定的观察仪器，作圆周运动的电子的同步辐射只是在很短的时间内扫过，因而它接收到的总是同步辐射脉冲（实际上在同步辐射光源中电子是以一个个束团在储存环中运动的）。根据傅里叶分析，这样的脉冲中就包含了一系列波长连续（从红外到 X 射线）的电磁波。现在实验室所得同步辐射光多在 X 射线范围，但其强度比通常的 X 光源的强度要大到 $10^4 \sim 10^6$ 倍。

同步辐射的另一特点是，其中电场和磁场的方向是限定的。在电子轨道平面内进行观察时，同步辐射光中电场的方向就只在此平面内，磁场的方向与此平面垂直。同步辐射的这一特征叫做它的高度偏振性。

同步辐射的上述特征使它在很多方面，如物理学（X 射线学）、化学、生命科学、材料科学、医学等领域都得到了重要的应用，而它在光刻方面的应用已大大提高了集成块的集成度。

*21.6　电磁波的动量

由于电磁波具有能量，所以它就具有动量。它的动量可以根据动量能量关系求出。由于电磁波以光速 c 传播，所以它不可能具有静质量。可以证明，电磁波的**动量密度**，即**单位体积的电磁波具有的动量**应为

$$p = \frac{w}{c} \tag{21.26}$$

其中 w 为单位体积电磁波所具有的能量。由于电磁波的动量的方向即传播速度 $\boldsymbol{c}$ 的方向，所以还可以写成

$$\boldsymbol{p} = \frac{w}{c^2}\boldsymbol{c} \tag{21.27}$$

以式 (21.10) 的 w 值代入式 (21.26)，可得

$$p = \frac{\varepsilon_0 E^2}{c} \tag{21.28}$$

由于电磁波具有动量,所以当它入射到一个物体表面上时会对表面有压力作用。这个压力叫**辐射压力**或**光压**。

考虑一束电磁波垂直射到一个"绝对"黑的表面(这种表面能全部吸收入射的电磁波)上。这个表面上面积为 ΔA 的一部分在时间 Δt 内所接收的电磁动量为

$$\Delta p = p \Delta A \, c \, \Delta t$$

由于 $\Delta p / \Delta t = f$ 为面积 ΔA 上所受的辐射压力,而 $f/\Delta A$ 为该面积所受的压强 p_r,所以"绝对"黑的表面上受到垂直入射的电磁波的辐射压强为

$$p_r = cp = \varepsilon_0 E^2 = w \tag{21.29}$$

对于一个完全反射的表面,垂直入射的电磁波给予该表面的动量将等于入射电磁波的动量的两倍,因此它对该表面的辐射压强也将增大到式(21.29)所给的两倍。

例 21.3

射到地球上的太阳光的平均能流密度是 $\overline{S} = 1.4 \times 10^3 \text{ W/m}^2$,这一能流对地球的辐射压力是多大?(设太阳光完全被地球所吸收。)将这一压力和太阳对地球的引力比较一下。

解 地球正对太阳的横截面积为 πR_E^2,而辐射压强为 $p_r = w = \overline{S}/c$。所以太阳光对地球的辐射压力为

$$F_r = p_r \cdot \pi R_E^2 = \overline{S} \frac{\pi R_E^2}{c}$$

$$= \frac{1.4 \times 10^3 \times \pi \times (6.4 \times 10^6)^2}{3 \times 10^8} = 6.0 \times 10^8 \text{ (N)}$$

太阳对地球的引力为

$$F_g = \frac{GMm}{r^2} = \frac{6.7 \times 10^{-11} \times 2.0 \times 10^{30} \times 6.0 \times 10^{24}}{(1.5 \times 10^{11})^2}$$

$$= 3.6 \times 10^{22} \text{ (N)}$$

由上例可知,太阳光对地球的辐射压力与太阳对地球的引力相比是微不足道的。但是对于太空中微小颗粒或尘埃粒子来说,太阳光压可能大于太阳的引力。这是因为在距太阳一定距离处,辐射压力正比于受辐射物体的横截面积,即正比于其线度的二次方,而引力却正比于辐射物体的质量或体积,即正比于其线度的三次方。太小的颗粒会由于太阳的光压而远离太阳飞开。说明这种作用的最明显的例子是彗星尾的方向。彗星尾由大量的尘埃组成,当彗星运行到太阳附近时,由于这些尘埃微粒所受太阳的光压比太阳的引力大,所以它被太阳光推向远离太阳的方向而形成很长的彗尾。图 21.10(a)是 Mrkos 彗星的照片,较暗的彗尾是尘埃受太阳的光压形成的。另一支亮而细的彗尾叫"离子尾",是彗星中的较重质点受太阳风(太阳发出的高速电子-质子流)的压力形成的。彗尾被太阳光照得很亮,有时甚至能被人用肉眼看到。我国民间就以其形象把彗星叫做"扫帚星"。对于它的观测,在世界上也是我国的记录最早。

在地面上的自然现象和技术中,光压的作用比其他力的作用小得多,常常加以忽略。1899 年,俄国科学家列别捷夫首次在实验室内用扭秤测得了微弱的光压。

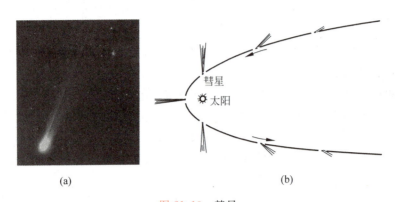

图 21.10 彗星
(a) 1957 年 8 月 Mrkos 彗星照片；(b) 彗尾方向的变化

*21.7　A-B 效应

A-B 效应要说明的问题是：E 和 B 是不是描述电磁场的基本物理量？它们是否具有真正的物理实在性？在经典电磁理论中，这是无可怀疑的。因为知道了 E 和 B，就可以用洛伦兹公式求出带电粒子受的力，也就可以确定它们的运动，而且电磁能量也可以用 E 和 B 表示出来。但是这种认识在量子力学出现后受到了巨大的冲击。

原来，在经典电磁理论中，电磁场也可以用另一组量来描述，由它们决定 E 和 B。这一组物理量就是标势 φ 和矢势 A，而 E 和 B 可以由它们求得为①

$$E = -\nabla\varphi - \frac{\partial A}{\partial t} \tag{21.30}$$

$$B = \nabla \times A \tag{21.31}$$

不过在经典电磁学中，φ 和 A 都被认为是用来求 E 和 B 的辅助量，并不具有真实的物理含义。在量子力学中情况有了变化。1959 年英国布里斯托尔大学的物理学家阿哈罗诺夫（Y. Aharonov）和玻姆（D. Bohm）提出了 φ 和 A 有直接的物理效应，现在就叫 A-B 效应。他们还设想了一些可能验证他们的观点的实验，此后就有人做了实验，下面介绍关于磁场 B 和矢势 A 的实验。

图 21.11 所示为一套电子双缝干涉实验装置。S_0 为电子源，F 为一带正电的金属丝（横截面），E 为两个接地的金属板，它们和中间的金属细丝之间就形成了电子可以通过的"双缝"。由 S_0 发出的电子经过此双缝后会重叠而发生干涉，在照相底板 P 上形成干涉条纹。（量子力学认为电子具有波动性！）先是记录下电子形成的干

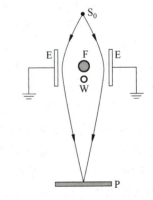

图 21.11　矢势 A 的 A-B 效应实验

---

① 对于静电场，$A=0$，φ 为静电势，于是式(21.30)给出 $E=-\nabla\varphi$，这就是式(13.17)。式(21.31)右侧在直角坐标系中表示的是矢量算符 $\nabla \equiv \left(i\frac{\partial}{\partial x} + j\frac{\partial}{\partial y} + k\frac{\partial}{\partial z}\right)$ 与矢势 A 的矢量积。

涉条纹。然后在金属丝后面平行地放一只细长螺线管(后来又改用了磁化的铁晶须)W。当在螺线管中通以电流后发现在底板上形成的干涉条纹的位置平移了。这移动当然是电子受到作用的结果。电子在路途中受到了什么作用呢？

按经典电磁理论，电子应该受到了磁场 $\boldsymbol{B}$ 的磁力的作用。但是，大家知道，在通电的长直螺线管外部，$\boldsymbol{B}=0$，因此不可能有洛伦兹力作用于电子。理论上给出，在螺线管外部，$\boldsymbol{A}\neq 0$(注意，这时根据式(21.31)，仍可得出管外 $\boldsymbol{B}=0$)。对这一现象，似乎可以用超距作用解释，那就是电流或铁晶须径直对电子发生了作用。但这对于习惯于用场的观点来理解相互作用的当代物理学家来说是不可思议的。对他们来说，只能是 $\boldsymbol{A}$ 的场对电子发生了作用。就这样，矢势 $\boldsymbol{A}$ 具有了真实的物理意义，它应该是产生电磁相互作用的物理实在。

有学者曾对上述实验提出过异议，认为电子干涉条纹的移动是电子在运动过程中受到了通电螺线管外漏磁场的作用或是有电子贯穿了螺线管的结果。1985 年日本人殿村(Akira Tonomura)和他的日立公司的同事利用环形磁体做实验并利用低温超导实验中出现的磁通量子化现象，把可能存在的漏磁场和电子贯穿磁体的影响消除到可以忽略的程度，使电子分别通过环内外进行干涉，确定地发现了干涉条纹的移动。这就使大家公认了 A-B 效应的存在。

二人设想的关于标势 φ 的作用的实验如图 21.12 所示。电子经过双缝后分别进入两个金属长筒，出来后叠加进行干涉在屏上可形成干涉条纹。他们预言当改变两筒间的**电势差**时，也将有条纹的移动。注意，在筒内，$\boldsymbol{E}=0$，而两筒间可以有确定的电势差。目前还没有关于这种实验的报道。

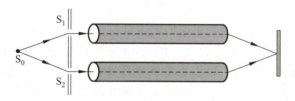

图 21.12　标势 φ 的 A-B 效应实验设计

A-B 效应的实验证实具有非常重大的意义，它使量子理论经受住了重大的考验。它说明尽管在宏观领域，电磁场可以用 $\boldsymbol{E}$ 和 $\boldsymbol{B}$ 加以描述，它们能给出作用于带电粒子的力，从而决定其运动，但在量子理论起作用的微观领域，力的概念不再有用，经典物理看来是辅助量的 φ 和 $\boldsymbol{A}$ 却起着实在的物理作用。费曼在他的《物理讲义》(1964 年版)中曾这样写道："矢势 $\boldsymbol{A}$(以及标势 φ)好像给出了直接的物理描述。当我们越是深入到量子理论中时，这一点就变得越加明显。在量子电动力学的普遍理论中，代替麦克斯韦方程组的是由 $\boldsymbol{A}$ 和 φ 作为基本量的另一组方程式；$\boldsymbol{E}$ 和 $\boldsymbol{B}$ 从物理定律的近代表述中慢慢地隐退了，它们正由 $\boldsymbol{A}$ 和 φ 取而代之。"

磁单极子

在麦克斯韦电磁场理论中，就场源来说，电和磁是不相同的：有单独存在的正的或负的电荷，而无单独存在的"磁荷"——磁单极子，即无单独存在的 N 极或 S 极。根据"对称性"的想法，这似乎是"不合理的"。因此人们总有寻找磁荷的念头。1931 年，英国物理学家狄拉克(P. A. M. Dirac, 1902—1984年)首先从理论上探讨了磁单极子存在的可能性, 指出磁单极子的存在与电动力学和量子力学没有矛盾。他指出, 如果磁单极子存在, 则磁荷 g 与电子电荷 e 应该有下述关系：

$$ge = nh/4\pi$$

式中 n 是整数, h 是普朗克常量。可以看出, 如果磁单极子存在, 就可以解释为什么电荷是量子化的。

在狄拉克之后, 关于磁单极子的理论有了进一步的发展。1974年荷兰物理学家特霍夫脱和苏联物理学家鲍尔亚科夫独立地提出的非阿贝尔规范场理论认为磁单极子必然存在, 并指出它比已经发现的或是曾经预言的任何粒子的质量都要大得多。现在关于弱电相互作用和强电相互作用的统一的"大统一理论"也认为有磁单极子存在, 并预言其质量约为质子质量的 10^{16} 倍。

磁单极子在现代宇宙论中占有重要地位。有一种大爆炸理论认为超重的磁单极子只能在诞生宇宙的大爆炸发生后 10^{-35} s 产生, 因为只有这时才有合适的温度 (10^{30} K)。当时单独的 N 极和 S 极都已产生, 其中一小部分后来结合在一起湮没掉了, 大部分则留了下来。今天的宇宙中还有磁单极子存在, 并且在相当于一个足球场的面积上, 一年约可能有一个磁单极子穿过。

以上都是理论的预言, 与此同时也有人做实验试图发现磁单极子。例如1951年, 美国的密尔斯曾用通电螺线管来捕集宇宙射线中的磁单极子(图21.13)。如果磁单极子进入螺线管中, 则会被磁场加速而在管下部的照相乳胶片上显示出它的径迹。实验结果没有发现磁单极子。

有人利用磁单极子穿过线圈时引起的磁通量变化能产生感应电流这一规律来检测磁单极子。例如, 在20世纪70年代初, 美国埃尔维瑞斯等人试图利用超导线圈中的电流变化来确认磁单极子通过了线圈。他们想看看登月飞船取回的月岩样品中有无磁单极子, 当月岩样品通过超导线圈时(图21.14)并未发现线圈中电流有什么变化, 因而不曾发现磁单极子。

图 21.13 磁单极子捕集器

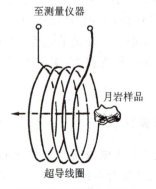

图 21.14 检测月岩样品

1982年美国卡勃莱拉也设计制造了一套超导线圈探测装置(图 21.15),并用超导量子干涉仪(SQUID)来测量线圈内磁通的微小变化,他的测量是自动记录的。1982 年 2 月 14 日,他发现记录仪上的电流有了突变。经过计算,正好等于狄拉克单位磁荷穿过线圈时所应该产生的突变。这是他连续等待了 151 天所得到的唯一的一个事例,以后虽经扩大线圈面积也没有再测到第二个事例。

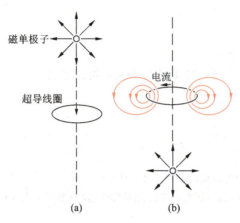

图 21.15 磁单极子通过超导线圈时产生电流突变
(a) 通过前;(b) 通过后

还有其他的实验尝试,但直到目前还不能说在实验上确认了磁单极子的存在。

提 要

1. 麦克斯韦方程组:在真空中,

$$\oint_S \boldsymbol{E} \cdot \mathrm{d}\boldsymbol{S} = \frac{q}{\varepsilon_0}$$

$$\oint_S \boldsymbol{B} \cdot \mathrm{d}\boldsymbol{S} = 0$$

$$\oint_L \boldsymbol{E} \cdot \mathrm{d}\boldsymbol{r} = \int_S \frac{\partial \boldsymbol{B}}{\partial t} \cdot \mathrm{d}\boldsymbol{S}$$

$$\oint_L \boldsymbol{B} \cdot \mathrm{d}\boldsymbol{r} = \mu_0 \int_S \left(\boldsymbol{J} + \varepsilon_0 \frac{\partial \boldsymbol{E}}{\partial t} \right) \cdot \mathrm{d}\boldsymbol{S}$$

***2. 加速电荷的横向电场**:在远离电荷的区域,

$$E_\theta = \frac{qa\sin\theta}{4\pi\varepsilon_0 c^2 r}$$

***3. 加速电荷的横向磁场**:在远离电荷的区域,

$$B_\varphi = \frac{qa\sin\theta}{4\pi\varepsilon_0 c^3 r} = \frac{E_\theta}{c}$$

***4. 电磁波**:电场、磁场、传播速度三者相互垂直:

$$\boldsymbol{B} = \frac{\boldsymbol{c} \times \boldsymbol{E}}{c^2}$$

能量密度：$w = \varepsilon_0 E^2 = \dfrac{B^2}{\mu_0}$

能流密度，即**坡印亭矢量**：$\boldsymbol{S} = \dfrac{\boldsymbol{E} \times \boldsymbol{B}}{\mu_0}$

简谐电磁波强度：$I = \bar{S} = \dfrac{1}{2} c \varepsilon_0 E_m^2 = c \varepsilon_0 E_{rms}^2$

动量密度：$\boldsymbol{p} = \dfrac{w}{c^2} \boldsymbol{c}$

对绝对黑面的辐射压强：$p_r = w$

*5. A-B 效应：标势 φ 和矢势 $\boldsymbol{A}$ 具有实际的物理意义。

思考题

21.1 麦克斯韦方程组中各方程的物理意义是什么？

21.2 如果真有磁荷存在，那么根据电和磁的对称性，麦克斯韦方程组应如何补充修改？（以 g 表示磁荷。）

*21.3 加速电荷在某处产生的横向电场、横向磁场与电荷的加速度以及该处离电荷的距离有何关系？

*21.4 什么是坡印亭矢量？它和电场和磁场有什么关系？

*21.5 振荡电偶极子的辐射功率和频率有何关系？

*21.6 同步辐射是怎样产生的？有哪些特点？

*21.7 电磁波可视为由光子组成的。一个光子的能量 $E_1 = h\nu$。由于光子静质量为零，所以它的动量 $p_1 = E/c$。设单位体积内有 n 个光子，试证明式(21.26)：$p = \dfrac{w}{c}$。

习题

21.1 试证明麦克斯韦方程组在数学上含有电荷守恒的意思，即证明：如果没有电流出入给定的体积，那么这个体积内的电荷就保持恒定。（提示：由方程组(21.1)之第 I 式得 $q = \varepsilon_0 \Phi_e$，并根据第 III 式求 $\dfrac{d\Phi_e}{dt}$ 值，这时应用口袋形曲面并令它的口（即积分路径 L）缩小到零。）

21.2 用麦克斯韦方程组证明：在如图 21.16 所示的球对称分布的电流场（如一个放射源向四周均匀地发射带电粒子或带电的球形电容器的均匀漏电）内，各处的 $\boldsymbol{B} = 0$。

*21.3 一个电子在与一原子碰撞时经受一个 2.0×10^{24} m/s² 的减速度。与减速度方向成 45°，距离 20 cm 处，这个电子所产生的辐射电场是多大？碰撞瞬时之后，该辐射电场何时到达此处？

*21.4 在 X 射线管中，使一束高速电子与金属靶碰撞。电子束的突然减速引起强烈的电磁辐射（X 射线）。设初始能量为 2×10^4 eV 的电子均匀减速，在 5×10^{-9} m 的距离内停止。在垂直于加速度的方向上，求距离碰撞点 0.3 m 处的辐射电场的大小。

图 21.16 习题 21.2 用图

*21.5 在无线电天线上(一段直导线),电子作简谐振动。设电子的速度 $v = v_0 \cos \omega t$,其中 $v_0 = 8.0 \times 10^{-3}$ m/s,$\omega = 6.0 \times 10^6$ rad/s。

(1) 求其中一个电子的最大加速度是多少?

(2) 在垂直天线的方向上,距天线为 1.0 km 处,由一个电子所产生的横向电场强度的最大值是多少? 发生此最大加速度的瞬时与电场到达 1.0 km 处的瞬时之间的时间延迟是多少?

*21.6 在范德格拉夫加速器中,一质子获得了 1.1×10^{14} m/s² 的加速度。

(1) 求与加速度方向成 45°的方向上,距质子 0.50 m 处的横向电场和磁场的数值;

(2) 画图表示出加速度的方向与(1)中计算出的电场、磁场的方向的关系。

*21.7 一根直径为 0.26 cm 的铜导线内电场为 3.9×10^{-3} V/m 时,通过的恒定电流为 12.0 A。

(1) 导线中一个自由电子在此电场中的加速度多大?

(2) 该电子在垂直于导线方向相隔 4.0 m 处的横向电场和横向磁场多大?

(3) 假设在长 5.0 cm 的一小段导线中所有的自由电子同时产生这电场和磁场,在 4.0 m 远处的总横向电场和磁场多大?

(4) 此小段导线中的 12.0 A 的电流产生的恒定磁场多大? 和上项结果相比如何? 为什么测不出上述横向电场和磁场?

*21.8 太阳光射到地球大气顶层的强度为 1.38×10^3 W/m²。求该处太阳光内的电场强度和磁感应强度的方均根值。(视太阳光为简谐电磁波。)

*21.9 用于打孔的激光束截面直径为 60 μm,功率为 300 kW。求此激光束的坡印亭矢量的大小。该束激光中电场强度和磁感应强度的振幅各多大?

*21.10 一台氩离子激光器(发射波长 514.5 nm)以 3.8 kW 的功率向月球发射光束。光束的全发散角为 0.880 μrad。地月距离按 3.82×10^5 km 计。求:

(1) 该光束在月球表面覆盖的圆面积的半径;

(2) 该光束到达月球表面时的强度。

*21.11 一圆柱形导体,长为 l,半径为 a,电阻率为 ρ,通有电流 I(图 21.17)而表面无电荷,证明:

(1) 在这导体表面上,坡印亭矢量处处都与表面垂直并指向导体内部,如图所示。(注意:导体表面外紧邻处电场与导体内电场的方向和大小都相同。)

(2) 坡印亭矢量对整个导体表面的积分等于导体内产生的焦耳热的功率,即

$$\int \mathbf{S} \cdot d\mathbf{A} = I^2 R$$

式中 $d\mathbf{A}$ 表示圆柱体表面的面积元,R 为圆柱体的电阻。此式表明,按照电磁场的观点,导体内以焦耳热的形式消耗的能量并不是由电流带入的,而是通过导体周围的电磁场输入的。

*21.12 用单芯电缆由电源 $\mathscr{E}$ 向电阻 R 送电。电缆内外金属筒半径分别是 r_1 和 r_2(图 21.18)。

(1) 求两筒间 $r_1 < r < r_2$ 处的 E 和 B 以及坡印亭矢量 S,并判明 S 的方向;

(2) 在电缆的横截面两筒间对 S 进行积分,证明总能流为 $\mathscr{E}^2/R$,它正是 R 所得到的功率。

*21.13 一平面电磁波的波长为 3.0 cm,电场强度 E 的振幅为 30 V/m,求:

(1) 该电磁波的频率为多少?

(2) 磁场的振幅为多大?

(3) 对一垂直于传播方向的,面积为 0.5 m² 的全吸收表面的平均辐射压力是多少?

*21.14 太阳光直射海滩的强度为 1.1×10^3 W/m²。你晒太阳时受的太阳光的辐射压力多大? 设你的迎光面积为 0.5 m²,而皮肤的反射率为 50%。

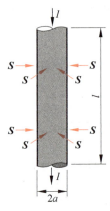

图 21.17 习题 21.11 用图

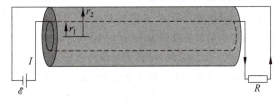

图 21.18 习题 21.12 用图

*21.15 强激光被用来压缩等离子体。当等离子体内的电子数密度足够大时,它能完全反射入射光。今有一束激光脉冲峰值功率为 1.5×10^9 W,汇聚到 1.3 mm^2 的高电子密度等离子体表面。它对等离子体的压强峰值多大?

*21.16 一宇航员在空间脱离他的座舱 10 m 远,他带有一支 10 kW 的激光枪。如果他本身连携带物品的总质量为 100 kg,那么当他把激光枪指向远离座舱的方向连续发射时,经过多长时间他能回到自己的座舱?

*21.17 假设在绕太阳的圆轨道上有个"尘埃粒子",设它的质量密度为 1.0 g/cm^3。粒子的半径 r 是多大时,太阳把它推向外的辐射压力等于把它拉向内的万有引力?(已知太阳表面的辐射功率为 6.9×10^7 W/m^2。)对于这样的尘埃粒子会发生什么现象?

第 4 篇　光　学

光（这里主要指可见光）是人类以及各种生物生活不可或缺的最普通的要素。现在我们知道它是一种电磁波，但对它的这种认识却经历了漫长的过程。最早也是最容易观察到的规律是光的直线传播。在机械观的基础上，人们认为光是由一些微粒组成的，光线就是这些"光微粒"的运动路径。牛顿被尊为是光的微粒说的创始人和坚持者，但并没有确凿的证据。实际上牛顿已觉察到许多光现象可能需要用波动来解释，牛顿环就是一例。不过他当时未能作出这种解释。他的同代人惠更斯倒是明确地提出了光是一种波动，但是并没有建立起系统的有说服力的理论。直到进入 19 世纪，才由托马斯·杨和菲涅耳从实验和理论上建立起一套比较完整的光的波动理论，使人们正确地认识到光就是一种波动，而光的沿直线前进只是光的传播过程的一种表观的近似描述。托马斯·杨和菲涅耳对光波的理解还持有机械论的观点，即光是在一种介质中传播的波。关于传播光的介质是什么的问题，虽然对光波的传播规律的描述甚至实验观测并无直接的影响，但终究是波动理论的一个"要害"问题。19 世纪中叶光的电磁理论的建立使人们对光波的认识更深入了一步，但关于"介质"的问题还是矛盾重重，有待解决。最终解决这个问题的是 19 世纪末叶迈克耳孙的实验以及随后爱因斯坦建立的相对论理论。他们的结论是电磁波（包括光波）是一种可独立存在的物质，它的传播不需要任何介质。

本篇关于光的波动规律的讲解，基本上还是近 200 年前托马斯·杨和菲涅耳的理论，当然有许多应用实例是现代化的。正确的基本理论是不会过时的，而且它们的应用将随时代的前进而不断扩大和翻新。现代的许多高新技术中的精密测量与控制就应用了光的干涉和衍射的原理。激光的发明（1960 年）更使"古老的"光学焕发了青春。第22～24章就讲解波动光学的基本规律,包括干涉、衍射和偏振。在适当的地方都插入了若干这些规律的现代应用。所述规律大都是"唯象的",没有用电磁理论麦克斯韦方程说明它们的根源。

光在均匀介质中沿直线传播的认识虽然是对光的波动本性的一种近似的描述,但在大量的光学实用技术中这种描述可以达到非常"精确"的程度,因而被当作理论基础。由此形成的光学理论叫几何光学。第25章介绍几何光学的基本知识,包括反射和折射定律,反射镜和透镜的成像规律以及它们在助视仪器上的应用等。

从本质上说,光不单是电磁波,而且还是一种粒子,称为光子。关于这方面的知识,将在第5篇量子物理中介绍。

第22章

光 的 干 涉

光是一种电磁波。通常意义上的光是指**可见光**,即能引起人的视觉的电磁波。它的频率在 $3.9\times10^{14}\sim8.6\times10^{14}$ Hz 之间,相应地在真空中的波长在 $0.77\sim0.35$ μm。不同频率的可见光给人以不同颜色的感觉,频率从大到小给出从紫到红的各种颜色。

作为电磁波,光波也服从叠加原理。满足一定条件的两束光叠加时,在叠加区域光的强度或明暗有一稳定的分布。这种现象称做**光的干涉**,干涉现象是光波以及一般的波动的特征。

本章讲述光的干涉的规律,包括干涉的条件和明暗条纹分布的规律。这些规律对其他种类的波,例如机械波和物质波也都适用。

22.1 杨氏双缝干涉

托马斯·杨在 1801 年做成功了一个判定光的波动性质的关键性实验——光的干涉实验。他用图 22.1 来说明实验原理。S_1 和 S_2 是两个点光源,它们发出的光波在右方叠加。在叠加区域放一白屏,就能看到在白屏上有等距离的明暗相间的条纹出现。这种现象只能用光是一种波动来解释,杨还由此实验测出了光的波长。就这样,杨首次通过实验肯定了光的波动性。

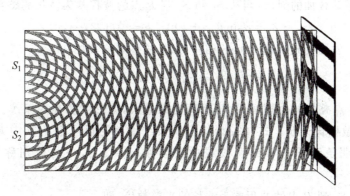

图 22.1 托马斯·杨的光的干涉图

现在的类似实验用双缝代替杨氏的两个点光源,因此叫杨氏双缝干涉实验。这实验如图 22.2 所示。S 是**一线光源**,其长度方向与纸面垂直。它发出的光为单色光,波长为 λ。它通常是用强的单色光照射的一条狭缝。G 是一个遮光屏,其上开有两条平行的细缝 S_1 和 S_2。图中画的 S_1 和 S_2 离光源 S 等远,S_1 和 S_2 之间的距离为 d。H 是一个与 G 平行的白屏,它与 G 的距离为 D。通常实验中总是使 $D \gg d$,例如 $D \approx 1 \, \text{m}$,而 $d \approx 10^{-4} \, \text{m}$。

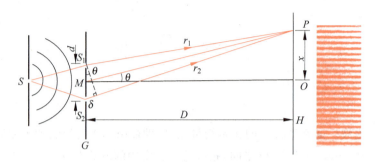

图 22.2 杨氏双缝干涉实验

在如图 22.2 的实验中,由光源 S 发出的光的波阵面同时到达 S_1 和 S_2。通过 S_1 和 S_2 的光将发生衍射现象而叠加在一起。由于 S_1 和 S_2 是由 S 发出的同一波阵面的两部分,所以这种产生光的干涉的方法叫做**分波阵面法**。

下面利用振动的叠加原理来分析双缝干涉实验中光的强度分布,这一分布是在屏 H 上以各处明暗不同的形式显示出来的。

考虑屏上离屏中心 O 点较近的任一点 P,从 S_1 和 S_2 到 P 的距离分别为 r_1 和 r_2。由于在图示装置中,从 S 到 S_1 和 S_2 等远,所以 S_1 和 S_2 是两个**同相波源**。因此在 P 处两列光波引起的振动的相(位)差就仅由从 S_1 和 S_2 到 P 点的**波程差**决定。由图 22.2 可知,这一波程差为

$$\delta = r_2 - r_1 \approx d \sin \theta \tag{22.1}$$

式中 θ 是 P 点的角位置,即 $S_1 S_2$ 的中垂线 MO 与 MP 之间的夹角。通常这一夹角很小。

由于从 S_1 和 S_2 传向 P 的方向几乎相同,它们在 P 点引起的振动的方向就近似相同。根据**同方向**的振动叠加的规律,当从 S_1 和 S_2 到 P 点的波程差为波长的整数倍,即

$$\delta = d \sin \theta = \pm k \lambda, \quad k = 0, 1, 2, \cdots \tag{22.2}$$

或者从 S_1 和 S_2 发出的光到达 P 点的相差为 2π 的整数倍,即

$$\Delta \varphi = 2\pi \frac{\delta}{\lambda} = \pm 2k\pi, \quad k = 0, 1, 2, \cdots \tag{22.3}$$

时,两束光在 P 点叠加的合振幅最大,因而光强最大,就形成明亮的条纹。这种合成振幅最大的叠加称做**相长干涉**。式(22.2)给出明条纹中心的角位置 θ,其中 k 称为明条纹的**级次**。$k=0$ 的明条纹称为零级明纹或中央明纹,$k=1, 2, \cdots$ 的分别称为第 1 级、第 2 级、…明纹。

当从 S_1 和 S_2 到 P 点的波程差为波长的半整数倍,即

$$\delta = d \sin \theta = \pm (2k-1) \frac{\lambda}{2}, \quad k = 1, 2, 3, \cdots \tag{22.4}$$

或者 P 点两束光的相差为 2π 的半整数倍,即

$$\Delta\varphi = 2\pi\frac{\delta}{\lambda} = \pm(2k-1)\pi, \quad k = 1,2,3,\cdots \quad (22.5)$$

时,叠加后的合振幅最小,强度最小而形成暗纹。这种叠加称为**相消干涉**。式(22.4)给出暗纹中心的角位置,而 k 即暗纹的级次。

波程差为其他值的各点,光强介于最明和最暗之间。

在实际的实验中,可以在屏 H 上看到稳定分布的明暗相间的条纹。这与上面给出的结果相符:中央为零级明纹,两侧对称地分布着较高级次的明暗相间的条纹。若以 x 表示 P 点在屏 H 上的位置,则由图 22.2 可得它与角位置的关系为

$$x = D\tan\theta$$

由于 θ 一般很小,所以有 $\tan\theta \approx \sin\theta$。再利用式(22.2)可得明纹中心的位置为

$$x = \pm k\frac{D}{d}\lambda, \quad k = 0,1,2,\cdots \quad (22.6)$$

利用式(22.4)可得暗纹中心的位置为

$$x = \pm(2k-1)\frac{D}{2d}\lambda, \quad k = 1,2,3,\cdots \quad (22.7)$$

相邻两明纹或暗纹间的距离都是

$$\Delta x = \frac{D}{d}\lambda \quad (22.8)$$

此式表明 Δx 与级次 k 无关,因而条纹是**等间距**地排列的。实验上常根据测得的 Δx 值和 D,d 的值求出光的波长。

若要更仔细地考虑屏 H 上的光强分布,则需利用振幅合成的规律。以 A 表示光振动在 P 点的合振幅,以 A_1 和 A_2 分别表示单独由 S_1 和 S_2 在 P 点引起的光振动的振幅,由于两振动方向相同,所以有

$$A^2 = A_1^2 + A_2^2 + 2A_1A_2\cos\Delta\varphi$$

其中 $\Delta\varphi$ 为两分振动的相差。由于**光的强度正比于振幅的平方**,所以在 P 点的光强应为

$$I = I_1 + I_2 + 2\sqrt{I_1I_2}\cos\Delta\varphi \quad (22.9)$$

这里 I_1,I_2 分别为两相干光单独在 P 点处的光强。根据此式得出的双缝干涉的强度分布如图 22.3 所示。

为了表示条纹的明显程度,引入**衬比度**概念。以 V 表示衬比度,则定义

$$V = \frac{I_{\max} - I_{\min}}{I_{\max} + I_{\min}} \quad (22.10)$$

当 $I_1 = I_2$ 时,明纹最亮处的光强为 $I_{\max} = 4I_1$,暗纹最暗处的光强为 $I_{\min} = 0$。这种情况下,$V=1$,条纹明暗对比鲜明(图 22.3(a))。$I_1 \neq I_2$ 时,$I_{\min} \neq 0$,$V < 1$,条纹明暗对比差(图 22.3(b))。因此,为了获得明暗对比鲜明的干涉条纹,以利于观测,应力求使两相干光在各处的光强相等。在通常的双缝干涉实验中,缝 S_1 和 S_2 的宽度相等,而且都比较窄,又只是在 θ 较小的范围观测干涉条纹,这一条件一般是能满足的。

以上讨论的是**单色光**的双缝干涉。式(22.8)表明相邻明纹(或暗纹)的间距和波长成正比。因此,如果用白光做实验,则除了 $k=0$ 的中央明纹的中部因各单色光重合而显示为白

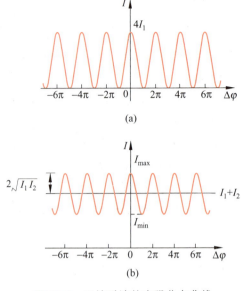

图 22.3 双缝干涉的光强分布曲线
(a) $I_1 = I_2$；(b) $I_1 \neq I_2$

色外，其他各级明纹将因不同色光的波长不同，它们的极大所出现的位置错开而变成彩色的，并且各种颜色级次稍高的条纹将发生重叠以致模糊一片分不清条纹了。白光干涉条纹的这一特点在干涉测量中可用来判断是否出现了零级条纹。

例 22.1

用白光作光源观察双缝干涉。设缝间距为 d，试求能观察到的清晰可见光谱的级次。

解 白光波长在 390～750 nm 范围。明纹条件为
$$d\sin\theta = \pm k\lambda$$

在 $\theta = 0$ 处，各种波长的光波程差均为零，所以各种波长的零级条纹在屏上 $x = 0$ 处重叠，形成中央白色明纹。

在中央明纹两侧，各种波长的同一级次的明纹，由于波长不同而角位置不同，因而彼此错开，并产生不同级次的条纹的重叠。在重叠的区域内，靠近中央明纹的两侧，观察到的是由各种色光形成的彩色条纹，再远处则各色光重叠的结果形成一片白色，看不到条纹。

最先发生重叠的是某一级次的红光(波长为 λ_r)和高一级次的紫光(波长为 λ_v)。因此，能观察到的从紫到红清晰的可见光谱的级次可由下式求得：
$$k\lambda_r = (k+1)\lambda_v$$

因而
$$k = \frac{\lambda_v}{\lambda_r - \lambda_v} = \frac{390}{750 - 390} = 1.08$$

由于 k 只能取整数，所以这一计算结果表明，从紫到红排列清晰的可见光谱只有正负各一级，如图 22.4 所示。

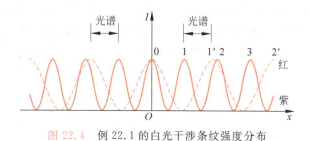

图 22.4 例 22.1 的白光干涉条纹强度分布

22.2 相干光

两列光波叠加时,既然能产生干涉现象,为什么室内用两个灯泡照明时,墙上不出现明暗条纹的**稳定分布**呢?不但如此,在实验室内,使两个单色光源,例如两只钠光灯(发黄光)发的光相叠加,甚至使同一只钠光灯上两个发光点发的光叠加,也还是观察不到明暗条纹**稳定分布**的干涉现象。这是为什么呢?

仔细分析一下双缝干涉现象,就可以发现并不是任何两列波相叠加都能发生干涉现象。要发生合振动强弱在空间**稳定分布**的干涉现象,这两列波必须**振动方向相同,频率相同,相位差恒定**。这些要求叫做波的**相干条件**。满足这些相干条件的波叫**相干波**。振动方向相同和频率相同保证叠加时的振幅由式(22.3)和式(22.5)决定,从而合振动有强弱之分。相位差恒定则是保证强弱分布稳定所不可或缺的条件。这些条件对机械波来说,比较容易满足。图 22.5 就是水波叠加产生的干涉图像,其中两水波波源是由同一簧片上的两个触点振动时不断撞击水面形成的,这样形成的两列水波自然是相干波。用普通光源要获得相干光波就复杂了,这和普通光源的发光机理有关。下面我们来说明这一点。

图 22.5 水波干涉实验

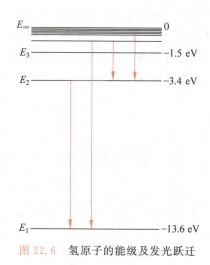

图 22.6 氢原子的能级及发光跃迁

光源的发光是其中大量的分子或原子进行的一种微观过程。现代物理学理论已完全肯定分子或原子的能量只能具有**离散的值**，这些值分别称做**能级**。例如氢原子的能级如图 22.6 所示。能量最低的状态叫**基态**，其他能量较高的状态都叫**激发态**。由于外界条件的激励，如通过碰撞，原子就可以处在激发态中。处于激发态的原子是不稳定的，它会自发地回到低激发态或基态。这一过程叫从高能级到低能级的**跃迁**。通过这种跃迁，原子的能量减小，也正是在这种跃迁过程中，原子向外发射电磁波，这电磁波就携带着原子所减少的能量。这一跃迁过程所经历的时间是很短的，约为 10^{-8} s，这也就是一个原子一次发光所持续的时间。把光看成电磁波，一个原子每一次发光就只能发出一段**长度有限**、**频率一定**（实际上频率是在一个很小范围内）和**振动方向一定**（记住，电磁波是横波）的光波（图 22.7）。这一段光波叫做一个**波列**。

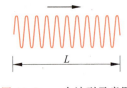

图 22.7　一个波列示意图

当然，一个原子经过一次发光跃迁后，还可以再次被激发到较高的能级，因而又可以再次发光。因此，原子的发光都是断续的。

在普通的光源内，有非常多的原子在发光，这些原子的发光远**不是同步的**。这是因为在这些光源内原子处于激发态时，它向低能级的跃迁完全是**自发的**，是按照一定的概率发生的。各原子的各次发光完全是**相互独立**、互不相关的。各次发出的波列的频率和振动方向可能不同，而且它们每次何时发光是完全不确定的（因而相位不确定）。在实验中我们所观察到的光是由光源中的许多原子所发出的、许许多多相互独立的波列组成的。尽管在有些条件下（如在单色光源内）可以使这些波列的频率基本相同，但是两个相同的光源或同一光源上的两部分发出的各个波列振动方向与相位不同。当它们叠加时，在任一点，这些波列引起的振动方向不可能都相同，特别是相差不可能保持恒定，因而合振幅**不可能稳定**，也就**不可能产生光的强弱在空间稳定分布**的干涉现象了。

实际上，利用普通光源获得相干光的方法的基本原理是，把由光源上同一点发的光设法分成两部分，然后再使这两部分叠加起来。由于这两部分光的相应部分实际上都来自**同一发光原子的同一次发光**，所以它们将满足相干条件而成为相干光。

把同一光源发的光分成两部分的方法有两种。一种就是上面杨氏双缝实验中利用的**分波阵面法**，另一种是**分振幅法**，下面要讲的薄膜干涉实验用的就是后一种方法。

利用分波阵面法产生相干光的实验还有菲涅耳双镜实验、劳埃德镜实验等。

菲涅耳双镜实验装置如图 22.8 所示。它是由两个交角很小的平面镜 M_1 和 M_2 构成

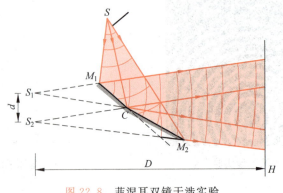

图 22.8　菲涅耳双镜干涉实验

的。S 为线光源，其长度方向与两镜面的交线平行。

由 S 发的光的波阵面到达镜面上时也分成两部分，它们分别由两个平面镜反射。两束反射光也是相干光，它们也有部分重叠，在屏 H 上的重叠区域也有明暗条纹出现。如果把两束相干光分别看作是由两个虚光源 S_1 和 S_2 发出的，则关于杨氏双缝实验的分析也完全适用于这种双镜实验。

劳埃德镜实验就用一个平面镜 M，如图 22.9 所示，图中 S 为线光源。

S 发出的光的波阵面的一部分直接照到屏 H 上，另一部分经过平面镜反射后再射到屏 H 上。这两部分光也是相干光，在屏 H 上的重叠区域也能产生干涉条纹。如果把反射光看作是由虚光源 S' 发出的，则关于双缝实验的分析也同样适用于劳埃德镜干涉实验。不过这时必须认为 S 和 S' 两个光源是反相相干光源。这是因为玻璃与空气相比，玻璃是光密介质，而光线由光

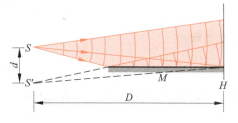

图 22.9 劳埃德镜干涉实验

疏介质射向光密介质在界面上发生反射时有半波损失（或 π 的位相突变）的缘故。如果把屏 H 放到靠在平面镜的边上，则在接触处屏上出现的是暗条纹。一方面由于此处是未经反射的光和刚刚反射的光相叠加，它们的完全相消就说明光在平面镜上反射时有半波损失；另一方面，由于这一位置相当于双缝实验的中央条纹，它是暗纹就说明 S 和 S' 是反相的。

以上说明的是利用"普通"光源产生相干光进行干涉实验的方法，现代的干涉实验已多用**激光光源**来做了。激光光源的发光面（即激光管的输出端面）上各点发出的光都是频率相同，振动方向相同而且同相的相干光波（基横模输出情况）。因此使一个激光光源的发光面的两部分发的光直接叠加起来，甚至使两个同频率的激光光源发的光叠加，也可以产生明显的干涉现象。现代精密技术中就有很多地方利用激光产生的干涉现象。

*22.3 光的非单色性对干涉条纹的影响

22.2 节已讲过原子发光是断续的，每次发光只延续很短一段时间 τ（约 10^{-8} s），因而每次发出的光波都只是长度有限的波列。一个长度有限的波列，实际是由许多不同频率的谐波组成的。因此，即使是所谓的"单色光源"，发的光也不是严格地只包含单一频率（或波长）的光，而是包含有一定频率范围，或波长范围的光，这种光称为**准单色光**。波长为 λ 的准单色光的组成一般用如图 22.10 所画的 I-λ 曲线表示。在 λ 左右的其他波长成分的强度迅速减小。这就构成了一条**谱线**。强度等于最大强度的一半的波长范围 $\Delta\lambda$ 叫做**谱线宽度**。$\Delta\lambda$ 愈小，光的单色性愈好。普通单色光源，谱线宽度的数量级为千分之几纳米到几纳米。激光的谱线宽度大约只有 10^{-9} nm，甚至更小。

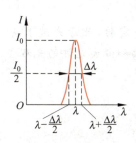

图 22.10 谱线及其宽度

有一定谱线宽度的单色光射入干涉装置后每一种波长成分都将产生自己的干涉条纹，如图 22.11 下部曲线所示。图中带撇的和不带撇的数字分别表示最大波长和最小波长的光形成的干涉条纹的明纹的级次。由于波长不同，所以除了零级条纹外，其他同级

次的条纹将彼此错开,并发生不同级条纹的重叠。在重叠处总的光强为各种波长的条纹的光强的**非相干**相加。图中上面的曲线为干涉条纹的总光强。由图可见,随着 x 的增大,干涉条纹的明暗对比减小,当 x 增大到某一值以后,干涉条纹就消失了。对于谱线宽度为 $\Delta\lambda$ 的准单色光,干涉条纹消失的位置应是波长为 $\lambda+\Delta\lambda/2$ 的成分的 k 级明纹与波长为 $\lambda-\Delta\lambda/2$ 的成分的 $k+1$ 级明纹重合的位置。由于两成分在此位置上有同一光程差,根据光程差与明纹级次的关系可知,条纹消失时,最大光程差应满足

$$\delta_{\max} = \left(\lambda+\frac{\Delta\lambda}{2}\right)k = \left(\lambda-\frac{\Delta\lambda}{2}\right)(k+1)$$

由此式解得

$$k\Delta\lambda = \lambda - \frac{\Delta\lambda}{2}$$

由于 $\Delta\lambda \ll \lambda$,和 λ 项相比,可忽略 $\Delta\lambda$ 项。于是可得

$$k = \frac{\lambda}{\Delta\lambda} \tag{22.11}$$

而

$$\delta_{\max} = \lambda k = \frac{\lambda^2}{\Delta\lambda} \tag{22.12}$$

这两个公式给出了光的非单色性对干涉条纹的影响。$\Delta\lambda$ 愈大,即光的单色性愈差,能够观察到干涉条纹的级次 k 和最大允许的光程差 $\delta_{\max}$ 就愈小。只有在光程差小于 $\delta_{\max}$ 的条件下才能观察到干涉条纹。因此,$\delta_{\max}$ 称为**相干长度**。

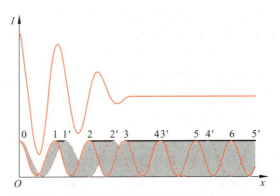

图 22.11 准单色光中各波长成分干涉条纹的重叠

例 22.2

在一双缝干涉实验中,光源用低压汞灯并使用它发的绿光作实验,此绿光波长 $\lambda = 546.1\text{ nm}$,谱线宽度 $\Delta\lambda = 0.044\text{ nm}$,试求能观察到干涉条纹的级次和最大允许的光程差。

解 利用式(22.11)和式(22.12)可求得

$$k = \frac{\lambda}{\Delta\lambda} = \frac{546.1}{0.044} = 1.241 \times 10^4$$

$$\delta_{\max} = \frac{\lambda^2}{\Delta\lambda} = \frac{546.1^2}{0.044} = 6.8 \times 10^{-3}\text{(m)} = 6.8\text{(mm)}$$

这一结果表明,由于 k 很大,所以用普通的单色光源时,就光的非单色性影响来说,实验中总是能观察到相

当多的干涉条纹。此例中的绿光的相干长度为 6.8 mm,其他的普通的单色光源的光也大致如此。激光的相干长度要大得多,可以达几百千米。

如上所述,光的非单色性对干涉条纹的影响是由于原子发光的断续性引起的。相干长度的计算借助了干涉条纹的重叠。其实,根据波列的存在和叠加的概念,可以更直接地理解相干长度的意义。如图 22.12 所示,S 为一单色光源,它发的光通过 S_1,S_2 两狭缝后发生叠加。从 S 发出的各波列都分成两部分然后又在观察点相遇。以 a_1 和 a_2,b_1 和 b_2,c_1 和 c_2 分别表示同一波列分成的两部分,它们当然都分别是相干的。因此,只要光程差不大,使得在相遇处是 a_1 和 a_2,b_1 和 b_2,……相遇(图 22.12(a)),则由于它们都是相干的,自然可以观察到干涉现象。但是,如果光程差太大,以致使 a_1 和 a_2,b_1 和 b_2,……在相遇处彼此错开了(图 22.12(b)),相叠加的将都是互相独立、不相干的波列,那当然将导致干涉条纹的消失。由此不难得出,当从光源到观察点的光程差大于波列长度 L 时,干涉条纹将消失。由此得出的对光程差的限制应该就是上面的分析中得出的能观察到干涉条纹时对光程差的限制。因此

$$\delta_{\max} = L \tag{22.13}$$

这就是说,**相干长度就等于波列的长度**。

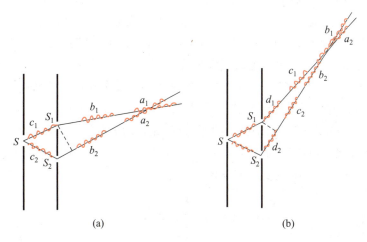

图 22.12 说明相干长度用图

光源在同一时刻发的光分为两束后又先后到达某一观察点,只有当这先后到达的**时差**小于某一值时才能在观察点产生干涉。这一时差决定了光的**时间相干性**。时间相干性的好坏,就用一个波列延续的时间 τ 或波列长度 L 来衡量。τ 又叫**相干时间**,L 就是相干长度。

*22.4 光源的大小对干涉条纹的影响

由于从普通光源的不同部位发出的光是不相干的,因而在分波阵面的干涉装置中,需要用点光源或线光源。实际的线光源(或被照亮的缝)总有一定宽度。实验表明,当光源的宽度逐渐增大时,干涉条纹的明暗对比将下降,而达到一定宽度时,干涉条纹将消失。下面就来讨论光源宽度对干涉条纹的影响。

如图 22.13 所示，设光源是宽度为 b 的普通带状光源，相对于双缝 S_1，S_2（间距为 d）对称放置，S_1，S_2 离光源的距离为 R。整个带状光源可以看成是由许多并排的线光源组成的，由于这些线光源是彼此独立地发光的，因而它们是**不相干的**。

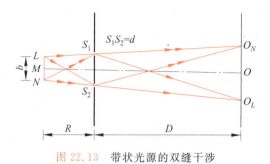

图 22.13　带状光源的双缝干涉

显然，每个线光源在屏上都要产生一套自己的干涉条纹。由波程差的分析可知，位于带光源中心 M 处的线光源产生的干涉条纹，其零级明纹在屏的中心 O 处。在 M 上方的线光源，其零级明纹在 O 的下方。而在 M 下方的线光源，它的零级明纹在 O 的上方。这些线光源产生的相邻明纹的间距都相等。因此，这些不相干的线光源产生的干涉条纹是彼此错开的。在这些干涉条纹的重叠处，总的光强应为各个条纹光强的**非相干相加**。图 22.14(a) 和 (b) 分别画出了两个宽度不同的光源所产生的干涉强度分布，每个图的下部是各成分线光源产生的干涉强度分布曲线，上部是它们相加而形成的总的干涉强度分布曲线。O_L，O_N 分别表示光源两边缘处的线光源产生的零级明纹中心所在处，其他线光源产生的零级明纹中心位置就分布在 O_L 和 O_N 之间。（这些线光源的干涉强度分布曲线紧密相邻形成图中阴影区域。）图 22.14(a) 中 O_L，O_N 彼此错开半个条纹间距，总的干涉条纹的明暗对比下降。图 22.14(b) 中 O_L，O_N 错开了一个条纹间距，总的光强均匀分布，干涉条纹消失。这后一种情况中两边缘线光源的间距就是带光源所允许的宽度，小于这一宽度才能观察到干涉条纹。由这一要求可如下求出光源宽度应该满足的条件。

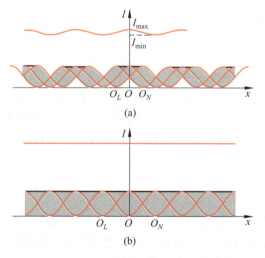

图 22.14　带光源双缝干涉的强度分布曲线

如图 22.15 所示,设光源上边缘处线光源 L 产生的中央亮纹 O_L 与下边缘处线光源 N 产生的第一级亮纹 1_N 重合。由于 O_L 是中央亮纹中心,所以有

$$(LS_1 + r_1) - (LS_2 + r_2) = 0$$

由于 1_N 是第一级亮纹中心,所以有

$$(NS_1 + r_1) - (NS_2 + r_2) = \lambda$$

两式相减,可得

$$NS_1 - LS_1 + LS_2 - NS_2 = \lambda$$

由于 $LS_1 = NS_2$,$LS_2 = NS_1$,所以又可得

$$2(NS_1 - NS_2) = \lambda$$

在 NS_1 上截取线段 $NQ = NS_2$,则可得

$$2QS_1 = \lambda$$

由图 22.15 可知,由于 $R \gg b$,$\angle S_1 S_2 Q = \angle NCM = \angle \beta$,因而有

$$QS_1 = d\beta = d\frac{b/2}{R} = \frac{db}{2R}$$

将此式代入上一式可得

$$bd = R\lambda \qquad (22.14)$$

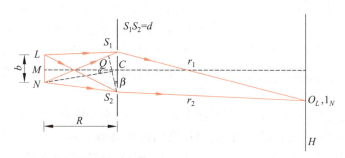

图 22.15 双缝干涉与光源宽度的关系分析

当 d 和 R 一定时,此式就给出在双缝情况下能产生干涉现象的普通光源的极限宽度。由于这一条件和双缝到屏的距离无关,所以当光源达到极限宽度时,在双缝后面任何距离处都不会出现干涉条纹。

式(22.14)也表明,在光源到缝的距离 R 一定的情况下,减小两缝间的距离 d 就可以用更宽的光源来获得干涉条纹。

由式(22.14)还可以看出,对于有一定宽度 b 的普通光源,要想在离它 R 处通过双缝产生干涉现象,则两缝之间的距离 d 必须小于某一值。一般地说,在有一定面积的光源的照明区域内,认定两点作为次波源,则只有这两个次波源之间的距离小于某一值时,它们才是相干的。这一间距的限制决定了光场的**空间相干性**。在光源的照明区域内各处可能相干的两个次波源的间距范围可用由它们形成的干涉条纹刚好消失时,它们之间的距离 d_0 来衡量。d_0 称为(横向)**相干间隔**[①]。据式(22.14),有

$$d_0 = \frac{R}{b}\lambda \qquad (22.15)$$

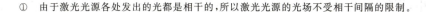

① 由于激光光源各处发出的光都是相干的,所以激光光源的光场不受相干间隔的限制。

此式说明，相干间隔和光源线度以及所涉及的地点到光源的距离有关。相干间隔也常用**相干孔径** θ_0 代替，它的定义是相干间隔对光源中心所张的角度，即

$$\theta_0 = \frac{d_0}{R} = \frac{\lambda}{b} \tag{22.16}$$

空间相干性原理被用来测量星体的直径，所用的仪器称为测星干涉仪。和图 22.15 对照，发光星体就是光源，其直径就相当于光源的宽度 b，而星体到地球的距离就是 R。从地面观察到的星体的角直径为 $\varphi = b/R$，由式（22.15）可得

$$\varphi = \frac{\lambda}{d_0} \tag{22.17}$$

由于实际上远处星体的角直径很小，所以要求干涉条纹消失时两缝间的距离 d_0 相当大，例如几米。迈克耳孙巧妙地用了四块平面反射镜来增大两"缝"之间的距离，他的测星干涉仪结构如图 22.16 所示。平面镜 M_1 和 M_3，M_2 和 M_4 分别平行，并都和望远镜的光轴成 $45°$。远处的星光只有射到 M_1 和 M_2 上时才能进入 S_1 和 S_2，这两面镜子实际上相当于不透明屏上的双孔（或双缝）。M_1，M_2 可以对称地向两侧移动，从而改变它们之间的距离。通常在望远镜物镜的焦平面上可观察到星光的干涉条纹，当 M_1，M_2 之间的距离 d 满足式（22.17）的条件时，干涉条纹消失，从而测得恒星角直径。

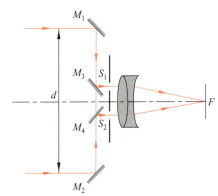

图 22.16　迈克耳孙测星干涉仪

参宿四（橙色的猎户座 α 星）是利用这个装置测量角直径的第一颗星，测量是在 1920 年 12 月的一个寒冷的夜晚进行的。当 M_1，M_2 之间的距离调节到 3.07 m 时，干涉条纹消失了。根据以上数据，取 $\lambda = 570\text{ nm}$ 代入式（22.17），则得参宿四的角直径为

$$\varphi = \frac{\lambda}{d_0} = \frac{570 \times 10^{-9}}{3.07} \approx 2 \times 10^{-7} \text{(rad)} \approx 0.04\text{ (}''\text{)}$$

22.5　光程

相差的计算在分析光的叠加现象时十分重要。为了方便地比较、计算光经过不同介质时引起的相差，引入了**光程**的概念。

光在介质中传播时，光振动的相位沿传播方向逐点落后。以 λ' 表示光在介质中的波长，则通过路程 r 时，光振动相位落后的值为

$$\Delta \varphi = \frac{2\pi}{\lambda'} r$$

同一束光在不同介质中传播时，频率不变而波长不同。以 λ 表示光在**真空中**的波长，以 $n(=c/v)$ 表示介质的折射率，则有

$$\lambda' = \frac{\lambda}{n} \tag{22.18}$$

将此关系代入上一式中，可得

$$\Delta\varphi = \frac{2\pi}{\lambda}nr$$

此式的右侧表示光在真空中传播路程 nr 时所引起的相位落后。由此可知,同一频率的光在折射率为 n 的介质中通过 r 的距离时引起的相位落后和在真空中通过 nr 的距离时引起的相位落后相同。这时 **nr 就叫做与路程 r 相应的光程**。它实际上是把光在介质中通过的路程按相位变化相同**折合到真空中**的路程。这样折合的好处是可以统一地用光在真空中的波长 λ 来计算光的相位变化。相差和光程差的关系是

$$相差 = \frac{2\pi}{\lambda}光程差 \tag{22.19}$$

例如,在图 22.17 中有两种介质,折射率分别为 n 和 n'。由两光源发出的光到达 P 点所经过的光程分别是 $n'r_1$ 和 $n'(r_2-d)+nd$,它们的光程差为 $n'(r_2-d)+nd-n'r_1$。由此光程差引起的相差就是

$$\Delta\varphi = \frac{2\pi}{\lambda}[n'(r_2-d)+nd-n'r_1]$$

式中 λ 是光在真空中的波长。

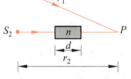

图 22.17 光程的计算

在干涉和衍射装置中,经常要用到透镜。下面简单说明通过透镜的各光线的等光程性。

平行光通过透镜后,各光线要会聚在焦点,形成一亮点(图 22.18(a),(b))。这一事实说明,在焦点处各光线是同相的。由于平行光的同相面与光线垂直,所以从入射平行光内任一与光线垂直的平面算起,直到会聚点,各光线的光程都是相等的。例如在图 22.18(a)(或(b))中,从 a,b,c 到 F(或 F')或者从 A,B,C 到 F(或 F')的三条光线都是等光程的。

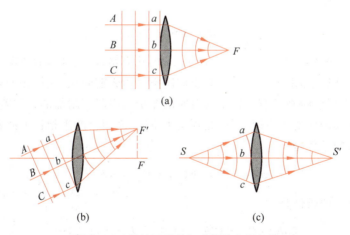

图 22.18 通过透镜的各光线的光程相等

这一等光程性可作如下解释。如图 22.18(a)(或(b))所示,A,B,C 为垂直于入射光束的同一平面上的三点,光线 AaF,CcF 在空气中传播的路径长,在透镜中传播的路径短;而光线 BbF 在空气中传播的路径短,在透镜中传播的路径长。由于透镜的折射率大于空气的折射率,所以折算成光程,各光线光程将相等。这就是说,透镜可以改变光线的传播方向,但不附加光程差。在图 22.18(c) 中,物点 S 发的光经透镜成像为 S',说明物点和像点之间各光线也是等光程的。

22.6 薄膜干涉(一)——等厚条纹

本节开始讨论用分振幅法获得相干光产生干涉的实验,最典型的是薄膜干涉。平常看到的油膜或肥皂液膜在白光照射下产生的彩色花纹就是薄膜干涉的结果。

一种观察薄膜干涉的装置如图 22.19 所示。

产生干涉的部件是一个放在空气中的劈尖形状的介质薄片或膜,简称**劈尖**。它的两个表面是平面,其间有一个很小的夹角 θ。实验时使平行单色光近于垂直地入射到劈面上。为了说明干涉的形成,我们分析在介质上表面 A 点入射的光线。此光线到达 A 点时,一部分就在 A 点反射,成为反射线 1,另一部分则折射入介

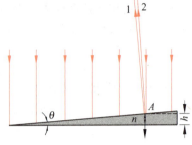

图 22.19 劈尖薄膜干涉

质内部,成为光线 2,它到达介质下表面时又被反射,然后再通过上表面透射出来(实际上,由于 θ 角很小,入射线、透射线和反射线都几乎重合)。因为这两条光线是从**同一条**入射光线,或者说入射光的波阵面上的**同一部分**分出来的,所以它们一定是相干光。它们的能量也是从那同一条入射光线分出来的。由于波的能量和振幅有关,所以这种产生相干光的方法称**分振幅法**。

从介质膜上、下表面反射的光就在膜的上表面附近相遇,而发生干涉。因此当观察介质表面时就会看到干涉条纹。以 h 表示在入射点 A 处膜的厚度,则两束相干的反射光在相遇时的光程差为

$$\delta = 2nh + \frac{\lambda}{2} \tag{22.20}$$

式中前一项是由于光线 2 在介质膜中经过了 $2h$ 的几何路程引起的,后一项 $\lambda/2$ 则来自反射本身。如图 22.19 所示,由于介质膜相对于周围空气为**光密**介质,这样在上表面反射时有**半波损失**,在下表面反射时则没有。这个反射时的差别就引起了附加的光程差 $\lambda/2$。

由于各处的膜的厚度 h 不同,所以光程差也不同,因而会产生相长干涉或相消干涉。相长干涉产生明纹的条件是

$$2nh + \frac{\lambda}{2} = k\lambda, \quad k = 1, 2, 3, \cdots \tag{22.21}$$

相消干涉产生暗纹的条件是

$$2nh + \frac{\lambda}{2} = (2k+1)\frac{\lambda}{2}, \quad k = 0, 1, 2, \cdots \tag{22.22}$$

这里 k 是干涉条纹的级次。以上两式表明,每级明或暗条纹都与一定的膜厚 h 相对应。因此在介质膜上表面的同一条等厚线上,就形成同一级次的一条干涉条纹。这样形成的干涉条纹因而称为**等厚条纹**。

由于劈尖的等厚线是一些平行于棱边的直线,所以等厚条纹是一些与棱边平行的明暗相间的**直条纹**,如图 22.20 所示。

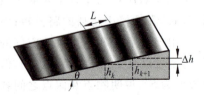

图 22.20 劈尖薄膜等厚干涉条纹

在棱边处 $h=0$，只是由于有半波损失，两相干光相差为 π，因而形成暗纹。

以 L 表示相邻两条明纹或暗纹在膜表面上的距离，则由图 22.20 可求得

$$L = \frac{\Delta h}{\sin \theta} \tag{22.23}$$

式中 θ 为劈尖顶角，Δh 为与相邻两条明纹或暗纹对应的厚度差。对相邻的两条明纹，由式(22.21)有

$$2nh_{k+1} + \frac{\lambda}{2} = (k+1)\lambda$$

与

$$2nh_k + \frac{\lambda}{2} = k\lambda$$

两式相减得

$$\Delta h = h_{k+1} - h_k = \frac{\lambda}{2n}$$

代入式(22.23)就可得

$$L = \frac{\lambda}{2n\sin\theta} \tag{22.24}$$

通常 θ 很小，所以 $\sin\theta \approx \theta$，上式又可改写为

$$L = \frac{\lambda}{2n\theta} \tag{22.25}$$

式(22.24)和式(22.25)表明，劈尖干涉形成的干涉条纹是**等间距**的，条纹间距与劈尖角 θ 有关。θ 越大，条纹间距越小，条纹越密。当 θ 大到一定程度后，条纹就密不可分了。所以干涉条纹只能在劈尖角度很小时才能观察到。

已知折射率 n 和波长 λ，又测出条纹间距 L，则利用式(22.25)可求得劈尖角 θ。在工程上，常利用这一原理测定细丝直径、薄片厚度等(见例 22.5)，还可利用等厚条纹特点检验工件的平整度，这种检验方法能检查出不超过 $\lambda/4$ 的凹凸缺陷(见例 22.4)。

例 22.3

牛顿环干涉装置如图 22.21(a)所示，在一块平玻璃 B 上放一曲率半径 R 很大的平凸透镜 A，在 A，B 之间形成一薄的劈形空气层，当单色平行光垂直入射于平凸透镜时，可以观察到(为了使光源 S 发出的光能垂直射向空气层并观察反射光，在装置中加进了一个 $45°$ 放置的半反射半透射的平面镜 M)在透镜下表面出现一组干涉条纹，这些条纹是以接触点 O 为中心的同心圆环，称为**牛顿环**(图 22.21(b))。试分析干涉的起因并求出环半径 r 与 R 的关系。

解 当垂直入射的单色平行光透过平凸透镜后，在空气层的上、下表面发生反射形成两束向上的相干光。这两束相干光在平凸透镜下表面处相遇而发生干涉，这两束相干光的光程差为

$$\delta = 2h + \frac{\lambda}{2}$$

其中 h 是空气薄层的厚度，$\lambda/2$ 是光在空气层的下表面即平玻璃的分界面上反射时产生的半波损失。由于这一光程差由空气薄层的厚度决定，所以由干涉产生的牛顿环也是一种等厚条纹。又由于空气层的等厚

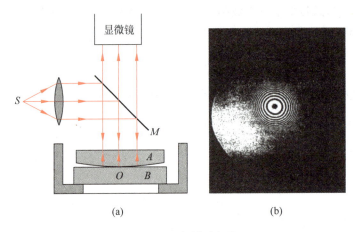

图 22.21 牛顿环实验

(a) 装置简图；(b) 牛顿环照相

线是以 O 为中心的同心圆，所以干涉条纹成为明暗相间的环。形成明环的条件为

$$2h+\frac{\lambda}{2}=k\lambda, \quad k=1,2,3,\cdots \tag{22.26}$$

形成暗环的条件为

$$2h+\frac{\lambda}{2}=(2k+1)\frac{\lambda}{2}, \quad k=0,1,2,\cdots \tag{22.27}$$

在中心处，$h=0$，由于有半波损失，两相干光光程差为 $\lambda/2$，所以形成一暗斑。

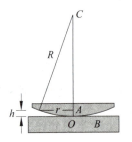

图 22.22 计算牛顿环半径用图

为了求环半径 r 与 R 的关系，参照图 22.22。在 r 和 R 为两边的直角三角形中，

$$r^2 = R^2 - (R-h)^2 = 2Rh - h^2$$

因为 $R \gg h$，此式中可略去 h^2，于是得

$$r^2 = 2Rh$$

由式 (22.26) 和式 (22.27) 求得 h，代入上式，可得明环半径为

$$r = \sqrt{\frac{(2k-1)R\lambda}{2}}, \quad k=1,2,3,\cdots \tag{22.28}$$

暗环半径为

$$r = \sqrt{kR\lambda}, \quad k=0,1,2,\cdots \tag{22.29}$$

由于半径 r 与环的级次的**平方根**成正比，所以正如图 22.21(b) 所显示的那样，越向外环越密。

此外，也可以观察到透射光的干涉条纹，它们和反射光干涉条纹明暗互补，即反射光为明环处，透射光为暗环。

例 22.4

利用等厚条纹可以检验精密加工工件表面的质量。在工件上放一平玻璃，使其间形成一空气劈尖（图 22.23(a)）。今观察到干涉条纹如图 22.23(b) 所示。试根据纹路弯曲方向，判断工件表面上纹路是凹还是凸？并求纹路深度 H。

解 由于平玻璃下表面是"完全"平的，所以若工件表面也是平的，空气劈尖的等厚条纹应为平行于棱边的直条纹。现在条纹有局部弯向棱边，说明在工件表面的相应位置处有一条垂直于棱边的不平的纹路。我们知道同一条等厚条纹应对应相同的膜厚度,所以在同一条纹上,弯向棱边的部分和直的部分所对应的膜厚度应该相等。本来越靠近棱边膜的厚度应越小,而现在在同一条纹上近棱边处和远棱边处厚度相等,这说明工件表面的纹路是凹下去的。

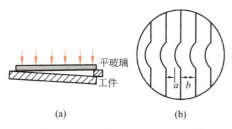

图 22.23 平玻璃表面检验示意图

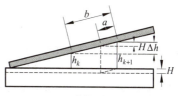

图 22.24 计算纹路深度用图

为了计算纹路深度,参考图 22.24,图中 b 是条纹间隔,a 是条纹弯曲深度,h_k 和 h_{k+1} 分别是和 k 级及 $k+1$ 级条纹对应的正常空气膜厚度,以 Δh 表示相邻两条纹对应的空气膜的厚度差,H 为纹路深度,则由相似三角形关系可得

$$\frac{H}{\Delta h} = \frac{a}{b}$$

由于对空气膜来说,$\Delta h = \lambda/2$,代入上式即可得

$$H = \frac{\lambda a}{2b}$$

例 22.5

把金属细丝夹在两块平玻璃之间,形成空气劈尖,如图 22.25 所示。金属丝和棱边间距离为 $D = 28.880 \text{ mm}$。用波长 $\lambda = 589.3 \text{ nm}$ 的钠黄光垂直照射,测得 30 条明条纹之间的总距离为 4.295 mm,求金属丝的直径 d。

解 由图 22.25 所示的几何关系可得

$$d = D \tan \alpha$$

式中 α 为劈尖角。相邻两明条纹间距和劈尖角的关系为 $L = \frac{\lambda}{2 \sin \alpha}$,因为 α 很小,$\tan \alpha \approx \sin \alpha = \frac{\lambda}{2L}$,于是有

$$d = D \frac{\lambda}{2L} = 28.880 \times \frac{589.3 \times 10^{-9}}{2 \times \frac{4.295}{29}} = 5.746 \times 10^{-5} \text{ (m)} = 5.746 \times 10^{-2} \text{ (mm)}$$

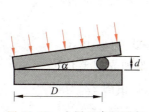

图 22.25 金属丝直径测定

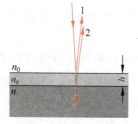

图 22.26 增透膜

例 22.6

在一折射率为 n 的玻璃基片上均匀镀一层折射率为 n_e 的透明介质膜。今使波长为 λ 的单色光由空气(折射率为 n_0)垂直射入到介质膜表面上(图 22.26)。如果要想使在介质膜上、下表面反射的光干涉相消,介质膜至少应多厚?设 $n_0 < n_e < n$。

解 以 h 表示介质膜厚度,要使两反射光 1 和 2 干涉相消的条件是(注意,在介质膜上下表面的反射均有半波损失)

$$2n_e h = (2k-1)\frac{\lambda}{2}, \quad k=1,2,3,\cdots$$

因而介质膜的最小厚度应为(使 $k=1$)

$$h = \frac{\lambda}{4n_e}$$

由于反射光相消,所以透射光加强。这样的膜就叫**增透膜**。为了减小反射光的损失,在光学仪器中常常应用增透膜。根据上式,一定的膜厚只对应于一种波长的光。在照相机和助视光学仪器中,往往使膜厚对应于人眼最敏感的波长 550 nm 的黄绿光。

上面的计算只考虑了反射光的相差对干涉的影响。实际上能否完全相消,还要看两反射光的振幅。如果再考虑到振幅,可以证明,当反射光完全消除时,介质的折射率应满足

$$n_e = \sqrt{nn_0} \tag{22.30}$$

以 $n_0=1, n=1.5$ 计, n_e 应为 1.22。目前还未找到折射率这样低的镀膜材料。常用的最好的近似材料是 $n_e=1.38$ 的氟化镁(MgF_2)。

可以想到,也可以利用适当厚度的介质膜来加强反射光,由于反射光一般较弱,所以实际上是利用多层介质膜来制成**高反射膜**。适应各种要求的**干涉滤光片**(只使某一种色光通过)也是根据类似的原理制成的。

22.7 薄膜干涉(二)——等倾条纹

如果使一条光线斜入射到厚度为 h 均匀的平膜上(图 22.27),它在入射点 A 处也分成反射和折射的两部分,折射的部分在下表面反射后又能从上表面射出。由于这样形成的两条相干光线 1 和 2 是平行的,所以它们只能在无穷远处相交而发生干涉。在实验室中为了在有限远处观察干涉条纹,就使这两束光线射到一个透镜 L 上,经过透镜的会聚,它们将相交于焦平面 FF' 上一点 P 而在此处发生干涉。现在让我们来计算到达 P 点时,1,2 两条光线的光程差。

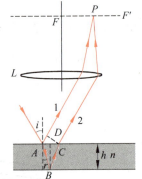

图 22.27 斜入射光路

从折射线 AB 反射后的射出点 C 作光线 1 的垂线 CD。由于从 C 和 D 到 P 点光线 1 和 2 的光程相等(透镜不附加光程差),所以它们的光程差就是 ABC 和 AD 两条光程的差。由图 22.27 可求得这一光程差为

$$\delta = n(AB+BC) - AD + \frac{\lambda}{2}$$

式中 $\lambda/2$ 是由于半波损失而附加的光程差。由于 $AB=BC=\dfrac{h}{\cos r}$, $AD=AC\sin i = 2h\tan r \sin i$,再利用折射定律 $\sin i = n\sin r$,可得

$$\delta = 2nAB - AD + \frac{\lambda}{2} = 2n\frac{h}{\cos r} - 2h\tan r \sin i + \frac{\lambda}{2}$$

$$= 2nh\cos r + \frac{\lambda}{2} \tag{22.31}$$

或

$$\delta = 2h\sqrt{n^2 - \sin^2 i} + \frac{\lambda}{2} \tag{22.32}$$

此式表明,**光程差决定于倾角**(指入射角 i),凡以**相同倾角** i 入射到厚度均匀的平膜上的光线,经膜上、下表面反射后产生的相干光束有相等的光程差,因而它们干涉相长或相消的情况一样。因此,这样形成的干涉条纹称为**等倾条纹**。

实际上观察等倾条纹的实验装置如图 22.28(a)所示。S 为一面光源,M 为半反半透平面镜,L 为透镜,H 为置于透镜焦平面上的屏。先考虑发光面上一点发出的光线。这些光线中以相同倾角入射到膜表面上的应该在同一圆锥面上,它们的反射线经透镜会聚后应分别相交于焦平面上的同一个圆周上。因此,形成的等倾条纹是一组明暗相间的同心圆环。由式(22.32)可得,这些圆环中明环的条件是

$$\delta = 2h\sqrt{n^2 - \sin^2 i} + \frac{\lambda}{2} = k\lambda, \quad k = 1, 2, 3, \cdots \tag{22.33}$$

暗环的条件是

$$\delta = 2h\sqrt{n^2 - \sin^2 i} + \frac{\lambda}{2} = (2k+1)\frac{\lambda}{2}, \quad k = 0, 1, 2, \cdots \tag{22.34}$$

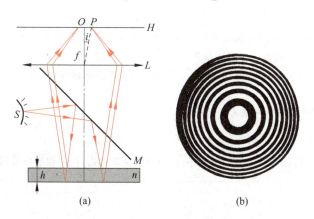

图 22.28 观察等倾条纹
(a) 装置和光路;(b) 等倾条纹照相

光源上每一点发出的光束都产生一组相应的干涉环。由于方向相同的平行光线将被透镜会聚到焦平面上同一点,而与光线从何处来无关,所以由光源上不同点发出的光线,凡有相同倾角的,它们形成的干涉环都将重叠在一起,总光强为各个干涉环光强的**非相干**相加,因而明暗对比更为鲜明,这也就是观察等倾条纹时使用面光源的道理。

等倾干涉环是一组内疏外密的圆环,如图 22.28(b)的照片所示。如果观察从薄膜透过的光线,也可以看到干涉环,它和图 22.28(b)所显示的反射干涉环是互补的,即反射光为明环处,透射光为暗环。

例 22.7

用波长为 λ 的单色光观察等倾条纹,看到视场中心为一亮斑,外面围以若干圆环,如图 22.28(b)所示。今若慢慢增大薄膜的厚度,则看到的干涉圆环会有什么变化?

解 用薄膜的折射率 n 和折射角 r 表示的等倾条纹明环的条件是(参考式(22.31))

$$2nh\cos r + \frac{\lambda}{2} = k\lambda$$

当薄膜厚度 h 一定时,愈靠近中心,入射角 i 愈小,折射角 r 也越小,$\cos r$ 越大,上式给出的 k 越大。这说明,越靠近中心,环纹的级次越高。在中心处,$r=0$,级次最高,且满足

$$2nh + \frac{\lambda}{2} = k_c\lambda \tag{22.35}$$

这里 k_c 是中心亮斑的级次。这时中心亮斑外面亮环的级次依次为 $k_c-1, k_c-2, \cdots$。

当慢慢增大薄膜的厚度 h 时,起初看到中心变暗,但逐渐又一次看到中心为亮斑,由式(22.35)可知,这一中心亮斑级次比原来的应该加 1,变为 k_c+1,其外面亮环的级次依次应为 $k_c, k_c-1, k_c-2, \cdots$。这意味着将看到在中心处又冒出了一个新的亮斑(级次为 k_c+1),而原来的中心亮斑(k_c)扩大成了第一圈亮纹,原来的第一圈(k_c-1)变成了第二圈……如果再增大薄膜厚度,中心还会变暗,继而又冒出一个亮斑,级次为(k_c+2),而周围的圆环又向外扩大一环。这就是说,当薄膜厚度慢慢增大时,将会看到中心的光强发生周期性的变化,不断冒出新的亮斑,而周围的亮环也不断地向外扩大。

由于在中心处,

$$2n\Delta h = \Delta k_c \lambda$$

所以每冒出一个亮斑($\Delta k_c = 1$),就意味着薄膜厚度增加了

$$\Delta h = \frac{\lambda}{2n} \tag{22.36}$$

与此相反,如果慢慢减小薄膜厚度,则会看到亮环一个一个向中心缩进,而在中心处亮斑一个一个地消失。薄膜厚度每缩小 $\lambda/2n$,中心就有一个亮斑消失。

由式(22.31)还可以求出相邻两环的间距。对式(22.31)两边求微分,可得

$$-2nh\sin r \Delta r = \Delta k \lambda$$

令 $\Delta k=1$,就可得相邻两环的角间距为

$$-\Delta r = r_k - r_{k+1} = \frac{\lambda}{2nh\sin r}$$

此式表明,当 h 增大时,等倾条纹的角间距变小,因而条纹越来越密,同一视场中看到的环数将越来越多。

22.8 迈克耳孙干涉仪

迈克耳孙干涉仪是 1881 年迈克耳孙设计制成的用分振幅法产生双光束干涉的仪器。迈克耳孙所用干涉仪简图和光路图如图 22.29 所示。图中 M_1 和 M_2 是两面精密磨光的平面反射镜,分别安装在相互垂直的两臂上。其中 M_2 固定,M_1 通过精密丝杠的带动,可以沿臂轴方向移动。在两臂相交处放一与两臂成 45° 的平行平面玻璃板 G_1。在 G_1 的后表面镀有一层半透明半反射的薄银膜,这银膜的作用是将入射光束分成振幅近于相等的透射光束 2 和反射光束 1。因此 G_1 称为**分光板**。

由面光源 S 发出的光,射向分光板 G_1,经分光后形成两部分,透射光束 2 通过另一块与 G_1 完全相同而且平行 G_1 放置的玻璃板 G_2(无银膜)射向 M_2,经 M_2 反射后又经过 G_2 到达

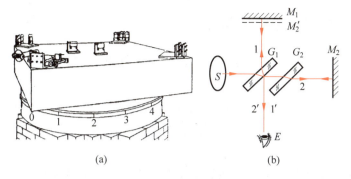

图 22.29 迈克耳孙干涉仪
(a) 结构简图；(b) 光路图

G_1，再经半反射膜反射到 E 处；反射光束 1 射向 M_1，经 M_1 反射后透过 G_1 也射向 E 处。两相干光束 $1\ 1'$ 和 $2\ 2'$ 干涉产生的干涉图样，在 E 处观察。

由图 22.29(b)可看出，由于玻璃板 G_2 的插入，光束 1 和光束 2 一样都是两次通过玻璃板，这样光束 1 和光束 2 的光程差就和在玻璃板中的光程无关了。因此，玻璃板 G_2 称为**补偿板**。

分光板 G_1 后表面的半反射膜，在 E 处看来，使 M_2 在 M_1 附近形成一虚像 M_2'，光束 $2\ 2'$ 如同从 M_2' 反射的一样。因而干涉所产生的图样就如同由 M_2' 和 M_1 之间的空气膜产生的一样。

当 M_1，M_2 相互严格垂直时，M_1，M_2' 之间形成平行平面空气膜，这时可以观察到等倾条纹；当 M_1，M_2 不严格垂直时，M_1，M_2' 之间形成空气劈尖，这时可观察到等厚条纹。当 M_1 移动时，空气层厚度改变，可以方便地观察条纹的变化(参考例 22.7)。

迈克耳孙干涉仪的主要特点是两相干光束在空间上是完全分开的，并且可用移动反射镜或在光路中加入另外介质的方法改变两光束的光程差，这就使干涉仪具有广泛的用途，如用于测长度，测折射率和检查光学元件的质量等。1881 年迈克耳孙曾用他的干涉仪做了著名的迈克耳孙-莫雷实验，其结果是相对论的实验基础之一。

1. 相干光

相干条件：振动方向相同，频率相同，相位差恒定。

利用普通光源获得相干光的方法：分波阵面法和分振幅法。

2. 杨氏双缝干涉实验

用分波阵面法产生两个相干光源。干涉条纹是等间距的直条纹。

条纹间距：
$$\Delta x = \frac{D}{d}\lambda$$

3. 光的相干性

根源于原子发光的断续机制与独立性。

时间相干性：相干长度(波列长度)　$\delta_{\max} = \dfrac{\lambda^2}{\Delta\lambda}$，$\Delta\lambda$ 为谱线宽度

空间相干性：相干间隔　$d_0 = \dfrac{R}{b}\lambda$

相干孔径　$\theta_0 = \dfrac{d_0}{R} = \dfrac{\lambda}{b}$，　b 为光源宽度

4. 光程

和折射率为 n 的媒质中的几何路程 x 相应的光程为 nx。

$$\text{相差} = 2\pi \frac{\text{光程差}}{\lambda}, \quad \lambda \text{ 为真空中波长}$$

光由光疏媒质射向光密媒质而在界面上反射时，发生半波损失，这损失相当于 $\dfrac{\lambda}{2}$ 的光程。

透镜不引起附加光程差。

5. 薄膜干涉

入射光在薄膜上表面由于反射和折射而"分振幅"，在上、下表面反射的光为相干光。两束相干光的相差由光程差和反射时的半波损失情况共同决定。

(1) 等厚条纹：光线垂直入射，薄膜等厚处干涉情况一样。

透明介质劈尖在空气中时，干涉条纹是等间距直条纹。

对明纹：　$2nh + \dfrac{\lambda}{2} = k\lambda$

对暗纹：　$2nh + \dfrac{\lambda}{2} = (2k+1)\dfrac{\lambda}{2}$

(2) 等倾条纹：薄膜厚度均匀。以相同倾角 i 入射的光的干涉情况一样。干涉条纹是同心圆环。薄膜在空气中时，

对明环：　$2h\sqrt{n^2 - \sin^2 i} + \dfrac{\lambda}{2} = k\lambda$

对暗环：　$2h\sqrt{n^2 - \sin^2 i} + \dfrac{\lambda}{2} = (2k+1)\dfrac{\lambda}{2}$

6. 迈克耳孙干涉仪

利用分振幅法使两个相互垂直的平面镜形成一等效的空气薄膜。

思考题

22.1 用白色线光源做双缝干涉实验时，若在缝 S_1 后面放一红色滤光片，S_2 后面放一绿色滤光片，问能否观察到干涉条纹？为什么？

22.2 用图 22.30 所示装置做双缝干涉实验，是否都能观察到干涉条纹？为什么？

22.3 在水波干涉图样(图 22.5)中，平静水面形成的曲线是双曲线。为什么？

22.4 把一对顶角很小的玻璃棱镜底边粘贴在一起(图 22.31)做"双棱镜"，就可以用来代替双缝做干涉实验(菲涅耳双棱镜实验)。试在图中画出两相干光源的位置和它们发出的波的叠加干涉区域。

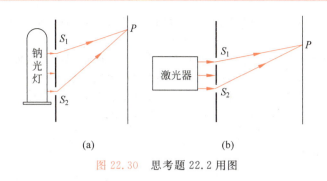

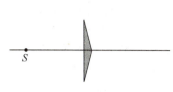

图 22.30　思考题 22.2 用图　　　　图 22.31　思考题 22.4 用图

22.5　如果两束光是相干的,在两束光重叠处总光强如何计算? 如果两束光是不相干的,又怎样计算(分别以 I_1 和 I_2 表示两束光的光强)?

22.6　在双缝干涉实验中

(1) 当缝间距 d 不断增大时,干涉条纹如何变化? 为什么?

(2) 当缝光源 S 在垂直于轴线向下或向上移动时,干涉条纹如何变化?

*(3) 把光源缝 S 逐渐加宽时,干涉条纹如何变化?

22.7　用光通过一段路程的时间和周期也可以算出相差来。试比较光通过介质中一段路程的时间和通过相应的光程的时间来说明光程的物理意义。

22.8　观察正被吹大的肥皂泡时,先看到彩色分布在泡上,随着泡的扩大各处彩色会发生改变。当彩色消失呈现黑色时,肥皂泡破裂。为什么?

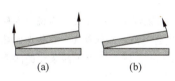

图 22.32　思考题 22.9 用图

22.9　用两块平玻璃构成的劈尖(图 22.32)观察等厚条纹时,若把劈尖上表面向上缓慢地平移(图(a)),干涉条纹有什么变化? 若把劈尖角逐渐增大(图(b)),干涉条纹又有什么变化?

22.10　用普通单色光源照射一块两面不平行的玻璃板作劈尖干涉实验,板两表面的夹角很小,但板比较厚。这时观察不到干涉现象,为什么?

*22.11　利用两台相距很远(可达几千千米)而联合动作的无线电天文望远镜可以精确地测定大陆板块的漂移速度和地球的自转速度。试说明如何利用这两台望远镜监视一颗固定的无线电源星体时所得的记录来达到这些目的?

22.12　在双缝干涉实验中,如果在上方的缝后面贴一片薄的透明云母片,干涉条纹的间距有无变化? 中央条纹的位置有无变化?

习题

22.1　钠黄光波长为 589.3 nm。试以一次发光延续时间 10^{-8} s 计,计算一个波列中的波数。

22.2　汞弧灯发出的光通过一滤光片后照射双缝干涉装置。已知缝间距 $d=0.60$ mm,观察屏与双缝相距 $D=2.5$ m,并测得相邻明纹间距离 $\Delta x=2.27$ mm。试计算入射光的波长,并指出属于什么颜色。

22.3　劳埃德镜干涉装置如图 22.33 所示,光源波长 $\lambda=7.2\times10^{-7}$ m,试求镜的右边缘到第一条明纹的距离。

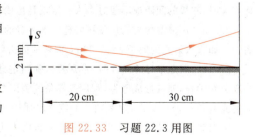

图 22.33　习题 22.3 用图

22.4 一双缝实验中两缝间距为 0.15 mm，在 1.0 m 远处测得第 1 级和第 10 级暗纹之间的距离为 36 mm。求所用单色光的波长。

22.5 沿南北方向相隔 3.0 km 有两座无线发射台，它们同时发出频率为 2.0×10^5 Hz 的无线电波。南台比北台的无线电波的相位落后 $\pi/2$。求在远处无线电波发生相长干涉的方位角（相对于东西方向）。

22.6 在一次水波干涉实验（图 22.5）中，两同相波源的间距是 12 cm，在两波源正前方 50 cm 处的水面上相邻的两平静区的中心相距 4.5 cm。如果水波的波速为 25 cm/s，求波源的振动频率。

22.7 一束激光斜入射到间距为 d 的双缝上，入射角为 φ。

(1) 证明双缝后出现明纹的角度 θ 由下式给出：
$$d\sin\theta - d\sin\varphi = \pm k\lambda, \quad k = 0, 1, 2, \cdots$$

(2) 证明在 θ 很小的区域，相邻明纹的角距离 $\Delta\theta$ 与 φ 无关。

22.8 澳大利亚天文学家通过观察太阳发出的无线电波，第一次把干涉现象用于天文观测。这无线电波一部分直接射向他们的天线，另一部分经海面反射到他们的天线（图 22.34）。设无线电的频率为 6.0×10^7 Hz，而无线电接收器高出海面 25 m。求观察到相消干涉时太阳光线的掠射角 θ 的最小值。

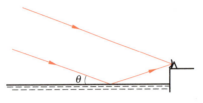

图 22.34 习题 22.8 用图

*22.9 证明双缝干涉图样中明纹的半角宽度为
$$\Delta\theta = \frac{\lambda}{2d}$$

半角宽度指一条明纹中强度等于中心强度的一半的两点在双缝处所张的角度。

22.10 如图 22.35 所示为利用激光做干涉实验。M_1 为一半镀银平面镜，M_2 为一反射平面镜。入射激光束一部分透过 M_1，直接垂直射到屏 G 上，另一部分经过 M_1 和 M_2 反射与前一部分叠加。在叠加区域两束光的夹角为 $45°$，振幅之比为 $A_1 : A_2 = 2 : 1$。所用激光波长为 632.8 nm。求在屏上干涉条纹的间距和衬比度。

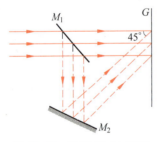

图 22.35 习题 22.10 用图

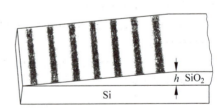

图 22.36 习题 22.14 用图

*22.11 某氦氖激光器所发红光波长为 $\lambda = 632.8$ nm，其谱线宽度为（以频率计）$\Delta\nu = 1.3 \times 10^9$ Hz。它的相干长度或波列长度是多少？相干时间是多长？

*22.12 太阳在地面上的视角为 10^{-2} rad，太阳光的波长按 550 nm 计。在地面上利用太阳光作双缝干涉实验时，双缝的间距应不超过多大？这就是地面上太阳光的空间相干间隔。

22.13 用很薄的玻璃片盖在双缝干涉装置的一条缝上，这时屏上零级条纹移到原来第 7 级明纹的位置上。如果入射光的波长 $\lambda = 550$ nm，玻璃片的折射率 $n = 1.58$，试求此玻璃片的厚度。

22.14 制造半导体元件时，常常要精确测定硅片上二氧化硅薄膜的厚度，这时可把二氧化硅薄膜的一部分腐蚀掉，使其形成劈尖，利用等厚条纹测出其厚度。已知 Si 的折射率为 3.42，SiO_2 的折射率为 1.5，入射光波长为 589.3 nm，观察到 7 条暗纹（如图 22.36 所示）。问 SiO_2 薄膜的厚度 h 是多少？

22.15 一薄玻璃片，厚度为 0.4 μm，折射率为 1.50，用白光垂直照射，问在可见光范围内，哪些波长的光在反射中加强？哪些波长的光在透射中加强？

22.16 在制作珠宝时，为了使人造水晶（$n=1.5$）具有强反射本领，就在其表面上镀一层一氧化硅（$n=2.0$）。要使波长为 560 nm 的光强烈反射，这镀层至少应多厚？

22.17 一片玻璃（$n=1.5$）表面附有一层油膜（$n=1.32$），今用一波长连续可调的单色光束垂直照射油面。当波长为 485 nm 时，反射光干涉相消。当波长增为 679 nm 时，反射光再次干涉相消。求油膜的厚度。

22.18 白光照射到折射率为 1.33 的肥皂膜上，若从 45°方向观察薄膜呈现绿色（500 nm），试求薄膜最小厚度。若从垂直方向观察，肥皂膜正面呈现什么颜色？

22.19 在折射率 $n_1=1.52$ 的镜头表面涂有一层折射率 $n_2=1.38$ 的 MgF_2 增透膜，如果此膜适用于波长 $\lambda=550$ nm 的光，膜的厚度应是多少？

22.20 用单色光观察牛顿环，测得某一明环的直径为 3.00 mm，它外面第 5 个明环的直径为 4.60 mm，平凸透镜的半径为 1.03 m，求此单色光的波长。

22.21 折射率为 n，厚度为 h 的薄玻璃片放在迈克耳孙干涉仪的一臂上，问两光路光程差的改变量是多少？

22.22 用迈克耳孙干涉仪可以测量光的波长，某次测得可动反射镜移动距离 $\Delta L=0.3220$ mm 时，等倾条纹在中心处缩进 1 204 条条纹，试求所用光的波长。

*22.23 一种干涉仪可以用来测定气体在各种温度和压力下的折射率，其光路如图 22.37 所示。图中 S 为光源，L 为凸透镜，G_1，G_2 为两块完全相同的玻璃板，彼此平行放置，T_1，T_2 为两个等长度的玻璃管，长度均为 d。测量时，先将两管抽空，然后将待测气体徐徐充入一管中，在 E 处观察干涉条纹的变化，即可测得该气体的折射率。某次测量时，将待测气体充入 T_2 管中，从开始进气到到达标准状态的过程中，在 E 处看到共移过 98 条干涉条纹。若光源波长 $\lambda=589.3$ nm，$d=20$ cm，试求该气体在标准状态下的折射率。

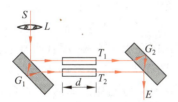

图 22.37 习题 22.23 用图

托马斯·杨和菲涅耳

第23章

光 的 衍 射

在第 7 章波动中已介绍过,波的衍射是指波在其传播路径上如果遇到障碍物,它能绕过障碍物的边缘而进入几何阴影内传播的现象。作为电磁波,光也能产生衍射现象。本章讨论光的衍射现象的规律。所讲内容不只是说明光能绕过遮光屏边缘传播,而且根据叠加原理说明了在光的衍射现象中光的强度分布。为简单起见,本章只讨论远场衍射,即夫琅禾费衍射,包括单缝衍射、细丝衍射和光栅衍射。最后介绍有很多实际应用的 X 射线衍射。

23.1 光的衍射和惠更斯-菲涅耳原理

在实验室内可以很容易地看到光的衍射现象。例如,在图 23.1 所示的实验中,S 为一单色点光源,G 为一遮光屏,上面开了一个直径为十分之几毫米的小圆孔,H 为一白色观察屏。实验中可以发现,在观察屏上形成的光斑比圆孔大了许多,而且明显地由几个明暗相间的环组成。如果将遮光屏 G 拿去,换上一个与圆孔大小差不多的不透明的小圆板,则在屏上可看到在圆板阴影的中心是一个亮斑,周围也有一些圆环。如果用针或细丝替换小圆板,则在屏上可看到有明暗条纹出现。

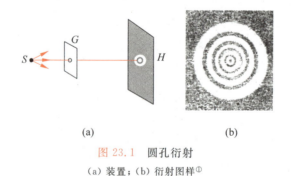

图 23.1 圆孔衍射
(a) 装置;(b) 衍射图样①

---

① 改变屏 H 到衍射孔的距离,衍射图样中心也可能出现亮点。

在图 23.2 所示的实验中,遮光屏 G 上开了一条宽度为十分之几毫米的狭缝,并在缝的前后放两个透镜,单色线光源 S 和观察屏 H 分别置于这两个透镜的焦平面上。这样入射到狭缝的光就是平行光束,光透过它后又被透镜会聚到观察屏 H 上。实验中发现,屏 H 上的亮区也比狭缝宽了许多,而且是由明暗相间的许多平直条纹组成的。

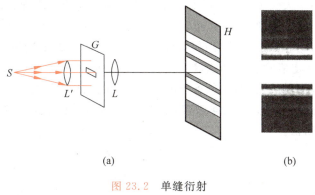

图 23.2　单缝衍射
(a) 装置;(b) 衍射图样

以上实验都说明了光能产生衍射现象,即光也能绕过障碍物的边缘传播,而且衍射后能形成具有**明暗相间的衍射图样**。

用肉眼也可以发现光的衍射现象。如果你眯缝着眼,使光通过一条缝进入眼内,当你看远处发光的灯泡时,就会看到它向上向下发出长的光芒。这就是光在视网膜上的衍射图像产生的感觉。五指并拢,使指缝与日光灯平行,透过指缝看发光的日光灯,也会看到如图 23.2(b) 所示的带有淡彩色的明暗条纹。

根据观察方式的不同,通常把衍射现象分为两类。一类如图 23.1 所示那样,光源和观察屏(或二者之一)离开衍射孔(或缝)的距离有限,这种衍射称为**菲涅耳衍射**,或**近场衍射**。另一类是光源和观察屏都在离衍射孔(或缝)无限远处,这种衍射称为**夫琅禾费衍射**,或**远场衍射**。夫琅禾费衍射实际上是菲涅耳衍射的极限情形。图 23.2 所示的衍射实验就是夫琅禾费衍射,因为两个透镜的应用,对衍射缝来讲,就相当于把光源和观察屏都推到无穷远去了。

对于衍射的理论分析,在第 7 章中曾提到过惠更斯原理。它的基本内容是把波阵面上各点都看成是子波波源,已经指出它只能定性地解决衍射现象中光的传播方向问题。为了说明光波衍射图样中的强度分布,菲涅耳又补充指出:**衍射时波场中各点的强度由各子波在该点的相干叠加决定**。利用相干叠加概念发展了的惠更斯原理叫**惠更斯-菲涅耳原理**。

具体地利用惠更斯-菲涅耳原理计算衍射图样中的光强分布时,需要考虑每个子波源发出的子波的振幅和相位跟传播距离及传播方向的关系。这种计算对于菲涅耳衍射相当复杂,而对于夫琅禾费衍射则比较简单。为了比较简单地阐述衍射的规律,同时考虑到夫琅禾费衍射也有许多重要的实际应用,我们在本章主要讲述夫琅禾费衍射。

23.2 单缝的夫琅禾费衍射

图 23.2 所示就是单缝的夫琅禾费衍射实验,图 23.3 中又画出了这一实验的光路图,为了便于讲解,在此图中大大扩大了缝的宽度 a(缝的长度是垂直于纸面的)。

根据惠更斯-菲涅耳原理,单缝后面空间任一点 P 的光振动是单缝处波阵面上所有子波波源发出的子波传到 P 点的振动的相干叠加。为了考虑在 P 点的振动的合成,我们想象在衍射角 θ 为某些特定值时能将单缝处宽度为 a 的波阵面 AB 分成许多等宽度的纵长条带,并使相邻两带上的对应点,例如每条带的最下点、中点或最上点,发出的光在 P 点的**光程差为半个波长**。这样的条带称为**半波带**,如图 23.4 所示。利用这样的半波带来分析衍射图样的方法叫**半波带法**。

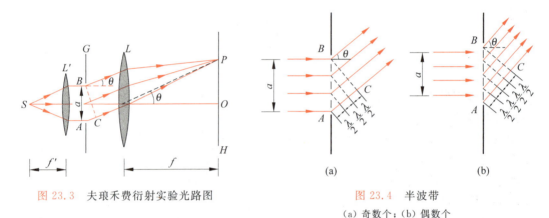

图 23.3　夫琅禾费衍射实验光路图

图 23.4　半波带
(a) 奇数个；(b) 偶数个

衍射角 θ 是衍射光线与单缝平面法线间的夹角。衍射角不同,则单缝处波阵面分出的半波带个数也不同。半波带的个数取决于单缝两边缘处衍射光线之间的光程差 AC(BC 和衍射光线垂直)。由图 23.3 可见

$$AC = a\sin\theta$$

当 AC 等于半波长的奇数倍时,单缝处波阵面可分为奇数个半波带(图 23.4(a));当 AC 是半波长的偶数倍时,单缝处波阵面可分为偶数个半波带(图 23.4(b))。

这样分出的各个半波带,由于它们到 P 点的距离近似相等,因而各个带发出的子波在 P 点的振幅近似相等,而相邻两带的对应点上发出的子波在 P 点的相差为 π。因此相邻两波带发出的振动在 P 点合成时将互相抵消。这样,如果单缝处波阵面被分成偶数个半波带,则由于一对对相邻的半波带发的光都分别在 P 点相互抵消,所以合振幅为零,P 点应是暗条纹的中心。如果单缝处波阵面被分为奇数个半波带,则一对对相邻的半波带发的光分别在 P 点相互抵消后,还剩一个半波带发的光到达 P 点合成。这时,P 点应近似为明条纹的中心,而且 θ 角越大,半波带面积越小,明纹光强越小。当 $\theta = 0$ 时,各衍射光光程差为零,通过透镜后会聚在透镜焦平面上,这就是中央明纹(或零级明纹)中心的位置,该处光强最大。对于任意其他的衍射角 θ,AB 一般不能恰巧分成整数个半波带。此时,衍射光束形成介于最明和最暗之间的中间区域。

综上所述可知,当平行光垂直于单缝平面入射时,单缝衍射形成的明暗条纹的位置用衍

射角 θ 表示,由以下公式决定:

暗条纹中心
$$a\sin\theta = \pm k\lambda, \quad k = 1,2,3,\cdots \tag{23.1}$$

明条纹中心(近似)
$$a\sin\theta = \pm(2k+1)\frac{\lambda}{2}, \quad k = 1,2,3,\cdots \tag{23.2}$$

中央条纹中心
$$\theta = 0$$

单缝衍射光强分布如图 23.5 所示。此图表明,单缝衍射图样中各极大处的光强是不相同的。中央明纹光强最大,其他明纹光强迅速下降(光强分布公式及其推导见本节末的[注])。

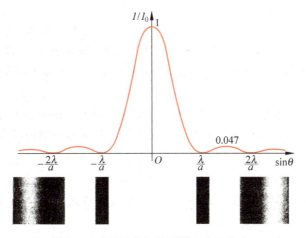

图 23.5 单缝的衍射图样和光强分布

两个第 1 级暗条纹中心间的距离即为中央明条纹的宽度,中央明条纹的宽度最宽,约为其他明条纹宽度的两倍。考虑到一般 θ 角较小,中央明条纹的**半角宽度**为

$$\theta \approx \sin\theta = \frac{\lambda}{a} \tag{23.3}$$

以 f 表示透镜 L 的焦距,则得观察屏上**中央明条纹的线宽度**为

$$\Delta x = 2f\tan\theta \approx 2f\sin\theta = 2f\frac{\lambda}{a} \tag{23.4}$$

上式表明,中央明条纹的宽度正比于波长 λ,反比于缝宽 a。这一关系又称为**衍射反比律**。缝越窄,衍射越显著;缝越宽,衍射越不明显。当缝宽 $a \gg \lambda$ 时,各级衍射条纹向中央靠拢,密集得以至无法分辨,只显出单一的明条纹。实际上这明条纹就是线光源 S 通过透镜所成的几何光学的像,这个像相应于从单缝射出的光是直线传播的平行光束。由此可见,光的直线传播现象,是光的波长较透光孔或缝(或障碍物)的线度小很多时,衍射现象不显著的情形(图 23.6)。由于几何光学是以光的直线传播为基础的理论,所以**几何光学是波动光学在 $\lambda/a \to 0$ 时的极限情形**。对于透镜成像讲,仅当衍射不显著时,才能形成物的几何像,如果衍射不能忽略,则透镜所成的像将不是物的几何像,而是一个衍射图样。

这里我们再说明一下衍射的概念。第 22 章讲双缝的干涉时,曾利用了波的叠加的规

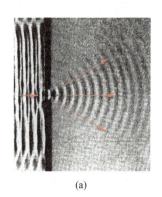 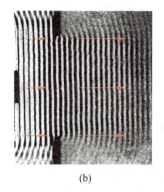

图 23.6 用水波盘演示衍射现象
(a) 阻挡墙的缺口宽度小于波长,衍射显著;(b) 墙的缺口宽度大于波长,衍射不显著

律。这一节我们分析单缝的衍射时,也用了波的叠加的规律。可见它们都是光波相干叠加的表现。那么,干涉和衍射有什么区别呢?从本质上讲,确实并无区别。习惯上说,干涉总是指那些分立的**有限多**的光束的相干叠加,而衍射总是指波阵面上连续分布的**无穷多**子波波源发出的光波的相干叠加。这样区别之后,二者常常出现于同一现象中。例如双缝干涉的图样实际上是两个缝发出的光束的干涉和每个缝自身发出的光的衍射的综合效果(参看例 23.4)。23.5 节讲的光栅衍射实际上是多光束干涉和单缝衍射的综合效果。

例 23.1

在一单缝夫琅禾费衍射实验中,缝宽 $a=5\lambda$,缝后透镜焦距 $f=40\text{ cm}$,试求中央条纹和第 1 级亮纹的宽度。

解 由公式(23.1)可得对第 1 级和第 2 级暗纹中心有
$$a\sin\theta_1 = \lambda, \quad a\sin\theta_2 = 2\lambda$$
因此第 1 级和第 2 级暗纹中心在屏上的位置分别为
$$x_1 = f\tan\theta_1 \approx f\sin\theta_1 = f\frac{\lambda}{a} = 40\times\frac{\lambda}{5\lambda} = 8 \text{ (cm)}$$
$$x_2 = f\tan\theta_2 \approx f\sin\theta_2 = f\frac{2\lambda}{a} = 40\times\frac{2\lambda}{5\lambda} = 16 \text{ (cm)}$$
由此得中央亮纹宽度为
$$\Delta x_0 = 2x_1 = 2\times 8 = 16 \text{ (cm)}$$
第 1 级亮纹的宽度为
$$\Delta x_1 = x_2 - x_1 = 16 - 8 = 8 \text{ (cm)}$$
这只是中央亮纹宽度的一半。

[注] 夫琅禾费单缝衍射的光强分布公式的推导

菲涅耳半波带法只能大致说明衍射图样的情况,要定量给出衍射图样的强度分布,需要对子波进行相干叠加。下面用相量图法导出夫琅禾费单缝衍射的强度公式。

为了用惠更斯-菲涅耳原理计算屏上各点光强,想象将单缝处的波阵面 AB 分成 N 条(N 很大)等宽度的波带,每条波带的宽度为 $ds=a/N$(图 23.7)。由于各波带发出的子波到 P 点的传播方向一样,距离也近

23.2 单缝的夫琅禾费衍射

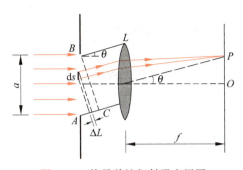

图 23.7 推导单缝衍射强度用图

似相等,所以在 P 点各子波的振幅也近似相等,今以 ΔA 表示此振幅。相邻两波带发出的子波传到 P 点时的光程差都是

$$\Delta L = \frac{AC}{N} = \frac{a\sin\theta}{N} \tag{23.5}$$

相应的相差都是

$$\delta = \frac{2\pi}{\lambda} \frac{a\sin\theta}{N} \tag{23.6}$$

根据菲涅耳的叠加思想,P 点光振动的合振幅,就应等于这 N 个波带发出的子波在 P 点的振幅的矢量合成,也就等于 N 个同频率、等振幅(ΔA)、相差依次都是 δ 的振动的合成。这一合振幅可借助图 23.8 的相量图计算出来。图中 $\Delta A_1, \Delta A_2, \cdots, \Delta A_N$ 表示各分振幅矢量,相邻两个分振幅矢量的相差就是式(23.6)给出的 δ。各分振幅矢量首尾相接构成一正多边形的一部分,此正多边形有一外接圆。以 R 表示此外接圆的半径,则合振幅 A_θ 对应的圆心角就是 $N\delta$,而 A_θ 的值为

$$A_\theta = 2R\sin\frac{N\delta}{2}$$

在 $\triangle OCB$ 中 ΔA_1 之振幅即前述等振幅 ΔA,显见

$$\Delta A = 2R\sin\frac{\delta}{2}$$

以上两式相除可得衍射角为 θ 的 P 处的合振幅应为

$$A_\theta = \Delta A \frac{\sin\frac{N\delta}{2}}{\sin\frac{\delta}{2}}$$

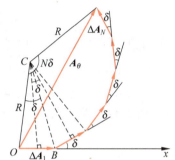

图 23.8 N 个等振幅、相邻振动相差为 δ 的振动的合成相量图

由于 N 非常大,所以 δ 非常小,$\sin\frac{\delta}{2}\approx\frac{\delta}{2}$,因而又可得

$$A_\theta = \Delta A \frac{\sin\frac{N\delta}{2}}{\frac{\delta}{2}} = N\Delta A \frac{\sin\frac{N\delta}{2}}{\frac{N\delta}{2}}$$

令

$$\beta = \frac{N\delta}{2} = \frac{\pi a\sin\theta}{\lambda} \tag{23.7}$$

则

$$A_\theta = N\Delta A \frac{\sin\beta}{\beta}$$

此式中,当 $\theta=0$ 时,$\beta=0$,而 $\frac{\sin\beta}{\beta}=1$,$A_\theta=N\Delta A$。由此可知,$N\Delta A$ 为中央条纹中点 O 处的合振幅。以 A_0 表示此振幅,则 P 点的合振幅为

$$A_\theta = A_0 \frac{\sin\beta}{\beta} \tag{23.8}$$

两边平方可得 P 点的光强为

$$I = I_0 \left(\frac{\sin\beta}{\beta}\right)^2 \tag{23.9}$$

式中 $I_0 = A_0^2$ 为中央明纹中心处的光强。此式即单缝夫琅禾费衍射的光强公式。用相对光强表示,则有

$$\frac{I}{I_0} = \left(\frac{\sin\beta}{\beta}\right)^2 \tag{23.10}$$

图 23.5 中的相对光强分布曲线就是根据这一公式画出的。由式(23.9)或式(23.10)可求出光强极大和极小的条件及相应的角位置。

(1) 主极大

在 $\theta=0$ 处,$\beta=0$,$\sin\beta/\beta=1$,$I=I_0$,光强最大,称为主极大,此即中央明纹中心的光强。

(2) 极小

$\beta=k\pi$,$k=\pm 1,\pm 2,\pm 3,\cdots$ 时,$\sin\beta=0$,$I=0$,光强最小。因为 $\beta=\dfrac{\pi a\sin\theta}{\lambda}$,于是得

$$a\sin\theta = k\lambda, \quad k=\pm 1,\pm 2,\pm 3,\cdots$$

此即暗纹中心的条件。这一结论与半波带法所得结果式(23.1)一致。

(3) 次极大

令 $\dfrac{\mathrm{d}}{\mathrm{d}\beta}\left(\dfrac{\sin\beta}{\beta}\right)^2=0$,可求得次极大的条件为

$$\tan\beta = \beta$$

用图解法可求得和各次极大相应的 β 值为

$$\beta = \pm 1.43\pi, \pm 2.46\pi, \pm 3.47\pi, \cdots$$

相应地有

$$a\sin\theta = \pm 1.43\lambda, \pm 2.46\lambda, \pm 3.47\lambda, \cdots$$

以上结果表明,次极大差不多在相邻两暗纹的中点,但朝主极大方向稍偏一点。将此结果和用半波带法所得出的明纹近似条件式(23.2),$a\sin\theta=\pm\left(k+\dfrac{1}{2}\right)\lambda$ 相比,可知式(23.2)是一个相当好的近似结果。

把上述 β 值代入光强公式(23.10),可求得各次极大的强度。计算结果表明,次极大的强度随着级次 k 值的增大**迅速减小**。第 1 级次极大的光强还不到主极大光强的 5%。

23.3 光学仪器的分辨本领

借助光学仪器观察细小物体时,不仅要有一定的放大倍数,还要有足够的分辨本领,才能把微小物体放大到清晰可见的程度。

从波动光学角度来看,即使没有任何像差的理想成像系统,它的分辨本领也要受到衍射的限制。光通过光学系统中的光阑、透镜等限制光波传播的光学元件时要发生衍射,因而一个点光源并不成点像,而是在点像处呈现一衍射图样(图 23.9)。例如眼睛的瞳孔、望远镜、显微镜、照相机等的物镜,在成像过程中都是一些衍射孔。两个点光源或同一物体上的两点发的光通过这些衍射孔成像时,由于衍射会形成两个衍射斑,它们的像就是这两个衍射斑的非相干叠加。如果两个衍射斑之间的距离过近,斑点过大,则两个点物或同一物体上的两点的像就不能分辨,像也就不清晰了(图 23.10(c))。

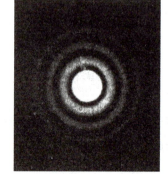

图 23.9 圆孔的夫琅禾费衍射图样

怎样才算能分辨?瑞利提出了一个标准,称做**瑞利判据**。它说的是,对于两个强度相等的**不相干**的点光源(物点),**一个点光源的衍射图样的主极大刚好和另一点光源衍射图样的第 1 个极小相重合**时,两个衍射图样的合成光强的谷、峰比约为 0.8。这时,就可以认为,两个点光源(或物点)恰为这一光学仪器所分辨(图 23.10(b))。两个点光源的衍射斑相距更

远时,它们就能十分清晰地被分辨了(图 23.10(a))。

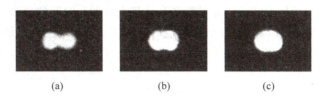

图 23.10 瑞利判据说明:对于两个不相干的点光源
(a) 分辨清晰;(b) 刚能分辨;(c) 不能分辨

以透镜为例,恰能分辨时,两物点在透镜处的张角称为**最小分辨角**,用 $\delta\theta$ 表示,如图 23.11 所示。最小分辨角也称**角分辨率**,它的倒数称为**分辨本领**(或分辨率)。

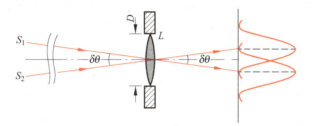

图 23.11 透镜最小分辨角

对**直径为 D 的圆孔**的夫琅禾费衍射来讲,中央衍射斑的角半径为衍射斑的中心到第 1 个极小的角距离。第 1 个极小的角位置由下式给出(和式(23.3)略有差别):

$$\sin\theta = 1.22 \frac{\lambda}{D} \tag{23.11}$$

θ 角很小时,

$$\theta \approx \sin\theta = 1.22 \frac{\lambda}{D}$$

根据瑞利判据,当两个衍射斑中心的角距离等于衍射斑的角半径时,两个相应的物点恰能分辨,所以角分辨率应为

$$\delta\theta = 1.22 \frac{\lambda}{D} \tag{23.12}$$

相应的分辨率为

$$R \equiv \frac{1}{\delta\theta} = \frac{D}{1.22\lambda} \tag{23.13}$$

上式表明,分辨率的大小与仪器的孔径 D 和光波波长有关。因此,大口径的物镜对提高望远镜的分辨率有利。1990 年发射的哈勃太空望远镜的凹面物镜的直径为 2.4 m,角分辨率约为 $0.1''$([角]秒),在大气层外 615 km 高空绕地球运行(图 23.12)。它可观察 130 亿光年远的太空深处,发现了 500 亿个星系。这也并不满足科学家的期望。目前正在设计制造凹面物镜的直径为 8 m 的巨大太空望远镜,

图 23.12 哈勃太空望远镜

用以取代哈勃望远镜,期望能观察到"大爆炸"开端的宇宙实体。

对于显微镜,则采用极短波长的光对提高其分辨率有利。对光学显微镜,使用 $\lambda = 400$ nm 的紫光照射物体而进行显微观察,最小分辨距离约为 200 nm,最大放大倍数约为 2 000。这已是光学显微镜的极限。电子具有波动性。当加速电压为几十万伏时,电子的波长只有约 10^{-3} nm,所以电子显微镜可获得很高的分辨率。这就为研究分子、原子的结构提供了有力工具。

例 23.2

在通常亮度下,人眼瞳孔直径约为 3 mm,问人眼的最小分辨角是多大? 远处两根细丝之间的距离为 2.0 mm,问细丝离开多远时人眼恰能分辨?

解 视觉最敏感的黄绿光波长 $\lambda = 550$ nm,因此,由式(23.12)可得人眼的最小分辨角为

$$\delta\theta = 1.22 \frac{\lambda}{D} = 1.22 \times \frac{550 \times 10^{-9}}{3 \times 10^{-3}} = 2.24 \times 10^{-4} \text{(rad)} \approx 1'$$

设细丝间距离为 Δs,人与细丝相距 L,则两丝对人眼的张角 θ 为

$$\theta = \frac{\Delta s}{L}$$

恰能分辨时应有

$$\theta = \delta\theta$$

于是有

$$L = \frac{\Delta s}{\delta\theta} = \frac{2.0 \times 10^{-3}}{2.24 \times 10^{-4}} = 8.9 \text{ (m)}$$

超过上述距离,则人眼不能分辨。

23.4 细丝和细粒的衍射

不但光通过细缝和小孔时会产生衍射现象,可以观察到衍射条纹,当光射向不透明的细丝或细粒时,也会产生衍射现象,在细丝或细粒后面也会观察到衍射条纹。图 23.13 就是单色光越过一微小不透光圆片时产生的衍射图样,其中心的小亮点称做**泊松斑**[①]。实际上同样线度的细缝或小孔与细丝或细粒产生的衍射图样是一样的,下面用叠加原理来证明这一点。

如图 23.14(a)所示,使一束平行光垂直射向遮光板 G,在遮光板上有一个圆洞,直径为 a。图 23.14(b)为两个透光屏,直径也是 a,正好能嵌入遮光板 G 上的圆洞中。屏 A 上有十字透光缝,屏 B 上有一十字丝,正好能填满屏 A 上的十字缝。这样的两个屏称为互补屏。根据惠更斯-菲涅耳原理可知,当屏 A 嵌入遮光板上的圆洞时,其后屏 H 上各点的振幅应是十字缝上各子波波源所发的子波在各点的振幅之和。以 E_1 表示此振幅分布。同理,当屏 B 嵌入遮光板上的圆洞时,屏 H 上各点的振幅应是四象限透光平面(十字丝除外)上各子

[①] 泊松于 1818 年首先根据菲涅耳的波动论导出了不透光圆片对光的衍射会在其正后方产生一亮斑。他本人不相信波动说,认为这一理论结果是不可信的。他在学会上发表此结果是想为难菲涅耳,否定波动说。没想到随后阿喇果就用实验演示了这一亮斑的存在,使波动说有了更强的说服力。

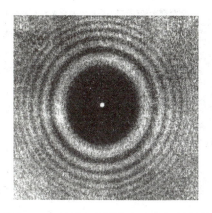

图 23.13 不透光小圆片产生的衍射图样

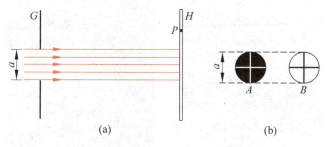

图 23.14 说明巴比涅原理用图

(a) 衍射装置；(b) 互补透光屏

波波源在各点的振幅之和。以 E_2 表示此振幅分布。若将圆洞全部敞开，屏 H 上的振幅分布就相当于十字缝和透光四象限同时密合相接时二者所分别产生的振幅分布之和。以 E_0 表示圆洞全部敞开时屏 H 上的振幅分布，则应有

$$E_0 = E_1 + E_2 \tag{23.14}$$

此式表明，两个互补透光屏所产生的振幅分布之和等于全透屏所产生的振幅分布。这一结论称为**巴比涅原理**。

回到图 23.14 的情况，在 $a \gg \lambda$（范围约在 $10^3\lambda$ 到 10λ 之间）时，屏 H 上的几何阴影部分（亦即衍射区）总光强为零，即 $E_0 = 0$，此时式(23.14)给出

$$E_1 = -E_2 \tag{23.15}$$

由于光强和振幅的平方成正比，所以又可得

$$I_1 = I_2 \tag{23.16}$$

即**两个互补的透光屏所产生的衍射光强分布相同，因而具有相同的衍射图样**。

细丝和细缝互补，细粒和小孔互补，它们自然就产生相同的衍射图样了。

图 23.15(a)，(b)是一对互补的透光屏，图(a)有星形透光孔，图(b)有星形遮光花，图(c)，(d)是和二者分别对应的衍射图样。看起来图(c)，(d)是完全一样的，只是在图(d)的中心有较强的亮光。屏的绝大部分是透光的，图(d)中的中心亮区就是垂直通过此屏的广大透光区而几乎没有衍射的光形成的。

第 23 章 光的衍射

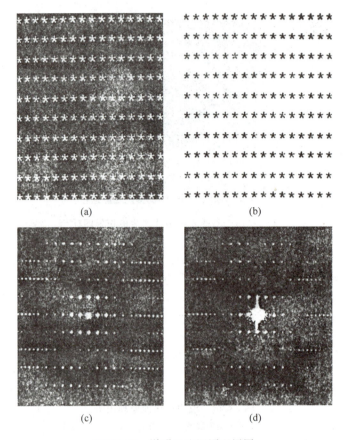

(a)　　　　　　　　(b)

(c)　　　　　　　　(d)

图 23.15　说明巴比涅原理用图

(取自 H. C. Ohanian. Physics, 2nd ed. W. W. NorTon & Company. 1989, Fig. 40.19)

例 23.3

　　为了保证抽丝机所抽出的细丝粗细均匀,可以利用光的衍射原理。如图 23.16 所示,让一束激光照射抽动的细丝,在细丝另一侧 2.0 m 处设置一接收屏(其后接光电转换装置)接收激光衍射图样。当衍射的中央条纹宽度和预设宽度不合时,光电装置就将信息反馈给抽丝机以改变抽出丝的粗细使之符合要求。如果所用激光器为氦氖激光器,激光波长为 632.8 nm,而细丝直径要求为 20 μm,求接收屏上衍射图样中的中央亮纹宽度是多大?

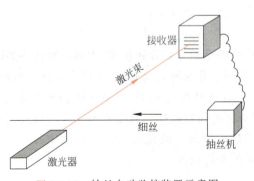

图 23.16　抽丝自动监控装置示意图

解 根据巴比涅原理,细丝产生的衍射图样应和等宽的单缝相同,接收屏上中央亮纹的宽度应为

$$l = 2D\tan\theta_1 = 2D\sin\theta_1 = 2D\lambda/a$$

已知 $D=2.0$ m,$\lambda=632.8$ nm,$a=20$ μm,代入上式可得

$$l = \frac{2\times 2.0\times 632.8\times 10^{-9}}{20\times 10^{-6}} = 0.13 \text{ (m)}$$

23.5 光栅衍射

许多等宽的狭缝等距离地排列起来形成的光学元件叫**光栅**。在一块很平的玻璃上用金刚石刀尖或电子束刻出一系列等宽等距的平行刻痕,刻痕处因漫反射而不大透光,相当于不透光部分;未刻过的部分相当于透光的狭缝;这样就做成了透射光栅(图 23.17(a))。在光洁度很高的金属表面刻出一系列等间距的平行细槽,就做成了反射光栅(图 23.17(b))。简易的光栅可用照相的方法制造,印有一系列平行而且等间距的黑色条纹的照相底片就是透射光栅。

实用光栅,每毫米内有几十条,上千条甚至几万条刻痕。一块 100 mm×100 mm 的光栅上可能刻有 10^4 条到 10^6 条刻痕。这样的原刻光栅是非常贵重的。

实验中用光透过光栅的衍射现象产生明亮尖锐的亮纹,或在入射光是复色光的情况下,产生光谱以进行光谱分析。它是近代物理实验中用到的一种重要光学元件。本节讨论光栅衍射的基本规律。

如何分析光通过光栅后的强度分布呢? 在第 22 章我们讲过双缝干涉的规律。光栅有许多缝,可以想到各个缝发出的光将发生干涉。在 23.2 节我们讲了单缝衍射的规律,可以想到每个缝发出的光本身会产生衍射,正是这各缝之间的干涉和每缝自身的衍射决定了光通过光栅后的光强分布。下面就根据这一思想进行分析(具体推导见本节末[注])。

设图 23.17 中光栅的每一条透光部分宽度为 a,不透光部分宽度为 b(参看图 23.17(a))。$a+b=d$ 叫做**光栅常量**,是光栅的空间周期性的表示。以 N 表示光栅的总缝数,并设平面单色光波垂直入射到光栅表面上。先考虑多缝干涉的影响,这时可以认为各缝共形成 N 个间距都是 d 的同相的子波波源,它们沿每一方向都发出频率相同、振幅相同的光波。这些光波的叠加就成了**多光束的干涉**。在衍射角为 θ 时,光栅上从上到下,相邻两缝发出的光到达屏 H 上 P 点时的光程差都是相等的。由图 23.18 可知,这一光程差等于 $d\sin\theta$。由振动的叠加规律可知,当 θ 满足

$$d\sin\theta = \pm k\lambda, \quad k = 0,1,2,\cdots \tag{23.17}$$

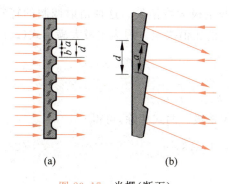

图 23.17 光栅(断面)
(a) 透射光栅;(b) 反射光栅

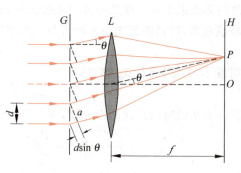

图 23.18 光栅的多光束干涉

时，所有的缝发的光到达 P 点时都将是同相的。它们将发生相长干涉从而在 θ 方向形成明条纹。值得注意的是，这时在 P 点的合振幅应是来自一条缝的光的振幅的 N 倍，而合光强将是来自一条缝的光强的 N^2 倍。这就是说，光栅的多光束干涉形成的明纹的亮度要比一条缝发的光的亮度大多了，而且 N 越大，条纹越亮。和这些明条纹相应的光强的极大值叫**主极大**，决定主极大位置的式(23.17)叫做**光栅方程**。

光栅的缝很多还有一个明显的效果：使主极大明条纹变得很窄。以中央明条纹为例，它出现在 $\theta=0$ 处。在稍稍偏过一点的 $\Delta\theta$ 方向，如果光栅的最上一条缝和最下一条缝发的光的光程差等于波长 λ，即

$$Nd\sin\Delta\theta = \lambda$$

时，则光栅上下两半宽度内相应的缝发的光到达屏上将都是反相的(想想分析单缝衍射的半波带法)，它们都将相消干涉以致总光强为零。由于 N 一般很大，所以 $\sin\Delta\theta=\lambda/Nd$ 可以很小，因此可得 $\Delta\theta=\sin\theta=\lambda/Nd$。由它所限的中央明条纹的角宽度将是 $2\Delta\theta=2\lambda/Nd$。由光栅方程(23.17)求得的中央明条纹到第 1 级明条纹的角距离为 $\theta_1 > \sin\theta_1=\lambda/d$。$\theta_1$ 要比 $2\Delta\theta$ 的 $N/2$ 倍还大。由于 N 很大，所以中央明条纹宽度要比它和第 1 级明条纹的间距小得多。对其他级明条纹的分析结果也一样[①]：明条纹的宽度比它们的间距小得多。在两个主极大之间也还有总光强为零的位置(如使最上面的缝和最下面的缝发的光的光程差为 $2\lambda,3\lambda,\cdots,(N-1)\lambda$ 的方向)。在这些位置之间光强不为零。但由于在这些区域从各缝发来的光叠加时总有许多缝的光干涉相消，所以其总光强比主极大要小得多。这样，多光束干涉的结果就是：**在几乎黑暗的背景上出现了一系列又细又亮的明条纹，而且光栅总缝数 N 越大，所形成的明条纹也越细越亮**。这样的明条纹叫做**光谱线**。这一结果的光强分布曲线如图 23.19(a)所示。

图 23.19(a)中的光强分布曲线是假设各缝在各方向的衍射光的强度都一样而得出的。实际上，每条缝发的光，由于衍射，在不同 θ 方向上的强度是不同的，其强度分布如图 23.19(b)所示(它就是图 23.5 中的分布曲线)。不同 θ 方向的衍射光相干叠加形成的主极大也就要受衍射光强的影响，或者说，**各主极大要受单缝衍射的调制**：衍射光强大的方向的主极大的光强也大，衍射光强小的方向的主极大光强也小。多光束干涉和单缝衍射共同决定的光栅衍射的总光强分布如图 23.19(c)所示。图 23.20 是两张光栅衍射图样的照片。虽然所用光栅的缝数还相当少，但其明条纹的特征已相当明显了。

还应指出的是，由于单缝衍射的光强分布在某些 θ 值时可能为零，所以，如果对应于这些 θ 值按多光束干涉出现某些级的主极大时，这些主极大将消失。这种衍射调制的特殊结果叫**缺级现象**，所缺的级次由光栅常数 d 与缝宽 a 的比值决定。因为主极大满足式(23.17)

$$d\sin\theta = \pm k\lambda$$

而衍射极小(为零)满足式(23.1)

$$a\sin\theta = \pm k'\lambda$$

如果某一 θ 角同时满足这两个方程，则 k 级主极大缺级。两式相除，可得

$$k = \pm\frac{d}{a}k', \quad k' = 1,2,3,\cdots \tag{23.18}$$

[①] 第 k 级主极大的半角宽应为 $\Delta\theta=\lambda/Nd\cos\theta$，$\theta$ 为第 k 级主极大的角位置。推导见 23.6 节。

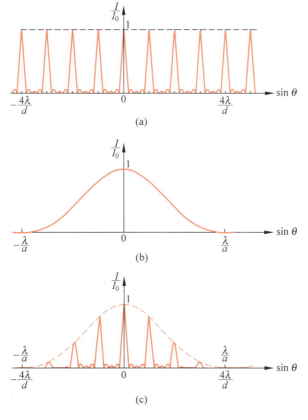

图 23.19 光栅衍射的光强分布
(a) 多光束干涉的光强分布；(b) 单缝衍射的光强分布；(c) 光栅衍射的总光强分布

图 23.20 光栅衍射图样照片
(a) $N=5$；(b) $N=20$

例如，当 $d/a = 4$ 时，则缺 $k = \pm 4, \pm 8, \cdots$ 诸级主极大。图 23.19(c) 画的就是这种情形。

例 23.4

使单色平行光垂直入射到一个双缝上（可以把它看成是只有两条缝的光栅），其夫琅禾费衍射包线的中央极大宽度内恰好有 13 条干涉明条纹，试问两缝中心的间隔 d 与缝宽 a 应有何关系？

解 双缝衍射包线的中央极大应是单缝衍射的中央极大，此中央极大的宽度按式(23.4)求得为

$$\Delta X = 2f\tan\theta_1 \approx 2f\sin\theta_1 = \frac{2f\lambda}{a}$$

式中 f 为双缝后面所用透镜的焦距。此极大内的明条纹是两个缝发的光相互干涉的结果。据式(22.8),相邻两明条纹中心的间距为

$$\Delta x = \frac{f\lambda}{d}$$

由于在 ΔX 内共有 13 条明条纹,所以应该有

$$\frac{\Delta X}{\Delta x} = 13 + 1 = 14$$

将上面 ΔX 与 Δx 的值代入可得

$$d = 7a$$

本题也可由明纹第 7 级缺级的条件求得。

例 23.5

有一四缝光栅,如图 23.21 所示。缝宽为 a,光栅常量 $d=2a$。其中 1 缝总是开的,而 2,3,4 缝可以开也可以关闭。波长为 λ 的单色平行光垂直入射光栅。试画出下列条件下,夫琅禾费衍射的相对光强分布曲线 $\frac{I}{I_0}$-$\sin\theta$。

(1) 关闭 3,4 缝;
(2) 关闭 2,4 缝;
(3) 4 条缝全开。

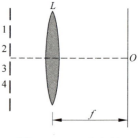

图 23.21 四缝光栅

解 (1) 关闭 3,4 缝时,四缝光栅变为双缝,且 $d/a=2$,所以在中央极大包线内共有 3 条谱线。

(2) 关闭 2,4 缝时,仍为双缝,但光栅常量 d 变为 $d'=4a$,即 $d'/a=4$,因而在中央极大包线内共有 7 条谱线。

(3) 4 条缝全开时,$d/a=2$,中央极大包线内共有 3 条谱线,与(1)不同的是主极大明纹的宽度和相邻两主极大之间的光强分布不同。

上述三种情况下光栅衍射的相对光强分布曲线分别如图 23.22 中(a),(b),(c)所示,注意三种情况下都有缺级现象。

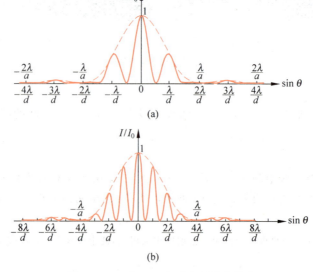

图 23.22 例 23.5 相对光强分布曲线

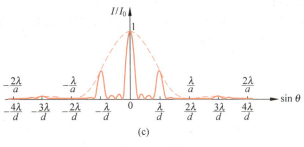

图 23.22 （续）

[注] 光栅衍射的光强分布公式的推导

参考图 23.18。以 d 表示光栅常量，以 a 表示每条透光缝的宽度，以 N 表示总的缝数。仍设单色光（波长为 λ）垂直光栅面入射。根据式（23.8）每一条缝发出的光在衍射角 θ 方向的光振动的振幅为

$$A_{1\theta} = A_{10}\frac{\sin\beta}{\beta} \tag{23.19}$$

其中 A_{10} 为每一条缝衍射的中央明纹的极大振幅，$\beta = \dfrac{\pi a \sin\theta}{\lambda}$。

所有 N 条缝发出的光在衍射角 θ 方向的总振幅应是式（23.19）的相干叠加。类似于得到式（23.8）的分析，可得这一总振幅为

$$A_\theta = A_{1\theta}\frac{\sin\dfrac{N\delta'}{2}}{\sin\dfrac{\delta'}{2}} \tag{23.20}$$

其中 δ' 是相邻两缝对应点发的光在衍射角 θ 方向的相差，即

$$\delta' = \frac{2\pi}{\lambda}d\sin\theta$$

令

$$\gamma = \frac{\delta'}{2} = \frac{\pi d\sin\theta}{\lambda}$$

则式（23.20）可写成

$$A_\theta = A_{1\theta}\frac{\sin N\gamma}{\sin\gamma}$$

将式（23.19）的 $A_{1\theta}$ 代入此式，可得在衍射角 θ 方向的总振幅为

$$A_\theta = A_{10}\frac{\sin\beta}{\beta}\frac{\sin N\gamma}{\sin\gamma} \tag{23.21}$$

将式（23.21）平方即得光栅衍射的强度分布公式

$$I_\theta = I_{10}\left(\frac{\sin\beta}{\beta}\right)^2\left(\frac{\sin N\gamma}{\sin\gamma}\right)^2 \tag{23.22}$$

其中 I_{10} 是每一条缝衍射的中央明纹的极大强度。

式（23.22）中的 $(\sin N\gamma/\sin\gamma)^2$ 称为**多光束干涉因子**，它的极大值出现在

$$\gamma = \frac{\pi d\sin\theta}{\lambda} = k\pi$$

亦即

$$d\sin\theta = k\lambda, \quad k = 0, \pm 1, \pm 2, \cdots \tag{23.23}$$

这时，虽然 $\sin N\gamma = 0$ 而且 $\sin\gamma = 0$，但二者的比值为 N，而总光强就是单独一个缝产生的光强的 N^2 倍。

这就是出现主极大的情况,而式(23.23)也就是光栅方程式(23.17)。

由 $\sin N\gamma = 0$ 而 $\sin \gamma \neq 0$ 时,总光强为零可知,在两个主极大之间还有暗纹。在中央主极大($k=0$)和正第 1 级主极大($k=1$)之间,$\sin N\gamma = 0$ 给出

$$N\gamma = k'\pi$$

或

$$\gamma = \frac{k'}{N}\pi \tag{23.24}$$

和式(23.23)对比,可知式(23.24)中 k' 值不能取 0 和 N,而只能取 $1,2,3,\cdots,N-1$。这说明在 $k=0$ 和 1 的两主极大之间会有 $N-1$ 个强度极小(零值)。在其他的相邻主极大之间也是这样。在两个极小之间也会有次极大出现,但次极大的光强比主极大的光强要小很多,所以两主极大之间实际上就形成了一段黑暗的背景。这干涉因子的影响正如图 23.19(a)所示。

式(23.22)中 $(\sin\beta/\beta)^2$ 称为**单缝衍射因子**,它对光栅衍射的影响就如图 23.19(b)所示。

多光束干涉因子和单缝衍射因子共同起作用,光栅衍射强度分布公式式(23.22)就给出了图 23.19(c)那样的强度分布曲线和图 23.20 那样的明纹分布图像。

23.6 光栅光谱

23.5 节讲了单色光垂直入射到光栅上时形成谱线的规律。根据光栅方程(23.17)

$$d\sin\theta = \pm k\lambda$$

可知,如果是复色光入射,则由于各成分色光的 λ 不同,除中央零级条纹外,各成分色光的其他同级明条纹将在不同的衍射角出现。同级的不同颜色的明条纹将按波长顺序排列成**光栅光谱**,这就是光栅的分光作用。如果入射复色光中只包含若干个波长成分,则光栅光谱由若干条不同颜色的细亮谱线组成。图 23.23 是氢原子的可见光光栅光谱的第 1,2,4 级谱线(第 3 级缺级),H_α(红),H_β,H_γ,H_δ(紫)的波长分别是 656.3 nm,486.1 nm,434.1 nm,410.2 nm。中央主极大处各色都有,应是氢原子发出复合光,为淡粉色。

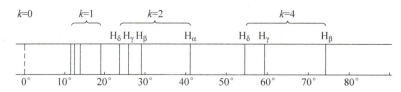

图 23.23 氢原子的可见光光栅光谱

物质的光谱可用于研究物质结构,原子、分子的光谱则是了解原子、分子结构及其运动规律的重要依据。光谱分析是现代物理学研究的重要手段,在工程技术中,也广泛地应用于分析、鉴定等方面。

光栅能把不同波长的光分开,那么波长很接近的两条谱线是否一定能在光栅光谱中分辨出来呢?不一定,因为这还和谱线的宽度有关。根据**瑞利判据**,一条谱线的中心恰与另一条谱线的距谱线中心最近一个极小重合时,两条谱线刚能分辨。如图 23.24 所示,$\delta\theta$ 表示波长相近的两条谱线的角间隔(即两个主极大之间的角距离),$\Delta\theta$ 表示谱线本身的半角宽(即某一主极大的中心到相邻的一级极小的角距离),当 $\delta\theta = \Delta\theta$ 时,两条谱线刚能分辨。下面具体计算光栅的分辨本领和什么因素有关。

角间隔 $\delta\theta$ 取决于光栅把不同波长的光分开的本领。对光栅方程两边微分,得

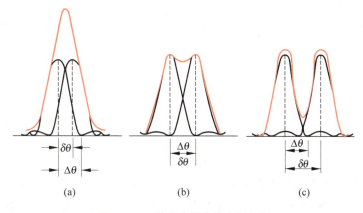

图 23.24 说明光栅分辨本领用图
(a) $\delta\theta < \Delta\theta$,不能分辨;(b) $\delta\theta = \Delta\theta$,恰能分辨;(c) $\delta\theta > \Delta\theta$,能分辨

$$d\cos\theta\,\delta\theta = k\delta\lambda$$

于是得波长差为 $\delta\lambda$ 的两条 k 级谱线的角间距为

$$\delta\theta = \frac{k\delta\lambda}{d\cos\theta} \tag{23.25}$$

半角宽 $\Delta\theta$ 可如下求得。对第 k 级主极大形成的谱线的中心,光栅方程给出

$$d\sin\theta = k\lambda \tag{23.26}$$

此式两边乘以光栅总缝数 N,可得

$$Nd\sin\theta = Nk\lambda \tag{23.27}$$

此式中 $Nd\sin\theta$ 是光栅上下两边缘的两条缝到 k 级主极大中心的光程差。如果 θ 增大一小量 $\Delta\theta$,使此光程差再增大 λ,则如分析单缝衍射一样,整个光栅上下两半对应的缝发出的光会聚到屏 H 上相应的点时都将是反相的,在 $\theta + \Delta\theta$ 方向的光强将为零,这一方向也就是和 k 级主极大紧相邻的暗纹中心的方向。因此,k 级主极大的半角宽就是 $\Delta\theta$,它满足

$$Nd\sin(\theta + \Delta\theta) = Nk\lambda + \lambda$$

或

$$d\sin(\theta + \Delta\theta) = k\lambda + \frac{\lambda}{N} \tag{23.28}$$

和式(23.26)相减,可得

$$d[\sin(\theta + \Delta\theta) - \sin\theta] = \frac{\lambda}{N}$$

或写为

$$\Delta(\sin\theta) = \cos\theta\,\Delta\theta = \frac{\lambda}{Nd}$$

由此可得 k 级谱线半角宽为

$$\Delta\theta = \frac{\lambda}{Nd\cos\theta} \tag{23.29}$$

刚能分辨时,$\delta\theta = \Delta\theta$,于是有

$$\frac{k\delta\lambda}{d\cos\theta} = \frac{\lambda}{Nd\cos\theta}$$

由此得

$$\frac{\lambda}{\delta\lambda} = kN \tag{23.30}$$

光栅的**分辨本领** R 定义为

$$R = \frac{\lambda}{\delta\lambda} \tag{23.31}$$

这一定义说明，一个光栅能分开的两个波长的波长差 $\delta\lambda$ 越小，该光栅的分辨本领越大。利用式(23.30)可得

$$R = kN \tag{23.32}$$

此式表明，光栅的分辨本领与级次成正比，特别是，与光栅的总缝数成正比。当要求在某一级次的谱线上提高光栅的分辨本领时，必须增大光栅的总缝数。这就是光栅之所以要刻上万条甚至几十万条刻痕的原因。

例 23.6

用每毫米内有 500 条缝的光栅，观察钠光谱线。

(1) 光线以 $i=30°$ 斜入射光栅时，谱线的最高级次是多少？并与垂直入射时比较。

(2) 若在第 3 级谱线处恰能分辨出钠双线，光栅必须有多少条缝(钠黄光的波长一般取 589.3 nm，它实际上由 589.0 nm 和 589.6 nm 两个波长的光组成，称为钠双线)？

解 (1) 斜入射时，相邻两缝的入射光束在入射前有光程差 AB，衍射后有光程差 CD，如图 23.25 所示。总光程差为 $CD-AB=d(\sin\theta-\sin i)$，因此斜入射的光栅方程为

$$d(\sin\theta - \sin i) = \pm k\lambda, \quad k=0,1,2,\cdots$$

谱线级次为

$$k = \pm \frac{d(\sin\theta - \sin i)}{\lambda}$$

此式表明，斜入射时，零级谱线不在屏中心，而移到 $\theta=i$ 的角位置处。可能的最高级次相应于 $\theta=-\frac{\pi}{2}$。

由于 $d=\frac{1}{500}$ mm $=2\times10^{-6}$ m，代入上式得

$$k_{\max} = -\frac{2\times10^{-6}\left[\sin\left(-\frac{\pi}{2}\right)-\sin 30°\right]}{589.3\times10^{-9}} = 5.1$$

级次取较小的整数，得最高级次为 5。

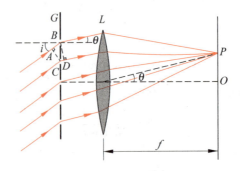

图 23.25　斜入射时光程差计算用图

垂直入射时,$i=0$,最高级次相应于 $\theta=\pi/2$,于是有

$$k_{\max}=\frac{2\times10^{-6}\sin\frac{\pi}{2}}{589.3\times10^{-9}}=3.4$$

最高级次应为 3。可见斜入射比垂直入射可以观察到更高级次的谱线。

(2) 利用式(23.30)

$$\frac{\lambda}{\delta\lambda}=kN$$

可得

$$N=\frac{\lambda}{\delta\lambda}\frac{1}{k}=\frac{\lambda}{\lambda_2-\lambda_1}\frac{1}{k}$$

将 $\lambda_1=589.0$ nm, $\lambda_2=589.6$ nm 和 $k=3$ 代入,可得

$$N=\frac{589.3}{589.6-589.0}\times\frac{1}{3}=327$$

这个要求并不高。

23.7　X 射线衍射

X 射线是伦琴于 1895 年发现的,故又称伦琴射线。图 23.26 所示为 X 射线管的结构示意图。图中 G 是一抽成真空的玻璃泡,其中密封有电极 K 和 A。K 是发射电子的**热阴极**,A 是阳极,又称**对阴极**。两极间加数万伏高电压,阴极发射的电子,在强电场作用下加速,高速电子撞击阳极(靶)时,就从阳极发出 X 射线。

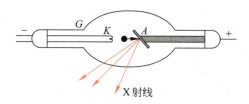

图 23.26　X 射线管结构示意图

这种射线人眼看不见,具有很强的穿透能力,在当时是前所未知的一种射线,故称为 X 射线。

后来认识到,X 射线是一种波长很短的电磁波,波长在 0.01～10 nm。既然 X 射线是一种电磁波,也应该有干涉和衍射现象。但是由于 X 射线波长太短,用普通光栅观察不到 X 射线的衍射现象,而且也无法用机械方法制造出适用于 X 射线的光栅。

1912 年德国物理学家劳厄想到,晶体由于其中粒子的规则排列应是一种适合于 X 射线的三维空间光栅。他进行了实验,第一次圆满地获得了 X 射线的衍射图样,从而证实了 X 射线的波动性。劳厄实验装置简图如图 23.27 所示。图 23.27(a)中 PP' 为铅板,上有一小孔,X 射线由小孔通过;C 为晶体,E 为照相底片。图 23.27(b)是 X 射线通过 NaCl 晶体后投射到底片上形成的衍射斑,称为劳厄斑。对劳厄斑的定量研究,涉及空间光栅的衍射原理,这里不作介绍。

下面介绍苏联乌利夫和英国布拉格父子独立地提出的一种研究方法。这种方法研究 X 射线在晶体表面上反射时的干涉,原理比较简单。

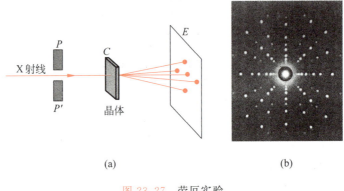

图 23.27 劳厄实验
(a) 装置简图；(b) 劳厄斑

X 射线照射晶体时,晶体中每一个微粒都是发射子波的衍射中心,向各个方向发射子波,这些子波相干叠加,就形成衍射图样。

晶体由一系列平行平面(晶面)组成,各晶面间距离称为晶面间距,用 d 表示,如图 23.28 所示。当一束 X 光以掠射角 φ 入射到晶面上时,在符合反射定律的方向上可以得到强度最大的射线。但由于各个晶面上衍射中心发出的子波的干涉,这一强度也随掠射角的改变而改变。由图 23.28 可知,相邻两个晶面反射的两条光线干涉加强的条件为

$$2d\sin\varphi = k\lambda, \quad k = 1,2,3,\cdots \tag{23.33}$$

此式称为**布拉格公式**。

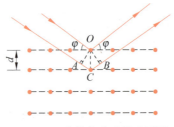

图 23.28 布拉格公式导出图示

应该指出,同一块晶体的空间点阵,从不同方向看去,可以看到粒子形成取向不相同,间距也各不相同的许多晶面族。当 X 射线入射到晶体表面上时,对于不同的晶面族,掠射角 φ 不同,晶面间距 d 也不同。凡是满足式(23.33)的,都能在相应的反射方向得到加强。一块完整的晶体就会形成图 23.27(b)那样的对称分布的衍射图样。

布拉格公式是 X 射线衍射的基本规律,它的应用是多方面的。若由别的方法测出了晶面间距 d,就可以根据 X 射线衍射实验由掠射角 φ 算出入射 X 射线的波长,从而研究 X 射线谱,进而研究原子结构。反之,若用已知波长的 X 射线投射到某种晶体的晶面上,由出现最大强度的掠射角 φ 可以算出相应的晶面间距 d 从而研究晶体结构,进而研究材料性能。这些研究在科学和工程技术上都是很重要的。例如对大生物分子 DNA 晶体的成千张的 X 射线衍射照片(图 23.29(a))的分析,显示出 DNA 分子的双螺旋结构(图 23.29(b))。

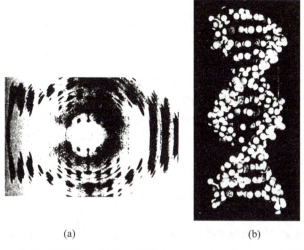

图 23.29 DNA-晶体的 X 射线衍射照片(a)和 DNA 分子的双螺旋结构(b)

提要

1. 惠更斯-菲涅耳原理的基本概念：波阵面上各点都可以当成子波波源，其后波场中各点波的强度由各子波在各该点的相干叠加决定。

2. 夫琅禾费衍射

单缝衍射：可用半波带法分析。单色光垂直入射时，衍射暗条纹中心位置满足
$$a\sin\theta = \pm k\lambda, \quad a \text{ 为缝宽}$$

圆孔衍射：单色光垂直入射时，中央亮斑的角半径为 θ，且
$$D\sin\theta = 1.22\lambda, \quad D \text{ 为圆孔直径}$$

根据巴比涅原理，细丝（或细粒）和细缝（或小孔）按同样规律产生衍射图样。

3. 光学仪器的分辨本领：根据圆孔衍射规律和瑞利判据可得

最小分辨角（角分辨率） $\qquad \delta\theta = 1.22\dfrac{\lambda}{D}$

分辨率 $\qquad R = \dfrac{1}{\delta\theta} = \dfrac{D}{1.22\lambda}$

4. 光栅衍射：在黑暗的背景上显现窄细明亮的谱线。缝数越多，谱线越细越亮。

单色光垂直入射时，谱线（主极大）的位置满足
$$d\sin\theta = k\lambda, \quad d \text{ 为光栅常量}$$

谱线强度受单缝衍射调制，有时有缺级现象。

光栅的分辨本领
$$R = \dfrac{\lambda}{\delta\lambda} = kN, \quad N \text{ 为光栅总缝数}$$

5. X 射线衍射的布拉格公式
$$2d\sin\varphi = k\lambda$$

思考题

23.1 在日常经验中,为什么声波的衍射比光波的衍射更加显著?

23.2 在观察夫琅禾费衍射的装置中,透镜的作用是什么?

23.3 在单缝的夫琅禾费衍射中,若单缝处波阵面恰好分成 4 个半波带,如图 23.30 所示。此时光线 1 与 3 是同位相的,光线 2 与 4 也是同位相的,为什么 P 点光强不是极大而是极小?

23.4 在观察单缝夫琅禾费衍射时,

(1) 如果单缝垂直于它后面的透镜的光轴向上或向下移动,屏上衍射图样是否改变?为什么?

(2) 若将线光源 S 垂直于光轴向下或向上移动,屏上衍射图样是否改变?为什么?

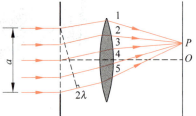

图 23.30 思考题 23.3 用图

23.5 在单缝的夫琅禾费衍射中,如果将单缝宽度逐渐加宽,衍射图样发生什么变化?

23.6 假如可见光波段不是在 400~700 nm,而是在毫米波段,而人眼睛瞳孔仍保持在 3 mm 左右,设想人们看到的外部世界将是什么景象?

23.7 如何说明不论多缝的缝数有多少,各主极大的角位置总是和有相同缝宽和缝间距的双缝干涉极大的角位置相同?

23.8 在杨氏双缝实验中,每一条缝自身(即把另一缝遮住)的衍射条纹光强分布各如何?双缝同时打开时条纹光强分布又如何?前两个光强分布图的简单相加能得到后一个光强分布图吗?大略地在同一张图中画出这三个光强分布曲线来。

23.9 一个"杂乱"光栅,每条缝的宽度是一样的,但缝间距离有大有小随机分布。单色光垂直入射这种光栅时,其衍射图样会是什么样子的?

习题

23.1 有一单缝,缝宽 $a=0.10$ mm,在缝后放一焦距为 50 cm 的会聚透镜,用波长 $\lambda=546.1$ nm 的平行光垂直照射单缝,试求位于透镜焦平面处屏上中央明纹的宽度。

23.2 用波长 $\lambda=632.8$ nm 的激光垂直照射单缝时,其夫琅禾费衍射图样的第 1 极小与单缝法线的夹角为 $5°$,试求该缝的缝宽。

23.3 一单色平行光垂直入射一单缝,其衍射第 3 级明纹位置恰与波长为 600 nm 的单色光垂直入射该缝时衍射的第 2 级明纹位置重合,试求该单色光波长。

23.4 波长为 20 m 的海面波垂直进入宽 50 m 的港口。在港内海面上衍射波的中央波束的角宽度是多少?

23.5 用肉眼观察星体时,星光通过瞳孔的衍射在视网膜上形成一个小亮斑。

(1) 瞳孔最大直径为 7.0 mm,入射光波长为 550 nm。星体在视网膜上的像的角宽度多大?

(2) 瞳孔到视网膜的距离为 23 mm。视网膜上星体的像的直径多大?

(3) 视网膜中央小凹(直径 0.25 mm)中的柱状感光细胞每平方毫米约 1.5×10^5 个。星体的像照亮了几个这样的细胞?

23.6 有一种利用太阳能的设想是在 3.5×10^4 km 的高空放置一块大的太阳能电池板,把它收集到的太阳能用微波形式传回地球。设所用微波波长为 10 cm,而发射微波的抛物天线的直径为 1.5 km。此天线发射的微波的中央波束的角宽度是多少?在地球表面它所覆盖的面积的直径多大?

23.7 在迎面驶来的汽车上,两盏前灯相距 120 cm。试问汽车离人多远的地方,眼睛恰能分辨这两盏前灯?设夜间人眼瞳孔直径为 5.0 mm,入射光波长为 550 nm,而且仅考虑人眼瞳孔的衍射效应。

23.8 据说间谍卫星上的照相机能清楚识别地面上汽车的牌照号码。
(1) 如果需要识别的牌照上的字划间的距离为 5 cm,在 160 km 高空的卫星上的照相机的角分辨率应多大?
(2) 此照相机的孔径需要多大?光的波长按 500 nm 计。

23.9 被誉为"中国天眼"的 500 m 口径球面射电望远镜(简称 FAST,见图 23.31)于 2016 年 9 月在贵州省黔南布依族自治州平塘县落成启用。计算这台望远镜在瞬时"物镜"镜面孔径为 300 m,工作波长为 20 cm(L 波段)时的角分辨率。

图 23.31 习题 23.9 用图

23.10 为了提高无线电天文望远镜的分辨率,使用相距很远(可达 10^4 km)的两台望远镜。这两台望远镜同时各把无线电信号记录在磁带上,然后拿到一起用电子技术进行叠加分析。(这需要特别精确的原子钟来标记记录信号的时刻。)设这样两台望远镜相距 10^4 km,而所用无线电波波长在厘米波段,这种"特长基线干涉法"所能达到的角分辨率多大?

23.11 大熊星座 ζ 星(图 23.32)实际上是一对双星。二星的角距离是 14″([角]秒)。试问望远镜物镜的直径至少要多大才能把这两颗星分辨开来?使用的光的波长按 550 nm 计。

图 23.32 大熊星座诸成员星

23.12 一双缝,缝间距 $d=0.10$ mm,缝宽 $a=0.02$ mm,用波长 $\lambda=480$ nm 的平行单色光垂直入射该双缝,双缝后放一焦距为 50 cm 的透镜,试求:
(1) 透镜焦平面处屏上干涉条纹的间距;
(2) 单缝衍射中央亮纹的宽度;
(3) 单缝衍射的中央包线内有多少条干涉的主极大。

23.13 一光栅,宽 2.0 cm,共有 6 000 条缝。今用钠黄光垂直入射,问在哪些角位置出现主极大?

23.14 某单色光垂直入射到每厘米有 6 000 条刻痕的光栅上,其第 1 级谱线的角位置为 20°,试求该单色光波长。它的第 2 级谱线在何处?

23.15　试根据图 23.23 所示光谱图,估算所用光栅的光栅常量和每条缝的宽度。

23.16　一光源发射的红双线在波长 $\lambda=656.3$ nm 处,两条谱线的波长差 $\Delta\lambda=0.18$ nm。今有一光栅可以在第 1 级中把这两条谱线分辨出来,试求该光栅所需的最小刻线总数。

23.17　北京天文台的米波综合孔径射电望远镜由设置在东西方向上的一列共 28 个抛物面组成(图 23.33)。这些天线用等长的电缆连到同一个接收器上(这样各电缆对各天线接收的电磁波信号不会产生附加的相差),接收由空间射电源发射的 232 MHz 的电磁波。工作时各天线的作用等效于间距为 6 m,总数为 192 个天线的一维天线阵列。接收器接收到的从正天顶上的一颗射电源发来的电磁波将产生极大强度还是极小强度?在正天顶东方多大角度的射电源发来的电磁波将产生第一级极小强度?又在正天顶东方多大角度的射电源发来的电磁波将产生下一级极大强度?

图 23.33　习题 23.17 用图

23.18　在图 23.28 中,若 $\varphi=45°$,入射的 X 射线包含有从 $0.095\sim0.130$ nm 这一波带中的各种波长。已知晶格常数 $d=0.275$ nm,问是否会有干涉加强的衍射 X 射线产生?如果有,这种 X 射线的波长如何?

*23.19　1927 年戴维孙和革末用电子束射到镍晶体上的衍射(散射)实验证实了电子的波动性。实验中电子束垂直入射到晶面上。他们在 $\varphi=50°$ 的方向测得了衍射电子流的极大强度(图 23.34)。已知晶面上原子间距为 $d=0.215$ nm,求与入射电子束相应的电子波波长。

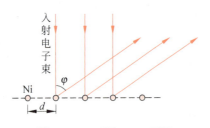

图 23.34　习题 23.20 用图

光学信息处理

今日物理趣闻 J

全息照相

全息照相(简称全息)原理是1948年伽伯(Dennis Gabor)为了提高电子显微镜的分辨本领而提出的。他曾用汞灯作光源拍摄了第一张全息照片。其后,这方面的工作进展相当缓慢。直到1960年激光出现以后,全息技术才获得了迅速发展,现在它已是一门应用广泛的重要新技术。

全息照相的"全息"是指物体发出的光波的全部信息:既包括振幅或强度,也包括相位。和普通照相比较,全息照相的基本原理、拍摄过程和观察方法都不相同。

J.1 全息照片的拍摄

照相技术是利用了光能引起感光乳胶发生化学变化这一原理。这化学变化的深度随入射光强度的增大而增大,因而冲洗过的底片上各处会有明暗之分。普通照相使用透镜成像原理,底片上各处乳剂化学反应的深度直接由物体各处的明暗决定,因而底片就记录了明暗,或者说,记录了入射光波的强度或振幅。全息照相不但记录了入射光波的强度,而且还能记录下入射光波的相位。之所以能如此,是因为全息照相利用了光的干涉现象。

全息照相没有利用透镜成像原理,拍摄全息照片的基本光路大致如图J.1所示。来自同一激光光源(波长为λ)的光分成两部分:一部分直接照到照相底片上,叫**参考光**;另一部分用来照明被拍摄物体,物体表面上各处散射的光也射到照相底片上,这部分光叫**物光**。参考光和物光在底片上各处相遇时将发生干涉。所产生的干涉条纹既记录了来自物体各处的

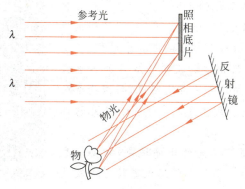

图J.1 全息照片的拍摄

光波的强度,也记录了这些光波的相位。

干涉条纹记录光波的强度的原理是容易理解的。因为射到底片上的参考光的强度是各处一样的,但物光的强度则各处不同,其分布由物体上各处发来的光决定,这样参考光和物光叠加干涉时形成的干涉条纹在底片上各处的浓淡也不同。这浓淡就反映物体上各处发光的强度,这一点是与普通照相类似的。

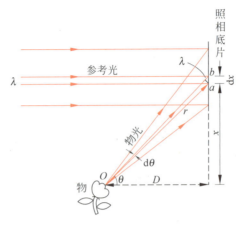

图 J.2　相位记录说明

干涉条纹是怎样记录相位的呢？请看图 J.2,设 O 为物体上某一发光点。它发的光和参考光在底片上形成干涉条纹。设 a,b 为某相邻两条暗纹（底片冲洗后变为透光缝）所在处,距 O 点的距离为 r。要形成暗纹,在 a,b 两处的物光和参考光必须都反相。由于参考光在 a,b 两处是相同的（如图设参考光平行垂直入射,但实际上也可以斜入射）,所以到达 a,b 两处的物光的光程差必相差 λ。由图示几何关系可知

$$\lambda = \sin\theta \mathrm{d}x$$

由此得

$$\mathrm{d}x = \frac{\lambda}{\sin\theta} = \frac{\lambda r}{x} \tag{J.1}$$

这一公式说明,在底片上同一处,来自物体上不同发光点的光,由于它们的 θ 或 r 不同,与参考光形成的干涉条纹的间距就不同,因此底片上各处干涉条纹的间距（以及条纹的方向）就反映了物光光波相位的不同,这不同实际上反映了物体上各发光点的位置（前后、上下、左右）的不同。整个底片上形成的干涉条纹实际上是物体上各发光点发出的物光与参考光所形成的干涉条纹的叠加。这种把相位不同转化为干涉条纹间距（或方向）不同从而被感光底片记录下来的方法是普通照相方法中不曾有的。

由上述可知,用全息照相方法获得的底片并不直接显示物体的形象,而是一幅复杂的条纹图像,而这些条纹正记录了物体的光学全息。图 J.3 是一张全息照片的部分放大图。

由于全息照片的拍摄利用光的干涉现象,它要求参考光和物光是彼此相干的。实际上所用仪器设备以及被拍摄物体的尺寸都比较大,这就要求光源有很强的时间

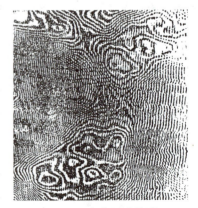

图 J.3　全息照片外观

相干性和空间相干性。激光,作为一种相干性很强的强光源正好满足了这些要求,而用普通光源则很难做到。这正是激光出现后全息技术才得到长足发展的原因。

J.2 全息图像的观察

观察一张全息照片所记录的物体的形象时,只需用拍摄该照片时所用的同一波长的照明光沿原参考光的方向照射照片即可,如图 J.4 所示。这时在照片的背面向照片看,就可看到在原位置处原物体的完整的立体形象,而照片就像一个窗口一样。所以能有这样的效果,是因为光的衍射的缘故。仍考虑两相邻的条纹 a 和 b,这时它们是两条透光缝,照明光透过它们将发生衍射。沿原方向前进的光波不产生成像效果,只是其强度受到照片的调制而不再均匀。沿原来从物体上 O 点发来的物光的方向的那两束衍射光,其光程差一定也就是波长 λ。这两束光被人眼会聚将叠加形成 +1 级极大,这一极大正对应于发光点 O。由发光点 O 原来在底片上各处造成的透光条纹透过的光的衍射的总效果就会使人眼感到在原来 O 所在处有一发光点 O'。发光体上所有发光点在照片上产生的透光条纹对入射照明光的衍射,就会使人眼看到一个在原来位置处的一个原物的完整的**立体虚像**。注意,这个立体虚像**真正是立体的**,其突出特征是:当人眼换一个位置时,可以看到物体的侧面像,原来被挡住的地方这时也显露出来了。普通的照片不可能做到这一点。人们看普通照片时也会有立体的感觉,那是因为人脑对视角的习惯感受,如远小近大等。在普通照片上无论如何也不能看到物体上原来被挡住的那一部分。

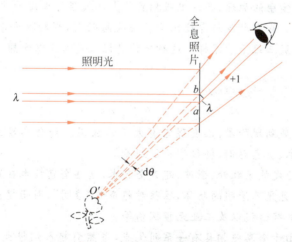

图 J.4　全息照片虚像的形成

全息照片还有一个重要特征是通过其一部分,例如一块残片,也可以看到整个物体的立体像。这是因为拍摄照片时,物体上任一发光点发出的物光在整个底片上各处都和参考光发生干涉,因而在底片上各处都有该发光点的记录。取照片的一部分用照明光照射时,这一部分上的记录就会显示出该发光点的像。对物体上所有发光点都是这样,所不同的只是观察的"窗口"小了一点。这种点-面对应记录的优点是用透镜拍摄普通照片时所不具有的。普通照片与物是点-点对应的,撕去一部分,这一部分就看不到了。

还需要指出的是,用照明光照射全息照片时,还可以得到一个原物的实像,如图 J.5 所示。从 a 和 b 两条透光缝衍射的,沿着和原来物光对称的方向的那两束光,其光程差也正好相差 λ。它们将在和 O' 点对于全息照片对称的位置上相交干涉加强形成 -1 级极大。从照片上各处由 O 点发出的光形成的透光条纹所衍射的相应方向的光将会聚于 O'' 点而成为 O 点的实像。整个照片上的所有条纹对照明光的衍射的 -1 级极大将形成原物的实像。但在此实像中,由于原物的"前边"变成了"后边","外边"翻到了"里边",和人对原物的观察不相符而成为一种"幻视像",所以很少有实际用处。

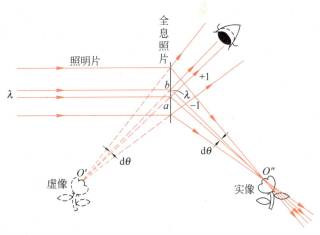

图 J.5　全息照片的实像

以上所述是**平面全息**的原理,在这里照相底片上乳胶层厚度比干涉条纹间距小得多,因而干涉条纹是两维的。如果乳胶层厚度比干涉条纹间距大,则物光和参考光有可能在乳胶层深处发生干涉而形成三维干涉图样。这种光信息记录是所谓**体全息**。

J.3　全息照相的应用

全息照相技术发展到现阶段,已发现它有大量的应用。如全息显微术、全息 X 射线显微镜、全息干涉计量术、全息存储、特征字符识别等。

除光学全息外,还发展了红外、微波、超声全息术,这些全息技术在军事侦察或监视上具有重要意义。如对可见光不透明的物体,往往对超声波"透明",因而超声全息可用于水下侦察和监视,也可用于医疗透视以及工业无损探伤等。

应该指出的是,由于全息照相具有一系列优点,当然引起人们很大的兴趣与注意,应用前途是很广泛的。但直到目前为止,上述应用还多处于实验阶段,到成熟的应用还有大量的工作要做。

第24章

光 的 偏 振

光波是特定频率范围内的电磁波,在这种电磁波中起光作用(如引起视网膜受刺激的光化学作用)的主要是电场矢量。因此,电场矢量又叫**光矢量**。由于电磁波是横波,所以光波中**光矢量的振动方向总和光的传播方向垂直**。光波的这一基本特征就叫光的**偏振**。在垂直于光的传播方向的平面内,光矢量可能有不同的振动状态,各种振动状态通常称为光的**偏振态**。本章先介绍各种偏振态的区别,然后说明如何获得和检验线偏振光。由于晶体的双折射现象和光的偏振有直接的关系,本章接着介绍了单轴晶体双折射的规律和如何利用双折射现象产生和检测椭圆偏振光和圆偏振光以及偏振光的干涉现象。最后讨论了有广泛实际应用的旋光现象。

24.1 光的偏振状态

就其偏振状态加以区分,光可以分为三类:非偏振光、完全偏振光(简称偏振光)和部分偏振光。下面分别加以简要说明。

1. 非偏振光

非偏振光在垂直于其传播方向的平面内,沿各方向振动的光矢量都有,平均来讲,光矢量的分布各向均匀,而且各方向光振动的振幅都相同(图 24.1(a))。这种光又称**自然光**。自然光中各光矢量之间没有固定的相位关系。常用两个相互独立而且垂直的振幅相等的光振动来表示自然光,如图 24.1(b)所示。

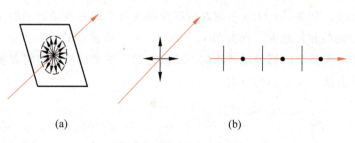

图 24.1 非偏振光示意图

普通光源发的光都是非偏振光。这是因为,在普通光源中有大量原子或分子在发光,各个原子或分子各次发出的光的波列不仅初相互不相关,而且光振动的方向也彼此互不相关而随机分布(参考 22.2 节)。这样,整个光源发出的光平均来讲就形成图 24.1 所示的非偏振光了。

2. 完全偏振光

如果在垂直于其传播方向的平面内,光矢量 E 只沿一个固定的方向振动,这种光就是一种**完全偏振光**,叫**线偏振光**。线偏振光的光矢量方向和光的传播方向构成的平面叫**振动面**(图 24.2(a))。图 24.2(b)是线偏振光的图示方法,其中短线表示光矢量在纸面内,点子表示光矢量与纸面垂直。

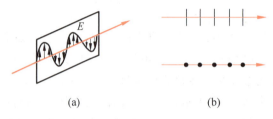

图 24.2 线偏振光及其图示法

还有一种完全偏振光叫椭圆偏振光(包括圆偏振光)。这种光的光矢量 E 在沿着光的传播方向前进的同时,还绕着传播方向均匀转动。如果光矢量的大小不断改变,使其端点描绘出一个椭圆,这种光就叫**椭圆偏振光**。如果光矢量的大小保持不变,这种光就成了**圆偏振光**。根据光矢量旋转的方向不同,这种偏振光有**左旋光**和**右旋光**的区别。图 24.3 画出了某一时刻的左旋偏振光在半波长的长度内光矢量沿传播方向(由 c 表示)改变的情形[①]。

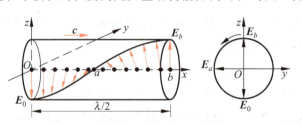

图 24.3 左旋偏振光中光矢量旋转示意图

根据相互垂直的振动合成的规律,椭圆偏振光可以看成是两个相互垂直而有一定相差的线偏振光的合成。例如,图 24.3 中的左旋圆偏振光就可以看成是分别沿 y 和 z 方向的振幅相等而 y 向振动的相位超前 z 向振动 $\pi/2$ 的两个同频率振动的合成。

完全偏振光在实验室内都是用特殊的方法获得的。本章以后各节将着重讲解各种偏振光的获得和检验方法以及它们的应用。

---

① 此处按光学的一般习惯规定:迎着光线看去,光矢量沿顺时针方向转动的称为右旋光,沿逆时针方向转动的称为左旋光。但也有相反地规定的,特别是在其他学科,如电磁学、量子物理等学科中,就规定光矢量绕转方向和光的传播方向符合右手螺旋定则的称做右旋光;反之称左旋光。

3. 部分偏振光

这是介于偏振光与自然光之间的情形。在垂直于光传播方向的平面内,光矢量 E 各个方向都有,但在某一方向 E 的振幅明显较大,这种光是部分偏振光(图 24.4(a)),图 24.4(b)是它的表示法。部分偏振光可以看成是自然光和线偏振光的混合(图 24.4)。

自然界中我们看到的许多光都是部分偏振光,例如,仰头看到的"天光"和俯首看到的"湖光"都是部分偏振光。

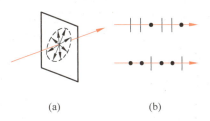

图 24.4 部分偏振光及其表示法

24.2 线偏振光的获得与检验

为了说明线偏振光的获得与检验方法,先介绍一种电磁波的偏振的检验方法。如图 24.5 所示,T 和 R 分别是一套微波装置的发射机和接收机。该微波发射机发出的无线电波波长约 3 cm,电矢量方向沿竖直方向。在发射机 T 和接收机 R 之间放了一个由平行的金属线(或金属条)做成的"线栅",线的间隔约 1 cm。今转动线栅,当其中导线方向沿竖直方向时,接收机完全接收不到信号,而当线栅转到其中导线沿水平方向时,接收机接收到最强的信号。这是为什么呢? 这是因为当导线方向为竖直方向时,它就和微波中电矢量的方向平行。这电矢量就在导线中激起电流,它的能量就转变为焦耳热,这时就没有微波通过线栅。当导线方向改为水平方向时,它和微波中的电矢量方向垂直。这时微波不能在导线中激起电流,因而就能无耗损地通过线栅而到达接收机了。

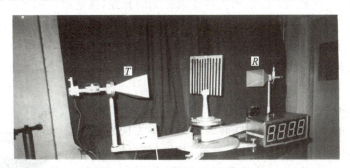

图 24.5 微波偏振检验实验

由于线栅的导线间距比光的波长大得多,用这种线栅不能检验光的偏振。实用的光学线栅称为**"偏振片"**,它是 1928 年一位19 岁的美国大学生兰德(E. H. Land)发明的。起初是把一种针状粉末晶体(硫酸碘奎宁)有序地蒸镀在透明基片上做成的。1938 年则改为把聚乙烯醇薄膜加热,并沿一个方向拉长,使其中碳氢化合物分子沿拉伸方向形成链状。然后将此薄膜浸入富含碘的溶液中,使碘原子附着在长分子上形成一条条"碘链"。碘原子中的自由电子就可以沿碘链自由运动。这样的碘链就成了导线,而整个薄膜也就成了偏振片。沿碘链方向的光振动不能通过偏振片(即这个方向的光振动被偏振片**吸收**了),垂直于碘链方向的光振动就能通过偏振片。因此,垂直于碘链的方向就称做偏振片的**通光方向**或**偏振化方向**。这种偏振片制作容易,价格便宜。现在大量使用的就是这种偏振片。

图 24.6 中画出了两个平行放置的偏振片 P_1 和 P_2,它们的偏振化方向分别用它们上面的虚平行线表示。当自然光垂直入射 P_1 时,由于只有平行于偏振化方向的光矢量才能透过,所以透过的光就变成了线偏振光。又由于自然光中光矢量对称均匀,所以将 P_1 绕光的传播方向慢慢转动时,透过 P_1 的光强不随 P_1 的转动而变化,但它只有入射光强的一半。偏振片这样用来产生偏振光时,它叫**起偏器**。再使透过 P_1 形成的线偏振光入射于偏振片 P_2,这时如果将 P_2 绕光的传播方向慢慢转动,则因为只有平行于 P_2 偏振化方向的光振动才允许通过,透过 P_2 的光强将随 P_2 的转动而变化。当 P_2 的偏振化方向平行于入射光的光矢量方向时,光强最强。当 P_2 的偏振化方向垂直于入射光的光矢量方向时,光强为零,称为**消光**。将 P_2 旋转一周时,透射光光强出现两次最强,两次消光。这种情况只有在入射到 P_2 上的光是线偏振光时才会发生,因而这也就成为识别线偏振光的依据。偏振片这样用来检验光的偏振状态时,它叫**检偏器**。

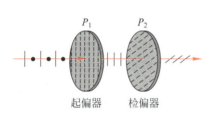

图 24.6 偏振片的应用

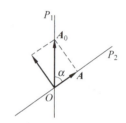

图 24.7 马吕斯定律用图

以 A_0 表示线偏振光的光矢量的振幅,当入射的线偏振光的光矢量振动方向与检偏器的偏振化方向成 α 角时(图 24.7),透过检偏器的光矢量振幅 A 只是 A_0 在偏振化方向的投影,即 $A=A_0\cos\alpha$。因此,以 I_0 表示入射线偏振光的光强,则透过检偏器后的光强 I 为

$$I = I_0\cos^2\alpha \tag{24.1}$$

这一公式称为**马吕斯定律**。由此式可见,当 $\alpha=0$ 或 $180°$ 时,$I=I_0$,光强最大。当 $\alpha=90°$ 或 $270°$ 时,$I=0$,没有光从检偏器射出,这就是两个消光位置。当 α 为其他值时,光强 I 介于 0 和 I_0 之间。

偏振片的应用很广。如汽车夜间行车时为了避免对方汽车灯光晃眼以保证安全行车,可以在所有汽车的车窗玻璃和车灯前装上与水平方向成 $45°$,而且向同一方向倾斜的偏振片。这样,相向行驶的汽车可以都不必熄灯,各自前方的道路仍然照亮,同时也不会被对方车灯晃眼了。

偏振片也可用于制成太阳镜和照相机的滤光镜。有的太阳镜,特别是观看立体电影的眼镜的左右两个镜片就是用偏振片做的,它们的偏振化方向互相垂直(图 24.8)。

图 24.8 交叉的太阳镜片不透光

例 24.1

如图 24.9 所示,在两块正交偏振片(偏振化方向相互垂直)P_1,P_3 之间插入另一块偏振片 P_2,光强为 I_0 的自然光垂直入射于偏振片 P_1,求转动 P_2 时,透过 P_3 的光强 I 与转角的关系。

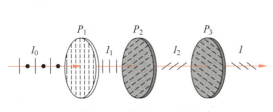

图 24.9　例 24.1 用图

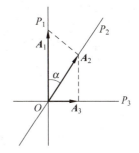

图 24.10　例 24.1 解用图

解　透过各偏振片的光振幅矢量如图 24.10 所示,其中 α 为 P_1 和 P_2 的偏振化方向间的夹角。由于各偏振片只允许和自己的偏振化方向相同的偏振光透过,所以透过各偏振片的光振幅的关系为

$$A_2 = A_1 \cos \alpha, \quad A_3 = A_2 \cos\left(\frac{\pi}{2} - \alpha\right)$$

因而

$$A_3 = A_1 \cos \alpha \cos\left(\frac{\pi}{2} - \alpha\right) = A_1 \cos \alpha \sin \alpha = \frac{1}{2} A_1 \sin 2\alpha$$

于是光强

$$I_3 = \frac{1}{4} I_1 \sin^2 2\alpha$$

又由于 $I_1 = \frac{1}{2} I_0$,所以最后得

$$I = \frac{1}{8} I_0 \sin^2 2\alpha$$

24.3　反射和折射时光的偏振

自然光在两种各向同性介电质的分界面上反射和折射时,不仅光的传播方向要改变,而且偏振状态也要发生变化。一般情况下,反射光和折射光不再是自然光,而是部分偏振光。在反射光中垂直于入射面的光振动多于平行振动,而在折射光中平行于入射面的光振动多于垂直振动(图 24.11)。"湖光山色"中的"湖光"所以是部分偏振光就是因为光在湖面上经过反射的缘故。

理论和实验都证明,反射光的偏振化程度和入射角有关。当入射角等于某一特定值 i_b 时,**反射光是光振动垂直于入射面的线偏振光**(图 24.12)。这个特定的入射角 i_b 称为**起偏振角**,或称为**布儒斯特角**。

实验还发现,当光线以起偏振角入射时,反射光和折射光的传播方向相互垂直,即

$$i_b + r = 90°$$

根据折射定律,有

$$n_1 \sin i_b = n_2 \sin r = n_2 \cos i_b$$

即

$$\tan i_b = \frac{n_2}{n_1}$$

或

$$\tan i_b = n_{21} \tag{24.2}$$

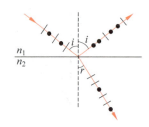
图 24.11 自然光反射和折射后产生部分偏振光

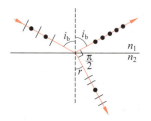
图 24.12 起偏振角

式中 $n_{21}=n_2/n_1$,是媒质 2 对媒质 1 的相对折射率。式(24.2)称为**布儒斯特定律**,是为了纪念在 1812 年从实验上确定这一定律的布儒斯特而命名的。根据后来的麦克斯韦电磁场方程可以从理论上严格证明这一定律。

当自然光以起偏振角 i_b 入射时,由于反射光中只有垂直于入射面的光振动,所以入射光中平行于入射面的光振动全部被折射。又由于垂直于入射面的光振动也大部分被折射,而反射的仅是其中的一部分,所以,反射光虽然是完全偏振的,但光强较弱,而折射光是部分偏振的,光强却很强。例如,自然光从空气射向玻璃而反射时,$n_{21}=1.50$,起偏振角 $i_b \approx 56°$。入射角是 i_b 的入射光中平行于入射面的光振动全部被折射,垂直于入射面的光振动的光强约有 85% 也被折射,反射的只占 15%。

为了增强反射光的强度和折射光的偏振化程度,把许多相互平行的玻璃片装在一起,构成一玻璃片堆(图 24.13)。自然光以布儒斯特角入射玻璃片堆时,光在各层玻璃面上反射和折射,这样就可以使反射光的光强得到加强,同时折射光中的垂直分量也因多次被反射而减小。当玻璃片足够多时,透射光就接近完全偏振光了,而且透射偏振光的振动面和反射偏振光的振动面相互垂直。

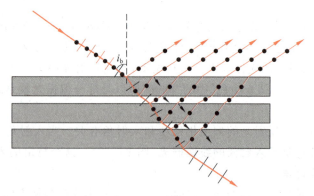
图 24.13 利用玻璃片堆产生全偏振光

24.4 由散射引起的光的偏振

拿一块偏振片放在眼前向天空望去,当你转动偏振片时,会发现透过它的"天光"有明暗的变化。这说明"天光"是部分偏振了的,这种部分偏振光是大气中的微粒或分子对太阳光散射的结果。

一束光射到一个微粒或分子上,就会使其中的电子在光束内的电场矢量的作用下振动。这振动中的电子会向其周围四面八方发射同频率的电磁波,即光。这种现象叫**光的散射**。正是由于这种散射才使得从侧面能看到有灰尘的室内的太阳光束或大型晚会上的彩色激光射线。

分子中的一个电子振动时发出的光是偏振的,它的光振动的方向总垂直于光线的方向(横波!),并和电子的振动方向在同一个平面内。但是,向各方向的光的强度不同:在垂直于电子振动的方向,强度最大;在沿电子振动的方向,强度为零①。图 24.14 表示了这种情形,O 处有一电子沿竖直方向振动,它发出的球面波向四外传播,各条光线上的短线表示该方向上光振动的方向,短线的长短大致地表示该方向上光振动的振幅。

如图 24.15 所示,设太阳光沿水平方向(x 方向)射来,它的水平方向(y 方向,垂直纸面向内)和竖直方向(z 方向)的光矢量激起位于 O 处的分子中的电子做同方向的振动而发生光的散射。结合图 24.14 所示的规律,沿竖直方向向上看去,就只有振动方向沿 y 方向的线偏振光了。实际上,由于你看到的"天光"是大气中许多微粒或分子从不同方向散射来的光,也可能是经过几次散射后射来的光,又由于微粒或分子的大小会影响其散射光的强度等原因,你看到的"天光"就是部分偏振的了。

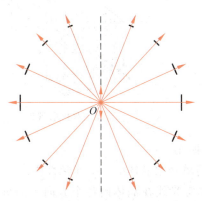

图 24.14 振动的电子发出的光的振幅和偏振方向示意图

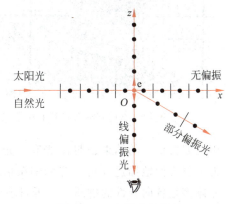

图 24.15 太阳光的散射

顺便说明一下,由于散射光的强度和光的频率的 4 次方成正比②,所以太阳光中的蓝色光成分比红色光成分散射得更厉害些。因此,天空看起来是蓝色的。在早晨或傍晚,太阳光沿地平线射来,在大气层中传播的距离较长,其中的蓝色成分大都散射掉了,余下的进入人眼的光就主要是频率较低的红色光了,这就是朝阳或夕阳看起来发红的原因。

24.5 双折射现象

除了光在两种各向同性介质分界面上反射折射时产生光的偏振现象外,自然光通过晶体后,也可以观察到光的偏振现象。光通过晶体后的偏振现象是和晶体对光的双折射现象

---

① 参看式(21.4)。
② 参看式(21.22)。

同时发生的。

把一块普通玻璃片放在有字的纸上,通过玻璃片看到的是一个字成一个像。这是通常的光的折射的结果。如果改用透明的方解石(化学成分是 $CaCO_3$)晶片放到纸上,看到的却是一个字呈现双像(图 24.16)。这说明光进入方解石后分成了两束。这种一束光射入各向异性介质时(除立方系晶体,如岩盐外),折射光分成两束的现象称为**双折射现象**(图 24.17)。当光垂直于晶体表面入射而产生双折射现象时,如果将晶体绕光的入射方向慢慢转动,则其中按原方向传播的那一束光方向不变,而另一束光随着晶体的转动绕前一束光旋转。根据折射定律,入射角 $i=0$ 时,折射光应沿着原方向传播,可见沿原方向传播的光束是遵守折射定律的,而另一束却不遵守。更一般的实验表明,改变入射角 i 时,两束折射光中的一束恒遵守折射定律,这束光称为**寻常光线**,通常用 o 表示,并简称 o 光。另一束光则不遵守折射定律,即当入射角 i 改变时,$\sin i/\sin r$ 的比值不是一个常数,该光束一般也不在入射面内。这束光称为**非常光线**,并用 e 表示,简称 e 光。

图 24.16 透过方解石看到了双像

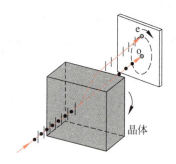

图 24.17 双折射现象

用检偏器检验的结果表明,o 光和 e 光都是线偏振光。

为了更方便地描述 o 光、e 光的偏振情况,下面简单介绍晶体的一些光学性质。

晶体多是各向异性的物质。双折射现象表明,非常光线在晶体内各个方向上的折射率(或 $\sin i/\sin r$ 的比值)不相等,而折射率和光线传播速度有关,因而非常光线在晶体内的传播速度是随方向的不同而改变的。寻常光线则不同,在晶体中各个方向上的折射率以及传播速度都是相同的。

研究发现,在晶体内部存在着某些特殊的方向,光沿着这些特殊方向传播时,寻常光线和非常光线的折射率相等,光的传播速度也相等,因而光沿这些方向传播时,不发生双折射。晶体内部的这个特殊的方向称为晶体的**光轴**。应该注意,光轴仅标志一定的方向,并不限于某一条特殊的直线。

只有一个光轴的晶体称为单轴晶体,有两个光轴的晶体称为双轴晶体。方解石、石英、红宝石等是单轴晶体,云母、硫磺、蓝宝石等是双轴晶体。本书仅限于讨论单轴晶体的情形。

天然方解石(又称冰洲石)晶体(图 24.18)是六面棱体,两棱之间的夹角或约 78°,或约 102°。从其三个钝角相会合的顶点引出一条直线,并使其与各邻边成等角,这一直线方向就是方解石晶体的光轴方向,如图中 AB 或 CD 直线的方向。

假想在晶体内有一子波源 O,由于晶体的各向异性性质,从子波源将发出两组惠更斯子波(图 24.19)。一组是**球面波**,表示各方向光速相等,相应于寻常光线,并称为 o 波面;另一组的波面是**旋转椭球面**,表示各方向光速不等,相应于非常光线,称为 e 波面。由于两种光线沿光轴方向的速度相等,所以两波面在光轴方向相切。在垂直于光轴的方向上,两光线传播速度相差最大。寻常光线的传播速度用 v_o 表示,折射率用 n_o 表示。非常光线在垂直于光轴方向上的传播速度用 v_e 表示,折射率用 n_e 表示。设真空中光速用 c 表示,则有 $n_o = c/v_o$,$n_e = c/v_e$。n_o 和 n_e 称为晶体的**主折射率**,它们是晶体的两个重要光学参量。表 24.1 列出了几种晶体的主折射率。

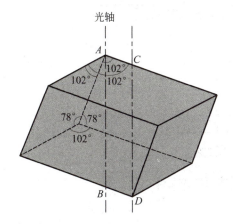

图 24.18　方解石晶体的光轴

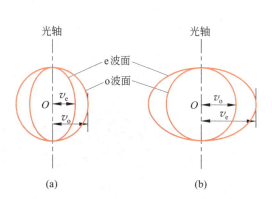

图 24.19　晶体中的子波波阵面
(a) 正晶体；(b) 负晶体

表 24.1　几种单轴晶体的主折射率(对 599.3 nm)

晶　体	n_o	n_e	晶　体	n_o	n_e
石英	1.544 3	1.553 4	方解石	1.658 4	1.486 4
冰	1.309	1.313	电气石	1.669	1.638
金红石(TiO$_2$)	2.616	2.903	白云石	1.681 1	1.500

有些晶体 $v_o > v_e$,亦即 $n_o < n_e$,称为正晶体,如石英等。另外有些晶体,$v_o < v_e$,即 $n_o > n_e$,称为负晶体,如方解石等。

在晶体中,某光线的传播方向和光轴方向所组成的平面叫做该光线的**主平面**。寻常光线的光振动方向垂直于寻常光线的主平面,非常光线的光振动方向在其主平面内。

一般情况下,因为 e 光不一定在入射面内,所以 o 光、e 光的主平面并不重合。在特殊情况下,即当光轴在入射面内时,o 光、e 光的主平面以及入射面重合在一起。

应用惠更斯作图法可以确定单轴晶体中 o 光、e 光的传播方向,从而说明双折射现象。

自然光入射到晶体上时,波阵面上的每一点都可作为子波源,向晶体内发出球面子波和椭球面子波。作所有各点所发子波的包络面,即得晶体中 o 光波面和 e 光波面,从入射点引向相应子波波面与光波面的切点的连线方向就是所求晶体中 o 光、e 光的传播方向。图 24.20 所示为在实际工作中较常用的几种情形,晶体为负晶体。

图 24.20(a)所示为平行光垂直入射晶体,光轴在入射面内,并与晶面平行。这种情况入射波波阵面上各点同时到达晶体表面,波阵面 AB 上每一点同时向晶体内发出球面子波

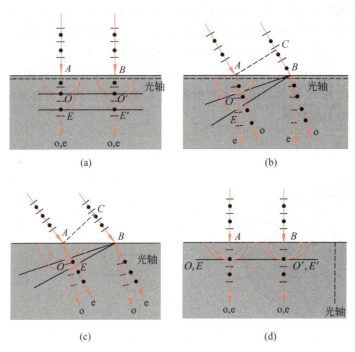

图 24.20 单轴晶体中 o 光和 e 光的传播方向

和椭球面子波（为了清楚起见，图中只画出 A, B 两点所发子波），两子波波面在光轴上相切，各点所发子波波面的包络面为平面，如图所示。从入射点向切点 O, O' 和 E, E' 的连线方向就是所求 o 光和 e 光的传播方向。这种情况下，入射角 $i=0$, o 光沿原方向传播, e 光也沿原方向传播，但是两者的传播速度不同，所以 o 波面和 e 波面不相重合，到达同一位置时，两者间有一定的相差。双折射的实质是 o 光、e 光的传播速度不同，折射率不同。对于这种情况，尽管 o 光、e 光传播方向一致，应该说还是有双折射的。

图 24.20(b) 中光轴也在入射面内，并平行于晶面，但是入射光是斜入射的。平行光斜入射时，入射波波阵面 AC 不能同时到达晶面。当波阵面上 C 点到达晶面 B 点时，AC 波阵面上除了 C 点以外的其他各点发出的子波，都已在晶体中传播了各自相应的一段距离，其中 A 点发出的子波波面如图所示。各点所发子波的包络面，都是与晶面斜交的平面，如图所示。从入射点 B 向由 A 发出的子波波面引切线，再由 A 点向相应切点 O, E 引直线，即得所求 o 光、e 光的传播方向。

图 24.20(c) 中光轴垂直于入射面，并平行于晶面。平行光斜入射时与图(b) 的情形类似。所不同的是因为旋转椭球面的转轴就是光轴，所以旋转椭球与入射面的交线也是圆。在负晶体情况下，这个圆的半径为椭圆的半长轴并大于球面子波半径。两种子波波面的包络面也都是和晶面斜交的平面。从入射点 A 向相应切点 O, E 引直线，即得 o 光、e 光的传播方向。在这一特殊情况下，如果入射角为 i, o 光、e 光的折射角分别为 r_o 和 r_e，则有

$$\sin i/\sin r_o = n_o, \quad \sin i/\sin r_e = n_e$$

式中 n_o, n_e 为晶体的主折射率。在这一特殊情况下，e 光在晶体中的传播方向，也可以用普通折射定律求得。

图 24.20(d) 中光轴在入射面内，并垂直于晶体表面。对于这种情况，当平行光垂直入

射时,光在晶体内沿光轴方向传播,不发生双折射。

利用晶体的双折射,目前已经研制出许多精巧的复合棱镜,以获得平面偏振光。这里仅介绍其中一种。这种**偏振棱镜**是由两块直角棱镜粘合而成的(图 24.21)。其中一块棱镜用玻璃制成,折射率为 1.655。另一块用方解石制成,主折射率 $n_o=1.658\,4, n_e=1.486\,4$,光轴方向如图中虚线所示,胶合剂折射率为 1.655。这种棱镜称为格兰·汤姆逊棱镜。

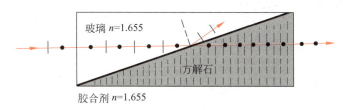

图 24.21 格兰·汤姆逊偏振棱镜

当自然光从左方射入棱镜并到达胶合剂和方解石的分界面时,其中的垂直分量(点子)在方解石中为寻常光线,平行分量(短线)在方解石中为非常光线。方解石的折射率 $n_o=1.658\,4$ 非常接近 1.655,所以垂直分量几乎无偏折地射入方解石而后进入空气。方解石对于平行分量的折射率为 1.486 4,小于胶合剂的折射率 1.655,因而存在一个临界角,当入射角大于临界角时,平行振动的光线发生全反射,偏离原来的传播方向,这样就能把两种偏振光分开,从而获得了偏振程度很高的平面偏振光。棱镜的尺寸正是这样精心设计的。这种偏振棱镜对于所有在水平线上下不超过 10° 的入射光都是很适用的。

单轴晶体对寻常光线和非常光线的吸收性能一般是相同的。但也有一些晶体如电气石,吸收寻常光线的性能特别强,在 1 mm 厚的电气石晶体内,寻常光线几乎全部被吸收。晶体对互相垂直的两个光振动有选择吸收的这种性能,称为**二向色性**。

利用电气石的二向色性,可以产生线偏振光,如图 24.22 所示。

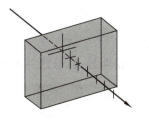

图 24.22 利用电气石的二向色性产生线偏振光

*24.6 椭圆偏振光和圆偏振光

利用振动方向互相垂直、频率相同的两个简谐运动能够合成椭圆或圆运动的原理,可以获得椭圆偏振光和圆偏振光,装置如图 24.23 所示。图中 P 为偏振片,C 为单轴晶片,与 P 平行放置,其厚度为 d,主折射率为 n_o 和 n_e,光轴(用平行的虚线表示)平行于晶面,并与 P 的偏振化方向成夹角 α。

产生椭圆偏振光的原理可用图 24.24 说明。单色自然光通过偏振片后,成为线偏振光,其振幅为 A,光振动方向与晶片光轴夹角为 α。此线偏振光射入晶片后,产生双折射,o 光振动垂直于光轴,振幅为 $A_o=A\sin\alpha$。e 光振动平行于光轴,振幅为 $A_e=A\cos\alpha$。这种情况下,o 光、e 光在晶体中沿同一方向传播(参看图 24.20(a)),但速度不同,利用不同的折射率计算光程,可得两束光通过晶片后的相差为

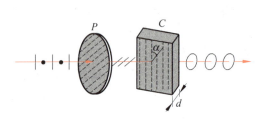
图 24.23 椭圆偏振光的产生

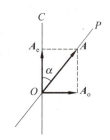
图 24.24 线偏振光的分解

$$\Delta\varphi = \frac{2\pi}{\lambda}(n_o - n_e)d$$

这样的两束振动方向相互垂直而相差一定的光互相叠加,就形成椭圆偏振光。选择适当的晶片厚度 d 使得相差

$$\Delta\varphi = \frac{2\pi}{\lambda}(n_o - n_e)d = \frac{\pi}{2}$$

则通过晶片后的光为正椭圆偏振光,这时相应的光程差为

$$\delta = (n_o - n_e)d = \frac{\lambda}{4}$$

而厚度

$$d = \frac{\lambda}{4(n_o - n_e)} \tag{24.3}$$

此时,如果再使 $\alpha = \pi/4$,则 $A_o = A_e$,通过晶片后的光将为圆偏振光。

使 o 光和 e 光的光程差等于 $\lambda/4$ 的晶片,称为**四分之一波片**。很明显,四分之一波片是对特定波长而言的,对其他波长不适用。

当 o 光、e 光的相差为

$$\Delta\varphi = \frac{2\pi}{\lambda}(n_o - n_e)d = \pi$$

时,相应的光程差为

$$\delta = (n_o - n_e)d = \frac{\lambda}{2}$$

而晶片厚度为

$$d = \frac{\lambda}{2(n_o - n_e)} \tag{24.4}$$

这样的晶片称为**二分之一波片**。线偏振光通过二分之一波片后仍为线偏振光,但其振动面转了 2α 角。$\alpha = \pi/4$ 时,可使线偏振光的振动面旋转 $\pi/2$。

前面曾讲到,用检偏器检验圆偏振光和椭圆偏振光时,因光强的变化规律与检验自然光和部分偏振光时的相同,因而无法将它们区分开来。由本节讨论可知,圆偏振光和自然光或者椭圆偏振光和部分偏振光之间的根本区别是相的关系不同。圆偏振光和椭圆偏振光是由两个有确定相差的互相垂直的光振动合成的。合成光矢量作有规律的旋转。而自然光和部分偏振光与上述情况不同,不同振动面上的光振动是彼此独立的,因而表示它们的两个互相垂直的振动之间没有恒定的相差。

根据这一区别可以将它们区分开来。通常的办法是在检偏器前加上一块四分之一波片。如果是圆偏振光,通过四分之一波片后就变成线偏振光,这样再转动检偏器时就可观察到光强有变化,并出现最大光强和消光。如果是自然光,它通过四分之一波片后仍为自然光,转动检偏器时光强仍然没有变化。

检验椭圆偏振光时,要求四分之一波片的光轴方向平行于椭圆偏振光的长轴或短轴,这样椭圆偏振光通过四分之一波片后也变为线偏振光。而部分偏振光通过四分之一波片后仍然是部分偏振光,因而也就可以将它们区分开了。

以上讨论,同时也说明了在图 24.23 的装置中偏振片 P 的作用。如果没有偏振片 P,自然光直接射入晶片,尽管也产生双折射,但是 o 光、e 光之间没有恒定的相位差,这样便不会获得椭圆偏振光和圆偏振光。

例 24.2

如图 24.25 所示,在两偏振片 P_1,P_2 之间插入四分之一波片 C,并使其光轴与 P_1 的偏振化方向间成 $45°$。光强为 I_0 的单色自然光垂直入射于 P_1,转动 P_2,求透过 P_2 的光强 I。

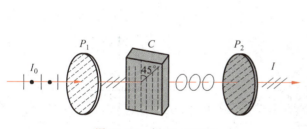

图 24.25　例 24.2 用图　　　　　图 24.26　振幅关系

解　通过两偏振片和四分之一波片的光振动的振幅关系如图 24.26 所示。其中 P_1,P_2 分别表示两偏振片的偏振化方向,C 表示波片的光轴方向,α 角表示偏振片 P_2 和 C 之间的夹角。单色自然光通过 P_1 后成为线偏振光,其振幅为 A_1。此线偏振光通过四分之一波片后成为圆偏振光,它的两个互相垂直的分振动的振幅相等,且为

$$A_o = A_e = A_1 \cos 45° = \frac{\sqrt{2}}{2} A_1$$

这两个分振动透过 P_2 的振幅都只是它们沿图中 P_2 方向的投影,即

$$A_{2o} = A_o \cos(90° - \alpha) = A_o \sin \alpha$$
$$A_{2e} = A_e \cos \alpha$$

它们的相差为

$$\Delta \varphi = \frac{\pi}{2}$$

以 A 表示这两个具有恒定相差 $\pi/2$ 并沿同一方向振动的光矢量的合振幅,则有

$$A^2 = A_{2e}^2 + A_{2o}^2 + 2A_{2e}A_{2o} \cos \Delta \varphi = A_{2e}^2 + A_{2o}^2$$

将 A_{2o},A_{2e} 的值代入,则

$$A^2 = (A_e \cos \alpha)^2 + (A_o \sin \alpha)^2 = A_o^2 = A_e^2 = \frac{1}{2} A_1^2$$

此结果表明,通过 P_2 的光强 I 只有圆偏振光光强的一半,也是透过 P_1 的线偏振光光强 I_1 的一半,即

$$I = \frac{1}{2}I_1$$

由于 $I_1 = \frac{1}{2}I_0$,所以最后得

$$I = \frac{1}{4}I_0$$

此结果表明透射光的光强与 P_2 的转角无关。这就是用检偏器检验圆偏振光时观察到的现象,这个现象和检验自然光时观察到的现象相同。

*24.7 偏振光的干涉

在实验室中观察偏振光干涉的基本装置如图 24.27 所示。它和图 24.23 所示装置不同之处只是在晶片后面再加上一块偏振片 P_2,通常总是使 P_2 与 P_1 正交。

单色自然光垂直入射于偏振片 P_1,通过 P_1 后成为线偏振光,通过晶片后由于晶片的双折射,成为有一定相差但光振动相互垂直的两束光。这两束光射入 P_2 时,只有沿 P_2 的偏振化方向的光振动才能通过,于是就得到了两束相干的偏振光。

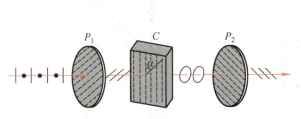

图 24.27 偏振光干涉实验

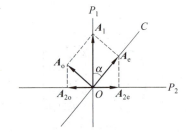

图 24.28 偏振光干涉的振幅矢量图

图 24.28 为通过 P_1,C 和 P_2 的光的振幅矢量图。这里 P_1,P_2 表示两正交偏振片的偏振化方向,C 表示晶片的光轴方向。A_1 为入射晶片的线偏振光的振幅,A_o 和 A_e 为通过晶片后两束光的振幅,A_{2o} 和 A_{2e} 为通过 P_2 后两束相干光的振幅。如果忽略吸收和其他损耗,由振幅矢量图可求得

$$A_o = A_1 \sin\alpha$$
$$A_e = A_1 \cos\alpha$$
$$A_{2o} = A_o \cos\alpha = A_1 \sin\alpha \cos\alpha$$
$$A_{2e} = A_e \sin\alpha = A_1 \sin\alpha \cos\alpha$$

可见在 P_1,P_2 正交时 $A_{2e} = A_{2o}$。

两相干偏振光总的相差为

$$\Delta\varphi = \frac{2\pi}{\lambda}(n_o - n_e)d + \pi \tag{24.5}$$

因为透过 P_1 的是线偏振光,所以进入晶片后形成的两束光的初相差为零。式(24.5)中第一项是通过晶片时产生的相差,第二项是通过 P_2 产生的附加相差。从振幅矢量图可见 A_{2o}

和 A_{2e} 的方向相反,因而附加相差 π。应该明确,这一附加相差和 P_1,P_2 的偏振化方向间的相对位置有关,在二者平行时没有附加相差。这一项应视具体情况而定。在 P_1 和 P_2 正交的情况下,当

$$\Delta\varphi = 2k\pi, \quad k = 1, 2, \cdots$$

或

$$(n_o - n_e)d = (2k-1)\frac{\lambda}{2}$$

时,干涉加强;当

$$\Delta\varphi = (2k+1)\pi, \quad k = 1, 2, \cdots$$

或

$$(n_o - n_e)d = k\lambda$$

时,干涉减弱。如果晶片厚度均匀,当用单色自然光入射,干涉加强时,P_2 后面的视场最明;干涉减弱时视场最暗,两种情况均无干涉条纹。当晶片厚度不均匀时,各处干涉情况不同,则视场中将出现干涉条纹。

当白光入射时,对各种波长的光来讲,由式(24.5)可知干涉加强和减弱的条件因波长的不同而各不相同。所以当晶片的厚度一定时,视场将出现一定的色彩,这种现象称为色偏振。如果这时晶片各处厚度不同,则视场中将出现彩色条纹。

*24.8 人工双折射

有些本来是各向同性的非晶体和有些液体,在人为条件下,可以变成各向异性,因而产生的双折射现象称为**人工双折射**。下面简单介绍两种人工双折射现象中偏振光的干涉和应用。

1. 应力双折射

塑料、玻璃等非晶体物质在机械力作用下产生变形时,就会获得各向异性的性质,和单轴晶体一样,可以产生双折射。

利用这种性质,在工程上可以制成各种机械零件的透明塑料模型,然后模拟零件的受力情况,观察、分析偏振光干涉的色彩和条纹分布,从而判断零件内部的应力分布。这种方法称为**光弹性方法**。图 24.29 所示为几个零件的塑料模型在受力时产生的偏振光干涉图样的照片。图中的条纹与应力有关,条纹的疏密分布反映应力分布的情况,条纹越密的地方,应力越集中。

2. 克尔效应

这种人工双折射是非晶体或液体在强电场作用下产生的。电场使分子定向排列,从而获得类似于晶体的各向异性性质,这一现象是克尔(J. Kerr)于 1875 年首次发现的,所以称为**克尔效应**。

图 24.30 所示的实验装置中,P_1,P_2 为正交偏振片。克尔盒中盛有液体(如硝基苯等)并装有长为 l,间隔为 d 的平行板电极。加电场后,两极间液体获得单轴晶体的性质,其光

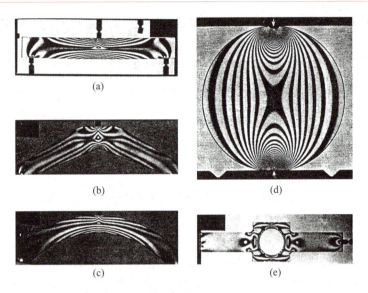

图 24.29　几个零件的塑料模型的光弹性照片

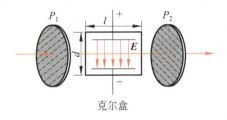

图 24.30　克尔效应

轴方向沿电场方向。

实验表明，折射率的差值正比于电场强度的平方，因此这一效应又称为二次电光效应。折射率差为

$$n_o - n_e = kE^2 \tag{24.6}$$

式中 k 称为克尔常数，视液体的种类而定，E 为电场强度。

线偏振光通过液体时产生双折射，通过液体后 o,e 光的光程差为

$$\delta = (n_o - n_e)l = klE^2 \tag{24.7}$$

如果两极间所加电压为 U，则式中 E 可用 U/d 代替，于是有

$$\delta = kl\frac{U^2}{d^2} \tag{24.8}$$

当电压 U 变化时，光程差 δ 随之变化，从而使透过 P_2 的光强也随之变化，因此可以用电压对偏振光的光强进行调制。克尔效应的产生和消失所需时间极短，约为 10^{-9} s。因此可以做成几乎没有惯性的光断续器。这些断续器已广泛用于高速摄影、激光通信和电视等装置中。

另外，有些晶体，特别是压电晶体在加电场后也能改变其各向异性性质，其折射率的差值与所加电场强度成正比，所以称为**线性电光效应**，又称**泡克尔斯（Pockels）效应**。

*24.9 旋光现象

1811 年，法国物理学家阿喇果（D. F. J. Arago）发现，线偏振光沿光轴方向通过石英晶体时，其偏振面会发生旋转。这种现象称为**旋光现象**。如图 24.31 所示，当线偏振光沿光轴方向通过石英晶体时，其偏振面会旋转一个角度 θ。实验证明，角度 θ 和光线在晶体内通过的路程 l 成正比，即

$$\theta = \alpha l \tag{24.9}$$

式中 α 叫做石英的旋光率。不同晶体的旋光率不同，旋光率的数值还和光的波长有关。例如，石英对 $\lambda=589$ nm 的黄光，$\alpha=21.75°/\mathrm{mm}$；对 $\lambda=408$ nm 的紫光，$\alpha=48.9°/\mathrm{mm}$。

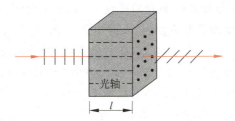

图 24.31 旋光现象

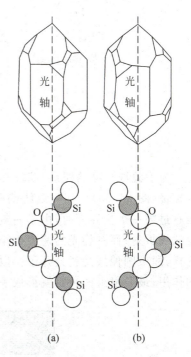

很多液体，如松节油、乳酸、糖的溶液也具有旋光性。线偏振光通过这些液体时，偏振面旋转的角度 θ 和光在液体中通过的路程 l 成正比，也和溶液的浓度 C 成正比，即

$$\theta = [\alpha] C l \tag{24.10}$$

式中 $[\alpha]$ 称为液体或溶液的**旋光率**。蔗糖水溶液在 20℃ 时，对 $\lambda=589$ nm 的黄光，其旋光率为 $[\alpha]=66.46°/[\mathrm{dm}\cdot(\mathrm{g/mm^3})]$。糖溶液的这种性质可用来检测糖浆或糖尿中的糖分。

同一种旋光物质由于使光振面旋转的方向不同而分为左旋的和右旋的。迎着光线望去，光振动面沿顺时针方向旋转的称右旋物质，反之，称左旋物质。石英晶体的旋光性是由于其中的原子排列具有螺旋形结构，而左旋石英和右旋石英中螺旋绕行的方向不同。不论内部结构还是天然外形，左旋和右旋晶体均互为镜像（图 24.32）。溶液的左右旋光性则是其中分子本身特殊结构引起的。左右旋分子，如蔗糖分子，它们的原子组成一样，都是 $C_6H_{12}O_6$，但空间结构不同。这两种分子叫**同分异构体**，它们的结构也互为镜像（图 24.33）。令人不解的是人工合成的同分异构体，如左旋糖和右旋糖，总是左右旋分子各半，而来自生命物质的同分异构体，如由甘蔗或甜菜榨出来的蔗糖以及生物体内的葡萄糖则都是右旋。生物总是选择右旋糖消化吸收，而对左旋糖不感兴趣。

图 24.32 石英晶体
（下为原子排列情况，上为天然晶体外形）
(a) 右旋型；(b) 左旋型

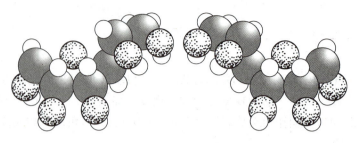

图 24.33　蔗糖分子两种同分异构体结构

1825 年菲涅耳对旋光现象作出了一个唯象的解释。他设想线偏振光是由角频率 ω 相同但旋向相反的两个圆偏振光组成的，而这两种圆偏振光在物质中的速度不同。如图 24.34 所示，设在晶体中右旋圆偏振光的速度 v_R 大于左旋圆偏振光的速度 v_L。进入旋光物质的线偏振光的振动面设为竖直面，进入时电矢量 E_0 向上，此时二圆偏振光的电矢量 E_R 和 E_L 也都向上（图 24.34(a)）。此时刻，在射出点处，由于相位落后，E_R 与 E_0 方向的夹角为 $\varphi_R = \omega l/v_R$，E_L 与 E_0 方向的夹角为 $\varphi_L = \omega l/v_L$（图 24.34(c)）。由 E_R 和 E_L 合成的线偏振光的振动方向如图 24.34(c)中 E 所示，它已从 E_0 向右旋转了角度 θ，而

$$\theta = \frac{\varphi_L - \varphi_R}{2} = \frac{\omega}{2}\left(\frac{l}{v_L} - \frac{l}{v_R}\right) = \frac{\pi l}{\lambda}\left(\frac{c}{v_L} - \frac{c}{v_R}\right) = \frac{\pi}{\lambda}(n_L - n_R)l \tag{24.11}$$

式中 n_L 和 n_R 分别为旋光物质对左旋和右旋圆偏振光的折射率。式(24.11)说明，线偏振光的偏振面旋转的角度和光线在旋光物质中通过的路程成正比。

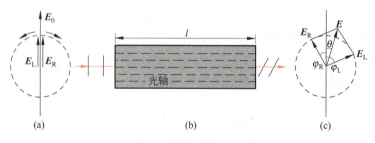

图 24.34　旋光现象的解释

为了验证自己的假设，菲涅耳曾用左旋(L)和右旋(R)石英棱镜交替胶合做成多级组合棱镜(图 24.35)。当一束线偏振光垂直入射时，在第一块晶体内两束圆偏振光不分离。当越过第一个交界面时，由于右旋光的速度由大变小，相对折射率 $n_R > 1$，所以右旋光靠近法线折射；而左旋光的速度由小变大，相对折射率 $n_L < 1$，所以左旋光将远离法线折射。这样，两束圆偏振光就分开了。以后的几个分界面都有使两束圆偏振光分开的角度放大的作用，最后射出棱镜时就形成了两束分开的圆偏振光。实验结果果真这样。

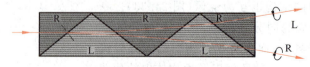

图 24.35　菲涅耳组合棱镜

利用人为方法也可以产生旋光性，其中最重要的是磁致旋光，它是法拉第于 1845 年首

先发现的,现在就叫法拉第磁致旋光效应。可用图24.36所示的装置观察法拉第效应,在螺线管两端外垂直于其轴线安置两正交偏振片,管内充有某种透明介质,如玻璃、水或空气等。在螺线管未通电时,透过 P_1 的偏振光不能透过 P_2。如果在螺旋管中通以电流,则可发现有光透过 P_2,说明入射光经过螺线管内的磁场时,其偏振面旋转了。实验证明,偏振面旋转的角度和光线通过介质的路径长度以及磁场的磁感应强度都成正比,而且因介质不同而不同。和一般晶体的旋光性质明显不同的是:光线顺着和逆着磁场方向传播时,其**旋光方向相反**,这被称为磁致旋光的不可逆性。因此,当偏振光通过一定介质层时,光振动方向如果右旋角度为 φ,则当光被反射通过同一介质层后,其光振动方向将共旋转 2φ 的角度。这种性质被用来制成光隔离器,控制光的传播。磁致旋光效应也被用在磁光盘中读出所记录的信息。

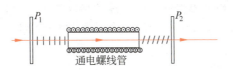

图 24.36 观察法拉第磁致旋光效应装置简图

提 要

1. 光的偏振:光是横波,电场矢量是光矢量。光矢量方向和光的传播方向构成振动面。

三类偏振态:非偏振光(无偏振),偏振光(线偏振、椭圆偏振、圆偏振),部分偏振光。

2. 线偏振光:可用偏振片产生和检验。偏振片是利用了它对不同方向的光振动选择吸收制成的。

马吕斯定律:$I = I_0 \cos^2 \alpha$

3. 反射光和折射光的偏振:入射角为布儒斯特角 i_b 时,反射光为线偏振光,且

$$\tan i_b = \frac{n_2}{n_1} = n_{21}$$

4. 散射引起的偏振:散射光是偏振的。

5. 双折射现象:自然光射入晶体后分作 o 光和 e 光两束,二者均为线偏振光。利用四分之一波片可从线偏振光得到椭圆或圆偏振光。

6. 偏振光的干涉:利用晶片(或人工双折射材料)和检偏器可以使偏振光分成两束相干光而发生干涉。

7. 旋光现象:线偏振光通过物质时振动面旋转的现象。

线偏振光通过磁场时也会发生振动面的旋转,被称为法拉第磁光效应。

思考题

24.1 既然根据振动分解的概念可以把自然光看成是两个相互垂直振动的合成,而一个振动的两个分振动又是同相的,那么,为什么说自然光分解成的两个相互垂直的振动之间没有确定的相位关系呢?

24.2 某束光可能是:(1)线偏振光;(2)部分偏振光;(3)自然光。你如何用实验决定这束光究竟是哪一种光?

24.3 通常偏振片的偏振化方向是没有标明的,你有什么简易的方法将它确定下来?

24.4 一束光入射到两种透明介质的分界面上时,发现只有透射光而无反射光,试说明这束光是怎样入射的?其偏振状态如何?

24.5 自然光入射到两个偏振片上,这两个偏振片的取向使得光不能透过。如果在这两个偏振片之间插入第三块偏振片后,有光透过,那么这第三块偏振片是怎样放置的?如果仍然无光透过,又是怎样放置的?试用图表示出来。

24.6 1906年巴克拉(C. G. Barkla,1917年诺贝尔物理奖获得者)曾做过下述"双散射"实验。如图24.37所示,先让一束从X射线管射出的X射线沿水平方向射入一碳块而被向各方向散射。在与入射线垂直的水平方向上放置另一碳块,接收沿水平方向射来的散射的X射线。在这第二个碳块的上下方向就没有再观察到X射线的散射光。他由此证实了X射线是一种电磁波的想法。他是如何论证的?

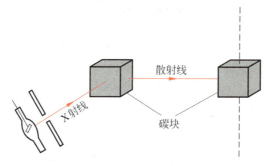

图 24.37 思考题24.6用图

24.7 当单轴晶体的光轴方向与晶体表面成一定角度时,一束与光轴方向平行的光入射到该晶体表面,这束光射入晶体后,是否会发生双折射?

24.8 某束光可能是:(1)线偏振光;(2)圆偏振光;(3)自然光。你如何用实验决定这束光究竟是哪一种光?

*24.9 一块四分之一波片和两块偏振片混在一起不能识别,试用实验方法将它们区别开来。

*24.10 在偏振光的干涉装置(图24.27)中,如果去掉偏振片 P_1 或偏振片 P_2,能否产生干涉效应?为什么?

*24.11 在图24.28中,如果 P_1 方向在 C 和 P_2 之间,式(24.5)中还有 π 吗? P_1 和 P_2 平行时,干涉情况又如何?

习题

24.1 自然光通过两个偏振化方向间成60°的偏振片,透射光强为 I_1。今在这两个偏振片之间再插入另一偏振片,它的偏振化方向与前两个偏振片均成30°,则透射光强为多少?

24.2 自然光入射到两个互相重叠的偏振片上。如果透射光强为(1)透射光最大强度的三分之一,或(2)入射光强度的三分之一,则这两个偏振片的偏振化方向间的夹角是多少?

*24.3 两个偏振片 P_1 和 P_2 平行放置(图24.38)。令一束强度为 I_0 的自然光垂直射向 P_1,然后将 P_2 绕入射线为轴转一角度 θ,再绕竖直轴转一角度 φ。这时透过 P_2 的光强是多大?

24.4 在图24.39所示的各种情况中,以非偏振光和偏振光入射于两种介质的分界面,图中 i_b 为起偏振角,$i \neq i_b$,试画出折射光线和反射光线并用点和短线表示出它们的偏振状态。

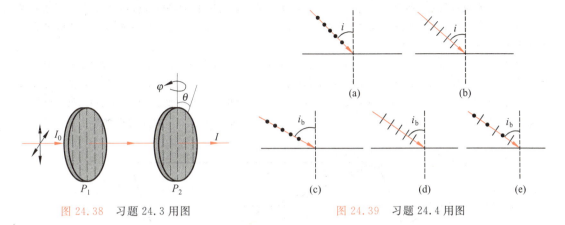

图 24.38 习题 24.3 用图   图 24.39 习题 24.4 用图

24.5 水的折射率为 1.33,玻璃的折射率为 1.50,当光由水中射向玻璃而反射时,起偏振角为多少? 当光由玻璃中射向水而反射时,起偏振角又为多少? 这两个起偏振角的数值间是什么关系?

24.6 光在某两种介质界面上的临界角是 45°,它在界面同一侧的起偏振角是多少?

24.7 根据布儒斯特定律可以测定不透明介质的折射率。今测得釉质的起偏振角 $i_b=58°$,试求它的折射率。

24.8 已知从一池静水的表面反射出来的太阳光是线偏振光,此时,太阳在地平线上多大仰角处?

24.9 用方解石切割成一个正三角形棱镜。光轴垂直于棱镜的正三角形截面,如图 24.40 所示。自然光以入射角 i 入射时,e 光在棱镜内的折射线与棱镜底边平行,求入射角 i,并画出 o 光的传播方向和光矢量振动方向。

24.10 棱镜 $ABCD$ 由两个 45°的方解石棱镜组成(如图 24.41 所示),棱镜 ABD 的光轴平行于 AB,棱镜 BCD 的光轴垂直于图面。当自然光垂直于 AB 入射时,试在图中画出 o 光和 e 光的传播方向及光矢量振动方向。

图 24.40 习题 24.9 用图   图 24.41 习题 24.10 用图

*24.11 在图 24.42 所示的装置中,P_1,P_2 为两个正交偏振片。C 为四分之一波片,其光轴与 P_1 的偏振化方向间夹角为 60°。光强为 I_i 的单色自然光垂直入射于 P_1。

(1) 试说明①,②,③各区光的偏振状态并在图上大致画出;

(2) 计算各区光强。

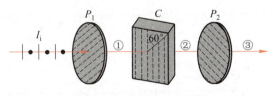

图 24.42 习题 24.11 用图

*24.12 某晶体对波长 632.8 nm 的主折射率 $n_o=1.66$,$n_e=1.49$。将它制成适用于该波长的四分之一波片,晶片至少要多厚?该四分之一波片的光轴方向如何?

*24.13 假设石英的主折射率 n_o 和 n_e 与波长无关。某块石英晶片,对 800 nm 波长的光是四分之一波片。当波长为 400 nm 的线偏振光入射到该晶片上,且其光矢量振动方向与晶片光轴成 $45°$ 时,透射光的偏振状态是怎样的?

24.14 1823 年尼科耳发明了一种用方解石做成的棱镜以获得线偏振光。这种"尼科耳棱镜"由两块直角棱镜用加拿大胶(折射率为 1.55)粘合而成,其几何结构如图 24.43 所示。试用计算证明当一束自然光沿平行于底面的方向入射后将分成两束,一束将在胶合面处发生全反射而被涂黑的底面吸收,另一束将透过加拿大胶而经过另一块棱镜射出。这两束光的偏振状态各如何(参考表 24.1 的折射率数据)?

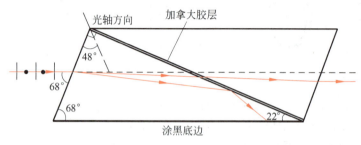

图 24.43 习题 24.14 用图

*24.15 石英对波长为 396.8 nm 的光的右旋圆偏振光的折射率为 $n_R = 1.55810$,左旋圆偏振光的折射率为 $n_L = 1.55821$。求石英对此波长的光的旋光率。

24.16 在激光冷却技术中,用到一种"偏振梯度效应"。它是使强度和频率都相同但偏振方向相互垂直的两束激光相向传播,从而能在叠加区域周期性地产生各种不同偏振态的光。设两束光分别沿 $+x$ 和 $-x$ 方向传播,光振动方向分别沿 y 方向和 z 方向。已知在 $x=0$ 处的合成偏振态为线偏振光,光振动方向与 y 轴成 $45°$。试说明沿 $+x$ 方向每经过 $\lambda/8$ 的距离处的偏振态,并画简图表示之。

液晶

今日物理趣闻

非线性光学

K.1 非线性光学与激光

非线性光学亦称**强光光学**,是研究**强激光**与物质相互作用下,出现的新的现象、规律和应用的一门新兴学科。因此把激光出现之前的光学称为**线性光学**或弱光光学或普通光学。

这里强光与弱光的区别是就光场的电场强度大小 E 与组成物质的分子或原子内部的平均电场强度大小 E' 比较而言的。普通光源发的光,$E/E' \ll 1$,光场与物质的作用表现为线性关系,属于线性光学。对于强激光,E 与 E' 可以相比拟,此时光场与物质作用的非线性关系明显地表现出来,出现了在普通光源条件下观察不到的一系列新现象和规律,此即属强光光学研究范围。有关计算表明,$E' \approx 10^{11}$ V/m,普通光源发出的光,相应的电场强度要比 E' 低好几个数量级,而 Q 开关红宝石激光器发出的 200 MW 的光脉冲集中在直径约 25 μm 的圆面上,其光场可达 $E \approx 10^{10}$ V/m。用现代技术甚至可获得光场 $E \approx 10^{12}$ V/m 的强光。

这样的强激光与物质相互作用将出现许多非线性光学效应。如光学倍频和混频,光学参量放大与振荡,自聚焦,光学相位共轭,光的受激散射,光致透明,多光子吸收等。这些效应不但在学术内容上有重要价值,而且在科学技术上有重要的应用潜力。

按照参与作用的光波场和光学介质之间的能量、动量的交换情况,非线性光学效应可以分为两类:一类是参与作用的光波场和光学介质之间没有能量和动量的交换,能量守恒与动量守恒只表现在作用光波之间;光学介质的作用如同化学反应中的催化剂。这类相互作用有倍频和混频等。另一类是作用光波场和光学介质之间有能量和动量交换,能量守恒与动量守恒表现在作用光场和介质组成的总体系中。这类相互作用有受激散射等。下面简单介绍几种典型的非线性光学效应。

K.2 倍频与混频

处在外电场中的电介质,在外电场作用下会产生极化,其极化程度用极化强度描述。同理,光在介质中传播时,光场 E 也能引起光学介质的极化,使组成介质的分子、原子成为振荡偶极子,并成为辐射次级电磁波的辐射源。

对于各向同性介质,极化强度 P 与场强 E 的方向相同。当介质为各向异性时,P 与

E 的方向不再相同，而且在强激光作用下，P 与 E 之间不再呈现线性关系。为简单起见，我们不考虑 P 与 E 的矢量特征，并把 P 与 E 的关系写成下式：

$$P = \chi^{(1)} E + \chi^{(2)} E^2 + \chi^{(3)} E^3 + \cdots \tag{K.1}$$

式中 $\chi^{(1)}, \chi^{(2)}, \chi^{(3)}, \cdots$ 为表示介质特征的常量，分别称为介质的**线性**电极化率（在电磁学中，$\chi^{(1)} = \varepsilon_0 \chi_e$，其中 χ_e 为介质的电极化率）、**二次非线性**电极化率和**三次非线性**电极化率等。实际上，在考虑 P 和 E 的矢量特性及介质的各向异性时，它们分别是二阶、三阶和四阶张量。可以证明，式(K.1)中的后项与前项的比值在数量级上粗略为

$$\frac{\chi^{(2)} E^2}{\chi^{(1)} E} \approx \frac{\chi^{(3)} E^3}{\chi^{(2)} E^2} \approx \frac{E}{E'}, \tag{K.2}$$

普通弱光入射时，$E/E' \ll 1$，电极化强度的非线性项可以忽略；在强激光入射时，因为 E 与 E' 可相比，非线性项不能忽略，此即一系列强光光学效应的物理根源。下面说明与二次非线性电极化效应有关的**光学倍频**。

设入射光频电场为

$$E = E_0 \cos \omega t$$

忽略介质的三次以上非线性极化项，则有

$$\begin{aligned} P &= \chi^{(1)} E_0 \cos \omega t + \chi^{(2)} E_0^2 \cos^2 \omega t \\ &= \chi^{(1)} E_0 \cos \omega t + \frac{1}{2} \chi^{(2)} E_0^2 + \frac{1}{2} \chi^{(2)} E_0^2 \cos 2\omega t \end{aligned} \tag{K.3}$$

等式右边第一项是频率等于入射光频的电极化强度分量，是**基频项**。这表明介质中存在与入射光频相同的偶极振荡，它将辐射与入射光同频率的光波。第二项是不随时间变化的电极化强度分量，为**直流项**。这一项的存在使介质的两相对表面分别出现正的与负的极化面电荷，相应产生一恒定电场。这种从一个交变电场得到一个恒定电场的现象称为**光学整流**。第三项相应于介质中存在频率为入射光频率两倍的振荡偶极子。它将辐射其频率为入射光频率两倍的光，这就是**光学倍频**。

光学倍频的实验观察是在激光问世后一年由费兰肯(P. A. Franken)等人完成的。他们将红宝石激光器发出的 $\lambda = 694.3$ nm 的光脉冲聚焦在石英晶体上，对出射光进行摄谱，结果在紫外端观察到 $\lambda = 349.15$ nm 的倍频光谱线。不过当时入射光能量转换为倍频光能量的转换效率极低。若考虑到作用光波之间满足能量守恒和动量守恒所要求的位相匹配条件，转换效率可以提高。目前转换效率已提高到接近 100% 的水平。

当两种不同频率的强激光

$$E_1 = E_{10} \cos \omega_1 t$$
$$E_2 = E_{20} \cos \omega_2 t$$

同时入射时，不考虑介质的三次以上非线性极化项，则有

$$\begin{aligned} P =& \chi^{(1)} [E_{10} \cos \omega_1 t + E_{20} \cos \omega_2 t] + \\ & \chi^{(2)} [E_{10} \cos \omega_1 t + E_{20} \cos \omega_2 t]^2 \\ =& \chi^{(1)} E_{10} \cos \omega_1 t + \chi^{(1)} E_{20} \cos \omega_2 t + \\ & \frac{1}{2} \chi^{(2)} E_{10}^2 (1 + \cos 2\omega_1 t) + \frac{1}{2} \chi^{(2)} E_{20}^2 (1 + \cos 2\omega_2 t) + \\ & \chi^{(2)} E_{10} E_{20} [\cos(\omega_1 + \omega_2) + \cos(\omega_1 - \omega_2)] \end{aligned} \tag{K.4}$$

式中除了有直流项、基频项、倍频项外，还出现了**和频**（$\omega_1+\omega_2$）和**差频**（$\omega_1-\omega_2$）项，相应频率的振荡偶极子将辐射其频率为和频与差频的光，这就是**光学混频**。

光学频率能够混合是强光光学现象。同时入射的不同频率的弱光在介质中是独立传播的，不能混合。

光学倍频和混频扩展了强相干辐射的范围，是光频转换较成熟的方法，有广泛的应用。

常用的非线性光学晶体有 KDP（磷酸二氢钾）、ADP（磷酸二氢铵）、$LiNbO_3$（铌酸锂）、$LiIO_3$（碘酸锂）等。

不难想到，若考虑介质的电极化强度的高次非线性极化分量，则在强光照射下，还可以得到更高倍频率或和频、差频的光。

K.3　自聚焦

由电磁理论可知，光学介质的折射率 n 决定于介质的相对介电常数 ε_r，而且 $n=\sqrt{\varepsilon_r}$。以 D 表示在光场为 E 的入射光照射下介质中电位移的大小，则由关系式 $D=\varepsilon_0\varepsilon_r E$（此处为简单起见，我们也不考虑 D 和 E 的矢量特征）可得

$$\varepsilon_r = \frac{D}{\varepsilon_0 E} \tag{K.5}$$

再由 D 的定义，并利用式（K.1），可得

$$D = \varepsilon_0 E + P = \varepsilon_0 E + \chi^{(1)}E + \chi^{(2)}E^2 + \chi^{(3)}E^3 + \cdots$$
$$= \left[\left(1+\frac{\chi^{(1)}}{\varepsilon_0}\right) + \frac{\chi^{(2)}}{\varepsilon_0}E + \frac{\chi^{(3)}}{\varepsilon_0}E^2 + \cdots\right]\varepsilon_0 E$$

由此可得

$$\varepsilon_r = (1+\chi_e) + \frac{\chi^{(2)}}{\varepsilon_0}E + \frac{\chi^{(3)}}{\varepsilon_0}E^2 + \cdots \tag{K.6}$$

根据式（K.6）可知，当入射光场 E 很小时，式（K.6）中和 E 有关的项与常数项 $(1+\chi_e)$ 相比可以忽略，因而 ε_r 为常数，折射率也为常数。这时折射率与入射光强无关，介质表现为线性的。这是普通光学中遇到的情况。

当用强激光照射介质时，式（K.6）给出介质的 ε_r，因而折射率 n 就与入射光强有关了，而且随入射光强增加而增大。如果入射光束截面上光强分布不均匀，则在该截面上各处介质的折射率的分布也将是不均匀的。

激光光束的强度呈高斯分布，轴线上光强最大，因而轴线上折射率高于边缘部分。这就在介质内形成一类似凸透镜的结构，使光束向轴上会聚，最后形成一束极细的光丝，这一现象称为**自聚焦**。

自聚焦形成极高的能量密度。现在人们已经清楚，在很多实验条件下，首先是产生自聚焦，然后才进一步导致其他非线性光学效应。当然，自聚焦也有可能导致介质本身的光学破坏，一般应该避免。

K.4 受激拉曼散射

一束光通过光学介质时,大部分沿原方向透过,还有一部分偏离原来的方向传播,后者称为光的散射。通常散射光频率与入射光频率相同,这种散射称为**瑞利散射**。

1928 年拉曼(C. V. Raman)发现,单色光通过某些介质时,散射光中除了有与入射光频率 ν_0 相同的成分外,还有频率为 $\nu_0 \pm \Delta\nu$ 的成分。特别值得注意的是,$\Delta\nu$ 的大小与入射光频率 ν_0 无关,而是由介质性质决定。后来的研究指出,$\Delta\nu$ 的大小决定于介质的分子结构及其运动(转动和振动等)。这种散射称为**拉曼散射**。后来又发现拉曼散射光中还有其他的频率成分,这些成分间的频率差也和入射光的频率无关,而由介质的性质决定。

拉曼散射的光强是非常微弱的(只有入射光强的 10^{-7} 倍)。因此,在普通光学中观察拉曼散射非常困难。激光出现后,拉曼散射在分子结构的研究中得到了普遍的应用。

弱的拉曼散射光是自发辐射的结果,无相干性。当用强激光观察拉曼散射时,出现了新现象,即散射过程具有受激辐射的性质,故称**受激拉曼散射**。

受激拉曼散射光具有激光的一切特征。散射光具有很高的相干性,其强度增益是雪崩式的。

受激拉曼散射为深入了解散射介质分子的能级结构、运动状态、跃迁性质等提供了有效途径,它也是产生强相干光的一种方法。

第25章

几何光学

前面几章已比较详细地介绍过，经典电磁理论和实验都证明了光是一种电磁波，其传播过程需要用波动来说明。波的传播方向可以用"波线"表示(见7.2节)。在各向同性的均匀介质中(本章下面将只讨论这种情况)，波线处处与波阵面垂直。对于光来说，波线就被称为**光线**。光波在传播过程中遇到障碍物(或通过孔洞)时，会有衍射现象发生。但如果障碍物的线度比光的波长大得多时，衍射现象就不显著，光线就可以被认为仍按原来方向沿直线传播(见23.2节)而在障碍物的后面留下一片几何阴影。在通常的实用情况下，障碍物(或孔洞)的大小都比光的波长大得多(例如，高倍光学显微镜的物镜直径和人眼瞳孔的线度都小到毫米级，但比光的波长还要大到上千倍)。所以，如果我们只关注(或主要关注)光的传播方向，就可以以光线的行为加以说明，而且在实验上可以借助一根很细的光束(通过介质的散射)来显示光的传播路径。用光线来说明光的传播规律的理论称为**光线光原**或**几何光学**。关于几何光学的基础知识在中学物理课程中已有所介绍。这里我们将首先复习光的反射和折射定律。然后说明平面镜、球面镜及薄透镜的成像规律，最后用简要说明照相机、投影仪、显微镜、望远镜的光学原理。

25.1 光线

一个点光源 S 的发光，用波动的概念来讲，是它向周围发出球面电磁波；用光线的概念来讲，就是它向四周均匀地发出光线(图25.1)。人眼所以能看到这一光源，用波动的概念来讲是由于其发出的光的波阵面的一小部分进入了瞳孔；用光线的概念来讲，是点光源发出的一束构成锥形的光线进入了瞳孔。

光线表示光的传播方向，它是描述光的传播的一个抽象的概念。我们常说的"一条光线"，更正确地说是**一束**光线，其实际的物理意义是一条光能量的通路。一条光线，只有当我们迎着它使它射入我们的瞳孔时我们才能感知它，从一条光线的侧面是看不见该光线的(注意，在我们的周围到处都存在着电磁波，也就是到处都存在着向各方向传播的光线)。通常在生活中和实验室内真实地看到的光线，例如射入室内的太阳光线，大型室外庆典或实验室内的激光光线(图25.2)，都是在光的传播路径上的透明介质的分子对光**散射**的结果。原来，光线通过透明介质(如空气或玻璃)时，光波中的电磁振动会激起介质分子中的电子振动，这振动着的电子随即向四外发射电磁波形成散射光。如果透明介质的密度足够大(如空气中的尘粒或雾气足够浓)时,散射光就可能足够强。这散射光射入我们的瞳孔才使我们看到了"光线",实际上这时看到的"光线"不过是被光照亮了的一条介质中的通道。

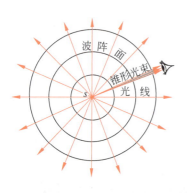

图 25.1　点光源向外发射光线

图 25.2　激光光束在玻璃块表面改变方向
(P. A. Tipler. Physics, 4th ed. W. H. Freeman and Company, 1999, 1070)

我们能看到各色各样的不透明物体,包括艳丽的花朵,拍岸的巨浪,白纸上的黑字,疾驰的汽车等,无一不是由于这些物体表面的分子对入射光散射的结果。在来自各方向的光线的照射下,不透明物体的表面上的各点就都成了散射光的发射源(也有一部分入射光能被物质吸收)。和自行发光的光源相似,这些点光源所发的光线射入我们的瞳孔就使我们看到了整个物体的图像。

25.2　光的反射

光线在均匀介质中是沿直线传播的,遇到两种不同介质的分界面时,光线的方向会发生改变。一部分光返回原介质中传播,称为反射;另一部分进入另一媒质传播,称为折射(图 25.3)。

在 7.6 节曾用惠更斯作图法证明了波的反射规律,它也适用于光波。此规律很容易用显示光线的实验验证,它就是:反射线 OR 在入射线 IO 和入射点 O 的法线 ON 决定的平面内,与入射线分居法线两侧;反射角 θ_r 等于入射角 θ_i。这就是光的反射定律。

由反射定律可知,如果光线逆着反射线入射,则它被反射后必逆着原入射线进行。这一现象叫做**光路的可逆性**。

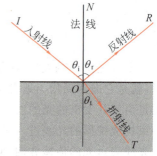

图 25.3　光线在两介质分界面上的反射和折射

用反射定律可以说明平面镜(光洁平滑的反射面)的成像规律。如图 25.4 所示,M 是一平面镜片,其右表面是反射面,镜前放一水杯,水杯表面上各点由于光的散射都成了发光点。很容易根据光的反射定律和几何学定理证明:由杯上 A 点发出的一条光线的反射线的反向延长线与通过 A 点的镜面法线相交于镜后 A' 点,它是 A 点的相对于镜面的对称点。同理,任一条由 A 发出的光线经镜面反射后其反向延长线都相交于 A' 点。这样,进入人眼的锥形光束就好像是从 A' 点发出的一样,人眼是看不见光线在镜面上的曲折的,只能凭射入眼睛的光线的方向追溯发光点的位置,于是就认为 A' 点是所看到的发光点了,A' 点就成了 A 点的像。由于 A' 点并不是光线的实际出发点,所以 A' 点叫 A 点的**虚像**。

同理,我们可以说明杯子上其他点在平面镜内成的像也都是相对于镜面对称的虚像,总的结果是,**物体在平面镜内形成相对于镜面对称的虚像**(图 25.5)。

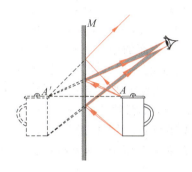

图 25.4　平面镜成像说明图

图 25.5　新疆喀纳斯神仙湾水泊倒影

例 25.1

直角反射镜。两个相互正交的平面镜构成一个直角反射镜(图 25.6)。试证明:入射光线经过此反射镜两次反射,总是逆着原来入射的方向返回。

证　由反射定律,$\theta_{i1} = \theta_{r1}$。由于都是角 φ_1 的余角,所以 $\varphi_2 = \theta_{r1}$。再由反射定律,$\theta_{i2} = \theta_{r2}$,因而有 $\varphi_2 = \varphi_3$。最后得

$$\theta_{i1} + \theta_{r1} + \theta_{i2} + \theta_{r2} = \varphi_2 + \varphi_3 + \theta_{i2} + \theta_{r2} = 180°$$

所以反射线 O_2R 反平行于入射线 IO_1。

自行车后面的无光源"尾灯"就利用了直角反射镜这种性能。它里面是用红色塑料制成的一排排尖的小突起,这些突起之间形成直角小坑(图 25.7),每个小坑都有三个面,像墙角由三个相互垂直的面构成的一样。这样,每个小坑就成了一个立体的直角反射镜,总能把后方射来的光线逆着反射回去,使后方的车辆驾驶员发现其前方有自行车,从而能避免相撞。

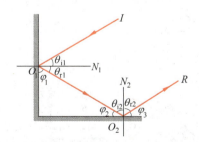

图 25.6　直角反射镜使入射光返回

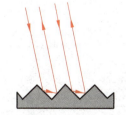

图 25.7　自行车的无光源尾灯

同样的装置应用在激光测距仪中。在目标处对着激光发射器安装一组直角反射镜,测出激光束一来一回所用的时间就可以算出到目标的距离了。曾用此方法测量到月球表面的距离,精度达到几个厘米。

25.3 球面反射镜

光的反射定律,除了应用于平面镜外,也应用于球面镜。球面镜的反射面为球面的一部分:反射面为球面的内表面的,称为**凹镜**;反射面为球面的外表面的称为**凸镜**。

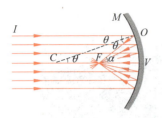

图 25.8 凹镜会聚平行光束

凹镜的重要特性是对入射的平行光束有会聚的作用而使光路在会聚点大大增加。如图 25.8 所示,M 为一凹镜,C 为球面的球心,V 为其顶点(即球表面的中心点),直线 CV 称为凹镜的**光轴**。对于平行于光轴的入射线 IO 来说,入射点 O 的镜面法线就是半径 CO。由反射定律决定的反射线与主轴相交于 F 点。以 l 表示从 O 到 V 的弧线长度,则 $\theta=l/r$,其中 r 为球面的半径。**假定 O 离 V 足够近**,则可以近似地有 $\alpha=l/f$,其中 f 为交点 F 到顶点 V 的距离。由于 α 是 $\triangle COF$ 的一个外角,所以有 $\alpha=2\theta$。由此可得

$$f = \frac{r}{2} \tag{25.1}$$

同理,对于任一条入射点离顶点足够近的平行于光轴的入射线,都将于光轴相交于 F 点。F 点称为凹镜的**焦点**。取在该点光线可达到烧焦物体之意。距离 $FV=f$ 就称为凹镜的**焦距**。

要注意"O 离 V 足够近"这一假定,满足这一假定条件的光线称为"傍轴光线"。只有对这类光线,才有 $\alpha=l/f$ 的近似,它们才能在被反射后被认为交于一点而且式(25.1)成立。以下关于反射镜(以及透镜)成像的讨论都只限于傍轴光线[①]。

由光路的可逆性可知,如果在焦点 F 处放一点光源,它发出的经过镜面反射的光线一定是平行于光轴的光束,如图 25.9 所示。夜晚发出长条光带的探照灯和定向的雷达装置就利用了凹镜的这一性质。

利用凹镜也可以形成物体的像。下面先考虑位于光轴上球心 C 外侧的一个发光点 A 由于凹镜对其所发光线的反射而成的像。如图 25.10 所示,以 A' 表示由 A 发出的一条傍轴光线经凹镜反射后与光轴相交的点,以 s 和 s' 分别表示 A 和 A' 到凹镜顶点 V 的距离,则根据傍轴光线的假设,有

$$\alpha = \frac{l}{s}, \quad \beta = \frac{l}{s'}, \quad \gamma = \frac{l}{r}$$

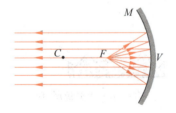

图 25.9 凹镜发射平行光束

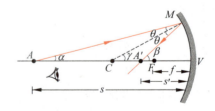

图 25.10 光轴上发光点 A 经凹镜成像分析用图

[①] 对于入射点离球面反射镜顶点较远的入射线,它们的反射线与光轴并不交于一点,因而所生成的像变得模糊不清,这种现象叫"球面像差"。抛物面有严格的焦点,所以在要求高的情况下,反射面要做成抛物面,雷达的天线就常做成抛物面。对光学仪器来说,抛物面的加工较球面的加工困难得多,所以反射面还都是做成球面的。

根据三角形外角和内角的几何关系,有
$$\beta = \alpha + 2\theta, \quad \gamma = \alpha + \theta$$
此二式中消去 θ,可得
$$\alpha + \beta = 2\gamma$$
将上面的 α, β, γ 值代入此式,可得
$$\frac{1}{s} + \frac{1}{s'} = \frac{2}{r}$$
再利用式(25.1)得出的球面半径和焦距的关系,可得
$$\frac{1}{s} + \frac{1}{s'} = \frac{1}{f} \tag{25.2}$$

由于图 25.10 中的傍轴光线是任意的,所以由 A 点发出的所有的傍轴光线反射后都将相交于 A' 点。这时如果迎着反射光线看去,人眼将认为这些光线是由 A' 发出的,但 A' 不是原来的发光点 A 而成了 A 的像。这个像和图 25.4 中平面镜中的像不同,是实际光线的交点,所以这样的像称为**实像**。式(25.2)中的 s 和 s' 分别称为物距和像距,这一公式就被称为**球面镜公式**。

现在考虑物体经过凹镜成的像。设想在镜前光轴上一物体,物体表面各发光点经凹镜形成的像的总体就构成该物体的像。物体表面各发光点许多并不在光轴上,但若只考虑傍轴光线,则靠近光轴的发光点成的像仍然遵守式(25.2),其中物距和像距都是沿光轴方向的距离。

显示凹镜成像的一个方便而直观的方法是几何作图——**光路图法**。由于一个发光点的像是它所发出的经凹镜反射的**所有光线**的交点,所以只要能求出这些光线中**任意两条**的交点就可以确定像的位置了。有三条特殊的很容易作出的**主光线**供我们选择:

(1) 通过球心的光线反射后原路返回(因为入射角等于 0,反射角也是 0);
(2) 平行于光轴入射的光线反射后通过焦点(图 25.8);
(3) 通过焦点的光线反射后平行于光轴返回(图 25.9)。

这三条线中用任意两条即可确定像的位置,余下的一条可以用来检验作图结果的正确性。

例 25.2

一凹镜的反射球面半径为 20 cm,在镜前光轴上离镜顶点 30 cm 处放一物体,求像的位置及其高度对物体高度的放大倍数。

解 由式(25.1)可知凹镜的焦距 $f = r/2 = 10$ cm,而 $s = 30$ cm,于是式(25.2)给出
$$s' = \frac{sf}{s-f} = \frac{30 \times 10}{30 - 10} = 15 \text{ (cm)}$$

此凹镜成像的光路图如图 25.11 所示,物体用箭头 AB 表示,像为 $A'B'$,二者长度比例和上一计算结果相符。

由图 25.11 可根据几何图形 $\triangle ABF \sim \triangle OVF$ 得出所求放大倍数为
$$m = \frac{A'B'}{AB} = \frac{s'}{s} = \frac{15}{30} = 0.5$$

实际上像的高度缩小到了物体高度的一半。由于高度是垂直于光轴量度的,所以此放大倍数称为像的**横向放大率**。注意,像是**实像**而且是**倒立**的。

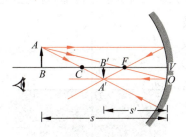

图 25.11 凹镜成像光路图(物体在球心以外)

例 25.3

如果将物体 AB 置于上例凹镜光轴上离镜顶点 5 cm 处，则成像结果又如何？

解 将 $f=10$ cm，$s=5$ cm，代入式(25.2)中，可得像距为

$$s'=\frac{sf}{s-f}=\frac{5\times10}{5-10}=-10\text{ (cm)}$$

这种情况下的光路图如图 25.12 所示。当迎着反射光线向镜内看时，将看到镜内有一放大的正立虚像。这一结果具有较普遍的意义，即将物体放在凹镜焦点以内($s<f$)时，式(25.2)总是给出像距为负值，而且$|s'|>s$。这一结果对应于物体的像在镜后生成，而且是正立的、放大的虚像，像的横向放大率仍由像距和物距的数值决定，为

$$m=\frac{|s'|}{s}=\frac{10}{5}=2$$

即像的高度放大到物体的高度的两倍。

下面简述凸镜的特性和成像的特点。凸镜对入射的平行光线有发散的作用。如图 25.13 所示，平行光束沿光轴入射时，其反射的光线的反向延长线会聚于镜后光轴上一点，这一点称为凸镜的**虚焦点**。它离凸镜顶点的距离为焦距 f，而且也等于反射球面半径的一半，即 $f=r/2$。镜前物体成像时，式(25.2)的也适用，只是其中 f 应取负值。由于物体离镜顶点的距离 s 总取正值，所以式(25.2)给出的 s' 总是负值而且其数值$|s'|<s$。这说明凸镜总是在镜后生成镜前物体的正立的缩小了的虚像(如图 25.14 所示)，其横向放大率也适用公式 $m=|s'|/s$。

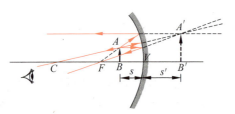

图 25.12　凹镜成像光路图(物体在焦点以内)

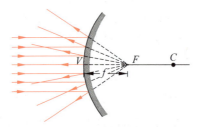

图 25.13　凸镜发散平行光束

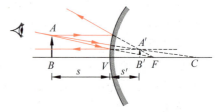

图 25.14　凸镜成像光路图

25.4　光的折射

一束光线射到两种不同介质的界面上时，其一部分要进入第二种介质中传播，这就是光的折射(图 25.15)。在 7.6 节曾用惠更斯作图法证明了波的折射规律，这规律同样适用于光波。用光线的概念，光线折射的规律可表述为：折射线 OT 在入射线 IO 和入射点 O 的界面法线 ON 所决定的平面内，与入射线分居法线两侧；入射角 θ_1 的正弦与折射角 θ_2 的正弦之比等于光在两种介质中速率 v_1 和 v_2 之比，即

$$\frac{\sin\theta_1}{\sin\theta_2}=\frac{v_1}{v_2} \quad (25.3)$$

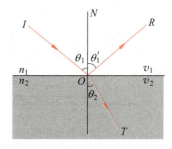

图 25.15　光的折射

这就是光的折射定律。

对于给定的两种介质，v_1 和 v_2 均为定数，所以 v_1/v_2 为定值。以 n_{21} 表示此比值，并称为第二种介质对第一种介质的**相对折射率**，则有

$$\frac{\sin\theta_1}{\sin\theta_2} = n_{21} \tag{25.4}$$

一种介质对真空的相对折射率，就叫这种介质的**折射率**。以 n 表示折射率，则介质 1 和介质 2 的折射率分别为

$$n_1 = \frac{c}{v_1}, \quad n_2 = \frac{c}{v_2}$$

将此二式代入式(25.3)可得

$$\frac{\sin\theta_1}{\sin\theta_2} = \frac{n_2}{n_1}$$

此式还可以写成

$$n_1\sin\theta_1 = n_2\sin\theta_2 \tag{25.5}$$

这也是折射定律常用的表示式。

由折射定律表示式，式(25.3)或式(25.5)可以明显地得出：如果光线逆着折射线射到两介质的界面上，则折射线必将逆着原来入射线前进。这是在折射现象中显示出的光路可逆性。

光线在两种介质的分界面上反射和折射时，光能量的分配决定于入射角、光线内电场矢量的方向以及两种介质的折射率。在光线垂直界面入射的特殊情况下，反射光的强度 I' 与入射光的强度 I_0 有如下的关系：

$$I' = \left(\frac{n_1 - n_2}{n_1 + n_2}\right)^2 I_0 \tag{25.6}$$

其中 n_1 和 n_2 分别为界面两侧的介质的折射率。进入第二种介质的光强为 $I = I_0 - I'$。

例 25.4

一块平板玻璃片，厚度为 5 mm，折射率为 1.58。一条光线以入射角 $60°$ 射到玻璃片表面上，它透过玻璃片射出时的方向和位置如何？

解 玻璃片两边是空气，折射率 $n_1 = 1.00$。如图 25.16，由于玻璃片两面平行，光线进入一面时的折射角 θ_2 等于它由另一面射出时的入射角。根据光路的可逆性，其射出时折射角应等于射入时的入射角，因而其射出时的方向平行于入射线的方向，亦即透过玻璃片时，光线的方向不变。

但是，射出线相对于入射线有一侧移 δ。参照图 25.16，由几何学可知，

$$\delta = \frac{t}{\cos\theta_2} \cdot \sin\varphi = \frac{t\sin(\theta_1 - \theta_2)}{\cos\theta_2}$$

将 $t = 5$ mm，$\theta_1 = 60°$，$\theta_2 = \arcsin\left(\frac{n_1}{n_2}\sin\theta_1\right) = \arcsin\left(\frac{1}{1.58}\sin 60°\right) = 33.2°$ 代入，

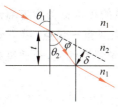

图 25.16　例 25.4 用图

可得

$$\delta = \frac{5\sin(60 - 33.2)}{\cos 33.2} = 2.7 \text{(mm)}$$

例 25.5

游泳池畔平台上标有"水深 1.80 m"的字样。水面平静时,在此处垂直向下看,水的视深度是多少?

解 如图 25.17 所示,从水底一点 A 射出的进入人眼的光线都近似垂直于水面。选其中一条光线,忽略小角度与其正弦的差别(图中角度扩大很多),有

$$\theta_1 = \frac{d}{s}, \quad \theta_2 = \frac{d}{s'}$$

由折射定律式(25.5),有 $n_1\theta_1 = n_2\theta_2$。将上面 θ_1 和 θ_2 代入,可得

$$s' = \frac{n_2}{n_1}s = \frac{1.00}{1.33} \times 1.80 = 1.35 \text{(m)}$$

进入眼睛的各条光线的反向延长线都满足此式而相交于 A' 点,而 s' 也就是人眼看到的池水的视深度。

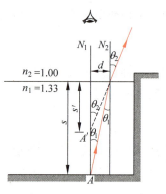

图 25.17 例 25.5 用图

25.5 薄透镜的焦距

利用折射现象的最常用的光学元件是透镜,它是用透明材料(如玻璃)制成的两面是球面的薄片:中间厚而边缘薄的叫**凸透镜**,中间薄而边缘厚的叫**凹透镜**。下面将只讨论**薄透镜**,即厚度足够小的透镜(图 25.18)。

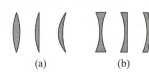

图 25.18 透镜
(a) 凸透镜;(b) 凹透镜

凸透镜的重要特性是对入射的平行光束有会聚作用。如图 25.19(a)所示,L 为一薄凸透镜,C_1 和 C_2 分别为两球形表面的球心,而 C_1C_2 直线就是凸透镜的**光轴**。凸透镜内光轴的中点 O 称为薄透镜的**光心**。平行光束从左侧沿光轴方向射向透镜。实验上可以发现光线透过透镜后将会聚到光轴上一点(图 25.19(a)),该点称为透镜的**焦点**。焦点到透镜光心的距离 f 称为**焦距**。很明显,凸透镜有两个焦点,分别位于其两侧。在两侧介质相同的情况下,凸透镜两侧的焦距是相等的。我们下面将只讨论这种情况,而且认定透镜的两侧都是空气,其折射率为 1.00。

使用一个凸透镜时,在认定平行光束由哪一侧入射的情况下,对侧的焦点称为**像方焦点**或**第二焦点**,用 F' 记之。这时,在光线入射侧的那个焦点称为**物方焦点**或**第一焦点**,用 F 记之。F' 与 F 均见图 25.19。根据光路的可逆性,放在第一焦点上的点光源发的光,经透镜折射后在另一侧将形成平行于光轴的光束(图 25.19(b))。

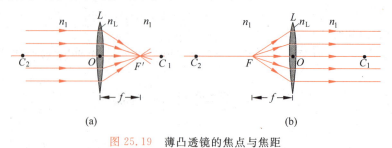

图 25.19 薄凸透镜的焦点与焦距

如果入射平行光束不和光轴垂直,则通过凸透镜后将会聚到通过第二焦点而与光轴垂直的平面上的点,该点是通过光心的光线与该平面的交点(图 25.20)。通过焦点与光轴垂直的平面叫焦平面,一个透镜有两个焦平面。

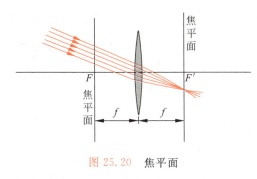

图 25.20　焦平面

薄凸透镜对平行光的会聚作用可证明如下。如图 25.21(a)所示,一条傍轴光线 IP 平行于光轴入射到凸透镜的表面上 P 点,该表面的球半径为 r_1。设想该表面右侧为透镜介质(折射率为 n_L)所充满,则折射线为 PQ。由于法线为半径 C_1P,所以入射角为 θ_1,折射角为 θ_2。由图知 $\theta_1 = \beta$,而 $\beta = \theta_2 + \gamma$。对傍轴光线,由折射定律,$n_1\theta_1 = n_L\theta_2$,于是可得 $\beta = \frac{n_1}{n_L}\theta_1 + \gamma = \frac{n_1}{n_L}\beta + \gamma$,即

$$(n_L - n_1)\beta = n_L \gamma$$

对傍轴光线,又可得

$$\beta = \frac{l}{r_1}, \quad \gamma = \frac{l}{s_1}$$

代入上式得

$$\frac{n_L - n_1}{r_1} = \frac{n_L}{s_1} \tag{25.7}$$

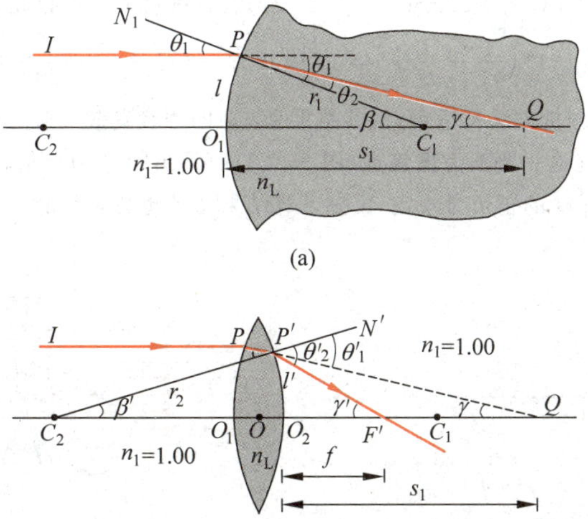

图 25.21　薄凸透镜会聚平行光的证明

再来看光线 PQ 被第二个球面折射的情况。如图 25.21(b)所示,光线 PQ 实际上并不在透镜介质中,而是在点 P' 就折射入空气。在此处法线为球面半径 r_2,入射角为 θ_1',折射角为 θ_2',折射线与光轴相交于 F' 点。由图知,$\beta' = \theta_2' - \gamma' = \frac{n_L}{n_1}\theta_1' - \gamma'$ 以及 $\beta' = \theta_1' - \gamma$,消去 θ_1',可得

$$(n_1 - n_L)\beta' = n_L\gamma - n_1\gamma'$$

对于傍轴光线，$\beta'=l'/r_2, \gamma=l'/s_1, \gamma'=l'/f$，代入上式可得

$$\frac{n_1-n_L}{r_2}=\frac{n_L}{s_1}-\frac{n_1}{f} \qquad (25.8)$$

由于透镜是薄透镜，所以可看作 O_1 和 O_2 点重合为光心 O，而图 25.21(a)和(b)中的 s_1 可看作同一段距离。这样在式(25.7)和式(25.8)中消去 n_L/s_1 项可得

$$\frac{n_1}{f}=(n_L-n_1)\left(\frac{1}{r_1}+\frac{1}{r_2}\right)$$

将 $n_1=1$ 代入，可得

$$\frac{1}{f}=(n_L-1)\left(\frac{1}{r_1}+\frac{1}{r_2}\right) \qquad (25.9)$$

在上述推导过程中，由于入射线 IP 是任意选取的，所以所有平行于光轴的傍轴光线，都应满足式(25.9)。这就是说，所有平行于光轴的傍轴光线，经凸透镜折射后，在凸透镜另一侧都和主轴上的点 F' 相交。点 F' 也就成了凸透镜的第二焦点，而焦距 f 也就可以用式(25.9)求得。式(25.9)叫做**磨镜者公式**，它适用于图 25.18 中各种薄透镜。不过要注意，应用式(25.9)时，对着入射光方向，透镜的凸起的表面的半径取正值，凹进的表面的半径取负值，平的表面的半径应取无穷大。

例 25.6

一个横截面为弯月形的凸透镜的两表面的半径分别是 15 cm 和 20 cm，所用玻璃的折射率是 1.58，求此凸透镜的焦距。

解 如图 25.22 所示，应有 $r_1=15$ cm, $r_2=-20$ cm, 代入式(25.9)可得此凸透镜的焦距为

$$f=1\Big/\left[(n_L-1)\left(\frac{1}{r_1}+\frac{1}{r_2}\right)\right]=1\Big/\left[(1.58-1)\left(\frac{1}{15}+\frac{1}{-20}\right)\right]=60 \text{ (cm)}$$

对于薄凹透镜，上面的分析方法都适用，但其结果是：薄凹透镜发散入射的平行于光轴的光束，因而其第二焦点 F' 在入射的平行光这一侧面为**虚焦点**（图 25.23）而且焦距 f 为负值，磨镜者公式(25.9)对薄凹透镜也适用，只是根据 r_1 和 r_2 的正负号规定，可知计算结果 f 值也总是负的。

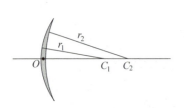

图 25.22　例 25.6 用图

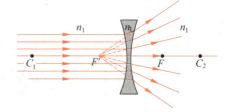

图 25.23　薄凹透镜发散平行光

25.6　薄透镜成像

为了研究薄透镜成像，我们先看位于薄凸透镜光轴上焦点外的一个发光点 A 通过薄凸透镜成像的情况。如图 25.24(a)所示，任选一条由 A 发出的傍轴光线 AP 入射到凸透镜表

面上 P 点，此处的法线是半径 C_1P，光线的入射角为 θ_1，折射角为 θ_2。设想该表面右侧为透镜介质(折射率为 n_L)所充满，则折射线为 PA_1。由图 25.24 可知 $\beta=\theta_2+\gamma=\dfrac{n_1}{n_L}\theta_1+\gamma$，又 $\theta_1=\alpha+\beta$，此二式中消去 θ_1，可得

$$(n_L - n_1)\beta = n_1\alpha + n_L\gamma$$

对傍轴光线，有 $\beta=l/r_1, \alpha=l/s, \gamma=l/s_1$，代入上式可得

$$\frac{n_L - n_1}{r_1} = \frac{n_1}{s} + \frac{n_L}{s_1} \tag{25.10}$$

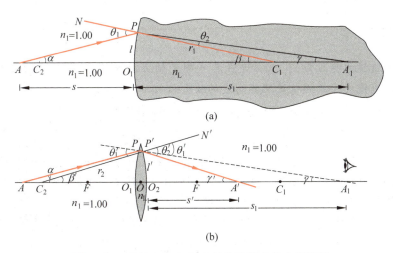

图 25.24 光轴上发光点 A 经凸透镜成像分析用图

再来看光线 PA_1 被第二个球面折射的情况。对图 25.24(b) 进行类似于对图 25.21(b) 的分析，可得

$$\frac{n_1 - n_L}{r_2} = \frac{n_L}{s_1} - \frac{n_1}{s'} \tag{25.11}$$

对于薄透镜，可认为 O_1 和 O_2 点重合为光心 O，而图 25.24(a) 和 (b) 的 s_1 可看作是同一段距离。这样，在式(25.10)和式(25.11)中消去 n_L/s_1 项，可得

$$n_1\left(\frac{1}{s}+\frac{1}{s'}\right) = (n_L - n_1)\left(\frac{1}{r_1}+\frac{1}{r_2}\right)$$

由于 $n_1=1$，所以又有

$$\frac{1}{s}+\frac{1}{s'} = (n_L - 1)\left(\frac{1}{r_1}+\frac{1}{r_2}\right)$$

再利用磨镜者公式(25.9)，又可得

$$\frac{1}{s}+\frac{1}{s'} = \frac{1}{f} \tag{25.12}$$

在上述推导过程中，光线 AP 是任意选取的，所以所有由发光点 A 发出的傍轴光线都应该满足式(25.12)。这就是说，A 点发出的所有傍轴光线经过凸透镜后将相交于 A' 点而形成 A 的像，s 和 s' 分别是物距和像距。式(25.12)称为**薄透镜公式**。

在物体不是一个发光点的情况下，它上面的各发光点发出的各条傍轴光线也都满足式(25.12)。因此，可以利用式(25.12)求物体的像的位置，式中 s 和 s' 都是沿光轴方向的

距离。

显示凸透镜成像的一个方便而直观的方法是几何作图——光路图法,它利用三条特殊的很容易作出的**主光线**。

(1) 通过光心的光线经过透镜后按原方向前进(因为在光心处透镜的两表面相互平行,由例 25.4 可知入射光线透过后方向不变;又因为是薄透镜,忽略此处透镜的厚度,则光线的侧移可以不计)。

(2) 平行于光轴的光线,经过透镜后通过第二焦点(图 25.19(a))。

(3) 通过第一焦点的光线,经过透镜后平行于光轴前进(图 25.19(b))。

例 25.7

一个薄凸透镜的焦距为 20 cm。今在其一侧光轴上放一物体,物体离透镜光心 80 cm,求该物体经过透镜成的像的位置及其高度的放大倍数。

解 将 $s=80$ cm, $f=20$ cm 代入薄透镜公式(25.12),可得像距为

$$s' = \frac{sf}{s-f} = \frac{80 \times 20}{80-20} = 27 \text{ (cm)}$$

利用特殊三条线作的光路图为图 25.25,图中显示像 $A'B'$ 与物体 AB 分居透镜的两侧,像距透镜 27 cm。由于 $A'B'$ 是穿过透镜的光线的实际的交点,眼睛迎着光线看去,它也是实际的光线的发出点,所以 $A'B'$ 是 AB 的**实像**,而且是**倒立**的。这一结果和像距 $s'>0$ 对应。

利用图 25.25 中△ABO 和△A'B'O 的相似,可求得像的高度放大倍数,也就是像的横向放大率为

$$m = \frac{A'B'}{AB} = \frac{s'}{s} = \frac{27}{80} \approx \frac{1}{3}$$

即像的高度缩小到物体高度的 1/3。

例 25.7 所述情况即**照相机**的基本光学原理,照相机的"镜头"即起这里的凸透镜的作用。不过,为了消除几何光学引起的各种误差,照相机的镜头都是"复合透镜头",即由几个共轴的不同的透镜组成(图 25.26)。照相机内的后部装有感光板(普通照相机的胶片或数码相机的光电屏),照相机前方物体的像就呈现在感光板上。这像必须是实像才能引起感光板的反应而被记录下来。一般的照相机的镜头到感光板的距离是可调的("傻瓜"相机除外),所谓"调焦"就是要使被照物体的像正好形成在感光板上,以得到更清楚的相片。"调焦"有的是调节镜头到感光板的距离,有的则是调节复合镜头中各镜片的相对距离以改变镜头的焦距。

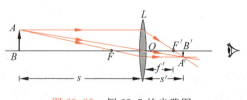

图 25.25 例 25.7 的光路图

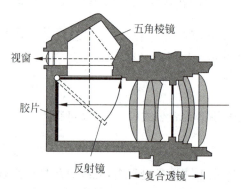

图 25.26 用复合透镜作镜头的照相机,快门打开时平面镜上合使被照景物成实像于胶片上

例 25.8

例 25.7 中如果物体放在凸透镜焦点以内离透镜 15 cm 处,成像结果又如何?

解 将 $f=20$ cm,$s=15$ cm 代入薄透镜公式(25.12)中,可得像距为

$$s' = \frac{sf}{s-f} = \frac{15 \times 20}{15-20} = -60 \text{ (cm)}$$

本例的光路图为图 25.27 所示(其中下面两条光线是两条特殊光线,画出后已可确定像的位置,最上面一条光线是确定 A' 之后画出的经过透镜边缘的一条光线)。由图可知,当物距 $s<f$ 时,其上的各发光点发出的光线穿过透镜后不可能会聚而是发散的,但它们的反向延长线在物体所在的透镜的同一侧相交于一点。因此,当眼睛迎着透射光观察时,将看到光线好像是从 $A'B'$ 发出的。然而 $A'B'$ 并不是实际的光线的交点,因而成了**虚像**。虚像在物体所在的透镜的同一侧形成而且是正立的,这一结果和像距 $s'<0$ 对应。

利用图 25.27 中 △ABO 和 △A'B'O 的相似,可得像的横向放大率为

$$m = \frac{A'B'}{AB} = \frac{|s'|}{s} = \frac{60}{15} = 4$$

即像的高度被放大到了物体高度的 4 倍。

可以用式(25.12)一般地证明,当物体放在凸透镜一侧的焦点以内($s<f$)时,总可得 $s'<0$ 而且 $|s'|>s$。这时光路图总给出,在透镜的物体所在的同一侧形成了物体的正立且放大了的虚像。这就是凸透镜用做**放大镜**的原理。

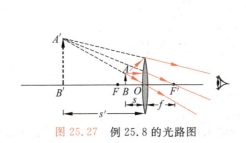

图 25.27 例 25.8 的光路图

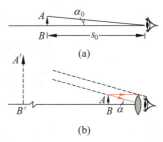

图 25.28 放大镜的放大作用

一个物体的边缘在眼睛处所张的角度叫该物体的**视角**。同一物体离眼睛越近,其视角越大,看得也越清楚。能看清物体时物体离眼睛的最近点称为**近点**,其距离称为**明视距离**。一般正常眼睛的明视距离就取 25 cm。如图 25.28(a)所示,一个小物体放在明视距离 s_0 处,它对眼睛的视角为 $\alpha_0 = \frac{AB}{s_0}$。要想看得更清楚些,就在眼前放一个放大镜,通过它看到的是物体的放大了的虚像(图 25.27)。物体放在放大镜的焦点以内,离焦点越近,虚像离镜越远,而虚像的视角也越大。把物体放在放大镜的焦点上,则在无限远处成像,视角最大,看得最清楚,这时人眼放松,也最舒服。通常就以这种情况计算放大镜的放大功能。这时虚像的视角为 $\alpha = \frac{AB}{f}$(图 25.28(b)),放大镜的**角放大率**就定义为

$$m_\theta = \frac{\alpha}{\alpha_0} = \frac{s_0}{f} = \frac{25}{f} \tag{25.13}$$

式中 f 以 cm 为单位。

薄凹透镜成像的物距、像距和焦距的关系也适用薄透镜公式(25.12),不过,其焦距 f 应取负值。这样,对一个实际物体来说,物距 s 为正值,而像距 s' 总为负值。薄凹透镜也可以根据三条特殊的光线画出(图 25.29),由图可知,对应于 f 和 s' 的负值,像总是正立的虚像,横向放大率也用公式 $m=|s'|/s$ 计算,其结果总是缩小的像。总之,实际物体经过薄凹透镜成的像总是正立的、缩小的虚像,与物体位于薄凹透镜的同一侧。

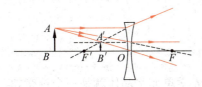

图 25.29 薄凹透镜的成像光路图

以上讨论的都是实际物体经过透镜(或反射镜)成像的情况。这种情况下,透镜(或反射镜)接受的光是发散的,薄透镜公式中的物距都取正值。但也有的情况下,透镜(或反射镜)接受的光线是会聚的,会聚点与入射光线分居透镜两侧。这时,我们称入射光线原来(即无透镜时)的会聚点是"虚物体",并将它离开透镜的距离,即物距 s 以负值代入薄透镜公式(25.12)进行计算。

例 25.9

在球面半径为 20 cm 的凹镜前方 12 cm 处放一物体,30 cm 处放一焦距为 20 cm 的凸透镜,使其光轴与凹镜的重合。物体近旁有一小遮光板挡住物体发的光不能直接照到透镜上。求物体发的光经凹镜反射后由透镜成的像的位置、正倒、虚实和大小。

解 作光路图如图 25.30。先画 A 在凹镜(球心为 C,焦点为 F_M)中成像的光路图得到像 A_1(为得到 A 的像 A_1,作图时可认为遮光板不存在),再引垂直于光轴的直线 A_1B_1 而得 AB 在凹镜中成的像。由于凸透镜的拦截,像 A_1B_1 没能出现,形成 A_1B_1 的由凹镜反射的光被透镜折射而会聚到 A_2B_2 处成了一个真正的实像。对应于这个实像的物体就是"虚物体"A_1B_1,它是由向透镜会聚的光形成的,它经过凸透镜成的像也可用作光路图法画出来。图中就用了两条特殊的入射光线,一条通过透镜的焦点 F_L,另一条平行于光轴。

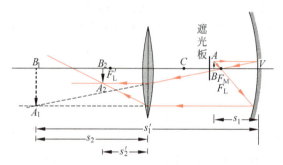

图 25.30　例 25.9 的光路图

现在利用球面镜成像公式(25.2)和薄透镜公式(25.12)进行计算。对凹镜成像,$f_1 = \dfrac{r}{2} = \dfrac{20}{2} = 10$ cm,$s_1 = 12$ cm,式(25.2)给出

$$s_1' = \frac{s_1 f_1}{s_1 - f_1} = \frac{12 \times 10}{12 - 10} = 60 \text{ (cm)}$$

对凸透镜成像,$s_2 = -(s_1' - l) = -(60 - 30) = -30$ (cm),$f_2 = 20$ cm,而

$$s_2' = \frac{s_2 f_2}{s_2 - f_2} = \frac{(-30) \times 20}{(-30) - 20} = 12 \text{ (cm)}$$

A_2B_2 的横向放大率可以由两次放大率的乘积求得,即

$$M = m_1 m_2 = \frac{s_1'}{s_1} \times \frac{s_2'}{|s_2|} = \frac{60 \times 12}{12 \times |-30|} = 2$$

总的结果是物体发的光经凹镜反射和凸透镜折射,在透镜外侧 12 cm 处得到了放大两倍的、相对于物体倒立的实像。

25.7　人眼

人眼的最重要部分是眼球(图 25.31),它的最基本的光学单元水晶体就是一个透镜,其前后方充满了透明液体。外界光线通过角膜进入瞳孔,经水晶体折射后,在眼球后方的视网膜上生成实像。视网膜由感光细胞构成，这些细胞分两类。一类是圆锥细胞，大约有 700 万个，大都分布在视网膜上正对瞳孔的中央部分；另一类是圆柱细胞，大约有 1 亿个，一直分布到视网膜的边缘部位。圆柱细胞只能分辨明暗黑白，但对光的敏感性要比圆锥细胞大得多，昏暗情况下，主要靠它们来看见物体。这些感光细胞个个都有视神经通往大脑。视网膜上成像时，不同的感光细胞受到不同的光刺激，这些刺激经视神经传向大脑，使人产生视觉。

在视网膜上神经纤维进入眼球的那一点没有感光细胞，光线照在上面不能产生视觉。这一点叫盲点，两眼各有一个盲点，盲点的存在可用下述方法证实。闭上你的右眼，只用左眼来注视图 25.32 中的黑斑，然后前后变动书页到你的眼的距离。你会发现书页距离眼 20 cm 左右时，完全看不见黑叉了。如果你闭上左眼用右眼注视图 25.32 中的黑叉，也可以发现书页在相同距离时，黑斑消失了。黑叉或黑斑的消失就是因为它们的像分别成在左眼和右眼的盲点上了。

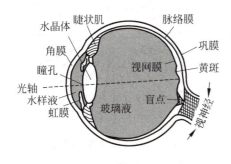

图 25.31　人眼的结构（从头顶向下看的右眼的截面图）

图 25.32　证实盲点存在的用图

人生下来眼球的结构就基本定型了，从水晶体到视网膜的距离（像距）就固定了。那么，人怎么远处和近处（物距不同）的物体都能看清楚呢？这是因为水晶体并非坚固硬块，而是由多层极薄的密度不同的角质体组成的，透明而富有弹性。它的表面曲率可以由于周围环绕的睫状肌的伸缩而改变。当睫状肌紧缩时，水晶体周边受到压缩，其前后两面更为凸起，曲率增大，水晶体的焦距变短。当睫状肌放松时，水晶体前后两面变得更平坦些，曲率减小，水晶体的焦距变长。所以水晶体实际上是由睫状肌控制其焦距的变焦透镜，这样，远近物体都能在视网膜上成像也就不足为奇了。

很多学生由于不注意爱护眼睛，老是把书放在离眼太近处阅读，或者常在光线不足的地方读书，这样，睫状肌长期处于紧缩状态，水晶体长期受到挤压而"疲劳"，以致只能保持较大凸起的形状而不能恢复正常的扁平状态，其"远点"，即能看清楚的最远距离，比正常人的近了，这些同学就成了**近视眼**。近视眼的水晶体的焦距过短，远处物体成像在视网膜前因而看不清楚（图 25.33(a)）。矫正这种眼睛的缺陷就用凹透镜做眼镜，使入射光线发散一些以抵消水晶体过高的屈光本领。这样，远处物体也能成像在视网膜上了（图 25.33(b)）。

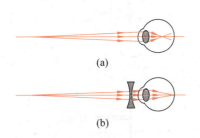

图 25.33　眼睛的缺陷及其矫正（一）
(a) 近视眼；(b) 用凹透镜矫正近视

老年人体力衰减，肌肉包括睫状肌都变得松弛了。

由于睫状肌不能收缩得足够紧,水晶体凸起不够,焦距不能变得足够短,近处物体就会成像在视网膜后因而看不清楚(图 25.34(a)),就成了远视眼。矫正这种眼睛的缺陷就用凸透镜做眼镜,使入射光线先会聚一些以补充水晶体过低的屈光本领,这样,近处物体也能成像在视网膜上了(图 25.34(b))。

散光眼也是水晶体的形状出了毛病,它已不是对称的球状突起,而是有的地方呈圆柱状或其他形状,这样的眼睛就会在某个方向看不清物体了。请你闭上一只眼,用另一只眼注视图 25.35 中各条辐射线靠中心的那一端。如果你看到有些线不太清楚而且颜色比其他线浅,就说明你的这只眼有散光的缺陷了。矫正散光比矫正近视或远视当然要困难得多。

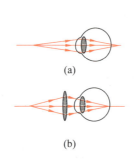

图 25.34　眼睛的缺陷及其矫正(二)
(a) 远视眼;(b) 用凸透镜矫正远视

图 25.35　检验散光用图

25.8　助视仪器

用肉眼看物体,其清晰程度是有限度的,远处物体常看不清楚,近处物体,特别其细微结构也看不清楚,于是人们就发明了各种仪器来帮助改善人们的视觉。25.6 节中所讲的放大镜就是一种助视仪器,它可以产生物体的放大了的因而更清楚的像,但只有一个凸透镜的放大镜的放大倍数有限(一般也就几倍),放大倍数要求更大时就用显微镜,要更清晰地观察远处物体时要用望远镜。下面用薄透镜的组合来简要说明显微镜和望远镜的原理。

显微镜有两个凸透镜(实际上是两组复合透镜),分别装在一个镜筒的两端,靠近物体的那个透镜叫**物镜**,靠近观察者眼睛的那个透镜叫**目镜**(图 25.36)。细微的待观察物体 AB 放在物镜下面第一焦点之外近处,它发的光经过物镜形成物体的放大的实像 A_1B_1。镜筒的长度恰使此实像成在目镜的第一焦点上,此目镜就起放大镜的作用,人眼靠近目镜观察时可以看到物体的已被最大限度地放大了的虚像。

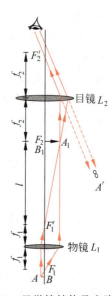

图 25.36　显微镜结构及光路示意图

由图 25.36 可看出物镜的横向放大率为

$$m = \frac{A_1B_1}{AB} = \frac{l}{f_1}$$

式(25.13)给出目镜的角放大率为

$$m_\theta = \frac{25}{f_2}$$

显微镜点的放大率 M 应为 m 和 m_θ 的乘积,即

$$M = mm_\theta = \frac{25l}{f_1f_2} \tag{25.14}$$

实际上,由于 f_1 和 f_2 都比显微镜筒长小得多,式中 l 就常取为显微镜筒的长度(即物镜到目镜的距离),式(25.14)各量以厘米计。

在 23.3 节中已指出,由于光的波动性,光学显微镜(即利用可见光照亮物体的显微镜)的放大倍数受到限制。由于最小分辨角和照明波长成正比(式(23.12)),利用紫光照明的显微镜,有效放大率大约不超过 2 000,放大倍数再大也不可能使被观察物体的细微结构更清楚了,于是,有电子显微镜、扫描隧道显微镜等的出现。

望远镜用来观察远处的物体,利用光的折射的天文望远镜也由两个凸透镜构成(图 25.37)。物镜直径较大,焦距较长,目镜就是一个放大镜,二者之间的距离使得物镜的第二焦点和目镜的第一焦点重合。远处星体发出的光形成平行光束射来,经过物镜在焦点 F_1' 上生成实像,再经目镜在无穷远处形成虚像。远处星体对肉眼的视角为 α,经过望远镜后形成的虚像的视角为 α'。由图可知,望远镜的角放大率为

$$M_\theta = \frac{\alpha'}{\alpha} = \frac{A_1B_1}{f_2} \Big/ \frac{A_1B_1}{f_1} = \frac{f_1}{f_2} \tag{25.15}$$

此式说明用较长焦距的物镜和较短焦距的目镜可以得到较大的角放大率。

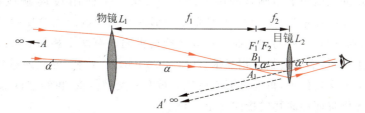

图 25.37　折射望远镜结构和光路示意图

除了放大率外,天文望远镜更关心它能接收多少光能。为了接收更多的光能,物镜常做得比较大,例如直径可达 1 m。这样,不仅物镜的焦距可以长了,从而使望远镜的放大倍数大了,而且由于接收的光能多了,像的亮度可以增大。同时,由于由光的衍射所决定的最小分辨角和望远镜的入射孔径成反比,所以,增大物镜的直径还有助于减小最小分辨角而使星体的表面结构可以看得更清楚。由于制造均匀的大块玻璃和支架又重又大的透镜比较困难,所以就用大的反射镜来作为物镜(图 25.38(a))。哈勃空间望远镜的物镜就是直径为 5.0 m 的凹反射镜,更大的物镜反射镜是用很多小的反射镜拼起来做成的(图 25.38(b))。

应该注意的是,用天文望远镜看到的像相对于物体都是倒立的。这对于天文观察无关紧要,但对地面观察,如在战场上或大剧院内,则很不相宜,因为这时人们需要看到和实际物体指向相符的正立的像。为了达到这一目的,一个方法是把望远镜的目镜换成凹透镜。这

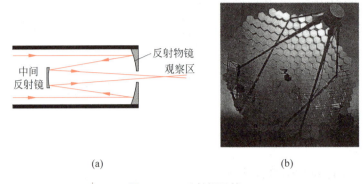

图 25.38 反射望远镜

(a) 用反射镜做物镜的望远镜示意图；(b) 美国 Wipple 天文台的 10 m 光学反射器

种类型的望远镜称为伽利略望远镜，以纪念他首先用望远镜观察了月面上的山、太阳黑子、土星环和木星的 4 个卫星，伽利略望远镜的光路图如图 25.39 所示。

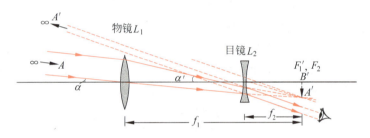

图 25.39 伽利略望远镜的结构和光路示意图

地面上使用的双筒望远镜则是利用了另一种方法。一种用玻璃制成的直角棱镜如图 25.40(a) 所示，两束垂直于底面的入射光线经形成直角的两个面全反射后，射出时会交换位置，上面的到下面，下面的到上面。在双筒望远镜内装有两个相同的等腰直角棱镜，它们的底面的一半相对，而底边长棱相互垂直(图 25.40(b))。这样，光线通过物镜射入后，经过第一棱镜被上下交换位置，再经过第二棱镜后被左右交换位置，再经过目镜生成的虚像就是上下左右并无倒置而和原物的指向完全一致了。

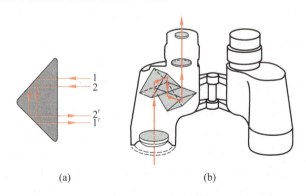

图 25.40 双筒望远镜

(a) 结构与光路示意图；(b) 等腰直角棱镜能交换入射光线的位置

提 要

1. 光线：在衍射可以忽略的情况下，光在均匀介质中沿直线传播。表示光的传播方向的直线称为光线。锥形光线束进入人眼，人才产生视觉。在透明介质中从旁看到的"光线"，是介质分子对光散射的结果。

2. 光的反射定律：入射线在两种介质的分界面上反射回原介质时，反射线在入射线和入射点的法线决定的平面内，反射角等于入射角。反射时光路是可逆的。

由于光的反射，物体发的光在平面镜内生成虚像，此虚像与物体对镜面完全对称。

3. 球面镜：对于傍轴光线，凹面镜能会聚入射的平行光，会聚点为焦点，焦点到镜中心的距离为焦距。凹面镜的焦距为其反射球面半径的一半。

球面镜成像公式：

$$\frac{1}{s} + \frac{1}{s'} = \frac{1}{f}$$

利用三条特殊的容易作出的光线可以用光路图法求解球面镜成像的问题。

凸面镜发散入射的平行光，其焦点为虚的，焦距为负值，它只能生成物体的缩小的正立的虚像。

4. 光的折射定律：入射线在两种介质的表面上折射进入第二种介质时，折射线在入射线和入射点的法线所决定的平面内，折射角 θ_2 的正弦和入射角 θ_1 的正弦之比等于光在两种介质中的速率 v_1 和 v_2 之比，即

$$\frac{\sin\theta_1}{\sin\theta_2} = \frac{v_1}{v_2}$$

引入介质的折射率

$$n = \frac{c}{v}$$

则上述折射公式可写成

$$n_1 \sin\theta_1 = n_2 \sin\theta_2$$

折射现象中光路也是可逆的。

5. 薄透镜的焦距：对于傍轴光线，薄凸透镜能会聚平行光，会聚点为焦点。一个凸透镜的两侧各有一个焦点，平行光会聚的那个焦点称第二焦点，另一侧的焦点称为第一焦点。点光源置于第一焦点上，它发的光经过透镜折射后，在另一侧变为平行光。透镜两侧的介质相同时，它两侧的焦距相等。

透镜材料折射率为 n_L，两侧皆为空气时，透镜的焦距 f 由下述磨镜者公式决定：

$$\frac{1}{f} = (n_L - 1)\left(\frac{1}{r_1} + \frac{1}{r_2}\right)$$

式中 r_1 和 r_2 为透镜两表面的半径，凸起的表面 r 取正值，凹进的表面 r 取负值，平面的表面 r 取 ∞。凸透镜的焦距为正值，凹透镜的焦距为负值。凹透镜只能发散入射的平行光。

6. 薄透镜成像公式

$$\frac{1}{s} + \frac{1}{s'} = \frac{1}{f}$$

利用三条特殊的容易作出的光线,可以用光路图法求解薄透镜成像的问题。

凹透镜只能生成物体的缩小的正立虚像。

透镜的横向放大率

$$m = \frac{|s'|}{s}$$

一个凸透镜可用来作放大镜,其视角放大率为

$$m_\theta = \frac{25}{f}$$

7. 人眼

人眼的主要光学元件是水晶体,它可以使外界物体的实像成在视网膜上,由视神经将光刺激信息送入大脑,形成人的视觉。

水晶体的焦距可以由睫状肌控制,因而是一个变焦透镜。

近视眼的水晶体过于凸起,焦距过小,用凹透镜做的眼镜矫正。

远视眼的水晶体过于平坦,焦距过大,用凸透镜做的眼镜矫正。

8. 助视仪器

显微镜的物镜焦距较短,目镜为一放大镜,总的放大率为

$$M = \frac{25l}{f_1 f_2}$$

式中的 l 可取镜筒的长度。光学显微镜的放大率受到照明光的波长限制。

望远镜的物镜较大,焦距较长,目镜也是一放大镜,总的角放大率为

$$M_\theta = f_1/f_2$$

目镜较大,可以接收更多光能,也可以增大望远镜的分辨率。

地面上使用的望远镜要求产生物体的正立的虚像,为此可以用凹透镜作为目镜,或者用直角棱镜来改变像对于物体的指向。

思考题

25.1 在什么条件下,可以忽略光的波动性,认为光是沿直线传播的?

25.2 烈日当空,浓密树荫下的亮斑是圆形的大小一样。在日偏食时,这些亮斑都是月牙形的大小也一样。这些亮斑都是阳光透过树叶的孔隙洒到地面上形成的,其形状与这孔隙的形状和大小无关。为什么?

25.3 要在墙上的穿衣镜内看到自己的全身像,镜本身的上下长度应是多少?应挂在多高的地方(相对于人的高度)?这长度与高度与你离镜的远近有关系吗?

25.4 汽车司机座位外面的后视镜和山区公路急转弯处外侧立的较大的观察镜都是凸面镜。用这种球面镜比用平面镜有什么好处?在后视镜中看到的后面的车到你的车的距离比实际距离是大还是小?

25.5 驱车开行在新疆草原上笔直的新修的柏油公路上,有时会看到前方四五百米远的路面上出现

一片发亮的水泊水波荡漾(图 25.41),但车开到该处时并未发现任何水迹,那么为什么原来会看到水泊呢(这种幻象叫海市蜃楼现象,在烟台蓬莱阁上有时可看到的海上仙岛也是类似原因形成的)?

25.6 白光(如日光)是由从红到紫的许多单色光组成的,一束白光(例如太阳光)通过三棱镜后各成分色光就分开了,这种现象叫**色散**。白光通过三棱镜后的色散如图 25.42 所示。由图你能判断出红光和紫光哪种光在玻璃中的速度更大些吗?

图 25.41 车的前方出现了水泊

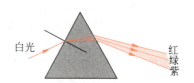

图 25.42 白光通过三棱镜的色散

25.7 什么是**全反射**现象?什么条件下会发生这种现象?发生全反射的最小的入射角和界面两侧的介质的折射率有什么关系(复习 7.6 节)?

25.8 用塑料薄膜做一个铁饼式密封袋,其中充满空气。把这样一个"空气透镜"放入水中时,它对平行于光轴的入射光线是会聚还是发散?如果此透镜两表面的曲率半径都是 30 cm,它的焦距是多大?已知水的折射率 $n=1.33$。

25.9 填写下面关于薄透镜成像的小结表。你能对球面镜作出一个类似的表吗?

焦 点		物		像		
焦距 f		物距 s(范围)	像距 s'(范围)	正立或倒置	实或虚	放大或缩小
磨镜者公式 $\frac{1}{f}=$ _____ 其中的 r _____ 时,为正 r _____ 时,为负	凸透镜 f _____ 0	$s>2f$ $s=2f$ $2f>s>f$ $s=f$ $s<f$				
	凹透镜 f _____ 0	$s>0$				

25.10 实际物体用一个凸透镜在什么范围不可能成像?用一个凹透镜在什么范围不可能成像?

25.11 用球面镜和透镜成像做实验观察时,如何区别实像和虚像?

25.12 要能看到物体的像,眼睛应该放在什么范围内?分别画出图 25.43(a)、(b)的成像光路图及观察像时眼睛应该放在的范围。

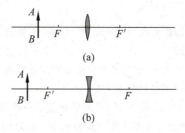

图 25.43 思考题 25.12 用图

习题

25.1 一路灯的高度为 8.0 m,一身高 1.70 m 的人在其下水平道路上以 1.5 m/s 的速率离开它走去。求人的头顶在地面上的影子的移动速率。

25.2 一人游泳时,不慎将眼镜掉入水中。他立在岸边用右手食指和拇指围成一小洞,通过小洞可以看到水下的眼镜。如果此时小洞离他的前胸 30 cm,他的眼睛高出小洞也是 30 cm,高出水面 1.6 m,而游泳池水深 2.0 m,那么水中的眼镜离游泳池的竖直壁多远?水的折射率取 1.33。

25.3 在空气中波长为 580 nm 的黄光以 45°的入射角射入金刚石后的折射角为 17.0°,求金刚石对此黄光的折射率和此黄光在金刚石中的频率、波长和速率。

25.4 可以用作图方法求出折射线。如图 25.44 所示,先画出射入界面上 A 点的入射线,以入射线上任一点为圆心画出半径与折射率 n_1 和 n_2 成比例的两个圆弧。半径为 n_1 的圆弧通过入射点 A,半径为 n_2 的圆弧与法线相交于点 P。连接线段 OP,通过入射点 A 作 OP 的平行线 AB,AB 即折射线。

证明:图 25.44 中的 θ_1 和 θ_2 满足折射定律,即 $n_1 \sin\theta_1 = n_2 \sin\theta_2$。

25.5 一种玻璃对红光($\lambda=633$ nm)的折射率为 1.52,这种玻璃在空气中对此红光发生全反射的临界角多大?(复习 7.6 节)在水中发生全反射的临界角多大?

25.6 在空气中对折射率为 1.52 的玻璃块的表面垂直入射的光线,其反射线的光强占入射光强的百分之几?

25.7 入射到玻璃三棱镜一侧面的光线对称地从另一侧面射出(图 25.45)。如果此时的射出光线对入射光线的偏向角为 δ,而棱镜的顶角为 A,证明:此玻璃的折射率为

$$n = \frac{\sin\frac{A+\delta}{2}}{\sin\frac{A}{2}}$$

(可以证明,对不同的入射方向,此时的偏向角 θ 最小。实验上常利用此式由测得的最小偏向角 $\delta_{\min}$ 来求出玻璃的折射率。)

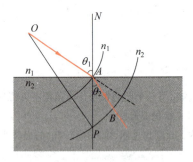

图 25.44 用作图法求折射线

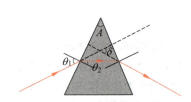

图 25.45 习题 25.7 用图

25.8 在球面半径为 30 cm 的凹镜前面(1)25 cm 和(2)10 cm 处放一物体,分别求其像的位置、正倒、虚实和横向放大率,并画出成像光路图。

25.9 牙医的小反射镜在被放到离牙 2.0 cm 处时能看到牙的线度放大到 5.0 倍的正立的像,此反射镜是凸镜还是凹镜?它的反射面的曲率半径是多大?

25.10 如图 25.46 所示,在高 40 cm 宽 20 cm 的暗箱底部装一曲率半径为 40 cm 的凹镜,箱顶部为一与水平成 45°的平面镜。今在凹镜的竖直光轴上距凹镜顶点 30 cm 处用细线水平地拉住一高 3 cm 的小玉佛。此小玉佛用灯照亮后,其像成在何处(画光路图)?是实是虚?大小、正倒如何?眼睛在何处观察?

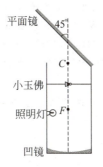

图 25.46　习题 25.10 用图

25.11　人眼的一种简单模型是水晶体和其前后的透明液体的折射率都是 1.4，而所有进入眼睛的光线都只在角膜处发生折射，且角膜顶点离视网膜的距离为 2.60 cm。(1)要使入射平行光会聚到视网膜上，(2)要使角膜前 25.0 cm 处物体成像在视网膜上，角膜的曲率半径分别应是多大？

25.12　一球形鱼缸的直径为 40 cm，水中一条小鱼停在鱼缸的水平半径的中点处。从外面看来，小鱼的像在何处？是实是虚？相对于小鱼，像放大到了几倍？

25.13　由于透镜材料对不同色光的折射率不同，因而透镜对不同色光的焦点不在一点上，透镜成的像也会由于这种**色差**而变得模糊，色差也就成了单个透镜的一种主要缺陷。

重火石玻璃对紫光($\lambda=410$ nm)的折射率为 1.698，对红光($\lambda=660$ nm)的折射率为 1.662。用这种玻璃做成的一个双凸透镜，两面的曲率半径都是 20 cm，这个双凸透镜的红光焦点和紫光焦点，哪个离透镜更近些？这两个焦点相距多远？

25.14　虹是小水珠对阳光色散的结果。如图 25.47(a)是一条单色光线通过水珠被一次反射的光路图。

(1) 由图 25.47 中光路的对称性证明：当入射角为 θ_1，折射角为 θ_2 时，出射光线与入射光线的夹角为 $\alpha = 4\theta_2 - 2\theta_1$。

(2) 当在某一小范围 $d\theta_1$ 内（即在水珠表面某一小面积上）入射的光线的出射光的折返角度 α 相同，即 θ_1 满足 $d\alpha/d\theta_1 = 0$ 时，对应于该 α 将出现该色光的出射最大强度，而我们将看到在天空中该颜色的光的亮带。证明：由 $d\alpha/d\theta_1 = 0$ 决定的角度 θ_{1c} 由下式给出：

$$\cos^2\theta_{1c} = \frac{1}{3}(n_w^2 - 1)$$

式中 n_w 为水对该色光的折射率。

(3) 水的红光和紫光的折射率分别是 $n_{w,r}=1.333$ 和 $n_{w,v}=1.342$，分别求红光和紫光的 θ_{1c} 和 α。

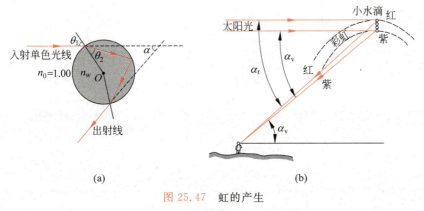

图 25.47　虹的产生
(a) 小水珠对光线的折射；(b) 弧状的彩虹

25.15 一个平凸透镜的球面的半径是 24 cm，透镜材料的折射率是 1.60。求物体放在一侧离透镜 (1)120 cm，(2)80 cm，(3)60 cm，(4)20 cm 时，像的位置、正倒、虚实和大小，并作(3)、(4)两种情况的成像光路图。

25.16 在距一支蜡烛为 L 处放一白屏，当将焦距为 f 的凸透镜放到烛屏之间某处时，屏上出现蜡烛的清楚的像。当把透镜在烛屏之间移动到另一位置时，屏上又出现蜡烛的清楚的像。如果这次移动透镜的距离是 d，(1)证明：所用凸透镜的焦距为

$$f = \frac{L^2 - d^2}{4L}$$

(2)两次成的像有什么区别？(3)证明：要想利用此实验测得透镜的焦距，必须有 $L > 4f$。

25.17 用一透镜投影仪放幻灯片，所用凸透镜的焦距为 20.0 m。如果屏幕离透镜 5.00 m，幻灯片应放在何处？是正放还是倒放？像的面积是幻灯片面积的几倍？

25.18 两个焦距分别是 10 cm 和 8 cm 的凸透镜，沿水平方向共轴地相隔 10 cm 放置，今在它们之外距离较近的镜 15 cm 处的光轴上放一高 1.5 cm 的小玉佛。求经过两个透镜的折射，小玉佛的像成在何处？虚实、正倒、大小如何？并作成像光路图。

25.19 两个焦距分别为 f_1 和 f_2 的薄透镜共轴地靠在一起。证明这一组合透镜的焦距 f 满足

$$\frac{1}{f} = \frac{1}{f_1} + \frac{1}{f_2}$$

25.20 美国芝加哥大学 Yerkes 天文台的折射望远镜的物镜透镜的直径为 1.02 m，焦距为 19.5 m，目镜的焦距为 10 cm，加州 Palomar 山天文台的反射望远镜的物镜凹镜的直径为 5.1 m，焦距为 16.8 m，目镜的焦距为 1.25 cm。这两台望远镜的角放大率各是多少？它们的最小分辨角多大？

25.21 一望远镜的物镜凹镜 M_1 的直径为 10 m，焦距 $f_1 = 20$ m，镜前 14 m 处迎面放一球面镜 M_2。要想使远处星体成像在 M_1 后面 4 m 处，M_2 的焦距 f_2 应多大？它是凹镜还是凸镜？目镜为焦距 $f_3 = 20$ cm 的凸透镜，此目镜应放在何处进行观察？此望远镜的角放大率多大？星体发的光的波长按黄光 $\lambda = 590$ nm 计，此望远镜的最小分辨角多大？

第 5 篇 量子物理

量子概念是 1900 年普朗克首先提出的，到今天已经过去了一百余年。这期间，经过爱因斯坦、玻尔、德布罗意、玻恩、海森伯、薛定谔、狄拉克等许多物理大师的创新努力，到 20 世纪 30 年代，就已经建成了一套完整的量子力学理论。这一理论是关于微观世界的理论。和相对论一起，它们已成为现代物理学的理论基础。量子力学已在现代科学和技术中获得了很大的成功，尽管它的哲学意义还在科学家中间争论不休。应用到宏观领域时，量子力学就转化为经典力学，正像在低速领域相对论转化为经典理论一样。

量子力学是一门奇妙的理论。它的许多基本概念、规律与方法都和经典物理的基本概念、规律和方法截然不同。本篇将介绍有关量子力学的基础知识。第 26 章先介绍量子概念的引入——微观粒子的二象性，由此而引起的描述微观粒子状态的特殊方法——波函数，以及微观粒子不同于经典粒子的基本特征——不确定关系。然后在第 27 章介绍微观粒子的基本运动方程（非相对论形式）——薛定谔方程。对于此方程，首先把它应用于势阱中的粒子，得出微观粒子在束缚态中的基本特征——能量量子化、势垒穿透等。

第 28 章用量子概念介绍了电子在原子中运动的规律，包括能量、角动量的量子化，自旋的概念，泡利不相容原理，原子中电子的排布，X 光和激光的原理。最后介绍了分子结构和能级。

第 29 章介绍固体中的电子的量子特征，包括自由电子的能量分布以及导电机理，能带理论及对导体、绝缘体、半导体性能的解释。纳米科技也在《今日物理趣闻》栏目内作了简单介绍。由于固体中的电子的讨论已涉及大量微观粒子的运动，所以简要地介绍了量子统计概念。

第30章介绍原子核的基础知识,包括核的一般性质、结合能、核模型、核衰变及核反应等。关于基本粒子的知识和当今关于宇宙及其发展的知识也都属于量子物理的范围,其基本内容在"今日物理趣闻 A 基本粒子"和"今日物理趣闻 E 大爆炸和宇宙膨胀"中已分别有所介绍,在本篇中不再重复。

第26章

波粒二象性

量子物理理论起源于对波粒二象性的认识。本章着重说明波粒二象性的发现过程、定量表述和它们的深刻含义。先介绍普朗克在研究热辐射时提出的能量子概念,再介绍爱因斯坦引入的光子概念以及用光子概念对康普顿效应的解释,然后说明德布罗意引入的物质波概念。最后讲解概率波、概率幅和不确定关系的意义。这些基本概念都是对经典物理的突破,对了解量子物理具有基础性的意义,它们的形成过程也是很发人深思的。

26.1 黑体辐射

当加热铁块时,开始看不出它发光。随着温度的不断升高,它变得暗红、赤红、橙色而最后成为黄白色。其他物体加热时发的光的颜色也有类似的随温度而改变的现象。这似乎说明在不同温度下物体能发出频率不同的电磁波。事实上,仔细的实验证明,在任何温度下,物体都向外发射各种频率的电磁波。只是在不同的温度下所发出的各种电磁波的能量按频率有不同的分布,所以才表现为不同的颜色。这种能量按频率的分布随温度而不同的电磁辐射叫做**热辐射**。

为了定量地表明物体热辐射的规律,引入**光谱辐射出射度**的概念。频率为 ν 的光谱辐射出射度是指单位时间内从物体单位表面积发出的频率在 ν 附近单位频率区间的电磁波的能量。光谱辐射出射度(按频率分布)用 M_ν 表示,它的 SI 单位为 W/(m²·Hz)。实验测得的 100 W 白炽灯钨丝表面在 2 750 K 时以及太阳表面的 M_ν 和 ν 的关系如图 26.1 所示(注意图中钨丝和太阳的 M_ν 的标度不同,太阳的吸收谱线在图中都忽略了)。从图中可以看出,钨丝发的光的绝大部分能量在红外区域,而太阳发的光中,可见光占相当大的成分。

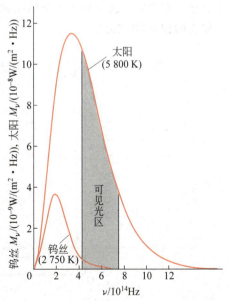

图 26.1 钨丝和太阳的 M_ν 和 ν 的关系曲线

物体在辐射电磁波的同时，还吸收照射到它表面的电磁波。如果在同一时间内从物体表面辐射的电磁波的能量和它吸收的电磁波的能量相等，物体和辐射就处于温度一定的热平衡状态。这时的热辐射称为**平衡热辐射**。下面只讨论平衡热辐射。

在温度为 T 时，物体表面吸收的频率在 ν 到 $\nu+\mathrm{d}\nu$ 区间的辐射能量占全部入射的该区间的辐射能量的份额，称做物体的**光谱吸收比**，以 $a(\nu)$ 表示。实验表明，辐射能力越强的物体，其吸收能力也越强。理论上可以证明，尽管各种材料的 M_ν 和 $a(\nu)$ 可以有很大的不同，但在同一温度下二者的比 $(M_\nu/a(\nu))$ 却与材料种类无关，而是一个确定的值。能完全吸收照射到它上面的各种频率的光的物体称做**黑体**。对于黑体，$a(\nu)=1$。它的光谱辐射出射度应是各种材料中最大的，而且只与频率和温度有关。因此研究黑体辐射的规律就具有更基本的意义。

煤烟是很黑的，但也只能吸收 99% 的入射光能，还不是理想黑体。不管用什么材料制

图 26.2　黑体模型

成一个空腔，如果在腔壁上开一个小洞（图 26.2），则射入小洞的光就很难有机会再从小洞出来了。这样一个小洞实际上就能完全吸收各种波长的入射电磁波而成了一个黑体。加热这个空腔到不同温度，小洞就成了不同温度下的黑体。用分光技术测出由它发出的电磁波的能量按频率的分布，就可以研究**黑体辐射**的规律。

19 世纪末，在德国钢铁工业大发展的背景下，许多德国的实验和理论物理学家都很关注黑体辐射的研究。有人用精巧的实验测出了黑体的 M_ν 和 ν 的关系曲线，有人就试图从理论上给以解释。1896 年，维恩（W. Wien）从经典的热力学和麦克斯韦分布律出发，导出了一个公式，即**维恩公式**

$$M_\nu = \alpha \nu^3 \mathrm{e}^{-\beta\nu/T} \tag{26.1}$$

式中 α 和 β 为常量。这一公式给出的结果，在高频范围和实验结果符合得很好，但在低频范围有较大的偏差（图 26.3）。

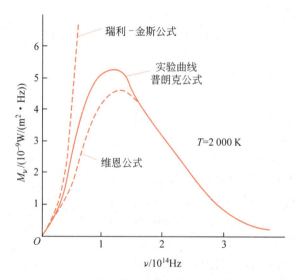

图 26.3　黑体辐射的理论和实验结果的比较

1900 年 6 月瑞利发表了他根据经典电磁学和能量均分定理导出的公式（后来由金斯

(J. H. Jeans)稍加修正),即**瑞利-金斯公式**

$$M_\nu = \frac{2\pi\nu^2}{c^2}kT \qquad (26.2)$$

这一公式给出的结果,在低频范围内还能符合实验结果;在高频范围就和实验值相差甚远,甚至趋向无限大值(图26.3)。在黑体辐射研究中出现的这一经典物理的失效,曾在当时被有的物理学家惊呼为"紫外灾难"。

1900年12月14日普朗克(Max Planck)发表了他导出的黑体辐射公式,即**普朗克公式**

$$M_\nu = \frac{2\pi h}{c^2} \frac{\nu^3}{e^{h\nu/kT}-1} \qquad (26.3)$$

这一公式在全部频率范围内都和实验值相符(图26.3)!

普朗克所以能导出他的公式,是由于在热力学分析的基础上,他"幸运地猜到",同时为了和实验曲线更好地拟合,他"绝望地","不惜任何代价地"(普朗克语)提出了**能量量子化**的假设。对空腔黑体的热平衡状态,他认为是组成腔壁的带电谐振子和腔内辐射交换能量而达到热平衡的结果。他大胆地假定谐振子可能具有的能量不是连续的,而是只能取一些离散的值。以 E 表示一个频率为 ν 的谐振子的能量,普朗克假定

$$E = nh\nu, \quad n = 0, 1, 2, \cdots \qquad (26.4)$$

式中 h 是一常量,后来就叫**普朗克常量**。它的现代最优值为

$$h = 6.626\,075\,5 \times 10^{-34} \text{ J·s}$$

普朗克把式(26.4)给出的每一个能量值称做"**能量子**",这是物理学史上第一次提出量子的概念。由于这一概念的革命性和重要意义,普朗克获得了1918年诺贝尔物理学奖。

至于普朗克本人,在提出量子概念后,还长期尝试用经典物理理论来解释它的由来,但都失败了。直到1911年,他才真正认识到量子化的全新的、基础性的意义。它是根本不能由经典物理导出的。

读者可以证明,在高频范围内,普朗克公式就转化为维恩公式;在低频范围内,普朗克公式则转化为瑞利-金斯公式。

从普朗克公式还可以导出当时已被证实的两条实验定律。一条是关于黑体的全部**辐射出射度**的**斯特藩-玻耳兹曼定律**:

$$M = \int_0^\infty M_\nu d\nu = \sigma T^4 \qquad (26.5)$$

式中 σ 称做**斯特藩-玻耳兹曼常量**,其值为

$$\sigma = 5.670\,51 \times 10^{-8} \text{ W/(m}^2\cdot\text{K}^4)$$

另一条是**维恩位移律**。它说明,在温度为 T 的黑体辐射中,光谱辐射出射度最大的光的频率 ν_m 由下式决定:

$$\nu_m = C_\nu T \qquad (26.6)$$

式中 C_ν 为一常量,其值为

$$C_\nu = 5.880 \times 10^{10} \text{ Hz/K}$$

此式说明,当温度升高时,ν_m 向高频方向"位移"(图26.4)。

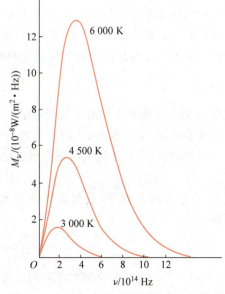

图 26.4　不同温度下的普朗克热辐射曲线

26.2 光电效应

19 世纪末，人们已发现，当光照射到金属表面上时，电子会从金属表面逸出。这种现象称为光电效应。

图 26.5 所示为光电效应的实验装置简图，图中 GD 为光电管（管内为真空）。当光通过石英窗口照射阴极 K 时，就有电子从阴极表面逸出，这电子叫**光电子**。光电子在电场加速下向阳极 A 运动，就形成**光电流**。

实验发现，当入射光频率一定且光强一定时，光电流 i 和两极间电压 U 的关系如图 26.6 中的曲线所示。它表明，光强一定时，光电流随加速电压的增加而增加，当加速电压增加到一定值时，光电流不再增加，而达到一**饱和值** i_m。饱和现象说明这时单位时间内从阴极逸出的光电子已全部被阳极接收了。实验还表明饱和电流的值 i_m 和光强 I 成正比。这又说明单位时间内从阴极逸出的光电子数和光强成正比。

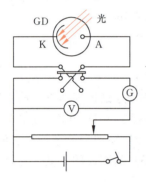

图 26.5 光电效应实验装置简图

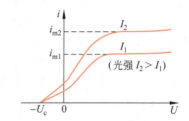

图 26.6 光电流和电压的关系曲线

图 26.6 的实验曲线还表示，当加速电压减小到零并改为负值时，光电流并不为零。仅当反向电压等于 U_c 时，光电流才等于零。这一电压值 U_c 称为**截止电压**。截止电压的存在说明此时从阴极逸出的最快的光电子，由于受到电场的阻碍，也不能到达阳极了。根据能量分析可得光电子逸出时的最大初动能和截止电压 U_c 的关系应为

$$\frac{1}{2}mv_m^2 = eU_c \tag{26.7}$$

其中 m 和 e 分别是电子的质量和电量，v_m 是光电子逸出金属表面时的最大速度。

实验表明，截止电压 U_c 和入射光的频率 ν 有关，它们的关系由图 26.7 的实验曲线表示，不同的曲线是对不同的阴极金属做的。这一关系为线性关系，可用数学式表示为

$$U_c = K\nu - U_0 \tag{26.8}$$

式中 K 是直线的斜率，是与金属种类无关的一个普适常量。将式（26.8）代入式（26.7），可得

$$\frac{1}{2}mv_m^2 = eK\nu - eU_0 \tag{26.9}$$

图 26.7 中直线与横轴的交点用 ν_0 表示。它具有这样的物理意义：当入射光的频率等于或大于 ν_0 时，$U_c \geq 0$，据式（26.7），电子能逸出金属表面，形成光电流；当入射光的频率小于

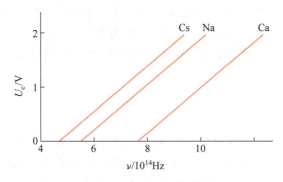

图 26.7　截止电压与入射光频率的关系

ν_0 时,电子将不具有足够的速度以逸出金属表面,因而就不会产生光电效应。由图 26.7 可知,对于不同的金属有不同的 ν_0。要使某种金属产生光电效应,必须使入射光的频率大于其相应的频率 ν_0 才行。因此,这一频率叫光电效应的**红限频率**,相应的波长就叫**红限波长**。由式(26.8)可知,红限频率 ν_0 应为

$$\nu_0 = \frac{U_0}{K} \tag{26.10}$$

几种金属的红限频率如表 26.1 所列。

表 26.1　几种金属的逸出功和红限频率

金　属	钨	锌	钙	钠	钾	铷	铯
红限频率 $\nu_0/10^{14}$ Hz	10.95	8.065	7.73	5.53	5.44	5.15	4.69
逸出功 A/eV	4.54	3.34	3.20	2.29	2.25	2.13	1.94

此外,实验还发现,光电子的逸出,几乎是在光照到金属表面上的同时发生的,其延迟时间在 10^{-9} s 以下。

19 世纪末叶所发现的上述光电效应和入射光频率的关系以及延迟时间甚小的事实,是当时大家已完全认可的光的波动说——麦克斯韦电磁理论——完全不能解释的。这是因为,光的波动说认为光的强度和光振动的振幅有关,而且光的能量是连续地分布在光场中的。

26.3　光的二象性　光子

当普朗克还在寻找他的能量子的经典根源时,爱因斯坦在能量子概念的发展上前进了一大步。普朗克当时认为只有振子的能量是量子化的,而辐射本身,作为广布于空间的电磁波,它的能量还是连续分布的。爱因斯坦在他于 1905 年发表的"关于光的产生和转换的一个有启发性的观点"[①]的文章假定:"从一个点光源发出的光线的能量并不是连续地分布在逐渐扩大的空间范围内的,而是由有限个数的能量子组成的。这些能量子个个都只占据空

---

① 此文的英译文见 A. Einstein. Concerning an Heuristic Point of View Toward the Emission and Transformation of Light. Am. J. of Phys, 1965, 33(5), 367-374.

间的一些点,运动时不分裂,只能以完整的单元产生或被吸收。"在这里首次提出的光的能量子单元在 1926 年被刘易斯(G. N. Lewis)定名为"**光子**"。

关于光子的能量,爱因斯坦假定,不同颜色的光,其光子的能量不同。频率为 ν 的光的一个光子的能量为

$$E = h\nu \tag{26.11}$$

其中 h 为普朗克常量。

为了解释光电效应,爱因斯坦在 1905 年那篇文章中写道:"最简单的方法是设想一个光子将它的全部能量给予一个电子。"[①]电子获得此能量后动能就增加了,从而有可能逸出金属表面。以 A 表示电子从金属表面逸出时克服阻力需要做的功(这功叫**逸出功**),则由能量守恒可得一个电子逸出金属表面后的最大动能应为

$$\frac{1}{2}mv_m^2 = h\nu - A \tag{26.12}$$

将此式与式(26.9)相比,可知它可以完全解释光电效应的红限频率和截止电压的存在。式(26.12)就叫**光电效应方程**。对比式(26.12)和式(26.9)可得

$$h = eK \tag{26.13}$$

1916 年密立根(R. A. Milikan)曾对光电效应进行了精确的测量,他利用 U_c-ν 图像(图 26.7)中的正比直线的斜率 K 计算出的普朗克常数值为

$$h = 6.56 \times 10^{-34} \text{ J} \cdot \text{s}$$

这和当时用其他方法测得的值符合得很好。

对比式(26.12)和式(26.9)还可以得到

$$A = eU_0$$

再由式(26.10)可得

$$\nu_0 = \frac{A}{eK} = \frac{A}{h} \tag{26.14}$$

这说明红限频率与逸出功有一简单的数量关系。因此,可以由红限频率计算金属的逸出功。不同金属的逸出功也列在表 26.1 中。

饱和电流和光强的关系可作如下简单解释:入射光强度大表示单位时间内入射的光子数多,因而产生的光电子也多,这就导致饱和电流的增大。

光电效应的延迟时间短是由于光子被电子一次吸收而增大能量的过程需时很短,这也是容易理解的。

就这样,光子概念被证明是正确的。[②]

在 19 世纪,通过光的干涉、衍射等实验,人们已认识到光是一种波动——电磁波,并建立了光的电磁理论——麦克斯韦理论。进入 20 世纪,从爱因斯坦起,人们又认识到光是粒子流——光子流。综合起来,关于光的本性的全面认识就是:**光既具有波动性,又具有粒子**

[①] 现在利用激光可以使几个光子一次被一个电子吸收。见本书"今日物理趣闻 M.1 多光子吸收"。
[②] 现代物理教材中大都是这样介绍光子概念的,但光子概念并不是这样简单的。光子概念(即光子粒子性)对光电效应以及下一节要讲的康普顿效应的解释只是"充分的",而不是"必要的"。它们也可以用波动说解释,不过不像用光子说的解释那样"简捷"。有兴趣的读者可参看张三慧. 光子概念的困惑与教学. 物理通报,1993,2,p5;3,p9.

性,相辅相成。在有些情况下,光突出地显示出其波动性,而在另一些情况下,则突出地显示出其粒子性。光的这种本性被称做**波粒二象性**。光既不是经典意义上的"单纯的"波,也不是经典意义上的"单纯的"粒子。

光的波动性用光波的波长 λ 和频率 ν 描述,光的粒子性用光子的质量、能量和动量描述。由式(26.11),一个光子的能量为

$$E = h\nu$$

根据相对论的质能关系

$$E = mc^2 \tag{26.15}$$

一个光子的质量为

$$m = \frac{h\nu}{c^2} = \frac{h}{c\lambda} \tag{26.16}$$

我们知道,粒子质量和运动速度的关系为

$$m = \frac{m_0}{\sqrt{1-\left(\dfrac{v}{c}\right)^2}}$$

对于光子,$v=c$,而 m 是有限的,所以只能是 $m_0=0$,即光子是**静止质量为零**的一种粒子。但是,由于光速不变,光子对于任何参考系都不会静止,所以在任何参考系中光子的质量实际上都不会是零。

根据相对论的能量-动量关系

$$E^2 = p^2 c^2 + m_0^2 c^4$$

对于光子,$m_0=0$,所以光子的动量为

$$p = \frac{E}{c} = \frac{h\nu}{c} \tag{26.17}$$

或

$$p = \frac{h}{\lambda} \tag{26.18}$$

式(26.11)和式(26.18)是描述光的性质的基本关系式,式中左侧的量描述光的粒子性,右侧的量描述光的波动性。注意,光的这两种性质在数量上是通过普朗克常量联系在一起的。

例 26.1

在某次光电效应实验中,测得某金属的截止电压 U_c 和入射光频率的对应数据如下:

U_c/V	0.541	0.637	0.714	0.80	0.878
$\nu/10^{14}\,\text{Hz}$	5.644	5.888	6.098	6.303	6.501

试用作图法求:

(1) 该金属光电效应的红限频率;

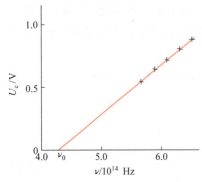

图 26.8　例 26.1 的 U_c 和 ν 的关系曲线

（2）普朗克常量。

解　以频率 ν 为横轴，以截止电压 U_c 为纵轴，选取适当的比例画出曲线如图 26.8 所示。

（1）曲线与横轴的交点即该金属的红限频率，由图 26.8 读出红限频率

$$\nu_0 = 4.27 \times 10^{14} \text{ Hz}$$

（2）由图 26.8 求得直线的斜率为

$$K = 3.91 \times 10^{-5} \text{ V} \cdot \text{s}$$

根据式（26.13）得

$$h = eK = 6.26 \times 10^{-34} \text{ J} \cdot \text{s}$$

例 26.2

求下述几种辐射的光子的能量、动量和质量：(1) $\lambda = 700$ nm 的红光；(2) $\lambda = 7.1 \times 10^{-2}$ nm 的 X 射线；(3) $\lambda = 1.24 \times 10^{-3}$ nm 的 γ 射线；并与经 $U = 100$ V 电压加速后的电子的动能、动量和质量相比较。

解　光子的能量、动量和质量可分别由式(26.11)、式(26.18)、式(26.16)求得。至于电子的动能、动量等的计算，由于经 100 V 电压加速后，电子的速度不大，所以可以不考虑相对论效应。这样可得电子的动能为

$$E_e = eU = 100 \text{ eV}$$

电子的质量近似于其静止质量，为

$$m_e = 9.11 \times 10^{-31} \text{ kg}$$

电子的动量为

$$p_e = m_e v = \sqrt{2m_e E_e} = \sqrt{2 \times 9.11 \times 10^{-31} \times 100 \times 1.6 \times 10^{-19}} = 5.40 \times 10^{-24} \text{ kg} \cdot \text{m} \cdot \text{s}^{-1}$$

经过计算可得本题结果如下：

(1) 对 $\lambda = 700$ nm 的光子

$$E = 1.78 \text{ eV}, \qquad \frac{E}{E_e} = \frac{1.78}{100} \approx 2\%$$

$$p = 9.47 \times 10^{-28} \text{ kg} \cdot \text{m} \cdot \text{s}^{-1}, \qquad \frac{p}{p_e} = \frac{9.47 \times 10^{-28}}{5.40 \times 10^{-24}} \approx 2 \times 10^{-4}$$

$$m = 3.16 \times 10^{-36} \text{ kg}, \qquad \frac{m}{m_e} = \frac{3.16 \times 10^{-36}}{9.11 \times 10^{-31}} \approx 3 \times 10^{-6}$$

(2) 对 $\lambda = 7.1 \times 10^{-2}$ nm 的光子

$$E = 1.75 \times 10^4 \text{ eV}, \qquad \frac{E}{E_e} = \frac{1.75 \times 10^4}{100} = 175$$

$$p = 9.34 \times 10^{-24} \text{ kg} \cdot \text{m} \cdot \text{s}^{-1}, \qquad \frac{p}{p_e} = \frac{9.34 \times 10^{-24}}{5.40 \times 10^{-24}} \approx 2$$

$$m = 3.11 \times 10^{-32} \text{ kg}, \qquad \frac{m}{m_e} = \frac{3.11 \times 10^{-32}}{9.11 \times 10^{-31}} \approx 3\%$$

(3) 对 $\lambda = 1.24 \times 10^{-3}$ nm 的光子

$$E = 1.00 \times 10^6 \text{ eV}, \qquad \frac{E}{E_e} = \frac{1.00 \times 10^6}{100} = 10^4$$

$$p = 5.35 \times 10^{-22} \text{ kg} \cdot \text{m} \cdot \text{s}^{-1}, \qquad \frac{p}{p_e} = \frac{5.35 \times 10^{-22}}{5.40 \times 10^{-24}} = 99$$

$$m = 1.78 \times 10^{-30} \text{ kg}, \qquad \frac{m}{m_e} = \frac{1.78 \times 11^{-30}}{9.11 \times 10^{-31}} \approx 2$$

以上计算给出了关于光的粒子性质的一些数量概念。

26.4 康普顿散射

1923 年康普顿（A. H. Compton）及其后不久吴有训研究了 X 射线通过物质时向各方向散射的现象。他们在实验中发现，在散射的 X 射线中，除了有波长与原射线相同的成分外，还有波长较长的成分。这种有波长改变的散射称为**康普顿散射**（或称康普顿效应），这种散射也可以用光子理论加以圆满的解释。

根据光子理论，X 射线的散射是单个光子和单个电子发生弹性碰撞的结果。对于这种碰撞的分析计算如下。

在固体如各种金属中，有许多和原子核联系较弱的电子可以看作自由电子。由于这些电子的热运动平均动能（约百分之几电子伏特）和入射的 X 射线光子的能量（$10^4 \sim 10^5$ eV）比起来，可以略去不计，因而这些电子在碰撞前，可以看作是**静止的**。一个电子的静止能量为 $m_0 c^2$，动量为零。设入射光的频率为 ν_0，它的一个光子就具有能量 $h\nu_0$，动量 $\dfrac{h\nu_0}{c}\boldsymbol{e}_0$。再设弹性碰撞后，电子的能量变为 mc^2，动量变为 $m\boldsymbol{v}$；散射光子的能量为 $h\nu$，动量为 $\dfrac{h\nu}{c}\boldsymbol{e}$，散射角为 φ。这里 $\boldsymbol{e}_0$ 和 $\boldsymbol{e}$ 分别为在碰撞前和碰撞后的光子运动方向上的单位矢量（图 26.9）。按照能量和动量守恒定律，应该分别有

$$h\nu_0 + m_0 c^2 = h\nu + mc^2 \qquad (26.19)$$

和

$$\frac{h\nu_0}{c}\boldsymbol{e}_0 = \frac{h\nu}{c}\boldsymbol{e} + m\boldsymbol{v} \qquad (26.20)$$

考虑到反冲电子的速度可能很大，式中 $m = m_0 \Big/ \sqrt{1 - \dfrac{v^2}{c^2}}$。由上述两个式子可解得①

$$\Delta\lambda = \lambda - \lambda_0 = \frac{h}{m_0 c}(1 - \cos\varphi) \qquad (26.21)$$

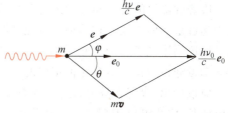

图 26.9 光子与静止的自由电子的碰撞分析矢量图

---

① 康普顿散射公式 (26.21) 的推导：

将式 (26.20) 改写为

$$m\boldsymbol{v} = \frac{h\nu_0}{c}\boldsymbol{e}_0 - \frac{h\nu}{c}\boldsymbol{e}$$

两边平方得

$$m^2 v^2 = \left(\frac{h\nu_0}{c}\right)^2 + \left(\frac{h\nu}{c}\right)^2 - 2\frac{h^2 \nu_0 \nu}{c^2}\boldsymbol{e}_0 \cdot \boldsymbol{e}$$

由于 $\boldsymbol{e}_0 \cdot \boldsymbol{e} = \cos\varphi$，所以由上式可得

$$m^2 v^2 c^2 = h^2 \nu_0^2 + h^2 \nu^2 - 2h^2 \nu_0 \nu \cos\varphi \qquad (26.22)$$

将式 (26.19) 改写为

$$mc^2 = h(\nu_0 - \nu) + m_0 c^2$$

将此式平方，再减去式 (26.22)，并将 m^2 换写成 $m_0^2 / (1 - v^2/c^2)$，化简后即可得

$$\frac{c}{\nu} - \frac{c}{\nu_0} = \frac{h}{m_0 c}(1 - \cos\varphi)$$

将 ν 换用波长 λ 表示，即得式 (26.21)。

式中 λ 和 λ_0 分别表示散射光和入射光的波长。此式称为**康普顿散射公式**。式中 $\dfrac{h}{m_0 c}$ 具有波长的量纲,称为电子的**康普顿波长**,以 λ_C 表示。将 h,c,m_0 的值代入可算出

$$\lambda_C = 2.43 \times 10^{-3} \text{ nm}$$

它与短波 X 射线的波长相当。

从上述分析可知,入射光子和电子碰撞时,把一部分能量传给了电子。因而光子能量减少,频率降低,波长变长。波长偏移 $\Delta\lambda$ 和散射角 φ 的关系式(26.21)也与实验结果定量地符合(图 26.10)。式(26.21)还表明,波长的偏移 $\Delta\lambda$ 与散射物质以及入射 X 射线的波长 λ_0 无关,而只与散射角 φ 有关。这一规律也已为实验证实。

此外,在散射线中还观察到有与原波长相同的射线。这可解释如下:散射物质中还有许多被原子核束缚得很紧的电子,光子与它们的碰撞应看做是光子和整个原子的碰撞。由于原子的质量远大于光子的质量,所以在弹性碰撞中光子的能量几乎没有改变,因而散射光子的能量仍为 $h\nu_0$,它的波长也就和入射线的波长相同。这种波长不变的散射叫**瑞利散射**,它可以用经典电磁理论解释。

康普顿散射的理论和实验的完全相符,曾在量子论的发展中起过重要的作用。它不仅有力地证明了光具有二象性,而且还证明了光子和微观粒子的相互作用过程也是严格地遵守动量守恒定律和能量守恒定律的。

应该指出,康普顿散射只有在入射波的波长与电子的康普顿波长可以相比拟时,才是显著的。例如入射波波长

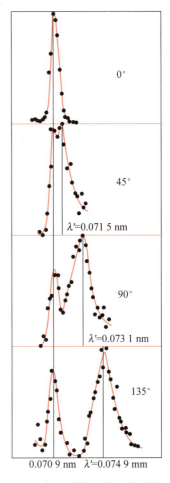

图 26.10　康普顿做的 X 射线散射结果

$\lambda_0 = 400$ nm 时,在 $\varphi = \pi$ 的方向上,散射波波长偏移 $\Delta\lambda = 4.8 \times 10^{-3}$ nm,$\Delta\lambda/\lambda_0 = 10^{-5}$。这种情况下,很难观察到康普顿散射。当入射波波长 $\lambda_0 = 0.05$ nm,$\varphi = \pi$ 时,虽然波长的偏移仍是 $\Delta\lambda = 4.8 \times 10^{-3}$ nm,但 $\Delta\lambda/\lambda \approx 10\%$,这时就能比较明显地观察到康普顿散射了。这也就是选用 X 射线观察康普顿散射的原因。

在光电效应中,入射光是可见光或紫外线,所以康普顿效应不显著。

例 26.3

波长 $\lambda_0 = 0.01$ nm 的 X 射线与静止的自由电子碰撞。在与入射方向成 $90°$ 的方向上观察时,散射 X 射线的波长多大?反冲电子的动能和动量各如何?

解　将 $\varphi = 90°$ 代入式(26.21)可得

$$\Delta\lambda = \lambda - \lambda_0 = \lambda_C(1 - \cos\varphi) = \lambda_C(1 - \cos 90°) = \lambda_C$$

由此得康普顿散射波长为

$$\lambda = \lambda_0 + \lambda_C = 0.01 + 0.002\,4 = 0.012\,4 \text{ (nm)}$$

当然,在这一散射方向上还有波长不变的散射线。

至于反冲电子，根据能量守恒，它所获得的动能 E_k 就等于入射光子损失的能量，即

$$E_k = h\nu_0 - h\nu = hc\left(\frac{1}{\lambda_0} - \frac{1}{\lambda}\right) = \frac{hc\Delta\lambda}{\lambda_0\lambda} = \frac{6.63\times10^{-34}\times3\times10^8\times0.0024\times10^{-9}}{0.01\times10^{-9}\times0.0124\times10^{-9}}$$
$$= 3.8\times10^{-15}\,(\text{J}) = 2.4\times10^4\,(\text{eV})$$

计算电子的动量，可参看图 26.11，其中 p_e 为电子碰撞后的动量。根据动量守恒，有

$$p_e\cos\theta = \frac{h}{\lambda_0}, \quad p_e\sin\theta = \frac{h}{\lambda}$$

两式平方相加并开方，得

$$p_e = \frac{(\lambda_0^2 + \lambda^2)^{\frac{1}{2}}}{\lambda_0\lambda}h$$
$$= \frac{[(0.01\times10^{-9})^2 + (0.0124\times10^{-9})^2]^{1/2}}{0.01\times10^{-9}\times0.0124\times10^{-9}}\times6.63\times10^{-34}$$
$$= 8.5\times10^{-23}\,(\text{kg}\cdot\text{m/s})$$

$$\cos\theta = \frac{h}{p_e\lambda_0} = \frac{6.63\times10^{-34}}{0.01\times10^{-9}\times8.5\times10^{-23}} = 0.78$$

由此得
$$\theta = 38°44'$$

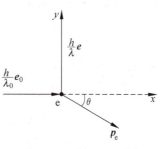

图 26.11　例 26.3 用图

26.5　粒子的波动性

1924 年，法国博士研究生德布罗意在光的二象性的启发下想到：自然界在许多方面都是明显地对称的，如果光具有波粒二象性，则实物粒子，如电子，也应该具有波粒二象性。他提出了这样的问题："整个世纪以来，在辐射理论上，比起波动的研究方法来，是过于忽略了粒子的研究方法；在实物理论上，是否发生了相反的错误呢？是不是我们关于'粒子'的图像想得太多，而过分地忽略了波的图像呢？"于是，他大胆地在他的博士论文中提出假设：**实物粒子也具有波动性**。他并且把光子的能量-频率和动量-波长的关系式(26.11)和式(26.18)借来，认为一个粒子的能量 E 和动量 p 跟和它相联系的波的频率 ν 和波长 λ 的定量关系与光子的一样，即有

$$\nu = \frac{E}{h} = \frac{mc^2}{h} \tag{26.23}$$

$$\lambda = \frac{h}{p} = \frac{h}{mv} \tag{26.24}$$

应用于粒子的这些公式称为**德布罗意公式**或德布罗意假设。和粒子相联系的波称为物质波或德布罗意波，式(26.24)给出了相应的**德布罗意波长**。

德布罗意是采用类比方法提出他的假设的，当时并没有任何直接的证据。但是，爱因斯坦慧眼有识。当他被告知德布罗意提出的假设后就评论说："我相信这一假设的意义远远超出了单纯的类比。"事实上，德布罗意的假设不久就得到了实验证实，而且引发了一门新理论——量子力学——的建立。

1927 年，戴维孙(C. J. Davisson)和革末(L. A. Germer)在爱尔萨塞(Elsasser)的启发下，做了电子束在晶体表面上散射的实验，观察到了和 X 射线衍射类似的电子衍射现象，首

先证实了电子的波动性。他们用的实验装置简图如图 26.12(a)所示,使一束电子射到镍晶体的特选晶面上,同时用探测器测量沿不同方向散射的电子束的强度。实验中发现,当入射电子的能量为 54 eV 时,在 $\varphi=50°$ 的方向上散射电子束强度最大(图 26.12(b))。按类似于 X 射线在晶体表面衍射的分析,由图 26.12(c)可知,散射电子束极大的方向应满足下列条件:

$$d\sin\varphi = \lambda \tag{26.25}$$

已知镍晶面上原子间距为 $d=2.15\times10^{-10}$ m,式(26.25)给出"电子波"的波长应为

$$\lambda = d\sin\varphi = 2.15\times10^{-10}\times\sin 50° = 1.65\times10^{-10}(\text{m})$$

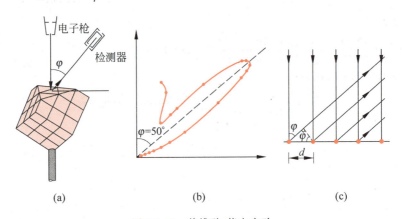

图 26.12 戴维孙-革末实验

(a) 装置简图;(b) 散射电子束强度分布;(c) 衍射分析

按德布罗意假设式(26.24),该"电子波"的波长应为

$$\lambda = \frac{h}{m_e v} = \frac{h}{\sqrt{2m_e E_k}} = \frac{6.63\times10^{-34}}{\sqrt{2\times0.91\times10^{-31}\times54\times1.6\times10^{-19}}}$$
$$= 1.67\times10^{-10}(\text{m})$$

这一结果和上面的实验结果符合得很好。

同年,汤姆孙(G. P. Thomson)做了电子束穿过多晶薄膜的衍射实验(图 26.13(a)),成功地得到了和 X 射线通过多晶薄膜后产生的衍射图样极为相似的衍射图样(图 26.13(b))。

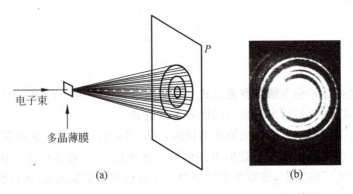

图 26.13 汤姆孙电子衍射实验

(a) 实验简图;(b) 衍射图样

图 26.14 是一幅波长相同的 X 射线和电子衍射图样对比图。后来,1961 年约恩孙(C. Jönsson)做了电子的单缝、双缝、三缝等衍射实验,得出的明暗条纹(图 26.15)更加直接地说明了电子具有波动性。

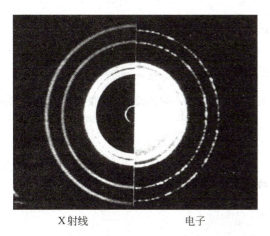

图 26.14 电子和 X 射线衍射图样对比图

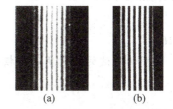

图 26.15 约恩孙电子衍射图样
(a) 双缝;(b) 四缝

除了电子外,以后还陆续用实验证实了中子、质子以及原子甚至分子等都具有波动性,德布罗意公式对这些粒子同样正确。这就说明,一切微观粒子都具有波粒二象性,德布罗意公式就是描述微观粒子波粒二象性的基本公式。

粒子的波动性已有很多的重要应用。例如,由于低能电子波穿透深度较 X 光小,所以低能电子衍射被广泛地用于固体表面性质的研究。由于中子易被氢原子散射,所以中子衍射就被用来研究含氢的晶体。电子显微镜利用了电子的波动性更是大家熟知的。由于电子的波长可以很短,电子显微镜的分辨能力可以达到 0.1 nm。

例 26.4

计算电子经过 $U_1 = 100$ V 和 $U_2 = 10\,000$ V 的电压加速后的德布罗意波长 λ_1 和 λ_2 分别是多少?

解 经过电压 U 加速后,电子的动能为

$$\frac{1}{2}mv^2 = eU$$

由此得

$$v = \sqrt{\frac{2eU}{m}}$$

根据德布罗意公式,此时电子波的波长为

$$\lambda = \frac{h}{mv} = \frac{h}{\sqrt{2em}} \frac{1}{\sqrt{U}}$$

将已知数据代入计算可得

$$\lambda_1 = 0.123 \text{ nm}, \quad \lambda_2 = 0.012\,3 \text{ nm}①$$

---

① 由于此时电子速度已大到 $0.2c$,故需考虑相对论效应,根据相对论计算出的 $\lambda_2 = 0.012\,2$ nm,上面结果误差约为 1%。

这都和 X 射线的波长相当。可见一般实验中电子波的波长是很短的,正是因为这个缘故,观察电子衍射时就需要利用晶体。

例 26.5

计算质量 $m=0.01$ kg,速率 $v=300$ m/s 的子弹的德布罗意波长。

解 根据德布罗意公式可得

$$\lambda=\frac{h}{mv}=\frac{6.63\times10^{-34}}{0.01\times300}=2.21\times10^{-34}\text{(m)}$$

可以看出,因为普朗克常量是个极微小的量,所以宏观物体的波长小到实验难以测量的程度,因而宏观物体仅表现出粒子性。

例 26.6

证明物质波的相速度 u 与相应粒子运动速度 v 之间的关系为

$$u=\frac{c^2}{v}$$

证 波的相速度为 $u=\nu\lambda$,根据德布罗意公式,可得

$$\lambda=\frac{h}{mv}, \quad \nu=\frac{mc^2}{h}$$

两式相乘即可得

$$u=\lambda\nu=\frac{c^2}{v}$$

此式表明物质波的相速度并不等于相应粒子的运动速度[①]。

26.6 概率波与概率幅

德布罗意提出的波的物理意义是什么呢?他本人曾认为那种与粒子相联系的波是引导粒子运动的"导波",并由此预言了电子的双缝干涉的实验结果。这种波以相速度 $u=c^2/v$ 传播而其群速度就正好是粒子运动的速度 v。对这种波的本质是什么,他并没有给出明确的回答,只是说它是虚拟的和非物质的。

量子力学的创始人之一薛定谔在 1926 年曾说过,电子的德布罗意波描述了电量在空间的连续分布。为了解释电子是粒子的事实,他认为电子是许多波合成的波包。这种说法很快就被否定了。因为,第一,波包总是要发散而解体的,这和电子的稳定性相矛盾;第二,电子在原子散射过程中仍保持稳定也很难用波包来说明。

当前得到公认的关于德布罗意波的实质的解释是玻恩(M. Born)在 1926 年提出的。在玻恩之前,爱因斯坦谈及他本人论述的光子和电磁波的关系时曾提出电磁场是一种"鬼场"。这种场引导光子的运动,而各处电磁波振幅的平方决定在各处的单位体积内一个光子存在的概率。玻恩发展了爱因斯坦的思想。他保留了粒子的微粒性,而认为物质波描述了粒子

---

① 由于 $v<c$,所以 $u>c$,即相速度大于光速。这并不和相对论矛盾。因为对一个粒子,其能量或质量是以群速度传播的。德布罗意曾证明,和粒子相联系的物质波的群速度等于粒子的运动速度。

在各处被发现的概率。这就是说，**德布罗意波是概率波**。

玻恩的概率波概念可以用电子双缝衍射的实验结果来说明[①]。图 26.15(a) 的电子双缝衍射图样和光的双缝衍射图样完全一样，显示不出粒子性，更没有什么概率那样的不确定特征。但那是用大量的电子(或光子)做出的实验结果。如果减弱入射电子束的强度以致使一个一个电子依次通过双缝，则随着电子数的积累，衍射"图样"将依次如图 26.16 中各图所示。图 (a) 是只有一个电子穿过双缝所形成的图像，图 (b) 是几个电子穿过后形成的图像，图 (c) 是几十个电子穿过后形成的图像。这几幅图像说明电子确是粒子，因为图像是由点组成的。它们同时也说明，电子的去向是完全不确定的，一个电子到达何处完全是概率事件。随着入射电子总数的增多，衍射图样依次如 (d), (e), (f) 诸图所示，电子的堆积情况逐渐显示出了条纹，最后就呈现明晰的衍射条纹，这条纹和大量电子短时间内通过双缝后形成的条纹 (图 26.15(a)) 一样。这些条纹把单个电子的概率行为完全淹没了。这又说明，尽管单个电子的去向是概率性的，但其概率在一定条件(如双缝)下还是有确定的规律的。这些就是玻恩概率波概念的核心。

图 26.16 表示的实验结果明确地说明了物质波并不是经典的波。经典的波是一种运动形式。在双缝实验中，不管入射波强度如何小，经典的波在缝后的屏上"应该"显示出强弱连续分布的衍射条纹，只是亮度微弱而已。但图 26.16 明确地显示物质波的主体仍是粒子，而且该种粒子的运动并不具有经典的振动形式。

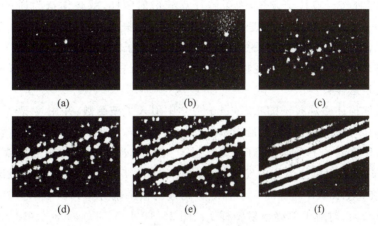

图 26.16 电子逐个穿过双缝的衍射实验结果

图 26.16 表示的实验结果也说明微观粒子并不是经典的粒子。在双缝实验中，大量电子形成的衍射图样是若干条强度大致相同的较窄的条纹，如图 26.17(a) 所示。如果只开一条缝，另一条缝闭合，则会形成单缝衍射条纹，其特征是几乎只有强度较大的较宽的中央明纹 (图 26.17(b) 中的 P_1 和 P_2)。如果先开缝 1，同时关闭缝 2，经过一段时间后改开缝 2，同时关闭缝 1，这样做实验的结果所形成的总的衍射图样 P_{12} 将是两次单缝衍射图样的叠加，其强度分布和同时打开两缝时的双缝衍射图样是截然不同的。

如果是经典的粒子，它们通过双缝时，都各自有确定的轨道，不是通过缝 1 就是通过缝 2。通过缝 1 的那些粒子，如果也能衍射的话，将形成单缝衍射图样。通过缝 2 的那些粒子，

[①] 关于光的双缝衍射实验，也做出了完全相似的结果。

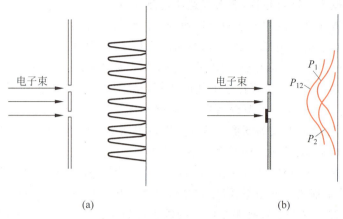

图 26.17　电子双缝衍射实验示意图
(a) 两缝同时打开；(b) 依次打开一个缝

将形成另一幅单缝衍射图样。不管是两缝同时开，还是依次只开一个缝，最后形成的衍射条纹都应该是图 26.17(b)那样的两个单缝衍射图样的叠加。实验结果显示实际的微观粒子的表现并不是这样。这就说明，微观粒子并不是经典的粒子。在只开一条缝时，实际粒子形成单缝衍射图样。在两缝同时打开时，实际粒子的运动就有两种可能：或是通过缝 1 或是通过缝 2。如果还按经典粒子设想，为了解释双缝衍射图样，就必须认为通过这个缝时，它好像"知道"另一个缝也在开着，于是就按双缝条件下的概率来行动了。这种说法只是一种"拟人"的想象，实际上不可能从实验上测知某个微观粒子"到底"是通过了哪个缝，我们只能说它通过双缝时有两种可能。微观粒子由于其波动性而表现得如此不可思议地奇特！但客观事实的确就是这样！

为了定量地描述微观粒子的状态，量子力学中引入了**波函数**，并用 Ψ 表示。一般来讲，波函数是空间和时间的函数，并且是复函数，即 $\Psi=\Psi(x,y,z,t)$。将爱因斯坦的"鬼场"和光子存在的概率之间的关系加以推广，玻恩假定 $|\Psi|^2=\Psi\Psi^*$ 就是粒子的**概率密度**，即在时刻 t，在点 (x,y,z) 附近单位体积内发现粒子的概率。波函数 Ψ 因此就称为**概率幅**。对双缝实验来说，以 Ψ_1 表示单开缝 1 时粒子在底板附近的概率幅分布，则 $|\Psi_1|^2=P_1$ 即粒子在底板上的概率分布，它对应于单缝衍射图样 P_1（图 26.17(b)）。以 Ψ_2 表示单开缝 2 时的概率幅，则 $|\Psi_2|^2=P_2$ 表示粒子此时在底板上的概率分布，它对应于单缝衍射图样 P_2。如果两缝同时打开，经典概率理论给出，这时底板上粒子的概率分布应为

$$P_{12}=P_1+P_2=|\Psi_1|^2+|\Psi_2|^2$$

但事实不是这样！两缝同开时，入射的每个粒子的去向有两种可能，它们可以"任意"通过其中的一条缝。这时不是概率相叠加，而是**概率幅叠加**，即

$$\Psi_{12}=\Psi_1+\Psi_2 \tag{26.26}$$

相应的概率分布为

$$P_{12}=|\Psi_{12}|^2=|\Psi_1+\Psi_2|^2 \tag{26.27}$$

这里最后的结果就会出现 Ψ_1 和 Ψ_2 的交叉项。正是这交叉项给出了两缝之间的干涉效果，使双缝同开和两缝依次单开的两种条件下的衍射图样不同。

概率幅叠加这样的奇特规律，被费恩曼(R. P. Feynman)在他的著名的《物理学讲义》中

称为"量子力学的第一原理"。他这样写道:"如果一个事件可能以几种方式实现,则该事件的概率幅就是各种方式单独实现时的概率幅之和。于是出现了干涉。"①

在物理理论中引入概率概念在哲学上有重要的意义。它意味着:在已知给定条件下,不可能精确地预知结果,只能预言某些可能的结果的概率。这也就是说,不能给出唯一的肯定结果,只能用统计方法给出结论。这一理论是和经典物理的严格因果律②直接矛盾的。玻恩在1926年曾说过:"粒子的运动遵守概率定律,但概率本身还是受因果律支配的。"这句话虽然以某种方式使因果律保持有效,但概率概念的引入在人们了解自然的过程中还是一个非常大的转变。因此,尽管所有物理学家都承认,由于量子力学预言的结果和实验异常精确地相符,所以它是一个很成功的理论,但是关于量子力学的哲学基础仍然有很大的争论。哥本哈根学派,包括玻恩、海森伯(W. Heisenberg)等量子力学大师,坚持波函数的概率或统计解释,认为它就表明了自然界的最终实质。费恩曼也写过(1965年):"现时我们限于计算概率。我们说'现时',但是我们强烈地期望将永远是这样——解除这一困惑是不可能的——自然界就是按这样的方式行事的。"③

另一些人不同意这样的结论,最主要的反对者是爱因斯坦。他在1927年就说过:"上帝并不是跟宇宙玩掷骰子游戏。"德布罗意的话(1957年)更发人深思。他认为:不确定性是物理实质,这样的主张"并不是完全站得住的。将来对物理实在的认识达到一个更深的层次时,我们可能对概率定律和量子力学作出新的解释,即它们是目前我们尚未发现的那些变量的完全确定的数值演变的结果。我们现在开始用来击碎原子核并产生新粒子的强有力的方法可能有一天向我们揭示关于这一更深层次的目前我们还不知道的知识。阻止对量子力学目前的观点作进一步探索的尝试对科学发展来说是非常危险的,而且它也背离了我们从科学史中得到的教训。实际上,科学史告诉我们,已获得的知识常常是暂时的,在这些知识之外,肯定有更广阔的新领域有待探索。"④最后,还可以引述一段量子力学大师狄拉克(P. A. M. Dirac)在1972年的一段话:"在我看来,我们还没有量子力学的基本定律。目前还在使用的定律需要作重要的修改,……。当我们作出这样剧烈的修改后,当然,我们用统计计算对理论作出物理解释的观念可能会被彻底地改变。"

26.7 不确定关系

26.6节讲过,波动性使得实际粒子和牛顿力学所设想的"经典粒子"根本不同。根据牛顿力学理论(或者说是牛顿力学的一个基本假设),质点的运动都沿着一定的轨道,在轨道上任意时刻质点都有确定的位置和动量⑤。在牛顿力学中也正是用位置和动量来描述一个质点在任一时刻的运动状态的。对于实际的粒子则不然,由于其粒子性,可以谈论它的位置和

---

① 关于概率幅及其叠加,费恩曼有极其清楚而精彩的讲解. 见 The Feynman Lectures on Physics. Addison-Wesley Co., 1965. Vol. 111, p1-1~1-11.
② 参看"今日物理趣闻 B 混沌——决定论的混乱"。
③ 见 The Feynman Lectures on Physics. 1965. Vol. 111, p1-11.
④ 转引自 R. Eisberg, R. Resnick. Quantum of Physics of Atoms, Molecules, Solids, Nucler and Partides. 2nd ed. John Wiley&Sons,1985,p79.
⑤ P. A. M. Dirac. The Development of Quantum Mechanics. Acc. Naz. Lincei,Roma(1974),56.

动量,但由于其波动性,它的空间位置需要用概率波来描述,而概率波只能给出粒子在各处出现的概率,所以在任一时刻粒子都不具有确定的位置,与此相联系,粒子在各时刻也不具有确定的动量。这也可以说,由于二象性,在任意时刻粒子的位置和动量都有一个不确定

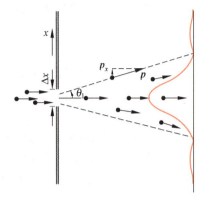

图 26.18　电子单缝衍射说明

量。量子力学理论证明,在某一方向,例如 x 方向上,粒子的位置不确定量 Δx 和在该方向上的动量的不确定量 Δp_x 有一个简单的关系,这一关系叫做**不确定[性]关系**(也曾叫做测不准关系)。下面我们借助于电子单缝衍射实验来粗略地推导这一关系。

如图 26.18 所示,一束动量为 p 的电子通过宽为 Δx 的单缝后发生衍射而在屏上形成衍射条纹。让我们考虑一个电子通过缝时的位置和动量。对一个电子来说,我们不能确定地说它是从缝中哪一点通过的,而只能说它是从宽为 Δx 的缝中通过的,因此它在 x 方向上的位置不确定量就是 Δx。它沿 x 方向的动量 p_x 是多大呢?如果说它在缝前的 p_x 等于零,在过缝时,p_x 就不再是零了。因为如果还是零,电子就要沿原方向前进而不会发生衍射现象了。屏上电子落点沿 x 方向展开,说明电子通过缝时已有了不为零的 p_x 值。忽略次级极大,可以认为电子都落在中央亮纹内,因而电子在通过缝时,运动方向可以有大到 θ_1 角的偏转。根据动量矢量的合成,可知一个电子在通过缝时在 x 方向动量的分量 p_x 的大小为下列不等式所限:

$$0 \leqslant p_x \leqslant p\sin\theta_1$$

这表明,一个电子通过缝时在 x 方向上的动量不确定量为

$$\Delta p_x = p\sin\theta_1$$

考虑到衍射条纹的次级极大,可得

$$\Delta p_x \geqslant p\sin\theta_1 \tag{26.28}$$

由单缝衍射公式,第一级暗纹中心的角位置 θ_1 由下式决定:

$$\Delta x \sin\theta_1 = \lambda$$

此式中 λ 为电子波的波长,根据德布罗意公式

$$\lambda = \frac{h}{p}$$

所以有

$$\sin\theta_1 = \frac{h}{p\Delta x}$$

将此式代入式(26.28)可得

$$\Delta p_x \geqslant \frac{h}{\Delta x}$$

或

$$\Delta x \Delta p_x \geqslant h \tag{26.29}$$

更一般的理论给出

$$\Delta x \Delta p_x \geqslant \frac{h}{4\pi}$$

对于其他的分量,类似地有

$$\Delta y \Delta p_y \geqslant \frac{h}{4\pi}$$

$$\Delta z \Delta p_z \geqslant \frac{h}{4\pi}$$

引入另一个常用的量

$$\hbar = \frac{h}{2\pi} = 1.0545887 \times 10^{-34} \text{ J} \cdot \text{s} \tag{26.30}$$

也叫普朗克常量,上面三个公式就可写成①

$$\Delta x \Delta p_x \geqslant \frac{\hbar}{2} \tag{26.31}$$

$$\Delta y \Delta p_y \geqslant \frac{\hbar}{2} \tag{26.32}$$

$$\Delta z \Delta p_z \geqslant \frac{\hbar}{2} \tag{26.33}$$

这三个公式就是位置坐标和动量的不确定关系。它们说明粒子的位置坐标不确定量越小,则同方向上的动量不确定量越大。同样,某方向上动量不确定量越小,则此方向上粒子位置的不确定量越大。总之,这个不确定关系告诉我们,在表明或测量粒子的位置和动量时,它们的精度存在着一个终极的不可逾越的限制。

不确定关系是海森伯于 1927 年给出的,因此常被称为海森伯不确定关系或不确定原理。它的根源是波粒二象性。费恩曼曾把它称做"自然界的根本属性",并且还说"现在我们用来描述原子,实际上,所有物质的量子力学的全部理论都有赖于不确定原理的正确性。"②

除了坐标和动量的不确定关系外,对粒子的行为说明还常用到能量和时间的不确定关系。考虑一个粒子在一段时间 Δt 内的动量为 p,能量为 E。根据相对论,有

$$p^2 c^2 = E^2 - m_0^2 c^4$$

而其动量的不确定量为

$$\Delta p = \Delta \left(\frac{1}{c} \sqrt{E^2 - m_0^2 c^4} \right) = \frac{E}{c^2 p} \Delta E$$

在 Δt 时间内,粒子可能发生的位移为 $v \Delta t = \frac{p}{m} \Delta t$。这位移也就是在这段时间内粒子的位置坐标不确定度,即

$$\Delta x = \frac{p}{m} \Delta t$$

将上两式相乘,得

$$\Delta x \Delta p = \frac{E}{mc^2} \Delta E \Delta t$$

由于 $E = mc^2$,再根据不确定关系式(26.31),就可得

$$\Delta E \Delta t \geqslant \frac{\hbar}{2} \tag{26.34}$$

---

① 在作数量级的估算时,常用 $\hbar$ 代替 $\hbar/2$。
② 见 The Feynman Lectures on Physics, Vol. Ⅲ, p1-9。

这就是关于能量和时间的不确定关系。

例 26.7

设子弹的质量为 0.01 kg,枪口的直径为 0.5 cm,试用不确定性关系计算子弹射出枪口时的横向速度。

解 枪口直径可以当作子弹射出枪口时的位置不确定量 Δx,由于 $\Delta p_x = m\Delta v_x$,所以由式(26.31)可得

$$\Delta x \cdot m\Delta v_x \geqslant \hbar/2$$

取等号计算,

$$\Delta v_x = \frac{\hbar}{2m\Delta x} = \frac{1.05 \times 10^{-34}}{2 \times 0.01 \times 0.5 \times 10^{-2}} = 1.1 \times 10^{-30} \, (\text{m/s})$$

这也就是子弹的横向速度。和子弹飞行速度每秒几百米相比,这一速度引起的运动方向的偏转是微不足道的。因此对于子弹这种宏观粒子,它的波动性不会对它的"经典式"运动以及射击时的瞄准带来任何实际的影响。

例 26.8

现代测量重力加速度的实验中,距离的测量精度可达 10^{-9} m。设所用下落物体的质量是 0.05 kg,则它下落经过某点时的速度测量值的不确定度是多少?

解 距离测量的精度可以认为是物体(中某一点,例如质心)下落经过某一位置时的坐标不确定度,即 $\Delta x = 10^{-9}$ m。由不确定关系可得速度的不确定度为

$$\Delta v = \frac{\hbar}{m\Delta x} = \frac{1.05 \times 10^{-34}}{0.05 \times 10^{-9}} = 2 \times 10^{-24} \, (\text{m/s})$$

这一不确定度对实验来说可以认为是零,因而速度的测定值(m/s 数量级)就是"完全"准确的。由此可知,对宏观运动,不确定关系实际上不起作用,因而可以精确地应用牛顿力学处理。

例 26.9

原子的线度为 10^{-10} m,求原子中电子速度的不确定量。

解 说"电子在原子中"就意味着电子的位置不确定量为 $\Delta x = 10^{-10}$ m,由不确定关系可得

$$\Delta v_x = \frac{\hbar}{m\Delta x} = \frac{1.05 \times 10^{-34}}{9.11 \times 10^{-31} \times 10^{-10}} = 1.2 \times 10^6 \, (\text{m/s})$$

按照牛顿力学计算,氢原子中电子的轨道运动速度约为 10^6 m/s,它与上面的速度不确定量有相同的数量级。可见对原子范围内的电子,谈论其速度是没有什么实际意义的。这时电子的波动性十分显著,描述它的运动时必须抛弃轨道概念而代之以说明电子在空间的概率分布的电子云图像。

例 26.10

氦氖激光器所发红光波长为 $\lambda = 632.8$ nm,谱线宽度 $\Delta\lambda = 10^{-9}$ nm,求当这种光子沿 x 方向传播时,它的 x 坐标的不确定量多大?

解 光子具有二象性,所以也应满足不确定关系。由于 $p_x = h/\lambda$,所以数值上

$$\Delta p_x = \frac{h}{\lambda^2}\Delta\lambda$$

将此式代入式(26.31),可得

$$\Delta x = \frac{\hbar}{2\Delta p_x} = \frac{\lambda^2}{4\pi\Delta\lambda} \approx \frac{\lambda^2}{\Delta\lambda}$$

由于 $\lambda^2/\Delta\lambda$ 等于相干长度,也就是波列长度(见 22.3 节)。上式说明,光子的位置不确定量也就是波列的长度。根据原子在一次能级跃迁过程中发射一个光子(粒子性)或者说发出一个波列(波动性)的观点来看,这一结论是很容易理解的。将 λ 和 $\Delta\lambda$ 的值代入上式,可得

$$\Delta x \approx \frac{\lambda^2}{\Delta\lambda} = \frac{(632.8 \times 10^{-9})^2}{10^{-18}} = 4 \times 10^5 \, (\text{m}) = 400 \, (\text{km})$$

例 26.11

求线性谐振子的最小可能能量(又叫零点能)。

解 线性谐振子沿直线在平衡位置附近振动,坐标和动量都有一定限制。因此可以用坐标-动量不确定关系来计算其最小可能能量。

已知沿 x 方向的线性谐振子能量为

$$E = \frac{1}{2}mv^2 + \frac{1}{2}kx^2 = \frac{p^2}{2m} + \frac{1}{2}m\omega^2 x^2$$

由于振子在平衡位置附近振动,所以可取

$$\Delta x \approx x, \quad \Delta p \approx p$$

这样,

$$E = \frac{(\Delta p)^2}{2m} + \frac{1}{2}m\omega^2(\Delta x)^2$$

利用式(26.31),取等号,可得

$$E = \frac{\hbar^2}{8m(\Delta x)^2} + \frac{1}{2}m\omega^2(\Delta x)^2 \tag{26.35}$$

为求 E 的最小值,先计算

$$\frac{\mathrm{d}E}{\mathrm{d}(\Delta x)} = -\frac{\hbar^2}{4m(\Delta x)^3} + m\omega^2(\Delta x)$$

令 $\mathrm{d}E/\mathrm{d}(\Delta x) = 0$,可得 $(\Delta x)^2 = \frac{\hbar}{2m\omega}$。将此值代入式(26.35)可得最小可能能量为

$$E_{\min} = \frac{1}{2}\hbar\omega = \frac{1}{2}h\nu$$

例 26.12

(1) J/ψ 粒子的静能为 3 100 MeV,寿命为 5.2×10^{-21} s。它的能量不确定度是多大?占静能的几分之几?(2) ρ 介子的静能是 765 MeV,寿命是 2.2×10^{-24} s。它的能量不确定度多大?又占其静能的几分之几?

解 (1) 由式(26.34),取等号可得 $\Delta E = \hbar/2\Delta t$,此处 Δt 即粒子的寿命。对 J/ψ 粒子,

$$\Delta E = \frac{\hbar}{2\Delta t} = \frac{1.05 \times 10^{-34}}{2 \times 5.2 \times 10^{-21} \times 1.6 \times 10^{-13}} = 0.063 \, (\text{MeV})$$

与静能相比有

$$\frac{\Delta E}{E} = \frac{0.063}{3\,100} = 2.0 \times 10^{-5}$$

(2) 对 ρ 介子

$$\Delta E = \frac{\hbar}{2\Delta t} = \frac{1.05 \times 10^{-34}}{2 \times 2.2 \times 10^{-24} \times 1.6 \times 10^{-13}} = 150 \, (\text{MeV})$$

与静能相比有
$$\frac{\Delta E}{E}=\frac{150}{765}=0.20$$

提 要

1. 黑体辐射：能量按频率的分布随温度改变的电磁辐射。

普朗克量子化假设：谐振子能量为
$$E=nh\nu, \quad n=1,2,3,\cdots$$

普朗克热辐射公式：黑体的光谱辐射出射度
$$M_\nu=\frac{2\pi h}{c^2}\frac{\nu^3}{\mathrm{e}^{h\nu/kT}-1}$$

斯特藩-玻耳兹曼定律：黑体的总辐射出射度
$$M=\sigma T^4$$

其中 $\sigma=5.670\ 3\times 10^{-8}\ \mathrm{W/(m^2\cdot K^4)}$

维恩位移律：光谱辐射出射度最大的光的频率为
$$\nu_\mathrm{m}=C_\nu T$$

其中 $C_\nu=5.880\times 10^{10}\ \mathrm{Hz/K}$

2. 光电效应：光射到物质表面上有电子从表面释出的现象。

光子：光（电磁波）是由光子组成的。

每个光子的能量 $\quad E=h\nu$

每个光子的动量 $\quad p=\dfrac{E}{c}=\dfrac{h}{\lambda}$

光电效应方程 $\quad \dfrac{1}{2}mv_\mathrm{max}^2=h\nu-A$

光电效应的红限频率 $\quad \nu_0=A/h$

3. 康普顿散射：X射线被散射后出现波长较入射X射线的波长大的成分。这现象可用光子和静止的电子的碰撞解释。

散射公式： $\quad \Delta\lambda=\lambda-\lambda_0=\dfrac{h}{m_0 c}(1-\cos\varphi)$

康普顿波长（电子）： $\quad \lambda_\mathrm{C}=2.426\ 3\times 10^{-3}\ \mathrm{nm}$

4. 粒子的波动性

德布罗意假设：粒子的波长
$$\lambda=h/p=h/mv$$

5. 概率波与概率幅

德布罗意波是概率波，它描述粒子在各处被发现的概率。

用波函数 Ψ 描述微观粒子的状态。Ψ 叫概率幅，$|\Psi|^2$ 为概率密度。概率幅具有叠加性。同一粒子的同时的几个概率幅的叠加出现干涉现象。

6. 不确定关系：它是粒子二象性的反映。

位置动量不确定关系： $\Delta x \Delta p_x \geqslant \dfrac{\hbar}{2}$

能量时间不确定关系： $\Delta E \Delta t \geqslant \dfrac{\hbar}{2}$

思考题

26.1 霓虹灯发的光是热辐射吗？熔炉中的铁水发的光是热辐射吗？

26.2 人体也向外发出热辐射，为什么在黑暗中人眼看不见人呢？

26.3 刚粉刷完的房间从房外远处看，即使在白天，它的开着的窗口也是黑的。为什么？

26.4 把一块表面的一半涂了煤烟的白瓷砖放到火炉内烧，高温下瓷砖的哪一半显得更亮些？

26.5 在洛阳王城公园内，为什么黑牡丹要在室内培养？

26.6 如果普朗克常量大到 10^{34} 倍，弹簧振子将会表现出什么奇特的现象？

26.7 在光电效应实验中，如果(1)入射光强度增加一倍；(2)入射光频率增加一倍，各对实验结果(即光电子的发射)会有什么影响？

26.8 用一定波长的光照射金属表面产生光电效应时，为什么逸出金属表面的光电子的速度大小不同？

26.9 用可见光能产生康普顿效应吗？能观察到吗？

26.10 为什么对光电效应只考虑光子的能量的转化，而对康普顿效应则还要考虑光子的动量的转化？

26.11 若一个电子和一个质子具有同样的动能，哪个粒子的德布罗意波长较大？

26.12 如果普朗克常量 $h \to 0$，对波粒二象性会有什么影响？如果光在真空中的速率 $c \to \infty$，对时间空间的相对性会有什么影响？

26.13 根据不确定关系，一个分子即使在 0 K，它能完全静止吗？

习题

26.1 夜间地面降温主要是由于地面的热辐射。如果晴天夜里地面温度为 $-5\ ℃$，按黑体辐射计算，$1\ \text{m}^2$ 地面失去热量的速率多大？

26.2 太阳的光谱辐射出射度 M_ν 的极大值出现在 $\nu_m = 3.4 \times 10^{14}\ \text{Hz}$ 处。求：(1)太阳表面的温度 T；(2)太阳表面的辐射出射度 M。

26.3 在地球表面，太阳光的强度是 $1.0 \times 10^3\ \text{W/m}^2$。一太阳能水箱的涂黑面直对阳光，按黑体辐射计，热平衡时水箱内的水温可达几摄氏度？忽略水箱其他表面的热辐射。

26.4 太阳的总辐射功率为 $P_S = 3.9 \times 10^{26}\ \text{W}$。

(1) 以 r 表示行星绕太阳运行的轨道半径。试根据热平衡的要求证明：行星表面的温度 T 由下式给出：

$$T^4 = \frac{P_S}{16\pi\sigma r^2}$$

其中 σ 为斯特藩-玻耳兹曼常量。(行星辐射按黑体计。)

(2) 用上式计算地球和冥王星的表面温度，已知地球 $r_E = 1.5 \times 10^{11}\ \text{m}$，冥王星 $r_P = 5.9 \times 10^{12}\ \text{m}$。

26.5 Procyon B 星距地球 11 l.y.，它发的光到达地球表面的强度为 1.7×10^{-12} W/m²，该星的表面温度为 6 600 K，求该星的线度。

26.6 宇宙大爆炸遗留在宇宙空间的均匀各向同性的背景热辐射相当于 3 K 黑体辐射。
(1) 此辐射的光谱辐射出射度 M_λ 在何频率处有极大值？
(2) 地球表面接收此辐射的功率是多大？

26.7 试由黑体辐射的光谱辐射出射度按频率分布的形式(式(26.3))，导出其按波长分布的形式
$$M_\lambda = \frac{2\pi hc^2}{\lambda^5}\frac{1}{e^{hc/\lambda kT}-1}$$

*26.8 以 w_ν 表示空腔内电磁波的光谱辐射能密度。试证明 w_ν 和由空腔小口辐射出的电磁波的黑体光谱辐射出射度 M_ν 有下述关系：
$$M_\nu = \frac{c}{4}w_\nu$$
式中 c 为光在真空中的速率。

*26.9 试对式(26.3)求导，证明维恩位移律
$$\nu_m = C_\nu T$$
(提示：求导后说明 ν_m/T 为常量即可，不要求求 C_ν 的值。)

*26.10 试根据式(26.5)将式(26.3)积分，证明斯特藩-玻耳兹曼定律
$$M = \sigma T^4$$
(提示：由定积分说明 M/T^4 为常量即可，不要求求 σ 的值。)

26.11 铝的逸出功是 4.2 eV，今用波长为 200 nm 的光照射铝表面，求：
(1) 光电子的最大动能；
(2) 截止电压；
(3) 铝的红限波长。

26.12 银河系间宇宙空间内星光的能量密度为 10^{-15} J/m³，相应的光子数密度多大？假定光子平均波长为 500 nm。

26.13 在距功率为 1.0 W 灯泡 1.0 m 远的地方垂直于光线放一块钾片（逸出功为 2.25 eV）。钾片中一个电子要从光波中收集到足够的能量以便逸出，需要多长的时间？假设一个电子能收集入射到半径为 1.3×10^{-10} m (钾原子半径)的圆面积上的光能量。（注意，实际的光电效应的延迟时间不超过 10^{-9} s！）

*26.14 在实验室参考系中一光子能量为 5 eV，一质子以 $c/2$ 的速度和此光子沿同一方向运动。求在此质子参考系中，此光子的能量多大？

26.15 入射的 X 射线光子的能量为 0.60 MeV，被自由电子散射后波长变化了 20%。求反冲电子的动能。

26.16 一个静止电子与一能量为 4.0×10^3 eV 的光子碰撞后，它能获得的最大动能是多少？

*26.17 用动量守恒定律和能量守恒定律证明：一个自由电子不能一次完全吸收一个光子。

*26.18 一能量为 5.0×10^4 eV 的光子与一动能为 2.0×10^4 eV 的电子发生正碰，碰后光子向后折回。求碰后光子和电子的能量各是多少？

26.19 电子和光子各具有波长 0.20 nm，它们的动量和总能量各是多少？

26.20 室温(300 K)下的中子称为热中子。求热中子的德布罗意波长。

26.21 一电子显微镜的加速电压为 40 keV，经过这一电压加速的电子的德布罗意波长是多少？

*26.22 试重复德布罗意的运算。将式(26.23)和式(26.24)中的质量用相对论质量 $\left[m=m_0\Big/\sqrt{1-\frac{v^2}{c^2}}\right]$ 代入，然后利用公式 $v_g = \dfrac{d\omega}{dk} = \dfrac{d\nu}{d(1/\lambda)}$。证明：德布罗意波的群速度 v_g 等于粒子的运动速度 v。

26.23 德布罗意关于玻尔角动量量子化的解释。以 r 表示氢原子中电子绕核运行的轨道半径，以 λ 表示电子波的波长。氢原子的稳定性要求电子在轨道上运行时电子波应沿整个轨道形成整数波长（图 26.19）。试由此并结合德布罗意公式（26.24）导出电子轨道运动的角动量应为

$$L = m_e rv = n\hbar, \quad n = 1, 2, \cdots$$

这正是当时已被玻尔提出的电子轨道角动量量子化的假设。

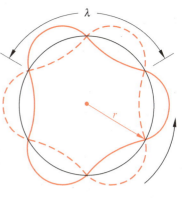

图 26.19 习题 26.23 用图

26.24 一质量为 10^{-15} kg 的尘粒被封闭在一边长均为 $1\ \mu m$ 的方盒内（这在宏观上可以说是"精确地"确定其位置了）。根据不确定关系，估算它在此盒内的最大可能速率及它由此壁到对壁单程最少要多长时间。可以从宏观上认为它是静止的吗？

26.25 电视机显像管中电子的加速电压为 9 kV，电子枪口直径取 0.50 mm，枪口离荧光屏距离为 0.30 m。求荧光屏上一个电子形成的亮斑直径。这样大小的亮斑影响电视图像的清晰度吗？

26.26 卢瑟福的 α 散射实验所用 α 粒子的能量为 7.7 MeV。α 粒子的质量为 6.7×10^{-27} kg，所用 α 粒子的波长是多少？对原子的线度 10^{-10} m 来说，这种 α 粒子能像卢瑟福做的那样按经典力学处理吗？

26.27 为了探测质子和中子的内部结构，曾在斯坦福直线加速器中用能量为 22 GeV 的电子做探测粒子轰击质子。这样的电子的德布罗意波长是多少？已知质子的线度为 10^{-15} m，这样的电子能用来探测质子内部的情况吗？

26.28 做戴维孙-革末那样的电子衍射实验时，电子的能量至少应为 $h^2/8m_ed^2$。如果所用镍晶体的散射平面间距 $d=0.091$ nm，则所用电子的最小能量是多少？

26.29 铀核的线度为 7.2×10^{-15} m。

（1）核中的 α 粒子（$m_\alpha=6.7\times10^{-27}$ kg）的动量值和动能值各约是多大？

（2）一个电子在核中的动能的最小值约是多少 MeV？（电子的动能要用相对论能量动量关系计算，结果为 13.2 MeV，此值比核的 β 衰变放出的电子的动能（约 1 MeV）大得多。这说明在核中不可能存在单个的电子。β 衰变放出的电子是核内的中子衰变为质子时"临时制造"出来的。）

26.30 证明：一个质量为 m 的粒子在边长为 a 的正立方盒子内运动时，它的最小可能能量（零点能）为

$$E_{\min} = \frac{3\hbar^2}{8ma^2}$$

德布罗意

第 27 章

薛定谔方程

薛定谔方程是量子力学的基本动力学方程。本章先列出了该方程,包括不含时和含时的形式,并简要地介绍了薛定谔"建立"他的方程的思路。然后将不含时的薛定谔方程应用于无限深方势阱中的粒子、遇有势垒的粒子以及谐振子等情况。着重说明根据对波函数的单值、有限和连续的要求,由薛定谔方程可自然地得出能量量子化的结果。接着说明了隧道效应这种量子粒子不同于经典粒子的重要特征。本章最后介绍了关于谐振子的波函数和能量量子化的结论。

27.1 薛定谔得出的波动方程

德布罗意引入了和粒子相联系的波。粒子的运动用波函数 $\Psi=\Psi(x,y,z,t)$ 来描述,而粒子在时刻 t 在各处的概率密度为 $|\Psi|^2$。但是,怎样确定在给定条件(一般是给定一势场)下的波函数呢?

1925 年在瑞士,德拜(P. J. W. Debye)让他的学生薛定谔作一个关于德布罗意波的学术报告。报告后,德拜提醒薛定谔:"对于波,应该有一个波动方程。"薛定谔此前就曾注意到爱因斯坦对德布罗意假设的评论,此时又受到了德拜的鼓励,于是就努力钻研。几个月后,他就向世人拿出了一个波动方程,这就是现在大家称谓的薛定谔方程。

薛定谔方程在量子力学中的地位和作用相当于牛顿方程在经典力学中的地位和作用。用薛定谔方程可以求出在给定势场中的波函数,从而了解粒子的运动情况。作为一个基本方程,薛定谔方程不可能由其他更基本的方程推导出来。它只能通过某种方式建立起来,然后主要看所得的结论应用于微观粒子时是否与实验结果相符。薛定谔当初就是"猜"加"凑"出来的(他建立方程的步骤见本节[注])。以他的名字命名的方程[①]为(一维情形)

$$-\frac{\hbar^2}{2m}\frac{\partial^2 \Psi}{\partial x^2}+U(x,t)\Psi=\mathrm{i}\hbar\frac{\partial \Psi}{\partial t} \tag{27.1}$$

式中 $\Psi=\Psi(x,t)$ 是粒子(质量为 m)在势场 $U=U(x,t)$ 中运动的波函数。我们没有可能全面讨论式(27.1)那样的**含时薛定谔方程**(那是量子力学课程的任务),下面只着重讨论粒子

---

① 薛定谔是 1926 年发表他的方程的,该方程是**非相对论形式**的。1928 年狄拉克(P. A. M. Dirac)把该方程发展为相对论形式,可以讨论磁性、粒子的湮灭和产生等更为广泛的问题。

在恒定势场 $U=U(x)$（包括 $U(x)$＝常量，因而粒子不受力的势场）中运动的情形。在这种情形下，式(27.1)可用分离变量法求解。作为"波"函数，应包含时间的周期函数，而此时波函数应有下述形式：

$$\Psi(x,t) = \psi(x)\mathrm{e}^{-\mathrm{i}Et/\hbar} \tag{27.2}$$

式中 E 是粒子的能量。将此式代入式(27.1)，可知波函数 Ψ 的空间部分 $\psi=\psi(x)$ 应该满足的方程为

$$-\frac{\hbar^2}{2m}\frac{\partial^2\psi}{\partial x^2} + U\psi = E\psi \tag{27.3}$$

此方程称为**定态薛定谔方程**。本章的后几节将利用此方程说明一些粒子运动的基本特征。函数 $\psi=\psi(x)$ 叫粒子的**定态波函数**，它描写的粒子的状态叫**定态**。

关于薛定谔方程式(27.1)和式(27.3)需要说明两点。第一，它们都是**线性微分方程**。这就意味着作为它们的解的波函数或概率幅 ψ 和 Ψ 都满足叠加原理，这正是 26.6 节中提到的"量子力学第一原理"所要求的。

第二，从数学上来说，对于任何能量 E 的值，方程式(27.3)都有解，但并非对所有 E 值的解都能满足物理上的要求。这些要求最一般的是，作为有物理意义的波函数，这些解必须是**单值的**，**有限的**和**连续的**。这些条件叫做波函数的**标准条件**。令人惊奇的是，根据这些条件，由薛定谔方程"自然地"、"顺理成章地"就能得出微观粒子的重要特征——量子化条件。这些量子化条件在普朗克和玻尔那里都是"强加"给微观系统的。作为量子力学基本方程的薛定谔方程当然还给出了微观系统的许多其他奇异的性质。

对于微观粒子的三维运动，定态薛定谔方程式(27.3)的直角坐标形式为

$$-\frac{\hbar^2}{2m}\left(\frac{\partial^2\psi}{\partial x^2}+\frac{\partial^2\psi}{\partial y^2}+\frac{\partial^2\psi}{\partial z^2}\right)+U\psi = E\psi \tag{27.4}$$

相应的球坐标(图 27.1)形式为

$$-\frac{\hbar^2}{2m}\left[\frac{\partial^2\psi}{\partial r^2}+\frac{2}{r}\frac{\partial\psi}{\partial r}+\frac{1}{r^2\sin\theta}\frac{\partial}{\partial\theta}\left(\sin\theta\frac{\partial\psi}{\partial\theta}\right)+\frac{1}{r^2\sin^2\theta}\frac{\partial^2\psi}{\partial\varphi^2}\right]+U\psi = E\psi \tag{27.5}$$

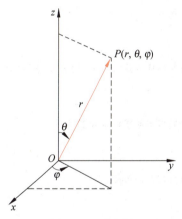

图 27.1 球坐标

其中 r 为粒子的径矢的大小，θ 为极角，φ 为方位角。

例 27.1

一质量为 m 的粒子在自由空间绕一定点做圆周运动，圆半径为 r。求粒子的波函数并确定其可能的能量值和角动量值。

解 取定点为坐标原点，圆周所在平面为 xy 平面。由于 r 和 $\theta(\theta=\pi/2)$ 都是常量，所以 ψ 只是方位角 φ 的函数。令 $\psi=\Phi(\varphi)$ 表示此波函数。又因为 $U=0$，所以粒子的薛定谔方程式(27.5)变为

$$-\frac{\hbar^2}{2mr^2}\frac{\mathrm{d}^2\Phi}{\mathrm{d}\varphi^2} = E\Phi$$

或

$$\frac{d^2\Phi}{d\varphi^2} + \frac{2mr^2E}{\hbar^2}\Phi = 0$$

这一方程类似于简谐运动的运动方程,其解为

$$\Phi = Ae^{im_l\varphi} \tag{27.6}$$

其中

$$m_l = \pm\sqrt{\frac{2mr^2E}{\hbar^2}} \tag{27.7}$$

式(27.6)是 φ 的**有限连续函数**。要使 Φ 再满足在任一给定 φ 值时为**单值**,就需要

$$\Phi(\varphi) = \Phi(\varphi + 2\pi)$$

或

$$e^{im_l\varphi} = e^{im_l(\varphi+2\pi)}$$

由此得

$$e^{im_l 2\pi} = 1 \tag{27.8}$$

式(27.8)给出 m_l 必须是整数[①],即

$$m_l = \pm 1, \pm 2, \cdots \tag{27.9}$$

为了求出式(27.6)中 A 的值,我们注意到粒子在所有 φ 值范围内的总概率为 1——归一化条件,由此得

$$1 = \int_0^{2\pi} |\Phi|^2 d\varphi = \int_0^{2\pi} A^2 d\varphi = 2\pi A^2$$

于是有

$$A = \frac{1}{\sqrt{2\pi}}$$

将此值代入式(27.6),得和 m_l 相对应的定态波函数为

$$\Phi_{m_l} = \frac{1}{\sqrt{2\pi}} e^{im_l\varphi} \tag{27.10}$$

最后可得粒子的波函数为

$$\Psi_{m_l} = \Phi_{m_l} e^{-i2\pi\frac{E}{h}t} = \frac{1}{\sqrt{2\pi}} e^{i(m_l\varphi - 2\pi Et/h)} \tag{27.11}$$

由式(27.7)可得

$$E = \frac{\hbar^2}{2mr^2} m_l^2 \tag{27.12}$$

此式说明,由于 m_l 是整数,所以粒子的能量只能取离散的值。这就是说,这个作圆周运动的粒子的能量"量子化"了。在这里,能量量子化这一微观粒子的重要特征很自然地从薛定谔方程和波函数的标准条件得出了。m_l 叫做**量子数**。

根据能量和动量关系有 $p = \sqrt{2mE_k}$,而此处 $E_k = E$,再由式(27.12)可得这个作圆周运动的粒子的角动量(此角动量矢量沿 z 轴方向)为

$$L = rp = m_l \hbar \tag{27.13}$$

即角动量也量子化了,而且等于 $\hbar$ 的整数倍。

[注] 薛定谔建立他的方程的大致过程[②]

薛定谔注意到德布罗意波的相速与群速的区别以及德布罗意波的相速度(非相对论情形)为

---

① 由欧拉公式 $e^{im_l 2\pi} = \cos(m_l 2\pi) + i\sin(m_l 2\pi) = 1$,由此得 $\cos(m_l \cdot 2\pi) = 1$,于是 $m_l =$ 整数。
② 参看赵凯华. 创立量子力学的睿智才思. 大学物理,2006,25(11),5-8.

27.1 薛定谔得出的波动方程

$$u = \lambda\nu = \frac{E}{p} = \frac{E}{\sqrt{2mE_k}} = \frac{E}{\sqrt{2m(E-U)}} \tag{27.14}$$

其中 m 为粒子的质量，E 为粒子的总能量，$U=U(x,y,z)$ 为粒子在给定的保守场中的势能。粒子动量 $p=\sqrt{2mE_k}=\sqrt{2m(E-U)}$，于是就有式(27.14)。对于一个波，薛定谔假设其波函数 $\Psi(x,y,z,t)$ 通过一个振动因子

$$\exp[-\mathrm{i}\omega t] = \exp[-2\pi\mathrm{i}\nu t] = \exp\left[-2\pi\mathrm{i}\frac{E}{h}t\right] = \exp[-\mathrm{i}Et/\hbar]$$

和时间 t 有关，式中 $\mathrm{i}=\sqrt{-1}$ 为虚数单位。于是有

$$\Psi(x,y,z,t) = \psi(x,y,z)\exp\left[-\mathrm{i}\frac{E}{\hbar}t\right]$$

其中 $\psi(x,y,z)$ 可以是空间坐标的复函数。下面先就一维的情况进行讨论，即 Ψ 取式(27.2)那样的形式

$$\Psi(x,t) = \psi(x)\exp\left[-\mathrm{i}\frac{E}{\hbar}t\right] \tag{27.15}$$

将式(27.15)和式(27.14)代入波动方程的一般形式

$$\frac{\partial^2\Psi}{\partial x^2} = \frac{1}{u^2}\frac{\partial^2\Psi}{\partial t^2}$$

稍加整理，即可得

$$-\frac{\hbar}{2m}\frac{\partial^2\psi}{\partial x^2} + U\psi = E\psi \tag{27.16}$$

式中 $\hbar = h/2\pi$。由式(27.15)可得粒子的概率密度为

$$|\Psi|^2 = \Psi\Psi^* = \psi(x)\exp\left[-\mathrm{i}\frac{E}{\hbar}t\right]\psi(x)\exp\left[\mathrm{i}\frac{E}{\hbar}t\right] = |\psi(x)|^2$$

由于此概率密度与时间无关，所以式(27.15)中的 $\psi=\psi(x)$ 称为粒子的定态波函数，而决定这一波函数的微分方程式(27.16)就是定态薛定谔方程式(27.3)。这一方程是研究原子系统的定态的基本方程。

原子系统可以从一个定态转变到另一个定态，例如氢原子的发光过程。在这一过程中，原子系统的能量 E 将发生变化。注意到这种随时间变化的情况，薛定谔认为这时 E 不应该出现在他的波动方程中。他于是用式(27.15)来消去式(27.16)中的 E。式(27.15)可换写为

$$\psi(x) = \Psi\exp\left[\mathrm{i}\frac{E}{\hbar}t\right]$$

将此式回代入式(27.16)可得到

$$-\frac{\hbar^2}{2m}\frac{\partial^2\Psi}{\partial x^2} + U\Psi = E\Psi \tag{27.17}$$

由式(27.15)可得

$$E\Psi = \mathrm{i}\hbar\frac{\partial\Psi}{\partial t}$$

所以由式(27.17)又可得

$$-\frac{\hbar^2}{2m}\frac{\partial^2\Psi}{\partial x^2} + U\Psi = \mathrm{i}\hbar\frac{\partial\Psi}{\partial t}$$

式中的 U 可以推广为也是时间 t 的函数。此式就是式(27.1)。这是关于粒子运动的普遍的运动方程，是非相对论量子力学的基本方程。

从以上介绍可知，薛定谔建立他的方程时，虽然也有些"根据"，但并不是什么严格的推理过程。实际上，可以说，式(27.1)和式(27.3)都是"凑"出来的。这种根据少量的事实，半猜半推理的思维方式常常萌发出全新的概念或理论。这是一种创造性的思维方式。这种思维得出的结论的正确性主要不是靠它的"来源"，而是靠它的预言和大量事实或实验结果相

符来证明的。物理学发展史上这样的例子是很多的。普朗克的量子概念,爱因斯坦的相对论,德布罗意的物质波大致都是这样。薛定谔得出他的方程后,就把它应用于氢原子中的电子,所得结论和已知的实验结果相符,而且比当时用于解释氢原子的玻尔理论更为合理和"顺畅"。这一尝试曾大大增强了他的自信,也使得当时的学者们对他的方程备加关注,经过玻恩、海森伯、狄拉克等诸多物理学家的努力,几年的时间内就建成了一套完整的和经典理论迥然不同的量子力学理论。

27.2 无限深方势阱中的粒子

本节讨论粒子在一种简单的外力场中做一维运动的情形,分析薛定谔方程会给出什么结果。粒子在这种外力场中的势能函数为

$$U = \begin{cases} 0, & 0 \leqslant x \leqslant a \\ \infty, & x < 0, x > a \end{cases} \tag{27.18}$$

这种势能函数的势能曲线如图 27.2 所示。由于图形像井,所以这种势能分布叫**势阱**。

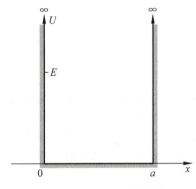

图 27.2 无限深方势阱

图 27.2 中的井深无限,所以叫**无限深方势阱**。在阱内,由于势能是常量,所以粒子不受力而做自由运动,在边界 $x=0$ 和 a 处,势能突然增至无限大,所以粒子会受到无限大的指向阱内的力。因此,粒子的位置就被限制在阱内,粒子这时的状态称为**束缚态**。

势阱是一种简单的理论模型。自由电子在金属块内部可以自由运动,但很难逸出金属表面。这种情况下,自由电子就可以认为是处于以金属块表面为边界的无限深势阱中。在粗略地分析自由电子的运动(不考虑点阵离子的电场)时,就可以利用无限深方势阱这一模型。

为研究粒子的运动,利用薛定谔方程式(27.3)

$$-\frac{\hbar^2}{2m}\frac{\partial^2 \psi}{\partial x^2} + U\psi = E\psi$$

在势阱外,即 $x<0$ 和 $x>a$ 的区域,由于 $U=\infty$,所以必须有

$$\psi = 0, \quad x<0 \text{ 和 } x>a \tag{27.19}$$

否则式(27.3)将给不出任何有意义的解。$\psi=0$ 说明粒子不可能到达这些区域,这是和经典概念相符的。

在势阱内,即 $0 \leqslant x \leqslant a$ 的区域,由于 $U=0$,式(27.3)可写成

$$\frac{\partial^2 \psi}{\partial x^2} = -\frac{2mE}{\hbar^2}\psi = -k^2\psi \tag{27.20}$$

式中

$$k = \sqrt{2mE}/\hbar \tag{27.21}$$

式(27.20)和简谐运动的微分方程式(6.11)形式上一样,其解应为

$$\psi = A\sin(kx+\varphi), \quad 0 \leqslant x \leqslant a \tag{27.22}$$

27.2 无限深方势阱中的粒子

由式(27.19)和式(27.22)分别表示的在各区域的解在各区域内显然是单值而有限且连续的,但整个波函数还被要求在 $x=0$ 和 $x=a$ 处是连续的,即在 $x=0$ 处应有

$$A\sin\varphi = 0 \tag{27.23}$$

而在 $x=a$ 处应有

$$A\sin(ka+\varphi) = 0 \tag{27.24}$$

式(27.23)给出 $\varphi=0$,于是式(27.24)又给出

$$ka = n\pi, \quad n = 1,2,3,\cdots \tag{27.25}$$

将此结果代入式(27.22),可得

$$\psi = A\sin\frac{n\pi}{a}x, \quad n = 1,2,3,\cdots \tag{27.26}$$

振幅 A 的值,可以根据**归一化条件**,即粒子在空间各处的概率的总和应该等于1,来求得。利用概率和波函数的关系分区积分可得

$$1 = \int_{-\infty}^{+\infty}|\psi|^2\mathrm{d}x = \int_{-\infty}^{0}|\psi|^2\mathrm{d}x + \int_{0}^{a}|\psi|^2\mathrm{d}x + \int_{a}^{+\infty}|\psi|^2\mathrm{d}x$$

$$= \int_{0}^{a}A^2\sin^2\frac{n\pi}{a}x\,\mathrm{d}x = \frac{a}{2}A^2$$

由此得

$$A = \sqrt{2/a} \tag{27.27}$$

于是,最后得粒子在无限深方势阱中的波函数为

$$\psi_n = \sqrt{\frac{2}{a}}\sin\frac{n\pi}{a}x, \quad n = 1,2,3,\cdots \tag{27.28}$$

n 取某个整数, ψ_n 表示粒子的相应的定态波函数,相应的粒子的能量可以由式(27.21)代入式(27.25)求出,即有

$$E_n = \frac{\pi^2\hbar^2}{2ma^2}n^2, \quad n = 1,2,3,\cdots \tag{27.29}$$

式中 n 只能取整数值。这样,根据标准条件的要求由薛定谔方程就自然地得出:束缚在势阱内的粒子的能量只能取**离散**的值,即**能量是量子化**的。每一个能量值对应于一个**能级**。这些能量值称为**能量本征值**,而 n 称为**量子数**。

将式(27.28)代入式(27.2),即可得全部波函数为

$$\Psi_n = \psi_n\exp(-2\pi\mathrm{i}E_n t/h) \tag{27.30}$$

这些波函数叫做**能量本征波函数**。由每个本征波函数所描述的粒子的状态称为粒子的**能量本征态**,其中能量最低的态称为**基态**,其上的能量较大的态称为**激发态**。

式(27.26)所表示的波函数和坐标的关系如图 27.3 中的实线所示。图中虚线表示相应的 $|\psi_n|^2$-x 关系,即概率密度与坐标的关系。注意,这里由粒子的波动性给出的概率密度的周期性分布和经典粒子的完全不同。按经典理论,粒子在阱内来来回回自由运动,在各处的概率密度应该是相等的,而且与粒子的能量无关。

和经典粒子不同的另一点是,由式(27.29)知,量子粒子的最小能量,即基态能量为 $E_1 = \pi^2\hbar^2/(2ma^2)$,不等于零。这是符合不确定关系的,因为量子粒子在有限空间内运动,其速度不可能为零,而经典粒子可能处于静止的能量为零的最低能态。

由式(27.29)可以得到粒子在势阱中运动的动量为

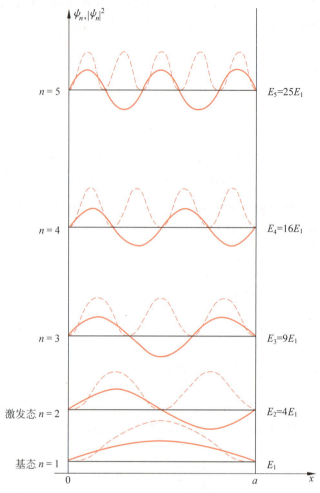

图 27.3　无限深方势阱中粒子的能量本征函数 ψ_n（实线）及概率密度 $|\psi_n|^2$（虚线）与坐标的关系

$$p_n = \pm\sqrt{2mE_n} = \pm n\frac{\pi\hbar}{a} = \pm k\hbar \tag{27.31}$$

相应地，粒子的德布罗意波长为

$$\lambda_n = \frac{h}{p_n} = \frac{2a}{n} = \frac{2\pi}{k} \tag{27.32}$$

此波长也量子化了，它只能是势阱宽度两倍的整数分之一。这使我们回想起两端固定的弦中产生驻波的情况。图 27.3 和图 7.25 是一样的，而式(27.32)和式(7.39)相同。因此可以说，**无限深方势阱中粒子的每一个能量本征态对应于德布罗意波的一个特定波长的驻波**。

例 27.2

在核内的质子和中子可粗略地当成是处于无限深势阱中而不能逸出，它们在核中的运动也可以认为是自由的。按一维无限深方势阱估算，质子从第 1 激发态($n=2$)到基态($n=1$)转变时，放出的能量是多少 MeV？核的线度按 1.0×10^{-14} m 计。

27.2 无限深方势阱中的粒子

解 由式(27.29),质子的基态能量为

$$E_1 = \frac{\pi^2 \hbar^2}{2m_p a^2} = \frac{\pi^2 \times (1.05 \times 10^{-34})^2}{2 \times 1.67 \times 10^{-27} \times (1.0 \times 10^{-14})^2}$$

$$= 3.3 \times 10^{-13}(\text{J})$$

第1激发态的能量为

$$E_2 = 4E_1 = 13.2 \times 10^{-13}(\text{J})$$

从第1激发态转变到基态所放出的能量为

$$E_2 - E_1 = 13.2 \times 10^{-13} - 3.3 \times 10^{-13}$$

$$= 9.9 \times 10^{-13}(\text{J}) = 6.2(\text{MeV})$$

实验中观察到的核的两定态之间的能量差一般就是几 MeV,上述估算和此事实大致相符。

例 27.3

根据叠加原理,几个波函数的叠加仍是一个波函数。假设在阱底位于$[-a/2, a/2]$的无限深方势阱中的粒子的一个叠加态是由基态和第1激发态叠加而成,前者的波函数为其概率幅的$1/2$,后者的波函数为其概率幅的$\sqrt{3}/2$(这意味着基态概率是$1/4$,第1激发态的概率为$3/4$)。试求这一叠加态的概率分布。

解 由于基态和第1激发态的波函数分别是

$$\Psi_1 = \sqrt{\frac{2}{a}} \cos\left(\frac{\pi}{a}x\right) e^{-iE_1 t/\hbar}$$

$$\Psi_2 = \sqrt{\frac{2}{a}} \sin\left(\frac{2\pi}{a}x\right) e^{-iE_2 t/\hbar}$$

所以题设叠加态的波函数为

$$\Psi_{12} = \frac{1}{2}\Psi_1 + \frac{\sqrt{3}}{2}\Psi_2 = \frac{1}{2}\sqrt{\frac{2}{a}} \cos\left(\frac{\pi}{a}x\right) e^{-iE_1 t/\hbar} + \frac{\sqrt{3}}{2}\sqrt{\frac{2}{a}} \sin\left(\frac{2\pi}{a}x\right) e^{-iE_2 t/\hbar}$$

这一叠加态的概率分布为

$$P_{12} = |\Psi_{12}|^2$$

$$= \left[\frac{1}{2}\sqrt{\frac{2}{a}} \cos\left(\frac{\pi}{a}x\right) e^{-iE_1 t/\hbar} + \frac{\sqrt{3}}{2}\sqrt{\frac{2}{a}} \sin\left(\frac{2\pi}{a}x\right) e^{-iE_2 t/\hbar}\right] \times$$

$$\left[\frac{1}{2}\sqrt{\frac{2}{a}} \cos\left(\frac{\pi}{a}x\right) e^{iE_1 t/\hbar} + \frac{\sqrt{3}}{2}\sqrt{\frac{2}{a}} \sin\left(\frac{2\pi}{a}x\right) e^{iE_2 t/\hbar}\right]$$

$$= \frac{1}{2a}\cos^2\left(\frac{\pi}{a}x\right) + \frac{3}{2a}\sin^2\left(\frac{2\pi}{a}x\right) + \frac{\sqrt{3}}{2a}\cos\left(\frac{\pi}{a}x\right)\sin\left(\frac{2\pi}{a}x\right)\left[e^{i(E_2-E_1)t/\hbar} + e^{-i(E_2-E_1)t/\hbar}\right]$$

$$= \frac{1}{2a}\cos^2\left(\frac{\pi}{a}x\right) + \frac{3}{2a}\sin^2\left(\frac{2\pi}{a}x\right) + \frac{\sqrt{3}}{a}\cos\left(\frac{\pi}{a}x\right)\sin\left(\frac{2\pi}{a}x\right)\cos\left[(E_2-E_1)t/\hbar\right]$$

注意,这一结果的前两项与时间无关,而第三项则是一个频率为$\omega = (E_2 - E_1)/\hbar$的振动项。因此,这一叠加态**不是**定态。概率分布的这一振动项(出自两定态波函数相乘的交叉项)给出量子力学对电磁波发射的解释。两个定态的叠加表示粒子从一个态过渡或跃迁到另一个态。如果粒子是带电的,上述结果中的振动项就表示一个振动的电荷分布,相当于一个振动电偶极子。这个振动电偶极子将向外发射电磁波或光子。此电磁波的频率就是$\omega = (E_2 - E_1)/\hbar$,而相应光子的能量$\varepsilon = h\nu = \hbar\omega = E_2 - E_1$。这正是玻尔当初提出的原子发光的频率条件。在玻尔那里,这条件是一个"假设",在量子力学中它却是理论的一个逻辑推论。不仅如此,量子力学还可以给出粒子在两个定态之间的跃迁概率,从而对所发出的电磁波的强度做出定量的解释。

27.3 势垒穿透

让我们考虑"半无限深方势阱"中的粒子。这势阱的势能函数为

$$U = \begin{cases} \infty, & x < 0 \\ 0, & 0 \leqslant x \leqslant a \\ U_0, & x > a \end{cases} \quad (27.33)$$

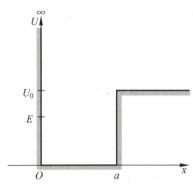

图 27.4 半无限深方势阱

势能曲线如图 27.4 所示。

在 $x<0$ 而 $U=\infty$ 的区域，粒子的波函数 $\psi=0$。

在阱内部，即 $0 \leqslant x \leqslant a$ 的区域，粒子具有小于 U_0 的能量 E。薛定谔方程和式(27.20)一样，为

$$\frac{\partial^2 \psi}{\partial x^2} = -\frac{2mE}{\hbar^2}\psi = -k^2\psi \quad (27.34)$$

式中 $k = \sqrt{2mE}/\hbar$。此式的解仍具有式(27.22)的形式，即

$$\psi = A\sin(kx+\varphi) \quad (27.35)$$

在 $x>a$ 的区域，薛定谔方程式(27.3)可写成

$$\frac{\partial^2 \psi}{\partial x^2} = \frac{2m}{\hbar^2}(U_0-E)\psi = k'^2\psi \quad (27.36)$$

其中

$$k' = \sqrt{2m(U_0-E)}/\hbar \quad (27.37)$$

式(27.36)的解一般应为

$$\psi = Ce^{-k'x} + De^{k'x}$$

其中 C,D 为常数。为了满足 $x \to \infty$ 时，波函数有限的条件，必须 $D=0$。于是得

$$\psi = Ce^{-k'x} \quad (27.38)$$

为了满足此波函数在 $x=a$ 处连续，由式(27.35)和式(27.38)得出

$$A\sin(ka+\varphi) = Ce^{-k'a} \quad (27.39)$$

此外，$\mathrm{d}\psi/\mathrm{d}x$ 在 $x=a$ 处也应连续(否则 $\mathrm{d}^2\psi/\mathrm{d}x^2$ 将变为无限大而与式(27.34)和式(27.36)表明的 $\mathrm{d}^2\psi/\mathrm{d}x^2$ 有限相矛盾)，因而又有

$$kA\cos(ka+\varphi) = -k'Ce^{-k'a} \quad (27.40)$$

式(27.39)和式(27.40)将给出：对于束缚在阱内的粒子(即 $E<U_0$)，**其能量也是量子化的**，不过其能量的本征值不再能用式(27.29)表示。由于数学过程较为复杂，我们不再讨论其能量本征值的具体数值。这里只想着重指出，式(27.38)说明，在 $x>a$ 而势能有限的区域，粒子出现的概率**不为零**，即粒子在运动中可能到达这一区域，不过到达的概率随 x 的增大而按指数规律减小。粒子处于可能的基态和第 1,2 激发态(U_0 太小时，粒子不能被束缚在阱内)的波函数如图 27.5 中的实线所示，虚线表示粒子的概率密度分布。

在这里我们又一次看到量子力学给出的结果与经典力学给出的不同。不但处于束缚态的粒子的能量量子化了，而且还需注意的是，在 $E<U_0$ 的情况下，按经典力学，粒子只能在

阱内（即 $0<x<a$）运动，不可进入其能量小于势能的 $x>a$ 的区域，因为在这一区域粒子的动能 $E_k(E_k=E-U_0)$ 将为负值。这在经典力学中是不可能的。但是，量子力学理论给出，在其势能大于其总能量的区域内，如图 27.5 所示，粒子仍有一定的概率密度，即粒子可以进入这一区域，虽然这概率密度是按指数规律随进入该区域的深度而很快减小的。

怎样理解量子力学给出的这一结果呢？为什么粒子的动能可能有负值呢？这要归之于不确定关系。根据式（27.38），粒子在 $E<U_0$ 的区域的概率密度为 $|\psi|^2=C^2\mathrm{e}^{-2k'x}$。$x=1/2k'$ 可以看做粒子进入该区域的典型深度，在此处发现粒子的概率已降为 $1/\mathrm{e}$。这一距离可以认为是在此区域内发现粒子的位置不确定度，即

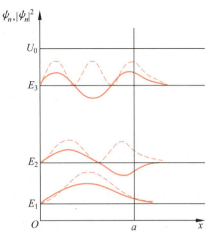

图 27.5　半无限深方势阱中粒子的波函数 ψ_n（实线）与概率密度 $|\psi_n|^2$（虚线）分布

$$\Delta x = \frac{1}{2k'} = \frac{\hbar}{2\sqrt{2m(U_0-E)}} \tag{27.41}$$

根据不确定关系，粒子在这段距离内的动量不确定度为

$$\Delta p \geqslant \frac{\hbar}{\Delta x} = \sqrt{2m(U_0-E)} \tag{27.42}$$

粒子进入的速度可认为是

$$v = \Delta v = \frac{\Delta p}{m} \geqslant \sqrt{\frac{2(U_0-E)}{m}} \tag{27.43}$$

于是粒子进入的时间不确定度为

$$\Delta t = \frac{\Delta x}{v} \leqslant \frac{\hbar}{4(U_0-E)} \tag{27.44}$$

由此，按能量-时间的不确定关系式，粒子能量的不确定度为

$$\Delta E \geqslant \frac{\hbar}{2\Delta t} \geqslant 2(U_0-E) \tag{27.45}$$

这时，粒子的总能量将为 $E+\Delta E$，而其动能的不确定度为

$$\Delta E_k = E+\Delta E-U_0 \geqslant U_0-E \tag{27.46}$$

这就是说，粒子在到达的区域内，其动能的不确定度大于其名义上的负动能的值。因此，负动能被不确定关系"掩盖"了，它只是一种观察不到的"虚"动能。这和实验中能观察到的能量守恒并不矛盾。（上述关于式（27.46）的计算有些巧合，它实质上是说明薛定谔方程给出的粒子的行为是符合量子力学不确定关系的要求的。）

由于粒子可以进入 $U_0>E$ 的区域，如果这一高势能区域是有限的，即粒子在运动中为一**势垒**所阻（如图 27.6 所示），则粒子就有可能穿过势垒而到达势垒的另一侧。这一量子力学现象叫做**势垒穿透**或**隧道效应**。

隧道效应的一个例子是 α 粒子从放射性核中逸出，即 α 衰变。如图 27.7 所示，核半径

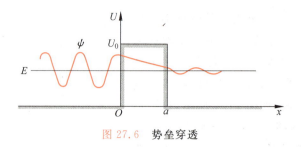

图 27.6　势垒穿透

为 R，α 粒子在核内由于核力的作用其势能是很低的。在核边界上有一个因库仑力而产生的势垒。对 ^{238}U 核，这一库仑势垒可高达 35 MeV，而这种核在 α 衰变过程中放出的 α 粒子的能量 E_α 不过 4.2 MeV。理论计算表明，这些 α 粒子就是通过隧道效应穿透库仑势垒而跑出的。

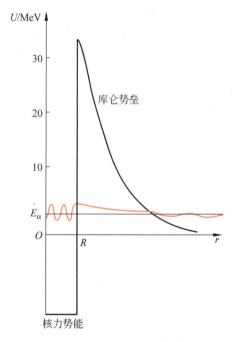

图 27.7　α 粒子的隧道效应

黑洞的边界是一个物质（包括光）只能进不能出的"单向壁"。这单向壁对黑洞内的物质来说就是一个绝高的势垒。理论物理学家霍金（S. W. Hawking）认为黑洞并不是绝对黑的。黑洞内部的物质能通过量子力学隧道效应而逸出。但他估计，这种过程很慢。一个质量等于太阳质量的黑洞温度约为 10^{-6} K，约需 10^{67} a 才能完全"蒸发"消失。不过据信有一些微型黑洞（质量大约是太阳质量的 10^{-20} 倍）产生于宇宙大爆炸初期，经过 2×10^{10} a 到现在已经蒸发完了。

热核反应所释放的核能是两个带正电的核，如 ^{2}H 和 ^{3}H，聚合时产生的。这两个带正电的核靠近时将为库仑斥力所阻，这斥力的作用相当于一个高势垒。^{2}H 和 ^{3}H 就是通过隧道效应而聚合到一起的。这些核的能量越大，它们要穿过的势垒厚度越小，聚合的概率就越大。这就是为什么热核反应需要高达 10^8 K 的高温的原因。

隧道效应的一个重要的实际应用是扫描隧穿显微镜，用它可以观测固体表面原子排列的状况，其详细原理可参看"物理学与现代技术 I 扫描隧穿显微镜"。

势垒穿透现象目前的一个重要应用是**扫描隧穿显微镜**，简称 STM。它的设备和原理示意图如图 27.8 所示。

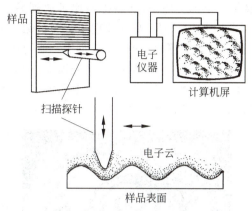

图 27.8 STM 示意图

在样品的表面有一表面势垒阻止内部的电子向外运动。但正如量子力学所指出的那样，表面内的电子能够穿过这表面势垒，到达表面外形成一层电子云。这层电子云的密度随着与表面的距离的增大而按指数规律迅速减小。这层电子云的纵向和横向分布由样品表面的微观结构决定，STM 就是通过显示这层电子云的分布而考察样品表面的微观结构的。

使用 STM 时，先将探针推向样品，直至二者的电子云略有重叠为止。这时在探针和样品间加上电压，电子便会通过电子云形成隧穿电流。由于电子云密度随距离迅速变化，所以隧穿电流对针尖与表面间的距离极其敏感。例如，距离改变一个原子的直径，隧穿电流会变化 1 000 倍。当探针在样品表面上方全面横向扫描时，根据隧穿电流的变化利用一反馈装置控制针尖与表面间保持一恒定的距离。把探针尖扫描和起伏运动的数据送入计算机进行处理，就可以在荧光屏或绘图机上显示出样品表面的三维图像，和实际尺寸相比，这一图像可放大到 1 亿倍。

目前用 STM 已对石墨、硅、超导体以及纳米材料等的表面状况进行了观察，取得了很好的结果。图 27.9 是 STM 的石墨表面碳原子排列的计算机照片。

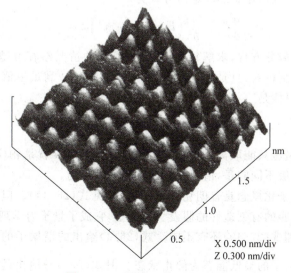

图 27.9 石墨表面的 STM 照片

STM不但可以当作"眼"来观察材料表面的细微结构,而且可以用作"手"来摆弄单个原子。可以用它的探针尖吸住一个孤立原子,然后把该原子放到另一个位置。这就迈出了人类用单个原子这样的"砖块"来建造"大厦"即各种理想材料的第一步。图27.10是1993年IBM公司的科学家精心制作的"**量子围栏**"的计算机照片。他们在4 K的温度下用STM的针尖一个个地把48个铁原子"栽"到了一块精制的铜表面上,围成一个圆圈,圈内就形成了一个势阱,把在该处铜表面运动的电子圈了起来。图中圈内的圆形波纹就是这些电子的波动图景,它的大小及图形和量子力学的预言符合得非常好。

图 27.10　量子围栏照片

27.4　谐振子

本节讨论粒子在略为复杂的势场中做一维运动的情形,即谐振子的运动。这也是一个很有用的模型,固体中原子的振动就可以用这种模型加以近似地研究。

一维谐振子的势能函数为

$$U = \frac{1}{2}kx^2 = \frac{1}{2}m\omega^2 x^2 \tag{27.47}$$

其中$\omega = \sqrt{k/m}$是振子的固有角频率,m是振子的质量,k是振子的等效劲度系数。将此式代入式(27.3),可得一维谐振子的薛定谔方程为

$$\frac{d^2\psi}{dx^2} + \frac{2m}{\hbar^2}\left(E - \frac{1}{2}m\omega^2 x^2\right)\psi = 0 \tag{27.48}$$

这是一个变系数的常微分方程,求解较为复杂(最简单的情况参看习题27.10)。因此我们将不再给出波函数的解析式,只是着重指出:为了使波函数ψ满足单值、有限和连续的标准条件,谐振子的能量只能是

$$E_n = \left(n + \frac{1}{2}\right)\hbar\omega = \left(n + \frac{1}{2}\right)h\nu, \quad n = 0,1,2,\cdots \tag{27.49}$$

这说明,谐振子的能量也只能取离散的值,即也是量子化的,n就是相应的量子数。和无限深方势阱中粒子的能级不同的是,谐振子的能级是等间距的。

谐振子的能量量子化概念是普朗克首先提出的(见式(26.4))。但在普朗克那里,这种能量量子化是一个大胆的有创造性的假设。在这里,它成了量子力学理论的一个自然推论。从量上说,式(26.4)和式(27.49)还有不同。式(26.4)给出的谐振子的最低能量为零,这符合经典概念,即认为粒子的最低能态为静止状态。但式(27.49)给出的最低能量为$\frac{1}{2}h\nu$,这

意味着微观粒子不可能完全静止。这是波粒二象性的表现,它满足不确定关系的要求(参看例 26.11)。这一谐振子的最低能量叫**零点能**。

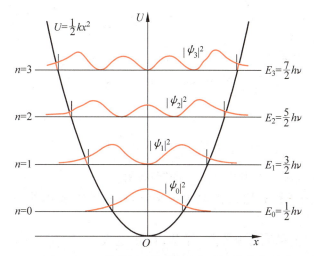

图 27.11 一维谐振子的能级和概率密度分布图

图 27.11 中画出了谐振子的势能曲线、能级以及概率密度与 x 的关系曲线。由图中可以看出,在任一能级上,在势能曲线 $U=U(x)$ 以外,概率密度并不为零。这也表明了微观粒子运动的这一特点:它在运动中有可能进入势能大于其总能量的区域,这在经典理论看来是不可能出现的。

例 27.4

设想一质量为 $m=1$ g 的小珠子悬挂在一个小轻弹簧下面作振幅为 $A=1$ mm 的谐振动。弹簧的劲度系数为 $k=0.1$ N/m。按量子理论计算,此弹簧振子的能级间隔多大?和它现有的振动能量对应的量子数 n 是多少?

解 弹簧振子的角频率是

$$\omega = \sqrt{\frac{k}{m}} = \sqrt{\frac{0.1}{10^{-3}}} = 10 \text{ (s}^{-1})$$

据式(27.49),能级间隔为

$$\Delta E = \hbar\omega = 1.05 \times 10^{-34} \times 10 = 1.05 \times 10^{-33} \text{ (J)}$$

振子现有的能量为

$$E = \frac{1}{2}kA^2 = \frac{1}{2} \times 0.1 \times (10^{-3})^2 = 5 \times 10^{-8} \text{ (J)}$$

再由式(27.49)可知相应的量子数

$$n = \frac{E}{\hbar\omega} - \frac{1}{2} = 4.7 \times 10^{25}$$

这说明,用量子的概念,宏观谐振子是处于能量非常高的状态的。相对于这种状态的能量,两个相邻能级的间隔 ΔE 是完全可以忽略的。因此,当宏观谐振子的振幅发生变化时,它的能量将连续地变化。这就是经典力学关于谐振子能量的结论。

提要

1. 薛定谔方程（一维）

$$-\frac{\hbar^2}{2m}\frac{\partial^2 \Psi}{\partial x^2}+U\Psi = i\hbar\frac{\partial \Psi}{\partial t}, \quad \Psi = \Psi(x,t)$$

定态薛定谔方程

$$-\frac{\hbar^2}{2m}\frac{\partial^2 \psi}{\partial x^2}+U\psi = E\psi$$

波函数 $\Psi = \psi(x)e^{-iEt/\hbar}$，其中 $\psi(x)$ 为定态波函数。

以上微分方程的线性表明波函数 $\Psi = \Psi(x,t)$ 和定态波函数 $\psi = \psi(x)$ 都服从叠加原理。

波函数必须满足的标准物理条件：单值，有限，连续。

2. 一维无限深方势阱中的粒子

能量量子化：

$$E_n = \frac{\pi^2 \hbar^2}{2ma^2}n^2, \quad n=1,2,3,\cdots$$

概率密度分布不均匀。

德布罗意波长量子化：

$$\lambda_n = \frac{2a}{n} = \frac{2\pi}{k}$$

此式类似于经典的两端固定的弦驻波。

3. 势垒穿透

微观粒子可以进入其势能（有限的）大于其总能量的区域，这是由不确定关系决定的。

在势垒有限的情况下，粒子可以穿过势垒到达另一侧，这种现象又称隧道效应。

4. 谐振子

能量量子化：

$$E_n = \left(n+\frac{1}{2}\right)h\nu, \quad n=0,1,2,3,\cdots$$

零点能：

$$E_0 = \frac{1}{2}h\nu$$

思考题

27.1 薛定谔方程是通过严格的推理过程导出的吗？

27.2 薛定谔方程怎样保证波函数服从叠加原理？

27.3 什么是波函数必须满足的标准条件？

27.4 波函数归一化是什么意思？

27.5 从图 27.3、图 27.5 和图 27.12 分析，粒子在势阱中处于基态时，除边界外，它的概率密度为零的点有几处？在激发态中，概率密度为零的点又有几处？这种点的数目和量子数 n 有什么关系？

27.6 在势能曲线如图 27.12 所示的一维阶梯式势阱中能量为 $E_5(n=5)$ 的粒子，就 O—a 和 $-a$—O 两个区域比较，它的波长在哪个区域内较大？它的波函数的振幅又在哪个区域内较大？

27.7 本章讨论的势阱中的粒子（包括谐振子）处于激发态时的能量都是完全确定的——没有不确定量。这意味着粒子处于这些激发态的寿命将为多长？它们自己能从一个态跃迁到另一态吗？

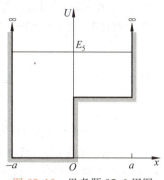

图 27.12 思考题 27.6 用图

习题

27.1 一个细胞的线度为 10^{-5} m，其中一粒子质量为 10^{-14} g。按一维无限深方势阱计算，这个粒子的 $n_1=100$ 和 $n_2=101$ 的能级和它们的差各是多大？

27.2 一个氧分子被封闭在一个盒子内。按一维无限深方势阱计算，并设势阱宽度为 10 cm。

(1) 该氧分子的基态能量是多大？

(2) 设该分子的能量等于 $T=300$ K 时的平均热运动能量 $\frac{3}{2}kT$，相应的量子数 n 的值是多少？这第 n 激发态和第 $n+1$ 激发态的能量差是多少？

*27.3 在如图 27.13 所示的无限深斜底势阱中有一粒子。试画出它处于 $n=5$ 的激发态时的波函数曲线。

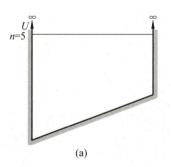
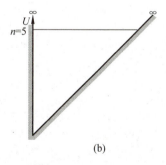

图 27.13 习题 27.3 用图

27.4 一粒子在一维无限深方势阱中运动而处于基态。从阱宽的一端到离此端 1/4 阱宽的距离内它出现的概率多大？

*27.5 一粒子在一维无限深方势阱中运动，波函数如式(27.28)表示。求 x 和 x^2 的平均值。

*27.6 证明：如果 $\Psi_m(x,t)$ 和 $\Psi_n(x,t)$ 为一维无限深方势阱中粒子的两个不同能态的波函数，则

$$\int_0^a \Psi_m^*(x,t)\Psi_n(x,t)\mathrm{d}x = 0$$

此结果称为波函数的**正交性**。它对任何量子力学系统的任何两个能量本征波函数都是成立的。

27.7 在一维盒子(图 27.2)中的粒子,在能量本征值为 E_n 的状态中,对盒子的壁的作用力多大?

27.8 一维无限深方势阱中的粒子的波函数在边界处为零。这种定态物质波相当于两端固定的弦中的驻波,因而势阱宽度 a 必须等于德布罗意波的半波长的整数倍。试由此求出粒子能量的本征值为

$$E_n = \frac{\pi^2 \hbar^2}{2ma^2} n^2$$

27.9 一粒子处于一正立方盒子中,盒子边长为 a。试利用驻波概念导出粒子的能量为

$$E = \frac{\pi^2 \hbar^2}{2ma^2}(n_x^2 + n_y^2 + n_z^2)$$

其中 n_x, n_y, n_z 为相互独立的正整数。

27.10 谐振子的基态波函数为 $\psi = Ae^{-ax^2}$,其中 A, a 为常量。将此式代入式(27.48),试根据所得出的式子在 x 为任何值时均成立的条件导出谐振子的零点能为

$$E_0 = \frac{1}{2}h\nu$$

27.11 H_2 分子中原子的振动相当于一个谐振子,其等效劲度系数为 $k = 1.13 \times 10^3$ N/m,质量为 $m = 1.67 \times 10^{-27}$ kg。此分子的能量本征值(以 eV 为单位)为何?当此谐振子由某一激发态跃迁到相邻的下一激发态时,所放出的光子的能量和波长各是多少?

薛定谔

第28章

原子中的电子

薛定谔利用他得到的方程(非相对论情况)所取得的第一个突出成就是,它更合理地解决了当时有关氢原子的问题,从而开始了量子力学理论的建立。本章先介绍薛定谔方程关于氢原子的结论,并提及多电子原子。除了能量量子化外,还要说明原子内电子的角动量(包括自旋角动量)的量子化。然后根据描述电子状态的 4 个量子数讲解原子中电子排布的规律,从而说明元素周期表中各元素的排序以及 X 光的发射机制。其后介绍激光产生的原理及其应用,最后介绍分子的能级以及分子光谱的特征。

28.1 氢原子

氢原子是一个三维系统,其电子在质子的库仑场内运动,处于束缚状态。它的势能为

$$U(r) = -\frac{e^2}{4\pi\varepsilon_0 r} \tag{28.1}$$

其中 r 为电子到质子的距离。由于此势能具有球对称性,为方便求解,就利用定态薛定谔方程式(27.5),即

$$-\frac{\hbar^2}{2m}\left[\frac{\partial^2\psi}{\partial r^2}+\frac{2}{r}\frac{\partial\psi}{\partial r}+\frac{1}{r^2\sin\theta}\frac{\partial}{\partial\theta}\left(\sin\theta\frac{\partial\psi}{\partial\theta}\right)+\frac{1}{r^2\sin^2\theta}\frac{\partial^2\psi}{\partial\varphi^2}\right]-\frac{e^2}{4\pi\varepsilon_0 r}\psi = E\psi \tag{28.2}$$

其中波函数应为 r,θ 和 φ 的函数,即 $\psi=\psi(r,\theta,\varphi)$。

式(28.2)可以用分离变量法求解,即有

$$\psi(r,\theta,\varphi) = R(r)\Theta(\theta)\Phi(\varphi)$$

由于求解的过程和 ψ 的具体形式比较复杂,下面只给出关于波函数 ψ 的一些结论。

根据处于束缚态的粒子的波函数必须满足的标准条件,求解式(28.2)时就自然地(即不是作为假设条件提出的)得出了量子化的结果,即氢原子中电子的状态由 3 个量子数 n,l,m_l 决定,它们的名称和可能取值如表 28.1 所示。

主量子数 n 和波函数的径向部分($R(r)$)有关,它决定电子的(也就是整个氢原子在其质

表 28.1　氢原子的量子数

名　　称	符　　号	可　能　取　值
主量子数	n	$1,2,3,4,5,\cdots$
轨道量子数	l	$0,1,2,3,4,\cdots,n-1$
轨道磁量子数	m_l	$-l,-(l-1),\cdots,0,1,2,\cdots,l$

心坐标系中的)能量。这一能量的表示式为[①]

$$E_n = -\frac{m_e e^4}{2(4\pi\varepsilon_0)^2 \hbar^2}\frac{1}{n^2} \tag{28.3}$$

其中 m_e 是电子的质量。此式表示氢原子的能量只能取离散的值，这就是**能量的量子化**。式(28.3)也可以写成

$$E_n = -\frac{e^2}{2(4\pi\varepsilon_0)a_0}\frac{1}{n^2} \tag{28.4}$$

式中

$$a_0 = \frac{4\pi\varepsilon_0 \hbar^2}{m_e e^2} \tag{28.5}$$

具有长度的量纲，叫**玻尔半径**。将各常量值代入可得其值为

$$a_0 = 0.529\times 10^{-10}\ \text{m} = 0.0529\ \text{nm}$$

$n=1$ 的状态叫氢原子的**基态**。代入各常量后，可得氢原子的基态能量为

$$E_1 = -\frac{m_e e^4}{2(4\pi\varepsilon_0)^2 \hbar^2} = -13.6\ \text{eV}$$

式(28.3)给出的每一个能量的可能取值叫做一个能级。氢原子的能级可以用图 28.1 所示的能级图表示。$E>0$ 的情况表示电子已脱离原子核的吸引，即氢原子已电离。这时的电子成为自由电子，其能量可以具有大于零的连续值。

使氢原子电离所必需的最小能量叫**电离能**，它的值就等于 $|E_1|$。

$n>1$ 的状态统称为**激发态**。在通常情况下，氢原子就处在能量最低的基态。但当外界供给能量时，氢原子也可以跃迁到某一激发态。常见的激发方式之一是氢原子吸收一个光子而得到能量 $h\nu$。处于激发态的原子是不稳定的，经过或长或短的时间(典型的为 10^{-8} s)，它会跃迁到能量较低的状态而以光子或其他方式放出能量。不论向上或向下跃迁，氢原子所吸收或放出的能量都必须等于相应的能级差。就吸收或放出光子来说，必须有

$$h\nu = E_h - E_l \tag{28.6}$$

其中 E_h 和 E_l 分别表示氢原子的高能级和低能级。式(28.6)叫**玻尔频率条件**[②]。

在氢气放电管放电发光的过程中，氢原子可以被激发到各个高能级中。从这些高能级

[①] 对于**类氢离子**，即一个电子围绕一个具有 Z 个质子的核运动的情况，式(28.1)的势能函数为 $U(r)=-Ze^2/4\pi\varepsilon_0 r$，而式(28.3)的能量表示式相应地为

$$E_n = -\frac{m_e Z^2 e^4}{2(4\pi\varepsilon_0)^2 \hbar^2}\frac{1}{n^2}$$

[②] 根据不确定关系式(26.34)，氢原子的各能级的能量值不可能"精确地"由式(28.3)决定，而是各有一定的不确定量 ΔE，因而氢原子在各能级上存在的时间也就有一个不确定量 Δt(基态除外)。这样，处于激发态的原子就会经历或长或短($\sim 10^{-8}$ s)的时间后，自发地跃迁到较低能态而发射出光子。由于能级的宽度模糊，也使得所发出的光子的频率不"单纯"而具有一定的"自然宽度"。

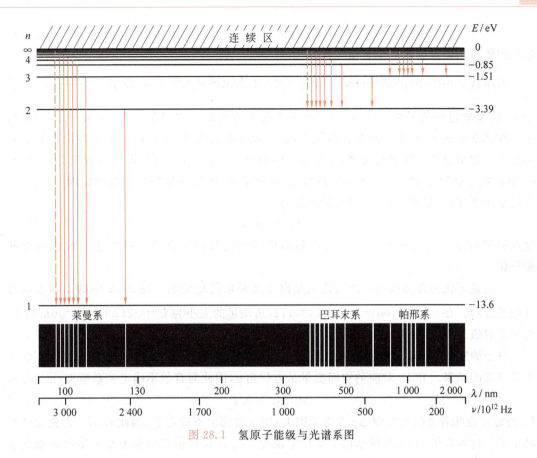

图 28.1 氢原子能级与光谱系图

向不同的较低能级跃迁时,就会发出各种相应的频率的光。经过分光镜后,每种频率的光会形成一条**谱线**。氢原子发出的光组成一组组的**谱线系**,如图 28.1 所示。从较高能级回到基态的跃迁形成**莱曼系**,这些光在紫外区。从较高能级回到 $n=2$ 的能级的跃迁发出的光形成**巴耳末系**,处于可见光区。从较高能级回到 $n=3$ 的能级的跃迁发出的光形成**帕邢系**,在红外区,等等。

例 28.1

求巴耳末系光谱的最大和最小波长。

解 由 $h\nu = E_h - E_l$ 和 $\lambda\nu = c$ 可得最大波长为

$$\lambda_{max} = \frac{ch}{E_3 - E_2} = \frac{3\times 10^8 \times 6.63\times 10^{-34}}{[-13.6/3^2 - (-13.6/2^2)]\times 1.6\times 10^{-19}} = 6.58\times 10^{-7} (m) = 658 (nm)$$

这一波长的光为红光。最小波长为

$$\lambda_{min} = \frac{ch}{E_\infty - E_2} = \frac{3\times 10^8 \times 6.63\times 10^{-34}}{0 - (-13.6/2^2)\times 1.6\times 10^{-19}} = 3.66\times 10^{-7} (m) = 366 (nm)$$

这一波长的光在近紫外区,此波长叫巴耳末系的**极限波长**。$E>0$ 的自由电子跃迁到 $n=2$ 的能级所发的光在此极限波长之外形成连续谱。

表 28.1 中的**轨道量子数** l 和波函数的 $\Theta(\theta)$ 部分有关,它决定了电子的轨道角动量的大小 L。电子在核周围运动的角动量的可能取值为

$$L = \sqrt{l(l+1)}\,\hbar \tag{28.7}$$

这说明轨道角动量的数值也是量子化的。

波函数 ψ 中的 $\Phi(\varphi)$ 部分可证明就是例 27.1 求出的式(27.10),即 $\Phi_{m_l} = \dfrac{1}{\sqrt{2\pi}}\mathrm{e}^{\mathrm{i}m_l\varphi}$,其中 m_l 就是**轨道磁量子数**。m_l 决定了电子轨道角动量 **L** 在空间某一方向(如 z 方向)的投影。在通常情况下,自由空间是各向同性的,z 轴可以取任意方向,这一量子数没有什么实际意义。如果把原子放到磁场中,则磁场方向就是一个特定的方向,取磁场方向为 z 方向,m_l 就决定了轨道角动量在 z 方向的投影(这也就是 m_l 所以叫做**磁量子数**的原因)。这一投影也是量子化的,据式(27.13)其可能取值为

$$L_z = m_l\,\hbar \tag{28.8}$$

此投影值的量子化意味着电子的轨道角动量的指向是量子化的。因此这一现象叫**空间量子化**。

空间量子化的含义可用一经典的矢量模型来形象化地说明。图 28.2 中的 z 轴方向为外磁场方向。在 $l=2$ 时,$m_l = -2,-1,0,1,2$,角动量的大小为 $L = \sqrt{2(2+1)}\,\hbar = \sqrt{6}\,\hbar$,而 L_z 的可能取值为 $\pm 2\hbar, \pm \hbar, 0$。

对于确定的 m_l 值,L_z 是确定的,但是 L_x 和 L_y 就完全不能确定了。这是海森伯不确定关系给出的结果。和 L_z 对应的空间变量是方位角 φ,因此海森伯不确定关系给出,沿 z 方向

$$\Delta L_z \Delta \varphi \geqslant \hbar/2 \tag{28.9}$$

L_z 的确定意味着 $\Delta L_z = 0$,而 $\Delta \varphi$ 变为无限大,即 φ 就完全不确定了,因此 L_x, L_y 也就完全不确定了。这可以用图 28.3 所示的矢量模型说明。L_z 的保持恒定可视为 **L** 矢量绕 z 轴高速进动,方位角 φ 不断变化就使得 L_x 和 L_y 都不能有确定的值。由图也可知 L_x 和 L_y 的时间平均值为零。由于 L_x, L_y 不确定,所以它们不可能测定。能测定的就是具有恒定值的轨道角动量的大小 L 及其分量 L_z。

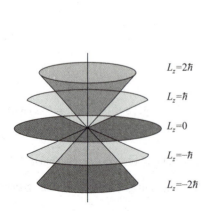

图 28.2 空间量子化的矢量模型

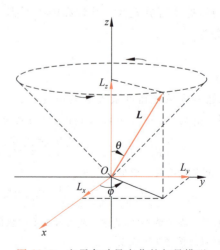

图 28.3 电子角动量变化的矢量模型

有确定量子数 n,l,m_l 的电子状态的波函数记作 $\psi_{n,l,m_l} = R_{n,l}(r)\Theta_{l,m_l}(\theta)\Phi_{m_l}(\varphi)$。对于基态,$n=1, l=0, m_l=0$,其波函数为

$$\psi_{1,0,0} = \frac{1}{\sqrt{\pi}a_0^{3/2}} e^{-r/a_0} \tag{28.10}$$

此状态下的电子概率密度分布为

$$|\psi_{1,0,0}|^2 = \frac{1}{\pi a_0^3} e^{-2r/a_0} \tag{28.11}$$

这是一个球对称分布。以点的密度表示概率密度的大小,则基态下氢原子中电子的概率密度分布可以形象化地用图 28.4 表示。这种图常被说成是"**电子云**"图。注意,量子力学对电子绕原子核**运动**的图像(或意义)只是给出这个疏密分布,即只能说出电子在空间某处小体积内出现的概率多大,而没有经典的位移随时间变化的概念,因而也就没有轨道的概念。早期量子论,如玻尔最先提出的原子模型,认为电子是绕原子核在确定的轨道上运动的,这种概念今天看来是过于简单了。上面提到角动量时所加的"轨道"二字只是沿用的词,不能认为是电子沿某封闭轨道运动时的角动量。现在可以理解为"和位置变动相联系的"角动量,以区别于在 28.2 节将要讨论的"自旋角动量"。

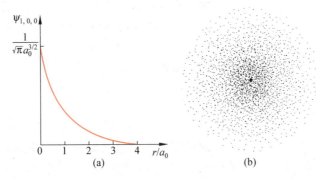

图 28.4　氢原子基态的(a)波函数曲线和(b)电子云图

对于 $n=2$ 的状态,l 可取 0 和 1 两个值。$l=0$ 时,$m_l=0$;$l=1$ 时,$m_l=-1,0$ 或 $+1$。这几个状态下氢原子电子云图如图 28.5 所示。$l=0,m_l=0$ 的电子云分布具有球对称性。$l=1,m_l=\pm 1$ 这两个状态的电子云分布是完全一样的。它们和 $l=1,m_l=0$ 的状态的电子云分布都具有对 z 轴的轴对称性。对孤立的氢原子来说,空间没有确定的方向,可以认为电子平均地往返于这三种状态之间。如果把这三种状态的概率密度加在一起,就发现总和也是球对称的。由此我们可以把 $l=1$ 的三个相互独立的波函数归为一组。一般地说,l 相同的波函数都可归为一组,这样的一组叫一个**次壳层**,其中电子概率密度分布的总和具有球对称性。$l=0,1,2,3,4,\cdots$ 的次壳层分别依次命名为 $s,p,d,f,g,\cdots$ 次壳层。

由式(28.3)可以看到氢原子的能量只和主量子数 n 有关[①],n 相同而 l 和 m_l 不同的各状态的能量是相同的。这种情形叫能级的**简并**。具有同一能级的各状态称为**简并态**。具有同一主量子数的各状态可以认为组成一组,这样的一组叫做一个**壳层**。$n=1,2,3,4,\cdots$ 的壳层分别依次命名为 $K,L,M,N,\cdots$ 壳层。联系到上面提到的次壳层的意义及其可能取值可知,主量子数为 n 的壳层内共有 n 个次壳层。

---

① 实际上还和电子的自旋状态有关,见 28.2 节。

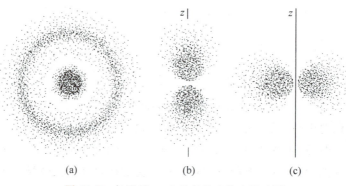

图 28.5 氢原子 $n=2$ 的各状态的电子云图
(a) $l=0, m_l=0$；(b) $l=1, m_l=0$；(c) $l=1, m_l=\pm 1$

对于概率密度分布，考虑到势能的球对称性，我们更感兴趣的是**径向概率密度** $P(r)$。它的定义是：在半径为 r 和 $r+\mathrm{d}r$ 的两球面间的体积内电子出现的概率为 $P(r)\mathrm{d}r$。对于氢原子基态，由于式(28.11)表示的概率密度分布是球对称的，因此可以有

$$P_{1,0,0}(r)\mathrm{d}r = |\psi_{1,0,0}|^2 \cdot 4\pi r^2 \mathrm{d}r$$

由此可得

$$P_{1,0,0}(r) = |\psi_{1,0,0}|^2 \cdot 4\pi r^2$$
$$= \frac{4}{a_0^3} r^2 \mathrm{e}^{-2r/a_0} \quad (28.12)$$

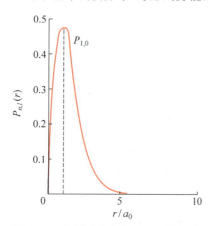

图 28.6 氢原子基态的电子径向概率密度分布曲线

此式所表示的关系如图 28.6 所示。由式(28.12)可求得 $P_{1,0,0}(r)$ 的极大值出现在 $r=a_0$ 处，即从离原子核远近来说，电子出现在 $r=a_0$ 附近的概率最大。在量子论早期，玻尔用半经典理论求出的氢原子中电子绕核运动的最小($n=1$)的可能圆轨道的半径就是这个 a_0 值，这也是把 a_0 叫做玻尔半径的原因。

$n=2, l=0$ 的径向概率密度分布如图 28.7(a) 中的 $P_{2,0}$ 曲线(图(b)为(a)的局部放大图)所示，它对应于图 28.5(a) 的电子云分布。$n=2, l=1$ 的径向概率密度分布如图 28.7(a)

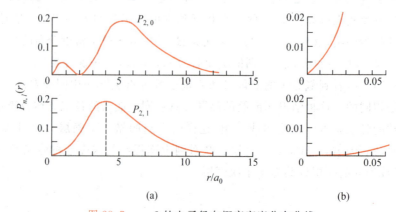

图 28.7 $n=2$ 的电子径向概率密度分布曲线

中的 $P_{2,1}$ 曲线所示,它对应于图 28.5(b),(c) 叠加后的电子云分布。$P_{2,1}$ 曲线的极大值出现在 $r=4a_0$ 的地方(这也就是玻尔理论中 $n=2$ 的轨道半径)。

$n=3, l=0,1,2$ 的电子径向概率密度分布如图 28.8 所示,$P_{3,2}$ 曲线的最大值出现在 $r=9a_0$ 的地方(这也就是玻尔理论中 $n=3$ 的轨道半径)。

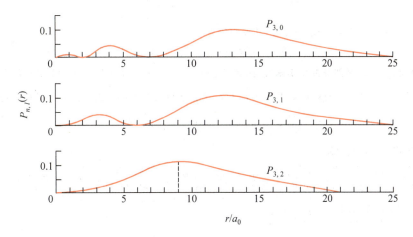

图 28.8 $n=3$ 的电子径向概率密度分布曲线

例 28.2

求氢原子处于基态时,电子处于半径为玻尔半径的球面内的概率。

解 由式(28.12)可得所求概率为

$$P_{\text{int}} = \int_0^{a_0} P_{1,0,0}(r)\,\mathrm{d}r = \int_0^{a_0} \frac{4}{a_0^3} r^2 \mathrm{e}^{-2r/a_0}\,\mathrm{d}r = \left[1 - \mathrm{e}^{-2r/a_0}\left(1 + \frac{2r}{a_0} + \frac{2r^2}{a_0^2}\right)\right]_{r=a_0}$$

$$= 1 - 5\mathrm{e}^{-2} = 0.32$$

概率流密度 电子云的转动

上面讲了由定态薛定谔方程导出的氢原子的定态波函数 ψ_{n,l,m_l} 的特征,此波函数的平方,即 $|\psi|^2 = \psi\psi^*$,给出电子的概率密度分布。此概率密度分布是和时间无关的。若用电子云来描述,则如图 28.4 和图 28.5 中的电子云图形总是保持静止的,这就是"定态"的含义。这些电子云真是完全静止的吗?不!它们都是绕 z 轴转动的。下面用波函数的性质说明这一点。

一般说来,电子在一定状态时,其概率密度 $|\Psi(\boldsymbol{r},t)|^2$ 是随时间改变的,但全空间的总概率

$$\int |\Psi(\boldsymbol{r},t)|^2 \mathrm{d}V$$

是不改变的。$\Psi(\boldsymbol{r},t)$ 归一化后,上述总概率应等于 1,这一结果是粒子数守恒的反映。一个粒子,无论怎样运动,无论过了多长时间,在各处出现的概率可以变化,但永远是一个粒子,粒子数目不会增加,也不会减少。

由于全空间的概率密度总和是恒定的,所以某处的概率密度减少时,在另外某处的概率密度一定同时要增加,好像概率密度由一处流向另一处一样。概率密度的这种变化在量子力学中用**概率流密度**来描述。某点的概率流密度 $\boldsymbol{j}$ 是一个矢量,大小等于该点附近单位时间内流过与 $\boldsymbol{j}$ 垂直的单位面积的概率密度。

量子力学给出[①]

$$j = \frac{i\hbar}{2m_e}(\Psi \nabla \Psi^* - \Psi^* \nabla \Psi) \tag{28.13}$$

式中 ∇ 是梯度算符。在球坐标中

$$\nabla = \boldsymbol{e}_r \frac{\partial}{\partial r} + \boldsymbol{e}_\theta \frac{1}{r}\frac{\partial}{\partial \theta} + \boldsymbol{e}_\varphi \frac{1}{r\sin\theta}\frac{\partial}{\partial \varphi} \tag{28.14}$$

对氢原子的量子数为 n, l, m_l 的定态,其波函数为

$$\Psi = \Psi_{n,l,m_l} = R_{n,l}(r)\Theta_{l,m_l}(\theta)\Phi_{m_l}(\varphi)e^{-iEt/\hbar}$$

其中,$R_{n,l}(r)$ 和 $\Theta_{l,m_l}(\theta)$ 两部分都是实函数,而 $\Phi_{m_l}(\varphi) = e^{im_l\varphi}/\sqrt{2\pi}$。由于决定 j 的公式(28.13)中括号内为一减号,所以由式(28.14)的算符给出的在 $\boldsymbol{e}_r$ 和 $\boldsymbol{e}_\theta$ 方向 j 的分量是零。由 $\Phi_{m_l}(\varphi) = e^{im_l\varphi}/\sqrt{2\pi}$ 可得

$$\frac{\partial}{\partial \varphi}\Psi = im_l\Psi, \quad \frac{\partial}{\partial \varphi}\Psi^* = -im_l\Psi^*$$

将此结果代入式(28.13)可得

$$j = \frac{i\hbar}{2m_e}\left[0 + 0 + \frac{\boldsymbol{e}_\varphi}{r\sin\theta}\left(\Psi\frac{\partial}{\partial\varphi}\Psi^* - \Psi^*\frac{\partial}{\partial\varphi}\Psi\right)\right] = \frac{i\hbar(-im_l)}{2m_e r\sin\theta}[\Psi\Psi^* + \Psi^*\Psi]\boldsymbol{e}_\varphi$$

$$= \frac{\hbar m_l}{m_e r\sin\theta}|\Psi|^2\boldsymbol{e}_\varphi$$

由于 $|\Psi|^2 = |\psi|^2$,所以可得

$$j = \frac{\hbar m_l}{m_e r\sin\theta}\psi^2\boldsymbol{e}_\varphi \tag{28.15}$$

这一结果说明,在氢原子内,各处的概率流密度都沿 $\boldsymbol{e}_\varphi$ 方向,即绕 z 轴的正方向,大小与 $|\psi|^2$ 成正比,与距 z 轴的距离 $r\sin\theta$ 成反比。由于氢原子所有的状态的电子云分布都是对 z 轴对称的(参看图28.4和图28.5,这是因为 $|\psi|^2$ 和 φ 无关),所以尽管电子云各部分都在绕 z 轴转动,但概率密度分布,亦即电子云的形状,却能保持不随时间改变。这就是定态电子云的真实情况。

概率密度表示电子在各处出现的概率。由于电子具有质量 m_e 和电荷 $-e$,所以概率密度乘以 m_e,即 $m_e|\psi|^2$,就是氢原子内各处的电子云的质量密度;概率密度乘以 $-e$,即 $-e|\psi|^2$,就是电荷密度;而概率流密度分别乘以 m_e 和 $-e$,即 $m_e \boldsymbol{j}$ 和 $-e\boldsymbol{j}$,就分别是质量流密度和电流密度。由于电子云是绕 z 轴转动的,所形成的环形质量流必然产生沿 z 轴的角动量,而环形的电流必然产生沿 z 轴的磁矩。下面就用这样的量子力学观点来计算氢原子的角动量和磁矩沿 z 轴方向的分量。

如图28.9所示,以球坐标的原点 O 为氢原子的中心,选一垂直于 z 轴的细圆环,其半径为 $r\sin\theta$,截面积为 $dS = rd\theta dr$,以 v 表示 dS 处的质量流的速度,则 dt 时间内流过 dS 的质量为

$$dm_e = m_e j dSdt = m_e|\psi|^2 dSvdt$$

由此得

$$v = j/|\psi|^2$$

将式(28.15)中 j 的大小代入,可得

$$v = \frac{\hbar m_l}{m_e r\sin\theta}$$

dm_e 对 z 轴的角动量为

$$dL_z = dm_e r\sin\theta v = \frac{\hbar m_l}{m_e}dm_e$$

此式对电子云的所有部分积分,可得电子云对 z 轴的总角动量为

[①] 见曾谨言. 量子力学. 第3版. 科学出版社,2001,63.

$$L_z = \int \mathrm{d}L_z = \int_{m_e} \frac{\hbar m_l}{m_e} \mathrm{d}m_e = \hbar m_l \tag{28.16}$$

这正是角动量在 z 方向的分量的量子化公式(28.8)。

下面再求电子云的总磁矩沿 z 方向的分量。仍参照图 28.9，截面积 $\mathrm{d}S = r\mathrm{d}\theta\mathrm{d}r$ 的细环形电流为 $\mathrm{d}i = -ej\mathrm{d}S$，细环围绕的面积为 $A = \pi r^2 \sin^2\theta$。此环形电流沿 z 方向的磁矩的大小为

$$\mathrm{d}\mu_z = A\mathrm{d}i = -ej\pi r^2 \sin^2\theta \mathrm{d}S$$

将式(28.15) j 的大小代入可得

$$\mathrm{d}\mu_z = -\frac{e\hbar m_l}{2m_e} |\psi|^2 \cdot 2\pi r\sin\theta r\mathrm{d}\theta\mathrm{d}r$$

此式对全空间进行积分，可得总磁矩沿 z 方向的分量为

$$\mu_z = \int \mathrm{d}\mu_z = -\frac{e\hbar m_l}{2m_e} \int_0^{2\pi} \int_0^{\pi} \int_0^{\infty} |\psi|^2 r^2 \sin\theta \mathrm{d}r\mathrm{d}\theta\mathrm{d}\varphi$$

考虑到 $r^2 \sin\theta \mathrm{d}r\mathrm{d}\theta\mathrm{d}\varphi$ 就是球坐标中的体积元，上式中的积分即为 $|\psi|^2$ 对全空间的积分。由于 $|\psi|^2$ 的归一化，此积分应等于 1，于是得

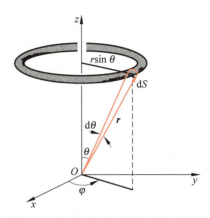

图 28.9　氢原子中电子概率流密度分析

$$\mu_z = -\frac{e\hbar}{2m_e} m_l = -\mu_B m_l \tag{28.17}$$

这就是电子轨道运动的磁矩沿 z 方向的量子化公式，其中 $\mu_B = e\hbar/2m_e$ 叫做玻尔磁子(见式(28.26))。

单价原子的能级

单价原子，如锂、钠等碱金属元素的原子中有多个电子围绕着带正电的原子核运动，最外层只有一个电子，称为**价电子**。和氢原子相比，这一价电子所围绕的不是一个质子而是一个原子核和许多电子组成的实体，称为**原子实**。价电子就在这原子实的库仑场中运动。如果原子核中有 Z 个质子，则原子实内将有 $Z-1$ 个电子。原子核对价电子的作用将被这些电子所减弱或屏蔽。如果价电子完全在原子实之外运动，则它受原子实的作用就和一个质子的库仑场中所受作用一样。它的能级分布将和氢原子的一样，只是由于离核较远，因而基态处于 $n > 1$ 的状态而能量较高。实际上，价电子在运动中还可以到达原子实内，这可以从图 28.7 和图 28.8 所显示的电子出现的概率在离核很近(即 r 值很小的区域)处还有一定的值看出来。图中还显示，l 越小，电子出现在核周围的概率越大。价电子进入原子实时，所受库仑力将增大，因而所具有的能量减小，能级变低，而且 l 越小，能级越低。这样，孤立原子中价电子的能量，亦即原子的能量将不再具有氢原子那样的能量简并情况，而是由 n 和 l 值共同决定了。图 28.10 画出了钠原子的能级图。钠原子的基态的主量子数 $n=3$，对应的 $l=0,1,2$，即分别为 $3s,3p,3d$ 态(数字表示 n 值，字母表示 l 值)。这三个态的能量不同，而以 $3s$ 态的能量最低。类似的 $n=4$ 的 $4s,4p,4d,4f$ 各态的能量也不相同。由于这种能级的分裂，当原子的状态由高能态跃迁到低能态时所发出的光形成的谱线系就比氢原子更为复杂了。钠原子发的光形成的较为明显的谱线系有主线系、锐线系和漫线系，如图 28.10 标出的那样，其中由 $3p$ 态到 $3s$ 态跃迁时发出的光就是著名的钠黄光，波长为 589 nm。

还应指出，原子并非在任意两个能级之间都能跃迁。跃迁要遵守一定的**选择定则**。对图 28.9 所标出的跃迁来说，必须遵守的选择定则为，跃迁前后轨道量子数的变化为

$$\Delta l = \pm 1 \tag{28.18}$$

这一选择定则是角动量守恒所要求的。由于光子具有角动量，所以原子发出一个光子时，原子本身的轨道角动量也要发生变化，其变化的值可以由量子力学导出，即由式(28.18)决定。

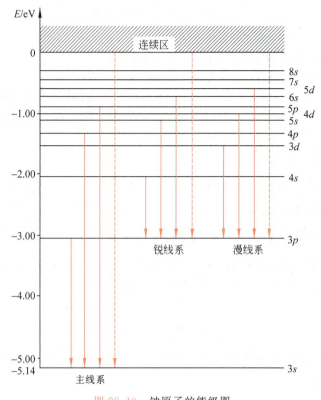

图 28.10 钠原子的能级图

28.2 电子的自旋与自旋轨道耦合

原子中的电子不但具有轨道角动量,而且具有**自旋角动量**。这一事实的经典模型是太阳系中地球的运动。地球不但绕太阳运动具有轨道角动量,而且由于围绕自己的轴旋转而具有自旋角动量。但是,正像不能用轨道概念来描述电子在原子核周围的运动一样,也不能把经典的小球的自旋图像硬套在电子的自旋上。电子的自旋和电子的电量及质量一样,是一种"内禀的",即本身固有的性质。由于这种性质具有角动量的一切特征(例如参与角动量守恒),所以称为自旋角动量,也简称**自旋**。

电子的自旋也是量子化的。对应的**自旋量子数**用 s 表示。和轨道量子数 l 不同,s 只能取 1/2 这一个值。电子自旋的大小为

$$S = \sqrt{s(s+1)}\,\hbar = \sqrt{\frac{3}{4}}\,\hbar \tag{28.19}$$

电子自旋在空间某一方向的投影为

$$S_z = m_s \hbar \tag{28.20}$$

其中 m_s 叫电子的**自旋磁量子数**,它只取两个值,即

$$m_s = -\frac{1}{2}, \frac{1}{2} \tag{28.21}$$

和轨道角动量一样,自旋角动量 S 是不能测定的,只有 S_z 可以测定(图 28.11)。

一个电子绕核运动时,既有轨道角动量 L,又有自旋角动量 S。这时电子的状态和总的角动量 J 有关,总角动量为前二者的和,即

$$J = L + S \quad (28.22)$$

即为角动量的矢量合成。由量子力学可知,J 也是量子化的。相应的总角动量量子数用 j 表示,则总角动量的值为

$$J = \sqrt{j(j+1)}\hbar \quad (28.23)$$

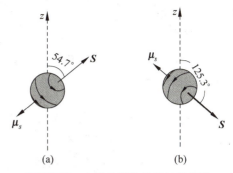

图 28.11 电子自旋的经典矢量模型
(a) $m_s = 1/2$;(b) $m_s = -1/2$

j 的取值取决于 l 和 s。在 $l=0$ 时,$J=S$,$j=s=1/2$。在 $l\neq 0$ 时,$j=l+s=l+1/2$ 或 $j=l-s=l-1/2$。$j=l+1/2$ 的情况称为自旋和轨道角动量平行;$j=l-1/2$ 的情况称为自旋和轨道角动量反平行。图 28.12 画出 $l=1$ 时这两种情况下角动量合成的经典矢量模型图,其中 $S=\sqrt{3}\hbar/2$,$L=\sqrt{2}\hbar$,$J=\sqrt{15}\hbar/2$ 或 $\sqrt{3}\hbar/2$。

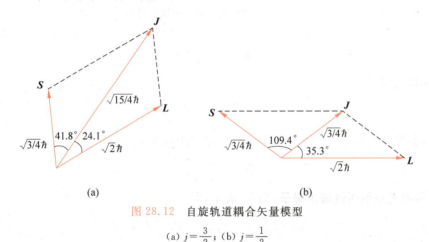

图 28.12 自旋轨道耦合矢量模型
(a) $j=\dfrac{3}{2}$;(b) $j=\dfrac{1}{2}$

下面将说明,由于原子中的电子围绕原子核运动,它将感受到一个磁场的存在。电子又具有自旋磁矩,因而将与这个磁场作用。这种自旋与轨道运动之间的磁相互作用称为**自旋-轨道耦合**。如图 28.13 所示,在原子核参考系中(图 28.13(a)),原子核 p 静止,电子 e 围绕它做圆周运动。在电子参考系中(图 28.13(b),(c))电子是静止的,而原子核绕电子做相同转向的圆周运动,因而在电子所在处产生向上的磁场 B。以 B 的方向为 z 方向,则电子的角动量相对于此方向,只可能有平行与反平行两个方向。图 28.13(b),(c)分别画出了这两种情况。

自旋轨道耦合使得电子在 l 为某一值($l=0$ 除外)时,其能量由单一的 $E_{n,l}$ 值分裂为两个值,即同一个 l 能级分裂为 $j=l+1/2$ 和 $j=l-1/2$ 两个能级。这是因为和电子的自旋相联系,电子具有内禀**自旋磁矩 μ_s**。量子理论给出,电子的自旋磁矩与自旋角动量 S 有以下关系:

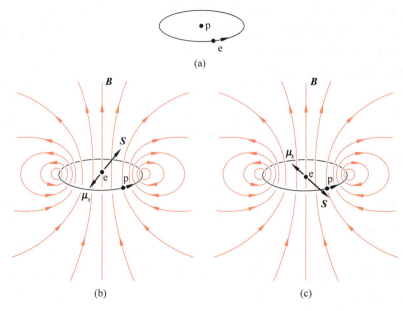

图 28.13 自旋轨道耦合的简单说明

$$\boldsymbol{\mu}_s = -\frac{e}{m_e}\boldsymbol{S} \tag{28.24}$$

它在 z 方向的投影为

$$\mu_{s,z} = \frac{e}{m_e}S_z = \frac{e}{m_e}\hbar m_s$$

由于 m_s 只能取 $1/2$ 和 $-1/2$ 两个值，所以 $\mu_{s,z}$ 也只能取两个值，即

$$\mu_{s,z} = \pm\frac{e\hbar}{2m_e} \tag{28.25}$$

此式所表示的磁矩值叫做**玻尔磁子**，用 μ_B 表示，即

$$\mu_B = \frac{e\hbar}{2m_e} = 9.27\times 10^{-24}\text{ J/T} \tag{28.26}$$

因此，式(28.25)又可写成①

$$\mu_{s,z} = \pm\mu_B \tag{28.27}$$

在电磁学中学过，磁矩 $\boldsymbol{\mu}_s$ 在磁场中是具有能量的，其能量为

$$E_s = -\boldsymbol{\mu}_s\cdot\boldsymbol{B} = -\mu_{s,z}B \tag{28.28}$$

将式(28.27)代入，可知由于自旋轨道耦合，电子所具有的能量为

$$E_s = \mp\mu_B B \tag{28.29}$$

其中 B 是电子在原子中所感受到的磁场。

对孤立的原子来说，电子在某一主量子数 n 和轨道量子数 l 所决定的状态内，还可能有自旋向上($m_s=1/2$)和自旋向下($m_s=-1/2$)两个状态，其能量应为轨道能量 $E_{n,l}$ 和自旋轨

---

① 在高等量子理论，即量子电动力学中，$\mu_{s,z}$ 的值不是正好等于式(28.26)的 μ_B，而是等于它的 1.001 159 652 38 倍。这一结果已被实验在实验精度范围内确认了。理论和实验在这么多的有效数字范围内相符合，被认为是物理学的惊人的突出成就之一。

道耦合能 E_s 之和，即

$$E_{n,l,s} = E_{n,l} + E_s = E_{n,l} \pm \mu_B B \tag{28.30}$$

这样，$E_{n,l}$ 这一个能级就分裂成了两个能级（$l=0$ 除外），自旋向上（见图 28.13(b)）的能级较高，自旋向下（见图 28.13(c)）的能级较低。

考虑到自旋轨道耦合，常将原子的状态用 n 的数值、l 的代号和总角动量量子数 j 的数值（作为下标）表示。如 $l=0$ 的状态记做 $nS_{1/2}$；$l=1$ 的两个可能状态分别记作 $nP_{3/2}$，$nP_{1/2}$；$l=2$ 的两个可能状态分别记做 $nD_{5/2}$，$nD_{3/2}$；等等。图 28.14 中钠原子的基态能级 $3S_{1/2}$ 不分裂，$3P$ 能级分裂为 $3P_{3/2}$，$3P_{1/2}$ 两个能级，分别比不考虑自旋轨道耦合时的能级（$3P$）大 $\mu_B B$ 和小 $\mu_B B$。这样，原来认为钠黄光（D 线）只有一个频率或波长，现在可以看到它实际上是由两种频率很接近的光（D_1 线和 D_2 线）组成的。由于自旋轨道耦合引起的能量差很小（典型值 10^{-5} eV），所以 D_1 和 D_2 的频率或波长差也是很小的，但用较精密的光谱仪还是很容易观察到的。这样形成的光谱线组合叫光谱的**精细结构**，组成钠黄线的两条谱线的波长分别为 $\lambda_{D_1} = 589.592$ nm 和 $\lambda_{D_2} = 588.995$ nm。

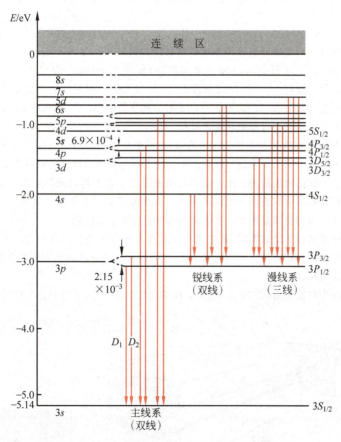

图 28.14 钠原子能级的分裂和光谱线的精细结构

例 28.3

试根据钠黄线双线的波长求钠原子 $3P_{1/2}$ 态和 $3P_{3/2}$ 态的能级差，并估算在该能级时价电子所感受到的磁场。

解 由于

$$h\nu_{D_1} = \frac{hc}{\lambda_{D_1}} = E_{3P_{1/2}} - E_{3S_{1/2}}$$

$$h\nu_{D_2} = \frac{hc}{\lambda_{D_2}} = E_{3P_{3/2}} - E_{3S_{1/2}}$$

所以有

$$\Delta E = E_{3P_{3/2}} - E_{3P_{1/2}} = hc\left(\frac{1}{\lambda_{D_2}} - \frac{1}{\lambda_{D_1}}\right) = 6.63 \times 10^{-34} \times 3 \times 10^8 \times \left(\frac{1}{588.995} - \frac{1}{589.592}\right) \times \frac{1}{10^{-9}}$$
$$= 3.44 \times 10^{-22} (\text{J}) = 2.15 \times 10^{-3} (\text{eV})$$

又由于 $\Delta E = 2\mu_B B$,所以有

$$B = \frac{\Delta E}{2\mu_B} = \frac{3.44 \times 10^{-22}}{2 \times 9.27 \times 10^{-24}} = 18.6 (\text{T})$$

这是一个相当强的磁场。

施特恩-格拉赫实验

1924 年泡利(W. Pauli)在解释氢原子光谱的精细结构时就引入了量子数 1/2,但是未能给予物理解释。1925 年乌伦贝克(G. E. Uhlenbeck)和哥德斯密特(S. A. Goudsmit)提出电子自旋的概念,并给出式(28.19),指出自旋量子数为 1/2。1928 年狄拉克(P. A. M. Dirac)用相对论波动方程自然地得出了电子具有自旋的结论。但在实验上,1922 年施特恩(O. Stern)和格拉赫(W. Gerlach)已得出了角动量空间量子化的结果。这一结果只能用电子自旋的存在来解释。

施特恩和格拉赫所用实验装置如图 28.15 所示,在高温炉中,银被加热成蒸气,飞出的银原子经过准直屏后形成银原子束。这一束原子经过异形磁铁产生的不均匀磁场后打到玻璃板上淀积下来。实验结果是在玻璃板上出现了对称的两条银迹。这一结果说明银原子束在不均匀磁场作用下分成了两束,而这又只能用银原子的磁矩在磁场中只有两个取向来说明。由于原子的磁矩和角动量的方向相同(或相反),所以此结果就说明了角动量的空间量子化。实验者当时就是这样下结论的。

后来知道银原子的轨道角动量为零,其总角动量就是其价电子的自旋角动量。银原子在不均匀磁场中分为两束就证明原子的自旋角动量的空间量子化,而且这一角动量沿磁场方向的分量只可能有两个值。这一实验结果的定量分析如下。

电子磁矩在磁场中的能量由式(28.29)给出。在不均匀磁场中,电子磁矩会受到磁场力 F_m 的作用,而

$$F_m = -\frac{\partial E_s}{\partial z} = -\frac{d}{dz}(\mp \mu_B B) = \pm \mu_B \frac{dB}{dz} \tag{28.31}$$

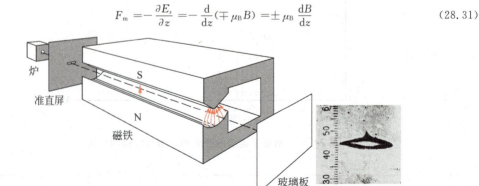

图 28.15 施特恩-格拉赫实验装置简图

此力与磁场增强的方向相同或相反,视磁矩的方向而定,如图 28.16 所示。在此力作用下,银原子束将向相反方向偏折。以 m 表示银原子的质量,则银原子受力而产生的垂直于初速方向的加速度为

$$a = \frac{F_m}{m} = \pm \frac{\mu_B}{m} \frac{dB}{dz}$$

以 d 表示磁铁极隙的长度,以 v 表示银原子的速度,则可得出两束银原子飞出磁场时的间隔为

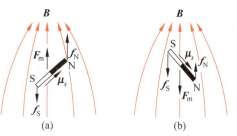

图 28.16 磁矩在不均匀磁场中受的力
(a) 自旋向下;(b) 自旋向上

$$\Delta z = 2 \times \frac{1}{2} |a| \left(\frac{d}{v}\right)^2 = \frac{\mu_B}{m} \frac{dB}{dz} \left(\frac{d}{v}\right)^2$$

银原子的速度可由炉的温度 T 根据 $v = \sqrt{3kT/m}$ 求得。所以最后可得

$$\Delta z = \frac{\mu_B d^2}{3kT} \frac{dB}{dz} \tag{28.32}$$

实验中求得的 μ_B 值和式(28.26)相符,证明电子自旋概念是正确的。

*28.3 微观粒子的不可分辨性和泡利不相容原理

每一种微观粒子,如电子、质子、中子、氦核、α 粒子等,各个个体的质量、电荷、自旋等固有性质都是完全相同的,因而是不能区分的。在这一点上经典理论和量子理论的认识是一样的。但二者还有很大的差别。经典理论认为同种粒子虽然不能区分,但是它们在运动中可以识别。这是由于经典粒子在运动中各有一定的确定的轨道,我们可以沿轨道追踪所选定的粒子。例如,粒子 1 和粒子 2 碰撞前后,各有清晰的轨道可寻,因而在碰撞后我们还能认出哪个是碰前的粒子 1,哪个是碰前的粒子 2。量子理论则不同,由于粒子的波动性,它们并没有确定的轨道,两个粒子的"碰撞"必须用波函数的叠加来描述。由于这种"混合",碰撞后哪个是碰前的粒子 1,哪个是碰前的粒子 2,再也不能识别了。可以说,量子物理对同类微观粒子不能区分的认识,更要"彻底"一些。量子物理把这种不能区分称做**不可分辨性**。

量子理论对微观粒子的不可分辨性的这种认识产生重要的结果。对于有几个粒子组成的系统的波函数必须考虑这种不可分辨性。以在一维势阱中的两个粒子为例。以 x 和 x' 分别表示二者的坐标,它们的空间波函数应是两个坐标的函数,即

$$\psi = \psi(x, x') \tag{28.33}$$

粒子 1 出现在 dx 区间和粒子 2 出现在 dx' 区间的概率为

$$P_{x,x'} = |\psi(x,x')|^2 dx dx' \tag{28.34}$$

如果将两粒子交换,即粒子 1 出现在 dx' 区间,粒子 2 出现在 dx 区间,则其概率为

$$P_{x',x} = |\psi(x',x)|^2 dx' dx \tag{28.35}$$

由于两个粒子无法分辨,不能识别哪个是粒子 1,哪个是粒子 2,所以式(28.34)和式(28.35)表示的概率必须相等,即

$$|\psi(x,x')|^2 = |\psi(x',x)|^2 \tag{28.36}$$

于是,两个粒子的波函数必须满足 $\psi(x',x) = e^{i\delta}\psi(x,x')$,其中 δ 为一待定相位。为了确定该相位,把两粒子坐标再次交换,通过交换坐标,波函数将再多一个相位 δ,同时考虑到两次交换粒子坐标波函数将完全还原,即 $\psi(x,x')e^{i\delta}\psi(x',x) = e^{2i\delta}\psi(x,x')$,此式成立的条件为 δ 为 π 的整数倍,也即两个粒子的波函数必满足下列条件之一,即

$$\psi(x,x') = \psi(x',x) \tag{28.37}$$

或是

$$\psi(x,x') = -\psi(x',x) \tag{28.38}$$

满足式(28.37)的波函数称为**对称的**,波函数为对称的粒子叫做**玻色子**。满足式(28.38)的波函数称为**反对称的**,波函数是反对称的粒子称为**费米子**。实验证明,自旋量子数为半整数(1/2,3/2,5/2 等)的粒子,如电子、质子、中子等是费米子;自旋量子数是 0 或正整数的粒子,如氘核、氢原子、α 粒子以及光子等是玻色子。

在应用式(28.34)和式(28.35)时还需注意,要完整地描述粒子的状态,其波函数除了包含空间波函数外,还需要包括自旋波函数 X。因此在交换坐标 x,x' 时,还需要交换自旋 m_s 和 m_s'。以电子为例,由于 m_s 和 m_s' 都只能取值 1/2 或 −1/2,我们将以"+"号和"−"号分别标记"自旋上"和"自旋下"的自旋波函数 X_+ 和 X_-。这样包含自旋的波函数的反对称性(式(28.38))可进一步表示为

$$\psi(x,m_s,x,m_s') = -\psi(x',m_s',x,m_s) \tag{28.39}$$

为了进一步说明这一反对称性的影响,我们假设在一维势阱中的两电子的相互影响可以忽略不计,它们的状态只由势阱的势函数决定。在两个电子都处于同一轨道状态时,它们每个的轨道的波函数相同,用 $\psi_1(x)$ 表示。每个电子的整个波函数(包括自旋)可表示为

$$\psi_1(x)X_+ \quad 或 \quad \psi_1(x)X_-$$

由于两个电子分别出现在 x 和 x' 处的概率为二者概率之积,这个两电子系统的整个波函数可写做

$$\psi(x,x',m_s,m_s') = \psi_1(x)X_{\pm}\psi_1(x')X_{\pm}'$$

或几个这样的积的叠加。考虑到反对称要求的式(28.38),唯一可能的叠加式是

$$\psi(x,x',m_s,m_s') = \psi_1(x)\psi_1(x')X_+ X_-' - \psi_1(x')\psi_1(x)m_{s-}X_- X_+' \tag{28.40}$$

注意,此式中两个粒子的自旋是**相反**的。这就是说,在轨道波函数相同(或说描述轨道运动的量子数都相同)的情况下,电子的自旋必须是相反的,即一个向上($m_s = 1/2$),另一个向下($m_s = -1/2$)。于是我们得到一个重要结论:**对一个电子系统,如果描述状态的量子数包括自旋磁量子数,则该系统的任何一个确定的状态内不可能有多于一个的电子存在。**

上面的论证可用于任何费米子系统的任何状态,所得的上述结论叫**不相容原理**,它是泡利于 1925 年研究原子中电子的排布时在理论上提出的。

28.4 各种原子核外电子的组态

对于多电子原子,薛定谔方程不能完全精确地求解,但可以利用近似方法求得足够精确的解。其结果是在原子中每个电子的状态仍可以用 n,l,m_l 和 m_s 四个量子数来确定。主量子数 n 和电子的概率密度分布的径向部分有关,n 越大,电子离核越远。电子的能量主要由 n,较小程度上由 l,所决定。一般地,n 越大,l 越大,则电子能量越大。轨道磁量子数 m_l 决定电子的轨道角动量在 z 方向的分量。自旋磁量子数 m_s 决定自旋方向是"向上"还是"向下",它对电子的能量也稍有影响。由各量子数可能取值的范围可以求出电子以四个量子数为标志的可能状态数分布如下:

n,l,m_l 相同,但 m_s 不同的可能状态有 2 个。

28.4 各种原子核外电子的组态

n,l 相同,但 m_l, m_s 不同的可能状态有 $2(2l+1)$ 个,这些状态组成一个次壳层。

n 相同,但 l, m_l 和 m_s 不同的可能状态有 $2n^2$ 个,这些状态组成一个壳层。

原子处于基态时,其中各电子各处于一定的状态。这时各电子**实际上**处于哪个状态,由两条规律决定:

其一是能量最低原理,即电子总处于可能最低的能级;

其二是泡利不相容原理,即同一状态不可能有多于一个电子存在。

元素周期表中各元素是按原子序数 Z 由小到大依次排列的。原子序数就是各元素原子的核中的质子数,也就是正常情况下各元素原子中的核外电子数。各元素的原子在基态时核外电子的排布情况如表 28.2 所示。这种电子的排布叫原子的**电子组态**。下面举几个典型例子说明电子排布的规律性。

氢(H, $Z=1$) 它的一个电子就在 K 壳层($n=1$)内, $m_s = 1/2$ 或 $-1/2$。

氦(He, $Z=2$) 它的两个电子都在 K 壳层内, m_s 分别是 $1/2$ 和 $-1/2$。K 壳层已被填满了。

表 28.2 各元素原子在基态时电子的组态

元素	Z	K	L		M			N				O			P			Q	电离能/eV
		1s	2s	2p	3s	3p	3d	4s	4p	4d	4f	5s	5p	5d	5f	6s	6p	6d	7s	
H	1	1																		13.598 1
He	2	2																		24.586 8
Li	3	2	1																	5.391 6
Be	4	2	2																	9.322
B	5	2	2	1																8.298
C	6	2	2	2																11.260
N	7	2	2	3																14.534
O	8	2	2	4																13.618
F	9	2	2	5																17.422
Ne	10	2	2	6																21.564
Na	11	2	2	6	1															5.139
Mg	12	2	2	6	2															7.646
Al	13	2	2	6	2	1														5.986
Si	14	2	2	6	2	2														8.151
P	15	2	2	6	2	3														10.486
S	16	2	2	6	2	4														10.360
Cl	17	2	2	6	2	5														12.967
Ar	18	2	2	6	2	6														15.759
K	19	2	2	6	2	6		1												4.341
Ca	20	2	2	6	2	6		2												6.113
Sc	21	2	2	6	2	6	1	2												6.54
Ti	22	2	2	6	2	6	2	2												6.82
V	23	2	2	6	2	6	3	2												6.74

续表

元素	Z	K	L		M			N				O				P			Q	电离能/eV
		1s	2s	2p	3s	3p	3d	4s	4p	4d	4f	5s	5p	5d	5f	6s	6p	6d	7s	
Cr	24	2	2	6	2	6	5	1												6.765
Mn	25	2	2	6	2	6	5	2												7.432
Fe	26	2	2	6	2	6	6	2												7.870
Co	27	2	2	6	2	6	7	2												7.86
Ni	28	2	2	6	2	6	8	2												7.635
Cu	29	2	2	6	2	6	10	1												7.726
Zn	30	2	2	6	2	6	10	2												9.394
Ga	31	2	2	6	2	6	10	2	1											5.999
Ge	32	2	2	6	2	6	10	2	2											7.899
As	33	2	2	6	2	6	10	2	3											9.81
Se	34	2	2	6	2	6	10	2	4											9.752
Br	35	2	2	6	2	6	10	2	5											11.814
Kr	36	2	2	6	2	6	10	2	6											13.999
Rb	37	2	2	6	2	6	10	2	6			1								4.177
Sr	38	2	2	6	2	6	10	2	6			2								5.693
Y	39	2	2	6	2	6	10	2	6	1		2								6.38
Zr	40	2	2	6	2	6	10	2	6	2		2								6.84
Nb	41	2	2	6	2	6	10	2	6	4		1								6.88
Mo	42	2	2	6	2	6	10	2	6	5		1								7.10
Tc	43	2	2	6	2	6	10	2	6	5		2								7.28
Ru	44	2	2	6	2	6	10	2	6	7		1								7.366
Rh	45	2	2	6	2	6	10	2	6	8		1								7.46
Pd	46	2	2	6	2	6	10	2	6	10										8.33
Ag	47	2	2	6	2	6	10	2	6	10		1								7.576
Cd	48	2	2	6	2	6	10	2	6	10		2								8.993
In	49	2	2	6	2	6	10	2	6	10		2	1							5.786
Sn	50	2	2	6	2	6	10	2	6	10		2	2							7.344
Sb	51	2	2	6	2	6	10	2	6	10		2	3							8.641
Te	52	2	2	6	2	6	10	2	6	10		2	4							9.01
I	53	2	2	6	2	6	10	2	6	10		2	5							10.457
Xe	54	2	2	6	2	6	10	2	6	10		2	6							12.130
Cs	55	2	2	6	2	6	10	2	6	10		2	6			1				3.894
Ba	56	2	2	6	2	6	10	2	6	10		2	6			2				5.211
La	57	2	2	6	2	6	10	2	6	10		2	6	1		2				5.577 0
Ce	58	2	2	6	2	6	10	2	6	10	1	2	6	1		2				5.466
Pr	59	2	2	6	2	6	10	2	6	10	3	2	6			2				5.422
Nd	60	2	2	6	2	6	10	2	6	10	4	2	6			2				5.489

续表

元素	Z	K	L		M			N				O				P			Q	电离能/eV
		1s	2s	2p	3s	3p	3d	4s	4p	4d	4f	5s	5p	5d	5f	6s	6p	6d	7s	
Pm	61	2	2	6	2	6	10	2	6	10	5	2	6			2				5.554
Sm	62	2	2	6	2	6	10	2	6	10	6	2	6			2				5.631
Eu	63	2	2	6	2	6	10	2	6	10	7	2	6			2				5.666
Gd	64	2	2	6	2	6	10	2	6	10	7	2	6	1		2				6.141
Tb	65	2	2	6	2	6	10	2	6	10	(8)	2	6	(1)		(2)				5.852
Dy	66	2	2	6	2	6	10	2	6	10	10	2	6			2				5.927
Ho	67	2	2	6	2	6	10	2	6	10	11	2	6			2				6.018
Er	68	2	2	6	2	6	10	2	6	10	12	2	6			2				6.101
Tm	69	2	2	6	2	6	10	2	6	10	13	2	6			2				6.184
Yb	70	2	2	6	2	6	10	2	6	10	14	2	6			2				6.254
Lu	71	2	2	6	2	6	10	2	6	10	14	2	6	1		2				5.426
Hf	72	2	2	6	2	6	10	2	6	10	14	2	6	2		2				6.865
Ta	73	2	2	6	2	6	10	2	6	10	14	2	6	3		2				7.88
W	74	2	2	6	2	6	10	2	6	10	14	2	6	4		2				7.98
Re	75	2	2	6	2	6	10	2	6	10	14	2	6	5		2				7.87
Os	76	2	2	6	2	6	10	2	6	10	14	2	6	6		2				8.5
Ir	77	2	2	6	2	6	10	2	6	10	14	2	6	7		2				9.1
Pt	78	2	2	6	2	6	10	2	6	10	14	2	6	9		1				9.0
Au	79	2	2	6	2	6	10	2	6	10	14	2	6	10		1				9.22
Hg	80	2	2	6	2	6	10	2	6	10	14	2	6	10		2				10.43
Tl	81	2	2	6	2	6	10	2	6	10	14	2	6	10		2	1			6.108
Pb	82	2	2	6	2	6	10	2	6	10	14	2	6	10		2	2			7.417
Bi	83	2	2	6	2	6	10	2	6	10	14	2	6	10		2	3			7.289
Po	84	2	2	6	2	6	10	2	6	10	14	2	6	10		2	4			8.43
At	85	2	2	6	2	6	10	2	6	10	14	2	6	10		2	5			8.8
Rn	86	2	2	6	2	6	10	2	6	10	14	2	6	10		2	6			10.749
Fr	87	2	2	6	2	6	10	2	6	10	14	2	6	10		2	6		(1)	3.8
Ra	88	2	2	6	2	6	10	2	6	10	14	2	6	10		2	6		2	5.278
Ac	89	2	2	6	2	6	10	2	6	10	14	2	6	10		2	6	1	2	5.17
Th	90	2	2	6	2	6	10	2	6	10	14	2	6	10		2	6	2	2	6.08
Pa	91	2	2	6	2	6	10	2	6	10	14	2	6	10	2	2	6	1	2	5.89
U	92	2	2	6	2	6	10	2	6	10	14	2	6	10	3	2	6	1	2	6.05
Np	93	2	2	6	2	6	10	2	6	10	14	2	6	10	4	2	6	1	2	6.19
Pu	94	2	2	6	2	6	10	2	6	10	14	2	6	10	6	2	6		2	6.06
Am	95	2	2	6	2	6	10	2	6	10	14	2	6	10	7	2	6		2	5.993
Cm	96	2	2	6	2	6	10	2	6	10	14	2	6	10	7	2	6	1	2	6.02
Bk	97	2	2	6	2	6	10	2	6	10	14	2	6	10	(9)	2	6	(0)	(2)	6.23
Cf	98	2	2	6	2	6	10	2	6	10	14	2	6	10	(10)	2	6	(0)	(2)	6.30

续表

元素	Z	K	L		M			N				O				P			Q	电离能/eV
		1s	2s	2p	3s	3p	3d	4s	4p	4d	4f	5s	5p	5d	5f	6s	6p	6d	7s	
Es	99	2	2	6	2	6	10	2	6	10	14	2	6	10	(11)	2	6	(0)	(2)	6.42
Fm	100	2	2	6	2	6	10	2	6	10	14	2	6	10	(12)	2	6	(0)	(2)	6.50
Md	101	2	2	6	2	6	10	2	6	10	14	2	6	10	(13)	2	6	(0)	(2)	6.58
No	102	2	2	6	2	6	10	2	6	10	14	2	6	10	(14)	2	6	(0)	(2)	6.65
Lr	103	2	2	6	2	6	10	2	6	10	14	2	6	10	(14)	2	6	(1)	(2)	8.6

* 括号内的数字尚有疑问。

锂(Li, $Z=3$) 它的两个电子填满 K 壳层,第三个电子只能进入能量较高的 L 壳层($n=2$)的 s 次壳层($l=0$)内。这种排布记作 $1s^2 2s^1$,其中,数字表示壳层的 n 值,其后的字母是 n 壳层中次壳层的符号,指数表示在该次壳层中的电子数。

氖(Ne, $Z=10$) 电子组态为 $1s^2 2s^2 2p^6$。由于各次壳层的电子都已成对,所以总自旋角动量为零。又由于 p 次壳层都已填满,所以这一次壳层中电子的轨道角动量在各可能的方向都有(参看图 28.2 和图 28.3)。这些各可能方向的轨道角动量矢量叠加的结果,使得这一次壳层中电子的总轨道角动量也等于零。这一情况叫做次壳层的**闭合**。由于这一闭合,使得氖原子不容易和其他原子结合而成为"惰性"原子。

钠(Na, $Z=11$) 电子组态为 $1s^2 2s^2 2p^6 3s^1$。由于 3 个内壳层都是闭合的,而最外的一个电子离核又较远因而受核的束缚较弱,所以钠原子很容易失去这个电子而与其他原子结合,例如与氯原子结合。这就是钠原子化学活性很强的原因。

氯(Cl, $Z=17$) 电子组态为 $1s^2 2s^2 2p^6 3s^2 3p^5$。$3p$ 次壳层可以容纳 6 个电子而闭合,这里已有了 5 个电子,所以还有一个电子的"空位"。这使得氯原子很容易夺取其他原子的电子来填补这一空位而形成闭合次壳层,从而和其他原子形成稳定的分子。这使得氯原子也成为化学活性大的原子。

铁(Fe, $Z=26$) 电子组态是 $1s^2 2s^2 2p^6 3s^2 3p^6 3d^6 4s^2$,直到 $3p^6$ 的 18 个电子的组态是"正常"的。d 次壳层可以容纳 10 个电子,但 $3d$ 壳层还未填满,最后两个电子就进入了 $4s$ 次壳层。这是由于 $3d^6 4s^2$ 的组态的能量比 $3d^8$ 排布的能量还要低的缘故。这种组态的"反常"对电子较多的原子是常有的现象。可以附带指出,铁的铁磁性就和这两个 $4s$ 电子有关。

银(Ag, $Z=47$) 电子组态是 $1s^2 2s^2 2p^6 3s^2 3p^6 3d^{10} 4s^2 4p^6 4d^{10} 5s^1$。这一组态中,除了 $4f$($l=3$)次壳层似乎"应该"填入而没有填入,而最后一个电子就填入了 $5s$ 次壳层这种"反常"现象外,可以注意到已填入电子的各次壳层都已闭合,因而它们的总角动量为零,而银原子的总角动量就是这个 $5s$ 电子的自旋角动量。在施特恩-格拉赫实验中,银原子束的分裂能说明电子自旋的量子化就是这个缘故。

*28.5 X 射线

X 射线的波长可以用衍射的方法测出。图 28.17 是 X 射线谱的两个实例,图(a)是在同样电压(35 kV)下不同靶材料(钨、钼、铬)发出的 X 射线谱,图(b)是同一种靶材料(钨)在不同电压下发射的 X 射线谱。从图中可看出，X 射线谱一般分为两部分：**连续谱**和**线状谱**。不同电压下的连续谱都有一个**截止波长**（或频率），电压越高，截止波长越短，而且在同一电压下不同材料发出的 X 射线的截止波长一样。线状谱有明显的强度峰——谱线；不同材料的谱线的位置（即波长）不同，这谱线就叫各种材料的**特征谱线**（钨和铬的特征谱线波长在图 28.17(a) 所示的波长范围以外）。

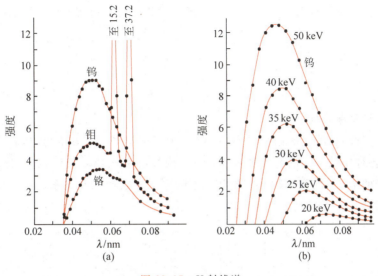

图 28.17　X 射线谱

X 射线连续谱是电子和靶原子非弹性碰撞的结果，这种产生 X 射线的方式叫**轫致辐射**。入射电子经历每一次碰撞都会损失一部分能量，这能量就以光子的形式发射出去。由于每个电子可能经历多次碰撞，每一次碰撞损失的能量又可能大小不同，所以就辐射出各种能量不同的光子而形成连续谱。由于电子所损失的能量的最大值就是电子本身从加速电场获得的能量，所以发出的光子的最大能量也就是这个能量。因此在一定的电压下发出的 X 射线的频率有一极大值。相应地，波长有一极小值，这就是截止波长。以 E_k 表示射入靶的电子的动能，则有 $h\nu_{max} = E_k$。由此可得截止波长为

$$\lambda_{cut} = \frac{c}{\nu_{max}} = \frac{hc}{E_k} \tag{28.41}$$

例如，当 $E_k = 35$ keV 时，上式给出 $\lambda_{cut} = 0.036$ nm，和图 28.17 所给的相符。

X 射线特征谱线只能和可见光谱一样，是原子能级跃迁的结果。但是由于 X 射线光子能量比可见光光子能量大得多，所以不可能是原子中外层电子能级跃迁的结果，但可以用内层电子在不同壳层间的跃迁来说明。然而在正常情况下，原子的内壳层都已为电子填满，由泡利不相容原理可知，电子不可能再跃入。在这里，加速电子的碰撞起了关键的作用。加速电子的碰撞有可能将内壳层（如 K 壳层）的电子击出原子，这样便在内壳层留下一个空穴。这时，较外壳层的电子就有可能跃迁入这一空穴而发射出能量较大的光子。以 K 壳层为例，填满时有两个电子。其中一个电子所感受到的核的库仑场，由于另一电子的屏蔽作用，就约相当于 $Z-1$ 个质子的库仑场。仿类氢离子的能量公式，此壳层上一个电子的能量

应为

$$E_1 = -\frac{m_e(Z-1)^2 e^4}{2(4\pi\varepsilon_0)^2 \hbar^2}\frac{1}{n^2} = -13.6(Z-1)^2 \text{ eV} \tag{28.42}$$

同理,在 L 壳层内一个电子的能量为

$$E_2 = -\frac{13.6(Z-1)^2}{4}\text{ eV}$$

因此,当 K 壳层出现一空穴而 L 层一个电子跃迁进入时,所发出的光子的频率为

$$\nu = \frac{E_2 - E_1}{h} = \frac{3\times 13.6(Z-1)^2}{4h} = 2.46\times 10^{15}(Z-1)^2$$

或者

$$\sqrt{\nu} = 4.96\times 10^7(Z-1) \tag{28.43}$$

这一公式称为**莫塞莱公式**。

频率由式(28.43)给出的谱线称为 K_α 线。由于多电子原子的内层电子结构基本上是一样的,所以各种序数较大的元素的原子的 K_α 线都可由式(28.43)给出。这一公式说明,不同元素原子的 K_α 线的频率的平方根和元素的原子序数成线性关系。这一线性关系已为实验所证实,如图 28.18 所示。

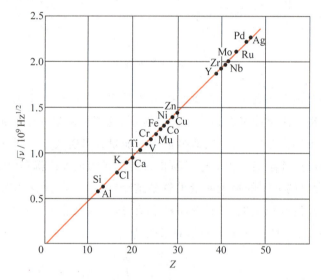

图 28.18　K_α 线的频率的平方根和原子序数的关系

由 M 壳层($n=3$)电子跃入 K 壳层空穴形成的 X 射线叫 K_β 线。K_α,K_β 和更外的壳层跃入 K 壳层空穴形成的诸谱线组成 X 射线的 K 系,由较外壳层跃入 L 壳层的空穴形成的谱线组成 L 系。类似地还有 M 系、N 系等。实际上,由于各壳层(K 壳层除外)的能级分裂,各系的每条谱线都还有较精细的结构。图 28.19 给出了铀(U)的 X 射线能级及跃迁图。

1913 年莫塞莱(H. G. J. Moseley)仔细地用晶体测定了近 40 种元素的原子的 X 射线的 K 线和 L 线,首次得出了式(28.43)。当年玻尔发表了他的氢原子模型理论。这使得莫塞莱可以得出下述结论:"我们已证实原子有一个基本量,它从一个元素到下一个元素有规律地递增。这个量只能是原子核的电量。"当年由他准确测定的 Z 值曾校验了当时周期表中

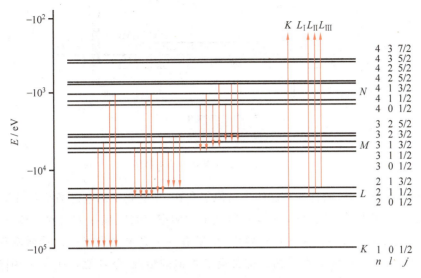

图 28.19　U 原子的 X 射线能级图

各元素的排序。至今超铀元素的认定也靠足够量的这些元素的 X 射线谱。

28.6　激光

　　激光现今已得到了极为广泛的应用。从光缆的信息传输到光盘的读写，从视网膜的修复到大地的测量，从工件的焊接到热核反应的引发等等都利用了激光。"激光"是"受激辐射的光放大"的简称[①]。第一台激光器是 1960 年休斯飞机公司实验室的梅曼(T. H. Maiman)首先制成的，在此之前的 1954 年哥伦比亚大学的唐斯(C. H. Townes)已制成了受激辐射的微波放大装置。但是，它的基本原理早在 1916 年已由爱因斯坦提出了。

　　激光是怎么产生的？它有哪些特点？为什么有这些特点呢？下面通过氦氖激光器加以说明。

　　氦氖激光器的主要结构如图 28.20 所示，玻璃管内充有氦气(压强约为 1 mmHg[②])和氖气(压强约为 0.1 mmHg)。所发激光是氖原子发出的，波长为 632.8 nm 的红光，它是氖原子由 $5s$ 能级跃迁到 $3p$ 能级的结果。

　　处于激发态的原子(或分子)是不稳定的。经过或长或短的时间(例如 10^{-8} s)会自发地跃迁到低能级上，同时发出一个光子。这种辐射光子的过程叫**自发辐射**(图 28.21(a))。相反的过程，光子射入原子内可能被吸收而使原子跃迁到较高的能级上去(图 28.21(b))。不论发射和吸收，所涉及的光子的能量都必须满足玻尔频率条件 $h\nu = E_h - E_l$。爱因斯坦在研究黑体辐射时，发现辐射场和原子交换能量时，只有自发辐射和吸收是不可能达到热平衡的。要达到热平衡，还必须存在另一种辐射方式——**受激辐射**。它指的是，如果入射光子的

[①]　激光的英文为 laser，它是 light amplification by stimulated emission of radiation 一词的首字母缩略词。
[②]　1 mmHg=133 Pa。

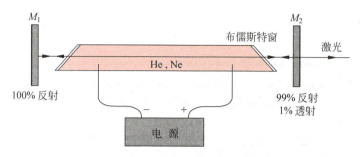

图 28.20 氦氖激光器结构简图

能量等于相应的能级差,而且在高能级上有原子存在,入射光子的电磁场就会引发原子从高能级跃迁到低能级上,同时放出一个与入射光子的频率、相位、偏振方向和传播方向都完全相同的光子(图 28.21(c))。在一种材料中,如果有一个光子引发了一次受激辐射,就会产生两个相同的光子。这两个光子如果都再遇到类似的情况,就能够产生 4 个相同的光子。由此可以产生 8 个、16 个、……为数不断倍增的光子,这就可以形成"光放大"。看来,只要有一个适当的光子入射到给定的材料内就可以很容易地得到光放大了,其实不然。

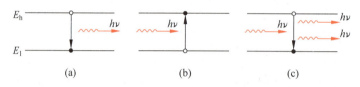

图 28.21 自发辐射(a)、吸收(b)和受激辐射(c)

这里还有原子数的问题。在正常情况下,在高能级 E_h 上的原子数 N_h 总比在低能级 E_l 上的原子数 N_l 小得多。它们的比值由玻耳兹曼关系决定,即

$$\frac{N_h}{N_l} = e^{-(E_h-E_l)/kT} \tag{28.44}$$

以氦氖激光器为例,在室温热平衡的条件下,相应于激光波长 632.8 nm 的两能级上氖原子数的比为

$$\frac{N_h}{N_l} = e^{-(E_h-E_l)/kT} = \exp\left(-\frac{hc}{\lambda kT}\right)$$

$$= \exp\left(-\frac{6.63 \times 10^{-34} \times 3 \times 10^8}{632.8 \times 10^{-9} \times 1.38 \times 10^{-23} \times 300}\right) = e^{-76} = 10^{-33}$$

这一极小的数值说明 $N_h \ll N_l$。爱因斯坦理论指出原子受激辐射的概率和吸收的概率是相同的。因此,合适的光子入射到处于正常状态的材料中,主要的还是被吸收而不可能发生光放大现象。

如上所述,要想实现光放大,必须使材料处于一种"反常"状态,即 $N_h > N_l$。这种状态叫**粒子数布居反转**①。要想使处于正常状态的材料转化为这种状态,必须激发低能态的原子使之跃迁到高能态,而且在高能态有较长的"寿命"。激发的方式有光激发、碰撞激发等方

---

① 由式(28.44)可知,在 $N_h > N_l$ 的情况下,$T < 0$。这是一个可以用负热力学温度描述状态的一个例子。

式。氦氖激光器的激发方式是碰撞激发。氦原子和氖原子的有关能级如图 28.22 所示。氦原子的 $2s$ 能级(20.61 eV) 和氖原子的 $5s$ 能级(20.66 eV)非常接近。当激光管加上电压后,管内产生电子流,运动的电子和氦原子的碰撞可使之升到 $2s$ 能级上。处于此激发态的氦原子和处于基态($2p$)的氖原子相碰时,就能将能量传给氖原子使之达到 $5s$ 态。氦原子的 $2s$ 态和氖原子的 $5s$ 态的寿命相对地较长(这种状态叫亚稳态),而氖原子的 $3p$ 态的寿命很短。这一方面保证了氖原子有充分的激发能源,同时由于处于 $3p$ 态的氖原子很快地由于自发辐射而减少,所以就实现了氖原子在 $5s$ 态和 $3p$ 态之间的粒子数布居反转,从而为光放大提供了必要条件①。一旦有一个光子由于氖原子从 $5s$ 态到 $3p$ 态的自发辐射而产生,这种光将由于不断的受激辐射而急剧增加。在激光器两端的平面镜(或凹面镜)M_1 和 M_2(见图 28.20)的反射下,光子来回穿行于激光管内,这更增大了加倍的机会从而产生很强的光。这光的一部分从稍微透射的镜 M_2 射出就成了实际应用的激光束。

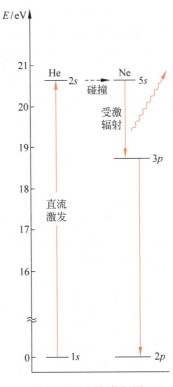

图 28.22 氦氖能级图

由于受激辐射产生的光子频率与偏振方向都相同,所以经放大后的激光束,不管光束截面多大,都是完全相干的。普通光源发的光是不相干的,所发光的强度是各原子发的光的非相干叠加,因而和原子数成正比。激光发射时,由于各原子发的光是相干的,其强度是各原子发的光的相干叠加,因而和原子数的平方成正比。由于光源内原子数很大,因而和普通光源发的光相比,激光光强可以大得惊人。例如经过会聚的激光强度可达 10^{17} W/cm^2,而氧炔焰的强度不过 10^3 W/cm^2。针头大的半导体激光器的功率可达 200 mW(现已制造出纳米级的半导体激光器),连续功率达 1 kW 的激光器已经制成,而用于热核反应实验的激光器的脉冲平均功率已达 10^{14} W(这大约是目前全世界所有电站总功率的 100 倍),可以产生 10^8 K 的高温以引发氘-氚燃料微粒发生聚变。

在图 28.20 中,激光是在两面反射镜 M_1 和 M_2 之间来回反射的。作为电磁波,激光将在 M_1,M_2 之间形成驻波,驻波的波长和 M_1,M_2 之间的距离是有确定关系的。在实际的激光器中 M_1,M_2 之间的距离都已调至和所发出激光波长严格地相对应,其他波长的光不能形成驻波因而不能加强。在激光器稳定工作时,激光由于来回反射过程中的受激辐射而得到的加强,即能量增益,和各种能量损耗正好相等,因而使激光振幅保持不变。这相当于无限长的波列,因而所发出的激光束就可能是高度单色性的。普通氦红光的单色性($\Delta\nu/\nu$)不过 10^{-6},而激光则可达到 10^{-15}。这种单色性有重要的应用,例如可以准确地选择原子而用在单原子探测中。

---

① 现在有人正在研究不用粒子数布居反转就能产生激光的机制。一种非受激辐射的自由电子激光已经制成,见本书"今日物理趣闻 L 自由电子激光。"

图 28.20 中的两个反射镜都是与激光管的轴严格垂直的,因此只有那些传播方向与管轴严格平行的激光才能来回反射得到加强,其他方向的光线经过几次反射就要逸出管外。因此由 M_2 透出的激光束将是高度"准直"的,即具有高度的方向性,其发散角一般在 $1'$([角]分)以下。这种高度的方向性被用来作精密长度测量。例如曾利用月亮上的反射镜对激光的反射来测量地月之间的距离,其精度达到几个厘米。

现在利用反馈可使激光的频率保持非常稳定,例如稳定到 2×10^{-12} 甚至 10^{-14}(这相当于每年变化 10^{-7} s!)这种稳定激光器可以用来极精密地测量光速,以致在 1983 年国际计量大会上利用光速值来规定"米"的定义:1 m 就是在 (1/299 792 458) s 内光在真空中传播的距离。

除了固定波长的激光器外,还有可调激光器。它们通常用化学染料做工作物质,所以又叫染料激光器。它们可以在一定范围内调节输出激光的频率。这种激光器也有多方面的应用,其中一个应用是制成**消多普勒饱和分光仪**,可消除多普勒效应对光谱线的影响,从而研究光谱的超精细结构。

*28.7 分子结构

到此为止,我们在量子论的基础上讨论了原子的结构与能态。在自然界中,除惰性气体外,由单个原子为基本单元而存在的元素是很少见的。一般情况下,原子都结合成分子。一个分子中可以包含两个或多个原子,如 N_2,O_2,CO_2,……有机物分子可以包含几十个甚至更多的原子。一个载有遗传信息的 DNA 分子则包含多达 10 亿个原子。这些原子是怎么结合在一起形成一个稳定的分子的呢?说到底它们是靠原子中的电子和原子核之间的静电力而被束缚在一起的。这种束缚作用称做**化学键**。比较重要的化学键是离子键和共价键。下面分别加以简要介绍。

离子键 最典型的由离子键结合成的分子是由一个碱金属原子和一个卤素原子结合成的分子,如 NaCl,KF,KCl 等。碱金属原子的最外的壳层中的那个电子受核的引力较弱,很容易失去,而卤素原子的最外的壳层有一个电子"空位"因而很容易吸收外来的一个电子而形成一个闭合的壳层。这样,当它们相遇时,前者就会失去一个电子而补入后者的电子"空位"中,使二者分别变成了稳定的正负离子,这两个离子由于库仑引力就牢固地结合在一起而形成一个独立的分子。这种离子间的库仑引力作用就称做**离子键**。

离子键的形成过程可用势能曲线说明如下。如图 28.23 所示,当一个 Na 原子和一个 Cl 原子相距较远时,相互作用微弱,二者势能为零。当它们的核靠近到某一临界距离 r_c(约 1 nm)时,由于离子 Na^+ 和 Cl^- 之间的势能小于原子 Na 和 Cl 之间的势能,所以电子将由 Na 和 Cl 之间的势能,所以电子将由 Na 原子转移到 Cl 原子而形成 Na^+ 离子和 Cl^- 离子。随着两个核的继

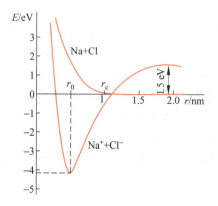

图 28.23 离子对 $Na^+ + Cl^-$ 和原子对 $Na+Cl$ 的势能曲线

续靠近，由于正负离子间的库仑引力决定的势能逐渐减小，但同时由于两核的接近，其间的斥力势能会使总势能增大。这样，当两核间距到达某一距离 r_0 时，势能达到一最小值。这一距离是两离子结合的**平衡间距**，也称为离子键的**键长**。两离子的核的间距更小时，势能会继续增大。这是因为，一方面，二者间距的减小会使核之间的斥力增大。另一方面，当两离子的内壳层重叠时，泡利不相容原理将迫使有些电子进入更高的能级从而使分子的能量增大。

由离子键结合的分子的一个重要特征，是它们都有一定的电矩。对 NaCl 分子来说，由于其中两个核的平衡间距离为 $r_0=0.24$ nm，所以其分子电矩可估算为

$$p \approx er_0 = 1.6 \times 10^{-19} \times 0.24 \times 10^{-9} = 3.8 \times 10^{-29} \text{ C·m}$$

这一结果和实测结果 3.00×10^{-29} C·m 基本相符，表明了 NaCl 分子的离子键的真实性。

共价键 像 H_2, O_2, N_2 这样的分子也都是由两个原子组成的。但每个分子中的两个原子是一样的，不可能一个向另一个转移电子，因而不可能形成离子键。它们是怎样结合成分子的呢？这是因为它们中的每一个都会贡献出一个或几个电子作为**共有**的电子。这一对或几对共有电子处于两个原子的核的中间，受到两个核的库仑引力作用把两个核紧紧地束缚在一起，从而形成了稳定的分子。这种由共用电子对和核之间的引力形成的对原子的束缚作用称为**共价键**。下面用量子论对共价键的形成作一简要说明。

先考虑分子型离子 H_2^+ 的基态的形成。这种离子由两个氢原子组成但失去了一个电子。以两核即质子 p_1 和 p_2 的连线为 x 轴，以二者之间的中点为原点 O。为简单起见，也由于明显的轴对称性，我们讨论沿 x 轴的波函数 $\psi(x)$ 分布。由于尚未涉及电子的自旋，这一波函数又称为轨道波函数，简称**轨函**。当两个核相距较远时，这一两个质子和一个电子的系统的状态有两种可能。一种是电子被束缚在质子 p_1 的 $1s$ 态上而不受另一质子 p_2 的影响，其轨函用 ψ_1 表示。另一种是电子被束缚在质子 p_2 的 $1s$ 态上而不受质子 p_1 的影响，其轨函用 ψ_2 表示。这两个可能的状态分别用图 28.24 中的 (a)、(b) 表示，波函数曲线可参看图 28.4(a)。整个系统即 H_2^+ 的基态应该用 ψ_1 和 ψ_2 的叠加描述。由于这两种状态的出现概率是一样的，所以我们注意到二者的对称叠加（图 28.25(a)），即

$$\psi_+ = \psi_1 + \psi_2 \tag{28.45}$$

因为 $\psi_+(x) = \psi_+(-x)$

所以 ψ_+ 为一偶函数。还有反对称叠加（图 28.25(b)），即

$$\psi_- = \psi_1 - \psi_2 \tag{28.46}$$

因为 $\psi_-(x) = -\psi_-(-x)$

所以 ψ_- 为一奇函数。

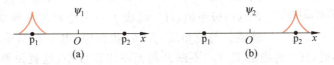

图 28.24 两个核相距较远时 H_2^+ 的可能状态

很明显，如图 28.25(a) 和 (b) 所示，两种叠加的轨函的概率密度分布 $|\psi_+|^2$ 和 $|\psi_-|^2$ 是一样的。这是两质子相距较远的情形。

当两个质子移近到一定程度时，它们对电子的运动都会有影响而 H_2^+ 的轨函将和图 28.25 所示的有所变化。但仍可以用图 28.24 所示的 ψ_1 和 ψ_2 的两种叠加 ψ_+ 和 ψ_- 加以近似地说明。ψ_1 和 ψ_2 的近距离叠加轨函 ψ_+ 和 ψ_- 及相应的概率密度 $|\psi_+|^2$ 和 $|\psi_-|^2$ 分别

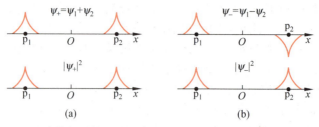

图 28.25　两个核相距较远时，H_2^+ 的两个叠加态的轨函及概率密度分布
(a) 对称轨函；(b) 反对称轨函

如图 28.26(a) 和 (b) 所示。这时二者的概率密度就有显著的不同了。

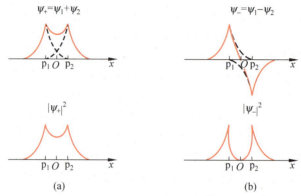

图 28.26　两个核相距较近时，H_2^+ 的两个叠加态的轨函及概率密度分布
(a) 对称轨函；(b) 反对称轨函

图 28.26 显示，两个质子靠近到一两个玻尔半径时，$|\psi_+|^2$ 在两质子间不为零。这说明电子在该处有较大的概率密度。$|\psi_-|^2$ 在两个质子的正中间为零，说明电子在两质子中间的概率密度甚小。这种概率密度分布的不同就导致了两种情况下 H_2^+ 的势能曲线的不同。如图 28.27 所示，由于在 ψ_+ 状态中，电子的分布集中在两质子之间，在这里它受到两个质子的强力吸引，使得 H_2^+ 的势能 $E_+(r)$ 随 r 的减小而降低（相对于图 28.25 电子分布时的能量）。随着 r 的进一步减小，两质子间的库仑斥力势能将增大而逐渐抵消这能量的减小。其结果在某一 $r=r_0$ 处势能 $E_+(r)$ 出现一极小值。相应于此 $E_+(r)$ 极小值，H_2^+ 就成了一个稳定的系统而 ψ_+ 就称为**成键轨函**。与此相反，在 ψ_- 状态中，电子在两质子之间的分布很

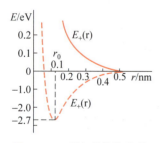

图 28.27　H_2^+ 的势能曲线

少，使得当 r 减小时，H_2^+ 的能量 $E_-(r)$ 不断升高而不出现极小，这就说明两质子不可能被束缚在一起形成稳定系统，而 ψ_- 也就称为**反键轨函**。

现在考虑中性氢分子 H_2 基态的形成。此分子有两个电子。忽略两电子间的相互作用，可以设想两电子均具有 H_2^+ 的成键轨函 ψ_+ 而在两质子间的概率密度较大。这使得 H_2 分子的势能谷更深（为图 28.27 所示的 2 倍，实测结果为 4.5 eV）而两原子结合得更紧。注意，由于两电子的轨函 ψ_+ 相同，泡利不相容原理要求这两个电子必须是自旋**反平行**的（而且不能再有第 3 个电子进入此轨函）。这样，两原子核间由每个原子贡献一个电子形成的反平行的电子对，就产生了使两原子稳定地结合在一起的束缚力。这种束缚力就是共价键。

*28.7 分子结构

上述对于基态氢分子 H_2 的成键说明同样适用于多电子原子。这是因为原子的结合主要是原子的外壳层电子，或称价电子，起作用。例如 Li 原子的最外壳层也只有一个电子（其电子组态为 $1s^2 2s^1$）。这个电子就可以贡献出来形成共价键。事实上也的确有 LiH, Li_2 这种共价键分子存在。

对于 O 原子，其电子组态为 $1s^2 2s^2 2p^4$。其中两个 p 电子反平行地位于一个 p 次壳层中形成电子对，另外两个电子分别位于另两个 p 次壳层中未配成对。这两个电子就可以贡献出来形成共价键而构成双共价键分子如 O_2, H_2O（图 28.28）等。

对于 N 原子，其电子组态为 $1s^2 2s^2 2p^3$。它的 3 个 p 电子分别位于 3 个 p 次壳层中而未配成对，就可以贡献出来形成共价键而构成三共价键分子如 N_2, NH_3（图 28.29）等。

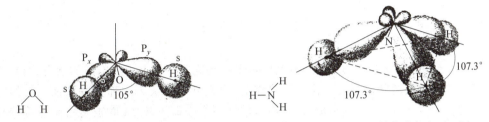

图 28.28　H_2O 分子的结构式与电子云图　　图 28.29　NH_3 分子的结构式与电子云图

C 原子值得特别注意，其电子组态为 $1s^2 2s^2 2p^2$。但由于 $2s$ 和 $2p$ 能级差别很小，所以 $2s$ 次壳层中的一个电子很容易跃入 $2p$ 次壳层而形成 $1s^2 2s^1 2p^3$ 的电子组态。这样在 L 壳层中就有 4 个未配对的电子可以贡献出来形成共价键。甲烷分子 CH_4，乙烯分子 C_2H_4，苯分子 C_6H_6（图 28.30）等品种繁多的有机分子就是这样形成的。

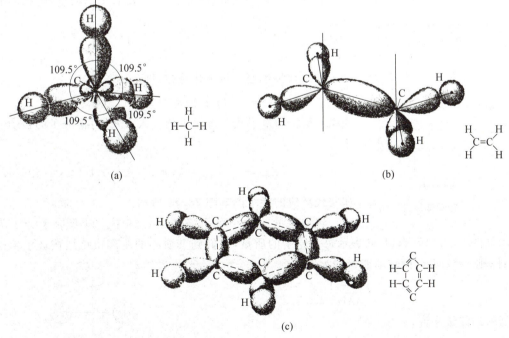

图 28.30　(a)CH_4、(b)C_2H_4 和 (c)C_6H_6 分子的结构式和电子云图

（以上电子云图均采自 M. Alonso & E. J. Finn, Physics. Addison-Wesley Publishing Company, 1992, Chap. 38.）

最后应该指出,虽然有像 H_2,O_2 这样的纯共价键分子,但是没有 100% 的离子键分子。大多数分子都是由离子键和共价键混合构成的。这就是说各成分原子间只有电子的部分转移和部分共有。这可以从有关分子的小于纯离子键的电矩显示出来。

也还需指出,除了离子键和共价键外,还有其他形式的化学键。如**氢键**,它是由质子作为"中介"而使原子结合在一起的化学键。DNA 的双螺旋结构的两支链条就是靠氢键并靠在一起的。**范德瓦尔斯键**是靠原子的电偶极子间的微弱吸引力而形成的化学键,在水中的水分子之间惰性气体冷冻成的固体的分子间就存在着这种键。大块金属中的原子是靠**金属键**牢固地结合在一起的。这种键是各金属原子贡献出的所有价电子被所有遗留的金属离子共有的结果。我们将在第 29 章较详细地讨论这种情况。

*28.8　分子的转动和振动能级

由两个或更多的原子组成的分子,其能量不仅决定于每个原子中电子的状态,而且和整个分子的转动与振动状态有关。作为粗略模型,分子可以想象为用弹簧联系在一起的许多小球,这些小球就是一个个原子核(或原子实),而弹簧就是电子,这些电子的存在和运动就产生了分子中原子之间的相互作用力。每个原子的电子状态一定时,"弹簧"的劲度系数就有一定的值。这时分子的能量除了由电子的状态决定的能量外,还有分子转动和分子内原子的振动所决定的能量。

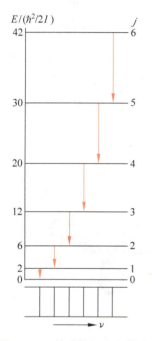

图 28.31　转动能级及光谱图

分子的转动能量可计算如下。以 I 表示分子绕通过自己的质心的轴的转动惯量,而以 $J = I\omega$ 表示其角动量,则转动能量为

$$E_{\text{rot}} = \frac{1}{2}I\omega^2 = \frac{J^2}{2I}$$

分子的角动量也遵守量子化规律,即

$$J = \sqrt{j(j+1)}\,\hbar, \quad j = 0,1,2,\cdots$$

式中 j 是转动量子数。将此 J 值代入上式,可得分子的转动能级为

$$E_{\text{rot}} = \frac{1}{2I}j(j+1)\hbar^2, \quad j = 0,1,2,\cdots \quad (28.47)$$

和此式对应的能级图如图 28.31 所示。

转动能量的大小可粗略地估计如下。以双原子分子为例。如图 28.32 所示,以 M 表示每个原子的质量,它们到其质心的距离粗略地按玻尔半径 a_0 计,则 $I = 2Ma_0^2$,而转动能量约为

$$E_{\text{rot}} \approx \frac{j(j+1)}{4Ma_0^2}\hbar^2$$

对低转动能级来说,

$$E_{\text{rot}} \approx \frac{\hbar^2}{Ma_0^2}$$

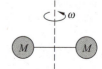

图 28.32　双原子分子的转动

对于基态的氢原子,由式(28.3)和式(28.5)可得

$$|E_{H,1}| = \frac{\hbar^2}{2m_e a_0^2}$$

由此可得

$$E_{\text{rot}} \approx \frac{m_e}{M} |E_{H,1}| \tag{28.48}$$

对大多数原子来说 m_e/M 约为 10^{-4} 或 10^{-5},因此,转动能量的典型值约是 $|E_{H,1}|$ 的 10^{-4} 或 10^{-5},即 $10^{-3} \sim 10^{-4}$ eV。

分子转动能级的改变需遵守选择定则

$$\Delta j = \pm 1 \tag{28.49}$$

于是,由于分子转动能级的改变,所能发出的光子的频率为

$$\nu_{\text{rot}} = \frac{E_{j+1} - E_j}{h} = \frac{\hbar}{2\pi I}(j+1), \quad j = 0, 1, 2, \cdots \tag{28.50}$$

由式(28.48)所表示的数量级的关系,可知转动光谱的典型频率较电子能量改变而产生的光谱的典型频率小到 10^{-4},或波长大到 10^4 倍,因而转动光谱在远红外甚至延伸到微波范围。从图 28.31 中还可以看出转动光谱中各谱线以频率表示时都是等间距的。

例 28.4

求 NO 分子的转动光谱的最大波长。设 NO 分子中两原子的间距为 $r_0 = 0.11$ nm。

解 如图 28.31 所示,NO 分子的转动光谱的最大波长应是分子从 $j=1$ 跃迁到 $j=0$ 状态时所发出的光子的波长,所以

$$\lambda_{\max} = \frac{ch}{E_{\text{rot},1} - E_{\text{rot},0}} = \frac{ch}{\hbar^2/I} = \frac{2\pi c}{\hbar}I = \frac{2\pi c}{\hbar}(mr_0^2)$$

式中 $I = mr_0^2$,而 m 应为 NO 两原子的约化质量,即 $m = m_N m_O/(m_N + m_O)$,因而

$$\begin{aligned}
\lambda_{\max} &= \frac{2\pi c m_N m_O}{\hbar(m_N + m_O)} r_0^2 \\
&= \frac{2\pi \times 3 \times 10^8 \times 14 \times 16 \times (1.66 \times 10^{-27})^2}{1.05 \times 10^{-34}(14+16) \times 1.66 \times 10^{-27}} \times (0.11 \times 10^{-9})^2 \\
&= 2.7 \times 10^{-3} \text{(m)} = 2.7 \text{(mm)}
\end{aligned}$$

此波长在微波范围。

分子的振动光谱,以双原子分子(图 28.33)为例,其振动能量是

$$E_{\text{vib}} = \left(v + \frac{1}{2}\right)\hbar\omega_0, \quad v = 0, 1, 2, \cdots \tag{28.51}$$

其中 ω_0 是振动角频率,v 是振动量子数。此式给出的能级图是等间距的,如图 28.34 所示。(对应于较大的 v 值,分子间的势能函数不再是抛物线形,能级的间距将随 v 的增大而减小。)

可如下粗略地估计分子的振动能量。对图 28.33 的双原子分子的振动来说,由弹簧振子的能量公式,有

$$E_{\text{vib}} = \frac{1}{2}M\omega_0^2 A^2 \times 2 = M\omega_0^2 A^2$$

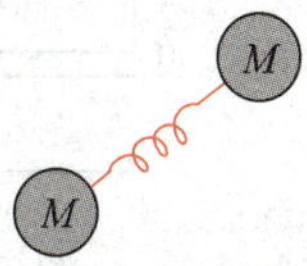

图 28.33 双原子分子模型

式中 M 为一个原子的质量，A 为原子的振幅，此处就粗略地认为 $A=a_0$，所以有

$$E_{\text{vib}} = M\omega_0^2 a_0^2$$

由于振动能量等于最大势能，而这最大势能就取分别带有 $+e$ 和 $-e$ 的两个原子相距为 a_0 时的静电势能，于是有

$$M\omega_0^2 a_0^2 \approx \frac{e^2}{8\pi\varepsilon_0 a_0} = |E_{\text{H},1}| = \frac{\hbar^2}{2m_e a_0^2}$$

由此可导出

$$\hbar^2 \omega_0^2 = \frac{m\,\hbar^4}{2m_e^2 a_0^4 M} \approx m_e E_{\text{H},1}^2/M$$

因而

$$\hbar\omega_0 \approx \sqrt{\frac{m_e}{M}}\,|E_{\text{H},1}| \tag{28.52}$$

由于 $m_e/M \approx 10^{-4}$ 或 10^{-5}，所以

$$\hbar\omega_0 \approx 10^{-2}\,|E_{\text{H},1}|$$
$$\approx 10^{-1}\ \text{eV}\ \text{或}\ 10^{-2}\ \text{eV}$$

由于振动能级之间的跃迁需遵守选择定则

$$\Delta v = \pm 1 \tag{28.53}$$

所以振动光谱谱线只有一条，其频率可由式(28.52)大致估算，在红外范围。

实际上，分子既有转动，又有振动，其总机械能为

$$E_{\text{mech}} = E_{\text{rot}} + E_{\text{vib}} \tag{28.54}$$

由于 $E_{\text{vib}} \gg E_{\text{rot}}$，每一振动状态总会包含许多转动状态，其总的能级图如图28.35所示，其中

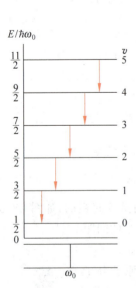

图 28.34 分子振动能级和光谱图

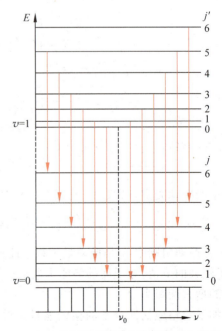

图 28.35 分子的转动能级和振动能级总图
（转动能级已被大大放大了）

也画出了分子的可能跃迁以及所产生的谱线系。图 28.36 是 HCl 的吸收光谱（HCl 分子也只吸收那些它能发出的频率的光子）。

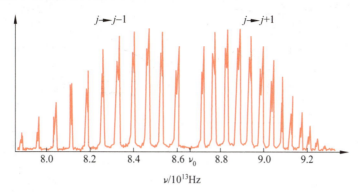

图 28.36　HCl 的吸收光谱（高峰由于 $H^{35}Cl$，低峰由于 $H^{37}Cl$）

对分子来说，由于 $\Delta E_{rot} \ll \Delta E_{vib}$，所以在同一振动能级跃迁所产生的光谱实际上是由很多密集的由转动能级跃迁所产生的谱线组成的。分辨率不大的分光镜不能分辨这些谱线而会形成连续的谱带。有这种谱带出现的转动和振动合成的光谱就叫**带状谱**，图 28.37 就是 N_2 的带状光谱的例子。

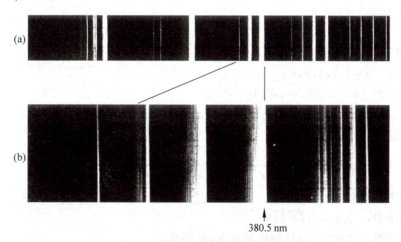

图 28.37　N_2 的带状谱(a)及其局部放大(b)

分子光谱是分子内部结构的反映，因此，研究分子光谱可以获得关于分子内部情况的信息，帮助人们了解分子的结构。分子光谱是研究分子结构，特别是有机分子的结构的非常重要的手段。

如果将分子内的电子能级 E_{elec} 一并考虑，则分子的总能量为

$$E = E_{elec} + E_{vib} + E_{rot} \tag{28.55}$$

等号右边三项的大小不同，如图 28.38 所示。如果电子能级也发生变化，则分子发生的光的频率为

$$\nu = \nu_{elec} + \nu_{vib} + \nu_{rot} \tag{28.56}$$

由于和 ν_{elec} 相比，ν_{vib} 和 ν_{rot} 都很小，所以当观察到由第一项所显示的谱线系时，后两项实际上就分辨不出了。这时，观察到的光谱在可见光范围，称为分子的**光学光谱**。

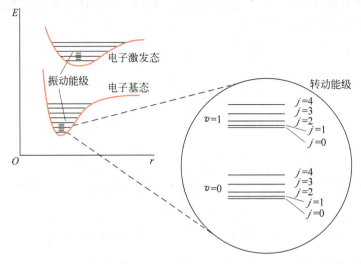

图 28.38 分子的总能级图

提要

1. 氢原子：由薛定谔方程得到 3 个量子数：

主量子数 $n=1,2,3,4,\cdots$

轨道量子数 $l=0,1,2,\cdots,n-1$

轨道磁量子数 $m_l=-l,-(l-1),\cdots,0,1,\cdots,l$

氢原子能级：

$$E_n=-\frac{m_e e^4}{2(4\pi\varepsilon_0)^2 \hbar^2}\frac{1}{n^2}=-\frac{e^2}{2(4\pi\varepsilon_0)a_0}\frac{1}{n^2}=-13.6\times\frac{1}{n^2}$$

玻尔频率条件：$h\nu=E_h-E_l$

轨道角动量：$L=\sqrt{l(l+1)}\,\hbar$

轨道角动量沿某特定方向（如磁场方向）的分量：

$$L_z=m_l\hbar$$

原子内电子的运动不能用轨道描述，只能用波函数给出的概率密度描述，形象化地用电子云图来描绘。

简并态：能量相同的各个状态。

径向概率密度 $P(r)$：在半径为 r 和 $r+\mathrm{d}r$ 的两球面间的体积内电子出现的概率为 $P(r)\mathrm{d}r$。

* 单价原子中核外电子的能量也和 l 有关。

2. 电子的自旋与自旋轨道耦合

电子自旋角动量是电子的内禀性质。它的大小是

$$S=\sqrt{s(s+1)}\,\hbar=\sqrt{\frac{3}{4}}\,\hbar$$

s 是电子的自旋量子数,只有一个值,即 1/2.

电子自旋在空间某一方向的投影为
$$S_z = m_s \hbar$$
m_s 只有 1/2(向上)和 $-1/2$(向下)两个值,叫自旋磁量子数.

轨道角动量和自旋角动量合成的角动量 $\boldsymbol{J}$ 的大小为
$$J = |\boldsymbol{L} + \boldsymbol{S}| = \sqrt{j(j+1)}\, \hbar$$
j 为总角动量量子数,可取值为 $j = l + \frac{1}{2}$ 和 $j = l - \frac{1}{2}$.

玻尔磁子:$\mu_B = \dfrac{e\hbar}{2m_e} = 9.27 \times 10^{-24}$ J/T

电子自旋磁矩在磁场中的能量:$E_s = \mp \mu_B B$

自旋轨道耦合使能级分裂,产生光谱的精细结构.

*3. **微观粒子的不可分辨性**:在同种粒子组成的系统中,在各状态间交换粒子并不产生新的状态. 由此可知粒子分为两类:玻色子(波函数是对称的,自旋量子数为 0 或整数)和费米子(波函数是反对称的,自旋量子数为半整数). 电子是费米子.

4. 多电子原子的电子组态

电子的状态用 4 个量子数 n, l, m_l, m_s 确定. n 相同的状态组成一壳层,可容纳 $2n^2$ 个电子;l 相同的状态组成一次壳层,可容纳 $2(2l+1)$ 个电子.

基态原子的电子组态遵循两个规律:

(1) 能量最低原理,即电子总处于可能最低的能级. 一般地说,n 越大,l 越大,能量就越高.

(2) 泡利不相容原理,即同一状态(四个量子数 n, l, m_l, m_s 都已确定)不可能有多于一个电子存在.

*5. **X 射线**:X 射线谱有连续谱和线状谱之分.

连续谱是入射高能电子与靶原子发生非弹性碰撞时发出——轫致辐射. 截止波长由入射电子的能量 E_k 决定,即
$$\lambda_{cut} = hc/E_k$$

线状谱为靶元素的特征谱线,它是由靶原子中的电子在内壳层间跃迁时发出的光子形成的. 这需要入射电子将内层电子击出而产生空穴. 以 Z 表示元素的原子序数,则这种元素的 X 射线的 K_α 谱线的频率 ν 由下式给出:
$$\sqrt{\nu} = 4.96 \times 10^7 (Z-1)$$

6. 激光:激光由原子的受激辐射产生,这需要在发光材料中造成粒子数布居反转状态.

激光是完全相干的,光强和原子数的平方成正比,所以光强可以非常大.

激光器两端反射镜之间的距离控制其间驻波的波长,因而激光有极高的单色性.

激光器两端反射镜严格与管轴垂直,使得激光具有高度的指向性.

*7. **分子的转动和振动能级**

分子的转动能级:
$$E_{rot} = \frac{1}{2I} j(j+1)\hbar^2, \quad j = 0, 1, 2, \cdots$$

大小约为 10^{-3} 或 10^{-4} eV,转动光谱在远红外甚至微波范围。

分子的振动能级

$$E_{\text{vib}} = \left(v + \frac{1}{2}\right)\hbar\omega_0, \quad v = 0, 1, 2, \cdots$$

大小约为 10^{-1} eV 或 10^{-2} eV,振动光谱在红外区。

振动和转动能级同时发生跃迁时产生的分子光谱为带状谱。

思考题

28.1　为什么说原子内电子的运动状态用轨道来描述是错误的?

28.2　什么是能级的简并? 若不考虑电子自旋,氢原子的能级由什么量子数决定?

*28.3　钾原子的价电子的能级由什么量子数决定? 为什么?

28.4　1996年用加速器"制成"了**反氢原子**,它是由一个反质子和围绕它运动的正电子组成。你认为它的光谱和氢原子的光谱会完全相同吗?

28.5　$n=3$ 的壳层内有几个次壳层,各次壳层都可容纳多少个电子?

28.6　证明按经典模型,电子绕质子沿半径为 r 的圆轨道上运动时能量应为 $E_{\text{class}} = -e^2/2(4\pi\varepsilon_0)r$。将此式和式(28.4)对比,说明可能的轨道半径和 n^2 成正比。

*28.7　施特恩-格拉赫实验中,如果银原子的角动量不是量子化的,会得到什么样的银迹? 又为什么两条银迹不能用轨道角动量量子化来解释?

28.8　处于基态的 He 原子的两个电子的各量子数各是什么值?

*28.9　在保持 X 射线管的电压不变的情况下,将银靶换为铜靶,所产生的 X 射线的截止波长和 K_α 线的波长将各有何变化?

*28.10　光子是费米子还是玻色子? 它遵守泡利不相容原理吗?

28.11　什么是粒子数布居反转? 为什么说这种状态是负热力学温度的状态?

28.12　为了得到线偏振光,就在激光管两端安装一个玻璃制的"布儒斯特窗"(见图28.20),使其法线与管轴的夹角为布儒斯特角。为什么这样射出的光就是线偏振的? 光振动沿哪个方向?

*28.13　分子的电子能级、振动能级和转动能级在数量级上有何差别? 带光谱是怎么产生的?

*28.14　为什么在常温下,分子的转动状态可以通过加热而改变,因而分子转动和气体比热有关? 为什么振动状态却是"冻结"着而不能改变,因而对气体比热无贡献? 电子能级也是"冻结"着吗?

习题

28.1　求氢原子光谱莱曼系的最小波长和最大波长。

28.2　一个被冷却到几乎静止的氢原子从 $n=5$ 的状态跃迁到基态时发出的光子的波长多大? 氢原子反冲的速率多大?

28.3　证明:氢原子的能级公式也可以写成

$$E_n = -\frac{\hbar^2}{2m_e a_0^2}\frac{1}{n^2}$$

或

$$E_n = -\frac{e^2}{8\pi\varepsilon_0 a_0}\frac{1}{n^2}$$

28.4 证明 $n=1$ 时,式(28.4)所给出的能量等于经典图像中电子围绕质子做半径为 a_0 的圆周运动时的总能量。

28.5 1884年瑞士的一所女子中学的教师巴耳末仔细研究氢原子光谱的各可见光谱线的"波数"$\tilde{\nu}$(即 $1/\lambda$)时,发现它们可以用下式表示:

$$\tilde{\nu} = R\left(\frac{1}{4} - \frac{1}{n^2}\right), \quad n = 3,4,5,\cdots$$

其中 R 为一常量,叫**里德伯常量**。试由氢原子的能级公式求里德伯常量的表示式并求其值(现代光谱学给出的数值是 $R=1.097\,373\,153\,4\times 10^7~\mathrm{m}^{-1}$)。

28.6 **电子偶素**的原子是由一个电子和一个正电子围绕它们的共同质心转动形成的。设想这一系统的总角动量是量子化的,即 $L_n = n\hbar$,用经典理论计算这一原子的最小可能圆形轨道的半径多大?当此原子从 $n=2$ 的轨道跃迁到 $n=1$ 的轨道上时,所发出的光子的频率多大?

28.7 原则上讲,玻尔理论也适用于太阳系:太阳相当于核,万有引力相当于库仑电力,而行星相当于电子,其角动量是量子化的,即 $L_n = n\hbar$,而且其运动服从经典理论。

(1) 求地球绕太阳运动的可能轨道的半径的公式;

(2) 地球运行轨道的半径实际上是 $1.50\times 10^{11}~\mathrm{m}$,和此半径对应的量子数 n 是多少?

(3) 地球实际运行轨道和它的下一个较大的可能轨道的半径相差多少?

28.8 天文学家观察远处星系的光谱时,发现绝大多数星系的原子光谱谱线的波长都比观察到的地球上的同种原子的光谱谱线的波长长。这个现象就是**红移**,它可以用多普勒效应解释。在室女座外面一星系射来的光的光谱中发现有波长为 411.7 nm 和 435.7 nm 的两条谱线。

(1) 假设这两条谱线的波长可以由氢原子的两条谱线的波长乘以同一因子得出,它们相当于氢原子谱线的哪两条谱线?相乘因子多大?

(2) 按多普勒效应计算,该星系离开地球的退行速度多大?

28.9 处于激发态的原子是不稳定的,经过或长或短的时间 Δt(Δt 的典型值为 $1\times 10^{-8}~\mathrm{s}$)就要自发地跃迁到较低能级上而发出相应的光子。由海森伯不确定关系式(26.34)可知,在激发态的原子的能级 E 就有一个相应的不确定值 ΔE,这又使得所发出的光子的频率有一不确定值 $\Delta \nu$ 而使相应的光谱线变宽。此 $\Delta \nu$ 值叫做光谱线的**自然宽度**。试求电子由激发态跃迁回基态时所发出的光形成的光谱线的自然宽度。

*28.10 由于多普勒效应,氢放电管中发出的各种单色光都不是"纯"(单一频率)的单色光,而是具有一定的频率范围,因而使光谱线有一定的宽度。如果放电管的温度为 300 K,试估算所测得的 H_α 谱线(频率为 $4.56\times 10^{14}~\mathrm{Hz}$)的频率范围多大?

28.11 证明:就氢原子基态来说,电子的径向概率密度(式(28.12))对 r 从 0 到 ∞ 的积分等于 1。这一结果具有什么物理意义?

*28.12 求氢原子处于基态时,电子离原子核的平均距离 $\bar{r}$。

*28.13 求氢原子处于基态时,电子的库仑势能的平均值,并由此计算电子动能的平均值。若按经典力学计算,电子的方均根速率多大?

*28.14 氢原子的 $n=2, l=1$ 和 $m_l = 0, +1, -1$ 三个状态的电子的波函数分别是

$$\psi_{2,1,0}(r,\theta,\varphi) = (1/4\sqrt{2\pi})(a_0^{-3/2})(r/a_0)\mathrm{e}^{-r/2a_0}\cos\theta$$

$$\psi_{2,1,1}(r,\theta,\varphi) = (1/8\sqrt{\pi})(a_0^{-3/2})(r/a_0)\mathrm{e}^{-r/2a_0}\sin\theta\mathrm{e}^{\mathrm{i}\varphi}$$

$$\psi_{2,1,-1}(r,\theta,\varphi) = (1/8\sqrt{\pi})(a_0^{-3/2})(r/a_0)\mathrm{e}^{-r/2a_0}\sin\theta\mathrm{e}^{-\mathrm{i}\varphi}$$

(1) 求每一状态的概率密度分布 $P_{2,1,0}, P_{2,1,1}$ 和 $P_{2,1,-1}$ 并与图 28.5(b),(c)对比验证。

(2) 说明这三状态的概率密度之和是球对称的。

(3) 证明 $P_{2,1,0}$ 对全空间积分等于1,即

$$P = \int P_{2,1,0} = \int_0^{2\pi}\int_0^{\pi}\int_0^{\infty} |\psi_{2,1,0}|^2 r^2\sin\theta\mathrm{d}r\mathrm{d}\theta\mathrm{d}\varphi = 1$$

并说明其物理意义。

28.15 求在 $l=1$ 的状态下,电子自旋角动量与轨道角动量之间的夹角。

28.16 由于自旋轨道耦合效应,氢原子的 $2P_{3/2}$ 和 $2P_{1/2}$ 的能级差为 4.5×10^{-5} eV。
(1) 求莱曼系的最小频率的两条精细结构谱线的频率差和波长差。
(2) 氢原子处于 $n=2, l=1$ 的状态时,其中电子感受到的磁场多大?

28.17 求银原子在外磁场中时,它的角动量和外磁场方向的夹角以及磁场能。设外磁场 $B=1.2$ T。

*28.18 在施特恩-格拉赫实验中,磁极长度为 4.0 cm,其间垂直方向的磁场梯度为 1.5 T/mm。如果银炉温度为 2 500 K,求:
(1) 银原子在磁场中受的力;
(2) 玻璃板上沉积的两条银迹的间距。

28.19 在 1.60 T 的磁场中悬挂一小瓶水,今加以交变电磁场通过共振吸收可使水中质子的自旋反转。已知质子的自旋磁矩沿磁场方向的分量的大小为 1.41×10^{-26} J/T,设分子内本身产生的局部磁场和外加磁场相比可以忽略,求所需的交变电磁场的频率多大?波长多长?

28.20 证明:在原子内,
(1) n, l 相同的状态最多可容纳 $2(2l+1)$ 个电子;
(2) n 相同的状态最多可容纳 $2n^2$ 个电子。

28.21 写出硼 $(B, Z=5)$,氩 $(Ar, Z=18)$,铜 $(Cu, Z=29)$,溴 $(Br, Z=35)$ 等原子在基态时的电子组态式。

*28.22 用能量为 30 keV 的电子产生的 X 射线的截止波长为 0.041 nm,试由此计算普朗克常量值。

*28.23 要产生 0.100 nm 的 X 射线,X 光管所要加的电压最小应多大?

*28.24 40 keV 的电子射入靶后经过 4 次碰撞而停止。设经过前 3 次碰撞每次能量都减少一半,则所能发出的 X 射线的波长各是多大?

*28.25 某元素的 X 射线的 K_α 线的波长为 3.16 nm。
(1) 该元素原子的 L 壳层和 K 壳层的能量差是多少?
(2) 该元素是什么元素?

*28.26 铜的 K 壳层和 L 壳层的电离能分别是 8.979 keV 和 0.951 keV。铜靶发射的 X 射线入射到 NaCl 晶体表面在掠射角为 74.1°时得到第一级衍射极大,这衍射是由于钠离子散射的结果。求平行于晶体表面的钠离子平面的间距是多大?

28.27 CO_2 激光器发出的激光波长为 10.6 μm。
(1) 和此波长相应的 CO_2 的能级差是多少?
(2) 温度为 300 K 时,处于热平衡的 CO_2 气体中在相应的高能级上的分子数是低能级上的分子数的百分之几?
(3) 如果此激光器工作时其中 CO_2 分子在高能级上的分子数比低能级上的分子数多 1%,则和此粒子数布居反转对应的热力学温度是多少?

28.28 现今激光器可以产生的一个光脉冲的延续时间只有 10 fs(1 fs=10^{-15} s)。这样一个光脉冲中有几个波长?设光波波长为 500 nm。

28.29 一脉冲激光器发出的光波长为 694.4 nm 的脉冲延续时间为 12 ps,能量为 0.150 J。求:(1)该脉冲的长度;(2)该脉冲的功率;(3)一个脉冲中的光子数。

28.30 GaAlAs 半导体激光器的体积可小到 200 μm³(即 2×10^{-7} mm³),但仍能以 5.0 mW 的功率连续发射波长为 0.80 μm 的激光。这一小激光器每秒发射多少光子?

28.31 一氩离子激光器发射的激光束截面直径为 3.00 mm,功率为 5.00 W,波长为 515 nm。使此束激光沿主轴方向射向一焦距为 3.50 cm 的凸透镜,透过后在一毛玻璃上焦聚,形成一衍射中心亮斑。(1)求入射光束的平均强度多大?(2)求衍射中心亮斑的半径多大?(3)衍射中心亮斑占全部功率的 84%,此中心亮斑的强度多大?

*28.32 氧分子的转动光谱相邻两谱线的频率差为 8.6×10^{10} Hz,试由此求氧分子中两原子的间距。已知氧原子的质量为 2.66×10^{-26} kg。

*28.33 将氢原子看作球形电子云裹着质子的球,球半径为玻尔半径。试估计氢分子绕通过两原子中心的轴转动的第一激发态的转动能量,这一转动能量对氢气的比热有无贡献?

*28.34 CO分子的振动频率为 6.42×10^{13} Hz。求它的两原子间相互作用力的等效劲度系数。

今日物理趣闻

自由电子激光

自由电子激光是利用自由电子为工作媒质产生的强相干辐射,它的产生机理不同于原子内束缚电子的受激辐射。自由电子激光的概念是梅第(J. Maday)于1971年在他的博士论文中首次提出的,并在1976年和他的同事们在斯坦福大学实现了远红外自由电子激光,观察到了 $10.6\ \mu m$ 波长的光放大。自那以后,许多国家都开展了关于自由电子激光的理论和实验研究。目前已做到 ps(皮秒)级自由电子激光脉冲,平均功率密度可达 $10^7\ \mathrm{W/m^2}$,峰值功率可达 GW 数量级。

自由电子激光的基本原理是通过自由电子和辐射的相互作用,电子将能量转送给辐射而使辐射强度增大。下面较具体地介绍一种利用**扭摆磁铁**(又叫波荡器)产生自由电子激光的原理。

如图 L.1 所示,一组扭摆磁铁可以沿 z 方向产生周期性变化的磁场,磁场方向沿 y 方向。由加速器提供的高速电子束(流速接近光速)经偏转磁铁导引进入这一扭摆磁场。电子受此磁场的作用,将在 xz 平面内摇摆前进。这一摇摆运动是有加速度的(如沿 x 方向的振荡电偶极子),所以电子将发射电磁波。这样的辐射称为**自发辐射**。自发辐射的电磁波主要集中在轴向的前方,振动方向沿 x 方向,其中心波长为

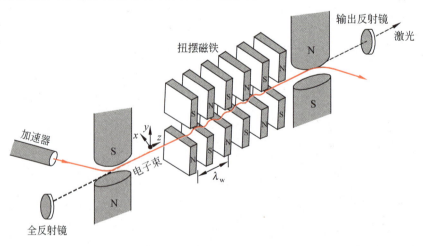

图 L.1 自由电子激光原理图

$$\lambda_s = \lambda_w / 2\gamma^2 \tag{L.1}$$

其中 λ_w 是扭摆磁场的空间周期长度，$\gamma = 1/\sqrt{1-v^2/c^2} = E/E_0 = mc^2/m_0 c^2$ 是电子的能量因子。由于电子束中各电子的自发辐射是随机的，所以不能相干叠加，也就不能增强放大。

今设有一束光沿 z 方向射入电子通道内，在一定条件下可以从摇摆前进的电子取得能量而增强。如图 L.2 所示，设入射光的电场振动方向沿 x 方向，在某时刻其极大值正好在电子通过 z 轴的地方 a 点并指向 x 正向。这时电子所受电场力方向与其运动方向成钝角，故要克服此电场力做功。电子的动能将减小而将能量转送给辐射，此后辐射和电子都沿 z 方向前进。如果当电子前进半个 λ_w 到达 b 点的同时，辐射多走了半个 λ_s 的距离，则此时电子仍要克服电场力做功，将能量转给辐射。这样继续下去，电子不断地将能量转给辐射而使辐射强度不断增大。符合这一"同步条件"的辐射的波长应满足下式①：

$$\frac{\lambda_w}{v} = \frac{\lambda_w + \lambda_s}{c}$$

由此可得

$$\lambda_s = \lambda_w \frac{c}{v}\left(1 - \frac{v}{c}\right)$$

由于 $v \approx c$，此式可化为

$$\lambda_s = \lambda_w \left(1 - \frac{v^2}{c^2}\right) \Big/ 2 = \lambda_w / 2\gamma^2 \tag{L.2}$$

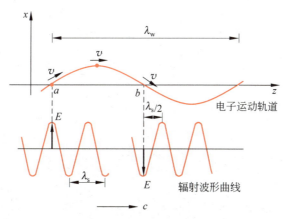

图 L.2　电子向辐射转送能量

注意，式(L.2)和式(L.1)是相同的，由此可知，送入扭摆磁场的辐射的频率如果和该扭摆磁场中运动的电子的自发辐射的频率相同，则该辐射就能从电子持续地获得能量而加强，这时电子的能量称为**共振能量**。这是用经典电磁场图像对辐射能量加强的说明。改用量子的语言，可以理解为在辐射和电子能量共振(同步)的条件下，自由电子可以被外来辐射光子所激发而发出频率和振动方向相同的光子从而增大了原来辐射的强度。这就是自由电子"受激辐射"的过程。

以上是指单电子受激辐射的过程。由于进入扭摆磁场的电子束是宏[观]脉冲，其脉冲

---

① 此处忽略 v 和 v_z 的区别，式(L.1)中也有这一忽略。

长度为 μs 量级,一个脉冲延续长度可达百米,连续覆盖许多辐射光的波长。但并不是每个电子都能像图 L.2 那样向辐射场转送能量,因此这种脉冲还不能形成光放大。所幸的是,进入扭摆磁场的电子束由于磁场和辐射的联合作用,会使电子发生"群聚"现象。其结果是宏脉冲会被分成一个个越来越密集的微[观]脉冲——微束团,其长度为 ps 量级。这些微束团的间距就是辐射的波长 λ_s。这样,各微束团内的电子将发射同相的辐射,而不同微束团所发射的辐射相差也几乎都等于 2π 的整数倍,自然就能相干叠加而增强了。激光器两端的反射镜使此相干辐射多次在扭摆磁场中沿电子运动的方向加强(相反方向无效果),最后就能得到很强的自由电子激光了。

从式(L.2)可以看出自由电子激光的频率随入射电子能量的增大而增大,因而是连续可调的。目前扭摆磁场的周期长度为 2~3 cm,电子束的能量可达 $10^6 \sim 10^9$ eV,自由电子激光的频谱可以从远红外跨越到硬 X 射线。

自由电子激光具有一系列已有的普通激光光源无法代替的优点。例如,频率连续可调,频谱范围广,峰值功率和平均功率大,且可调(美国原"星球大战"计划曾打算用自由电子激光作定向能武器),相干性好,偏振强,具有 ps 量级脉冲的时间结构,且时间结构可控,等等。因此它在科学、军事、国民经济各方面都有重要的应用前景。中国科学院高能所已于 1993 年制成了我国第一台红外自由电子激光装置。

今日物理趣闻

激光应用二例

M.1 多光子吸收

频率为 ν 的单色光照射金属时，能产生光电效应。根据能量守恒，可以得出如下的光电效应方程：

$$h\nu = \frac{1}{2}mv^2 + A$$

式中 A 为金属的逸出功。由此式可知，产生光电效应的光子的最低频率为

$$\nu_0 = \frac{A}{h}$$

以前我们讨论的都是单光子效应。当光子能量低于 $h\nu_0$ 时，金属中的自由电子能否从入射光中吸收多个光子而产生光电效应呢？如果这种多光子效应是可能的，则光电效应方程应为

$$nh\nu = \frac{1}{2}mv^2 + A$$

式中 n 是一个光电子吸收的光子数。

在量子论建立的初期，认为一个电子一次只能吸收一个频率大于 ν_0 的光子，而且实验结果和此设想相符合。激光出现后，实验上发现了新的吸收过程。1962 年发现了铯原子的双光子激发过程，1964 年发现了氙原子的七光子电离过程，1978 年又做了铯原子的四光子激发，以后又取得了关于多光子吸收过程的很多进展，特别是对双光子吸收的研究，在实验和理论上都取得了许多成果。

按照量子力学理论，无论是金属中的单个自由电子，或是原子、分子中处于束缚态的单个电子，在强光照射下，使光电子逸出金属表面的多光子光电效应，或使原子从低能态跃迁到高能态的多光子激发甚至多光子电离，在原则上都是容许的。但在实验上观察到多光子光电效应存在着一定困难。以双光子吸收来看，自由电子在吸收一个光子后，如果此光子频率小于红限频率，电子并不能逸出金属表面。这时如果它能紧接着吸收第二个光子，其能量积累有可能使它逸出金属产生双光子光电效应；如果不能紧接着吸收第二个光子，则通过和晶格的碰撞，电子会很快地失去原来吸收的光子的能量，双光子光电效应就不能发生。能否发生双光子吸收，一方面取决于电子和金属晶格的碰撞概率，同时又取决于入射光子数的

多少（即光强的大小）。如果入射光足够强，电子吸收的机会就多，就能在发生能量损失之前，紧接着吸收第二个光子而产生双光子光电效应。

多光子吸收，从理论上可做如下简单说明：

用频率为 ν 的光照射某种原子，单光子激发需要满足频率条件

$$E_2 - E_1 = h\nu$$

如果一个光子的能量不足以使原子从 E_1 态跃迁到 E_2 态，就需要多个光子，这时的频率条件应为

$$E_2 - E_1 = nh\nu$$

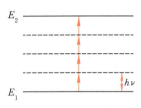

图 M.1 多光子激发示意图

如果原子只吸收了一个光子，则所处的状态并不和原子有任何稳定状态对应，如图 M.1 所示。图中 E_1 和 E_2 表示实际的能级，单向箭头表示每吸收一个光子后所发生的跃迁。这种跃迁因为不符合频率条件所以称为虚跃迁，而所达到的能量状态称为虚能级（图中水平虚线），虚跃迁和虚能级在量子力学中是允许的。按照能量-时间的不确定性关系，即

$$\Delta E \cdot \Delta t \approx \hbar$$

其中 Δt 为原子能量处在 ΔE 区间内的时间。ΔE 愈小则 Δt 愈大，即原子的能量处在 ΔE 区间的状态的时间愈长。在原子吸收一个光子后，其能量和 E_2 之差

$$\Delta E_2 = E_2 - E_1 - h\nu$$

根据上述不确定性关系，在

$$\Delta t \approx \frac{\hbar}{E_2 - E_1 - h\nu}$$

的时间内，电子是能够处于 E_2 态（或 $E_1 + h\nu$ 的虚状态）的。如果电子连续吸收了 n 个光子的能量而且总能量等于 $E_2 - E_1$，原子将由 E_1 态跃迁到稳定的 E_2 态，它在 E_2 状态的时间由此状态的平均寿命 τ 决定。

对于双光子跃迁的简单情况，

$$E_2 - E_1 = 2h\nu$$

由此可得

$$\Delta t \approx 1/\nu$$

对于可见光，$\Delta t \approx 10^{-15}$ s，同激发态的平均寿命 $\tau \approx 10^{-8}$ s 相比，Δt 是很小的，这一 Δt 也就是产生双光子吸收时两个光子到达所隔时间的最大容许值。这一时间越短，多光子吸收的几率就越小。实验和理论指出，单位时间内，n 光子吸收的概率 $W^{(n)}$ 与入射光强 I（以单位时间通过单位面积的光子数表示）的 n 次方成正比，即

$$W^{(n)} = \sigma_n I^n$$

其中 σ_n 为一常数，它随 n 的增大而迅速减小。对于原子体系的单光子吸收，$\sigma_1 \approx 10^{-17}$ cm^2，而双光子吸收的 $\sigma_2 \approx 10^{-50}$ cm$^4 \cdot$ s。由此可见，要产生双光子吸收，入射光强度要大大增加才行。这也就是为什么只是在激光器这种单色强光源出现后多光子吸收才被有效地进行研究的原因。

然而，强激光能引起金属表面的蒸发和熔化，这给多光子光电效应的观察带来困难，因此多光子吸收的实验，通常是在低气压稀薄气体中进行，而观察到的常常是原子的多光子

电离。

多光子过程的研究,已经在科学技术上取得了一些应用,如应用双光子吸收光谱,可以研究分子、原子能级的超精细结构。利用这种光谱技术已经测定了氢原子从 $2s$ 态跃迁到 $1s$ 态产生的光谱的超精细结构。利用多光子吸收光谱,可以大大扩展激光器的有效频率范围,如利用可见的或红外激光可研究属于紫外波段的光谱结构,研究高激发态的能级结构。这就解决了紫外光谱研究中光源缺乏的问题。目前正在发展中的分子红外激光多光子光谱学对于单原子的探测、高分子的离解和合成、同位素的分离以及激光核聚变等领域都有重要的应用。

一种单原子探测装置如图 M.2 所示。在原子化器内用电热法将样品(含有极少量待测原子)蒸发成原子束,然后用三束频率不同的激光同时照射此原子束。待测原子,例如金原子,它的外围电子的能级有一确定的分布。调节染料激光器的输出频率使它们的光子分别与三个能级差对应。这样金原子就能一次吸收三个不同的光子而变为正离子(图 M.3),然后再由离子探测器加以确认。这种多光子吸收的选择性是非常高的,因为不同元素的原子的能级结构是不同的。这种探测方法的灵敏度也很高。清华大学单原子分子测控实验室对地质样品中黄金微量含量的直接测量的灵敏度(2000 年)达到 10^{-12},即在 10^{12} 个其他原子中检测出一个金原子。

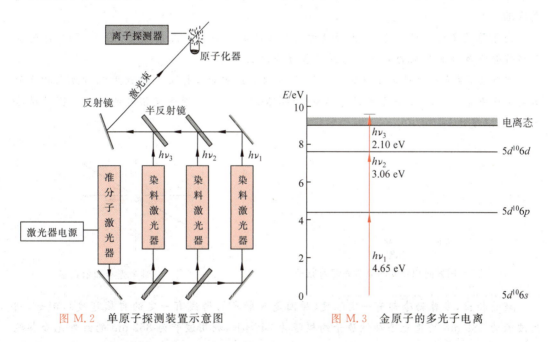

图 M.2　单原子探测装置示意图　　　　图 M.3　金原子的多光子电离

M.2　激光冷却与捕陷原子

获得低温是长期以来科学家所刻意追求的一种技术。它不但给人类带来实惠,例如超导的发现与研究,而且为研究物质的结构与性质创造了独特的条件。例如在低温下,分子、原子热运动的影响可以大大减弱,原子更容易暴露出它们的"本性"。以往低温多在固体或液体系统中实现,这些系统都包含着有较强的相互作用的大量粒子。20 世纪 80 年代,借助于激光技术获得了中性气体分子的极低温(例如,10^{-10} K)状态,这种获得低温的方法就叫**激光冷却**。

原子吸收光子动量减小

激光冷却中性原子的方法是汉斯(T. W. Hänsch)和肖洛(A. L. Schawlow)于1975年提出的,20世纪80年代初就实现了中性原子的有效减速冷却。这种激光冷却的基本思想是:运动着的原子在共振吸收迎面射来的光子(图 M.4)后,从基态过渡到激发态,其动量就减小,速度也就减小了。速度减小的值为

$$-\Delta v = \frac{h\nu}{Mc} \tag{M.1}$$

处于激发态的原子会自发辐射出光子而回到初态,由于反冲会得到动量。此后,它又会吸收光子,又自发辐射出光子。但应注意的是,它吸收的光子来自同一束激光,方向相同,都将使原子动量减小。但自发辐射出的光子的方向是随机的,多次自发辐射平均下来并不增加原子的动量。这样,经过多次吸收和自发辐射之后,原子的速度就会明显地减小,而温度也就降低了。实际上一般原子一秒钟可以吸收发射上千万个光子,因而可以被有效地减速。对冷却钠原子的波长为589 nm的共振光而言,这种减速效果相当于10万倍的重力加速度!由于这种减速实现时,必须考虑入射光子对运动原子的多普勒效应,所以这种减速就叫**多普勒冷却**。

由于原子速度可正可负,就用两束方向相反的共振激光束照射原子(图 M.5)。这时原子将**优先**吸收迎面射来的光子而达到多普勒冷却的结果。

实际上,原子的运动是三维的。1985年贝尔实验室的朱棣文小组就用三对方向相反的激光束分别沿 x,y,z 三个方向照射钠原子(图 M.6),在6束激光交汇处的钠原子团就被冷却下来,温度达到了 240 μK。

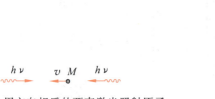

图 M.5 用方向相反的两束激光照射原子

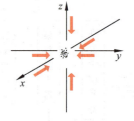

图 M.6 三维激光冷却示意图

理论指出,多普勒冷却有一定限度(原因是入射光的谱线有一定的自然宽度),例如,利用波长为589 nm的黄光冷却钠原子的极限为240 μK,利用波长为852 nm的红外光冷却铯原子的极限为124 μK。但研究者们进一步采取了其他方法使原子达到更低的温度。1995年达诺基小组把铯原子冷却到了2.8 nK的低温,朱棣文等利用钠原子喷泉方法曾捕集到温度仅为24 pK的一群钠原子。

在朱棣文的三维激光冷却实验装置中,在三束激光交汇处,由于原子不断吸收和随机发射光子,这样发射的光子又可能被邻近的其他原子吸收,原子和光子互相交换动量而形成了一种原子光子相互纠缠在一起的实体,低速的原子在其中无规则移动而无法逃脱。朱棣文把这种实体称做"光学粘团",这是一种捕获原子使之集聚的方法。更有效的方法是利用"原

子阱",这是利用电磁场形成的一种"势能坑",原子可以被收集在坑内存起来。一种原子阱叫"磁阱",它利用两个平行的电流方向相反的线圈构成(图 M.7)。这种阱中心的磁场为零,向四周磁场不断增强。陷在阱中的原子具有磁矩,在中心时势能最低。偏离中心时就会受到不均匀磁场的作用力而返回。这种阱曾捕获 10^{12} 个原子,捕陷时间长达 12 min。除了磁阱外,还有利用对射激光束形成的"光阱"和把磁阱、光阱结合起来的磁-光阱。

图 M.7 磁阱

激光冷却和原子捕陷的研究在科学上有很重要的意义。例如,由于原子的热运动几乎已消除,所以得到宽度近乎极限的光谱线,从而大大提高了光谱分析的精度,也可以大大提高原子钟的精度。最使物理学家感兴趣的是它使人们观察到了"真正的"玻色-爱因斯坦凝聚。这种凝聚是玻色和爱因斯坦分别于 1924 年预言的,但长期未被观察到。这是一种宏观量子现象,指的是宏观数目的粒子(玻色子)处于同一个量子基态。它实现的条件是粒子的德布罗意波长大于粒子的间距。在被激光冷却的极低温度下,原子的动量很小,因而德布罗意波长较大。同时,在原子阱内又可捕获足够多的原子,它们的相互作用很弱而间距较小,因而可能达到凝聚的条件。1995 年果真观察到了 2 000 个铷原子在 170 nK 温度下和 5×10^5 个钠原子在 2 μK 温度下的玻色-爱因斯坦凝聚。

朱棣文(S. Chu)、达诺基(C. C. Tannoudji)和菲利浦斯(W. D. Phillips)因在激光冷却和捕陷原子研究中的出色贡献而获得了 1997 年诺贝尔物理奖,其中朱棣文是第五位获得诺贝尔奖的华人科学家。

第29章

固体中的电子

体,严格地说指晶体,是物质的一种常见的凝聚态,在现代技术中有很多的应用。它的许多性质,特别是导电性,和其中电子的行为有关。本章先用量子论介绍金属中自由电子的分布规律,较详细地解释了金属的导电机制。然后用能带理论说明了绝缘体、半导体等的特性。最后介绍了关于半导体器件的简单知识。

29.1 自由电子按能量的分布

通常我们把金属中的电子称做**自由电子**,是认为它们不受力的作用而可以自由运动。实际并不是这样。在金属中那些"公共的"电子都要受晶格上正离子的库仑力的作用。这些正离子对电子形成一个周期性的库仑势场,其空间周期就是离子的间距 d(图29.1)。不过,在一定条件下,这种势场的作用可以忽略不计。这是因为从量子观点看来,电子具有波动性。对于波动,线度比波长小得多的障碍物对波的传播是没有什么影响的。在金属中的电子只要它们的德布罗意波长比周期性势场的空间周期大得多,它们的运动也就不会受到这种势场的明显影响。在这种势场中,波长较长的电子感受到的是一种平均的均匀的势场,因而不受力的作用。只是在这个意义上,金属中那些公共的电子才可被认为是自由电子,而其集体才能称为是**自由电子气**。

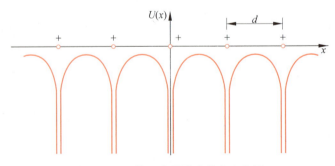

图 29.1 一维正离子形成的库仑势场

对于铜块,其中铜离子的间距可估算如下。铜的密度取 10×10^3 kg/m³,则离子间距为

$$d = \left[1\Big/\left(\frac{10\times 10^3}{64\times 10^{-3}}\times 6.02\times 10^{23}\right)\right]^{1/2} \approx 2\times 10^{-10}\ (\text{m})$$

在室温($T=300$ K),电子的方均根速率为 $v=\sqrt{3kT/m_e}$,相应的德布罗意波长为

$$\lambda = \frac{h}{m_e v} = \frac{h}{\sqrt{3m_e kT}} = \frac{6.63\times 10^{-34}}{\sqrt{3\times 9.1\times 10^{-31}\times 1.38\times 10^{-23}\times 300}} \approx 6\times 10^{-9}\ (\text{m})$$

此波长比离子间距大得多,所以铜块中的电子可以看成是自由电子。

由于在通常温度或更低温度下,电子很难逸出表面,所以可以认为金属表面对电子有一个很高的势垒。这样,作为一级近似,可以认为金属块中的自由电子处于一个三维的无限深方势阱中。如图29.2,设金属块为一边长为 a 的正立方体,沿三个棱的方向分别取作 x,y 和 z 轴。在27.2节中曾说明一维无限深方势阱中粒子的每一个能量本征态对应于德布罗意波的一个特定波长的驻波。三维情况下的驻波要求每个方向都为驻波的形式,因而应有

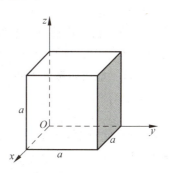

图 29.2 金属正立方体

$$\lambda_x = \frac{2a}{n_x}, \quad \lambda_y = \frac{2a}{n_y}, \quad \lambda_z = \frac{2a}{n_z} \tag{29.1}$$

其中量子数 n_x, n_y 和 n_z 都可以独立地分别任意取 $1,2,3,\cdots$ 整数值。

对应于式(29.1)的波长,电子在各方向的动量分量为

$$p_x = \frac{\pi\hbar}{a}n_x, \quad p_y = \frac{\pi\hbar}{a}n_y, \quad p_z = \frac{\pi\hbar}{a}n_z \tag{29.2}$$

由此可进一步求得电子的能量(按非相对论情况考虑)为

$$E = \frac{p^2}{2m_e} = \frac{1}{2m_e}(p_x^2+p_y^2+p_z^2) = \frac{\pi^2\hbar^2}{2m_e a^2}(n_x^2+n_y^2+n_z^2) \tag{29.3}$$

此式说明,对于任一个由 n_x, n_y, n_z 各取一给定值所确定的空间或轨道状态,电子具有一定的能量。但应注意,由于同一 $(n_x^2+n_y^2+n_z^2)$ 值可以由许多 n_x, n_y, n_z 值组合而得,所以电子的一个能级可以包含许多轨道状态。也就是说,电子的能级是简并的。为了求得金属块中自由电子数随能量的分布,必须先求出状态数随能量的分布。为此我们先求能量小于某一值 E 的所有能级所包含的状态数。

设想一**量子数空间**,它的三个相互垂直的轴分别表示 n_x, n_y 和 n_z(图29.3)。在各量子数均为正值的 $1/8$ 空间内,任一具有整数坐标值的点都给出一组量子数,因而代表电子的一个可能的状态。以原点为心,半径为 R 的球面上各点具有相同的 $(n_x^2+n_y^2+n_z^2)$ 值,因而这些点的对应状态具有相同的能量。和能量 E 对应的半径为

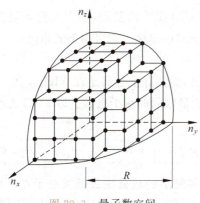

图 29.3 量子数空间

$$R = \sqrt{n_x^2+n_y^2+n_z^2} = \sqrt{\frac{2m_e a^2}{\pi^2\hbar^2}E}$$

能量小于 E 的状态数就是在此球内的所有状态数。由于一个整数坐标点和一个单位体积相对应,所以当 R 足够大时,球内 $1/8$ 体积内的状态数就等于球内相应的体积。再考虑到每一个轨道状态都包含两个自

旋状态,所以该金属块具有的能量小于 E 的电子的可能状态总数为

$$N_s = 2 \times \frac{1}{8} \times \frac{4}{3}\pi R^3 = \frac{1}{3}(2m_e)^{3/2}\frac{a^3}{\pi^2 \hbar^3}E^{3/2} \tag{29.4}$$

由于金属块的体积为 $V=a^3$,所以单位体积内自由电子能量小于 E 的可能状态总数为

$$n_s = \frac{N_s}{V} = \frac{1}{3}(2m_e)^{3/2}\frac{E^{3/2}}{\pi^2 \hbar^3} \tag{29.5}$$

现在考虑 $T=0$ 的金属块。由能量最低原理和泡利不相容原理可知,电子将从能量最低($E=0$)的状态开始一个个地逐一向上占据能量较高的状态。以 n 表示金属中单位体积内的自由电子数,即自由电子数密度,则当 $n_s=n$ 时,式(29.5)将给出电子可能占据的最高能级。这一能级叫**费米能级**,相应的能量叫**费米能量**,用 E_F 表示。由式(29.5)可得

$$E_F = (3\pi^2)^{2/3}\frac{\hbar^2}{2m_e}n^{2/3} \tag{29.6}$$

此式说明,此费米能量仅决定于金属的自由电子数密度。一些金属在 $T=0$ 时的费米能量见表 29.1。

表 29.1　$T=0$ 时一些金属的费米参量

金　　属	电子数密度 n/m^{-3}	费米能量 E_F/eV	费米速度 $v_F/(\mathrm{m/s})$	费米温度 T_F/K
Li	4.70×10^{28}	4.76	1.29×10^6	5.52×10^4
Na	2.65×10^{28}	3.24	1.07×10^6	3.76×10^4
Al	18.1×10^{28}	11.7	2.02×10^6	13.6×10^4
K	1.40×10^{28}	2.12	0.86×10^6	2.46×10^4
Fe	17.0×10^{28}	11.2	1.98×10^6	13.0×10^4
Cu	8.49×10^{28}	7.05	1.57×10^6	8.18×10^4
Ag	5.85×10^{28}	5.50	1.39×10^6	6.38×10^4
Au	5.90×10^{28}	5.53	1.39×10^6	6.41×10^4

和费米能量对应,可以认为自由电子具有一定的最大速度,叫**费米速度**。它的值可以按 $v_F = \sqrt{2E_F/m_e}$ 算出,也列在表中。费米速度可达 10^6 m/s! 注意,这是在 $T=0$ 的情况下。这个结果和经典理论是完全不同的。因为,按经典理论,在 $T=0$ 时,任何粒子的动能应是零而速度也是零。

为了从另一角度表示量子理论和经典理论在电子能量状态上的差别,还引入**费米温度**的概念。费米温度 T_F 是指按经典理论电子具有费米能量时的温度。它可由下式求出:

$$T_F = E_F/k \tag{29.7}$$

式中 k 是玻耳兹曼常量。各金属的费米温度均高于 10^4 K,而实际上金属是在 0 K!

由式(29.5)可以求出单位体积内的**态密度**,即单位能量区间的量子态数。以 $g(E)$ 表示态密度,就有

$$g(E) = \frac{\mathrm{d}n_s}{\mathrm{d}E} = \frac{(2m_e)^{3/2}}{2\pi^2 \hbar^3}E^{1/2} \tag{29.8}$$

$g(E)$ 随 E 变化的曲线如图 29.4 所示。以 E_F 为界的那些密集的较低能级都被电子在 0 K 时占满了,因此 Oab 曲线就是 0 K 时电子的能量分布曲线,即 $\mathrm{d}n(E)/\mathrm{d}E$-$E$ 曲线($\mathrm{d}n(E)$ 为

在 E 到 $E+\mathrm{d}E$ 能量区间的电子数)。

现在考虑温度升高时的电子能量分布。由于温度的升高,电子会由于和晶格离子的无规则碰撞而获得能量。但是,泡利不相容原理对电子的状态改变加了严格的限制。在温度为 T 时,晶格离子的能量为 kT 量级。在常温下,$kT\approx 0.03$ eV,电子从和离子的碰撞中最多可能得到这么多的能量。由于此能量较 E_F 小得多,所以绝大多数电子不可能借助这一能量而跃迁到 E_F 以上的空能级上去。特别是由于低于 E_F 的能级都已被电子填满,电子又不可能通过**无规则的**碰撞过程吸收这点能量而跃迁到较高能级上去。这就是说,在常温下,绝大部分电子的能量被限死了而不能改变。只有在费米能级以下紧邻的能量在约 0.03 eV 的能量薄层内的电子才能吸收热运动能量而跃迁到上面邻近的空能级上去。

因此,在常温下,金属中自由电子的能量分布(图 29.5)和 $T=0$ K 时的分布没有多大差别。甚至到熔点时,其中电子的能量分布和 0 K 时也差别不大(10^3 K 的热运动能量也不过 0.1 eV)。这种情况可以形象化地用深海中的水比喻:海面上薄层内可以波浪滔天,但海面下深处的水基本上是静止不动的。

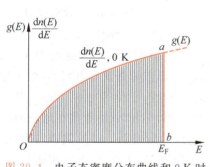

图 29.4 电子态密度分布曲线和 0 K 时电子能量分布

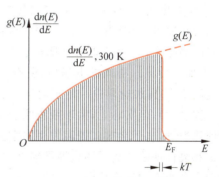

图 29.5 室温时电子的能量分布

由自由电子的能量分布可以说明金属摩尔热容的实验结果。19 世纪就曾测得金属的摩尔热容都约为 25 J/(mol·K),例如,铝的是 24.8 J/(mol·K),铜的是 24.7 J/(mol·K),银的是 25.2 J/(mol·K),等等。经典理论的解释归因于离子的振动的 6 个自由度。按能量均分定理就可求出摩尔热容为 $6\times R/2=3R=24.9$ J/(mol·K)。可是,后来知道金属中有大量自由电子,其数目和离子数同量级。电子的自由运动应有 3 个自由度,对热容就应该有 $3\times R/2=12.5$ J/(mol·K) 的贡献(这差不多是实验值的一半),实际上却没有,这是为什么呢?

这个问题用上述自由电子的量子理论很好解决,这是泡利不相容原理的结果。绝大多数自由电子的状态都被固定死了,它们不可能吸收热运动能量,因而对金属热容不会有贡献。只是能量在 E_F 附近 kT 能量薄层内的电子能吸收热能,这些电子的数目占总数的比例约为 kT/E_F。按经典理论计算这些电子才能对热容有贡献,但贡献也不过 $3\times(R/2)\times(kT/E_F)$(准确理论结果为 $\pi^2\times(R/2)\times(kT/E_F)$)。由于 E_F 的典型值为几 eV,而室温时 kT 不过 0.03 eV,这一贡献也不过经典预计值的 1%,所以实验中就不会有明显的显示了。

29.2 金属导电的量子论解释

用 29.1 节介绍的自由电子的量子理论可以对金属导电做出圆满的解释。首先注意到，尽管绝大多数电子状态已固定，但泡利不相容原理并不能阻止电子的加速。在热运动中，电子只能通过无规则碰撞从离子获得能量，一个电子碰撞时，另一比它能量稍高的电子可能并未碰撞，因而保持在原来的量子态上而拒绝其他电子进入。导电情况不同。加上电场后，金属内所有电子都将同时从电场获得能量和动量，因而每个电子都在不停地离开自己的能级高升或下降，同时为下一能级的电子腾出位置。整个电子的能级分布就这样松动了。这时电子不靠碰撞从离子获得能量，或者说不会发生碰撞。只有一种碰撞是例外，就是那些速度被电场加速到费米速度的电子。它们经过碰撞后速度变为反向的而大小略减的速度，然后在电场的作用下重新加速。这种碰撞过程叫做**倒逆**碰撞，即速度反转的意思。

上述电子导电的过程，可以生动地借助于速度空间来说明。在如图 29.6 所示的速度空间内，在没有电场时，自由电子可能向各方向以任意小于 v_F 的速度运动，所有电子的速度可以用球心在原点，半径为 v_F 的球体内的点表示(图 29.6(a))。这个球叫做**费米球**(图中画出了 0 K 的情况，球面是清晰分明的。高于 0 K 时，球大致还是那样，不过球面变得模糊了)。当加上沿 $-v_y$ 方向的电场后，所有电子将同时沿 v_y 方向以同一加速度加速，而费米球也就沿 v_y 方向加速前进。量子力学给出纯净完美的结晶点阵是没有电阻的(根本原因是电子的波动性)，但实际上，由于杂质原子和晶体缺陷(如位错、空位等)的存在以及离子的无规则的热振动，电子会被碰撞而发生"倒逆"过程。在图 29.6(b)中是那些在球最前方的电子经过和晶体缺陷或离子的碰撞而突然改变方向到达球的后表面。经过倒逆，这些电子的动能稍有减小而动量则反向了。此后这些电子在电场作用下，又沿 v_y 方向加速(实际上在未到达 $v_y = 0$ 之前是减速的)。由于这种倒逆碰撞，费米球不再向前移了。所有电子加速到球前面时就折回到球后面，再向前加速到球前面，如此周而复始地进行实际的导电过程。在电场作用下，费米球对于没有电场时的位移，就是所有电子都具有的"漂移速度"v_d。

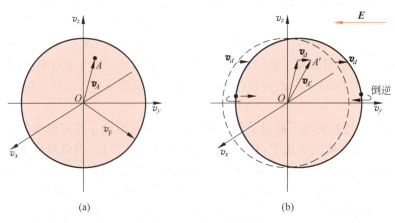

图 29.6 0 K 时的费米球
(a) 无电场时；(b) 有电场时

在第 3 篇电磁学中，曾用经典理论和图像导出了金属电导率公式，(式(16.34)) $\sigma =$

$ne^2\tau/m_e$,其中 τ 为自由电子的自由飞行时间。以平均自由程 $\bar{\lambda}$ 和平均速率 $\bar{v}$ 表示 τ,即 $\tau = \bar{\lambda}/\bar{v}$,电导率又可写做

$$\sigma = \frac{ne^2\bar{\lambda}}{m_e\bar{v}} \tag{29.9}$$

根据上面讲的量子论图像,只有那些速度达到 v_F 的电子才发生碰撞,所以可以把上式中的 $\bar{v}$ 换成 v_F 而得到量子论的电导率公式,即

$$\sigma = \frac{ne^2\bar{\lambda}}{m_e v_F} \tag{29.10}$$

由于 $v_F \gg \bar{v}$,似乎这一结果将与实验不符。但量子力学给出的 $\bar{\lambda}$ 值也要比经典结果大得多,例如可以大到上千倍。这样,量子力学给出的理论结果也就能和实验相符了。

*29.3 量子统计

量子统计指量子理论中关于微观粒子的统计分布规律。在 28.3 节中已讨论过,由于微观粒子的量子不可分辨性,微观粒子分为两类。一类是费米子,它服从泡利不相容原理,一个量子态最多容纳一个费米子。另一类是玻色子,不受泡利不相容原理的约束,一个量子态内可容纳的粒子数不限。根据这两类粒子的不同特点,量子论导出了两种统计分布规律:用于费米子的叫**费米-狄拉克分布**,常记作 **FD 分布**;用于玻色子的统计分布规律叫**玻色-爱因斯坦分布**,常记作 **BE 分布**。下面对它们加以简单介绍。

费米-狄拉克分布指出:由费米子组成的系统,在热平衡状态下,一个能量为 E 的量子态上存在的粒子数平均为

$$n_{FD,1}(E) = \frac{1}{e^{(E-E_F)/kT} + 1} \tag{29.11}$$

其中 T 是系统的热力学温度,E_F 叫做系统的化学势。

由式(29.11)可知,在 $T=0$ 时,如果 $E > E_F$,则 $e^{(E-E_F)/kT} = \infty$,因而 $n_{FD,1} = 0$。如果 $E < E_F$,则 $e^{(E-E_F)/kT} = 0$,因而 $n_{FD,1} = 1$。这就是说,对费米子,在 $T=0$ 时,能量大于 E_F 的能级上没有粒子分布,而在小于 E_F 的能级上,每个量子态上都有一个粒子,即各量子态都被填满了。这正是 29.2 节介绍的作为费米子的电子所具有的分布特点。和 29.2 节对比还可以看出,此处的化学势就是费米子在 0 K 时的费米能量。

温度不为 0 K 时,如果温度在室温附近,$n_{FD,1}(E)$ 和 0 K 时的没有太大差别,温度越高差别越大。图 29.7 画出了不同温度下的 $n_{FD,1}(E)$ 曲线。由式(29.11)可以看出,在不同温度下,当 $E = E_F$ 时,$n_{FD,1} = 1/2$,因此可以一般地把平均粒子数等于 1/2 的量子态的能量定义为费米能级(0 K 时除外),费米能级是温度的函数。

至于费米子按能级的分布,由于能级的简并,就需要对式(29.11)再乘以简并度。在能级十分密集的情况下,在单位体积内能量在 E 到 $E + dE$ 区间的粒子数将为

$$dn_{FD}(E) = \frac{g(E)}{e^{(E-E_F)/kT} + 1} dE \tag{29.12}$$

式中 $g(E)$ 即式(29.8)给出的能量为 E 处的态密度。温度为 0 K 和室温附近的费米子能量分布曲线已分别在图 29.4 和图 29.5 中画出了。

玻色-爱因斯坦分布指出:由玻色子组成的系统,在热平衡状态下,一个能量为 E 的量

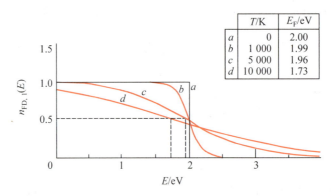

图 29.7 不同温度下的 $n_{\text{FD},1}$ 分布曲线

子态上存在的粒子数平均为

$$n_{\text{BE},1}(E) = \frac{1}{e^{(E-\mu)/kT} - 1} \tag{29.13}$$

式中 μ 为化学势。

由式(29.13)可以看出,在某些温度和某些能量的量子态上,粒子数是可能大于1的。这就说明玻色子不受泡利不相容原理的约束。特别是,粒子数随 E 的减小而增大,以致可能在一定的低温下,所有玻色子都聚集在最低的能级,即基态能级上,而形成"**玻色-爱因斯坦**"**凝聚**状态。由于是宏观量的粒子聚集在同一个基态能级上,所以这是一种宏观量子现象。实验上曾观察到液态氦在 $T=2.18$ K 时会出现一个 He II 相。它具有一些特殊的物理性质,如超流动性,就是这种玻色-爱因斯坦凝聚的结果。1995年更进一步观察到了气体的玻色-爱因斯坦凝聚体,如 $0.17\ \mu\text{K}$ 温度下的 2 000 个铷原子的凝聚体,$2\ \mu\text{K}$ 温度下的 5×10^5 个钠原子的凝聚体等。

玻色子的一个常见例子是光子。光子的自旋是 $\hbar$,而且也有 $+\hbar$ 和 $-\hbar$ 两个自旋态。现在考虑一个空腔内的平衡热辐射。由于热辐射的能量密度按光子能量的分布与空腔的形状和腔壁材料无关,所以我们设想腔壁为金属,边长为 a 正立方空腔。作为电磁波,在热平衡条件下,在边界(即金属内表面)上,电场应为零,而在空腔内形成驻波。作为光子,其量子态就可以像 29.1 节所讨论的金属块中自由电子的量子态那样加以描述。一个量子态对应于一组量子数 (n_x, n_y, n_z) 的值。由于对光子,$p = h/\lambda$ 也成立,所以一个量子态的光子的动量分量为

$$p_x = \frac{\pi\hbar}{a}n_x, \quad p_y = \frac{\pi\hbar}{a}n_y, \quad p_z = \frac{\pi\hbar}{a}n_z \tag{29.14}$$

由于光子的能量 $E = pc$,所以各量子态的能量为

$$E = \frac{c\pi\hbar}{a}\sqrt{n_x^2 + n_y^2 + n_z^2} \tag{29.15}$$

由此可以像在 29.1 节中那样求出空腔内能量小于 E 的量子态的数目

$$N_s = 2 \times \frac{1}{8} \times \frac{4}{3}\pi \frac{a^3}{c^3 \pi^3 \hbar^3} = \frac{a^3}{3\pi^2 c^3 \hbar^3}E^3 \tag{29.16}$$

由此可得单位体积内在能量 E 附近的光子的态密度为

$$g(E) = \frac{dN_s}{dE} = \frac{E^2}{\pi^2 c^3 \hbar^3} \tag{29.17}$$

对于光子,由于不断地被空腔壁吸收和发射(这是空腔热辐射处于热平衡状态的保证),所以腔内光子总数是不固定的。因此,可以证明式(29.13)中的 $\mu=0$。所以对光子,玻色-爱因斯坦分布为

$$n_{\mathrm{BE},1}(E) = \frac{1}{\mathrm{e}^{E/kT}-1} \tag{29.18}$$

在能量 E 到 $E+\mathrm{d}E$ 区间的单位体积内的光子数为

$$\mathrm{d}n = n_{\mathrm{BE},1}(E)\, g(E)\mathrm{d}E \tag{29.19}$$

而单位体积内能量在 E 到 $E+\mathrm{d}E$ 能量区间的光子的总能量为

$$\mathrm{d}W_E = E\mathrm{d}n = n_{\mathrm{BE},1}(E)\, g(E)E\mathrm{d}E \tag{29.20}$$

由于一个光子的能量 $E=h\nu$,所以上式可用 ν 表示为

$$\mathrm{d}W_\nu = \frac{1}{\mathrm{e}^{h\nu/kT}-1}\frac{h^2\nu^2}{\pi^2 c^3 \hbar^3}h\nu h\, \mathrm{d}\nu = \frac{8\pi h\nu^3}{c^3(\mathrm{e}^{h\nu/kT}-1)}\mathrm{d}\nu$$

此式为单位体积内频率在 ν 到 $\nu+\mathrm{d}\nu$ 区间的光子的总能量。在 ν 附近单位频率区间的热辐射的能量为

$$w_\nu = \frac{\mathrm{d}W_\nu}{\mathrm{d}\nu} = \frac{8\pi h\nu^3}{c^3(\mathrm{e}^{h\nu/kT}-1)} \tag{29.21}$$

此 w_ν 叫热辐射的**光谱辐射能密度**。

由于光谱辐射出射度 M_ν 和腔内热辐射的光谱辐射能密度有以下关系(见习题 26.8):

$$M_\nu = \frac{c}{4}w_\nu$$

所以还可以得出热辐射的光谱辐射出射度以 ν 表示的形式,即

$$M_\nu = \frac{2\pi h\nu^3}{c^2(\mathrm{e}^{h\nu/kT}-1)} \tag{29.22}$$

这就是在第 26 章中介绍的普朗克热辐射公式(26.3)。

在第 2 篇热学中曾讲过麦克斯韦-玻耳兹曼分布(记作 MB 分布),它给出经典粒子的能量分布,即能量为 E 的粒子数与 $\mathrm{e}^{-E/kT}$ 成正比,亦即

$$n_{\mathrm{MB}}(E) = C\mathrm{e}^{-E/kT} \tag{29.23}$$

式中 C 为一个归一化常数。比较式(29.12)、式(29.13)和这里的式(29.23)三个统计分布函数,可以看到当 E 充分大时,FD 分布和 BE 分布都转化为 MB 分布。图 29.8 在同一坐标图中画出了这三种分布在 5 000 K 时的分布曲线,也显示了在 E 大的区域三条线趋于一条线。其所以如此,是因为在 E 足够大时,粒子数相对于可能的量子态数目来说,已经非常小了,泡利不相容原理也就没有什么实际意义,粒子的费米子和玻色子的区分,甚至量子粒子和经典粒子的区分也就没有什么实际意义了。

最后我们给出一个量子统计适用的一个大致的范围。作为量子粒子,它的基本性质是具有波动性。由此可以想到,当粒子的德布罗意波长 λ 和系统中粒子的平均间距 d 可比或 λ 更大时,各粒子的波函数将相互严重地重叠,因而量子效应将突出地显示出来。

因此,可以说当 λ 不远小于粒子的平均间距 d 时,对粒子系统必须用量子统计。由于 $\lambda = h/p = h/(mv)$,而在温度为 T 时,利用麦克斯韦速率分布可以求出波长的平均值(仍然记作 λ)

$$\lambda = \frac{h}{\sqrt{2\pi mkT}} \tag{29.24}$$

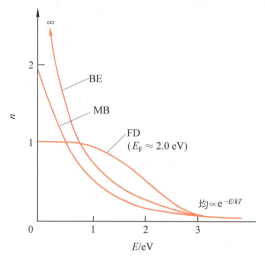

图 29.8　三种分布曲线的比较（$T=5\,000$ K）

以 n 表示粒子的数密度，则粒子的平均间距 $d \approx n^{-1/3}$。由此 MB 统计的适用条件可以进一步表示为

$$n\lambda^3 \ll 1 \tag{29.25}$$

例如，对于液氦，在 $T=2.18$ K 时，$n=2.2\times 10^{28}$ m^{-3}，而 $m=6.64\times 10^{-27}$ kg。代入上式可得

$$\frac{hn^{1/3}}{\sqrt{3mkT}} = \frac{6.63\times 10^{-34}\times (2.2\times 10^{28})^{1/3}}{\sqrt{3\times 6.64\times 10^{-27}\times 1.38\times 10^{-23}\times 2.18}} \approx 2.4$$

由于所求值大于 1，由式(29.25)知对此状态下的液氦应该用 BE 量子统计。

29.4　能带　导体和绝缘体

在 29.1 节中介绍了自由电子的能量分布。金属中自由电子的行为是忽略了晶体中正离子产生的周期性势场对电子运动的影响的结果。更进一步考虑晶体中电子的行为应该顾及这种周期势场的作用或原子集聚时对电子能级的影响，其结果是在固体中存在着对电子来说的能带。能带被电子填充的情况决定着固体的电学性质，是导体，半导体，还是绝缘体。下面来仔细地说明这一点。

为了说明能带的形成，让我们考虑一个个独立的原子集聚形成晶体时其能级怎么变化。当两个原子相隔很远时，二者的相互影响可以忽略。各原子中电子的能级就如 28.4 节中所说的那样根据泡利不相容原理分壳层和次壳层分布着。当两个原子逐渐靠近时，它们的电子的波函数将逐渐重叠。这时，作为一个系统，泡利原理不允许一个量子态上有两个电子存在。于是原来孤立状态下的每个能级将分裂为两个，这对应于两个孤立原子的波函数的线性叠加形成的两个独立的波函数。这种能级分裂的宽度决定于两个原子中原来能级分布状况以及二者波函数的重叠程度，亦即两个原子中心的间距。图 29.9(a)表示两个钠原子的 $3s$ 能级的分裂随两原子中心间距离 r 变化的情况，图中 r_0 为原子平衡间距。

更多的原子集聚在一起时，类似的能级分裂现象也发生。图 29.9(b)表示 6 个原子相

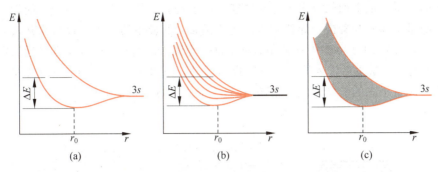

图 29.9 钠晶体中原子 3s 能级的分裂

聚时,原来孤立原子的 1 个能级要分裂成 6 个能级,分别对应于孤立原子波函数的 6 个不同的线性叠加。如果 N 个原子集聚形成晶体,则孤立原子的 1 个能级将分裂为 N 个能级。由于能级分裂的总宽度 ΔE 决定于原子的间距,而晶体中原子的间距是一定的,所以 ΔE 与原子数 N 无关。实际晶体中原子数 N 是非常大的(10^{23} 量级),所以一个能级分裂成的 N 个能级的间距就非常小,以至于可以认为这 N 个能级形成一个能量连续的区域,这样的一个能量区域就叫一个**能带**。图 29.9(c)表示钠晶体的 3s 能带随晶格间距变化的情况,阴影就表示能级密集的区域。图 29.10(b)画出了钠晶体内其他能级分裂的程度随原子间距变化的情况(注意能量轴的折接)。图(a)表示在平衡间距 r_0(0.367 nm)处的能带分布,上面几个能带重叠起来了;图(c)表示在间距为 r_1(8 nm)处的能带分布。

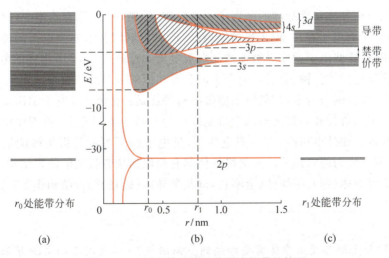

图 29.10 钠晶体的能级分裂成能带的情况

现在注意看图 29.10(c)原子间距为 $r_1=8$ nm 时的能级分布。孤立钠原子的 2p 能级中共有 6 个可能量子态,而各量子态各被一个电子占据。钠晶体中此 2p 能级分裂为一能带,此能带中有 $6N$ 个可能量子态,但也正好有 $6N$ 个原来的 2p 电子,它们各占一量子态,这一 2p 能带就被电子填满了。孤立钠原子的 3s 能级上有 2 个可能量子态,钠原子的一个价电子在其中的一个量子态上。在钠晶体中,3s 能带中共有 $2N$ 个可能量子态,但总共只有 N 个价电子在这一能带中,所以这一能带电子只填了一半,没有填满。和 3p 能级相对应的 3p 能带以及以上的能带在钠晶体中并没有电子分布,都是空着的。

晶体的能带中最上面的有电子存在的能带叫**价带**,如图 29.10(c)中的 3s 能带。自由电子形成的能量空间称为**导带**。导体的价带为不满带,价带中的电子可以自由运动,因此价带即为导带,如图 29.10(c)中 3s 能带;对于价带为满带的情形,价带上方最近的空带为导带,价带中的电子激发后进入该空带可以自由运动,如图 29.11(b)和(c)的情况。在能带之间没有可能量子态的能量区域叫**禁带**,在这个能量区域不可能有电子存在。

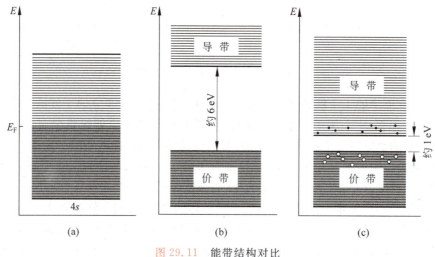

图 29.11 能带结构对比
(a) 铜;(b) 金刚石;(c) 硅

现在可以讨论导体和绝缘体的区别了。对导体,如钠,在实际的晶体中,原子的平衡间距为 r_0,其价带中有电子存在,但未被填满(在 0 K 时只填满费米能级以下的能级)。因此,在外电场作用下,这些电子就可以被加速而形成电流。这就是 29.2 节描述的电子导电的情况。这种物质就是导体。铜、金、银、铝等金属都有相似的未填满的价带结构。

有些物质,以金刚石为例,其晶体的能带结构特征是:价带已被电子填满而其上的导带则完全空着(0 K),价带和导带之间的禁带宽度约为 6 eV。在常温下,价带中电子几乎完全不可能跃入导带。加外电场时,在一般电压下,价电子也不可能获得足够能量跃入而被加速,这使得金刚石成为绝缘体了。一般绝缘体都有相似的禁带较宽的能带结构。

图 29.11 就导体(铜)、绝缘体(金刚石)以及半导体(硅)的能带结构作了对比。

例 29.1

估算:(1)使金刚石变成导体需要加热到多高温度?(2)金刚石的电击穿强度多大?金刚石的禁带宽度 E_g 按 6 eV 计,其中电子运动的平均自由程按 0.2 μm 计。

解 (1) 设温度为 T 时金刚石变为导体,则应有 $kT \approx E_g$,因而

$$T \approx \frac{E_g}{k} = \frac{6 \times 1.6 \times 10^{-19}}{1.3 \times 10^{-23}} \approx 7 \times 10^4 \text{ (K)}$$

而金刚石的熔点约 4×10^3 K!

(2) 以 E_b 表示击穿场强,要击穿,则需 $E_b e\lambda = E_g$,由此得

$$E_b = \frac{E_g}{e\lambda} = \frac{6 \times 1.6 \times 10^{-19}}{1.6 \times 10^{-19} \times 0.2 \times 10^{-6}} \approx 3 \times 10^7 \text{ (V/m)}$$

$$= 30 \text{ (kV/mm)}$$

空气的击穿场强为 3 kV/mm，为上述结果的 1/10。

29.5 半导体

常用的半导体材料有硅和锗，它们的能带结构和绝缘体类似，但是价带到导带的禁带宽度 E_g 较小(图 29.11(c))，如硅为 1.14 eV，锗为 0.67 eV(均在 300 K)。因此在通常情况下就有一定数量的电子在导带中(在 300 K 时电子数密度在 10^{16} m^{-3} 量级，而金属为 10^{28} m^{-3} 量级)。这些电子在电场作用下可以加速而形成电流，但其电导介于导体和绝缘体之间，所以这样的材料称做**半导体**。在温度升高时，价带中电子能吸收晶格离子热运动能量，大量跃入导带而使自由电子数密度大大增加，其对电导的影响远比晶格离子热振动的加强对电导的负影响为大。因此半导体的电导率随温度的升高而明显地增大，这一点和金属导体的电导率随温度的升高而减小是不同的。利用这种性质可用半导体做成**热敏电阻**。有的半导体，如硒，对光很灵敏，在光照射下自由电子数密度也能大量增加。利用这种性质可做成**光敏电阻**。

半导体导电和金属导电的另一个重要区别是在导电机制方面。在半导体内除了导带内的电子作为载流子外，还有另一种载流子——**空穴**。这是由于半导体的价带中的一个电子跃入导带后必然在价带中留下一个没有电子的量子态。这种空的量子态就叫空穴。空穴的存在使得价带中的电子也松动了。当加上外电场后，这些电子可以跃入临近的空穴而同时留下一个空穴，它邻近的电子又可以跃入这留下的空穴。如此下去，在电子逆电场方向逐次替补进入一个个空穴的同时，空穴也就沿电场方向逐步移位。这正像剧场中一排座位除最左端的空着，其余都坐满了人，当从最左边开始各人都依次向左移一个座位时，那空着的座位就逐渐地向右移去一样。理论证明，电子在半导体中这种逐个依次填补空穴的移位和带正电的粒子沿反方向移动产生的导电效果相同，因而可以把这种形式的导电用带正电的载流子的运动加以说明和计算。这种导电机制就叫**空穴导电**。半导体的导电是导带中的电子导电和价带中的空穴导电共同起作用的结果。

像纯硅和纯锗这种具有相同数量的自由电子和空穴的半导体(图 29.11(c))，叫做**本征半导体**。

实用的半导体一般都是适量掺入了其他种原子的半导体，这种半导体叫**杂质半导体**。硅和锗都是 4 价元素，一种杂质半导体是在硅或锗中掺了 5 价元素(如磷、砷)的原子。一个这种 5 价原子取代一个硅原子后，它的 4 个价电子使磷原子排入硅原子的结晶点阵中，剩下那一个电子由于受磷原子的束缚较弱而能在晶格原子之间游动成为自由电子。从能态上说，这一个电子原来在晶体中的能级处于禁带中导带下很近处，叫**杂质能级**。它和导带底的能量差 E_D 比禁带宽度 E_g 小得多(图 29.12(a))，如磷的 E_D 在硅晶体中只有 0.045 eV。这一杂质能级上的电子很容易被激发而跃入导带，少量的杂质原子(一般掺入 10^{13} ~ 10^{19} cm^{-3})就能成百万成千万倍地增加导带中的自由电子数，而使自由电子数大大超过价带中的空穴数。这种半导体叫 **N 型半导体**或电子型半导体。所掺杂质由于能给出电子而被称为**施主**，相应的杂质能级称为施主能级。在 N 型半导体中，电子称为多[数载流]子，空穴称为少[数载流]子。(杂质能级上的空穴是被冻结了的，因为价带中的电子很难有能量跃入此一能级而使一个空穴留在价带中,因此掺杂后价带中的空穴数基本不变。)

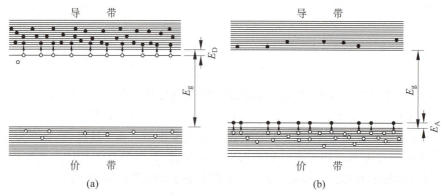

图 29.12　杂质半导体能带示意图
(a) N 型;(b) P 型

如果在硅和锗中掺入 3 价元素如铝、铟,由于这种杂质原子只有 3 个价电子,所以一个这种原子取代一个硅原子后,就在硅的正常晶格内缺了一个电子,即杂质原子带来了一个空穴。从能态上说,这种杂质中电子的能级原来在价带上很近处,它和价带顶的能级差 E_A 比禁带宽度也小得多(图 29.12(b)),如铝的 E_A 在硅晶体中只有 0.067 eV。价带中的电子很容易跃入杂质能级而在价带中产生大量的空穴。(进入杂质能级的电子由于 E_g 较大而很难进入导带,所以导带中的电子数基本不变。)这样,在这种杂质半导体中,空穴成了多子,而电子成了少子。这种半导体称做 **P 型半导体**或空穴型半导体,而掺入的 3 价元素由于接受了电子而被称为**受主**。

29.6　PN 结

现代技术,甚至可以说,现代文明,都是和半导体的应用分不开的,而半导体的各种应用的最基本的结构或者说核心结构是所谓 PN 结。它是在一块本征半导体的两部分分别掺以 3 价和 5 价杂质而制成的。在 N 型和 P 型半导体的接界处就形成 PN 结。下面为了简单起见,我们假设在 PN 结处两型半导体有一个清晰明确的分界面。

如图 29.13 所示,在两种类型的半导体的接界处,N 型区的自由电子将向 P 型区扩散,同时 P 型区的空穴将向 N 型区扩散,在界面附近二者中和(或叫湮灭)。这将导致 N 型侧缺少电子而带正电,P 型侧缺少空穴而带

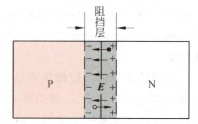

图 29.13　平衡时 PN 结处的阻挡层和层内的电场

负电。这种空间电荷分布将在界面处产生由 N 侧指向 P 侧的电场 E。这一电场有阻碍电子和空穴继续向对方扩散的作用,最后会达到一定平衡状态。此时在 PN 交界面邻近形成一个没有电子和空穴的"真空地带"薄层,其中有从 N 指向 P 的"结电场"E,它和电子、空穴的扩散作用相平衡。这一"真空地带"叫**阻挡层**,其厚度约 1 μm,其中电场强度可达 10^4 V/cm 到 10^6 V/cm。

PN 结的重要的独特性能是它只允许单向电流通过。如图 29.14(a) 那样,将 PN 结的 P 区连电源正极,N 区连电源负极(这种连接叫做**正向偏置**)时,电源加于 PN 结的电场与结内电场方向相反,使阻挡层内电场减弱,阻挡层变薄,层内电场与扩散作用的平衡被打破,P 区内的空穴和 N 区内的电子就能不断通过阻挡层向对方扩散,这就形成了正向电流。这电流随正向电压的增大而迅速增大,如图 29.14(c) 中伏安特性曲线在 $U>0$ 的区域所示。

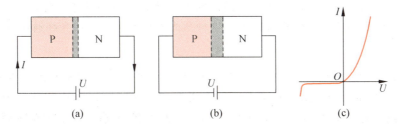

图 29.14 PN 结的正向偏置(a)和反向偏置(b)以及伏安特性曲线(c)

如果像图 29.14(b) 那样,将 PN 结的 P 区与电源负极相连,N 区与电源正极相连(这种连接叫**反向偏置**)时,电源加于 PN 结的电场与结内电场方向相同,使阻挡层内电场增大,阻挡层变厚。这使得 P 区内空穴和 N 区内电子更难于向对方扩散,两区中的多子就不可能形成电流,两区内的少子(即 P 区的电子和 N 区的空穴)会沿电场方向产生微弱的反向电流。这微弱电流随着反向电压的增大而很快达到饱和,如图 29.14(c) 中 $U<0$ 的区域所示。反向电压过大,则 PN 结将被击穿破坏。

PN 结只有在正向偏置时才有电流通过,这就是 PN 结的单向导电性。这种特性使 PN 结能在交变电压的作用下提供单一方向的电流——直流。这就是 PN 结(实际的元件叫半导体二极管)可以用来整流的道理。

29.7 半导体器件

利用 PN 结可以做成很多有独特功能的器件,下面举几个例子。

1. 发光二极管(LED)

正向电流通过 PN 结时,在结处电子和空穴的湮没在能级图上是导带下部的电子越过禁带与价带内空穴中和的过程,这一过程中电子的能量减少因而有能量放出。很多情况下,这能量转化为晶格离子的热振动能量。但是在有些半导体,如砷化镓中,这种能量转化为光子能量放出(图 29.15),这就是发光二极管发光的基本原理。要发出足够强的光需要有足够多的电子和空穴配对,一般的本征半导体或只是 P 型或 N 型的半导体是达不到这一要求的。因为它们不是电子和空穴较少,就是空穴数大大超过电子数,或是电子数大大超过空穴数。但

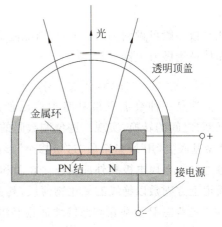

图 29.15 发光二极管简图

是用PN结就可以达到目的,因P区有大量空穴而N区有大量电子,它们成对湮灭时就能发出足够强的光。商品发光二极管就是在镓中大量掺入砷、磷而做成的,在适当大的电流通过时发出红光。

应注意的是,在发光二极管的PN结内的大量电子是处于导带内而能量较高。这是一种粒子数布居反转状态,因而有可能产生递增的受激辐射,半导体激光器正是利用这个原理制成的。当然,为了产生激光,PN结晶体的两端必须磨平而且严格平行,以便形成谐振腔。现在这种激光器已得到广泛的应用。光盘播放机中就有这种半导体激光器,它发的光在光盘的音轨上反射后被收集再转换成声音。这种激光器还大量应用在光纤通信系统中。

2. 光电池

原则上讲,发光二极管反向运行,就成了一个光电池。也就是说,使光照射到PN结上时,会在结处产生电子空穴对。在结内电场作用下,电子移向N区,空穴移向P区而集聚,其结果是P区电势高于N区。当P区和N区分别与负载相连时,就有电流通过负载了,这时的PN结就成了电源。目前用硅做的光电池电压约为0.6 V,光能转换为电能的效率不超过15%。

3. 半导体三极管

半导体三极管由一薄层杂质半导体夹在相反类型的杂质半导体间构成,这三部分半导体分别称做收集极(c)、基极(b)和发射极(e)。图29.16表示一个NPN型半导体三极管。工作时,发射极和基极间取正向偏置而收集极和基极间取反向偏置。这样就有大量电子从发射极拥入基极。由于基极很薄,所以拥入的电子在此处只能和少数空穴湮灭,大部分电子都游走到收集极和基极间的PN结处。此处结内电场方向由N区指向P区,游来的电子将被电场拉入收集极而形成收集极电流I_c,另有少量电子从基极流出形成电流I_b。I_b和I_c决定于半导体三极管的几何结构和各半导体的性质。对于给定的三极管,

$$\frac{I_c}{I_b} = 常数$$

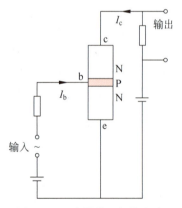

图 29.16　半导体三极管电路

此常数一般可做到20到200。当电流I_b有微小变化时,I_c可以发生较大的变化,因此这种晶体被用做放大器。

4. 金属氧化物场效应管(MOSFET)

这是一种数字逻辑电路中广泛使用的半导体器件。它能迅速地进行数字1(通)和0(断)之间的转换,实现二进位制数码的快速运算,其结构如图29.17所示。在轻度掺杂的P型基底上,用N型杂质"过量掺杂"形成两个N型"岛",一个叫"源"(S),一个叫"漏"(D),各通过一金属电极和外部相连。在源和漏之间用一N型薄层相连形成一个N型通道,N型通道上方则敷以绝缘的氧化物薄层,其上再盖以金属薄层,这层金属薄层叫"栅"(G)。

先考虑P型基底和源接地而栅和电源未相接的情况。这时如果漏和源之间加以电压$U_{DS}>0$,则电子将从源流向漏形成由漏到源的电流I_{DS},如图29.17所示。

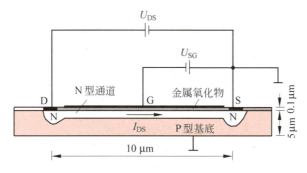

图 29.17　金属氧化物场效应管结构图

现在在栅和源之间加一电压 U_{SG}，使栅电势低于源电势，这将使 N 型通道内形成一指向栅的电场。这一电场将使通道中的电子移向基底从而加宽通道和基底交界处的阻拦层而使通道变窄，同时还由于通道内电子数减少而使通道电阻增大，这都将使通道电流 I_{DS} 减小。适当增大 U_{SG}，则 I_{DS} 可以完全被阻断。这样，通过改变 U_{SG}，就可以控制 I_{DS} 的通断从而给出数字 1 或 0 的信号。

5. 集成电路

现代计算机和各种电子设备使用成千上万的半导体器件和电阻、电容等元件。这么多的元件并不是一个一个地单独元件连接在一起的，而是极其精巧地制备在一小片半导体基底上形成一个集成电路或集成块。集成电路的元件数从上千、上万不断增加，以致目前的超大规模集成电路在 1 cm² 基片上可以包含有几十万、上百万个元件，布线的间距已接近纳米量级，而且还在向更多元件更小间距发展。各种各样的集成块具有各种各样的功能，它们的组合更是创造了当今信息时代很多难以想象的奇迹。这不能不使人惊叹人类的智慧和科学的威力！

提要

1. 自由电子按能量分布

0 K 时的费米能量：$E_F = (3\pi^2)^{2/3} \dfrac{\hbar^2}{2m_e} n^{2/3}$

费米温度：$T_F = E_F / k$

自由电子按能量分布的单位体积内的态密度：

$$g(E) = \dfrac{(2m_e)^{3/2}}{2\pi^2 \hbar^3} E^{1/2}$$

在 0 K，自由电子占满 E_F 以下的所有量子态。常温下，自由电子分布和 0 K 时基本相同。泡利不相容原理使自由电子对金属比热贡献甚微。

2. 自由电子导电机制

泡利不相容原理不阻碍自由电子的导电。

电子导电可用费米(速度)球说明。倒逆碰撞使费米球只逆电场方向平移一定速度，此速度即电子的漂移速度。

*3. 量子统计

费米子服从费米-狄拉克分布（FD 分布），即一个能量为 E 的量子态上存在的粒子数平均为

$$n_{\text{FD},1}(E) = \frac{1}{e^{(E-E_\text{F})/kT}+1}$$

自由电子分布即 FD 分布，可说明自由电子的分布规律。

玻色子服从玻色-爱因斯坦分布（BE 分布），即一个能量为 E 的量子态上存在的粒子数平均为

$$n_{\text{BE},1}(E) = \frac{1}{e^{(E-\mu)/kT}-1}$$

光子分布即 BE 分布，可说明普朗克热辐射公式。

经典粒子服从麦克斯韦-玻耳兹曼分布（MB 分布）。$n_{\text{MB}}(E)=Ce^{-E/kT}$。粒子能量足够大时，FD 分布和 BE 分布都转化为 MB 分布。

麦克斯韦-玻耳兹曼分布适用的条件：$\dfrac{hn^{1/3}}{\sqrt{2\pi mkT}} \ll 1$ 或 $\ll n\lambda^3 \ll 1$。

4. 能带，导体和绝缘体

N 个原子集聚成晶体时，孤立原子的每一能态都分裂成 N 个能态，分裂的程度随原子间距的缩小而增大。在一定间距处同一能级分裂成的 N 个能级的间距很小，这 N 个能级就共同构成一能带。

晶体的最上面而且其中有电子存在的能带叫价带，其上相邻的那个空着的能带叫导带，能带间没有可能量子态的区域叫禁带。

价带未填满的晶体为导体。价带为电子填满而且它和导带间的禁带宽度甚大的晶体为绝缘体。

5. 半导体

半导体在 0 K 时，价带为电子填满，导带空着，但价带和导带间的禁带宽度较小。在常温下有电子从价带跃入导带，可以导电。电导率随温度升高而明显增大。除电子导电外，半导体还同时有空穴导电。纯硅纯锗电子和空穴数目相同，为本征半导体。

杂质半导体：纯硅或纯锗（4 价）掺入 5 价原子成为 N 型半导体，其中电子是多子，空穴是少子；纯硅或纯锗掺入 3 价原子成为 P 型半导体，其中电子是少子，空穴是多子。

6. PN 结

P 型半导体和 N 型半导体相接处的薄层内由于电子和空穴向对方扩散而形成一阻挡层，层内存在由 N 侧指向 P 侧的电场。这一薄层即 PN 结。

PN 结具有单向导电作用。

7. 半导体器件

利用 PN 结做成了各种器件，如发光二极管、光电池、三极管、金属氧化物场效应管等。集成块包含有大量的元件，在现代科学技术中有广泛的应用。

思考题

29.1 金属中的自由电子在什么条件下可以看成是"自由"的?

29.2 金属中的自由电子为什么对比热贡献甚微而却能很好地导电?

*29.3 量子统计的适用条件是根据什么原则给出的?

29.4 什么是能带、禁带、导带、价带?

29.5 导体、绝缘体和半导体的能带结构有何不同?

29.6 硅晶体掺入磷原子后变成什么型的半导体? 这种半导体是电子多了,还是空穴多了? 这种半导体是带正电,带负电,还是不带电?

29.7 将铟掺入锗晶体后,空穴数增加了,是否自由电子数也增加了? 如果空穴数增加而自由电子数没有增加,锗晶体是否会带上正电荷?

29.8 本征半导体、单一的杂质半导体都和 PN 结一样具有单向导电性吗?

29.9 根据霍尔效应测磁场时,用杂质半导体片比用金属片更为灵敏,为什么?

29.10 水平地放置一片矩形 N 型半导体片,使其长边沿东西方向,再自西向东通入电流。当在片上加以竖直向上的磁场时,片内霍尔电场的方向如何? 如果换用 P 型半导体片,而电流和磁场方向不变,片内霍尔电场的方向又如何?

29.11 用本征半导体片能测到霍尔电压吗?

29.12 在 MOSFET(图 29.17)中,增大 U_{SG} 直至 N 型通道被阻断而使 I_{DS} 降至 0。通道被阻断是先从源一端开始,还是先从漏一端开始,或是全通道同时阻断?

29.13 电视机的遥控是通过红外线实现的,在遥控器和电视机内部为此使用了半导体元件。在遥控器内是何种元件? 在电视机内又是何种元件?

习题

29.1 已知金的密度为 19.3 g/cm^3,试计算金的费米能量、费米速度和费米温度。具有此费米能量的电子的德布罗意波长是多少?

29.2 求 0 K 时单位体积内自由电子的总能量和每个电子的平均能量。

*29.3 求 0 K 时费米电子气的电子的平均速率和方均根速率,以 v_F 表示之。

29.4 中子星由费米中子气组成。典型的中子星密度为 $5 \times 10^{16} \text{ kg/m}^3$,试求中子星内中子的费米能量和费米速率。

*29.5 在什么温度下,费米电子气的比热占经典气体比热的 10%? 设费米能量为 5 eV。

*29.6 在足够低的温度下,由晶格粒子的振动决定的"点阵"比热和 T^3 成正比。由于"电子"比热和 T 成正比,所以在极低温度下,"电子"比热将占主要地位。在这样的温度下,钾的摩尔热容表示为

$$C_m = (2.08 \times 10^{-3} T + 2.57 \times 10^{-3} T^3) \text{ J/(mol·K)}$$

(1) 求钾的费米能量;

(2) 在什么温度下电子和点阵粒子对比热的贡献相等?

29.7 银的密度为 $10.5 \times 10^3 \text{ kg/m}^3$,电阻率为 $1.6 \times 10^{-8} \text{ Ω·m}$(在室温下)。

(1) 求其中自由电子的自由飞行时间;

(2) 求自由电子的经典平均自由程;

(3) 用费米速率求平均自由程；

(4) 估算点阵离子间距并和(2),(3)求出的平均自由程对比。

*29.8 在 1 000 K 时,在能量比费米能量高 0.1 eV 的那个量子态内的平均费米子数目是多少？比费米能量低 0.10 eV 的那个量子态内呢？

29.9 金刚石的禁带宽度按 5.5 eV 计算。

(1) 禁带顶和底的能级上的电子数的比值是多少？设温度为 300 K。

(2) 使电子越过禁带上升到导带需要的光子的最大波长是多少？

29.10 纯硅晶体中自由电子数密度 n_0 约为 10^{16} m^{-3}。如果要用掺磷的方法使其自由电子数密度增大 10^6 倍,试求:

(1) 多大比例的硅原子应被磷原子取代？已知硅的密度为 2.33 g/cm^3。

(2) 1.0 g 硅这样掺磷需要多少磷？

29.11 硅晶体的禁带宽度为 1.2 eV。适量掺入磷后,施主能级和硅的导带底的能级差为 $\Delta E_D = 0.045$ eV。试计算此掺杂半导体能吸收的光子的最大波长。

29.12 已知 CdS 和 PbS 的禁带宽度分别是 2.42 eV 和 0.30 eV。它们的光电导的吸收限波长各多大？各在什么波段？

29.13 Ga-As-P 半导体发光二极管的禁带宽度是 1.9 eV,它能发出的光的最大波长是多少？

29.14 KCl 晶体在已填满的价带之上有一个 7.6 eV 的禁带。对波长为 140 nm 的光来说,此晶体是透明的还是不透明的？

今日物理趣闻

新奇的纳米科技

N.1 什么是纳米科技

"纳米"(nm)是一个长度单位,$1\,\text{nm}=10^{-9}\,\text{m}$,约为一个原子直径的几十倍。纳米科技通常指的是 1 nm 到 100 nm 的尺度范围内的科技。20 世纪 80 年代以前,物理学在宏观(日常观测的)尺度和微观(原子或更小的)尺度范围内已取得了辉煌的理论成就并得到了广泛的实际应用。但在纳米尺度,也被称作"介观"尺度范围内,虽然物理学的基本定律不会失效,但鲜有具体的理论成就与应用开发。只是在 20 余年前,这一范围的科学技术问题才又引起人们的注意,而且目前正在兴起一股研究和开发的热潮。

纳米尺度内的物质表现出许多与宏观和微观体系不同的奇特性质。举两个例子如下。

一是纳米体系的材料,其表面的原子数相对地大大增加。例如,边长为 10 μm 的正立方体中共有 1.25×10^{14} 个原子(原子的线度按 0.2 nm 计),其表面共有约 1.5×10^{10} 个原子。表面原子占原子总数的 0.012%。若边长减小到 2 nm,则方块内总原子数和表面上的原子数将分别为 1 000 和 488 个,表面原子数占总原子数的 48.8%,即几乎一半的原子在方块的表面。有些物理的或化学的过程,如吸附和催化,都是在物体表面进行的,表面原子数的增大自然会改变材料的性质了。

另一个例子是材料的导电机制。由于宏观的金属导体的线度比其中自由电子热运动的平均自由程大得多,形成电流的自由电子在定向运动中会不断地与正离子发生无规则碰撞,正是这种碰撞导致了金属的电阻产生。但在纳米尺度的金属块内,由于块的线度小于电子运动的平均自由程,入射电子可以直接穿过块体(图 N.1)。这将不可避免地使纳米体系的电学性质表现异常。

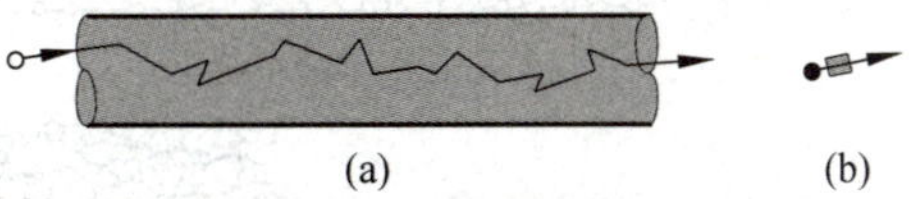

图 N.1 电子通过宏观导体(a)和纳米块(b)的不同过程示意图

总之,纳米体系由于其尺寸介于宏观和微观之间,其结构以及其各种物理的和化学的性质都会与常规材料不同而表现出许多新奇的特性。这些新奇的特性及其应用的前景就是目前纳米科技研究和开发的课题。

N.2 纳米材料

纳米材料是至少在一维方向上小于 100 nm 的材料,分别称为纳米薄膜、纳米线和纳米颗粒(或量子点)。

纳米颗粒有很多目前已研制成功甚至已被大量使用。例如,纳米硅基氧化物(SiO_{2-x})、纳米二氧化钛(TiO_2)、氧化铝(Al_2O_3)以及 Fe_3O_4 等纳米颗粒和树脂复合制成的各种纳米涂料具有净化空气、清污消毒(通过光催化)、耐磨和抗擦伤、静电和紫外光屏蔽、高介电绝缘、磁性等特性,已广泛应用于墙壁粉刷、汽车面漆、电子电工技术。纳米镍粉用于镍氢电池。纳米碳酸钙与聚氯乙烯等无机/有机复合材料的韧性和强度都大大增加,已在塑料、橡胶、纤维等产品中得到迅速推广使用。纳米磷灰石类骨晶体/聚酰胺高分子生物活性材料(图 N.2)已用来进行人体各种硬组织的修复。纳米晶(晶粒尺寸约 10 nm)软磁合金已广泛应用于电力、电子和电子信息领域……

图 N.2 纳米磷灰石类骨晶体与聚酰胺复合材料(脊柱修复体)

现在纳米科技也伸向了医学领域。一方面有用纳米线早期诊断癌症和用纳米颗粒追踪病毒的实验研究;另一方面也在研究纳米粒子可能产生的毒性,例如通过动物实验已发现直径为 35 nm 的碳纳米粒子可能经呼吸系统伤害大脑,C_{60} 球会对鱼脑产生大范围破坏等。

自 1991 年 Iijima 发现碳纳米管以来,对它的研究已成为纳米科技的热点之一。碳纳米管是碳原子构成的单层壁或多层壁的管,直径为零点几纳米到几十纳米(图 N.3),这种管状结构有许多特殊的物理性能。例如,根据理论计算,这种管有最高的强度和最大的韧性,其强度可达钢的 100 倍,而密度只有钢的 1/6。这种管根据碳原子排列的不同,还会具有导体和半导体的性能。早期用电弧放电法制取的碳纳米管很短而且无序,后来发展了脉冲激光蒸发法和化学沉积法。1996 年,中国科学院首先合成出了垂直于基底生长的碳纳米管阵列(或称"碳纳米管森林")。1999 年清华大学进一步实现了碳纳米管生长位置和生长方向的

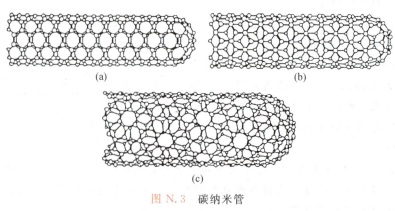

图 N.3 碳纳米管
(a) 单壁;(b) 锯齿形;(c) 手性形

控制并对其生长机理进行了实验研究。2002年,他们又发展了一种新方法,从已制取的超顺排碳纳米管阵列中抽出碳纳米管长线的方法。这就为碳纳米管的应用准备了更好的基础。图N.4是他们这种"抽丝"手段的简要说明。

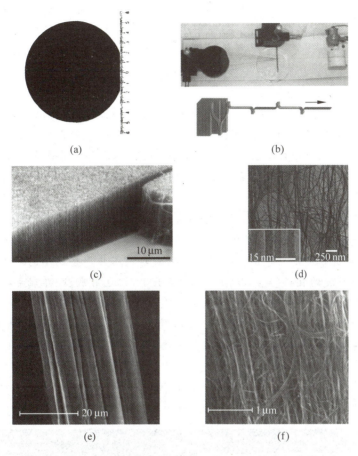

图N.4 清华-富士康纳米科技研究中心的碳纳米管长线的生产

(a)表示在敷有催化剂的硅基底上垂直生长成的超顺排碳纳米管阵列圆饼,厚约10 μm,直径约10 cm;(b)表示抽丝成线。从碳纳米管阵列抽出的碳纳米管束经酒精液滴浸润处理后合成一根紧凑的碳纳米管线,随后绕在线轴上;(c)是碳纳米管阵列的电子显微镜照相,显示一束束碳纳米管的整齐排列;(d)是碳纳米管束的照相,显示其中碳纳米管的排布其中的小图显示一根根碳纳米管;(e)是一根碳纳米管线的电子显微镜照相;(f)是碳纳米管线中的碳纳米管照相。(感谢姜开利提供图片)

N.3 纳米器件

随着各种纳米材料不断研制成功,研究者们也在各方面利用这些材料研制纳米器件,以使纳米科技进入实用阶段。例如,中国科学院研制了半导体量子点激光器($0.7 \sim 2.0$ μm),在有机单体薄膜 NBPDA 上做出点阵,点径小于 0.6 nm,信息点直径较国外研究结果小一个数量级,是目前光盘信息存储密度的近百万倍。清华大学已研制出 100 nm 级 MOS 器件及一系列硅微集成传感器、硅微麦克风、硅微马达集成微型泵等器件,还用碳纳米管线制成了白炽灯和紫外光偏振片等。美国科学家利用碳纳米管制成的天线可以接受光波。哈佛大学用碳纳米导线制成能实时探测单个病毒的传感器。IBM公司制成的能探测单电子自旋的"显微镜",能打开生物分子和材料原子结构的三维成像之门。

纳米器件的特点是小型化,最终目标是以原子分子为"砖块"设计制成具有特殊功能的产品。其制作工艺路线可分为"自上而下"和"自下而上"两种方式。"自上而下"是指通过微加工或固态技术,不断在尺寸上将产品微型化。现代电子线路的微型化,如集成块的制作就是沿着这条路发展的。目前集成线路线宽已小到 $0.1~\mu m$,已达到这一制作方法的极限,再小的线宽就寄希望于纳米技术了。

"自下而上"的制作方式是指以分子、原子为基本单元,根据人们的意愿进行设计和组装,从而构成具有特殊功能的产品。这一制作方式是美国科学家费恩曼在1959年首先提出的。如果能够在原子/分子尺度上来加工材料,制备装置,我们将有许多激动人心的新发现。这在当时还只是一种梦想,现在已看到了真正实现它的明亮的曙光。1981年出现了纳米科技研究的重要手段——扫描隧穿显微镜。它提供了一种纳米级甚至原子级的表面加工工具。IBM公司的研究人员首先用它将原子摆成了 IBM 三个字母,展示了利用它构建分子器件的前景。这一制作方式还要利用化学和生物学技术,实现分子器件的自我组装。图 N.5 是 2006 年发表的美国赖斯大学制成的超微型纳米车的图片。整辆车的对角线的长度只有 $3\sim 4~nm$(而一根头发的直径约为 $80~\mu m$)。此车虽小,但也有底盘、车轴和车轮。车轮是富勒烯 C_{60} 圆球,车体 95% 是碳原子,其他是一些氢原子和氧原子。车被放在甲苯气体中,置于金片表面上。常温下车的轮子和金片表面紧密结合,车静止不动。当把金片加热到 200℃ 后,车才能在金片表面运动。通过施加磁场,还能改变车的运动方向。科学家期望能用这种纳米车载着药物分子顺着血管到达人体内的患处,释放药物予以治疗,也期望用这种"交通工具"在纳米工厂和工地之间搬运分子原子随心所欲地构建新材料。

多么新奇的纳米科技!

图 N.5　超微型纳米车

第30章

核 物 理

自1911年卢瑟福通过α粒子散射实验发现原子的核式结构以来,已获得了很多关于核的知识,包括核的结构、能量以及核的转化等。有很多知识,如核能、放射性同位素等,已得到了广泛的应用。本章先概述核的一般性质,包括核的组成、大小、自旋等,然后讲解使核保持稳定的核力和结合能。核的模型只着重介绍了液滴模型,以便计算核裂变或聚变时所释放的能量。再然后讲解放射性衰变的规律以及α衰变和β衰变的特征,对γ射线特别介绍了穆斯堡尔效应及其一些应用。最后介绍了有关核反应的基本知识。

30.1 核的一般性质

1. 核的组成

卢瑟福的实验结果说明,虽然核的体积只有原子体积的 10^{15} 分之一,但核中却集中了原子的全部正电荷和几乎全部质量。由于核的正电荷是氢核正电荷的整数倍,所以一般就认为氢核是各种核的组分之一而被称为**质子**。由于核的质量总是大于由其正电荷所显示的质子的总质量,所以人们又设想核是质子和电子的复合体,多于电子的质子的总电荷就是核的电荷。但通过计算知道核内不可能存在单独的电子(参看习题 26.29)。1932 年查德威克通过实验发现了核内存在一种质量和质子相近但不带电的粒子,以后被称为**中子**。此后人们就公认核是由质子和中子组成的,质子和中子也因此统称为**核子**。

质子和中子的质量大约是电子质量的 1 840 倍。质子所带电量和电子的相等,但符号相反。质子和中子的自旋量子数和电子的一样,都是 1/2,因此它们都是费米子。表 30.1 列出了质子、中子和电子各种内禀性质的比较,其中质量的单位"u"叫**原子质量单位**,它是 ^{12}C 原子的质量的 1/12。原子质量单位和其他单位的换算关系为

$$1\ u=1.660\ 540\ 2\times 10^{-27}\ kg=931.494\ 3\ MeV/c^2$$

不同元素的原子核中的中子数和质子数不同。质子数 Z 叫核的**原子序数**。中子数 N 和质子数 Z 的和用 A 表示,即

$$A = Z + N \tag{30.1}$$

A 叫核的**质量数**,因为核的质量几乎就等于 A 乘以一个核子的质量。原子核通常用 $^{A}_{Z}X$ 表示,其中 X 表示该核所属化学元素的符号。由于各元素的原子序数 Z 是一定的,所以也常不写 Z 值,如写成 ^{16}O, ^{107}Ag, ^{238}U 等。

表 30.1　质子、中子和电子的内禀性质比较

内禀性质	质子	中子	电子
质量/u	1.007 276 466 0	1.008 664 923 5	$5.485\ 799\ 03\times10^{-4}$
质量/kg	$1.672\ 623\ 1\times10^{-27}$	$1.674\ 928\ 6\times10^{-27}$	$9.109\ 389\ 7\times10^{-31}$
质量/(MeV·c^{-2})	938.272 31	939.565 63	0.511 0
电荷/e	$+1$	0	-1
自旋量子数	1/2	1/2	1/2
磁矩*/(J·T^{-1})	$1.410\ 607\ 61\times10^{-26}$	$-0.966\ 236\ 69\times10^{-26}$	$-9.284\ 770\ 1\times10^{-24}$

* 所列磁矩的值都是各该磁矩在 z 方向的投影，只有这投影是实际上能测出的。

同一元素的原子的核中的质子数是相同的，但中子数可能不同。质子数相同而中子数不同的核叫**同位素**，取在周期表中位置相同之意。如碳的同位素有 ^{8}C, ^{9}C, ···, ^{12}C, ^{13}C, ^{14}C, ···, ^{20}C 等。天然存在的各元素中各同位素的多少是不一样的，各种同位素所占比例（以原子百分计）称为各该同位素的[天然]**丰度**。例如在碳的同位素中，^{12}C 的天然丰度为 98.90%，^{13}C 的为 1.10%，而 ^{14}C 的只是 1.3×10^{-10}%。许多同位素是不稳定的，经过或长或短的时间要衰变成其他的核。因此，许多同位素，包括 $Z>92$ 的各种核都是天然不存在的，只能在实验室中通过核反应人工地制造出来。

2. 核的大小

卢瑟福根据他们的实验结果计算出来的核的线度为 10^{-15} m 量级。其他实验（包括高能电子散射实验）给出，如果把核看作球形，则核的半径 R 和 $A^{1/3}$ 成正比，即

$$R = r_0 A^{1/3} \tag{30.2}$$

其中

$$r_0 = 1.2\ \text{fm} = 1.2\times10^{-15}\ \text{m}$$

由式（30.2）可算得 ^{56}Fe 核的半径为 4.6 fm，^{238}U 的核半径为 7.4 fm。当然，由于粒子的波动性，核不可能有清晰的表面。有的实验还证明，有的核的形状明显地不是球形而是椭球形或梨形。

由于球的体积和半径的 3 次方成正比，所以原子核的体积和质量数 A 成正比。这表示核好像是 A 个不可压缩的小球紧挤在一起形成的。由此也可知各种核的密度都是一样的，其大小为

$$\rho = \frac{m}{V} = \frac{1.67\times10^{-27}A}{\frac{4}{3}\pi\times(1.2\times10^{-15})^3 A} \approx 2.3\times10^{17}\ (\text{kg/m}^3)$$

这一数值比地球的平均密度大到 10^{14} 倍！

3. 核的自旋和磁矩

核子在核内运动的轨道角动量和自旋角动量之和称为核的自旋角动量，简称**核自旋**。核自旋量子数用 I 表示。按一般的量子规则，核的自旋角动量的大小为 $\sqrt{I(I+1)}\,\hbar$。核自旋在 z 方向的投影为

$$I_z = m_I \hbar, \quad m_I = \pm I, \pm(I-1), \cdots, \pm\frac{1}{2}\ \text{或}\ 0 \tag{30.3}$$

I 的值可以是半整数或整数。实验结果指出，偶偶核（Z, N 都是偶数）的自旋都是零，如

^{4}He, ^{12}C, ^{238}U 等就是。奇奇核(Z,N 都是奇数)的自旋都是整数,如 ^{34}Cl 的是 0, ^{10}B 的是 3, ^{26}Al 的是 5 等。这些核都是玻色子。奇偶核(Z,N 中一个是奇数,一个是偶数)的自旋都是半整数,如 ^{15}N 的是 1/2, ^{29}Na 的是 3/2, ^{25}Mg 的是 5/2, ^{83}Kr 的是 9/2 等。这些核都是费米子。

和角动量相联系,核有磁矩。质子由于其轨道角动量而有轨道磁矩 $\boldsymbol{\mu}_L = \dfrac{e}{2m_p}\boldsymbol{L}$。此磁矩在 z 方向的投影为

$$\mu_{L,z} = \frac{e}{2m_p}L_z = \frac{e\hbar}{2m_p}m_l = \mu_N m_l \tag{30.4}$$

式中常量

$$\mu_N = \frac{e\hbar}{2m_p} = 5.057\,866\times 10^{-27}\ \mathrm{J/T} \tag{30.5}$$

叫做**核磁子**。它小到电子的玻尔磁子的 5×10^{-4}。中子由于不带电,所以没有轨道磁矩。

质子和中子都由于自旋而有自旋磁矩

$$\boldsymbol{\mu}_s = g_s\left(\frac{e}{2m_p}\right)\boldsymbol{S} \tag{30.6}$$

它在 z 方向的投影为

$$\mu_{s,z} = g_s\left(\frac{e\hbar}{2m_p}\right)m_s = g_s\mu_N m_s,\quad m_s = \pm\frac{1}{2} \tag{30.7}$$

式中 g_s 叫 **g 因子**。质子的 g 因子 $g_{s,p} = 5.585\,7$,中子的 g 因子 $g_{s,n} = -3.826\,1$。由于 $m_s = \pm\dfrac{1}{2}$,所以质子的自旋磁矩在 z 方向的投影为

$$\mu_{p,z} = 2.792\,8\mu_N = 1.410\,6\times 10^{-26}\ \mathrm{J/T}$$

中子的自旋磁矩在 z 方向的投影为

$$\mu_{n,z} = -1.913\,1\mu_N = -0.966\,2\times 10^{-26}\ \mathrm{J/T}$$

中子的磁矩为负值表示其磁矩方向和自旋方向相反。中子不带电为什么有自旋磁矩呢?这是因为中子只是整体上不带电。电子散射实验证明,中子由带正电的内核和带负电的外壳构成。按经典模型处理,自旋着的中子就有磁矩而且其磁矩的方向和自旋的方向相反。

整个核的自旋角动量用 $\boldsymbol{I}$ 表示,其磁矩为 $\boldsymbol{\mu} = g\dfrac{e}{2m_p}\boldsymbol{I}$。核磁矩在 z 方向的分量为 $\mu_z = g\dfrac{e}{2m_p}I_z = g\dfrac{e\hbar}{2m_p}m_I = g\mu_N m_I$。

核磁共振

核磁共振是一种利用核在磁场中的能量变化来获得关于核的信息的技术。

核磁矩在外磁场 $\boldsymbol{B}$ 中的能量为

$$\bar{E} = -\boldsymbol{\mu}\cdot\boldsymbol{B} = -\mu_z B = -g\mu_N m_I B$$

对氢核,$m_I = \pm\dfrac{1}{2}$,此式给出两个能级(图 30.1)。此两能级之差为 $\Delta E = g\mu_N B$。当氢核在外磁场中受到电磁波的照射时,就只能吸收如下频率的电磁波:

$$\nu = \frac{\Delta E}{h} = \frac{g\mu_N B}{h}$$

这种在外磁场中的核吸收特定频率的电磁波的现象就叫**核磁共振**(NMR)。

实验和实际应用中常利用氢核的核磁共振。氢核即质子,它的 $g_p=5.5857$,代入上式可得在 $B=1$ T 时,相应的电磁波的共振频率为 $\nu=42.69$ MHz。这一频率在射频范围,波长为 7 m。

实现核磁共振,既可以保持磁场不变而调节入射电磁波的频率,也可以使用固定频率的电磁波照射,而调节样品所受的外磁场。一种在实验室中观察核磁共振的装置的主要部分如图 30.2 所示。这一装置通过调节频率来达到核磁共振,样品(如水)装在小瓶中置于磁铁两极之间,瓶外绕以线圈,由射频振荡器向它通入射频电流。这电流就向样品发射同频率的电磁波。这频率大致和磁场 B 对应的频率相等。为了精确地测定共振频率,就用一个调频振荡器使射频电磁波的频率在共振频率附近连续变化。当电磁波频率正好等于共振频率时,射频振荡器的输出就出现一个吸收峰,它可以从示波器上看出,同时可由频率计读出此共振频率。

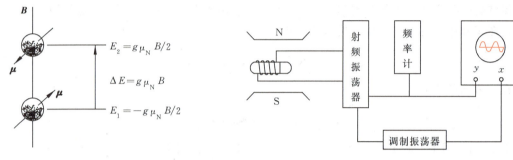

图 30.1　氢核在外磁场中的能量　　　　图 30.2　核磁共振实验装置示意图

核磁共振现象应用广泛,特别是在化学中应用它来研究分子的结构。由于氢核的核磁共振信号最强,所以核磁共振在研究有机化合物的分子结构时特别有用。这种研究根据的原理是:分子中各个氢核实际上还受到核外电子或其他原子的磁场的作用,因而对应于一定频率的入射电磁波,发生共振时的外加磁场和用上面式子计算出的磁场有些许偏离。在不同分子或同一分子内的不同集团中,氢核的环境不同,它受的分子内部的磁场也不同,因而发生核磁共振时磁场偏离的大小也不同。在化学研究中,正是利用这种不同的偏离和已知的标准结构的偏离之对比来判定所研究物质的分子结构的。

由于磁场,包括交变电磁场可以穿入人体,而人体的大部分(75%)是水(一个水分子有两个氢核),而且这些水以及其他富含氢的分子的分布可因种种疾病而发生变化,所以可以利用氢核的核磁共振来进行医疗诊断。核磁共振成像就是这样的一种新的医疗技术。

图 30.3 为人体核磁共振成像仪的方框图,病人躺在一个空间不均匀的磁场中,磁场在人体内各处的分布已知。激发单元用来产生射频电磁波,以激发人体内各处的氢核发生核磁共振。接收单元接收核磁共振信号,由于人体内各处的磁场不同,与之相应的共振电磁波

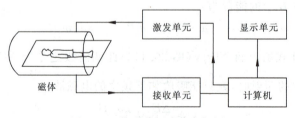

图 30.3　核磁共振成像方框图

的频率也就不同,改变电磁波的频率就可以得出人体内各处的核磁共振信号。这些信号经过计算机处理就可以三维立体图像或二维断面像的形式由显示单元显示出来。将病态的图像和正常态的组织图像加以对比,就可以做出医疗判断。

核磁共振成像的优点是:射频电磁波对人体无害;可以获得内脏器官的功能状态、生理状态以及病变状态的情况等。

30.2 核力

由于核中质子间的距离非常小,因而它们之间的库仑排斥力很大。核的稳定性说明核子之间一定存在着另一种和库仑斥力相抗衡的吸引力,这种力叫核力或强力(核子是"强子")。在核的线度内,核力可能比库仑力大得多。例如,中心相距 2 fm 的两个质子,其间库仑力约为 60 N,而相互吸引的核力可达 2×10^3 N。

核力虽然比电磁力大得多,但力程非常短,它不像电磁力那样是长程力。当两核子中心相距大于核子本身线度时,核力几乎已完全消失。因此,在核内,一个核子只受到和它"紧靠"的其他核子的核力作用,而一个质子却要受到核内所有其他质子的电磁力。

实验证明,核力与电荷无关。质子和质子,质子和中子,中子和中子之间的作用力是一样的。质子-质子和中子-质子的散射实验证明了这一点,一个质子和一个中子的平均结合能相同也支持了这一结论。

实验证明,核力和核子自旋的相对取向有关。两个核子自旋平行时的相互作用力大于它们自旋反平行时的相互作用力。氘核的稳定基态是两个核子的自旋平行状态就说明了这一点。氘的自旋磁矩为 $0.857\,4\mu_N$,这与质子和中子的磁矩之和 $0.879\,7\mu_N$ 是十分相近的。

强力不像库仑力那样是有心力。更奇特的是,强力是一种**多体力**,即两个核子的相互作用力和其他相邻的核子的位置有关。因此,强力不遵守叠加原理,强力的这种性质给核子系统的理论计算带来巨大的困难。

由于核力的复杂性,它还没有精确的表达式。通常就用一个势能函数(薛定谔方程就要用这个函数)或势能曲线表示两个核子之间的相互作用。图 30.4 就是两个自旋反平行而轨道角动量为零的两个核子之间的势能曲线。它的形状和两个中性分子或原子之间的势能曲线①相似,只是横轴的距离标度小很多(小到 10^{-15} m)而竖轴的能量标度又大很多(大到分子间势能的 10^8 倍)。这种相似不

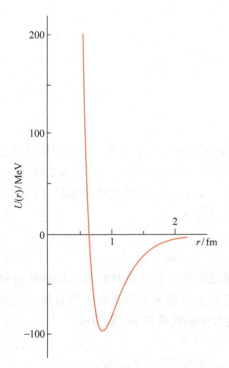

图 30.4 核力势能曲线

---

① 参看图 4.17。

是偶然的。两个中性原子之间的作用力本质上是电磁力。由于每个原子都是中性的,所以它们之间的电磁力是两个带电系统的正负电荷相互作用的电磁力抵消之后的**残余电磁力**。对核子来说,现已确认核子是由夸克组成。每个夸克都有"色荷"作为其内禀性质。色荷有三种:"红""绿""蓝"。三"色"俱全,则色荷为零。色荷具有相互作用力,叫**色力**。每个核子都由三个色荷不同的夸克构成,总色荷为零。两个核子之间的作用力就是组成它们的夸克之间的相互作用力抵消之后的**残余色力**的表现,图 30.4 就是这种残余色力的势能曲线。可以说,和原子之间的力相比较,同为残余力,所以具有形状相似的势能曲线。由图 30.4 可以看出,在两核子相距超过 2 fm 时,核力基本上消失了。距离稍近一些,核力是吸引力;相距约小于 1 fm 时,核力为斥力,而且随距离的减小而迅速增大。这可以说明核子有一定"半径"。这种斥力实际上是两个夸克的波函数相互重叠时泡利不相容原理起作用的结果(夸克都是费米子)。

例 30.1

估算其势能曲线如图 30.4 所示的那两个核子相距 1.0 fm 时的相互作用核力并与电磁力相比较。

解 在图 30.4 中作 $r=1.0$ fm 处的曲线的切线,其斜率约为 $(100/0.7)$ MeV/fm,于是相互作用核力为

$$F_\text{N} = -\frac{\Delta U}{\Delta r} = -\frac{100 \times 10^6 \times 1.6 \times 10^{-19}}{0.7 \times 10^{-15}} \approx -2.3 \times 10^4 \,(\text{N})$$

负号表示在 $r=1.0$ fm 时两核子相互吸引。在该距离时两质子的相互库仑斥力为

$$F_\text{e} = \frac{e^2}{4\pi\varepsilon_0 r^2} = \frac{9 \times 10^9 \times (1.6 \times 10^{-19})^2}{(1.0 \times 10^{-15})^2} \approx 2.3 \times 10^2 \,(\text{N})$$

此力较核力小到 10^{-2}。

30.3 核的结合能

由于核力将核子聚集在一起,所以要把一个核分解成单个的中子或质子时必须反对核力做功,为此所需的能量叫做**核的结合能**。它也就是单个核子结合成一个核时所能释放的能量。

一个核的结合能 E_b 可以由爱因斯坦质能关系求出。以 m_N 表示核的质量,则能量守恒给出

$$(Zm_\text{p} + Nm_\text{n})c^2 = m_\text{N}c^2 + E_\text{b}$$

由此得

$$E_\text{b} = (Zm_\text{p} + Nm_\text{n} - m_\text{N})c^2 = \Delta mc^2 \tag{30.8}$$

式中 $\Delta m = Zm_\text{p} + Nm_\text{n} - m_\text{N}$ 叫核的**质量亏损**,它是单独的核子结合成核后其总的静质量的减少。由于数据表一般多给出原子的质量,所以利用质量亏损求结合能时多用氢原子的质量 m_H 代替式(30.8)中的 m_p,而用原子质量 m_a 代替其中的核质量 m_N 而写成

$$E_\text{b} = (Zm_\text{H} + Nm_\text{n} - m_\text{a})c^2 \tag{30.9}$$

可以看出在此式中所涉及的电子的质量是消去了的,结果和式(30.8)一样。

例 30.2

计算 ^{5}Li 核和 ^{6}Li 核的结合能,给定 ^{5}Li 原子的质量为 $m_5 = 5.012\,539$ u,^{6}Li 原子的质量

为 $m_6 = 6.015\,121$ u，氢原子的质量为 $m_H = 1.007\,825$ u。比较 ^{5}Li 核的质量与质子及 α 粒子的质量和（$m_{He} = 4.002\,603$ u）。

解 由式(30.9)可得 ^{5}Li 核和 ^{6}Li 核的结合能分别为

$$E_{b,5} = (3 \times 1.007\,825 + 2 \times 1.008\,665 - 5.012\,539) \times 931.5 \approx 26.3 \text{ (MeV)}$$

$$E_{b,6} = (3 \times 1.007\,825 + 3 \times 1.008\,665 - 6.015\,121) \times 931.5 \approx 32.0 \text{ (MeV)}$$

由于

$$m_5 = 5.012\,539 \text{ u} > m_H + m_{He} = 5.010\,428 \text{ u}$$

可知 ^{5}Li 核的质量大于质子和 α 粒子的质量和。因此 ^{5}Li 核不稳定，它会分裂成一个质子和一个 α 粒子并放出一定的能量，这能量可计算为

$$(5.012\,539 - 5.010\,428) \times 931.5 \approx 2.0 \text{ MeV}$$

不同的核的结合能不相同，更令人注意的是**平均结合能**，即就一个核平均来讲，一个核子的结合能。图 30.5 画出了稳定核的平均结合能 $E_{b,1}$ 和质量数 A 的关系。开始时，$E_{b,1}$ 很快随 A 的增大而增大，而在 $A=4$(He), 12(C), 16(O), 20(Ne) 和 24(Mg) 时具有极大值，说明这些核比与其相邻的核更稳定。在 $A>20$ 时 $E_{b,1}$ 差不多与 A 无关，都大约为 8 MeV。这说明核力的一种"饱和性"，这种饱和性是核力的短程性的直接后果。由于一个核子只和与它紧靠的其他核子有相互作用，而在 $A>20$ 时在核内和一个核紧靠的粒子数也基本不变了，因此，核子的平均结合能也就基本上不随 A 的增加而改变了。

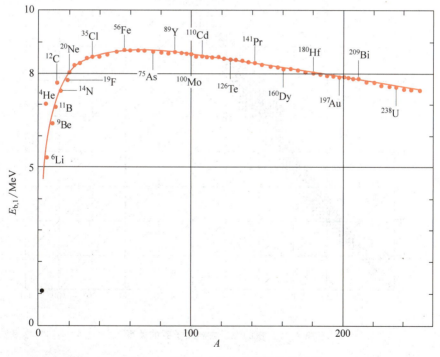

图 30.5 平均结合能和质量数的关系图

核内质子之间有库仑斥力作用。这力和核力不同，为长程力。因此，一个质子要受到核内所有其他质子的作用。当质子数增大时，库仑力的效果渐趋显著。这斥力有减小结合能的作用，这就是图 30.5 中 $A>60$ 时 $E_{b,1}$ 逐渐减小的原因。结合能的减少将削弱核的稳定

性。中子不带电,不受库仑斥力的作用。因此,在核内增加质子数的同时,多增加一些中子将会使核更趋稳定。图 30.6 中标出了稳定核的中子数和质子数的关系,在质量数大时,中子数超过质子数就是由于这种原因。质子数很大时,稳定性将不复存在。实际上,正如图 30.6 所示,在 Z>81 的绝大多数同位素核都是不稳定的,它们都会通过放射现象而衰变。

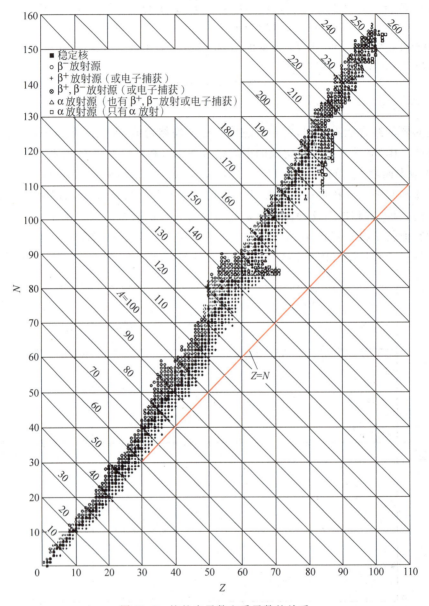

图 30.6 核的中子数和质子数的关系

从图 30.5 的核子平均结合能曲线还可看出,重核分裂为轻核时是会放出能量的(因为两个轻核的结合能大于分裂前那个重核的结合能)。这种释放能量的方式叫**裂变**。裂变除了应用于爆炸——原子弹,目前已被广泛地应用于发电或供暖,这种原子能发电站的"锅炉",即释放核能的部位叫**反应堆**。图 30.5 还说明,两个轻核聚合在一起形成一个新核时也会放出能量(因为原来两个轻核的结合能小于聚合成的新核的结合能)。这种释放能量的方式叫**聚变**。目前已应用于爆炸——氢弹,而人工控制的聚变还正在积极研究中。

*30.4 核的液滴模型

到目前为止,核的结构还不能有精确全面的理论描述,因此,只能利用模型来近似。已提出了许多模型,每种模型能解释某一方面的问题。作为例子,下面介绍核的液滴模型,它曾在裂变能量的计算中给出过重要的结果。

液滴模型最初是由玻尔根据核力和液体的分子力的相似而提出的。此模型设想核是一滴"核液",核力在核子间距很小时变为巨大的斥力使核液具有"不可压缩性",核子间距较大时,核力又表现为引力。斥力和引力的平衡使得核子之间保持一定的平衡间距而使核液有一恒定的密度。像普通的液滴由于表面张力而聚成球形那样,也可以设想核液滴也有表面张力而使核紧缩成球形。在这种相似的基础上,核的液滴模型提出了一个核的结合能的计算公式,该公式包括以下几项。

(1) **体积项** 这是由核力的近程性决定的能量。由于一个核子只和它紧邻的核子有相互作用,整个核内的核子间的核力相互作用能就和总核子数 A 成正比(当 A 比较大时)。因此由于核力产生的结合能应为

$$a_1 A$$

此处 a_1 是一正的比例常量。由于核子之间的相互作用是核力占优势,所以在结合能表示式中,这一项也是最主要的一项。

(2) **表面项** 由于表面的核子的紧邻核子数比内部核子的紧邻核子数少,所以上项应加以一负值的修正。由于表面核子数和表面积成正比,而表面积和核半径 R 的平方,也就是 $A^{2/3}$ 成正比,所以这一修正项应为

$$-a_2 A^{2/3}$$

此处 a_2 是另一个比例常量。

(3) **电力项** 质子间的库仑斥力有减少结合能的效果,所以应再加以库仑势能的修正项。按电荷均匀分布的球体计算,库仑势能与 Q^2/R 成正比。由于 $Q \propto Z, R \propto A^{1/3}$,所以这一电力项应为

$$-a_3 \frac{Z^2}{A^{1/3}}$$

(4) **不对称项** 这是一个量子力学修正项。量子理论认为核子在核内都处于一定的能级上。由于是费米子,当质量数逐渐增加时,核子将从最低能级开始向上填充。这种填充以中子数和质子数相同时比较稳定(图 30.7(a))。在 A 相同并且 $N=Z$ 时如果将一个质子改换成一个中子,该中子势必要进入更高的能级(图 30.7(b)),这将增大核的能量从而使结合能减少。$N \neq Z$ 就叫做不对称。$|Z-N|$ 越大,则核的能量越大,结合能越小。可以设想由不对称引起的能量增加和 $|Z-N|=|A-2Z|$ 或 $(A-2Z)^2$ 成正比。另外,A 越大,核子要填充的能级越高而能级差越小。所以,又可以认为这一项修正和 A 成反比。于是不对称项就应为

$$-a_4 (A-2Z)^2/A$$

(5) **对项** 这是一项实验结果的引入,对结合能的影响是:偶偶核为正,奇奇核为负,

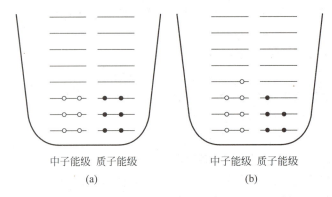

图 30.7 不对称项的说明

而奇偶核为 0。此项的形式为

$$a_5 A^{-1/2}$$

将以上 5 项合并，可得整个关于结合能的公式为

$$E_b = a_1 A - a_2 A^{2/3} - a_3 Z^2/A^{1/3} - a_4(A-2Z)^2/A + a_5 A^{-1/2} \quad (30.10)$$

式中的 5 个常量要通过用最小二乘法去和实验结果拟合来求得。下面的一组数据使式(30.10)和实验结果非常相近(特别是对于 $A>20$ 的核)：

$$a_1 = 15.753 \text{ MeV}$$
$$a_2 = 17.804 \text{ MeV}$$
$$a_3 = 0.710\ 3 \text{ MeV}$$
$$a_4 = 23.69 \text{ MeV}$$
$$a_5 = \pm 11.18 \text{ MeV 或 } 0$$

式(30.10)最早是由韦塞克(C. F. von Weisäker)1935 年提出的，现在就叫核结合能的**韦塞克半经验公式**。

利用韦塞克半经验公式曾成功地计算过重核的裂变能。考虑 ^{236}U 核(^{235}U 核吸收一个中子生成)裂变为两个相等的裂片：

$$^{236}_{92}\text{U} \longrightarrow {}^{118}_{46}\text{Pd} + {}^{118}_{46}\text{Pd}$$

此反应中，质量数为 A，质子数为 Z 的一个核变成了两个质量数为 $A/2$，质子数为 $Z/2$ 的核。由韦塞克公式可得原来的重核的结合能为(忽略最后一项)

$$E_{b,A,Z} = \left[15.753A - 17.804A^{2/3} - 0.710\ 3\frac{Z^2}{A^{1/3}} - 23.69\frac{(A-2Z)^2}{A}\right]\text{MeV}$$

裂变后每个核的结合能为

$$E_{b,A/2,Z/2} = \left[15.753\frac{A}{2} - 17.804\left(\frac{A}{2}\right)^{2/3} - 0.710\ 3\frac{(Z/2)^2}{(A/2)^{1/3}} - 23.69\frac{(A/2-2Z/2)^2}{A/2}\right]\text{MeV}$$

此裂变释放出的能量为

$$2E_{b,A/2,Z/2} - E_{b,A,Z}$$
$$= \left(-4.6A^{2/3} + 0.26\frac{Z^2}{A^{1/3}}\right)\text{MeV} \quad (30.11)$$

此结果的第一项是裂变后核的表面积增大而由核"表面张力"做的功，这是核力做的功。式(30.11)右侧第二项是重核裂开时两裂片的质子间的斥力做的功。将 $A=236, Z=92$ 代

入式(30.11)可得

$$\left(-4.6 \times 236^{2/3} + \frac{0.26 \times 92^2}{236^{1/3}}\right) \text{MeV}$$
$$\approx (-180 + 360) \text{MeV}$$
$$= 180 \text{ MeV} \qquad (30.12)$$

此式表明,核力做了 -180 MeV 的功,即重核裂开时,裂片反抗相互吸引的核力做了功,同时库仑斥力使裂片分开做了 360 MeV 的功。两项抵消后裂片共获得动能 180 MeV,这就是裂变所释放的核能或原子能。其实,这核能的真实能源并不是核力,而是静电斥力。

核的壳模型

液滴模型不能说明核的能量和角动量的量子化,也不能说明平均结合能的极大值。迈耶(M. G. Mayer)和金森(H. D. Jenson)提出了类似于原子能级那样的壳模型,该模型给出的核子的能级如图 30.8 所示。图中符号和原子能级的符号意义相同。和原子能级不同的是:能级差变大(MeV 量级),特别是由于自旋轨道耦合甚强而引起的轨道能级的分裂间隔很大(由于核力场不是有心力场,所以 $l<n$ 的限制不再有效)。由图可知,对于 Z 或 N 为 8,20,28,50,82,126 的核,有核子的最高能级到其上没有核子的能级的差都比较大。这说明这些核都特别稳定,和原子中的惰性元素原子类似。

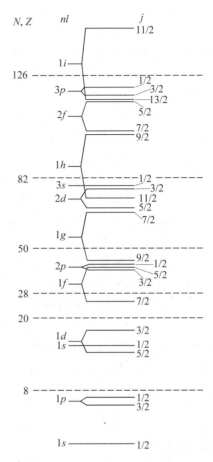

图 30.8 核的壳模型给出的单核子的能级图

核的稳定性的这一现象在此前已从实验结果中得知了,壳模型对它作出了较圆满的解释。

30.5 放射性和衰变定律

放射性是不稳定核自发地发射出一些射线而本身变为新核的现象,这种核的转变也称做**放射性衰变**(或蜕变)。放射性是 1896 年贝可勒尔(H. Becquerel)发现的,他当时观察到铀盐发射出的射线能透过不透明的纸使其中的照相底片感光。其后卢瑟福和他的合作者把已发现的射线分成 α、β 和 γ 三种。再后人们就发现 α 射线是 α 粒子,即氦核(^{4}He)流,β 射线是电子流,γ 射线是光子流。下面列出几个放射性衰变的例子:

$$^{226}\text{Ra} \longrightarrow {}^{222}\text{Rn} + \alpha$$
$$^{238}\text{Ra} \longrightarrow {}^{234}\text{Th} + \alpha$$
$$^{131}\text{I} \longrightarrow {}^{131}\text{Xe} + \beta + \bar{\nu}_e$$
$$^{60}\text{Co} \longrightarrow {}^{60}\text{Ni} + \beta + \bar{\nu}_e$$

式中 $\bar{\nu}_e$ 是反电子中微子的符号。以上衰变例子中原来的核称**母核**,生成的新核叫**子核**。

天然的放射性元素的原子序数 Z 都大于 81,它们都分属三个**放射系**。这三个放射系的起始元素分别为^{238}U，^{235}U和^{232}Th，常根据各系的核的质量数而分别地命名为$4n+2$，$4n+3$和$4n$系，各系的最终核分别是同位素^{206}Pb，^{207}Pb和^{208}Pb。图30.9给出了钍系的衰变顺序图。还有一个系，即$4n+1$系，由于系中各核的半衰期较短，它们在自然界已不存在。此系的起始元素是锫的同位素^{237}Np，而其最终核应为^{209}Pb。

所有放射性核的衰变速率都跟它们的化学和物理环境无关，所有衰变都遵守同样的统计规律：在时间dt内衰变的核的数目$-dN$和dt开始时放射性核的数目N以及dt成正比。因此可以得到

$$-dN = \lambda N dt \qquad (30.13)$$

式中常量λ叫**衰变常量**。衰变常量也就是一个放射性核单位时间内衰变的概率。

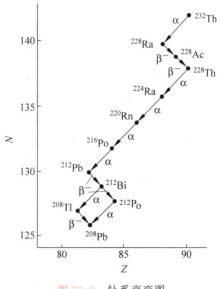

图30.9 钍系衰变图

式(30.13)积分之后，就可得到

$$N(t) = N_0 e^{-\lambda t} \qquad (30.14)$$

式中N_0是在$t=0$时放射性核的数目。

由式(30.13)可知，从$t=0$开始，$-dN$个放射性核的生存时间为t，所以所有放射性核的**平均寿命**为

$$\tau = \frac{1}{N_0}\int_0^\infty t(-dN) = \frac{1}{N_0}\int_0^\infty t\lambda N dt = \int_0^\infty t\lambda e^{-\lambda t} dt$$

积分结果是

$$\tau = \frac{1}{\lambda} \qquad (30.15)$$

实际上讨论衰变速率时常不用λ和τ，而用**半衰期**。一种放射性核的半衰期是它的给定样品中的核衰变一半所用去的时间，半衰期用$t_{1/2}$表示。由此定义，根据式(30.14)可知

$$N_0/2 = N_0 e^{-t_{1/2}/\tau}$$

于是有

$$t_{1/2} = (\ln 2)\tau \approx 0.693\tau = 0.693/\lambda \qquad (30.16)$$

不同的放射性核的半衰期不同，而且差别可以很大，从微秒（甚至更小）到万亿年（甚至更长）都有。表30.2列出了一些半衰期的实例。

表30.2 半衰期实例

核	$t_{1/2}$	核	$t_{1/2}$	核	$t_{1/2}$
^{216}Ra	0.18 μs	^{131}I	8.04 d	^{237}Np	2.14×10^6 a
^{207}Ra	1.3 s	^{60}Co	5.272 a	^{235}U	7.04×10^8 a
自由中子	12 min	^{226}Ra	1 600 a	^{238}U	4.46×10^9 a
^{191}Au	3.18 h	^{14}C	5 730 a	^{232}Th	1.4×10^{10} a

在使用放射性同位素时，常用到**活度**这个量，一个放射性样品的活度是指它每秒钟衰变

的次数。以 $A(t)$ 表示活度,再利用式(30.14)可得

$$A(t) = -\frac{dN}{dt} = \lambda N_0 e^{-\lambda t} = \lambda N = A_0 e^{-\lambda t} \tag{30.17}$$

式中 $A_0 = \lambda N_0$ 是起始活度。由此式可知,活度与衰变常量以及当时的放射性核的数目成正比。因此,活度和放射性核数以相同的指数速率减小。对于给定的 N_0,半衰期越短,则起始活度越大而活度减小得越快。

活度的国际单位是贝可[勒尔],符号是 Bq。$1\text{ Bq} = 1\text{ s}^{-1}$。

活度的常用单位是**居里**,符号为 Ci。其分数单位有毫居(mCi)和微居(μCi)。它最初是用 1 g 的镭的活度定义的,该定义为

$$1\text{ Ci} = 3.70 \times 10^{10}\text{ Bq} \tag{30.18}$$

例 30.3

^{226}Ra 的半衰期为 1 600 a,1 g 纯 ^{226}Ra 的活度是多少?这一样品经过 400 a 和 6 000 a 时的活度又分别是多少?

解 样品中最初的核数为

$$N_0 = \frac{1 \times 6.023 \times 10^{23}}{226} \approx 2.66 \times 10^{21}$$

衰变常量为

$$\lambda = 0.693/t_{1/2} = \frac{0.693}{1\ 600 \times 3.156 \times 10^7} \approx 1.37 \times 10^{-11}(\text{s}^{-1})$$

起始活度为

$$A_0 = \lambda N_0 = 1.37 \times 10^{-11} \times 2.66 \times 10^{21} \approx 3.65 \times 10^{10}(\text{Bq})$$

差不多等于 1Ci,和式(30.18)定义相符合。由式(30.17)可得

$$A_{400} = A_0 e^{-\lambda t} = A_0 \times 2^{-t/t_{1/2}} = 3.65 \times 10^{10} \times 2^{-400/1\ 600} \approx 3.07 \times 10^{10}(\text{Bq}) = 0.83\text{ (Ci)}$$

$$A_{6\ 000} = 3.65 \times 10^{10} \times 2^{-6\ 000/1\ 600} \approx 2.71 \times 10^9(\text{Bq}) = 0.073\text{ (Ci)}$$

上面说过,一个母核生成的子核还可能是放射性的。假定开始时是纯母核 P 的样品,由于它的放射,子核 D 的数目开始时要增大,但是不久此子核的数目就会由于母核数的减少和此子核本身的衰变而逐渐减小。子核数 N_D 随时间变化的微分方程为

$$\frac{dN_D}{dt} = \lambda_P N_P - \lambda_D N_D = \lambda_P N_{0P} e^{-\lambda_P t} - \lambda_D N_D$$

此方程的解为

$$N_D(t) = \frac{N_{0P}\lambda_P}{\lambda_D - \lambda_P}(e^{-\lambda_P t} - e^{-\lambda_D t}) \tag{30.19}$$

常常遇到母核的半衰期比子核的半衰期大很多的情况。这种情况下,在时间 t 满足 $t_{1/2,P} \gg t \gg t_{1/2,D}$ 的时期内,式(30.19)给出

$$N_D = \frac{\lambda_P}{\lambda_D}N_P = \frac{t_{1/2,D}}{t_{1/2,P}}N_P \approx \frac{t_{1/2,D}}{t_{1/2,P}}N_{0P} \tag{30.20}$$

这就是说,在这一时期内放射性核 D 由于 P 的衰变而产生的速率和 D 核本身衰变的速率相等,因此 D 的数目保持不变。例如,^{238}U 是一种 α 放射源,半衰期为 4.46×10^9 a。它的衰变

产物 ^{234}Th 是 β 放射源,半衰期仅为 24.1 d。如果开始的样品中是纯 ^{238}U,它的 α 活度随时间不会有明显的变化。当 ^{234}Th 的产生速率和它由于发射 β 射线而衰变的速率相平衡时,^{234}Th 核的数目将基本不变。这种长期平衡状态实际上经过约 5 个 ^{234}Th 的半衰期就达到了。此后样品将以基本上不变的速率放射 α 粒子和 β 粒子。贝可勒尔当初观察到的 β 射线就是这些 ^{234}Th 核发生的(也还有 ^{235}U 核的子核 ^{231}Th 核发出的,这两种核的半衰期分别是 7.04×10^8 a 和 25.2 h)。

放射性的一个重要应用是鉴定古物年龄,这种方法叫**放射性鉴年法**。例如,测定岩石中铀和铅的含量可以确定该岩石的地质年龄(见习题 30.14)。下面介绍一种对于生物遗物的 ^{14}C 放射性鉴年法。

^{14}C 放射性鉴年法是利用 ^{14}C 的天然放射性来鉴定有生命物体的遗物(如骨骼、皮革、木头、纸等)的年龄的方法。它是 20 世纪 50 年代里贝(W. F. Libby)发明的,并因此获得 1960 年诺贝尔化学奖。各种生物都要吸收空气中的 CO_2 用来合成有机分子。这些天然碳中绝大部分是 ^{12}C,只有很小一部分是 ^{14}C。这些 ^{14}C 是来自太空深处的宇宙射线中的中子和地球大气中的 ^{14}N 核发生下述核反应产生的:

$$n + {}^{14}N \longrightarrow {}^{14}C + p$$

这 ^{14}C 核接着以 $(5\,730 \pm 30)$ a 的半衰期进行下述衰变:

$$^{14}C \longrightarrow {}^{14}N + \beta + \bar{\nu}_e$$

由于产生的速率不变,同时又进行衰变,经过上万年后空气中的 ^{14}C 已达到了恒定的自然丰度,约 1.3×10^{-10}%。植物活着的时候,它不断地吸收空气中的 CO_2 来制造新的组织代替旧的组织。动物一般要吃植物,所以它们也要不断地吸收碳进行新陈代谢。生物组织不能区别 ^{12}C 和 ^{14}C,所以它们身体组织中的 ^{14}C 的丰度和大气中的一样。但是,一旦它们死了,就再不吸收 CO_2 了。在它们的遗体中,^{12}C 的含量不会改变,但 ^{14}C 由于衰变而不断减少,于是由此衰变产生的活度也将不断减小,测量一定量遗体的活度就能判定该遗体的存在时间,或说年龄。请看下面例题。

例 30.4

河北省磁山遗迹中发现有古时的粟。一些这种粟的样品中含有 1 g 碳,它的活度经测定为 2.8×10^{-12} Ci。求这些粟的年龄。

解 1 g 新鲜碳中的 ^{14}C 核数为

$$N_0 = 6.023 \times 10^{23} \times 1.3 \times 10^{-12}/12 \approx 6.5 \times 10^{10}$$

这些粟的样品活着的时候,活度应为

$$A_0 = \lambda N_0 = (\ln 2) N_0 / t_{1/2} = 0.693 \times 6.5 \times 10^{10}/(5\,730 \times 3.156 \times 10^7)$$

$$\approx 0.25 \text{(Bq)} = 6.8 \times 10^{-12} \text{(Ci)}$$

由于 $A_t = 2.8 \times 10^{-12}$ Ci,按 $A_t = A_0 e^{-0.693 t/t_{1/2}}$ 计算可得

$$t = \frac{t_{1/2}}{0.693} \ln \frac{A_0}{A_t} = \frac{5\,730}{0.693} \ln \frac{6.8 \times 10^{-12}}{2.8 \times 10^{-12}} \approx 7\,300 \text{(a)}$$

据考证这些粟是世界上发现得最早的粟,比在印度和埃及发现得都要早。

30.6 α衰变

α衰变是 ^{4}He 核从核内逃逸的现象。由于 ^{4}He 的结合能特别大,所以在核内两个质子和两个中子就极有可能形成一个单独的单位——α粒子。核对α粒子形成一势阱,因而α粒子从中逃出是一个势垒穿透过程。α粒子逃出时所要穿过的势垒是α粒子和子核的相互作用形成的。图 30.10 画出 ^{232}Th 的α粒子势能和离核中心的距离的关系。在核外($r>R$,R 为核半径),势能为α粒子和子核之间的库仑势能

$$U(r) = \frac{2Ze^2}{4\pi\varepsilon_0 r} \quad (30.21)$$

式中 Z 为子核的电荷数。在核内,势能基本上是常量,深度为几十 MeV。逃出核的α粒子的能量 E_α 一般比势垒高峰低得多。

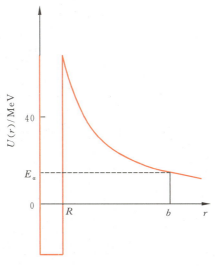

图 30.10 核内外α粒子的势能曲线

例 30.5

求 ^{238}U 核中α粒子的库仑势垒的峰值。

解 因为 $r=R=r_0 A^{1/3}$,由式(30.21)可得

$$U(R) = \frac{2Ze^2}{4\pi\varepsilon_0 r_0 A^{1/3}}$$

此式中 Z 和 A 应分别用子核 ^{234}Th 的值 90 和 234,于是

$$U(R) = \frac{9\times10^9 \times 2\times 90\times (1.6\times10^{-19})^2}{1.2\times10^{-15}\times 234^{1/3}} \approx 5.6\times10^{-12}(\text{J}) = 35(\text{MeV})$$

这比由 ^{238}U 核放射出的α粒子的能量(4.2 MeV)大得多。

同一α放射源可以放射出不同能量的α粒子。由图 30.10 可知,逸出的α粒子的能量越大,它要穿过的势垒的厚度就越小,因而这种α粒子穿过势垒的概率就越大,相应的α衰变的半衰期就会越短。量子理论给出α半衰期 $t_{1/2}$ 和α粒子能量 E_α 有下述关系:

$$\ln t_{1/2} = AE_\alpha^{-1/2} + B \quad (30.22)$$

式中 A 和 B 对一种核基本上是常量。由于上式中 $t_{1/2}$ 和 E_α 是对数关系,所以差别不大的 E_α 所对应的 $t_{1/2}$ 可以有非常大的差别。这可由图 30.11 中的实验数据看出来(图中所示 Th 核的各同位素的库仑势垒峰值基本相同)。

α衰变的同时常常有γ射线发出——γ衰变,这意味着由衰变产生的子核是处于激发态。一种α放射源所发射的α射线几乎无例外地按能量明显地分成若干组,图 30.12 所示

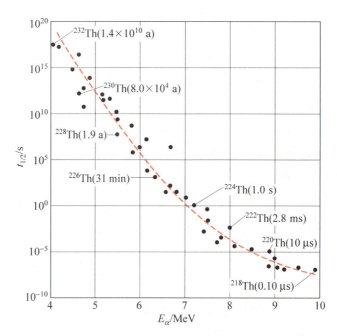

图 30.11 α 衰变半衰期和 α 粒子能量的关系

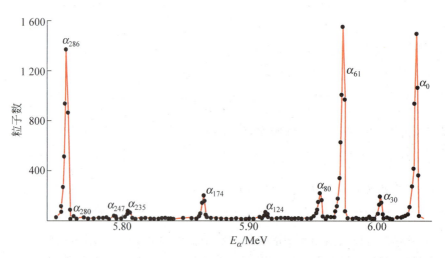

图 30.12 ^{227}Th 核的 α 能谱的一部分

的 ^{227}Th 衰变为 ^{223}Ra 时所发射的 α 粒子的能谱就说明了这一点。由于可以假定母核在衰变前都处于基态，此 α 能谱说明子核可能（至少在短时间内）处于一定的激发态。于是，当子核从这些激发态衰变回其基态时，就会发射出一系列能量不同的 γ 射线，实验证明了这一点。图 30.13 画出了 ^{227}Th 核 α 衰变伴随的 γ 射线的能量与 α 能谱（图 30.12）中峰的能量差的关系。这种关系也给出了一种用 α 能谱确定核的能级的方法。

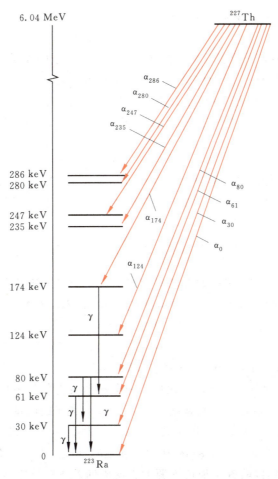

图 30.13 由 α 能谱确定子核能级及 γ 射线能量

*30.7 穆斯堡尔效应

在研究原子系统时,常常做共振实验。这种实验是使一组原子发光,照射另一组同样的原子,观察前者发的光被后者吸收的情况。根据玻尔频率条件

$$h\nu = E_h - E_l \tag{30.23}$$

原子发出的光子的能量和能被该原子吸收的能量相等,因此,总能发生**共振吸收**。但仔细分析起来,式(30.23)只是近似式。因为该式只考虑了能量关系而没有考虑动量。实际上,原子发光过程还要遵守动量守恒定律。原子发出能量为 $h\nu$ 的光子的同时,由于光子带走了 $h\nu/c$ 的动量,根据动量守恒,原子本身就获得了反冲动量 $p_{rec}=h\nu/c$(设原子原来静止),因此也就获得了反冲能量

$$E_{rec} = \frac{p_{rec}^2}{2m} = \frac{(h\nu)^2}{2mc^2} \tag{30.24}$$

式中 m 为原子的质量。这样,原子发出的光子的能量应为

$$h\nu_{emi} = E_h - E_l - E_{rec} \tag{30.25}$$

同样,由于反冲,能被该原子吸收的光子的能量应为

$$h\nu_{abs} = E_h - E_l + E_{rec} \tag{30.26}$$

同一种原子所能吸收的光子的能量和该种原子所发射的光子的能量(在同样的原子能级改变的情形下)不同,差为 $2E_{rec}$。因此,共振吸收似乎是不可能的了,但实际上并非如此。

我们知道,原子所发的光子的能量并不是只有单一确定的值,而是有一定的谱线自然宽度。这自然宽度 ΔE_N 决定于有关激发态能级的寿命 Δt。根据不确定关系

$$\Delta E_N = \frac{\hbar}{2\Delta t} \tag{30.27}$$

而原子激发态能级的寿命的典型值为 10^{-8} s,因此所发光子的能量自然宽度为 $\Delta E_N = 1.05 \times 10^{-34}/(2 \times 10^{-8}) \approx 5 \times 10^{-27}$ (J) $= 3 \times 10^{-8}$ (eV)。由于原子发出光子的能量为 1 eV 量级,取 $m = 10$ u $= 9\,350$ MeV/c^2,由式(30.24)可得

$$E_{rec} = \frac{(h\nu)^2}{2mc^2} = \frac{1^2}{2 \times 9\,350 \times 10^6} \approx 5 \times 10^{-11} \text{(eV)}$$

由于 $\Delta E_N \gg 2E_{rec}$,所以和同一能级改变相对应的发射光子和能被吸收的光子的能量分布就差不多完全重合在一起了,如图 30.14 所示(图中 ΔE_N 和 $2E_{rec}$ 相比,不成比例地缩小了很多倍)。这样,一种原子发射的光子就能基本上完全被同种原子吸收了,这就是一般很容易观察到光学共振吸收的原因。

对于高能量的光子,如 γ 光子,共振吸收又如何呢?

γ 光子是原子核能级发生变化时发出的。原子核激发态能级寿命的典型值为 10^{-10} s。由式(30.27)可得 γ 光子的能量自然宽度为 10^{-6} eV。γ 光子的能量以 0.1 MeV 计,核的质量以 100 u $= 9.35 \times 10^4$ MeV 计,则可由式(30.24)求得 $E_{rec} \approx 0.1$ eV。这种情况下,$\Delta E_N \ll 2E_{rec}$,能量分布曲线如图 30.15 所示(图中 $2E_{rec}$ 和 ΔE_N 相比,缩小了很多倍)。共振吸收成为不可能的了。1958 年以前曾用加热 γ 源的方法借助多普勒效应展宽 γ 光子的谱线宽度以达到共振吸收的目的,但效果并不明显。

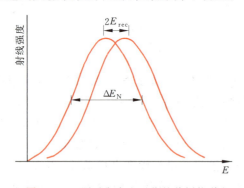

图 30.14 原子发光和吸收的共振能谱

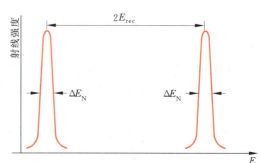

图 30.15 γ 光子的发射和吸收能量分布

1958 年研究生穆斯堡尔(R. Mossbauer)发明了一种 γ 共振吸收的方法(因此获得 1961 年诺贝尔物理奖)。他用的 γ 源是 ^{191}Ir。他使这种核嵌在晶体中作为 γ 源和吸收体。这样,接受反冲的就不是一个单独的核而是整个晶体了。式(30.24)中的 m 一下子增大了 10^{22} 倍,从而 E_{rec} 可以完全忽略而认为**没有反冲**。这种情况下,发射的 γ 光子的能量分布和能被吸收的 γ 光子的能量分布就完全重叠起来,而共振吸收就能很容易地观察到了。当时穆斯

堡尔还降低了样品的温度（低温下晶体能量量子化更为明显）以增大共振吸收的概率。这种无反冲的共振吸收就叫**穆斯堡尔效应**。

利用穆斯堡尔效应可以精确地测量 γ 射线的谱线宽度，为此需要源或吸收体发生运动以产生多普勒效应来调节 γ 光子的频率。如图 30.16 所示，把源放置在一个振动器上。当源以一定速度 v 向接收器运动时，它发生的 γ 光子的频率将由 ν 变为

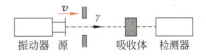

图 30.16　穆斯堡尔实验装置

$$\nu' = \left(1 + \frac{v}{c}\right)\nu \tag{30.28}$$

由于光子能量为 $h\nu = E$，所以 γ 光子的能量也由 E_γ 变为

$$E'_\gamma = \left(1 + \frac{v}{c}\right)E_\gamma \tag{30.29}$$

当速度 $v=0$ 时，$E'_a = E_a$，发生准确的共振吸收，检测器测到的射线强度最小。从大到小改变 v 值（包括反向 v 值），则 ν' 将扫过整个谱线宽度 ΔE_N，而

$$\Delta E_N = E'_\gamma - E_\gamma = \frac{v}{c}E_\gamma \tag{30.30}$$

而探测器接收到的吸收能谱将如图 30.17 所示。由于源和吸收体都有一能级宽度 ΔE_N，所以这一吸收谱线的宽度 δ 将是 ΔE_N 的两倍。测出 δ，就能得出谱线宽度 ΔE_N 的值了。

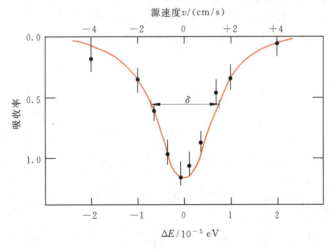

图 30.17　^{191}Ir 的穆斯堡尔 γ 吸收谱

对常用的 ^{57}Fe γ 源来说，$\Delta t = 1.41 \times 10^{-7}$ s，由式(30.27)可求得 $\Delta E_N = 2.3 \times 10^{-9}$ eV。由于 ^{57}Fe 发射的 γ 光子能量为 $E_\gamma = 14.4$ keV，所以可得相对线宽为

$$\frac{\Delta E_N}{E_\gamma} = \frac{2.3 \times 10^{-9}}{14.4 \times 10^3} \approx 1.6 \times 10^{-13} \tag{30.31}$$

这样的精确度是十分惊人的。再加以谱线宽度可以精确测量到 10^{-2}，因而利用穆斯堡尔效应可以将 γ 射线能量（或频率）变化测量到 10^{-15} 量级。这相当于把地球月球之间的距离（10^8 m）精确测量到 10^{-7} m 量级，这一量级和光的波长相当了！

穆斯堡尔仪器并不太复杂，而且源的移动速度要求也不高。对 ^{57}Fe 来说，由式(30.30)

和式(30.31)可得

$$v = \frac{\Delta E_N}{E_\gamma} \times c = 1.6 \times 10^{-13} \times 3 \times 10^8 \approx 5 \times 10^{-5} (\text{m/s}) = 0.05 (\text{mm/s})$$

这个速度是相当小的。

γ 光子的能量反映核的能级的分布。尽管核的能级受其外的环境影响甚小，但由于穆斯堡尔实验的精确度很高，还是可以测出这种影响的。在图 30.16 的实验中，如果源和吸收体的有关核(如 ^{57}Fe)所处环境不同，则其穆斯堡尔吸收能谱不可能在 $v=0$ 处出现极小值，而是稍有位移。特别是在有的环境(如加外磁场)中核的原有一个能级分裂为几个能级时，得到的**穆斯堡尔谱**就可能出现若干个极值。借助于这种能谱就可以对核的超精细结构加以研究。现在穆斯堡尔谱仪已是研究原子核结构，原子的化学键、价态等常用的工具了。由于铁元素是红血球的重要组成元素之一，所以穆斯堡尔效应也被应用到生物科学的研究中了。图 30.18 是在对西藏高原红细胞增多症患者的血红蛋白特异性研究中，用 ^{57}Co 源(^{57}Co 捕获电子后成为 ^{57}Fe γ 源)在 80 K 温度下对红细胞所做的穆斯堡尔谱。

爱因斯坦广义相对论曾预言，光受引力的作用会发生红移。由于地球的引力较弱，引起的**引力红移**就非常小，因此在地球上观察引力红移十分困难。但人们总想这样来验证广义相对论，所以当 1958 年穆斯堡尔实验结果一发表，世界上就有几个小组立即利用它极高的精确度来做引力红移实验。1960 年庞德(R. V. Pound)和瑞布卡(G. A. Rebka)果然取得了成功。他们在哈佛大学的塔楼内高差为 22.6 m 的上下两层内分别安置了振动的源和固定的吸收体(图 30.19)。上面的源是 ^{57}Co(它吸收电子后变为 ^{57}Fe 的 γ 射线源)，下面的吸收体为含有 ^{57}Fe 的铍膜，该膜紧贴在 NaI 和光电管组成的探测器上面。上下连通的直管内通以 He 气以减弱空气对 γ 射线的吸收。实验原理如下。

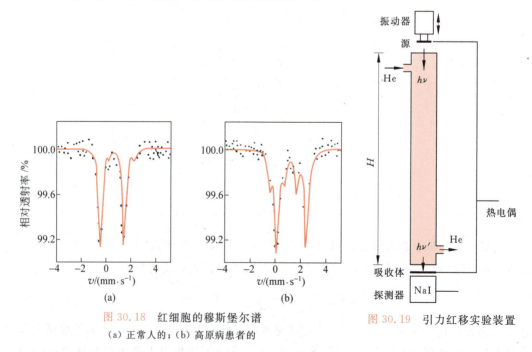

图 30.18　红细胞的穆斯堡尔谱
(a) 正常人的；(b) 高原病患者的

图 30.19　引力红移实验装置

以 m_γ 表示光子质量，则 $m_\gamma = h\nu/c^2$。光子下落高度 H 时，能量守恒给出

$$h\nu + m_\gamma gh = h\nu + \frac{h\nu}{c^2} gH = h\nu'$$

由此得

$$\Delta\nu = \nu' - \nu = \frac{gH}{c^2}\nu$$

而

$$\frac{\Delta\nu}{\nu} = \frac{gH}{c^2} = 1.09 \times 10^{-16} H$$

对 ^{57}Fe,$\frac{\Delta\nu}{\nu} = \frac{\Delta E}{E_\gamma} = 1.6 \times 10^{-13}$,和上式相比较,就要求

$$H = \frac{1.6 \times 10^{-13}}{1.09 \times 10^{-16}} \approx 1.5 \times 10^3 (\text{m})$$

实际上谱线宽度测定可精确到 10^{-2},因此 H 有 15 m 就应该能够观察到确定的引力红移量了。实验中的高度 H 是 22.6 m,满足了这个要求。他们得到的结果 $(\Delta\nu)_\text{exp}$ 和理论结果 $(\Delta\nu)_\text{th}$ 的比是

$$\frac{(\Delta\nu)_\text{exp}}{(\Delta\nu)_\text{th}} = 1.05 \pm 0.10$$

这就很好地证实了广义相对论关于引力红移的结论。

可以附带指出的是,温度对 $\Delta\nu$ 也有影响,源和吸收体的温度差略大一些就可能淹没掉引力红移效应。庞德和瑞布卡能把源和吸收体的温差控制在 0.03 K 内,这也是他们先于其他小组实验成功的原因之一。

30.8 β 衰变

早先 β 衰变只是指核放出电子(β^-)的衰变,现在把所有涉及电子和正电子(β^+)的核转变过程都叫做 β 衰变。实际的例子有

$$^{60}\text{Co} \longrightarrow {}^{60}\text{Ni} + \beta^- + \bar{\nu}_e \tag{30.32a}$$

$$^{22}\text{Na} \longrightarrow {}^{22}\text{Ne} + \beta^+ + \nu_e \tag{30.32b}$$

$$^{22}\text{Na} + \beta^- \longrightarrow {}^{22}\text{Ne} + \nu_e \tag{30.32c}$$

由于核中并没有单个的电子或正电子,所以上述衰变实际上是核中的中子和质子相互变换的结果。上面三个衰变分别对应于下述变换:

$$\text{n} \longrightarrow \text{p} + \beta^- + \bar{\nu}_e \tag{30.33a}$$

$$\text{p} \longrightarrow \text{n} + \beta^+ + \nu_e \tag{30.33b}$$

$$\text{p} + \beta^- \longrightarrow \text{n} + \nu_e \tag{30.33c}$$

式(30.33a)是不稳定核中的中子衰变,不同的核的中子衰变的半衰期不同。自由中子也发生这种形式的衰变,半衰期约为 12 min。式(30.33b)是质子的衰变。由于 $m_\text{p} < m_\text{n}$,所以自由质子从能量上说不可能发生衰变。但是,在不稳定核内,质子可以获得能量进行这种 β^+ 衰变①。

式(30.33c)的反应称做**电子捕获**(EC)。在这种反应中,核捕获一个核外电子(常是 K

---

① 目前关于粒子的"大统一理论"预言质子也能进行 β^+ 衰变,但其半衰期约为 $10^{30} \sim 10^{33}$ a(目前宇宙学关于宇宙从诞生到现在的年龄不过 10^{10} a),实验上确定的质子的半衰期的下限是 10^{31} a。现在还在有的废弃深矿井中用成千吨水做着质子衰变的实验。

壳层的电子)。所以能被核捕获,是因为这电子在核内也有一定的(虽然是很小的)概率出现。核捕获一电子后,壳层内就出现了一个空穴。因此 EC 经常伴随有 X 光发射。一般来讲,能发生 β^+ 衰变的核也可能发生 EC 衰变。这种核进行两种衰变的概率不同。例如,^{107}Cd 样品,0.31% 为 β^+ 衰变,99.69% 为 EC 衰变。

一个核能进行 β^- 衰变,也可能发生 EC 衰变,如图 30.20 所示的 ^{226}Ac 的衰变。

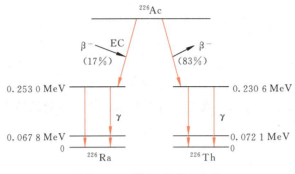

图 30.20 ^{226}Ac 的衰变方式

另一种涉及电子的过程叫**内转换**。在这种过程中,一个处于激发态的核跃迁到低能态时把能量传给了一个核外电子。这个核外电子接受此较大的能量后即时从原子中高速飞出,好像是 β^- 射线一样。

例 30.6

核衰变时放出的能量称为该过程的 Q 值。用衰变前质量和衰变后质量表示一个核的 β^+ 衰变和 EC 过程的 Q 值。

解 m_X 和 m_Y 分别表示反应前后的原子的质量,二者的原子序数分别为 Z 和 $Z-1$,则 β^+ 衰变可表示为

$$^A_Z X \longrightarrow {}^A_{Z-1} X + \beta^+ + \nu_e$$

由于 ν_e 的质量可忽略,所以此衰变的 Q 值为

$$Q_{\beta^+} = (m_X - Zm_e)c^2 - [m_Y - (Z-1)m_e]c^2 - m_e c^2 = m_X c^2 - m_Y c^2 - 2m_e c^2$$

由此结果可知,从能量上看,只有当起始原子的质量比后来原子的质量多两倍电子的质量时,β^+ 衰变才可能发生。

EC 衰变可表示为

$$^A_Z X + \beta^- \longrightarrow {}^A_{Z-1} Y + \nu_e$$

而 Q 值为

$$Q = m_e c^2 + (m_X - Zm_e)c^2 - [m_Y - (Z-1)m_e]c^2 = m_X c^2 - m_Y c^2$$

由此结果可知,只要起始原子的质量比后来原子的质量大,就能够发生 EC 衰变。与上一 β^+ 衰变比较可知,有些可能发生 EC 衰变的核并不能发生 β^+ 衰变。

引起 β 衰变的核内相互作用是"弱"相互作用。在形成原子或核时,强相互作用和电磁相互作用扮演着主要的角色,弱相互作用不参与这种过程。弱相互作用的媒介粒子是 $W^\pm$ 和 Z^0 粒子,只在像式(30.32)、式(30.33)那样的过程中起作用,而且经常放出或吸收

中微子。

β 衰变所放出的电子的能谱是连续曲线(图 30.21)，不像 α 能谱那样(图 30.12)是线状谱。但 β 能谱有一最大能量，在图 30.21 中这一最大能量是 1.16 MeV。

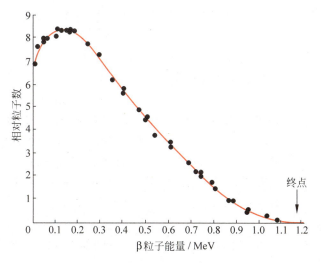

图 30.21　^{210}Bi 的 β 射线能谱

β 能谱的连续性在历史上曾导致中微子概念的提出。β 衰变引起的质量亏损是确定的，所放出的能量就是一定的。如果这能量只在放出的电子和子核之间分配，则由于子核质量比电子质量大得多而几乎得不到能量，衰变能量就应该全归电子而为一确定值。但实际上 β 衰变发出的电子能量却能在最大值以内取连续值。这一能量不守恒现象曾在 20 世纪 20 年代给理论物理学家很大的困惑，以致有人因而怀疑能量守恒定律的普遍性。1931 年泡利(即提出不相容原理的那位科学家)提出一种解释：β 衰变时发出了另一种未检测到的粒子带走了那"被消灭"的能量(后来费米把这种粒子定名为**中微子**)。当时并无任何其他证据证明此种粒子的存在，泡利的解释完全出自他对守恒定律的坚信不疑。直接的证据终于在 1953 年出现了。当年瑞恩斯(F. Reines)和考安(C. L. Cowan)把含有大量氢的靶放入一反应堆内预计很强的反中微子流中，以期观察到下述反应的发生：

$$\bar{\nu}_e + p \longrightarrow n + \beta^+ \tag{30.34}$$

他们果然检测到了与此反应相符的中子和正电子。

中微子有三种：ν_e，ν_μ 和 ν_τ，各有它们的反粒子，分别和电子、μ 子和 τ 子同时出现。所有中微子都不带电而具有自旋 1/2，它们的质量原来说是零。但根据后来的有些实验显示它们的质量可能不是零，但很小，如大约 20 eV/c^2。由于中微子的质量和宇宙中暗物质的质量有密切关系，所以目前中微子的质量仍是世界上许多实验室所十分关心的课题。

应该提及的是，吴健雄利用在 0.01 K 的温度下 ^{60}Co 在强磁场中的 β 衰变验证了李政道和杨振宁提出的弱相互作用宇称不守恒的规律。在此实验之前，泡利听到李、杨的提议后，也曾本着他对守恒定律的信念加以反驳。只是在见到吴健雄的实验报告后才承认了错误，而且庆幸自己不曾为此打赌。信念是可贵的，但毕竟，实践是检验真理的唯一标准。

最后，关于 β 衰变还应该指出的是，它和 α 衰变一样，也常伴随着 γ 射线的产生。这种情况同样说明子核往往处在激发态，图 30.20 的 ^{226}Ac 的衰变就是一个例子，下面再举一个例子。

例 30.7 考虑图 30.22 所示的 ^{14}O 的 β^+ 衰变。它可能经过两步,伴随有 γ 射线,如

$$^{14}\text{O} \longrightarrow {}^{14}\text{N}^* + \beta^+ + \nu$$

和

$$^{14}\text{N}^* \longrightarrow {}^{14}\text{N} + \gamma$$

也可能只经过一步

$$^{14}\text{O} \longrightarrow {}^{14}\text{N} + \beta^+ + \nu$$

而不发射 γ 射线。第一种方式的 β^+ 粒子的最大能量是 1.84 MeV,γ 光子的能量是 2.30 MeV。第二种方式的 β^+ 粒子的最大能量是 4.1 MeV。这三个能量值有何关系?它们和此 β^+ 衰变的质量亏损有何关系?给定原子质量 $m_\text{O} = 14.008\,595$ u,$m_\text{N} = 14.003\,074$ u。

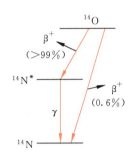

图 30.22　^{14}O 的 β^+ 衰变

解 第一种方式从 ^{14}O 到 ^{14}N* 再到 ^{14}N 基态所放出的总能量为 $1.84 + 2.30 = 4.14$(MeV)。由于第二种方式和第一种方式的反应物的初末态都一样,所以也应该释放这么多能量。实验值 4.1 MeV 和这个论断是相符的。

至于此 β^+ 衰变的质量亏损,由例 30.6 可知

$$\Delta m = m_\text{O} - m_\text{N} - Zm_\text{e} = (14.008\,595 - 14.003\,074) \times 935 - 2 \times 0.511$$
$$= 4.16(\text{MeV}/c^2)$$

这一结果也和释放能量的实验值 4.14 MeV 相符。以上计算都忽略了核的反冲效应,也没有计入中微子的质量。

30.9　核反应

核反应指的是核的改变,衰变就是一种核反应。但它更多地是指一个入射的高能粒子轰击一靶核时引起的变化,下面举几个例子。

1919 年卢瑟福第一次用 α 粒子轰击氮核实现的人工核嬗变

$$^4\text{He} + {}^{14}\text{N} \longrightarrow {}^{17}\text{O} + \text{p} - 1.19 \text{ MeV}$$

此反应式也常简写成 $^{14}\text{N}(\alpha,\text{p}){}^{17}\text{O}$。

1932 年查德威克发现中子的核反应

$$^4\text{He} + {}^9\text{Be} \longrightarrow {}^{12}\text{C} + \text{n} + 5.7 \text{ MeV}$$

此反应式也常简写成 $^9\text{Be}(\alpha,\text{n}){}^{12}\text{C}$。

第一次用加速粒子引发的核反应

$$\text{p} + {}^7\text{Li} \longrightarrow {}^8\text{B} \longrightarrow 2{}^4\text{He} + 8.03 \text{ MeV}$$

一种可能的铀核裂变反应

$$^{235}\text{U} + \text{n} \longrightarrow {}^{144}\text{Ba} + {}^{89}\text{Kr} + 2\text{n} + 200 \text{ MeV}$$

氢弹爆炸的热核反应

$$^2\text{H} + {}^3\text{H} \longrightarrow {}^4\text{He} + \text{n} + 17.6 \text{ MeV}$$

太阳中进行的热核反应（**质子-质子链**）

$$^1\text{H} + {}^1\text{H} \longrightarrow {}^2\text{H} + e^+ + \nu_e + 1.44 \text{ MeV}$$

$$^1\text{H} + {}^2\text{He} \longrightarrow {}^3\text{He} + \gamma + 5.49 \text{ MeV}$$

$$^3\text{He} + {}^3\text{He} \longrightarrow {}^4\text{He} + 2{}^1\text{H} + 12.85 \text{ MeV}$$

其总效果是

$$4{}^1\text{H} \longrightarrow {}^4\text{He} + 2e^+ + 2\nu_e + 2\gamma + 26.71 \text{ MeV}$$

在核反应中，粒子的转变和产生都要遵守一些守恒定律，如质能守恒、电荷守恒、角动量守恒、重子数守恒、轻子数守恒、宇称守恒等。[①]

在表示核反应的概率时，常用到**反应截面**这一概念。一种核反应的反应截面 σ 是单位时间内一个靶粒子的反应次数和入射粒子流强 I（单位时间内通过单位面积的入射粒子数）的比值，即

$$\sigma = \frac{R}{NI} \tag{30.35}$$

式中 R 是反应速率，即单位时间内的反应次数，N 是入射粒子流中的靶核数。由于 R 和 I 的量纲分别是 T^{-1} 和 $L^{-2}T^{-1}$ 而 N 无量纲，所以 σ 的量纲就是面积的量纲 L^2。由于反应截面是反应发生的概率的表示，所以如果入射粒子是经典粒子，而且每个粒子飞向一个核的瞄准距离小于该核的半径，就一定会发生碰撞而引发反应。这种情况下，该反应的反应截面就应当等于该核的几何截面面积。因此，为了方便，就定义了一个反应截面的单位**靶恩**，符号为 b，

$$1 \text{ b} = 10^{-28} \text{ m}^2$$

由于入射粒子实际上是量子粒子，它的波函数覆盖面积较大，因而即使经典瞄准距离大于核半径也能引发反应，但每次引发的概率可能小于100%，所以实际的反应截面可能大于也可能小于核的几何截面面积。例如 ^{113}Cd 捕获慢中子的反应截面约为 55 000 b，差不多是 ^{113}Cd 核的几何截面的 10^4 倍。正是由于这样大的反应截面，镉就成了控制反应堆反应速率的上好材料。把镉做的控制棒插入反应堆内，堆内中子流量和裂变速率就会减小。

例 30.8

下述反应

$$^{60}\text{Ni}(\alpha, n){}^{63}\text{Zn}$$

对于能量为 18 MeV 的 α 粒子的反应截面是 0.7 b。此反应在回旋加速器中进行，靶为厚 2.5 μm 的 Ni 箔。Ni 的密度是 8.8 g/cm³，其中 ^{60}Ni 的天然丰度为 26.2%，入射束电流是 8 μA。求反应速率。

解 入射 α 粒子流强为

$$I = \frac{8 \times 10^{-6}}{2 \times 1.6 \times 10^{-19} S} = \frac{2.5 \times 10^{13}}{S} \text{ (m}^2 \cdot \text{s})^{-1}$$

式中 $S(\text{m}^2)$ 为入射束流的横截面积。在该束流内的 Ni 原子的数目为

[①] 在这些守恒定律中，有些是"绝对的"，适用于任意物理过程如质能守恒；有些则是"近似的"，只在某些过程中成立，如宇称守恒。

$$N' = 6.02 \times 10^{23} \times \frac{2.5 \times 10^{-6} \times S \times 8.8 \times 10^3}{58.7 \times 10^3} \approx 2.26 \times 10^{23} S$$

在束流中 ^{60}Ni 核的数目为

$$N = 0.262 N' \approx 5.92 \times 10^{22} S$$

式(30.35)给出反应速率为

$$R = \sigma N I = 0.7 \times 10^{-28} \times 5.92 \times 10^{22} \times 2.5 \times 10^{13} \approx 1.04 \times 10^8 (\text{s}^{-1})$$

对于各种核反应,除关注核的种类的变化外,还要特别注意能量的转化情况。核反应的 Q 值,即核反应释放的能量也可通过质量亏损算出。对于如下的典型核反应

$$X(x,y)Y \tag{30.36}$$

它的 Q 值为

$$Q = (m_X + m_x - m_y - m_Y)c^2 \tag{30.37}$$

对不同的核反应,Q 可正可负。$Q>0$ 的称做**放能反应**,$Q<0$ 的称做**吸能反应**。

下面考虑一下吸能反应。设想入射粒子的动能为 $E_{k,x}$,靶粒子 X 在实验室中静止。应注意的是要引发一吸能反应,入射粒子的动能等于该反应的 Q 值(绝对值)是不够的。这是因为入射粒子和静止的靶粒子的质心动能在反应时是不会改变因而不能被利用于核转变的。引发核反应的资用能必须大于 $|Q|$。一般来讲,上述核反应总要经过入射粒子和靶粒子结合为一体的中间阶段,然后再分解成后来的粒子。分析从最初到两者结合为一体这一过程可以求得入射粒子和靶粒子在它们的质心系中的动能之和为

$$E_{\text{av}} = \frac{m_X}{m_x + m_X} E_{k,x}$$

这也就是该吸热反应所可能利用的资用能,此资用能大于 $|Q|$ 时才能引发该吸热反应。因此入射粒子的动能至少应等于

$$E_{\text{th}} = \frac{m_x + m_X}{m_X} |Q| = \left(1 + \frac{m_x}{m_X}\right) |Q| \tag{30.38}$$

这一引发吸能核反应所需的入射粒子的最小能量叫该反应的**阈能**。

例 30.9

计算下述核反应的阈能:

$$^{13}\text{C}(n,\alpha)^{10}\text{Be}$$

给定原子质量 $m_C = 13.003\,355$ u,$m_{Be} = 10.013\,534$ u。

解 由质量亏损计算 Q 值为

$$Q = (13.003\,355 + 1.008\,665 - 4.002\,603 - 10.013\,534) \times 931.5$$
$$= -3.835 (\text{MeV})$$

负号表示该反应为吸能反应。由式(30.38)可得在实验室中此核反应的阈能为

$$E_{\text{th}} = \left(1 + \frac{m_n}{m_C}\right) |Q| = \left(1 + \frac{1}{13}\right) \times 3.835 \approx 4.13 (\text{MeV})$$

以上是在 $|Q|$ 值相对较小的情况下用经典力学计算的结果,近代高能加速器给出的入射粒子的能量可达 GeV 甚至 TeV 量级。这样入射粒子和靶核的质心动能就很大,因而资

用能只占入射粒子能量的很小一部分。用相对论动量能量关系可求得式(30.36)的核反应的资用能为[①]

$$E_{av} = \sqrt{2m_X c^2 E_{k,x} + [(m_x + m_X)c^2]^2}$$

正是由于用高能粒子去轰击静止的靶核时能量利用率很低,所以现代高能加速器都采用了对撞机的结构。在这种加速器中质量相同的高能粒子对撞时的全部能量都可用来引发核反应。

提 要

1. 核的一般性质

核由中子和质子组成。中子数 N、质子数 Z 和质量数 A 的关系为 $A=Z+N$。

核的半径:$R=r_0 A^{1/3}$,$r_0=1.2$ fm。

核的自旋:自旋量子数 I。核自旋角动量在 z 方向的投影 $I_z=m_I \hbar$,$m_I=\pm I,\pm(I-1),\cdots,\pm\frac{1}{2}$ 或 0。

核的磁矩在 z 方向的投影为

$$\mu_z = g\mu_N m_I$$

核磁子:$\mu_N = \dfrac{e\hbar}{2m_p} = 5.06 \times 10^{-27}$ J/T

质子、中子都有磁矩,$\mu_z = g\mu_N m_I$,$m_I = \pm 1/2$。

2. 核力:大而短程,与电荷无关,和核子的自旋取向有关,是一种多体力,不服从叠加原理。核力实际上是核子内部的夸克之间的色相互作用的残余力。

3. 核的结合能:等于使一个核的各核子完全分开所需要做的功。可由中子和质子组成核时的质量亏损乘以 c^2 算出。大多数核的核子的平均结合能约为 8 MeV/c^2。

4. 核的液滴模型:韦塞克关于结合能的半经验公式为

$$E_b = a_1 A - a_2 A^{2/3} - \frac{a_3 Z^2}{A^{1/3}} - a_4 \frac{(A-2Z)^2}{A} + a_5 A^{-1/2}$$

5. 放射性和衰变规律

$$N(t) = N_0 e^{-\lambda t} = N_0 e^{-t/\tau}$$

其中,λ 为衰变常量,τ 为平均寿命。

半衰期: $t_{1/2} = 0.693\tau$

活度: $A(t) = -dN/dt = \lambda N_0 e^{-\lambda t} = \lambda N = A_0 e^{-\lambda t}$

活度常用单位: 1 Ci $= 3.70 \times 10^{10}$ Bq

6. α衰变:α衰变是α粒子势垒穿透过程。逸出的α粒子能量越大,半衰期越短。α衰变常伴随γ射线的发射。

*7. 穆斯堡尔效应:是无反冲γ射线共振效应。γ源运动时,吸收体对所发γ射线的共

[①] 请参看第 8 章例 8.13 和习题 8.20,习题 8.21。

振吸收谱叫穆斯堡尔谱。该谱能给出与源同种的核的环境信息从而在许多方面得到应用。

8. β 衰变：包括正、负电子衰变和电子捕获,都是核内质子和中子的相互变换的结果。β 衰变也常伴随 γ 射线的发射。

9. 核反应：常指入射粒子进入靶核引起变化的过程。

反应截面：单位时间内一个靶粒子的反应次数和入射粒子流强的比值,即
$$\sigma = R/NI$$
量纲是面积量纲,常用单位：$1\ \text{b} = 10^{-28}\ \text{m}^2$。

Q 值：核反应释放的能量。$Q>0$ 的是放能反应,$Q<0$ 的是吸能反应。

能引发吸能反应的入射粒子的最小能量称为该反应的阈能 E_{th},$E_{\text{th}} > |Q|$。

思考题

30.1 为什么说核好像是 A 个小硬球挤在一起形成的?

30.2 为什么各种核的密度都大致相等?

30.3 为什么核子由强相互作用决定的结合能和核子数成正比?

30.4 怎么理解核力是一种残余力?

30.5 假定质子的正电荷均匀分布在核内,试根据带电球体的静电能公式校核韦塞克半经验公式的电力项并求出系数 a_2 的值。

30.6 完成下列核衰变方程：
$$^{238}\text{U} \longrightarrow\ ^{234}\text{Th} + ?$$
$$^{90}\text{Sr} \longrightarrow\ ^{90}\text{Y} + ?$$
$$^{29}\text{Cu} \longrightarrow\ ^{29}\text{Ni} + ?$$
$$^{29}\text{Cu} + ? \longrightarrow\ ^{29}\text{Zn}$$

30.7 放射性 ^{235}U 系的起始放射核是 ^{235}U,最终核为 ^{207}Pb。从 ^{235}U 到 ^{207}Pb 共经过了几次 α 衰变? 几次 β 衰变(所有 β 衰变都是 β^- 衰变)?

*30.8 为什么单核 γ 源不可能进行 γ 射线共振吸收? 穆斯堡尔怎么做到 γ 射线共振吸收的?

30.9 为什么粒子束引起核反应的反应截面可能大于或小于靶核的几何截面面积?

30.10 为什么实现吸能核反应的阈能大于该反应的 Q 值的大小? 利用对撞机为什么能大大提高引发核反应的能量利用率?

习题

30.1 一个能量为 6 MeV 的 α 粒子和静止的金核(^{197}Au)发生正碰,它能到达离金核的最近距离是多少? 如果是氮核(^{14}N)呢? 都可以忽略靶核的反冲吗? 此 α 粒子可以到达氮核的核力范围之内吗?

30.2 ^{16}N,^{16}O 和 ^{16}F 原子的质量分别是 16.006 099 u,15.994 915 u 和 16.011 465 u。试计算这些原子的核的结合能。

30.3 将核中质子当费米气体处理,试求原子序数为 Z 和质量数为 A 的核内的质子的费米能量和每个质子的平均能量。对 ^{56}Fe 核和 ^{238}U 核求这些能量的数值(以 MeV 为单位)。

30.4 有下列三对"镜像核"(Z,N 互换):

$$^{11}C 和 ^{11}B, \quad ^{15}O 和 ^{15}N, \quad ^{21}Na 和 ^{21}Ne$$

它们各对中两核的静电能差分别是 2.79 MeV,3.48 MeV 和 4.30 MeV。试由此计算各对核的半径。半径是否与 $A^{1/3}$ 成正比?比例常量是多少?

30.5 有些核可以看成是由几个 α 粒子这种"原子"组成的"分子"。例如,^{12}C 可看成是由 3 个 α 粒子在一个三角形 3 顶点配置而成,而 ^{16}O 可看成是 4 个 α 粒子在一个四面体的 4 顶点配置而成。试通过计算证明用这种模型计算的 ^{12}C 和 ^{16}O 的结合能和用质量亏损计算的结合能是相符的,设每对 α 粒子的结合能为 2.42 MeV 并且计入每个 α 粒子本身的结合能,给定一些原子的质量为

$$^{1}H: 1.007\,825 \quad\quad ^{4}He: 4.002\,603$$
$$^{16}O: 15.994\,915 \quad\quad ^{12}C: 12.000\,000$$

30.6 假设一个 ^{232}Th 核分裂成相等的两块。试用结合能的半经验公式计算此反应所释放的能量。

30.7 假设两个 Z,A 核聚合成一个 $2Z,2A$ 的核。试根据结合能的半经验公式写出反应所释放的能量的表示式并计算两个 ^{12}C 核聚合时所释放能量的数值。

30.8 一种放射性衰变的平均寿命为 τ。这种放射性物质的寿命对平均寿命的方均根偏差是多少?最概然寿命多长?

30.9 天然钾中放射性同位素 ^{40}K 的丰度为 1.2×10^{-4},此种同位素的半衰期为 1.3×10^{9} a。钾是活细胞的必要成分,约占人体重量的 0.37%。求每个人体内这种放射源的活度。

30.10 计算 10 kg 铀矿(U_3O_8)中 ^{226}Ra 和 ^{231}Pa 的含量。已知天然铀中 ^{238}U 的丰度为 99.27%,^{235}U 的丰度为 0.72%;^{226}Ra 半衰期为 1 600 a,^{231}Pa 的半衰期为 3.27×10^{4} a。

30.11 一个病人服用 30 μCi 的放射性碘 ^{123}I 后 24 h,测得其甲状腺部位的活度为 4 μCi。已知 ^{123}I 的半衰期为 13.1 h。求这 24 h 内多大比例的被服用的 ^{123}I 集聚在甲状腺部位了(一般正常人此比例约为 15% 到 40%)。

30.12 向一人静脉注射含有放射性 ^{24}Na 而活度为 300 kBq 的食盐水。10 h 后他的血液每 cm^3 的活度是 30 Bq。求此人全身血液的总体积,已知 ^{24}Na 的半衰期为 14.97 h。

30.13 一年龄待测的古木片在纯氧氛围中燃烧后收集了 0.3 mol 的 CO_2。这样品由于 ^{14}C 衰变而产生的总活度测得为每分钟 9 次计数。试由此确定古木片的年龄。

30.14 一块岩石样品中含有 0.3 g 的 ^{238}U 和 0.12 g 的 ^{206}Pb。假设这些铅全来自 ^{238}U 的衰变,试求这块岩石的地质年龄。

30.15 ^{226}Ra 放射的 α 粒子的动能为 4.782 5 MeV,求子核的反冲能量。此 α 衰变放出的总能量是多少?

30.16 不同衰变方式释放的能量可用来确定子核的质量差。^{64}Cu 可通过 β 衰变产生 ^{64}Zn,也可通过 $β^+$ 衰变产生 ^{64}Ni。两种衰变的 Q 值分别为 0.57 MeV 和 0.66 MeV。试由这些数据求 ^{64}Zn 核和 ^{64}Ni 核的质量差,以 u 表示。

30.17 由于 ^{60}Co 的 β 衰变(半衰期为 5.27 a)总伴随着其子核的 γ 射线发射,所以 ^{60}Co 常被用于放射疗法。^{60}Co 可以通过用反应堆中的热中子照射 ^{59}Co 而得到。反应式是

$$^{59}Co + n \longrightarrow ^{60}Co + \gamma$$

此反应的截面是 120 b。一个边长为 2 cm 的正立方钴块(天然钴中 ^{59}Co 的丰度为 100%)放入中子通量为 $2\times10^{12}\ cm^{-2}\cdot s^{-1}$ 的中子射线中,求 6 h 后从中取出时钴块的活度。已知钴块密度为 8.858 g/cm^3。

30.18 Cd 有 8 种稳定同位素,有的对热中子有大的吸收截面。如果 Cd 的平均吸收截面是 4 000 b,要吸收入射热中子通量的 95%,需要多厚的 Cd 片?已知 Cd 的摩尔质量是 112.4 g/mol,密度是 8.64 g/cm^3。

30.19 计算下列反应的 Q 值并指出何者吸热,何者放热:

$$^{13}C(p,α)^{10}B, \quad ^{13}C(p,d)^{12}C, \quad ^{13}C(p,γ)^{14}N$$

给定一些原子的质量为

^{13}C：13.003 355 u　　　　^{1}H：1.007 825 u

^{4}He：4.002 603 u　　　　^{10}B：10.012 937 u

^{2}H：2.014 102 u　　　　^{14}N：14.003 074 u

30.20　计算反应 ^{13}C(p,α)^{10}B 的阈能。注意，入射质子必须具有足够大的能量以便进入靶核 ^{13}C 的半径以内（原子质量数据见习题 30.19）。

30.21　目前太阳内含有约 1.5×10^{30} kg 的氢，而其辐射总功率为 3.9×10^{26} W。按此功率辐射下去，经多长时间太阳内的氢就要烧光了？

30.22　在温度比太阳高的恒星内氢的燃烧据信是通过**碳循环**进行的，其分过程如下：

$$^{1}H + {}^{12}C \longrightarrow {}^{13}N + \gamma$$

$$^{13}N \longrightarrow {}^{13}C + e^{+} + \nu_{e}$$

$$^{1}H + {}^{13}C \longrightarrow {}^{14}N + \gamma$$

$$^{1}H + {}^{14}N \longrightarrow {}^{15}O + \gamma$$

$$^{15}O \longrightarrow {}^{15}N + e^{+} + \nu_{e}$$

$$^{1}H + {}^{15}N \longrightarrow {}^{12}C + {}^{4}He$$

(1) 说明此循环并不消耗碳，其总效果和质子-质子循环一样。

(2) 计算此循环中每一反应或衰变所释放的能量。

(3) 释放的总能量是多少？

给定一些原子的质量为

^{1}H：1.007 825 u　　　　^{13}N：13.005 738 u

^{14}N：14.003 074 u　　　　^{15}N：15.000 109 u

^{13}C：13.003 355 u　　　　^{15}O：15.003 065 u

元素周期表

原子序数 ← 19 K → 元素符号
钾 → 元素名称
注 * 的是人造元素
原子量 ← 39.0983

周期 \ 族	I_A	II_A	III_B	IV_B	V_B	VI_B	VII_B	VIII			I_B	II_B	III_A	IV_A	V_A	VI_A	VII_A	0	电子层	0族电子数
1	1 H 氢 1.00794(7)																	2 He 氦 4.002602(2)	K	2
2	3 Li 锂 6.941(2)	4 Be 铍 9.012182(3)											5 B 硼 10.811(7)	6 C 碳 12.0107(8)	7 N 氮 14.0067(2)	8 O 氧 15.9994(3)	9 F 氟 18.9984032(5)	10 Ne 氖 20.1797(6)	L K	8 2
3	11 Na 钠 22.989770(2)	12 Mg 镁 24.3050(6)											13 Al 铝 26.981538(2)	14 Si 硅 28.0855(3)	15 P 磷 30.973761(2)	16 S 硫 32.065(5)	17 Cl 氯 35.453(2)	18 Ar 氩 39.948(1)	M L K	8 8 2
4	19 K 钾 39.0983(1)	20 Ca 钙 40.078(4)	21 Sc 钪 44.955910(8)	22 Ti 钛 47.867(1)	23 V 钒 50.9415(1)	24 Cr 铬 51.9961(6)	25 Mn 锰 54.938049(9)	26 Fe 铁 55.845(2)	27 Co 钴 58.933200(9)	28 Ni 镍 58.6934(2)	29 Cu 铜 63.546(3)	30 Zn 锌 65.39(2)	31 Ga 镓 69.723(1)	32 Ge 锗 72.64(1)	33 As 砷 74.92160(2)	34 Se 硒 78.96(3)	35 Br 溴 79.904(1)	36 Kr 氪 83.80(1)	N M L K	8 18 8 2
5	37 Rb 铷 85.4678(3)	38 Sr 锶 87.62(1)	39 Y 钇 88.90585(2)	40 Zr 锆 91.224(2)	41 Nb 铌 92.90638(2)	42 Mo 钼 95.94(1)	43 Tc 锝 (97.99)	44 Ru 钌 101.07(2)	45 Rh 铑 102.90550(2)	46 Pd 钯 106.42(1)	47 Ag 银 107.8682(2)	48 Cd 镉 112.411(8)	49 In 铟 114.818(3)	50 Sn 锡 118.710(7)	51 Sb 锑 121.760(1)	52 Te 碲 127.60(3)	53 I 碘 126.90447(3)	54 Xe 氙 131.293(6)	O N M L K	8 18 18 8 2
6	55 Cs 铯 132.90545(2)	56 Ba 钡 137.327(7)	57—71 La-Lu 镧系	72 Hf 铪 178.49(2)	73 Ta 钽 180.9479(1)	74 W 钨 183.84(1)	75 Re 铼 186.207(1)	76 Os 锇 190.23(3)	77 Ir 铱 192.217(3)	78 Pt 铂 195.078(2)	79 Au 金 196.96655(2)	80 Hg 汞 200.59(2)	81 Tl 铊 204.3833(2)	82 Pb 铅 207.2(1)	83 Bi 铋 208.98038(2)	84 Po 钋 (209,210)	85 At 砹 (210)	86 Rn 氡 (222)	P O N M L K	8 18 32 18 8 2
7	87 Fr 钫 (223)	88 Ra 镭 (226)	89—103 Ac-Lr 锕系	104 Rf 𬬻 * (261)	105 Db 𬭊 * (262)	106 Sg 𬭳 * (263)	107 Bh 𬭛 * (264)	108 Hs 𬭶 * (265)	109 Mt 鿏 * (268)	110 Ds 𫟼 * (269)	111 Uuu * (272)	112 Uub * (277)								

镧系	57 La 镧 138.9055(2)	58 Ce 铈 140.116(1)	59 Pr 镨 140.90765(2)	60 Nd 钕 144.24(3)	61 Pm 钷 * (147)	62 Sm 钐 150.36(3)	63 Eu 铕 151.964(1)	64 Gd 钆 157.25(3)	65 Tb 铽 158.92534(2)	66 Dy 镝 162.50(3)	67 Ho 钬 164.93032(2)	68 Er 铒 167.259(3)	69 Tm 铥 168.93421(2)	70 Yb 镱 173.04(3)	71 Lu 镥 174.967(1)
锕系	89 Ac 锕 (227)	90 Th 钍 232.0381(1)	91 Pa 镤 231.03588(2)	92 U 铀 238.02891(3)	93 Np 镎 (237)	94 Pu 钚 (239,244)	95 Am 镅 * (243)	96 Cm 锔 * (247)	97 Bk 锫 * (247)	98 Cf 锎 * (251)	99 Es 锿 * (252)	100 Fm 镄 * (257)	101 Md 钔 * (258)	102 No 锘 * (259)	103 Lr 铹 * (260)

注：1. 原子量录自 1999 年国际原子量表，以 $^{12}C=12$ 为基准。原子量的末位数的准确度加注在其后括号内。

2. 括号内数据是天然放射性元素较重要的同位素的质量数或人造元素半衰期最长的同位素的质量数。

数值表

物理常量表

名　称	符号	计算用值	1998 最佳值*
真空中的光速	c	3.00×10^8 m/s	2.997 924 58（精确）
普朗克常量	h	6.63×10^{-34} J·s	6.626 068 76(52)
	$\hbar$	$=h/2\pi$	
		$=1.05\times10^{-34}$ J·s	1.054 571 596(82)
玻耳兹曼常量	k	1.38×10^{-23} J/K	1.380 650 3(24)
真空磁导率	μ_0	$4\pi\times10^{-7}$ N/A²	（精确）
		$=1.26\times10^{-6}$ N/A²	1.256 637 061…
真空介电常量	ε_0	$=1/\mu_0 c^2$	（精确）
		$=8.85\times10^{-12}$ F/m	8.854 187 817
引力常量	G	6.67×10^{-11} N·m²/kg²	6.673(10)
阿伏伽德罗常量	N_A	6.02×10^{23} mol⁻¹	6.022 141 99(47)
元电荷	e	1.60×10^{-19} C	1.602 176 462(63)
电子静质量	m_e	9.11×10^{-31} kg	9.109 381 88(21)
		5.49×10^{-4} u	5.485 799 110(12)
		0.511 0 MeV/c^2	0.510 998 902(21)
质子静质量	m_p	1.67×10^{-27} kg	1.672 621 58(13)
		1.007 3 u	1.007 276 466 88(13)
		938.3 MeV/c^2	938.271 998(38)
中子静质量	m_n	1.67×10^{-27} kg	1.674 927 15(13)
		1.008 7 u	1.008 664 915 78(55)
		939.6 MeV/c^2	939.565 330(38)
α 粒子静质量	m_α	4.002 6 u	4.001 506 174 7(10)
玻尔磁子	μ_B	9.27×10^{-24} J/T	9.274 008 99(37)
电子磁矩	μ_e	-9.28×10^{-24} J/T	$-9.284\ 763\ 62(37)$
核磁子	μ_N	5.05×10^{-27} J/T	5.050 783 17(20)
质子磁矩	μ_p	1.41×10^{-26} J/T	1.410 606 633(58)
中子磁矩	μ_n	-0.966×10^{-26} J/T	$-0.966\ 236\ 40(23)$
里德伯常量	R	1.10×10^7 m⁻¹	1.097 373 156 854 9(83)
玻尔半径	a_0	5.29×10^{-11} m	5.291 772 083(19)
经典电子半径	r_e	2.82×10^{-15} m	2.817 940 285(31)
电子康普顿波长	$\lambda_{C,e}$	2.43×10^{-12} m	2.426 310 215(18)
斯特藩-玻耳兹曼常量	σ	5.67×10^{-8} W·m⁻²·K⁻⁴	5.670 400(40)
1 埃	Å	1 Å$=1\times10^{-10}$ m	（精确）
1 光年	l. y.	1 l. y.$=9.46\times10^{15}$ m	
1 电子伏	eV	1 eV$=1.602\times10^{-19}$ J	1.602 176 462(63)
1 特[斯拉]	T	1 T$=1\times10^4$ G	（精确）

续表

名称	符号	计算用值	1998最佳值*
1原子质量单位	u	$1\text{ u}=1.66\times 10^{-27}$ kg	1.660 538 73(13)
		$=931.5\text{ MeV}/c^2$	931.494 013(37)
1居里	Ci	$1\text{ Ci}=3.70\times 10^{10}$ Bq	(精确)

* 所列最佳值摘自《1998 CODATA RECOMMEDED VALUES OF THE FUNDAMENTAL CONSTANTS OF PHYSICS AND CHEMISTRY》。

一些天体数据

名称	计算用值
我们的银河系	
质量	10^{42} kg
半径	10^5 l. y.
恒星数	1.6×10^{11}
太阳	
质量	1.99×10^{30} kg
半径	6.96×10^8 m
平均密度	1.41×10^3 kg/m³
表面重力加速度	274 m/s²
自转周期	25 d(赤道),37 d(靠近极地)
在银河系中心的公转周期	2.5×10^8 a
总辐射功率	4×10^{26} W
地球	
质量	5.98×10^{24} kg
赤道半径	6.378×10^6 m
极半径	6.357×10^6 m
平均密度	5.52×10^3 kg/m³
表面重力加速度	9.81 m/s²
自转周期	1 恒星日$=8.616\times 10^4$ s
对自转轴的转动惯量	8.05×10^{37} kg·m²
到太阳的平均距离	1.50×10^{11} m
公转周期	$1\text{ a}=3.16\times 10^7$ s
公转速率	29.8 m/s
月球	
质量	7.35×10^{22} kg
半径	1.74×10^6 m
平均密度	3.34×10^3 kg/m³
表面重力加速度	1.62 m/s²
自转周期	27.3 d
到地球的平均距离	3.82×10^8 m
绕地球运行周期	1 恒星月$=27.3$ d

几个换算关系

名　称	符号	计算用值	1998 最佳值
1[标准]大气压	atm	1 atm $=1.013\times10^5$ Pa	$1.013\ 250\times10^5$
1 埃	Å	1 Å $=1\times10^{-10}$ m	（精确）
1 光年	l. y.	1 l. y. $=9.46\times10^{15}$ m	
1 电子伏	eV	1 eV $=1.602\times10^{-19}$ J	1.602 176 462(63)
1 特[斯拉]	T	1 T $=1\times10^4$ G	（精确）
1 原子质量单位	u	1 u $=1.66\times10^{-27}$ kg	1.660 538 73(13)
		$=931.5$ MeV/c^2	931.494 013(37)
1 居里	Ci	1 Ci $=3.70\times10^{10}$ Bq	（精确）

部分习题答案

第 12 章

12.1 $\dfrac{5q}{2\pi\varepsilon_0 a^2}$，指向 $-4q$

12.2 $\dfrac{\sqrt{3}}{3}q$

12.4 51.2 N

12.5 $\pm 24\times 10^{21} e$，$f_e/f_G = 2.8\times 10^{-6}$，相吸

12.8 $\lambda^2/4\pi\varepsilon_0 a$，垂直于带电直线，相互吸引

12.9 $\lambda L/4\pi\varepsilon_0\left(r^2 - \dfrac{L^2}{4}\right)$，沿带电直线指向远方

12.10 $-(\lambda_0/4\varepsilon_0 R)\boldsymbol{j}$

12.11 0.72 V/m，指向缝隙

12.14 (1) $\dfrac{1}{6}\dfrac{q}{\varepsilon_0}$；(2) 0，$\dfrac{1}{24}\dfrac{q}{\varepsilon_0}$

12.15 6.64×10^5 个/cm²

12.16 缺少，1.38×10^7 个电子/m³

12.17 $E=0\ (r<a)$；$E=\dfrac{\sigma a}{\varepsilon_0 r}\ (r>a)$

12.18 $E=0\ (r<R_1)$；$E=\dfrac{\lambda}{2\pi\varepsilon_0 r}\ (R_1<r<R_2)$；$E=0\ (r>R_2)$

12.19 σ_1 板外：1.13 V/m，指离 σ_1 板
两板间：3.39 V/m，指向 σ_2 板
σ_2 板外：1.13 V/m，指离 σ_2 板

12.20 $|d|<D/2$，$E=\rho d/\varepsilon_0$；$|d|>D/2$，$E=\rho D/2\varepsilon_0$

12.21 $\dfrac{\sigma_0}{2\varepsilon_0}\dfrac{x}{(R^2+x^2)^{1/2}}$，沿直线指向远方

12.22 $\dfrac{\rho}{3\varepsilon_0}\boldsymbol{a}$，$\boldsymbol{a}$ 为从带电球体中心到空腔中心的矢量线段

12.23 1.08×10^{-19} C；3.46×10^{11} V/m

12.24 $\dfrac{e}{8\pi\varepsilon_0 b^2 r^2}[(-r^2-2br-2b^2)e^{-r/b}+2b^2]$；$1.2\times 10^{21}$ N/C

12.25 0，1.14×10^{21} V/m，3.84×10^{21} V/m，1.92×10^{21} V/m

12.26 1.2×10^7 m/s，2.2×10^{-13} J，1.1×10^{-34} J·s，6.5×10^{20} Hz

12.27 3.1×10^{-16} m，5.0×10^{-35} C·m

12.28　0.05 nm

12.29　(1) 1.05 N·m²/C； (2) 9.29×10^{-12} C

12.32　(1) 两电荷连线上，正电荷外侧 10 cm 处

(2) q_0 为正电荷，稳定； q_0 为负电荷，不稳定

(3) q_0 为正电荷，不稳定； q_0 为负电荷，稳定

12.34　0.48 mm

第 13 章

13.1　(1) 900 V； (2) 450 V

13.2　$\dfrac{U_{12}}{r^2}\dfrac{R_1 R_2}{(R_2-R_1)}$

13.3　(1) $q_{\text{in}}=6.7\times10^{-10}$ C； $q_{\text{ext}}=-1.3\times10^{-9}$ C

(2) 距球心 0.1 m 处

13.4　$\varphi_1=\dfrac{1}{4\pi\varepsilon_0}\left(\dfrac{q_1}{R_1}+\dfrac{q_2}{R_2}\right)$， $\varphi_2=\dfrac{q_1+q_2}{4\pi\varepsilon_0 R_2}$， $\varphi_1-\varphi_2=\dfrac{q_1}{4\pi\varepsilon_0}\left(\dfrac{1}{R_1}-\dfrac{1}{R_2}\right)$

13.5　$\dfrac{\lambda}{4\pi\varepsilon_0}\ln\left(\dfrac{\sqrt{a^2+x^2}+a}{\sqrt{a^2+x^2}-a}\right)$

13.6　(1) 2.5×10^3 V； (2) 4.3×10^3 V

13.7　$\dfrac{\lambda}{2\pi\varepsilon_0}\ln\dfrac{R_2}{R_1}$

13.8　(1) 2.14×10^7 V/m； (2) 1.36×10^4 V/m

13.9　(1) $r\leqslant a$：$E=\dfrac{\rho}{2\varepsilon_0}r$， $r\geqslant a$：$E=\dfrac{a^2\rho}{2\varepsilon_0 r}$；

(2) $r\leqslant a$：$\varphi=-\dfrac{\rho}{4\varepsilon_0}r^2$， $r\geqslant a$：$\varphi=\dfrac{a^2\rho}{4\varepsilon_0}\left[\left(2\ln\dfrac{a}{r}-1\right)\right]$

13.10　$\dfrac{\sigma}{2\varepsilon_0}\left[(R^2+x^2)^{1/2}-x\right]$

13.11　$\dfrac{\sigma}{2\varepsilon_0}\left[(R^2+x^2)^{1/2}-\left(\dfrac{R^2}{4}+x^2\right)^{1/2}\right]$， $\dfrac{\sigma R}{4\varepsilon_0}$， 0

13.12　(1) 36 V； (2) 57 V

13.13　1.6×10^7 V， 2.4×10^7 V

13.14　(1) $\dfrac{q}{4\pi\varepsilon_0}\left\{\dfrac{1}{\left[R^2+\left(x-\dfrac{l}{2}\right)^2\right]^{1/2}}-\dfrac{1}{\left[R^2+\left(x+\dfrac{l}{2}\right)^2\right]^{1/2}}\right\}$

13.15　$\dfrac{\lambda}{2\pi\varepsilon_0 x}\dfrac{a}{(x^2+a^2)^{1/2}}$

*13.16　$R=\left[\left(\dfrac{k+1}{k-1}\right)^2-1\right]^{1/2}b$， 球心在 $\left(-\dfrac{k+1}{k-1}b,0\right)$， 其中 $k=\left(\dfrac{q_2}{q_1}\right)^2$；

$q_1=q_2$ 时，零等势面为 q_1 和 q_2 的中垂面

*13.17　(1) 圆心在 $\left(\dfrac{1+k^2}{1-k^2}a,0\right)$， 半径为 $\dfrac{2ka}{1-k^2}$；

(2) 圆心在 $(0,c/2)$， 半径为 $(a^2+c^2/4)^{1/2}$， k 和 c 为常量

部分习题答案

13.18 (1) 3.0×10^{10} J; (2) 416 天

13.19 (1) 2.5×10^4 eV; (2) 9.4×10^7 m/s

13.20 $-\sqrt{3}q/2\pi\varepsilon_0 a$, $-\sqrt{3}qQ/2\pi\varepsilon_0 a$

13.21 (1) 9.0×10^4 V; (2) 9.0×10^{-4} J

*13.22 (2) $\dfrac{1}{2\nu}\sqrt{\dfrac{2eU_0}{m_e}}$; (3) neU_0

13.23 (1) 2.6×10^5 V; (2) 75%

*13.24 -4.0×10^{-17} J

*13.25 5.8×10^6 eV

*13.27 $\dfrac{e^2}{4\pi\varepsilon_0 m_e c^2}$; 2.81×10^{-15} m

*13.28 8.6×10^5 eV, 0.092%

13.29 1.6×10^{-10} J, 1.0×10^{-10} J, 6.0×10^{-11} J, 1.5×10^{14} J

13.30 5.7×10^{-14} m, -1.6×10^{-35} MeV

*13.31 4.3×10^7 m/s, 5.2×10^7 m/s

13.33 (1) 4.4×10^{-8} J/m³; (2) 6.3×10^4 kW·h

*13.34 (3) -13.6 eV

第 14 章

14.2 $q_1 = \dfrac{4\pi\varepsilon_0 R_1 R_2 R_3 \varphi_1 - R_1 R_2 Q}{R_2 R_3 - R_1 R_3 + R_1 R_2}$;

$r < R_1$: $\varphi = \varphi_1$, $E = 0$;

$R_1 < r < R_2$: $\varphi = \dfrac{q_1}{4\pi\varepsilon_0 r} + \dfrac{-q_1}{4\pi\varepsilon_0 R_2} + \dfrac{Q+q_1}{4\pi\varepsilon_0 R_3}$, $E = \dfrac{q_1}{4\pi\varepsilon_0 r^2}$;

$R_2 < r < R_3$: $\varphi = \dfrac{Q+q_1}{4\pi\varepsilon_0 R_3}$, $E = 0$;

$r > R_3$: $\varphi = \dfrac{Q+q_1}{4\pi\varepsilon_0 r}$, $E = \dfrac{Q+q_1}{4\pi\varepsilon_0 r^2}$

14.3 (1) $q_{B\text{in}} = -3 \times 10^{-8}$ C, $q_{B\text{ext}} = 5 \times 10^{-8}$ C,
$\varphi_A = 5.6 \times 10^3$ V, $\varphi_B = 4.5 \times 10^3$ V;
(2) $q_A = 2.1 \times 10^{-8}$ C; $q_{B\text{in}} = -2.1 \times 10^{-8}$ C,
$q_{B\text{ext}} = -9 \times 10^{-9}$ C;
$\varphi_A = 0$, $\varphi_B = -8.1 \times 10^2$ V

14.4 $-qR/r$

14.5 上板 上表面：6.5×10^{-6} C/m², 下表面：-4.9×10^{-6} C/m²;
中板 上表面：4.9×10^{-6} C/m², 下表面：8.1×10^{-6} C/m²;
下板 上表面：-8.1×10^{-6} C/m², 下表面：6.5×10^{-6} C/m²

14.6 $F_{q_b} = 0$, $F_{q_c} = 0$, $F_{q_d} = \dfrac{q_b + q_c}{4\pi\varepsilon_0 r^2} q_d$ （近似）

14.8 (1) 大于 9.15 cm;
(2) 2.93 kW;

(3) 2.00×10^{-5} C/m², 1.13×10^6 V/m

*14.9 $\dfrac{-qh}{2\pi(a^2+h^2)^{3/2}}$，即式(4.5)

*14.10 $q^2/16\pi\varepsilon_0 h$，第二个学生对

*14.11 $a=\sqrt{3}\,h$

*14.12 72 V/m, 6.4×10^{-10} C/m², 1.8×10^{-7} N/m

*14.14 $q^2/32\pi\varepsilon_0 R^2$

第 15 章

15.1 2.0×10^{-29} C·m，离氯核 5.9×10^{-12} m

15.2 (1) $r<R_1$: $D=0$, $E=0$,

$R_1<r<R$: $D=\dfrac{Q}{4\pi r^2}$, $E=\dfrac{Q}{4\pi\varepsilon_0\varepsilon_{r_1} r^2}$,

$R<r<R_2$: $D=\dfrac{Q}{4\pi r^2}$, $E=\dfrac{Q}{4\pi\varepsilon_0\varepsilon_{r_2} r^2}$,

$r>R_2$: $D=\dfrac{Q}{4\pi r^2}$, $E=\dfrac{Q}{4\pi\varepsilon_0 r^2}$;

(2) -3.8×10^3 V;

(3) 9.9×10^{-6} C/m²

15.3 外层介质内表面先击穿，$\dfrac{E_{\max}r_0}{2}\ln\dfrac{R_2^2}{R_1 r_0}$

15.5 1.7×10^{-6} C/m, 1.7×10^{-7} C/m, 17×10^{-8} C/m

15.6 (1) 9.8×10^6 V/m; (2) 51 mV

*15.7 $\left(1-\dfrac{1}{\varepsilon_r}\right)\varepsilon_0 E_0\sin\theta$

15.8 0.152 mm

15.9 7.4 m²

15.10 5.3×10^{-10} F/m²

15.11 (1) 2.0×10^{-11} F; (2) 4.0×10^{-6} C

15.12 8.0×10^{-13} F

15.14 7.08×10^{-10} F; 1.06×10^{-9} F

15.15 $\dfrac{\varepsilon_0 ab}{d}\left(1-\dfrac{l}{2d}\right)$

15.16 2.1

15.18 267 V

15.19 $\dfrac{2\varepsilon_0 S\varepsilon_{r1}\varepsilon_{r2}}{d(\varepsilon_{r1}+\varepsilon_{r2})}$

15.20 $1+(\varepsilon_r-1)\dfrac{h}{a}$，甲醇

15.21 增大了$(\varepsilon_r-1)/2$倍

15.22 0 V, 96 V

15.23 233 pF, 3.5×10^{-7} J, 焦耳热

*15.24 (1) $-\dfrac{Q^2 b}{2\varepsilon_0 S}$;　　(2) $-\dfrac{Q^2 b}{2\varepsilon_0 S}$,吸入;

(3) $\dfrac{\varepsilon_0 U^2 S}{2d}\dfrac{b}{d-b}$,　$-\dfrac{\varepsilon_0 U^2 Sb}{2d(d-b)}$

*15.25　2.1×10^{-3} N

*15.26 (1) $\dfrac{\delta Q^2}{2\varepsilon_0 ab}$;

(2) $W_C=\dfrac{\delta Q^2}{2\varepsilon_0 b[a+(\varepsilon_r-1)x]}$;

(3) $F=\dfrac{\delta(\varepsilon_r-1)Q^2}{2\varepsilon_0 b[a+(\varepsilon_r-1)x]^2}$,指向电容器内部;

(4) $dW_C=-Fdx$;

(5) $W_C=\dfrac{\varepsilon_0 b[a+(\varepsilon_r-1)x]}{2\delta}U^2$

$F=\dfrac{\varepsilon_0(\varepsilon_r-1)b}{2\delta}U^2$,　指向电容器内部

$dA_e=dW_C+Fdx$

*15.27　半径为 $2R_1$ 的球壳内

*15.28 (1) $\dfrac{3\varepsilon_0 S}{y_0 \ln 4}$;　(2) $-\dfrac{3Q}{4S}$, 0;　(3) $\dfrac{3Q}{y_0 S}\left(1+\dfrac{3}{y_0}y\right)^{-2}$

*15.29　5.0×10^{-7} C, 1.5×10^{-6} C

*15.30 (1) $-\dfrac{m_e e^4}{2(4\pi\varepsilon_0 \hbar)^2 \varepsilon_r^2}\dfrac{1}{n^2}$;　(2) 0.054 eV, $1/\varepsilon_r^2$

第 16 章

16.1　4×10^{10} 个

16.2　1.3×10^{-3} mA

16.3　4×10^{-3} m/s;　1.1×10^5 m/s

16.4 (1) 2.19×10^{-5} Ω;　(2) 2.28×10^3 A;　(3) 1.43×10^6 A/m²;

(4) 2.50×10^{-2} V/m;　(5) 1.14×10^2 W;　(6) 1.05×10^{-4} m/s

16.5　管壁中 $I\approx 20$ A,水中 $I\approx 0$

16.6　距 A 点 1.5 m 处

16.7 (1) 3.0×10^{13} Ω·m;　(2) 196 Ω

16.8 (1) 2.2×10^8 Ω;　(2) 4.5×10^{-7} A

*16.10　73 V

16.11　$\dfrac{4}{3}$ A,　$\dfrac{2}{3}$ A

16.12　$I_1=I_4=0.16$ A,　$I_2=0.02$ A,　$I_3=0.14$ A

16.13　$I_g=\dfrac{(R_2 R_3-R_1 R_4)\mathscr{E}}{R_1 R_3(R_2+R_4)+R_2 R_4(R_1+R_3)+R_g(R_1+R_3)(R_2+R_4)}$

16.14　$R_1=9.0$ kΩ,　$R_2=5.6$ kΩ,　$R_e=1.0$ kΩ

*16.16　8.0 s,　8×10^3 A,　1.0×10^{-3} s

16.17　19 L/min

第 17 章

17.1 (a) $\dfrac{\mu_0 I}{4\pi a}$，垂直纸面向外；

(b) $\dfrac{\mu_0 I}{2\pi r}+\dfrac{\mu_0 I}{4r}$，垂直纸面向里；

(c) $\dfrac{9\mu_0 I}{2\pi a}$，垂直纸面向里

17.2 (1) 1.4×10^{-5} T；(2) 0.24

17.3 (1) 5.0×10^{-6} T；(2) $15°31'$，$16°8'$

17.4 0

17.5 (1) 4.0×10^{-5} T；(2) 2.2×10^{-6} Wb

17.6 $\dfrac{-\mu_0 IR^2}{4(R^2+x^2)^{3/2}}\boldsymbol{i}-\dfrac{\mu_0 IRx}{2\pi(R^2+x^2)^{3/2}}\boldsymbol{k}$

17.7 $1.6r$ T, $10^{-3}/r$ T, $0.31(8.1\times 10^{-3}-4r^2)/r$ T, 0

17.12 11.6 T

17.13 环外 $B=0$，环内 $B=\dfrac{\mu_0 NI}{2\pi r}$；$\Phi=\dfrac{\mu_0 NIh}{2\pi}\ln\dfrac{R_2}{R_1}$

17.14 板间：$B=\mu_0 j$，平行于板且垂直于电流；板外：$B=0$

17.15 $r\leqslant R$：$B=\dfrac{\mu_0 Ir}{2\pi R^2}$；$r\geqslant R$：$B=\dfrac{\mu_0 I}{2\pi r}$；$\dfrac{\mu_0 I}{4\pi}l$

17.16 $\mu_0 \boldsymbol{J}\times\boldsymbol{d}/2$，$\boldsymbol{d}$ 的方向由 O 指向 O'。

17.17 (1) $\dfrac{\mu_0 IR^2}{2\left[\left(z+\dfrac{R}{2}\right)^2+R^2\right]^{3/2}}+\dfrac{\mu_0 IR^2}{2\left[\left(z-\dfrac{R}{2}\right)^2+R^2\right]^{3/2}}$

17.19 (1) 7.0×10^{-2} A；(2) 2.8×10^{-7} T

17.20 205.5×10^{-5} A

第 18 章

18.1 3.3 T，垂直于速度，水平向左

18.2 (1) 1.1×10^{-3} T，$\boldsymbol{B}$ 方向垂直纸面向里；(2) 1.6×10^{-8} s

18.3 3.6×10^{-10} s，1.6×10^{-4} m，1.5×10^{-3} m

18.4 2 mm

18.5 0.244 T

18.6 6×10^{10} m，6×10^{-6} m

18.7 1.12×10^{-17} kg·m/s，21 GeV

18.8 1.1 km，23 m

18.9 11 MHz，7.6 MeV

18.10 18.01 u

18.11 (1) -2.23×10^{-5} V；(2) 无影响

18.12 (1) 负电荷；(2) 2.86×10^{20} 个/m^3

部分习题答案

18.13 1.34×10^{-2} T

18.14 338 A/cm^2

18.15 0.63 m/s

18.16 (1) $\dfrac{mg}{2nIl}$; (2) 0.860 T

18.17 (1) 上下 $F=0.1$ N，左右 $F=0.2$ N，合力 $F=0$，$M=0$；
(2) 上下 $F=0$，左右 $F=0.2$ N，合力 $F=0$，$M=2\times 10^{-3}$ N·m

18.18 (1) 36 A·m^2; (2) 144 N·m

*18.20 (1) $2evr/3$; (2) 7.55×10^7 m/s

*18.21 $m=\dfrac{1}{3}e\omega R^2$，$1.7\times 10^{14}$ m/s，不合理

18.22 $\dfrac{\mu_0 II_1 lb}{2\pi a(a+b)}$，指向电流 I； 0

18.23 $\mu_0 j^2/2$，沿径向向筒内

18.24 $\dfrac{B_2^2-B_1^2}{2\mu_0}$，方向垂直电流平面指向 B_1 一侧

18.25 3.6×10^{-3} N/m； 3.2×10^{20} N/m

18.26 (1) $\dfrac{\mu_0 I^2}{\pi^2 R}$，斥力； (2) $\pi R/2$

18.27 (1) 1.8×10^5； (2) 4.1×10^6 A； (3) 2.9 MkW

*18.29 $F_1=\dfrac{e^2(1-\beta_2^2)^{-\frac{1}{2}}}{4\pi\varepsilon_0 a^2}\left[1+\left(\dfrac{v_1 v_2}{c^2}\right)^2\right]^{\frac{1}{2}}$，$\tan\theta_1=\dfrac{F_{m1}}{F_{e1}}=\dfrac{v_1 v_2}{c^2}$；

$F_2=\dfrac{e^2(1-\beta_1^2)}{4\pi\varepsilon_0 a^2}$，$F_2$ 方向沿两质子此时刻连线,指离质子 1

*18.30 $\pm 3.70\times 10^{-23}$ J， $\pm 1.24\times 10^{-23}$ J

第 19 章

*19.3 (1) 12.5 T； (2) 3.3×10^9 rad/s

*19.4 (1) 1.6×10^{24}； (2) 15 A·m^2； (3) 1.9×10^5 A； (4) 2.0 T

19.5 (1) 0.27 A·m^2； (2) 1.4×10^{-5} N·m； (3) 1.4×10^{-5} J

19.6 (1) 2.5×10^{-5} T，20 A/m；
(2) 0.11 T，20 A/m；
(3) 2.5×10^{-5} T，0.11 T

19.7 (1) 2×10^{-2} T； (2) 32 A/m； (3) 1.6×10^4 A/m；
(4) 6.3×10^{-4} H/m，5.0×10^2； (5) 1.6×10^4 A/m

19.8 (1) 2.1×10^3 A/m；
(2) 4.7×10^{-4} H/m，3.8×10^2；
(3) 8.0×10^5 A/m

19.9 2.6×10^4 A

19.10 0.21 A

19.11 3.1 mA

19.12 1.3×10^3

19.13　4.9×10^4 安匝

19.14　133 安匝，1.46×10^3 匝

第 20 章

20.1　1.1×10^{-5} V，a 端电势高

20.2　1.7 V，使线圈绕垂直于 B 的直径旋转，当线圈平面法线与 B 垂直时，$\mathscr{E}$ 最大

20.3　2×10^{-3} V

20.4　$-4.4 \times 10^{-2} \cos(100\pi t)$ (V)

20.5　$\dfrac{L}{2} \sqrt{R^2 - \left(\dfrac{L}{2}\right)^2} \dfrac{dB}{dt}$，$b$ 端电势高

20.6　0.30 V，南端

20.7　0.50 m/s

20.8　40 s^{-1}

20.9　$B = qR/NS$

20.10　$(Bar)^2 \omega b/\rho$

20.13　$\mu_0 N_1 N_2 \pi R^2 / l$

20.14　(1) 6.3×10^{-6} H；(2) -3.1×10^{-6} Wb/s；(3) 3.1×10^{-4} V

20.15　(1) 7.6×10^{-3} H；(2) 2.3 V

20.16　0.8 mH，400 匝

20.17　(1) $\dfrac{\mu_0 N^2 h}{2\pi} \ln \dfrac{R_2}{R_1}$；(2) $\dfrac{\mu_0 Nh}{2\pi} \ln \dfrac{R_2}{R_1}$，相等

20.21　4.4×10^4 kg/m^3

20.22　1.6×10^6 J/m^3，4.4 J/m^3，磁场

20.23　9.0 m^3，29 H

20.24　0.21 J/m^3，5.6×10^{-17} J/m^3

20.25　$\dfrac{\mu_0 I^2}{4\pi} \left[\dfrac{1}{4} + \ln \dfrac{R_2}{R_1}\right]$，$\dfrac{\mu_0}{2\pi} \left[\dfrac{1}{4} + \ln \dfrac{R_2}{R_1}\right]$

*20.26　(1) $\dfrac{\mu_0}{\pi} \ln \dfrac{D_1}{a}$；(2) $\dfrac{\mu_0 I^2}{2\pi} \ln \dfrac{D_2}{D_1}$；

(3) $\dfrac{\mu_0 I^2}{2\pi} \ln \dfrac{D_2}{D_1}$；(4) $\mathscr{E}$ 的方向和 I 的相反，$-\dfrac{\mu_0 I^2}{\pi} \ln \dfrac{D_2}{D_1}$；

(5) $-A_{\mathscr{E}} = \Delta W_m + A_m$

第 21 章

*21.3　0.11 V/m，6.7×10^{-10} s

*21.4　3.8×10^{-2} V/m

*21.5　(1) 4.8×10^4 m/s^2；

(2) 7.7×10^{-25} V/m，3.3×10^{-6} s

*21.6　(1) $E_\theta = 2.5 \times 10^{-12}$ V/m，$B_\varphi = 8.3 \times 10^{-21}$ T

*21.7　(1) 6.8×10^8 m/s^2；(2) 2.7×10^{-18} V/m，9×10^{-27} T；

(3) 6.1×10^6 V/m，2.0×10^{-2} T；

(4) 3.8×10^{-9} T，由于碰撞电子还要减速

*21.8　7.2×10^{2} V/m，　2.4×10^{-6} T

*21.9　1.1×10^{14} W/m²，　2.8×10^{8} V/m，　0.93 T

*21.10　168 m，0.043 W/m²

*21.12　(1) $E=\mathscr{E}/r\ln\dfrac{r_2}{r_1}$，　$B=\dfrac{\mu_0 I}{2\pi r'}$，　$S=\mathscr{E}^2/2\pi r^2 R\ln\dfrac{r_2}{r_1}$，与 I 同向

*21.13　(1) 1×10^{10} Hz；　(2) 1×10^{-7} T；　(3) 2×10^{-9} N

*21.14　2.8×10^{-6} N

*21.15　7.7 MPa

*21.16　2.15 h

*21.17　6.3×10^{-4} mm，　作匀速直线运动

第 22 章

22.1　5×10^{6}

22.2　545 nm，绿色

22.3　4.5×10^{-5} m

22.4　0.60 μm

22.5　$-39°$，$-7.2°$，$22°$，$61°$

22.6　23 Hz

22.8　5.7°

22.10　895 nm，0.8

*22.11　23 cm，7.7×10^{-10} s

*22.12　55 μm

22.13　6.6 μm

22.14　1.28 μm

22.15　反射加强 $\lambda=480$ nm；
　　　透射加强 $\lambda_1=600$ nm，$\lambda_2=400$ nm

22.16　70 nm

22.17　643 nm

22.18　0.111 μm，590 nm（黄色）

22.19　$(99.6+199.3k)$ nm，$k=0,1,2,\cdots$，最薄 99.6 nm

22.20　590 nm

22.21　$2(n-1)h$

22.22　534.9 nm

*22.23　1.000 29

第 23 章

23.1　5.46 mm

23.2　7.26 μm

23.3　428.6 nm

23.4　47°

23.5　(1) 1.9×10^{-4} rad；(2) 4.4×10^{-3} mm；(3) 2.3 个

23.6　1.6×10^{-4} rad, 7.1 km

23.7　8.9 km

23.8　(1) 3×10^{-7} rad；(2) 2 m

23.9　8.1×10^{-4} rad(或 2.8′)

23.10　$10^{-3}″$([角]秒)

23.11　1.0 cm

23.12　(1) 2.4 mm；(2) 2.4 cm；(3) 9

23.13　$\arcsin(\pm 0.1768k), k=0,1,\cdots,5$；
　　　0°, ±10°11′, ±20°42′, ±32°2′, ±45°, ±62°7′

23.14　570 nm, 43.2°

23.15　2×10^{-6} m, 6.7×10^{-7} m

23.16　3 646

23.17　极大, 3.85′, 12.4°

23.18　有, 0.130 nm, 0.097 nm

*23.19　0.165 nm

第 24 章

24.1　$2.25I_1$

24.2　(1) 54°44′；(2) 35°16′

*24.3　$\frac{1}{2}I_0\cos^2\theta/(\cos^2\theta+\sin^2\theta\cos^2\varphi)$

24.5　48°26′, 41°34′, 互余

24.6　35°16′

24.7　1.60

24.8　36°56′

24.9　48°

*24.11　(2) $I_i/2, I_i/2, 3I_i/16$

*24.12　931 nm, 光轴平行于晶片表面

*24.13　线偏振光, 偏振方向与入射光的垂直

24.14　透射光的偏振方向在入射面内, 在胶合面处全反射的光的偏振方向垂直于入射面

*24.15　49.9°/mm

第 25 章

25.1　1.9 m/s

25.2   2.8 m

25.3   2.42，5.17×10^{14} Hz，240 nm，1.24×10^8 m/s

25.5   41.1°，61.0°

25.6   4.26%

25.8   (1) 镜前 37.5 cm 处放大到 1.5 倍的倒立实像；
       (2) 镜后 30 cm 处放大到 3 倍的正立虚像

25.9   凹镜，$f=2.5$ cm

25.10 用眼睛水平向平面镜看去，在镜前看到小玉佛的正立的放大到 2 倍的实像（参看答图 25.1）。

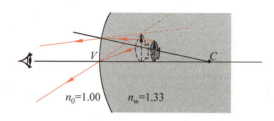

答图 25.1   习题 25.10 答案用图

25.11 (1) 0.743 cm； (2) 0.691 cm

25.12 像在玻璃缸内距壁 8.58 cm 处，放大到 1.14 倍，是虚像（见答图 25.2）。

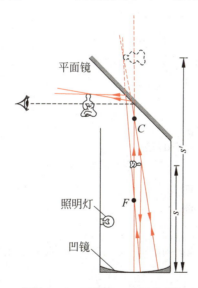

答图 25.2   习题 25.12 答案用图

25.13 紫光焦点离透镜更近，0.036 mm

25.14 (3) 红光：59.41°，42.06°；
           紫光：58.89°，40.78°

25.15 (1) 像距 60 cm，倒，实，放大率 1/2； (2) 80 cm，倒，实，1；
       (3) 120 cm，倒，实，2； (4) −40 cm，正，虚，2

25.16　(2) 两次的像一大一小,放大率互为倒数

25.17　凸透镜后 20.8 cm 处,倒放,578 倍

25.18　在第二凸透镜外侧 5.7 cm 处,实像,倒立,高度为 2.3 cm

25.20　195,1 344

25.21　−9 m,凸镜,目镜(凸透镜)放在物镜(凹镜)后 4.20 m 处
角放大率为 160,最小分辨角 $1.2\times10^{-3}(″)$

第 26 章

26.1　292 W/m²

26.2　5.8×10^3 K,　6.4×10^7 W/m²

26.3　91℃

26.4　(2) 279 K,　45 K

26.5　2.6×10^7 m

26.6　1.76×10^{11} Hz,　2.36×10^9 W

26.11　(1) 2.0 eV;　(2) 2.0 V;　(3) 296 nm

26.12　2.5×10^3 m^{-3}

26.13　85 s

*26.14　2.9 eV

26.15　0.10 MeV

26.16　62 eV

*26.18　6.9×10^4 eV,　0.1×10^4 eV

26.19　3.32×10^{-24} kg·m/s,　3.32×10^{-24} kg·m/s;
5.12×10^5 eV,6.19×10^3 eV

26.20　0.146 nm

26.21　6.1×10^{-12} m

26.24　0.5×10^{-13} m/s,9.6 d,是

26.25　1.2 nm,　不

26.26　5.2×10^{-15} m,　能

26.27　5.7×10^{-17} m,　能

26.28　45.5 eV

26.29　(1) 7.29×10^{-21} kg·m/s,　2.48×10^4 eV;　(2) 13.2 MeV

第 27 章

27.1　5.4×10^{-37} J,　5.5×10^{-37} J,　0.11×10^{-37} J

27.2　(1) 1.0×10^{-40} J;　(2) 7.8×10^9,　1.6×10^{-30} J

27.4　0.091

*27.5　$a/2$,　$a^2\left(\dfrac{1}{3}-\dfrac{1}{2\pi^2 n^2}\right)$

27.7　$\pi^2\hbar^2 n^2/ma^3$

27.11 $(n+\frac{1}{2})\times 0.54$ eV, 0.54 eV, 2.30×10^3 nm

第 28 章

28.1 91.4 nm, 122 nm

28.2 95.2 nm, 4.17 m/s

28.5 $me^4/2\pi(4\pi\varepsilon_0)^2\hbar^3 c$, 1.11×10^7 m^{-1}

28.6 5.3×10^{-11} m, 1.25×10^{15} Hz

28.7 (1) $n^2\hbar^2/GMm^2$; (2) 2.54×10^{74}; (3) 1.18×10^{-63} m

28.8 (1) 分别从 $n=6$ 和 5 跃迁到 $n=2$ 时发出的光形成的谱线, 1.000 9;
(2) 2.9×10^5 m/s

28.9 8 MHz

*28.10 4.8×10^9 Hz

*28.12 $3a_0/2$

*28.13 -27.2 eV, 13.6 eV, 2.18×10^6 m/s

28.15 65.9°, 144.7°

28.16 (1) 1.1×10^{10} Hz, 0.54 pm; (2) 0.39 T

28.17 54.7°, 125.3°, 1.1×10^{-23} J

*28.18 (1) $\pm 1.4\times 10^{-20}$ N; (2) 0.21 mm

28.19 68.1 MHz, 4.41 m

28.21 B($1s^2 2s^2 2p^1$), Ar($1s^2 2s^2 2p^6 3s^2 3p^6$)
Cu($1s^2 2s^2 2p^6 3s^2 3p^6 3d^{10} 4s^1$)
Br($1s^2 2s^2 2p^6 3s^2 3p^6 3d^{10} 4s^2 4p^5$)

*28.22 6.6×10^{-34} J·s

*28.23 12.4 kV

*28.24 0.062 nm, 0.124 nm, 0.248 nm

*28.25 (1) 393 eV; (2) N

*28.26 0.80×10^{-10} m

28.27 (1) 0.117 eV; (2) 1.07%; (3) -1.37×10^5 K

28.28 6

28.29 (1) 0.36 mm; (2) 12.5 GW; (3) 5.2×10^{17}

28.30 2.0×10^{16} s^{-1}

28.31 (1) 7.07×10^5 W/m^2; (2) 7.33 μm; (3) 2.49×10^{10} W/m^2

*28.32 0.12 nm

*28.33 34 eV, 无贡献

*28.34 1.85×10^3 N/m

第 29 章

29.1 5.50 eV, 1.39×10^6 m/s, 6.38×10^4 K, 0.524 nm

29.2 $3nE_F/5$, $3E_F/5$

*29.3 $3v_F/4$, $\sqrt{3/5}\,v_F$

29.4 19 MeV, 6.0×10^7 m/s

*29.5 1.8×10^3 K

*29.6 (1) 1.70 eV；(2) 0.900 K

29.7 (1) 3.8×10^{-14} s；(2) 4.09 nm；(3) 53 nm；(4) 0.26 nm

*29.8 0.24, 0.76

29.9 (1) 4.9×10^{-93}；(2) 226 nm

29.10 (1) $1/5\times10^6$；(2) 0.22 μg

29.11 27.6 μm

29.12 513 nm，可见光；4.14 μm，红外线

29.13 654 nm

29.14 不透明

第 30 章

30.1 3.8×10^{-14} m, 4.32×10^{-15} m；N核不可，否

30.2 118.0 MeV, 127.7 MeV, 111.5 MeV

30.3 $53(Z/A)^{2/3}$ MeV, $32(Z/A)^{2/3}$ MeV；32，19 和 28，17 MeV

30.4 3.41 fm, 3.72 fm, 4.22 fm；1.5 fm

30.5 127.7 MeV, 92.2 MeV

30.6 169 MeV

30.7 $\left(-0.834\,5\dfrac{Z^2}{A^{1/3}}+7.345\,8A^{2/3}\right)$ MeV, 25.4 MeV

30.8 τ, 0

30.9 8.1 kBq

30.10 2.87 mg, 2.71 mg

30.11 48%

30.12 6.29 L

30.13 1.5×10^4 a

30.14 2.45×10^9 a

30.15 0.086 2 MeV, 4.870 7 MeV

30.16 9.7×10^{-5} u

30.17 0.42 Ci

30.18 51 μm

30.19 -4.06 MeV（吸），-2.72 MeV（吸），7.55 MeV（放）

30.20 6.7 MeV

30.21 7.2×10^{10} a

30.22 (2) 1.944, 1.198, 7.551, 7.297, 1.732, 4.966 MeV；
(3) 24.69 MeV

索引 INDEX

—A—

A-B效应　A-B effect　202
安［培］（A）ampere　86
安培环路定理　Ampere circuital theorem　104
安培力　Ampere force　128
安培天平　Ampere balance　142

—B—

巴比涅原理　Babinet principle　257
巴耳末系　Balmer series　373
靶恩　barn(b)　465
半波带法　half-wave zone method　250
半波损失　half-wave loss　236
半导体　semiconductor　429
　N型　N-type　429
　P型　P-type　430
　本征　intrinsic　429
　杂质　impurity　429
半导体器件　semiconductor device　431-434
半导体三极管　semiconductor transistor　432
半衰期　half-life　452-455,461
傍轴光线　paraxial rays　306
饱和电流　saturated current　332,334
毕奥-萨伐尔定律　Biot-Savart law　109
边界条件　boundary conditions　75
标准条件　standard condition　355
波长　wavelength　223
波动说　wave theory　256
波函数　wave function　344,345
波粒二象性　wave-particle duality　335
玻尔半径　Bohr radius　372
玻尔磁子　Bohr magneton　382
玻尔频率条件　Bohr frequency condition　372
玻色-爱因斯坦分布　Bose Einstein (BE) distribution　423
玻色-爱因斯坦凝聚　Bose Einstein condensation　417,424
玻色子　boson　386
薄透镜公式　thin-lens formula　314-316
不可分辨性　indistinguishability　385
不确定关系　uncertainty relation　345
布儒斯特窗　Brewster window　406
布儒斯特角　Brewster angle　281
BCS理论　BCS theory　196,197

C

参考光　reference beam　273-276
残余色力　residual color force　446
长程力　long-range force　445,447
场　field　1-3,7,8
超导电性　superconductivity state　192
衬比度　contrast　225
传导电流　conduction current　120,121,158
磁场　magnetic field　1,2,66
磁场能量　energy of magnetic field　184
磁场强度　magnetic intensity　159,160-162,165
磁单极子　magnetic monopole　109,203,215
磁导率　permeability　472
磁荷　magnetic charge　109,166,203
磁化　magnetization　157-159
磁化曲线　magnetization curve　162
磁矩　magnetic moment　378,379,382
磁聚焦　magnetic focusing　129
磁力　magnetic force　104,105
磁路　magnetic circuit　166,167-169
磁屏蔽　magnetic shielding　165,166
磁通连续定理　theorem of continuity of magnetic flux　108
磁通量　magnetic flux　108
磁致旋光　magnetic opticity　295
磁滞回线　hysteresis loop　163
次极大　secondary maximum　254,264
次壳层　sub-shell　375,387,390

D

D 的高斯定律　Gauss law for D　72,74,75
大气电场　atmospheric electric field　59-61
带状谱　band spectrum　403,406
戴维孙-革末实验　Davisson-Germer experiment　340
单缝衍射　single-slit diffraction　248-252
单价原子的能级　energy levels of monovalence atom　379
单色光　monochromatic light　229
单原子探测　single atom detection　395,415
单轴晶体　uniaxial crystal　284
导体　conductor　59,60,63
德布罗意波　de Broglie wave　339
德布罗意波长　de Broglie wavelength　339
德布罗意公式　de Broglie formula　339
等厚条纹　equal thickness fringes　236
等离子体　plasma　145-152
等倾条纹　equal inclination fringes　240
电场　electric field　1,3,4
电场能量　energy of electric field　41-44
电场强度计　electrometer of field strength　60
电场线　electric field line　14
电磁波　electromagnetic wave (EM wave)　207
电磁波的动量　momentum of EM wave　212
电磁波的强度　intensity of EM wave　208,361
电磁场　electromagnetic field　42,54
电磁感应　electromagnetic induction　193,194
电磁阻尼　electromagnetic damping　189
电导率　electric conductivity　422,423
电动势　electromotive force (emf)　86,91-93
电荷　electric charge　1-3
电荷的量子性　quantization of electric charge　4
电荷的相对论不变性　relativistic invariance of electric charge　5
电荷守恒定律　law of conservation of electric charge　4
电介质的极化　polarization of dielectric　68
电量　quantity of electricity　3,4
电流的连续性方程　equation of continuity of electric current　88,100
电流密度　current density　199-201
电流[强度]　electric current[strength]　86
电偶极子　electric dipole　14
电容　capacitance　76
电容率　permittivity　137

电容器　capacitors　76
电容器的充电和放电　charge and discharge of capacitor　76,97
电容器的能量　energy stored in capacitors　78
电势　electric potential　28-30
电势能　electric potential energy　37
电通量　electric flux　14,15,16
电位移　electric displacement　301
电子　electron　4
电子捕获　electron capture　461,468
电子磁矩　electron magnetic moment　384
电子导电　electron conductance　422,428,429
电子对的"产生"　pair production　5
电子对的"湮灭"　pair annihilation　5
电子感应加速器　batatron　178
电子偶素　positronium　407
电子显微镜　electron microscope　256,273,319

电子云　electron cloud　375-379
电子自旋　electron spin　380
电阻　resistance　59,61,65
电阻率　resistivity　192,193,196
叠加原理　superposition principle　223,224,248
定态　stationary state　355
定态波函数　stationary state wave function　355
动生电动势　motional emf　175
读出　reading　295
对称性　symmetry　325
对撞机　collider　467,468
多光束干涉　mutriple-beam interference　259
多光子吸收　multiphoton absorption　413-415
多普勒冷却　Doppler cooling　416
多普勒效应　Doppler effect　396,416
多[数载流]子　majority carrier　429
多体力　many-body force　445,467

E

二向色性　dichroism　287

F

发光二极管　light emmiting diode,LED　431
法拉第电磁感应定律　Faraday law of electromagnetic induction　173,174,178
反冲　recoil　337-339,352,406
反对称波函数　antisymmetric wave funtion　386
反键轨函　antibonding　398
反氢原子　antihydrogen atom　406
反应截面　reaction cross-section　465,468
范艾仑辐射带　van Allen radiation belts　130
范德格拉夫静电加速器　van de Graaff electrostatic accelerator　57,83,101
方解石　calcite　284
放大　magnified　254,256,274
放大镜　magnifier　315,318,319
放大率　magnification　307,308,314-316
放能反应　exothermic reaction　466,468
放射系　radioactive series　451
放射性　radioactivity　441,451-454,467-469
放射性鉴年法　radioactive dating　454

非常光线　extraordinary light　284,285,287
非静电力　nonelectrostatic force　92
非欧姆导电　nonohmic conductivity　91
非偏振光　nonpolarized（or unpolarized）light　277,278,295
菲涅耳　Augustin Fresnel　221,228,244
费米-狄拉克分布　Fermi-Dirac（FD）distribution　423,434
费米能级　Fermi level　420,421,423
费米球　Fermi sphere　422,433
费米速度　Fermi velocity　420,422,435
费米温度　Fermi temperature　420,433,435
费米子　fermion　386,405,406
分辨本领　resolving power　255
分辨率　resolution　255
分波阵面法　method of dividing wave front　224
分数量子霍尔效应　fractional quantum Hall effect　132
分振幅法　method of dividing amplitude　236

分子光谱　molecular spectrum　371,403,406
分子振动能级　molecular vibration energy level　402
分子转动能级　molecular rotation energy level　401
夫琅禾费衍射　Fraunhofer diffraction　250
辐射压力　radiation pressure　213,219,220
负晶体　negative crystal　285,286

G

概率波　probabilty wave　329,342,343
概率幅　probabilty amplitude　329,342,344
概率流密度　probability flow density　377-379
概率密度　probability density　344,350,354
感生电场　induced electric field　178
感生电动势　178
感生电荷　induced charge　63,145
感应电动势　induction emf　173
感应电流　induction current　194
高斯定律　Gauss law　3,15-18
高温超导　high temperature superconductivity　200
共振吸收　resonance absorption　457-459
惯性约束　inertial confinement　152
光程　optical path　230,231,234-238
光程差　optical path difference　235-238
光弹性　photoelasticity　291
光的二象性　duality of light　333,339
光的反射　reflection of light　303-305,321
光的干涉　interference of light　221,223,224
光的衍射　diffraction of light　248,249,252
光的折射　refraction of light　284,286,294
光电池　photoelectric cell　432,434
光电效应方程　photoelectric effect equation　334,350,413
光路图　ray diagram　242,250,307
光密介质　optically denser medium　229
光敏电阻　photosensitive resistance　429
光盘　optical disk　295
光谱　spectrum　226,259,260
　超精细结构　hyperfine structure　415
　精细结构　fine structure of　383,384,405
光谱辐射出射度　spectral radiant exitance　329
光谱辐射能密度　spectral radiation energy density　352,425
[光]谱线　spectral line　373,383,396
[光]谱线系　spectral series　373,379,403
光矢量　light vector　277,278,280
光疏介质　optically thinner medium　229
光学信息处理　optical information process-ing　272
光源　light source　223,224,226-235
光栅　grating　248,252,259-267
光轴　optical axis　234,270,284-287
光子　photon　329,333-339,342-344
归一化条件　normalizing condition　356,359
轨道　orbit　343,345,348
轨道磁矩　orbital magnetic moment　443
轨道角动量　orbital angular momentum　373
轨函　orbital　397,398
　成键　bonding　398
g因子　g-factor　443

H

H的环路定理　circuital theorem for H　160
哈勃太空望远镜　Hullle space telescope　255
海市蜃楼　mirage　323
核半径　nuclear radius　442,449,455
核磁共振　nuclear magnetic resonance, NMR　443-445
核磁矩　nuclear magnetic moment　443
核磁子　nuclear magneton　443,467
核的组成　nuclear composition　441
核反应　nuclear reaction　328,441,442

核聚变　nuclear fusion　415
核力　nuclear force　364,441,445-447
核裂变　nuclear fission　441,464
核模型　nuclear model　328
核自旋　nuclear spin　442
黑洞蒸发　blackhole evaporation　364
黑体　blackbody　330,331,350-352
黑体辐射　blackbody radiation　329
恒定电场　steady electric field　300
恒定电流　steady electric current　194
横向磁场　transverse magnetic field　207
横向电场　transverse electric field　130,205
红限波长　red-limit wavelength　333,352
红限频率　red-limit frequency　333-336,350,413
　引力红移　gravitational red shift　460,461
宏观量子现象　macroscopic quantum phynomenon 417,424
虹　rainbow　145
互感　mutual induction　173,180,181
化学键　Chemical bond　396,400,460
　范德瓦尔斯　van der Waals　400
　共价　covalent　396-400
　金属　metallic　400
　离子　ionic　396,397,400
　氢　hydrogen　400
回路电压方程　voltage equation for a current loop 89,100,102
回旋加速器　cyclotron　128,140,141
彗星　comet　213
混频　frequency mixing　299,301
活度　activity　452-454,467,469
霍尔效应　Hall effect　130,131

J

基尔霍夫第二方程　Kirchoff second equation　89
基尔霍夫第一方程　Kirchoff first equation　89
基极　base　432
基态　ground state　228
激发态　excited state　228
激光　laser　152,221,229
激光核聚变　laser fusion　152
激光器　laser　393,395,396
　氦氖　He-Ne　348,393-395
　染料　dye　396,415
激光致冷和捕陷原子　laser cooling and atom trapping　415,417
级次　order　224-226,229,230
极限波长　limiting wavelength　373
集成电路　integrated circuit　433
几何光学　geometrical optics　222,251,303
加速电荷的磁场　magnetic field of an accelerated charge　206
加速电荷的电场　electric field of an accelerated charge　202-206
价电子　valence electron　379,384,399
尖端放电　point discharge　64
检偏器　analyzer　280
简并态　degenerate state　375,404
焦点　focal point　235,306-308,310-312
焦耳定律　Joule law　99,100
焦耳热　Joule heat　65,279
焦距　focal length　251,252,262
角膜　cornea　316,325
结电场　junction field　430
结合能　binding energy　328,441,446-450
睫状肌　ciliary muscle　317,318,322
截止波长　cutoff wavelength　391,405,406
截止电压　cutoff voltage　332,334-336,352
介电常量　dielectric constant　6
金属导电　metallic conductance　422,429
金属摩尔热容　mole heat capacity of metal　421
金属氧化物场效应管（MOSFET）　metal-oxide-semiconductor field effect transistor 432,434
晶体　crystal　196,267-269,272
径向概率密度　radial probability density　376
静电场　electrostatic field　1,4,5
静电场的保守性　conservative property of electrostatic field　28-30
静电场的边界条件　boundary con-dition of electrostatic field　75,81

静电场的环路定理　circuital theorem of electrostatic field　29,75
静电力　electrostatic force　7,8
静电平衡条件　electrostatic equilibrium condition　48-50,53
静电屏蔽　electrostatic shielding　52-54,56

镜像法　method of images　55
居里(Ci)　curie　453
居里点　Curie point　163,164,168
局域性　local property　9
绝缘体　insulator　327,418,426

K

康普顿波长　Compton wavelength　338,350
康普顿散射　Compton scattering　337,338,350
康普顿效应　Compton effect　329,337,338,351
抗磁质　155-157
抗磁质　diamagnetic medium　154
壳层　shell　375,387,390-392
可见光　visible light　221,223,246
克尔效应　Kerr effect　291,292
空间相干性　spatial coherence　233,234,244

空穴　hole　391,392,405
空穴导电　hole conductance　429,434
库仑定律　Coulomb law　3,5,6
库仑力　Coulomb force　6,38,39,47
库仑势垒　Coulomb potential barrier　364,455
库珀对　Cooper pair　210
库珀对　Cooper pair　197
夸克　quark　446,467

L

莱曼系　Lyman series　373,406,408
劳埃德镜　Lloyd mirror　228,229,245
劳厄实验　Laue experiment　267
劳森判据　Lawson criterion　150
崂山道士　Laoshan daoshi　364,365
类氢离子　hydrogen-like ion　178
棱镜　prism　244。287,294
楞次定律　Lenz law　147,193
离子　ionic　358,396,397
里德伯常量　Rydberg constant　407
粒子　particle　59,60,62
粒子的波动性　wave nature of particle　339
粒子数布居反转　population inversion　394
量子化　quantization　331,333,350
　　角动量　angular　327,353,451

空间　space　374,384
　　能量　energy　327,331,354
量子霍尔效应　quantum Hall effect　131,132
量子数　quantum number　359,367-369,371-375
　　轨道　orbital　406
量子数空间　quantum number space　419
量子态　quantum state　422-427,429,433
量子统计　quantum statistics　327,423,425
量子围栏　quantum corral　366
零点能　zero-point energy　349,353,367
漏　drain　432,435
漏磁通　leakage flux　166,167
漏电阻　leakage resistance　90
洛伦兹变换　Lorentz transformation　123
洛伦兹力　148

M

马吕斯定律　Malus law　280,295

迈斯纳效应　Meissner effect　195

索引 495

麦克斯韦　Maxwell, James Clerk　1,2,222
麦克斯韦-玻耳兹曼分布　Maxwell-Boltzmann (MB) distribution　425,434
麦克斯韦方程组　Maxwell equations　202
漫线系　diffuse seies　379
盲点　blind spot　317
面电荷密度　surface charge density　13,21,22

明视距离　distinct distance　315
磨镜者公式　lens-maker's formula　312
莫塞莱公式　Moseley formula　392
目镜　eyepiece　318-320,322,326
穆斯堡尔谱　Mossbauer spectrum　460,468
穆斯堡尔效应　Mossbauer effect　441,457,459

N

纳米科技　nano-technology　327,437-440
　　纳米车　nano-car　440
　　碳纳米管　carbon nanotube　438-440
内转换　internal conversion　462
能带　energy band　327,418,426-430
能级　energy level　327,349,359
能级寿命　life-time of energy level　458

能量本征函数　energy eigenfunction　359
能量本征态　energy eigenstate　359,360,419
能量本征值　energy eigenvalue　359,362,370
能量子　energy quantum　329,331,333,334
能量最低原理　principle of least energy　387
牛顿环　Newton ring　221,237,238
扭摆磁铁　wiggler　410

O

欧姆定律　Ohm law　89,91
欧姆定律的微分形式　differential form of Ohm law　91,93

P

PN结　PN junction　430-432,434,435
帕邢系　Paschen series　373
泡利不相容原理　Pauli exclusion principle　387
喷墨打印机　inkjet printer　26
偏振光　polarized light　277-284,287-298,483
偏振片　polaroid　279-282,287,289-291
偏振态　polarization state　277,295,298
漂移速度　drift velocity　422,434

平衡热辐射　equilibrium heat radiation　330,424
平均寿命　mean lifetime　414,452,467
平面镜　plane mirror　228
坡印亭矢量　Poynting vector　208-210
普朗克常量　Planck constant　331,334-336,342
普朗克［辐射］公式　Planck [radiation] formula　331,350,425
谱线宽度　line width　348,458,459

Q

Q值　Q value　462,466,468
起偏器　polarizer　280
起始磁化曲线　initial magnetization curve　163

强力　strong force　398,445
氢原子能级图　energy level diagram of hydrogen atom　372

球面镜　spherical mirror　303,305,307
球面镜公式　spherical-mirror formular　307
全磁通　total magnetic flux　174,181,182
全息照相　holograph　273,274,276
缺级　missing order　260,262,264

R

热辐射　heat radiation　329-331,351,352
热功率密度　Joule-heat power density　99
热核反应　thermonuclear reaction　364,393,395
热敏电阻　thermosensitive resistance　429
人工嬗变　artificial transmutation　464
人工双折射　artificial birefringence　291,295
人眼　human eye　64,65,240
韧致辐射　bremsstrahlung　391,405
软磁材料　soft ferromagnetic material　163,164
锐线系　sharp series　379
瑞利-金斯公式　Rayleigh-Jeans formula　331
瑞利判据　Rayleigh criterion　254
瑞利散射　Rayleigh scattering　338
弱相互作用　weak interaction　462,463

S

散光　astigmatism　318
散射　scattering　196,197,272
扫描隧穿显微镜　scanning tunneling microscope (STM)　364,365,440
色荷　color charge　446
色力　color force　446
闪电　lightning　45,59,61,62
少[数载流]子　minority carrier　429
施主　donor　429,436
石英　quartz　284,285,292-294
势阱　potential well　327,354,358-362
势垒　potential barrier　354,363-365,368
势垒穿透　barrier penetration　327,362,363
视角　visual angle　246,275,315
　视神经　optic nerve　317,322
　视网膜　retina　249,270,277
收集极　collector　432
受激辐射　stimulated radiation　393-395
受主　acceptor　430
束缚电荷　bound charge　69,70
束缚电流　bound current　158,159
束缚态　bound state　327,358,362
衰变　decay　328,353,441
　α　α-decay　353,441,461-463
　γ　γ-decay　363,364,441
　β　β-decay　455
衰变常量　decay constant　452,453,467
衰变定律　decay law　451
双缝干涉　double-slit interference　223,232
　双镜　bimirror　228,229
　双棱镜　biprism　244
双筒望远镜　binocular　320
双折射　birefringence　277,283-287,289
顺磁质　paramagnetic medium　154-158
斯特藩-玻耳兹曼常量　Stefan-Boltzmann constant　331,351
斯特藩-玻耳兹曼定律　Stefan-Boltzmann law　350,352
似稳电场　quasisteady electric field　97,100
速度空间　velocity space　422
速度选择器　velocity selector　139,140
隧道效应　tunneling effect　354,363,364

—T—

太阳风　solar wind　146,147,148
态密度　density of states　420,421,423
碳循环　carbon cycle　470
汤姆孙衍射实验　Thomson diffraction experiment　340
特征谱线　characteristic line　391,405
体电荷密度　volume charge density　20,25
天然放射性　natural radioactivity　454
天然丰度　natural abundance　442,465
铁磁质　ferromagnetic material　154
铁损　iron loss　164
同步辐射　syclotron radiation　211,212
同位素　isotope　415,441,442
瞳孔　pupil　254,256,270
透镜　lens　222,235,237
退行速度　recession velocity　407
托卡马克　tokamak　147,151,152
托马斯·杨　Thomas Young　221,223

—W—

韦塞克半经验公式　Weizacker semiemperical formula　450,468
唯一性定理　uniqueness theorem　53
维恩公式　Wien formula　330,331
维恩位移律　Wien displacement law　331
位移电流　displacement current　1
无反冲共振吸收　recoilless resonant absorption　459
物光　object beam　273
物镜　objective　234,254,255
物质波　matter wave　329,339,342

—X—

X射线　X-ray　212,218
X射线谱　X-ray spectrum　268
X射线衍射　X-ray diffraction　267-269
吸能反应　endothermic reaction　466,468
吸收　absorption　149,279,287
显微镜　microscope　254,256,276
线电荷密度　linear charge density　11,20,24
线栅　wire fence　279
相长干涉　constructive interference　236
相对论　relativity theory　2,221,243
相干光　coherent light　225,227-229,235-238
相干间隔　coherent spacing　233,234,244
相干孔径　coherent aperture　234,244
相干时间　coherent time　246
相干条件　coherent conditions　227,228,243
相互作用能　interaction energy　37-39
相消干涉　destructive interference　225,236,246
消多普勒饱和分光仪　doppler-free saturation spectrometer　396
谐振子　harmonic oscillator　331,349,350
旋光率　specific rotation　293,298
旋光现象　roto-optical phenomena　277,292-295
选择定则　selection rule　379,401,402
薛定谔方程　Schrodinger equation　354-356
　定态　stationary　355
　含时　time-dependent　354
寻常光线　ordinary light　284

Y

氩离子激光器　argon[ion] laser　219
[液]氦Ⅱ　HeⅡ　424,426
逸出功　work function　333,334,352,413
硬磁材料　hard ferromagnetic material　163
永磁体　permanent magnet　104,105,166
右旋　right-handed　278,293-295,298
阈能　threshold energy　466,468,470
原子磁矩　atomic magnetic moment　170
原子实　atomic kernel　379,400
原子序数　atomic number　387,392,405

原子质量　atomic mass　446,464,466
原子质量单位　atomic mass unit　441
圆孔衍射　circular aperture diffraction　248,269
源　source　243
约恩孙电子衍射实验　Jonsson electron diffraction experiment　341
约瑟夫森效应　Josephson effect　197
匀速运动点电荷的磁场　magnetic field of a uniformly moving charge　112

Z

杂质能级　impurity energy level　429,430
载流线圈的磁矩　magnetic moment of a current carrying coil　138
载流子　charge carrier　86,87
增透膜　transmission enhanced film　240
栅　gate　432,433
照相机　camera　240,254,271
折射率　index of refraction　234,235,237
真空磁导率　permeability of vacuum　108
真空电容率　permitivity of vacuum　137
振荡电偶极子　oscillating electric dipole　209
整流　rectification　431
正交性　orthogonality　370
正立　erect　308,315,319
指南鱼　south-pointing fish　169,170
质量亏损　mass defect　446
质量数　mass number　441
质谱仪　mass spectrometer　140,141
质子　proton　341,351-353,360
质子数　proton number　387,441,442
质子-质子链　proton-proton chain　465
中微子　neutrino　451,463,464
中子　neutron　341,352,353
中子数　neutron number　441,442,448

周期表　periodic table　371,387,392
主极大　principal maximum　254,260-262,264
主平面　principal plane　285
主线系　principal series　379
驻波　standing wave　360,368,370
资用能　available energy　466,467
子核　daughter nucleus　451,453-457,463
自发辐射　spontaneous radiation　393-395
自感　self-induction　173,180,182
自聚焦　self-focusing　299,301
自然光　natural light　277,279-283,285
自然宽度　natural width　372,407,416,458
自旋　spin　327,375,380-386
自旋磁矩　spin magnetic moment　381,408,443
自旋轨道耦合　spin-orbit coupling　381
自旋角动量　spin angular momentum　380
自由电荷　free charge　69,71
自由电流　free current　158,160,161
自由电子　free electron　64,197,279
自由电子激光　free electron laser　395,410,412
自由空间　free space　6,10,18
阻挡层　depletion zone　430,431,434
最小分辨角　angle of minimum resolution　255
左旋　left-handed　278,293,294